高等学校教材

基本有机化工工艺学

（修订版）

U0288777

华东理工大学等合编
吴指南　主编

化学工业出版社
·北京·

图书在版编目（CIP）数据

基本有机化工工艺学/吴指南主编. —修订版. —北京：化学工业出版社，1990.6（2023.1重印）

高等学校教材

ISBN 978-7-5025-0701-5

Ⅰ. 基… Ⅱ. 吴… Ⅲ. 有机化工-工艺学-高等学校-教材 Ⅳ. TQ2

中国版本图书馆 CIP 数据核字（95）第 03104 号

责任编辑：刘俊之 王秀鸾　　装帧设计：季玉芳

出版发行：化学工业出版社（北京市东城区青年湖南街 13 号 邮政编码 100011）

印　　装：三河市延风印装有限公司

787mm×1092mm 1/16 印张 22½ 字数 548 千字 2023 年 1 月北京第 2 版第 29 次印刷

购书咨询：010-64518888　　售后服务：010-64518899

网　　址：http://www.cip.com.cn

凡购买本书，如有缺损质量问题，本社销售中心负责调换。

定　　价：46.00 元

版权所有 违者必究

再 版 前 言

本书于1981年1月出第一版，至今已印刷了五次，印行5万余册。为了更好地适应近年来基本有机化学工业的发展和各院校教学改革的需要，决定对本书进行修订。

修订本编写体系仍按原版，原版前言中所阐明的指导思想仍是合适的。本版在原版的基础上，本着少而精的精神，对旧的内容作了更新；删去了繁琐和次要的内容；合并了一些章节；对技术经济指标的评比和能量的回收利用有所加强；并注意增加了一碳化学方面的内容。

修订本共分八章，介绍了八类反应单元和十余种具有代表性的主要产品的生产工艺。“反应过程的物料和热量衡算”一章仍保留。考虑到本书实际使用情况，删去了“催化水合”和“基本有机化学工业的污染和防治”两章。关于废气、污水处理的基本方法结合有关产品的生产工艺，作了简要介绍。

本书修订者：第一章裂解部分、第八章和附录——华南理工大学黄用梗；第一章裂解气的净化和分离部分和第三章——大连理工大学郭树才；概论、第四章、第五章和第七章——华东理工大学吴指南；第二章——华东理工大学葛旭丹；第六章——华东理工大学朱晓苓。全书仍由华东理工大学吴指南主编，天津大学陈洪钫审定。

修订本书承各校关心鼓励，并提了许多宝贵意见，谨致谢意。修订本还有许多缺点和不妥之处，深切希望各校在使用时，提出批评指正。

编者

目　　录

概论……………………………………………………………………………… 1
第一节　基本有机化学工业的原料………………………………………… 1
一、天然气及其加工产物…………………………………………………… 2
二、石油及其加工产物……………………………………………………… 4
三、煤及其加工产物………………………………………………………… 8
四、生物质的利用 ………………………………………………………… 12
第二节　基本有机化学工业的主要产品 ………………………………… 14
一、碳一系统产品 ………………………………………………………… 14
二、乙烯系统产品 ………………………………………………………… 15
三、丙烯系统产品 ………………………………………………………… 16
四、碳四烃系统产品 ……………………………………………………… 17
五、芳烃系统产品 ………………………………………………………… 17
六、乙炔系统产品 ………………………………………………………… 17
参考文献 …………………………………………………………………… 20
第一章　烃类热裂解 ………………………………………………………… 21
第一节　热裂解过程的化学反应与反应机理 …………………………… 22
一、烃类热裂解的一次反应 ……………………………………………… 22
二、烃类热裂解的二次反应 ……………………………………………… 26
三、烃类热裂解反应机理及动力学 ……………………………………… 28
第二节　烃类管式炉裂解生产乙烯 ……………………………………… 33
一、原料烃组成对裂解结果的影响 ……………………………………… 33
二、操作条件对裂解结果的影响 ………………………………………… 37
三、管式炉裂解的工艺流程 ……………………………………………… 47
四、裂解技术展望 ………………………………………………………… 58
第三节　裂解气的净化与分离 …………………………………………… 59
一、概述 …………………………………………………………………… 59
二、酸性气体的脱除 ……………………………………………………… 61
三、脱水 …………………………………………………………………… 63
四、脱炔 …………………………………………………………………… 66
五、裂解气的压缩 ………………………………………………………… 69
第四节　裂解气深冷分离流程 …………………………………………… 71
一、顺序分离流程 ………………………………………………………… 71
二、脱甲烷塔及操作条件 ………………………………………………… 73
三、乙烯塔和丙烯塔 ……………………………………………………… 74

四、影响乙烯回收率诸因素 …… 77
第五节 裂解分离系统的能量有效利用 …… 80
一、急冷回收热能的利用 …… 80
二、中间冷凝器和中间再沸器 …… 81
三、深冷过程冷量的有效利用 …… 82
四、热泵 …… 85
第六节 烃类裂解制乙烯原料路线的技术经济指标评比和展望 …… 87
第七节 生产乙烯的其他方法 …… 88
一、乙醇催化脱水制取乙烯 …… 88
二、以甲烷或合成气为原料制取乙烯 …… 89
第八节 烃类裂解生产乙炔 …… 91
一、甲烷氧化裂解制乙炔 …… 93
二、烃类裂解生产乙炔和乙烯 …… 93
三、乙炔的分离与提纯 …… 95
参考文献 …… 95
第二章 芳烃的转化 …… 97
第一节 概述 …… 97
一、芳烃的来源 …… 97
二、芳烃的供需和芳烃间的相互转化 …… 99
第二节 芳烃转化反应的化学过程 …… 100
一、主要转化反应及其反应机理 …… 100
二、催化剂 …… 103
第三节 芳烃的歧化和烷基转移 …… 104
一、甲苯歧化的化学过程 …… 105
二、工业生产方法 …… 109
第四节 C_8 芳烃的分离和异构化 …… 111
一、C_8 芳烃的分离 …… 112
二、C_8 芳烃的异构化 …… 118
第五节 芳烃的烷基化 …… 122
一、概述 …… 122
二、烷基化方法 …… 125
第六节 芳烃的脱烷基化 …… 130
一、方法简介 …… 130
二、甲苯加氢脱烷基制苯 …… 132
参考文献 …… 135
第三章 催化加氢 …… 137
第一节 概述 …… 137
一、催化加氢在石油化工工业中的应用 …… 137
二、加氢反应类型 …… 138

三、氢的性质和来源…………………………………………………………… 139
第二节 催化加氢反应的一般规律…………………………………………… 142
一、热力学分析………………………………………………………………… 142
二、催化剂……………………………………………………………………… 144
三、作用物的结构与反应速度………………………………………………… 146
四、动力学及反应条件………………………………………………………… 148
第三节 一氧化碳加氢合成甲醇……………………………………………… 151
一、热力学分析………………………………………………………………… 151
二、催化剂及反应条件………………………………………………………… 155
三、合成反应器的结构和材质………………………………………………… 157
四、工艺流程…………………………………………………………………… 158
五、甲醇利用的发展…………………………………………………………… 161
参考文献………………………………………………………………………… 164
第四章 催化脱氢和氧化脱氢……………………………………………… 165
第一节 烃类催化脱氢反应的化学…………………………………………… 166
一、热力学分析………………………………………………………………… 166
二、主要副反应………………………………………………………………… 168
三、催化剂……………………………………………………………………… 170
四、动力学及工艺参数的影响………………………………………………… 171
第二节 乙苯催化脱氢合成苯乙烯…………………………………………… 175
一、苯乙烯的性质、用途及合成方法简介…………………………………… 175
二、乙苯催化脱氢合成苯乙烯的工艺流程…………………………………… 177
第三节 烃类的氧化脱氢……………………………………………………… 181
一、氧化脱氢反应简介………………………………………………………… 181
二、正丁烯氧化脱氢合成丁二烯……………………………………………… 183
参考文献………………………………………………………………………… 191
第五章 催化氧化…………………………………………………………… 193
第一节 概述…………………………………………………………………… 193
一、催化氧化在基本有机化学工业中的重要地位…………………………… 193
二、氧化过程的一些共同特点………………………………………………… 193
第二节 均相催化氧化………………………………………………………… 194
一、催化自氧化………………………………………………………………… 195
二、络合催化氧化……………………………………………………………… 208
三、烯烃的液相环氧化………………………………………………………… 218
第三节 非均相催化氧化……………………………………………………… 222
一、重要的非均相催化氧化反应及其工业应用……………………………… 222
二、烯烃的环氧化……………………………………………………………… 225
三、烯丙基氧化——丙烯氨氧化合成丙烯腈………………………………… 233
四、氧化反应器………………………………………………………………… 247

第四节　氧化操作的安全技术……………………………………………………… 253
参考文献………………………………………………………………………………… 255
第六章　羰化反应……………………………………………………………………… 257
第一节　概述……………………………………………………………………………… 257
第二节　烯烃氢甲酰化反应……………………………………………………………… 259
一、氢甲酰化反应的化学……………………………………………………………… 259
二、丙烯低压氢甲酰化法合成2-乙基己醇和丁醇 …………………………………… 269
三、氢甲酰化反应进展………………………………………………………………… 275
第三节　甲醇低压羰化制醋酸…………………………………………………………… 276
一、甲醇低压羰化反应的化学………………………………………………………… 277
二、甲醇低压羰化制醋酸的工艺流程………………………………………………… 279
三、消耗定额…………………………………………………………………………… 280
四、主要优缺点………………………………………………………………………… 280
参考文献………………………………………………………………………………… 280
第七章　氯化…………………………………………………………………………… 282
第一节　烃的取代氯化…………………………………………………………………… 284
一、低级烷烃的热氯化………………………………………………………………… 284
二、烯烃的热氯化……………………………………………………………………… 286
第二节　不饱和烃的加成氯化…………………………………………………………… 289
一、乙烯液相加氯制1,2-二氯乙烷 …………………………………………………… 290
二、乙炔气相加氯化氢合成氯乙烯…………………………………………………… 292
第三节　烃的氧氯化……………………………………………………………………… 294
一、乙烯的氧氯化……………………………………………………………………… 294
二、平衡氧氯化法生产氯乙烯………………………………………………………… 302
参考文献………………………………………………………………………………… 305
第八章　反应过程的物料及热量衡算………………………………………………… 307
第一节　物料衡算………………………………………………………………………… 308
一、一般反应过程的物料衡算………………………………………………………… 308
二、具有循环过程的物料衡算………………………………………………………… 319
第二节　热量衡算………………………………………………………………………… 325
一、主要方法和步骤…………………………………………………………………… 325
二、物理变化过程焓变的计算举例…………………………………………………… 326
三、气相连续反应过程的热量衡算…………………………………………………… 328
四、气液相连续反应过程的热量衡算………………………………………………… 330
参考文献………………………………………………………………………………… 337
附录Ⅰ　基本有机化工常用物质的重要物性数据和热力学数据表………………… 338
附录Ⅱ　常压下二元恒沸物的沸点及组成…………………………………………… 350
参考文献………………………………………………………………………………… 351

概　　论

基本有机化学工业是化学工业中重要的部门之一，它的任务是：利用自然界中大量存在的煤、石油、天然气及生物质等资源，通过各种化学加工的方法，制成一系列重要的基本有机化工产品，如乙烯、丙烯、丁二烯、苯、甲苯、二甲苯、乙炔、萘、苯乙烯、醇、醛、酮、羧酸及其衍生物、卤代物、环氧化合物及有机含氮化合物等。这些产品，有些具有独立用途，如溶剂、萃取剂、抗冻剂等，广泛地应用于油漆工业、油脂工业、运输工业及其他工业。但更大量的主要是作为高分子合成材料（树脂及塑料、合成纤维、合成橡胶、成膜物质等）的单体和合成洗涤剂、表面活性剂、水质稳定剂、染料、医药、农药、香料、涂料、增塑剂、阻燃剂等精细有机化学工业的原料和中间体。基本有机化学工业与国民经济许多部门都有密切的关系，是一门重要的基础化学工业。

基本有机化学工业对支援农业也起着重要的作用，它除为农业现代化所使用的合成材料（合成橡胶，塑料薄膜及其他塑料制品等）提供原料和单体外，还为生产杀虫剂、除莠剂、植物生长调节剂等农药提供原料和中间体。同时又可代替农业为国民经济各部门提供原料，例如以合成酒精代替粮食发酵法制酒精，可大量节约工业用粮；又如为合成纤维工业提供多品种、大数量的原料和单体，可大量节约天然纤维原料——棉花，从而可使更多的耕地用于生产粮食和其他经济作物。

基本有机化学工业还为国防工业的尖端科学技术的发展提供特种溶剂，高能燃料及制备特殊性能的合成材料所需的原料和单体等。所以基本有机化学工业的发展对我国的四个现代化建设，起着重要的作用，而它的发展在一定程度上也可以反映出一个国家的工业水平和科学技术发达的程度。

乙烯是基本有机化学工业最重要的产品，它的发展带动着其他基本有机化工产品生产的发展，因此乙烯的产量往往标志着一个国家基本有机化学工业发展的水平。1960年乙烯的世界年产量为3.6Mt，1970年上升到19Mt，1984年生产能力达46.5Mt，预计2000年对乙烯的需求量将达到58～68Mt。乙烯生产的发展，使其他基本有机化工产品的生产也有了很大的增长。并在开发新工艺、新技术、简化生产方法，降低原料单耗和能耗、开辟新的原料路线、提供新产品、防治环境污染等方面都取得了较大的进展。生产自动化的程度也有了很大的提高，有些产品的生产过程已实现了电子计算机控制。现代科学技术的发展为基本有机化学工业生产技术的进步开辟了道路，并将继续推进其向前发展。

第一节　基本有机化学工业的原料[1～6]

在20世纪初期，基本有机化学工业的原料主要是以煤为基础，利用煤焦油中所含的芳烃来制造染料、香料和药物等所需的原料和中间体，后来利用由煤得到的电石，发展了乙炔工业，用乙炔来生产乙醛、醋酸等化工原料及合成材料的单体。在30年代，开始用石油为原料来生产基本有机化工产品。由于石油和天然气资源丰富，可供大规模制取乙烯、丙烯等低级烯烃，成本较低。以它们为原料比以煤（包括乙炔）为原料可制取的基本有机化工产品，其品种要多得多。50年代初各国竞相发展以石油为原料的基本有机化学工业，从而出现了新兴的“石油化学工业”。50年代末60年代初，一些重大的石油化工科学技术相继研究成功，推进了石油化学工业的迅速发展，促使基本有机化学工业的原料由煤转向石油。这一根本的变革，给基本有机化学工业的发展，带来了广阔的前景，在短短的20多年中，无论在产品的品种和生产规模方面都得到了前所未有的发展。

70年代以来，在能源危机的影响下，在世界范围内开展了开发新原料的研究工作，其中以一碳化学新技术，受到普遍重视。所谓一碳化学技术，就是将含有一个碳原子的化合物（主要是一氧化碳和甲醇）为原料，通过化学加工合成含有两个或两个以上碳原子的基本有机化工产品的技术。这些一碳化合物除可由天然气获得外，也可由煤来制取。故随着一碳化学技术的发展，又将使煤在基本有机化学工业中的地位得到增长。但由于存在着经济性和原料输送等问题，一碳化学技术的开发和应用受到一定的限制，尤其在生产大量基本有机化工产品方面。据展望在21世纪世界基本有机化学工业的主要原料仍将是石油，但一碳化学也将会有较大的发展。

一、天然气及其加工产物[7～9]

（一）天然气的组成

天然气是埋藏在地下深度不同地层中的可燃性气体。它主要由甲烷、乙烷、丙烷和丁烷组成，并含有少量戊烷以上的重组分及二氧化碳、氮、硫化氢、氨等杂质。

天然气有干气和湿气、富气和贫气之分。一般每m^3气体中C_5以上重质烃含量低于$13.5\times10^{-6}m^3$的为干气，高于此值为湿气；含C_3以上烃类超过$94\times10^{-6}m^3$的为富气，低于此值为贫气。我国天然气蕴藏量丰富，其组成随产地而异。表1为四川一些产地天然气组成举例。

表1　天然气组成举例

产　地	组成/%(体积)									
	CH_4	C_2H_6	C_3H_8	C_4H_{10}	C_5H_{12}	CO_2	H_2S	H_2	N_2	He
庙高寺	96.42	0.73	0.14	0.04			0.69		1.93	0.05
自流井	97.12	0.56	0.07			1.135	0.02	0.002	1.06	0.032
中　坝	82.78	1.69	0.68	0.72	0.76	4.51	6.75	0.05	0.67	

天然气有单独蕴藏的丰富资源，通常称为气田，由气田采出的天然气，主要成分是甲烷，有的气田所采天然气甲烷含量可高达99%以上。湿天然气的产地常常和石油产地在一起，它们随石油一起开采出来，故通常称为油田气，又称油田伴生气。油田气的成分也是以甲烷为主，并含有乙烷、丙烷和丁烷以及少量轻汽油。此外还含有杂质硫化氢、二氧化碳和氢等。油田气中的丙烷、丁烷能以“液化气体”的形式分离出来，这种液化气体又称“液化石油气”(LPG)。油田气中C_5以上烷烃则能以“气体汽油”形式分离出来，通常称为凝析油，几种油田气的成分见表2。

表 2　几种油田气组成

产　地	组成/%(体积)								
	CH_4	C_2H_6	C_3H_8	C_4H_{10}	C_5H_{12}	$C_6H_{14}^+$	CO_2	H_2S	其　他
大庆油田	79.75	1.9	7.6	5.62	其　余				3.31
胜利油田	86.6	4.2	3.5	2.6	1.1	0.3	0.6	1.1	
大港油田	76.29	11.0	6.0	4.0	1.36			0.71	

（二）天然气的化工利用

天然气（包括油田气）中甲烷的化工利用主要有三个途径：在镍催化剂作用下经高温水蒸气转化或经部分氧化法制成合成气（$CO+H_2$），然后进一步合成甲醇、高级醇、氨、尿素以及一碳化学产品；经部分氧化制造乙炔，发展乙炔化学工业；直接用于生产各种化工产品，例如炭黑，氢氰酸，各种氯代甲烷、硝基甲烷等。

湿天然气或油田气经脱硫脱水预处理后，用压缩冷冻等方法可将其中 C_2 以上烷烃分离出来，进一步加工利用。乙烷、丙烷和丁烷是裂解制乙烯和丙烯的重要气态烃原料。丙烷也可用于氧化制乙醛。丁烷可用于氧化制醋酸和顺丁烯二酸酐；脱氢制 1,3-丁二烯等化工产品。天然气（包括油田气）的化工利用途径见表 3 所示。

表 3　天然气的化工利用途径

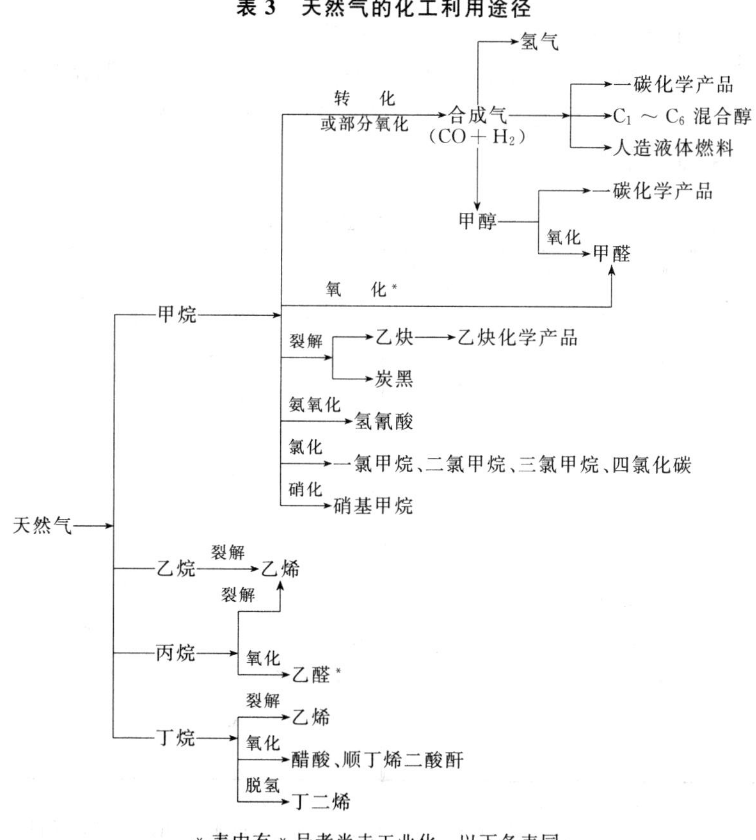

* 表中有 * 号者尚未工业化，以下各表同。

二、石油及其加工产物[10~14]

石油是一种有气味的黏稠状液体，其色泽是黄到黑褐色，色泽深浅与密度大小有关，也与所含组成有关。

石油组成非常复杂，主要是由碳、氢两元素组成的各种烃类，并含有少量含氮、含硫和含氧化合物，各种元素的平均含量是：

C ……………………………………………………………………………… 83%～87%

H ……………………………………………………………………………… 11%～14%

O、S、N ……………………………………………………………………………… 1%左右

石油中所含烃类有烷烃、环烷烃和芳香烃三种。根据其所含烃类主要成分的不同可以把石油分为三大类：烷基石油（石蜡基石油）、环烷基石油（沥青基石油）和中间基石油。我国所产石油大多属于烷基石油，如大庆原油就属于低碱低胶质、高烷烃类石油，含有较多的高级直链烷烃。表4为大庆原油的主要物化性质。

石油中所含硫化物有硫化氢、硫醇（RSH）、硫醚（RSR）、二硫化物（RSSR）和杂环化合物等。多数石油含硫总量小于1%。这些硫化物都有一种臭味，对设备有腐蚀性。有些硫化物如硫醚、二硫化物等本身无腐蚀性。但受热后会分解生成腐蚀性较强的硫醇与硫化氢，燃烧生成的二氧化硫会造成空气污染，硫化物还能使催化剂中毒。所以除掉油品中的硫化物是石油加工过程中重要的一环。石油中氮化物含量在千分之几至万分之几，胶质越多，含氮量也愈高。氮化物主要是吡咯、吡啶、喹啉和胺类等。石油中氧化物含量变化很大，从千分之几到1%，主要是环烷酸和酚类等，也具有腐蚀性。

石油中胶状物质（胶质、沥青质、沥青质酸等）对热不稳定，很容易起叠合和分解作用，其结构非常复杂，具有很大的分子量，不挥发，绝大部分集中在石油的残渣中，油品越重，所含胶状物质也越多。

表4　大庆原油的主要物化性质

项　目	数　据	项　目	数　据
密度/(kg/m^3)	0.8615×10^{-3}	至100℃馏分量	1%
动力黏度/Pa·s	23.79×10^{-3}	至120℃馏分量	3%
凝固点/℃	23	至160℃馏分量	13%
闪点/℃	38	至200℃馏分量	22%
含蜡量,蒸馏值	17.9%,熔点51～52℃	至240℃馏分量	31%
元素分析		至280℃馏分量	39%
C	85.74%	至300℃馏分量	25%
H	13.31%	胶质	15.9%
S	0.11%	沥青质	0.98%
平均分子量	300	残炭	3.1%
馏程		盐分(NaCl)/(kg/m^3)	0.133
初馏点/℃	79	灰分	0.02%

从地下开采出来的未经加工处理的石油称为原油。原油一般不直接利用，须经过加工制成各类石油产品。根据不同的需要对油品沸程的划分也略有不同，一般可分为：轻汽油（50～140℃）；汽油（140～200℃），航空煤油（145～230℃）；煤油（180～310℃）；柴油（260～350℃）；润滑油（350～520℃）；重油（渣油）（>520℃）等。下面简单介绍与基

本有机化学工业有关的石油加工方法。

（一）常减压蒸馏

原油在蒸馏前，一般先经脱盐、脱水处理。要求含盐量不大于0.05kg/m³，含盐量高时，会造成蒸馏装置严重腐蚀和炉管结盐，使加热炉迅速降低传热效果。要求含水量不超过0.2%，含水量高时，会使能耗增高。在加工含硫原油时，应在炼制过程中加入适当的碱性中和剂和缓蚀剂，以减少设备的腐蚀。常减压蒸馏的流程见图1所示。

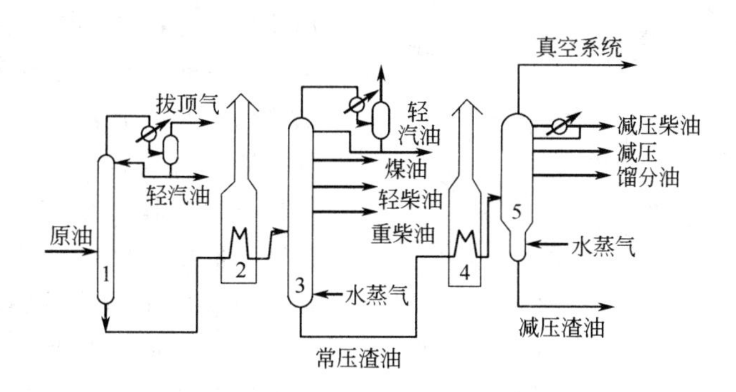

图1 原油常减压蒸馏流程

1—初馏塔；2—常压加热炉；3—常压塔；4—减压加热炉；5—减压塔

原油经预热至200～240℃后，入初馏塔。轻轻由初馏塔塔顶蒸出，经冷却后入分离器分离掉水和未凝气体，分离器顶部溢出的气体称为“拔顶气”，约占原油的0.15%～0.4%。拔顶气含乙烷约2%～4%，丙烷30%左右，丁烷40%～50%，其余为C_5和夹带的少量C_5以上组分。拔顶气一般作燃料用，也是生产乙烯的裂解原料。

初馏塔塔顶蒸出的轻汽油（也称石脑油），是催化重整装置生产芳烃的原料，也是生产乙烯的裂解原料。初馏塔塔底油送常压加热炉加热至360～370℃，再入常压塔分割出轻汽油、煤油、轻柴油、重柴油（AGO）等馏分，它们都可作为生产乙烯的裂解原料。轻汽油和重柴油也分别是催化重整和催化裂化的原料。

留在常压塔底的重组分称常压渣油，为了避免在高温下蒸馏而导致组分进一步分解，采用减压操作。将常压渣油在减压加热炉中加热至380～400℃，入减压蒸馏塔，减压塔第一侧线可出减压柴油（VGO），一般把侧线产品统称减压馏分油。塔底为减压渣油，减压柴油也可作生产乙烯的裂解原料和催化裂化原料，减压渣油可用于生产石油焦或石油沥青。

（二）催化裂化

催化裂化目的是将不能用作轻质燃料的常减压馏分油，加工成辛烷值较高的汽油等轻质燃料。

裂化是一化学加工过程，有热裂化和催化裂化两种工艺。热裂化是在480～500℃条件下进行，催化裂化是在催化剂存在下于500℃左右温度条件下进行。直链烷烃在催化裂化条件下，主要发生的化学变化有：

（1）碳链的断裂和脱氢反应——生成分子量较小的烷烃和烯烃。

（2）异构化反应——使产物中异构烃含量增加。

（3）环烷化和芳构化反应——使产物中芳烃含量增加。

(4) 叠合、脱氢缩合等反应——生成分子量更大的烃以及焦炭。由于催化裂化过程中有焦炭生成，故催化剂需频繁再生。

工业上采用的催化裂化装置主要有以硅铝酸为催化剂的流化床催化裂化（FCC）和以高活性稀土Y分子筛为催化剂的提升管催化裂化两种，图2为流化床催化裂化的工艺流程示意图。

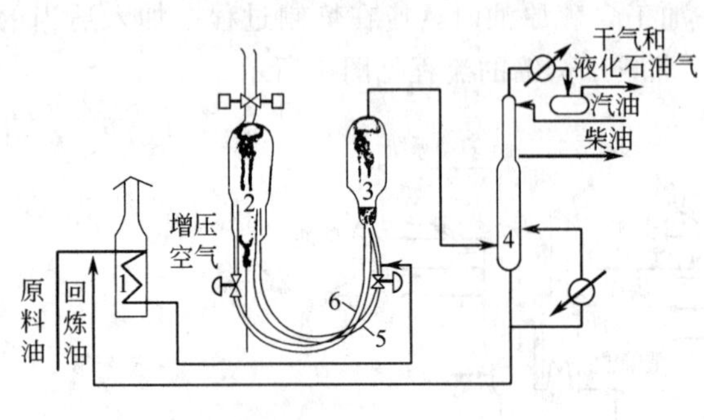

图2 催化裂化工艺流程

1—加热炉；2—再生器；3—反应器；4—分馏塔；5—提升管（Ⅰ）；6—提升管（Ⅱ）

催化裂化原料油预热到360～380℃，用喷嘴雾化，喷入提升管（Ⅰ）的上部，与再生后的高温催化剂接触而迅速汽化，油气带着催化剂一起上升经分布板进入反应器进行裂解反应，反应温度主要依靠催化剂的循环量和原料油入口温度来控制。催化裂化是吸热反应，所需反应热借高温催化剂的显热供给。经催化裂化后的催化剂，温度降低，且表面附着大量焦炭而失活。失活的催化剂经提升管（Ⅱ）借高温增压空气送至再生器，在再生器进行烧焦再生，再生时催化剂的温度升至570～600℃，再生后的高温催化剂复经提升管（Ⅰ）循环进行催化裂化。催化裂化产物经二级旋风分离器分离掉所夹带的绝大部分催化剂粉末后，离开反应器进入分馏塔，分馏出汽油、柴油等馏分油，同时副产干气（C_2以下）和液化石油气（C_3～C_4），液化石油气的质量收率为10%～17%，其组成因所用原料不同、催化剂不同和反应条件不同而有异。表5为液化石油气组成举例。

表5 液化石油气组成举例

成分	组成/%（质量）										
	H_2	CH_4	C_2H_6	C_2H_4	C_3H_8	C_3H_6	nC_4H_{10}	iC_4H_{10}	nC_4H_8	iC_4H_8	C_5H_{12}
例一			1.69		11.66	23.96	6.25	23.27	21.77	6.26	5.14
例二	1		1.37	0.34	10.02	28.30	5.24	25.89	17.48	8.59	2.12

液化石油气是可贵的基本有机化工原料，其中所含的丙烯、正丁烯和异丁烯都可直接用于生产各种基本有机化工产品，所含的正构烷烃也是生产乙烯的裂解原料。

（三）催化重整

催化重整是使原油常压蒸馏所得的轻汽油馏分经过化学加工转变成富含芳烃的高辛烷值汽油的过程，现在该法不仅用于生产高辛烷值汽油，且已成为生产芳烃的一个重要方法。

催化重整常用的催化剂是Pt/Al_2O_3，故也称铂重整。为了增加芳烃收率，近年来发展了铂-铼，铂-铱等两种以上多金属重整催化剂。

催化重整过程所发生的化学反应主要有下面几类：

(1) 环烷烃脱氢芳构化

例

$$\text{环己烷} \rightleftharpoons \text{苯} + 3H_2$$

（2）环烷烃异构化脱氢形成芳烃

例

$$C_5H_9CH_3 \rightleftharpoons C_6H_{12} \rightleftharpoons C_6H_6 + 3H_2$$

（3）烷烃脱氢芳构化

例

$$CH_3CH_2CH_2CH_2CH_2CH_3 \longrightarrow C_6H_6 + 4H_2$$

$$CH_3CH_2CH_2CH_2CH_2CH_2CH_3 \longrightarrow C_6H_5CH_3 + 4H_2$$

（4）正构烷烃的异构化和加氢裂化等反应。加氢裂化反应的发生，会降低芳烃的收率，应尽量抑制其反应发生。

经重整后得到的重整汽油含芳烃 30%～50%，从重整汽油中提取芳烃常用液液萃取的方法。即用一种对芳烃和非芳烃具有不同溶解能力的溶剂（如乙二醇醚、环丁砜等），将重整汽油中的芳烃萃取出来，然后将溶剂分离掉，经水洗后获得基本上不含非芳烃的芳烃混合物，再经精馏得到产品苯、甲苯和二甲苯。催化重整的工艺流程主要有三个组成部分：预处理、催化重整、萃取和精馏。催化重整部分的工艺流程如图 3 所示。

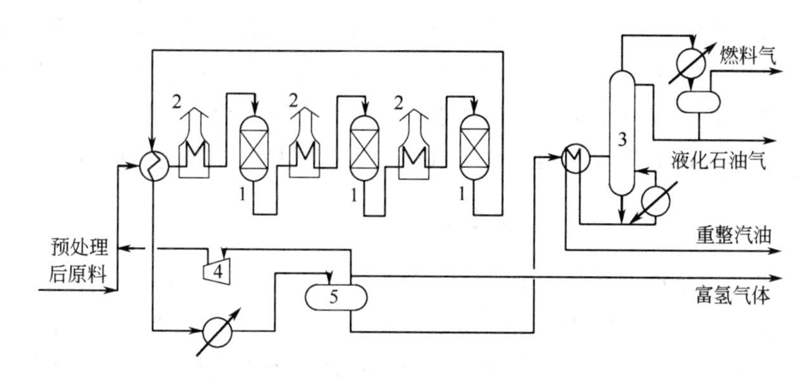

图 3　催化重整工艺流程

1—反应器；2—加热炉；3—稳定塔；4—循环压缩机；5—分离器

催化重整的原料油不宜过重，一般终沸点不得高于 200℃。重整过程对原料杂质含量有严格要求。如砷、铅、钼、汞、硫、有机氮化物等都会使催化剂中毒而失去活性，尤其对砷最为敏感，因此原料油中含砷量不宜大于 0.1ppm。原料油需先脱除砷，再经加氢精制以脱除有机硫和有机氮等有害杂质，然后进入重整装置。重整反应温度为 500℃左右，压力为 2MPa 左右。环烷烃和烷烃的芳构化反应都是强吸热反应（反应热为 628～837kJ/kg 重整原料），重整反应是在绝热条件下进行的，为了保持一定的反应温度，一般重整反应器由三（或四）个反应器串联，中间设加热炉，以补偿反应所吸收的热量。自最后一个反应器出来的物料，经冷却后，进入分离器分离出富氢循环气（多余部分排出），所得液体入稳定塔，脱去轻组分（燃料气和液化石油气）后，得重整汽油。重整汽油经溶剂萃取后，萃余油可混入商品汽油，萃取液分离掉溶剂和水洗后，再经精馏可分别得到纯苯、甲苯和二甲苯以及 C_9 芳烃。

(四) 加氢裂化

加氢裂化是炼油工业中增产航空喷气燃料和优质轻柴油常采用的一种方法。加氢裂化所用催化剂有贵金属（Pt，Pd）和非贵金属（Ni、Mo、W）两种，常用的载体固体酸，如硅酸铝分子筛等。将重质馏分油（例如减压渣油）在催化剂存在下于10～20MPa和430～450℃条件下进行加氢裂解，可得到优质的汽、煤、柴油。加氢裂化过程发生的主要反应有：烷烃加氢裂化生成分子量较小的烷烃；正构烷烃的异构化，多环环烷烃的开环裂化和多环芳烃的加氢开环裂化。并可同时发生有机含硫化合物和有机含氮化合物的氢解。加氢裂化产品收率高，质量好。产品中含不饱和烃少，重芳烃少，杂质含量少，而异构烷烃含量较高。表6是减压柴油加氢裂解产品的组成。

表6　减压柴油加氢裂解产品

组成/%(质量)	原　料 减压柴油	加　氢　裂　解　产　品		
		加氢轻油	加氢汽油	加氢减压柴油
烷烃	22.5	24	27.7	74
环烷烃	39.0	43.2	56.1	24.6
芳烃	37.5	32.6	16.2	1.2

减压柴油中重芳烃含量高，不宜作生产乙烯的裂解原料。但经加氢裂解后所得的加氢减压柴油，虽仍是重质油，但重芳烃含量显著减少，就可作生产乙烯的裂解原料。加氢裂化过程所产生的低级烷烃（正丁烷、异丁烷）等也是有用的化工原料。

综上所述，从石油加工可得到基本有机化学工业原料的主要途径如表7所示。

三、煤及其加工产物[15～18]

煤是自然界蕴藏量很丰富的资源，到目前为止世界上已探测的煤炭资源与石油相比要丰富得多。我国的煤炭资源极为丰富，因此从长远观点来看，发展以煤为原料的基本有机化学工业具有重要意义。煤的品种很多，然而它们都是由无机物和有机物两部分组成，无机物主要是水分和矿物质；有机物主要是碳、氢、氧和少量氮、硫、磷等元素组成。各种煤所含的碳、氢、氧元素组成见表8。

煤的结构很复杂，是以芳香核结构为主具有烷基侧链和含氧、含硫、含氮基团的高分子化合物。因此从煤加工产品可得到很多从石油加工产品难于得到的基本有机化工原料和产品，如萘、蒽、菲、酚类、喹啉、吡啶、咔唑等。长期以来煤主要是作为燃料，其化工利用较少，这是不经济的。因此开展煤的化工利用，为基本有机化学工业提供更多的原料和产品，具有重要的意义。对基本有机化学工业有关几种煤的化学加工方法做一简单介绍。

(一) 煤的干馏

将煤隔绝空气加热，随着温度的升高，煤中有机物逐渐开始分解，其中挥发性物质呈气态逸出，残留下不挥物性产物就是焦炭或半焦。这种加工方法称煤的干馏。按加热的终点温度的不同，可分为三种：900～1100℃为高温干馏；700～900℃为中温干馏；500～600℃为低温干馏。

表 7　从石油加工可获得的基本有机化学工业原料

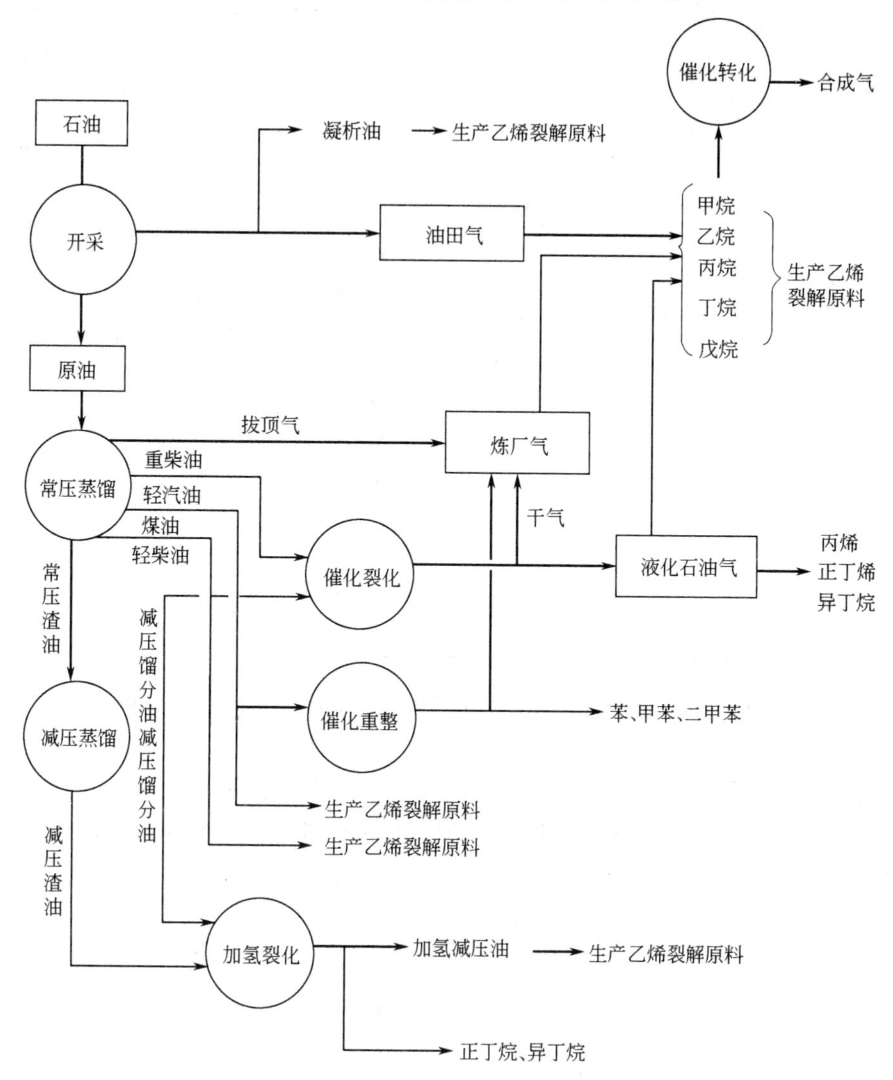

表 8　煤的主要元素组成

煤的种类	元素分析			煤的种类	元素分析		
	C/%	H/%	O/%		C/%	H/%	O/%
泥　煤	60～70	5～6	23～35	烟　煤	80～90	4～5	5～15
褐　煤	70～80	5～6	15～25	无烟煤	90～98	1～3	1～3

煤的高温干馏（简称焦化），是将粉煤制成球状在炼焦炉内隔绝空气加热到1000℃左右。煤发生焦化分解生成气体产物和固体产物焦。气体产物经洗涤、冷却等处理后分别得到煤焦油、氨、粗苯和焦炉煤气。各产物的收率（对煤的质量%）分别为：焦70%～78%，煤焦油3%～4.5%，氨0.25%～0.35%，粗苯0.8%～1.4%，焦炉煤气15%～19%。

煤焦油的组成相当复杂，已验证的约有500多种。将煤焦油进行精馏，可分成若干馏分，见表9。

表 9　煤焦油精馏所得各馏分

馏　　分	沸点范围/℃	含量/%(质量)	主 要 组 分	可 获 产 品
轻　　油	＜170	0.4～0.8	苯族烃	苯、甲苯、二甲苯
酚　　油	180～210	1.0～2.5	酚和甲酚 20%～30% 萘 5%～20% 吡啶碱类 4%～6%	苯酚、甲酚 吡啶
萘　　油	210～230	10～13	萘 70%～80% 酚、甲酚、二甲酚 4%～6% 重吡啶碱类 3%～4%	萘 二甲酚 喹啉
洗　　油	230～300	4.5～6.5	甲酚、二甲酚及高沸点酚 3%～5% 重吡啶碱类 4%～5% 萘＜15% 甲基萘、苊、芴等	萘、 喹啉
蒽　　油	300～360	20～28%	蒽 16%～20% 萘 2%～4% 高沸点酚 1%～3% 重吡啶碱类 2%～4%	粗蒽
沥　　青	＞360	54～56%		

煤焦油中虽含有多种从石油加工中不能得到的有价值成分，但因分离困难，至今尚未能充分利用。

粗苯主要由苯、甲苯、二甲苯、三甲苯所组成，尚含有少量不饱和化合物、硫化物、酚类和吡啶。粗苯中各组分的平均含量见表 10。将粗苯进行分离精制，可得到苯、甲苯、二甲苯等基本有机化学工业的原料。

表 10　粗苯的组成

组　　分 （芳烃）	含量/%	组　　分 （不饱和烃）	含量/%	组　　分 硫化物	含量/%	组　　分 （其他）	含量/%
苯	55～80	戊烯	0.5～0.3	二硫化碳	0.3～1.5	吡啶 甲基吡啶	0.1～0.5
甲苯	12～22	环戊二烯	0.5～1.0	噻吩 甲基噻吩 二甲基噻吩	0.3～1.2		
二甲苯	3～5	C_6～C_8 烯烃	～0.6			酚	0.1～0.6
乙苯	0.5～1.0	苯乙烯	0.5～1.0			萘	0.5～2.0
三甲苯	0.4～0.9	茚	1.5～2.5	硫化氢	0.1～0.2		

焦炉煤气是热值很高的气体燃料，从中也可取得基本有机化学工业所需的原料。焦炉煤气的组成见表 11。

表 11　焦炉煤气的组成

组　　分	含量/%(V)	组　　分	含量/%(V)
氢	54～59	一氧化碳	5.5～7
甲烷	24～28	二氧化碳	1～3
C_nH_m(乙烯等)	2～3	氮	3～5

用吸附分离法分离焦炉煤气，可得纯度到达99.9999%的氢气。此外从焦炉煤气中也可分离出甲烷馏分（甲烷含量75%～85%）和乙烯馏分（乙烯含量40%～50%）。

低温干馏固体产物为结构疏松的半焦，焦油收率较高，煤气收率较低。其焦油组成也不同（见表12）。

表12 烟煤低温干馏煤焦油的组成

馏　分	含量/%(质量)	主 要 成 分
蜡油	5.2～6.1	正构烷烃
酸性油	17.4～38.0	含氧化合物(主要是酚类),含硫化合物
碱性活	1.7～2.5	含氮化合物,如吡啶、吡咯等
中性油	40～60	各种烃类
沥青质	2.6～5.9	

（二）煤的气化

煤、焦或半焦在高温常压或加压条件下，与气化剂反应转化为一氧化碳、氢等可燃性气体的过程，称为煤的气化。气化剂主要是水蒸气、空气或它们的混合气。煤的气化是获得基本有机化学工业原料——一氧化碳和氢（合成气）的重要途径。

由煤生产合成气，工业上应用较广的有固定床气化法和沸腾床气化法两种。固定床气化法是将水蒸气通入炽热的煤层使其发生下列反应而转化为合成气。

$$C+H_2O \rightleftharpoons CO+H_2 \quad \Delta H^0=118.798\text{kJ/mol}$$

$$C+2H_2O \rightleftharpoons CO_2+2H_2 \quad \Delta H^0=75.222\text{kJ/mol}$$

$$CO_2+C \longrightarrow 2CO \quad \Delta H^0=162.374\text{kJ/mol}$$

这些反应都是吸热反应，如果连续通入水蒸气，将使煤层的温度迅速下降。为了保持煤层的温度必须交替向炉内通入水蒸气和空气，当向炉内通入空气时，主要进行煤的燃烧反应，放出热量，加热煤层。反应温度愈高、水蒸气对煤的分解反应愈完全。用上述方法制得的煤气称为水煤气，其代表性组成为：H_2 48.4%，CO 38.5%，CO_2 6.0%，N_2 6.4%，CH_4 0.5%，O_2 0.2%。其中所含的CO_2可通过高压水吸收等方法除去。剩下的主要组分H_2和CO称合成气。合成气中H_2与CO的摩尔比可通过下列变换反应进行调节。

$$CO+H_2O \xrightleftharpoons{Fe_3O_4,350\sim400℃} CO_2+H_2$$

所生成的CO_2仍可用吸收法除法。

（三）煤与石灰熔融生产电石

煤的另一具有悠久历史的化工加工用途是制造电石。工业电石的主要成分是碳化钙，并含有多种杂质，其大致组成见表13。

表13 电石的大致组成

组　分	含量/%	组　分	含量/%	组　分	含量/%
碳化钙	77.84	氧化铁、氧化铝	2.00	磷	0.02
氧化钙	16.92	二氧化硅	2.65	碳	0.43
氧化镁	0.06	硫	0.08	砷	少量

工业电石是由生石灰与焦炭或无烟煤在电炉内于2200℃反应而制得

$$CaO+3C \rightleftharpoons CaC_2+CO \quad \Delta H^0=468.832kJ/mol$$

电石是生产乙炔的重要原料，将电石用水分解即可制得乙炔。

$$CaC_2+2H_2O \longrightarrow C_2H_2+Ca(OH)_2$$

$$\Delta H^0=138.138kJ/mol$$

由于工业电石中含有硫化物、磷化物等杂质，故由电石水解所得的乙炔气是不纯的，含有硫化氢、磷化氢等有害气体，必须精制。可将乙炔气通过次氯酸钠溶液使所含杂质氧化除去。由电石生产乙炔耗电量大，每公斤乙炔约需耗电10kW·h左右。1kg化学纯碳化钙用水分解，乙炔的理论生成量为0.38088m^3（20℃，101.3kPa），因工业电石不纯，不能达到此值，一段要求在0.3m^3以上。

综上所述，从煤获取基本有机化学工业原料的途径如表14所示。

表14　从煤获取基本有机化学工业原料的途径

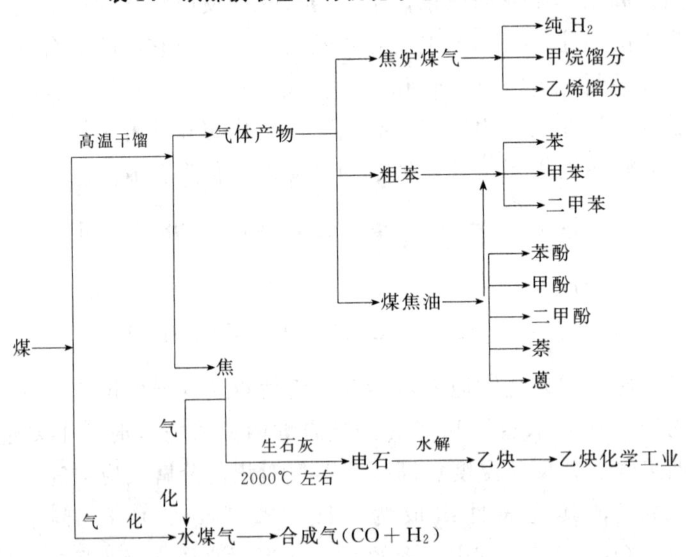

四、生物质的利用[19]

利用生物质资源获取基本有机化学工业的原料和产品，已有悠久的历史。早在17世纪人们已发现将木材干馏可制取甲醇（联产醋酸和丙酮）的方法。自然界中许多含纤维素、半纤维素、淀粉、糖类和油脂的生物质均可为基本有机化学工业提供原料和产品。

将含淀粉物质先进行蒸煮，使淀粉糊化，再加入一定量的水，冷却至60℃左右，并加入淀粉酶，使淀粉依次水解为麦芽糖和葡萄糖，然后加入酵母菌进行发酵可制得乙醇

$$\underset{\text{淀粉}}{2(C_6H_{10}O_5)_n} \xrightarrow{H_2O} \underset{\text{麦芽糖}}{C_{12}H_{22}O_{11}} \xrightarrow{H_2O} \underset{\text{葡萄糖}}{2C_6H_{12}O_6}$$

$$C_6H_{12}O_6 \longrightarrow 2C_2H_5OH+2CO_2$$

将发酵液进行精馏，得95%（质量）工业乙醇并副产杂醇油。

糖厂副产物糖蜜含有蔗糖、葡萄糖等糖类约50%～60%，也是发酵法制乙醇的良好原料。

含纤维素的农林副产品如木屑、碎木、植物茎秆等，经水解后再发酵也可得到乙醇。

将包米等含淀粉物质粉碎、蒸煮糊化后，用丙酮-丁醇酶发酵，则可得到丙酮、丁醇和乙醇

$$\underset{\text{淀粉}}{(C_6H_{10}O_5)_n} \xrightarrow{\text{水解}} \underset{\text{己糖}}{C_6H_{12}O_6} \xrightarrow[\text{发酵}]{\text{丙酮-丁醇酶}} CH_3CH_2CH_2CH_2OH + CH_3\underset{\underset{O}{\|}}{C}CH_3 + C_2H_5OH + CO_2\uparrow$$

所得丁醇、丙酮和乙醇质量比为6∶3∶1。

麸皮、玉米芯、棉籽皮、花生壳、甘蔗渣等农业副产物和农业废物中含有纤维素和半纤维素。纤维素是多缩己糖、半纤维素则由多缩己糖、多缩戊糖等组成。多缩己糖水解得己糖，经发酵可制得乙醇。多缩戊糖不能用酶发酵，但可用酸加热水解为戊糖，戊糖在酸性介质中加热易脱水而转化为糠醛。

$$\underset{\text{多缩戊糖}}{(C_5H_8O_4)_n} \xrightarrow[\triangle]{\text{稀硫酸}} \underset{\text{戊糖}}{C_5H_{10}O_5} \xrightarrow[\triangle]{} \begin{array}{l} CH{=}CH \\ | \quad\quad | \\ CH \quad C{-}CHO \\ \;\; \backslash O / \end{array} + 3H_2O$$

几种主要农副产品和农业废物的糠醛潜含量如表15。

表15　几种农副产品的糠醛潜含量

原　　料	糠醛潜含量/%(质量)	原　　料	糠醛潜含量/%(质量)
麸皮	20～22	甘蔗皮	15～18
玉米芯	20～22	稻壳	10～14
棉籽皮	18～21	花生壳	10～12
向日葵籽壳	16～20		

多缩戊糖的水解过程很慢，需在催化剂存在下进行。工业上是采用稀硫酸水解法。水解条件是：硫酸浓度6%左右，固液比1∶0.45，温度180℃左右，压力0.5～1MPa。制造糠醛的工艺过程如图4所示。

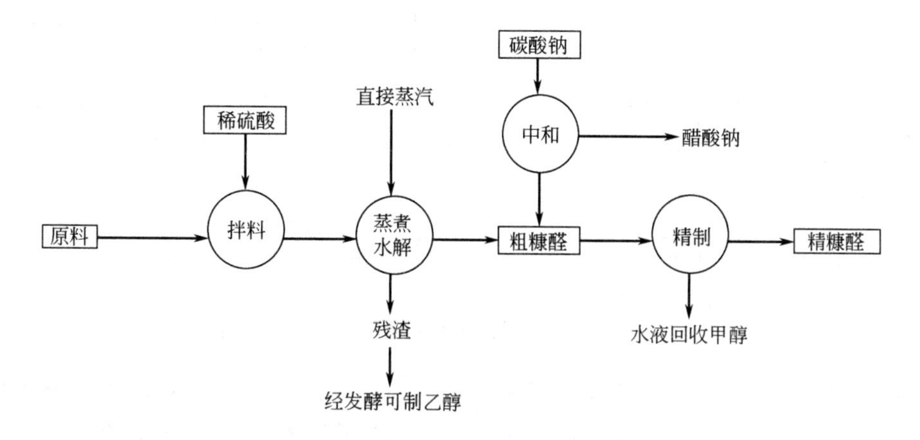

图4　制造糠醛的工艺过程

糠醛是基本有机化学工业的一种重要原料，到目前为止，由含多缩戊糖的农副产品水解制取糠醛是工业上生产糠醛的惟一方法。糠醛的主要用途见表 16。

表 16　糠醛的主要用途

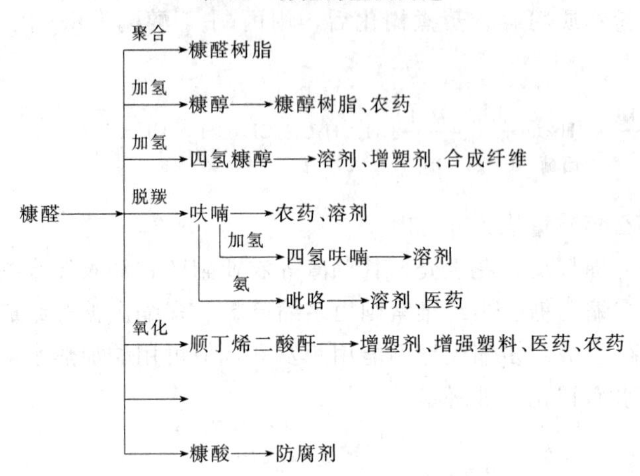

油脂是高级饱和和不饱和脂肪酸的甘油酯，是制取高级脂肪酸和高级饱和醇的重要原料。油脂水解可得高级脂肪酸，将油脂直接加氢，或转化为甲酯后加氢，或将水解后所得的高级脂肪酸加氢，均可制得高级醇。高级醇是表面活性剂的重要原料。加氢反应是在高温高压条件下，在催化剂存在下进行。常用的催化剂有 $CuO\text{-}CuCr_2O_4$ 和 Cu-Fe-Al-O 等。将椰子油在 $CuO\text{-}CuCr_2O_3$ 催化剂存在下，于 260～320℃，8～10MPa 压力下加氢，转化率可达 99%以上。其加氢产物组成见表 17 所示。

表 17　椰子油加氢产物组成举例

加氢产物组成/%（质量）						
C_8 醇	C_{10} 醇	C_{12} 醇	C_{14} 醇	C_{16} 醇	C_{18} 醇	烷　烃
9.2	6.5	49.1	16.9	6.9	6.2	5.0

椰子油是生产十二醇和十四醇的良好原料。

综上可知，利用生物质资源经过酶的催化作用或化学物质的催化作用可获得多种基本有机化学工业的原料或产品，而有一些产品从生物质资源制取，至今仍是惟一或较方便的途径。生物质资源除了农林副产物和农业废物外，尚有大量城市含生物质的垃圾资源，开发利用这些生物质资源，生产基本有机化工原料和产品是具有重要意义的。

第二节　基本有机化学工业的主要产品

一、碳一系统产品

碳一系统的产品包括甲烷系统产品和合成气系统产品两大类。甲烷系统产品见表 3。合成气系统产品指以合成气为原料的产品，并包括以甲醇和 CO 为原料的产品（是一碳化学重要组成部分）。其主要产品见表 18 所示。

表 18　合成气系统产品

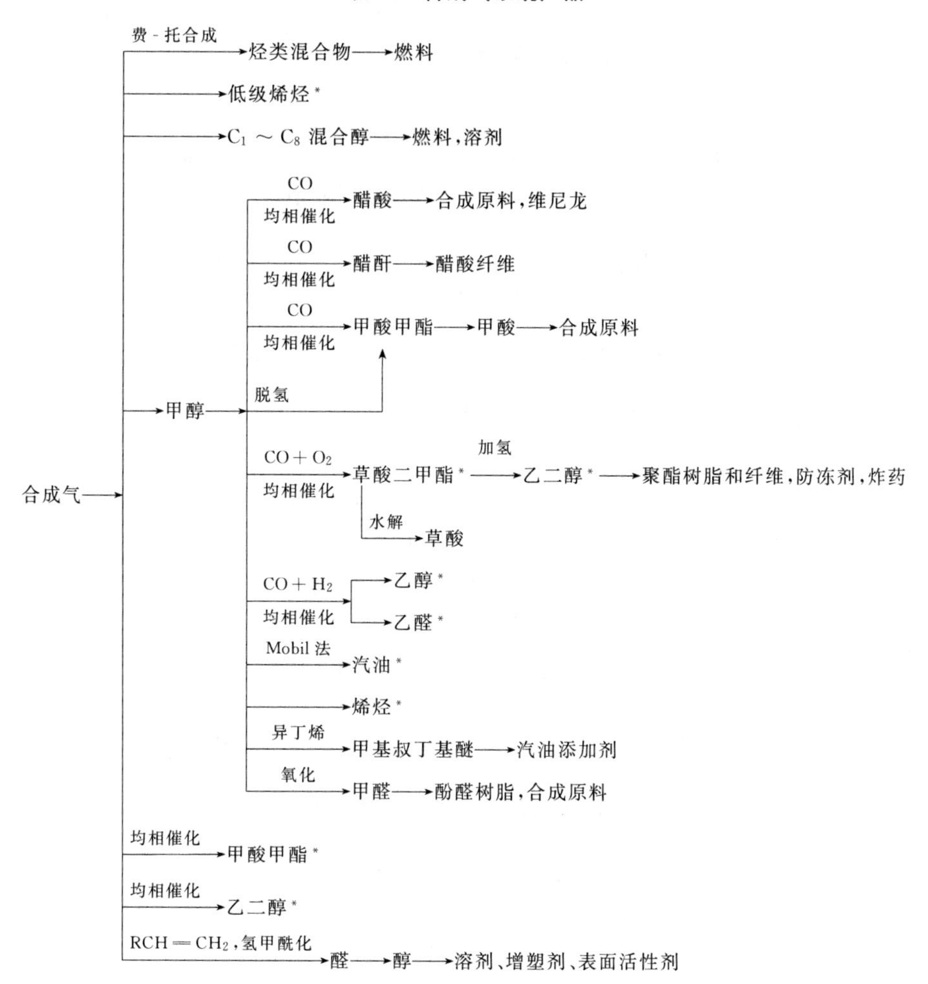

*　为尚在研究中。

二、乙烯系统产品

由乙烯出发可以生产许多重要的基本有机化学工业的产品。乙烯用途的分配在 80 年代虽不会发生很大的变化，但聚乙烯（高压聚乙烯、低压聚乙烯、线性低密度聚乙烯）、环氧乙烷和二氯乙烷等三个主要产品的产量仍会有较大的增长。乙烯用途的分配及乙烯系统的主要产品见表 19 和表 20。

表 19　乙烯用途分配比例

用途 / 年份	聚乙烯/%	环氧乙烷/%	二氯乙烷/%	苯乙烯/%	醋酸乙烯、乙醛等/%
1977	40.8	19.2	14	8.4	17.6
1980	40	18.9	15.1	7.9	18
1985	42.4	16.8	14.4	8.2	18.1
1987	45.8	18.5	14.5	8.1	13.6

表 20 乙烯系统主要产品

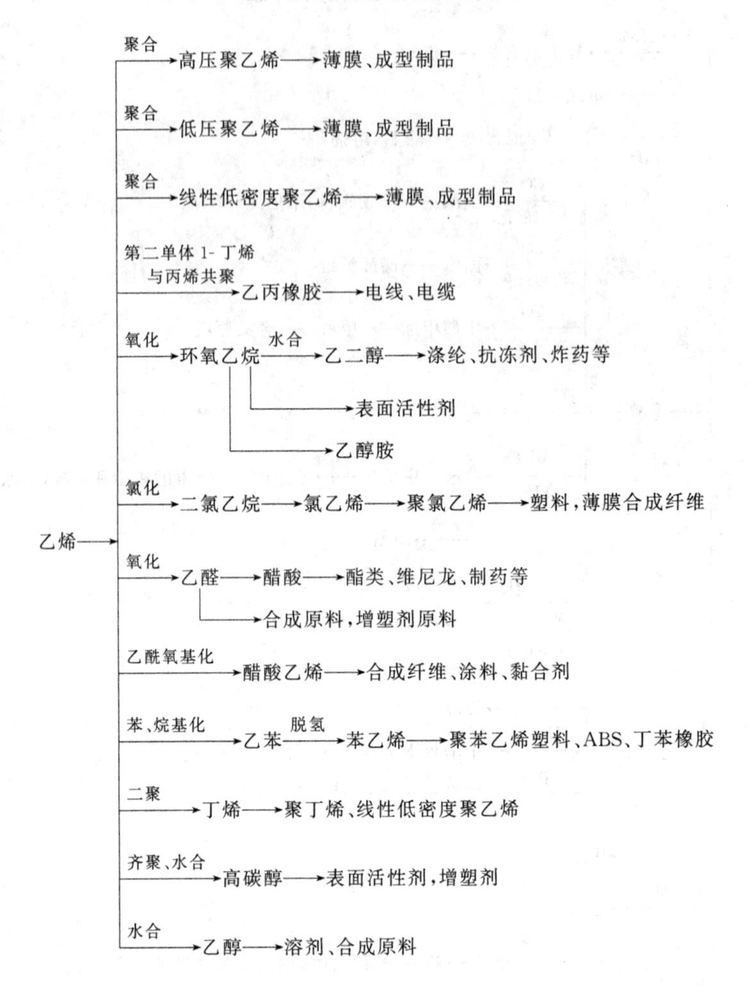

三、丙烯系统产品

丙烯系统产品的重要性，在基本有机化学工业中仅次于乙烯系统的产品。丙烯用途分配及丙烯系统主要产品见表 21 和表 22。

表 21 丙烯用途分配

年份＼用途	聚丙烯/%	丙烯腈/%	环氧丙烷/%	异丙苯/%	异丙醇/%	氢甲酰化制醇/%	其他/%
1974	22.3	15.6	14.4	10.6	14.4	8.1	14.5
1977	25.1	16.9	14.5	9.7	12.1	8.0	13.7
1980	27.5	15.7	13.7	9.4	10.0	7.4	16.2
1985	33.0	14.5	14.0	9.5	7.7	7.3	14.0

表 22　丙烯系统主要产品

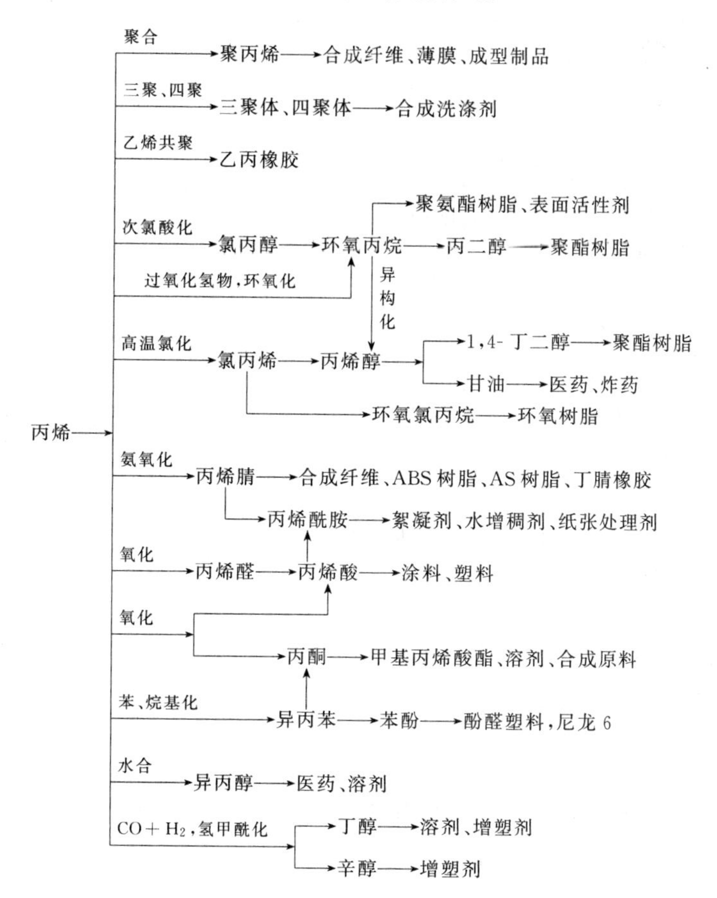

四、碳四烃系统产品

从油田气、炼厂气（包括石油液化气）和烃类裂解制乙烯的副产中都可获得碳四烃，但由于来源不同，所能获得的碳四烃也不同。油田气中主要含有碳四烷烃；炼厂气中除碳四烷烃外，尚含有大量碳四烯烃；裂解制乙烯副产的碳四馏分主要是碳四烯烃和二烯烃。然而有一点是共同的，那就是从上述来源获得的碳四烃都是复杂的混合物，要获得单一的碳四烃原料，必须经过分离。碳四烃来源丰富，是基本有机化学工业的重要原料，其中尤以正丁烯、异丁烯和丁二烯最为重要，其次是正丁烷。由这些碳四烃类所制得的基本有机化学工业的主要产品，见表 23。

五、芳烃系统产品

芳烃中以苯、甲苯、二甲苯和萘最为重要。苯、甲苯和二甲苯不仅可以直接作为溶剂，而且可以进一步加工成各种基本有机化工产品。表 24 为芳烃系统主要成品。

六、乙炔系统产品

乙炔化学工业在 50 年代以前，占有重要的地位，其主要产品有乙醛、醋酸、氯乙烯、醋酸乙烯和丙烯腈等。但从 60 年代起随着石油化工的兴起，这些产品已逐步转向以乙烯

表 23　碳四烃系统的主要产品

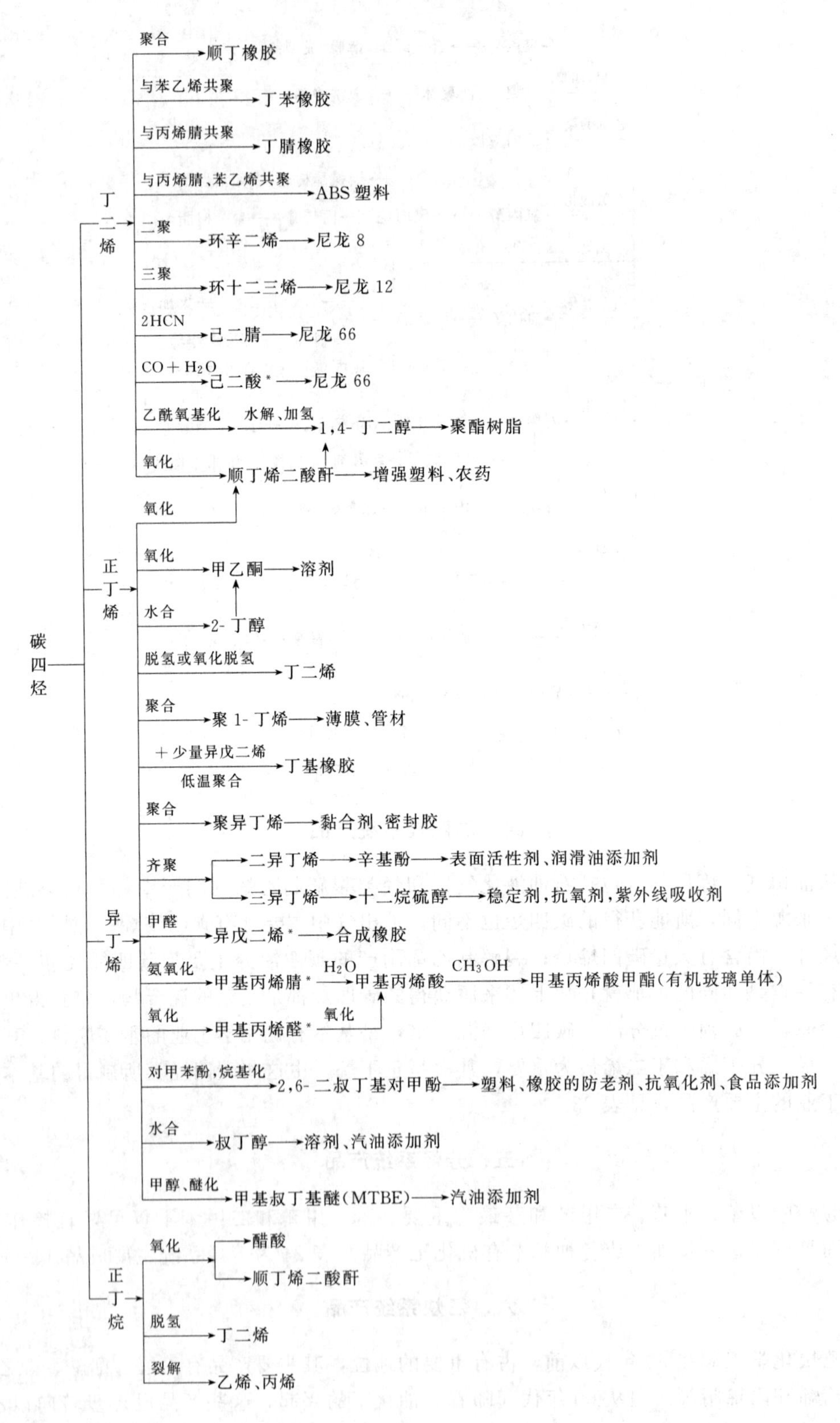

表 24　芳烃系统主要产品

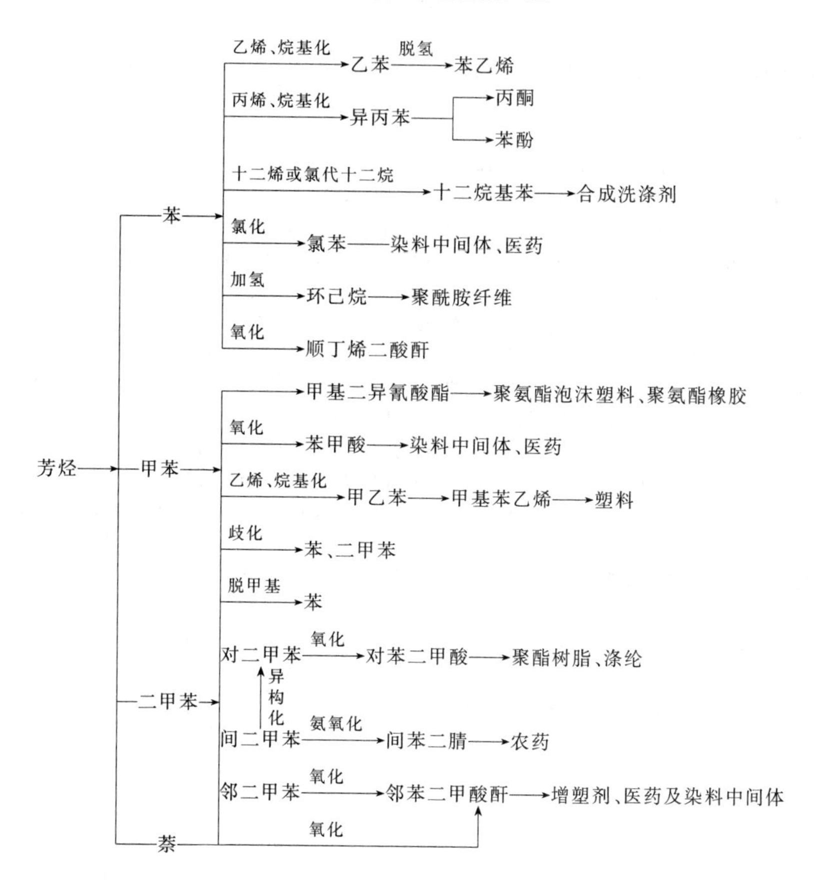

和丙烯为原料。而我国氯乙烯和醋酸乙烯的生产至今仍是乙炔和乙烯两种原料皆有采用。乙炔系统的另一产量较大的产品是1,4-丁二醇，该产品在40年代已实现工业化，至今主要还是采用乙炔为原料。乙炔系统产品见表25。

表 25　乙炔系统主要产品

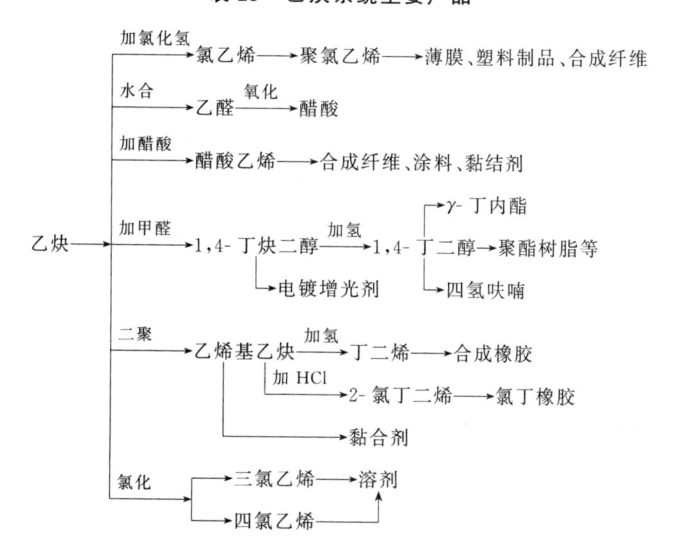

参 考 文 献

[1] Production By the U. S. Chemical Industry, Foreign Chemical Industries, Chem. Eng. News, June, 10, 24～31, 52～56 (1985).
[2] 松浦保，化学装置，22，1，18 (1980).
[3] Kari Criesbaum, Erdol und Kohle, 37, 3, 103 (1984).
[4] 北京化工研究院编，《基本有机原料》，燃料化学工业出版社，1971 年.
[5] A、Aqullo, J. S. Adler, et. al., Hydrocarbon Processing, 66, 3, 57 (1987).
[6] K、韦瑟麦尔，H. J. 阿普，《工业有机化学，重要原料及中间体》，白凤娥等译. 化学工业出版社.
[7] 关于合成化学的发展，石油化工译丛1，2，37 (1980)；1，3，50 (1980).
[8] 四川石油管理局编，《天然气工程手册》上册，石油工业出版社，1982 年.
[9] C. Φ. 古德科夫，《天然气与伴生气烃类的加工》，李奕良等译，中国工业出版社，1965 年.
[10] 功刀秦硕主编，《现代石油化学》，王林译，石油化学工业出版社，1976 年。
[11] 第一石油化工建设公司编，《炼油装置简介》，炼油设计研究院出版，1976 年.
[12] 石油二厂，抚顺石油学院编，《流化催化裂化》，石油化学工业出版社，1977 年.
[13] 石油三厂"催化重整"编写小组编，《催化重整》，石油化学工业出版社，1977 年.
[14] 日本通产省天然资源能源厅，重油加工研究所编，《重油加工手册》，郁祖庚等译，安徽科技出版社，1986 年.
[15] 库咸熙主编，《炼焦化学产品回收与加工》，冶金工业出版社，1985 年.
[16] A. M. 别洛诺什柯，《炼焦化学新产品及工艺》，曲法泉等译，冶金工业出版社，1982 年.
[17] 由焦炉气制高纯氢的 Hysec 工艺，石油化工译丛，4，15 (1985).
[18] Robert J. Tedeschi, "Acetylene-Based Chemicals From Coal and Other Natural Resources", Marcel Dekker, Inc. 1982.
[19] 原江苏省轻化工厅纤维水解研究所编，《植物纤维水解生产》，燃料化学工业出版社，1974 年.

第一章　烃类热裂解

乙烯、丙烯和丁烯等低级烯烃分子中具有双键，化学性质活泼，能与许多物质发生加成、共聚或自聚等反应，生成一系列重要的产物，是基本有机化学工业的重要原料。但是，在自然界中没有烯烃存在，工业上获得低级烯烃的主要方法是将烃类热裂解。烃类热裂解法是将石油系烃类原料（天然气、炼厂气、烃油、柴油、重油等）经高温作用，使烃类分子发生碳链断裂或脱氢反应，生成分子量较小的烯烃、烷烃和其他分子量不同的轻质和重质烃类。烃类热裂解制乙烯、丙烯等低级烯烃（并联产丁二烯和苯、甲苯、二甲苯等芳烃）的工业，是石油化学工业中最基本和最重要的部门[1,2]。

在低级不饱和烃中，以乙烯为最重要，产量也最大，乙烯产量常作为衡量一个国家基本有机化学工业的发展水平。表 1-1 列举了几个主要工业国家的乙烯年产量。

表 1-1　几个国家的乙烯年产量

国　别	1985，Mt	1986，Mt	1987，Mt	国　别	1985，Mt	1986，Mt	1987，Mt
美国	13.545	15.000	15.900	荷兰	2.260	2.260	2.285
日本	5.581	5.418	5.357	意大利	1.485	1.485	1.485
前西德	3.990	3.660	3.790	加拿大	2.242	2.242	2.242
法国	2.270	2.415	2.400	沙特阿拉伯	1.611	1.611	1.611
英国	2.270	1.995	1.845	巴西	1.427	1.428	1.461

裂解原料按其在常温常压下的物态，可以分为气态烃和液态烃两大类。气态烃类包括天然气、油田气及其凝析油、炼厂气等。除富含甲烷的天然气外，其他气态烃都可以作为裂解制烯烃的原料。但是含烯烃较多的炼厂气，在裂解过程中容易结焦，一般不宜直接作裂解原料，一些工厂先将烯烃分离后再送去裂解。液态烃类是指各种液态石油产品。作为裂解原料，一般采用经济价值较低的油品，如轻油、柴油和重油等。

烃类热裂解制乙烯的工业，已有数 10 年历史，最早是用油田气、炼厂气等气态烃为原料，用管式炉裂解法制取乙烯、丙烯。60 年代后发展更为迅速，生产规模也愈来愈大，工业先进的国家在 70 年代后陆续建成许多年产乙烯 0.3Mt 以上的工厂，而 0.5Mt 至 1.0Mt 的大厂不乏其例，超过 1.0Mt 乙烯的超大型厂也出现了，例如美国壳牌公司鹿园（Deer Park）厂年产乙烯达 1.315Mt 已投产。裂解方法也有许多改进，管式炉的结构，操作指标和过去相比已有很大的改进。管式炉所用的裂解原料，已从轻质原料扩大到重质原料。乙烯收率、能量回收和利用等方面也有新的提高。裂解方法除了管式炉裂解法外，还开发了多种适用于重质原料的裂解方法，如以固体为载热体的固定床、移动床和流化床裂解法，以气体为载热体的高温水蒸气裂解法等，但这些方法由于技术上或经济上的原因，至今还未有很大的发展。

烃类热裂解制乙烯的工艺主要有两个重要部分：原料烃的热裂解和裂解产物的分离。

本章将分别给予讨论。

第一节　热裂解过程的化学反应与反应机理[3~9]

烃类热裂解的过程是很复杂的，即使是单一组分裂解也会得到十分复杂的产物，例如乙烷热裂解的产物就有氢、甲烷、乙烯、丙烯、丙烷、丁烯、丁二烯、芳烃和碳五以上组分，并含有未反应的乙烷。因此必须研究烃类热裂解的化学变化过程与反应机理，以便掌握其内在规律。目前，已知道烃类热裂解的化学反应有脱氢、断链、二烯合成、异构化、脱氢环化、脱烷基、叠合、歧化、聚合、脱氢交联和焦化等一系列十分复杂的反应，裂解产物中已鉴别出的化合物已达数十种乃至百余种。因此，要全面描述这样一个十分复杂的反应系统是十分困难的，而且有许多问题到现在还没在研究清楚。为了对这样一个反应系统有一概括的认识，我们把烃类热裂解过程中的主要产物及其变化关系，用图1-1来说明。

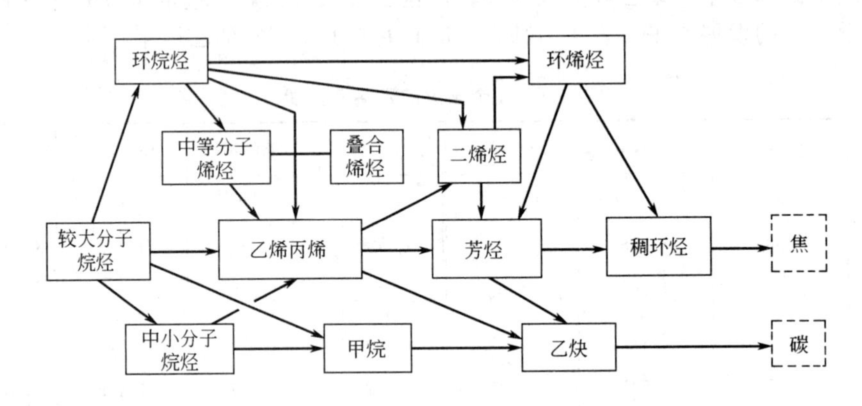

图 1-1　烃类裂解过程中一些主要产物变化示意图

在图1-1所示的反应生成物变化过程中，从其反应先后顺序看，可以将它们划分为一次反应和二次反应。

一次反应，即由原料烃类经热裂解生成乙烯和丙烯的反应。二次反应，主要是指一次反应生成的乙烯、丙烯等低级烯烃进一步发生反应生成多种产物，甚至最后生成焦或碳。二次反应不仅降低了一次反应产物乙烯、丙烯的收率，而且生成的焦或碳会堵塞管道及设备，影响裂解操作的稳定，所以二次反应是我们不希望发生的。

一、烃类热裂解的一次反应

（一）烷烃热裂解

烷烃热裂解的一次反应主要有

1. 脱氢反应　这是C—H键断裂的反应，生成碳原子数相同的烯烃和氢，其通式为

$$R—CH_2—CH_3 \rightleftharpoons R—CH=CH_2+H_2$$

或

$$C_nH_{2n+2} \rightleftharpoons C_nH_{2n}+H_2$$

2. 断链反应　这是C—C键断裂的反应，反应产物是碳原子数较少的烷烃和烯烃，其

通式为

$$R-CH_2-CH_2-R'\longrightarrow R-CH=CH_2+R'H$$

或

$$C_{m+n}H_{2(m+n)+2}\longrightarrow C_mH_{2m}+C_nH_{2n+2}$$

式中 R、R′是不同碳原子数的烷基，碳原子数（$m+n$）愈大，这类反应愈易进行。

不同烷烃脱氢和断链的难易，可以从分子结构中键能数值的大小来判断。表 1-2 为正、异构烷烃的键能数值。

表 1-2　各种键能比较

碳 氢 键	键能/(kJ/mol)	碳 氢 键	键能/(kJ/mol)
H_3C-H	426.8		
CH_3CH_2-H	405.8	CH_3-CH_3	346
$CH_3CH_2CH_2-H$	397.5	$CH_3-CH_2-CH_3$	343.1
$CH_3-\underset{CH_3}{\underset{\mid}{CH}}-H$	384.9	$CH_3CH_2-CH_2-CH_3$	338.9
$CH_3CH_2CH_2CH_2-H$	393.2	$CH_3CH_2CH_2-CH_3$	341.8
$CH_3CH_2\underset{CH_3}{\underset{\mid}{CH}}-H$	376.6	$H_3C-\overset{CH_3}{\overset{\mid}{\underset{CH_3}{\underset{\mid}{C}}}}-CH_3$	314.6
$CH_3-\overset{CH_3}{\overset{\mid}{\underset{CH_3}{\underset{\mid}{C}}}}-H$	364		
		$CH_3CH_2CH_2-CH_2CH_2CH_3$	325.1
C—H(一般)	378.7	$CH_3CH(CH_3)-CH(CH_3)CH_3$	310.9

从表 1-2 数值看出：

（1）同碳原子数的烷烃，C—H 键能大于 C—C 键能，故断链比脱氢容易。

（2）烷烃的相对热稳定性随碳链的增长而降低，它们的热稳定性顺序是：

$$CH_4>C_2H_6>C_3H_8>\cdots\cdots>\text{高碳烷烃}$$

碳链愈长的烃分子愈容易断链。

（3）烷烃的脱氢能力与烷烃的分子结构有关。叔氢最易脱去，仲氢次之，伯氢又次之。

（4）带支链烃的 C—C 键或 C—H 键的键能较直链烃的 C—C 键或 C—H 键的键能小，易断裂。所以，有支链的烃容易裂解或脱氢。

从键能的强弱可以比较烃分子中 C—C 键或 C—H 键断裂的难易。但要知道某烃在给定的条件下裂解或脱氢反应能进行到什么程度，需用式（1-1）来判断。

$$\Delta G_T^0=-RT1\ln K_P \tag{1-1}$$

而

$$\Delta G_T^0=\left(\sum_{i=1}^{n}v_i\Delta G_{f,i,T}^0\right)_{\text{生成物}}-\left(\sum_{i=1}^{m}v_i\Delta G_{f,i,T}^0\right)_{\text{反应物}} \tag{1-2}$$

式中　T——绝对温度 K；

ΔG^0——反应的标准自由焓变化；

K_P——以分压表示的平衡常数；

$\Delta G^0_{f,i}$——化合物 i 的标准生成自由焓；

v_i——化合物 i 的化学计量系数。

表 1-3 是甲烷、乙烷、丙烷、正丁烷、正戊烷和正己烷在 727℃下进行脱氢或断链反应的 ΔG^0 值和 ΔH^0 值。

表 1-3　正构烷烃于 1000K 裂解时一次反应的 ΔG^0 和 ΔH^0

	反　应		ΔG^0_{1000K}/(kJ/mol)	ΔH^0_{1000K}/(kJ/mol)
脱氢	$C_nH_{2n+2} \rightleftharpoons C_nH_{2n} + H_2$			
	$C_2H_6 \rightleftharpoons C_2H_4 + H_2$	(1)	8.87	144.4
	$C_3H_8 \rightleftharpoons C_3H_6 + H_2$		−9.54	129.5
	$C_4H_{10} \rightleftharpoons C_4H_8 + H_2$		−5.94	131.0
	$C_5H_{12} \rightleftharpoons C_5H_{10} + H_2$		−8.08	130.8
	$C_6H_{14} \rightleftharpoons C_6H_{12} + H_2$		−7.41	130.8
断链	$C_{m+n}H_{2(m+n)+2} \longrightarrow C_nH_{2n} + C_mH_{2m+2}$			
	$C_3H_8 \longrightarrow C_2H_4 + CH_4$		−53.89	78.3
	$C_4H_{10} \longrightarrow C_3H_6 + CH_4$	(2)	−68.99	66.5
	$C_4H_{10} \longrightarrow C_2H_4 + C_2H_6$	(3)	−42.34	88.6
	$C_5H_{12} \longrightarrow C_4H_8 + CH_4$		−69.08	65.4
	$C_5H_{12} \longrightarrow C_3H_6 + C_2H_6$		−61.13	75.2
	$C_5H_{12} \longrightarrow C_2H_4 + C_3H_8$		−42.72	90.1
	$C_6H_{14} \longrightarrow C_5H_{10} + CH_4$	(4)	−70.08	66.6
	$C_6H_{14} \longrightarrow C_4H_8 + C_2H_6$		−60.08	75.5
	$C_6H_{14} \longrightarrow C_3H_6 + C_3H_8$	(5)	−60.38	77.0
	$C_6H_{14} \longrightarrow C_2H_4 + C_4H_{10}$		−45.27	88.8

表 1-3 计算值可以说明下列规律性：

(1) 不论是脱氢反应或断链反应，都是热效应很大的吸热反应。所以烃类裂解时必须供给大量热量。脱氢反应比断链反应所需的热量更多。

(2) 断链反应的 ΔG^0 都有较大的负值，接近不可逆反应，而脱氢反应的 ΔG^0 是较小的负值或为正值，是一可逆反应，其转化率受到平衡限制。故从热力学分析，断链反应比脱氢反应容易进行，且不受平衡限制。要使脱氢反应达到较高的平衡转化率，必须采用较高温度，乙烷的脱氢反应尤其如此。

(3) 在断链反应中，低分子烷烃的 C—C 键在分子两端断裂比在分子中央断裂在热力学上占优势（例如 (2) 式和 (3) 式比较），断链所得的较小分子是烷烃，主要是甲烷；较大分子是烯烃。随着烷烃的碳链增长，C—C 键在两端断裂的趋势逐渐减弱，在分子中央断裂的可能性逐渐增大，例如反应 (2) 和 (3) 的标准自由焓变化差值为 −18.67kJ/mol，而反应 (4) 和 (5) 只相差 −9.72kJ/mol。

(4) 乙烷不发生断链反应，只发生脱氢反应，生成乙烯及氢。甲烷生成乙烯的反应 ΔG^0_{1000K} 值是很大的正值 (39.94kJ/mol)，故在一般热裂解温度下不发生变化。

(二)环烷烃热裂解

环烷烃热裂解时，可以发生断链和脱氢反应，生成乙烯、丁烯、丁二烯和芳烃等烃类。例如环己烷裂解。

$$C_6H_{12} \begin{cases} \rightarrow C_2H_4 + C_4H_8 & \Delta G^0_{1000K},\ kJ/mol\ \ -54.22 \\ \rightarrow C_2H_4 + C_4H_6 + H_2 & -57.24 \\ \rightarrow C_4H_6 + C_2H_6 & -66.11 \\ \rightarrow \frac{3}{2}C_4H_6 + \frac{3}{2}H_2 & -44.98 \end{cases}$$

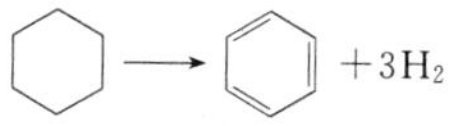

$$\text{环己烷} \longrightarrow \text{苯} + 3H_2 \qquad -175.81$$

比较以上各式的 ΔG^0_{1000K}，环己烷脱氢生成芳烃的可能性最大。

煤油、柴油中含单环的环烷多数带长侧链，裂解时首先进行脱烷基，脱出的烷基可以是烯烃或烷烃。烷基支链的热稳定性大致和碳原子数相同的饱和烃相仿，而大大低于环烷基的热稳定性。脱烷基反应一般在长侧链的中部开始断裂，一直进行到侧链为甲基或乙基，然后再进一步裂解。

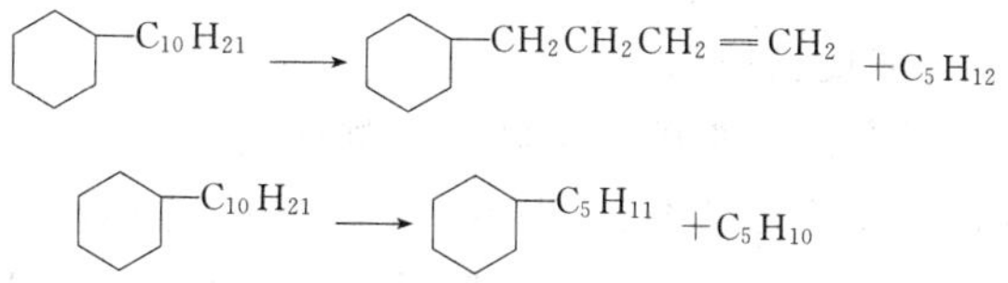

$$\text{环己基}{-}C_{10}H_{21} \longrightarrow \text{环己基}{-}CH_2CH_2CH_2{=}CH_2 + C_5H_{12}$$

$$\text{环己基}{-}C_{10}H_{21} \longrightarrow \text{环己基}{-}C_5H_{11} + C_5H_{10}$$

环烷烃裂解反应有如下规律：

(1) 侧链烷基比烃环易于裂解，长侧链先在侧链中央的 C—C 键断裂，有侧链的环烷烃比无侧链的环烷烃裂解时得到较多的烯烃。

(2) 环烷脱氢生成芳烃比开环生成烯烃容易。

(3) 五碳环比六碳环较难裂解。

裂解原料中环烷烃含量增加时，乙烯收率会下降，丁二烯、芳烃的收率则有所增加。

(三)芳香烃热裂解

芳香烃的热稳定性很高，在一般的裂解温度下不易发生芳环开裂的反应，但可发生下列二类反应：一类是芳烃脱氢缩合反应，另一类是烷基芳烃的侧链发生断链生成苯、甲苯、二甲苯等反应和脱氢反应。

脱氢缩合反应，如

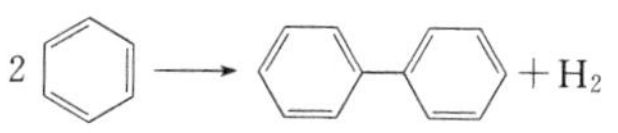

$$2\,\text{苯} \longrightarrow \text{联苯} + H_2$$

联苯

$$2\,\text{甲苯}(C_6H_5{-}CH_3) \xrightarrow{2H_2} \text{(二苯并环丁烯, }{-}CH{-}CH{-}\text{)} \xrightarrow{-H_2} \text{蒽}$$

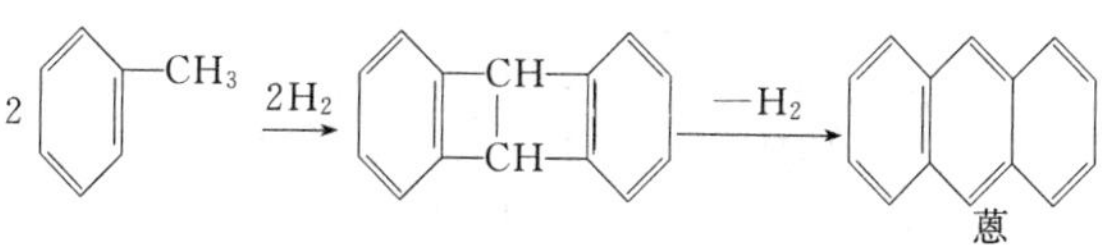

蒽

$$\text{(2-R}_1\text{-naphthalene)} + \text{(2-R}_2\text{-naphthalene)} \longrightarrow \text{(R}_3\text{-substituted fused polycyclic aromatic)} + R_4H$$

多环、稠环芳烃继续脱氢缩合生成焦油直至结焦。

断侧链反应，如

$$C_6H_5\text{—}C_3H_7 \longrightarrow C_6H_6 + C_3H_6$$

$$C_6H_5\text{—}C_3H_7 \longrightarrow C_6H_5\text{—}CH_3 + C_2H_4$$

脱氢反应，如

$$C_6H_5\text{—}C_2H_5 \longrightarrow C_6H_5\text{—}CH_2{=}CH_2 + H_2$$

(四) 烯烃热裂解

天然石油中不含烯烃，但石油加工所得的各种油品中则可能含有烯烃。烯烃在热裂解温度下也能发生断链反应和脱氢反应，生成乙烯、丙烯等低级烯烃和二烯烃。

$$C_nH_{2n} \longrightarrow C_mH_{2m} + C_{m'}H_{2m'}\ (m+m'=n)$$

或

$$C_nH_{2n} \longrightarrow C_nH_{2n-2} + H_2$$

(五) 各族烃类的热裂解反应规律

从以上讨论，可以归纳各族烃类的热裂解反应规律大致。

烷烃——正构烷烃最利于生成乙烯、丙烯，分子量愈小则烯烃的总收率愈高。异构烷烃的烯烃总收率低于同碳原子数的正构烷烃。随着分子量增大，这种差别就减小。

环烷烃——在通常裂解条件下，环烷烃生成芳烃的反应优于生成单烯烃的反应。含环烷烃较多的原料，其丁二烯、芳烃的收率较高，乙烯的收率较低。

芳烃——无侧链的芳烃基本上不易裂解为烯烃，有侧链的芳烃，主要是侧链逐步断裂及脱氢。芳环倾向于脱氢缩合生成稠环芳烃，直至结焦。

烯烃——大分子的烯烃能裂解为乙烯和丙烯等低级烯烃，烯烃脱氢生成的二烯烃，能进一步反应生成芳烃和焦。

各类烃热裂解的易难顺序可归纳为：

正构烷烃＞异构烷烃＞环烷烃＞芳烃

二、烃类热裂解的二次反应

烃类热裂解过程的二次反应比一次反应复杂。原料经过一次反应后，生成了氢、甲烷和一些低分子量的烯烃如乙烯、丙烯、丁烯、异丁烯、戊烯等，氢及甲烷在该裂解温度下很稳定，而烯烃则可继续反应。

1. 烯烃的裂解

一次反应所生成的较大分子烯烃可以继续裂解成乙烯、丙烯等小分子烯烃或二烯烃。例如戊烯裂解

$$C_5H_{10} \begin{cases} \longrightarrow C_2H_4 + C_3H_6 \\ \longrightarrow C_4H_6 + CH_4 \end{cases}$$

丙烯裂解的主要产物是乙烯和甲烷。

2. 烯烃的聚合、环化和缩合

生成较大分子的烯烃、二烯烃和芳香烃。如

$$2C_2H_4 \longrightarrow C_4H_6 + H_2$$

$$C_2H_4 + C_4H_6 \longrightarrow \text{(苯)} + 2H_2$$

$$C_3H_6 + C_4H_6 \xrightarrow{-H_2} \text{芳烃}$$

所生成的芳烃在裂解温度下很容易脱氢缩合生成多环芳烃，稠环芳烃直至转化为焦

$$2\,\text{(苯)} \xrightarrow{-H_2} \text{(联苯)} \xrightarrow{-nH_2} \left(\text{—C}_6\text{H}_4\text{—}\right)_m \xrightarrow{-nH_2}$$

$$\text{（稠环芳烃）} \xrightarrow{-nH_2} \text{焦}$$

3. 烯烃的加氢和脱氢

烯烃可以加氢生成相应的烷烃，如

$$C_2H_4 + H_2 \rightleftharpoons C_2H_6$$

反应温度低时，有利于加氢平衡。

烯烃也可以脱氢生成二烯烃或炔烃，例如

$$C_2H_4 \longrightarrow C_2H_2 + H_2$$

$$C_3H_6 \longrightarrow CH_3C \equiv CH + H_2$$

$$C_4H_8 \longrightarrow C_4H_6 + H_2$$

烯烃的脱氢反应比烷烃的脱氢反应需要更高的温度。

4. 烃分解生碳

在较高温度下，低分子烷、烯烃都有可能分解为碳和氢，例如

	$\Delta G^0_{f,1000\mathrm{K}}$/kJ/mol
$C_2H_2 \longrightarrow 2C + H_2$	−160.99
$C_2H_4 \longrightarrow 2C + 2H_2$	−118.25
$C_2H_6 \longrightarrow 2C + 3H_2$	−109.38
$C_3H_6 \longrightarrow 3C + 3H_2$	−181.80
$C_3H_8 \longrightarrow 3C + 4H_2$	−191.34

低级烃类分解为碳和氢的 $\Delta G^0_{f,1000\mathrm{K}}$ 都是很大的负值，说明它们在高温下都有强裂分解的倾向，但由于动力学上阻力甚大，并不能一步就分解为碳和氢，而是经过在能量上较为有利的生成乙炔的中间阶段

$$C_2H_4 \xrightarrow{-H_2} CH \equiv CH \xrightarrow{-H_2} \cdots \longrightarrow C_n$$

因此，实际上生碳反应只有在高温条件下才可能发生，并且乙炔生成的碳不是断键生成单个碳原子，而是脱氢稠合成几百个碳原子。结焦与生碳过程二者机理不同，结焦是在较低温度下（$<$1200K）通过芳烃缩合而成，生碳是在较高温度下（$>$1200K）通过生成乙炔的中间阶段，脱氢为稠合的碳原子。

从上讨论可知，在二次反应中除了较大分子的烯烃裂解能增产乙烯外，其余的反应都要消耗乙烯，降低乙烯的收率，且能导致结焦或生碳。

三、烃类热裂解反应机理及动力学

烃类热裂解反应过程甚为复杂，许多学者曾对裂解反应机理作过深入的研究。1934年，美国F.O. 赖斯和K.F. 赫茨菲尔德首先提出烷烃的热裂解是按自由基反应机理进行的。1967年，美国S.B. 茨多尼克等人对各种烃类按自由基机理进行裂解，作了较详尽的解释。除自由基机理外，也有人确认某些烃类分子是按分子反应机理，或者是自由基机理与分子反应机理同时存在的情况下进行的。

(一) 烷烃热裂解的自由基反应机理

现以乙烷热裂解反应为例，说明其自由基反应机理。从表1-2可知，乙烷分子中C—C键断裂所需的键能比C—H键断裂所需的键能小406－346＝60kJ/mol，可见裂解反应不可能从脱氢开始；而据测定，乙烷裂解反应的活化能E＝263.6～293.7kJ/mol，比C—C键断裂所需的能量为小，因此推断乙烷裂解是按自由基反应机理进行的。

自由基连锁反应分三个阶段，

链引发　　　　活化能 E_i/(kJ/mol)

$$C_2H_6 \xrightarrow{k_1} \dot{C}H_3 + \dot{C}H_3 \qquad E_1\ 359.8$$

$$\dot{C}H_3 + C_2H_6 \xrightarrow{k_2} CH_4 + \dot{C}_2H_5 \qquad E_2\ 45.1$$

链传递

$$\dot{C}H_3 + C_2H_6 \longrightarrow CH_4 + \dot{C}_2H_5 \qquad 45.2$$

$$\dot{C}_2H_5 \xrightarrow{k_3} C_2H_4 + \dot{H} \qquad E_3\ 170.7$$

$$\dot{H} + C_2H_6 \xrightarrow{k_4} H_2 + \dot{C}_2H_5 \qquad E_4\ 29.3$$

链终止

$$\dot{H} + \dot{C}_2H_5 \xrightarrow{k_5} C_2H_6 \qquad E_5\ 0$$

$$\dot{H} + \dot{H} \longrightarrow H_2$$

$$\dot{C}_2H_5 + \dot{C}_2H_5 \longrightarrow C_4H_{10}$$

由此机理得到的乙烷裂解反应的活化能为

$$E = \frac{1}{2}[E_1 + E_3 + E_4 - E_5] = \frac{1}{2}[359.8 + 170.7 + 29.3 - 0] = 279.9\text{kJ/mol}$$

与实际测得的活化能值很接近，证明对乙烷裂解机理的推断是正确的。

丙烷裂解的自由基反应机理为：

链引发

$$C_3H_8 \longrightarrow \dot{C}_2H_5 + \dot{C}H_3$$

$$\dot{C}_2H_5 \longrightarrow C_2H_4 + \dot{H}$$

得到两个自由基$\dot{C}H_3$及$\dot{H}$，它们是链传递反应的载链体，有两个途径进行链传递。

途径①

$$\dot{H}(或\ \dot{C}H_3) + H-\underset{H}{\overset{H}{C}}-\underset{H}{\overset{H}{C}}-\underset{H}{\overset{H}{C}}-H \longrightarrow H_2(或\ CH_4) + n-\dot{C}_3H_7$$

$$n-\dot{C}_3H_7 \longrightarrow C_2H_4 + \dot{C}H_3$$

反应结果是

$$C_3H_6 \longrightarrow CH_4 + C_2H_4$$

途径②

$$\dot{H}(或\ \dot{C}H_3) + H-\underset{H}{\overset{H}{C}}-\underset{H}{\overset{H}{C}}-\underset{H}{\overset{H}{C}}-H \longrightarrow H_2(或\ CH_4) + i-\dot{C}_3H_7$$

$$i-\dot{C}_3H_7 \longrightarrow C_3H_6 + \dot{H}$$

反应结果是

$$C_3H_8 \longrightarrow C_3H_6 + H_2$$

链终止

$$\dot{C}H_3 + \dot{C}_3H_7 \longrightarrow CH_4 + C_3H_6$$

$$\dot{C}H_3 + \dot{C}H_3 \longrightarrow C_2H_6$$

由于经由两个途径进行链传递反应，故丙烷的一次裂解产物就有 H_2、CH_4、C_2H_4 和 C_3H_6，这两种不同反应途径哪一种占优势？可以先从不同结构的 C—H 键的键能来分析（见表 1-2），其键能递减次序为

伯 C—H＞仲 C—H＞叔 C—H

故自由基夺取叔氢原子最易，夺取仲氢原子次之，夺取伯氢原子又次之。自由基与 3 种氢原子的反应相对速度见表 1-4。

表 1-4　伯、仲、叔氢原子与自由基反应的相对速度

温度(T)/K	773	873	973	1073	1173	1273
伯氢	1	1	1	1	1	1
仲氢	3.0	2.0	1.9	1.7	1.65	1.6
叔氢	33	10	7.8	6.3	5.65	5.0

以丙烷在 600℃一次裂解为例。

按第一种反应途径，自由基 $\dot{H}$ 或 CH_3 夺取伯氢原子结合的相对速度为 1，丙烷分子中可以进行这一反应的伯氢原子共有 6 个，故其反应概率比数是 1×6=6。

按第二种反应途径，自由基 $\dot{H}$ 或 $\dot{C}H_3$ 夺取仲氢原子结合的相对速度为 2，丙烷分子中可以进行这一反应的仲氢原子共有 2 个，故其反应概率比数是 2×2=4。

故第一种链反应占全部反应的$\frac{6}{4+6}=60\%$，第二种链反应占全部反应的$\frac{4}{4+6}=40\%$，在丙烷裂解产物中 $C_2H_4 : C_3H_6 = 6 : 4$，与实验值约相符。

更高级的烷烃裂解的自由基机理更为复杂，链传递反应的可能途径更多，并由于碳原子数大于 2 的大自由基不稳定，易分解，故一次裂解产物分布更为复杂。例如戊烷裂解时，链

传递反应就可能有3个途径，生成3种戊基自由基：$n—\dot{C}_5H_{11}$，$CH_3CH_2CH_2\dot{C}HCH_3$ 和 $CH_3CH_2\dot{C}HCH_2CH_3$，这些自由基不稳定，在与别的分子碰撞之前就自行分解。

① $CH_3CH_2CH_2\overset{\beta}{C}H_2\dot{C}H_2 \longrightarrow CH_3CH_2\dot{C}H_2 + CH_2=CH_2$

$CH_3\overset{\beta}{C}H_2\dot{C}H_2 \longrightarrow \dot{C}H_3 + CH_2=CH_2$

② $CH_3CH_2\overset{\beta}{C}H_2\dot{C}HCH_3 \longrightarrow CH_3\dot{C}H_2 + CH_2=CHCH_3$

$CH_3\dot{C}H_2 \longrightarrow CH_2=CH_2 + \dot{H}$

③ $CH_3\overset{\beta}{C}H_2\dot{C}HCH_2CH_3 \longrightarrow \dot{C}H_3 + CH_2=CHCH_2CH_3$

分解结果生成的产物是乙烯、丙烯和n-丁烯以及载链体 $\dot{H}$ 及 $\dot{C}H_3$ 与烃分子作用生成的 H_2 和 CH_4。

大自由基的分解常用β位上发生，故也称β裂解。大自由基分解到最后，总是生成 $\dot{H}$、$\dot{C}H_3$ 小自由基，它们的寿命较长，有较多的机会与烃分子相碰撞；夺取烃分子中的氢而生成 H_2、CH_4。$\dot{H}$ 与 $\dot{C}H_3$ 相比较，裂解生成 $\dot{C}H_3$ 的概率最大，因此产物中 CH_4 含量常较 H_2 含量为高。

二次反应中乙烯、丙烯的分解、聚合、缩合也是自由基反应。例如乙烯的二次反应

$$\dot{C}H_3 + C_2H_4 \longrightarrow CH_4 + \dot{C}_2H_3$$

$$\dot{H} + C_2H_4 \longrightarrow H_2 + \dot{C}_2H_3$$

$$\dot{C}_2H_3 + C_2H_4 \longrightarrow \dot{C}_4H_7$$

$$\dot{C}_4H_7 \longrightarrow C_4H_6 + \dot{H}$$

$$\dot{C}_2H_3 + C_4H_6 \longrightarrow C_6H_6 + H_2 + \dot{H}$$

反应结果生成氢、甲烷、丁二烯及芳烃，芳烃进一步脱氢、缩合生成多环、稠环芳烃、焦油和焦。

混合组分裂解时，一个易于裂解的烷烃分子均裂生成的自由基，可以促进另一个难裂解的组分加速裂解。反过来说，易裂解的组分因生成的自由基参与了难裂解组分链传递反应，本身生成的自由基浓度降低，链传递的速度减慢，裂解的速度就降低，即难裂解的组分对易裂解组分的裂解有抑制作用。现已证明，烷烃-烷烃、烷烃-烯烃、烷烃-环烷烃等混合烃裂解时，都有互相影响的作用，表现为某组分裂解速度被促进，另一组分裂解速度被抑制。就目前研究水平来说，已知道其影响程度与反应的速度常数有关，但其促进与抑制的定量关系，如何选择恰当的促进裂解组分等问题，仍需做大量的研究工作。

（二）反应动力学

烃类裂解时，一次反应的反应速度基本上可作一级反应动力学处理

$$r = \frac{-dC}{dt} = kC \tag{1-3}$$

式中 r——反应物的消失速度，mol/L·s；

C——反应物浓度，mol/L；

t——反应时间，s；

k——反应速度常数，s^{-1}。

当反应物浓度由 $C_0 \to C$，反应时间由 $0 \to t$ 时，式（1-3）积分结果是

$$\ln \frac{C_0}{C} = kt \tag{1-4}$$

以转化率 α 表示时，因裂解反应是分子数增加的反应，故

$$C = \frac{C_0(1-\alpha)}{\alpha_v}$$

代入式（1-4）得

$$\ln \frac{\alpha_v}{1-\alpha} = kt \tag{1-5}$$

式中　α_v——体积增大率，它随转化深度而变。

已知反应速度常数 k 是随温度而改变时，即

$$\lg k_T = \lg A - \frac{E}{2.303RT} \tag{1-6}$$

因此，如 α_v 已知，求取 k_T 后即可求得转化率 α。某些低分子量烷烃及烯烃裂解反应的 A 和 E 值见表 1-5。

表 1-5　几种气态烃裂解反应的 A、E 值

化合物	$\lg A$	E/(J/mol)	E/2.3R	化合物	$\lg A$	E/(J/mol)	E/2.3R
C_2H_6	14.6737	302290	15800	i—C_4H_{10}	12.3173	239500	12500
C_3H_6	13.8334	281050	14700	n—C_4H_{10}	12.2545	233680	12300
C_3H_8	13.6160	249840	13050	n—C_5H_{12}	12.2479	231650	12120

对于 C_6 以上烃类的动力学数据比较缺乏，有一种方法是把高碳数烃的反应速度常数与正戊烷的反应速度常数关联起来，并根据一些假设和实验值作出图 1-2。此图的用法见例 1-1。

例 1-1　正己烷在管式炉裂解，炉出口温度 760℃，停留时间 0.5s，为简化计算，设 $\alpha_v = 1$，近似求其转化率。

解　查图 1-2，$n=6$，从曲线（1）得 $\frac{k_6}{k_5} = 1.31$；按式（1-6）及表 1-5 计算 k_5。

$$\lg k_5 = 12.2479 - \frac{12120}{1033} = 0.5151$$

所以　$k_5 = 3.274 s^{-1}$，$k_6 = 1.31 \times 3.274 = 4.289 s^{-1}$

$$k_6 t = 4.289 \times 0.5 = 2.1446$$

按式 1-5，$\alpha_v = 1$　$2.3\lg \frac{1}{1-\alpha} = 2.1446$

解之，$\alpha = 88.3\%$

混合烃裂解时，各个组分所处的裂解条件是相同的，但是由于每个组分的反应速度常数不同，故在相同的裂解时间内，它们各自的转化率也不相同，热稳定性强的组分裂解转化率较低；热稳定性弱的组分转化率较高。现以下列例题说明。

例 1-2　使用科威特原油的轻油作裂解原料，其组成如下，%（质量）：

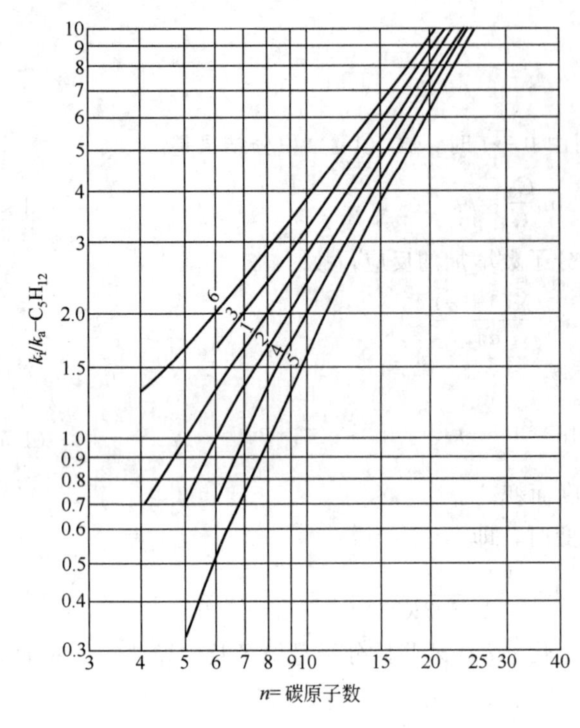

图 1-2 碳氢化合物相对于正戊烷的反应速度常数

1—正烷烃；2—异构烷烃，一个甲基联在第二个碳原子上；3—异构烷烃，两个甲基联在两个碳原子上；4—烷基环己烷；5—烷基环戊烷；6—正构伯单烯烃

异戊烷 …… 5.9
正戊烷 …… 14.5
环戊烷 …… 1.5
2,3-二甲基丁烷 …… 2.1
2-甲基戊烷 …… 13.3
3-甲基戊烷 …… 11.1
正己烷 …… 35.2
甲基环戊烷 …… 7.0
环己烷 …… 5.9
苯 …… 2.0
2,4-二甲基戊烷 …… 1.2

工艺条件：裂解温度 760℃，停留时间 0.488s。设 $\alpha_v=1.0$，近似求该轻油转化率。

解 以异戊烷为例求其转化率，$n=5$，用图 1-2 中曲线（2）得

$$\frac{k_{5'}}{k_5}=0.67,\ k_{5'}=3.3\times0.67$$

$$=2.211$$

$$k_{5'}t=2.211\times0.488=1.08$$

$$1.08=2.3\lg\frac{1}{1-\alpha_{5'}}$$

$(1-\alpha_{5'})$ 即为异戊烷未转化部分，解之得

$$1-\alpha_{5'}=0.33,\ \alpha_{5'}=0.67$$

异戊烷转化率为 67%，对 100kg 进料而言，产物中尚余 5.9×0.33=2.0kg。

其他组分按此法计算，计算结果列成下表 1-6（未考虑组分之间的互相影响）。

表 1-6 轻油裂解中未转化部分的计算（进料 100kg）

轻油组分	各组分质量/kg	碳原子数 n	图 1-2 曲线号	k_i/k_5	k_it ($t=0.488$)	$1-\alpha_i$	α_i	产物中各组分余下质量/kg
异戊烷	5.9	5	2	0.67	1.08	0.33	0.67	2.0
正戊烷	14.8	5	1	1.00	1.61	0.20	0.80	3.0
环戊烷	1.5	5	5	0.32	0.52	0.59	0.41	0.9
2,3-二甲基丁烷	2.1	6	3	0.65	2.66	0.07	0.93	0.1
2-甲基戊烷	13.3	6	2	1.00	1.61	0.20	0.80	2.7
3-甲基戊烷	11.1	6	2	1.00	1.61	0.20	0.80	2.2
正己烷	35.2	6	1	1.31	2.11	0.12	0.88	4.2
甲基环戊烷	7.0	6	5	0.50	0.80	0.45	0.55	3.2
环己烷	5.9	6	4	0.67	1.08	0.33	0.67	2.0
苯	2.0	6	6	—	—	1.00	0	2.0
2,4-二甲基戊烷	1.2	7	3	2.00	3.22	0.04	0.96	0.05
共 计	100.0							22.4

轻油转化率=1−0.224=0.776，即 77.6%。

以上讨论的是单一组分的裂解动力学，即使例 1-2 是混合烃原料，但作动力学处理

时，仍将各组分分别作为单一组分看待，实际上，裂解原料一般不会是单一组分，而是成分复杂的烃类，它们的分子量大小不同，结构各异，反应速度也不相同，而且由于自由基的传递和消失，影响了各组分的裂解速度，因而也影响了各组分的转化率和一次产物的分布。

烃类裂解的二次反应动力学是相当复杂的问题，二次反应中，烯烃的裂解、脱氢和生碳等反应都是一级反应，而聚合、缩合、结焦等反应过程则比较复杂，它们的动力学规律还未完全弄清楚，现已肯定，这些反应都是大于一级的反应。

第二节　烃类管式炉裂解生产乙烯

从第一节讨论已知烃类热裂解过程有如下特点：

(1) 强吸热反应，且需在高温下进行，反应温度一般在750℃以上。

(2) 存在二次反应。为了避免二次反应的发生，停留时间应很短，烃的分压要低。

(3) 反应产物是一复杂的混合物，除了氢、气态烃和液态烃外，尚有固态焦生成。

在热裂解工艺上要满足上述特别是第 (1)、(2) 两个条件，须在短停留时间内迅速供给大量热量和达到裂解所需的高温，因此选择合适的供热方式和裂解设备至关重要。

裂解供热方式有直接供热和间接供热二种。到目前为止，间接供热的管式炉裂解法仍然是世界各国广泛采用的方法。直接供热的裂解法如固体载热体法（砂子炉裂解、蓄热炉裂解等）、气体载热体法（如过热水蒸气裂解法）、氧化裂解法（部分氧化法）等等，或由于其工艺复杂，裂解气质量低，或由于成本等经济问题，都难以和管式炉裂解法相竞争，至今未有发展。

工业上烃类裂解生产乙烯的过程主要是：

原料⟶热裂解⟶裂解气预处理（包括热量回收、净化、气体压缩等）⟶裂解气分离⟶产品乙烯、丙烯及联产物

一、原料烃组成对裂解结果的影响[3,10,11]

影响裂解结果有许多重要因素，如原料特性，裂解工艺条件，裂解反应器型式和裂解方法等，其中原料特性是最重要的影响因素。

(一) 原料烃的族组成、含氢量、芳烃指数、特性因数对裂解产物分布的影响

1. 族组分（简称 PONA 值）

从表 1-7 作一比较，在管式裂解炉的裂解条件下，原料愈轻，乙烯收率愈高。随着烃分子量增大，N+A 含量增加，乙烯收率下降，液态裂解产物收率逐渐增加。

表 1-7　组成不同的原料裂解产物收率

裂解原料		乙烷	丙烷	石脑油	抽余油	轻柴油	重柴油
原料组成特征		P	P	P+N	P+N	P+N+A	P+N+A
主要产物收率 %(质量)	乙烯	84①	44.0	31.7	32.9	28.3	25.0
	丙烯	1.4	15.6	13.0	15.5	13.5	12.4
	丁二烯	1.4	3.4	4.7	5.3	4.8	4.8
	混合芳烃	0.4	2.8	13.7	11.0	10.9	11.2
	其他	12.8	34.2	36.8	35.8	42.5	46.6

① 包括乙烷循环裂解。

对于炼厂气、油田气等气态烃，它们的组成多数都能测知，因此，从它们的成分的裂解性质及其互相影响关系，基本上可求得其产物分布。但是对于液态烃原料，例如石脑油，已测知所含的化合物就有40～50种，要了解每个组分的裂解性质及其共裂解的关系从而求得其产物分布，很难做到。如果原料烃更重，所含的烃类化合物数目更多，有些还不能测定，因此只能找出一个比较简便又能够表征其裂解反应特征的参数，以预估该原料烃的产物分布。最简便又可以说明其裂解特征的方法之一是分析其族组成，即PONA值(各族烃的质量百分含量)。

P——烷族烃　　N——环烷族烃

O——烯族烃　　A——芳香族烃

在裂解化学反应一节中已讨论了它们的裂解规律，因此，原料的PONA值常常被用来判断其是否适宜作裂解原料的重要依据。表1-8介绍我国几个产地的轻柴油馏分族组成。

表1-8　我国常压轻柴油馏分族组成

族组成/%(质量)	大庆 145～350℃	胜利 145～350℃	任丘 145～350℃	大港 145～350℃
P烷族烃	62.6	53.2	65.4	44.4
其中正构烷烃	41.0	23.0	30.0	
异构烷烃	21.6	30.2		
N环烷族烃	24.2	28.0	23.8	34.4
其中一环	16.4	19.6	17.4	20.6
二环	5.6	7.0	5.4	10.4
三环以上	2.2	1.4	1.0	3.4
A芳烃	13.2	18.8	10.8	21.2
其中一环	7.0	13.5	7.2	13.2
二环	5.3	5.0	3.4	7.3
三环	0.9	0.3	0.2	0.7

我国轻柴油作裂解原料是较理想的。

2. 原料含氢量

原料含氢量是指原料中氢质量的百分含量。测定其原料的含氢量比测定其族组成更简单。烃类裂解过程也是氢在裂解产物中重新分配的过程。原料含氢量对裂解产物分布的影响规律，大体上和PONA值的影响是一致的。表1-9为各种烃和焦的含氢量比较。可以看到，相同碳原子数时，烷烃含氢量最高，环烷烃含氢量次之，芳烃含氢量最低。含氢量高的原料，裂解深度可深一些，产物中乙烯收率也高。

对重质烃的裂解，按目前技术水平，气态产物的含氢量控制在18%（质量），液态产物含氢量控制在稍高于7%～8%（质量）为宜。因为液态产物含氢量低于7%～8%（质量）时，就易结焦，堵塞炉管和急冷换热设备。

不同含氢量的原料裂解时的产气率，可以通过氢衡算得出。

$$H_F = Z_G H_G + (1 - Z_G) H_L \tag{1-7}$$

式中，H_F，H_G，H_L分别为原料、气态产物和液态产物的氢含量，%（质量）；Z_G为产气率，%（质量）。

表 1-9 各种烃和焦的含氢量

物　质	分子式	含氢量/%(质量)	物　质	分子式	含氢量/%(质量)
甲烷	CH_4	25	苯	C_6H_6	7.7
乙烷	C_2H_6	20	甲苯	C_7H_8	8.7
丙烷	C_3H_8	18.2	萘	$C_{10}H_8$	6.25
丁烷	C_4H_{10}	17.2	蒽	$C_{14}H_{10}$	5.62
烷烃	C_nH_{2n+2}	$\frac{n+1}{7n+1}\times 100$	焦	C_aH_b	0.3～0.1
环戊烷	C_5H_{10}	14.26	炭	C_n	～0
环己烷	C_6H_{12}	14.26			

假如，当 $H_G=18\%$，控制 $H_L=8\%$，由式（1-7）得

$$H_F=Z_G\times 18\%+(1-Z_G)8\%$$

$$Z_G=10(H_F-8\%)$$

Z_G 与 H_F 关系的数值计算结果如表 1-10。

表 1-10 Z_G 与 H_F 的数值关系

H_F/%	Z_G/%	H_F/%	Z_G/%	H_F/%	Z_G/%	H_F/%	Z_G/%
18.0	100	15.5	75	13.5	55	11.5	35
17.0	90	15.0	70	13.0	50	11.0	30
16.5	85	14.5	65	12.5	45		
16.0	80	14.0	60	12.0	40		

最后，用图 1-3 总结一下含氢量与裂解产物分配的关系，关可概括为

氢含量	P>N>A	液体产物收率	P<N<A
乙烯收率	P>N>A	容易结焦倾向	P<N<A

3. 芳烃指数

芳烃指数即美国矿务局关联指数（U. S. Bureau of Mines Correlation Index），简称 BMCI。用于表征柴油等重质馏分油中烃组分的结构特性。BMCI 值的计算式是：

$$\text{BMCI}=\frac{48640}{T_V}+473.7d_{15.6}^{15.6}-456.8 \tag{1-8}$$

式中　T_V——体积平均沸点，K。

$$T_V=\frac{1}{5}(T_{10}+T_{30}+T_{50}+T_{70}+T_{90}) \tag{1-9}$$

T_{10}、T_{30}……——分别代表恩氏蒸馏馏出体积为 10%，30%……时的温度，K。

正构烷烃的 BMCI 值最小（正己烷为 0.2），芳烃则相反（苯为 99.8）。因此烃原料的 BMCI 值越小，乙烯收率越高；相反烃原料的 BMCI 值越大，不仅乙烯收率低，且裂解时结焦的倾向性也愈大。

4. 特性因素

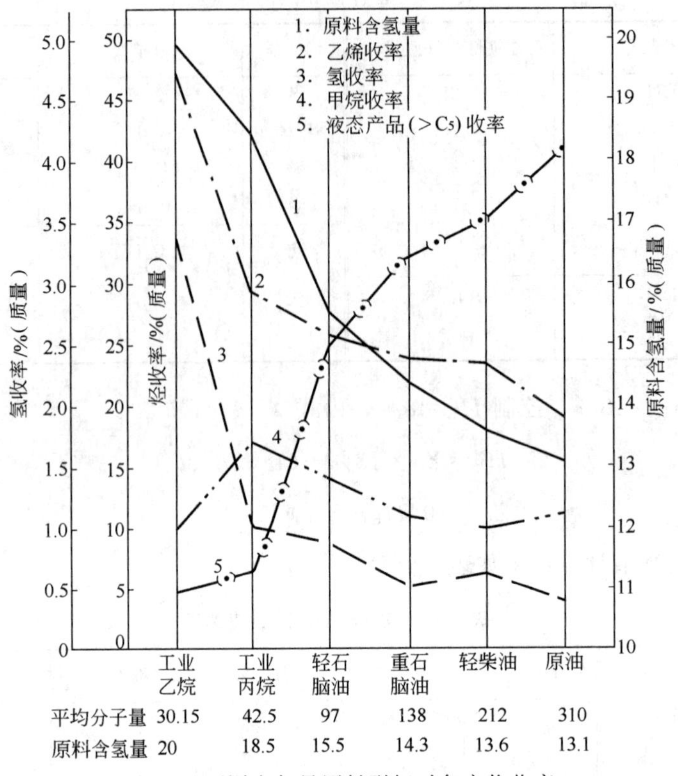

图 1-3 不同含氢量原料裂解时各产物收率

特性因素是用作反映石脑油、轻柴油等油品的化学组成特性的一种因素，用 K 表示。可按下式算出

$$K = 1.216\frac{T_{立}^{\frac{1}{3}}}{d_{15.6}} \tag{1-10}$$

式中 $T_{立}$——立方平均沸点；

$$T_{立} = \left(\sum_{i=1}^{n} x_{iV} T_i^{\frac{1}{3}}\right)^3$$

x_{iV}——i 组分的体积分数；

T_i——i 组分的沸点，K。

对于复杂的烃类混合物，难于得到其组成分析数据，通常由体积平均沸点，再进行校正求得 $T_{立}$。烷烃的 K 值最高，芳烃则反之，因此原料烃的 K 值愈大，乙烯的收率愈高。

(二) 几种烃原料的裂解结果比较

这里列举乙烷、丙烷、石脑油、轻柴油、重柴油作原料的裂解产物（表 1-11）。

由表 1-11 可见，原料不同，裂解产物组成是不同的，裂解条件也有差异。适宜的裂解条件是：①最大可能的乙烯收率；②合适的裂解周期（清焦周期）以保证年开工率。

按生产单位乙烯量所需的原料及联产品数量来比较见表 1-12。

从表 1-11，1-12 比较可得：

表 1-11 不同原料的裂解产物分布（单程）

原　　料		乙烷	丙烷	石脑油	轻柴油
原料规格		94%	95.7%	43～159℃	173～391℃
裂解条件	辐射管出口温度/℃	737	840	820	790
	辐射管出口压力/kPa	154.7	100	100	107
	水蒸气/油(质量)	0.33	0.4	0.60	0.75
裂解产物组成/%(质量)					
	H_2	3.08	1.25	0.8	0.6
	CH_4	7.45	20.35	13.7	10.1
	C_2H_4	43.0	29.97	26.1	23.0
	C_2H_6	37.3	3.76	4.0	4.2
	C_3H_6	3.27（C_3H_6+C_3H_8）	20.33	16.0	14.75
	C_3H_8		19.26	0.5	0.3
	C_4	1.1	3.58	12.4	9.65
	C_5^+	4.64	0.92	25.6（C_5^++燃料油）	19.0
	燃料油				17.25

表 1-12 生产 1 吨乙烯所需原料量及联副产物量

指　标	乙烷	丙烷	石脑油	轻柴油
需原料量/t	1.30	2.38	3.18	3.79
联产品/t	0.2995	1.38	2.60	2.79
其中，丙烯/t	0.0374	0.386	0.47	0.538
丁二烯/t	0.0176	0.075	0.119	0.148
B、T、X①		0.095	0.49	0.50

① B、T、X 为苯、甲苯、二甲苯。

（1）原料由轻到重，相同原料量所得乙烯收率下降，或者说生产 1 吨乙烯所需的原料量增加。

（2）原料由轻到重，裂解产物中液体燃料油增加，产气量减少。在乙烯厂内，烯料一般由本厂所产的气体（如深冷分离出的氢、甲烷气体）及燃料油供给，如果气体量减少，则要多耗液体燃料，减小液体燃料商品量。

（3）原料由轻到重，联产物量增大，为了降低乙烯成本，必然要考虑联产物的回收和综合利用，由此增加了装置和投资。

二、操作条件对裂解结果的影响[10～12]

（一）衡量裂解结果的几个指标

1. 转化率

转化率表示参加反应的原料数量占通入反应器原料数量的百分率，它说明原料的转化程度。转化率愈大，参加反应的原料愈多。

参加反应的原料量＝通入反应器的原料量－未反应的原料量

$$转化率=\frac{参加反应的原料量}{通入反应器的原料量}\times 100\%$$

当通入反应器的原料是新鲜原料或和循环物料的混合物时，则计算得到的转化率称为单程转化率。

例 1-3 裂解温度为 827℃，进裂解炉的原料气组成为%（*V*），C_2H_6 99.3，CH_4 0.2，C_2H_4 0.5。

裂解产物组成为%（*V*），

H_2……35.2　C_2H_4……33.1　C_4'……0.2

CH_4……3.6　C_2H_6……26.7　C_5^+……0.3

C_2H_2……0.2　C_3'……0.6

体积增大率为 1.54，求乙烷单程转化率。

解　$$乙烷单程转化率=\frac{99.3-(154\times 26.7\%)}{99.3}\times 100\%$$

$$=58\%$$

2. 产气率

表示液体油品作裂解原料时所得的气体产物总质量与原料质量之比。

$$产气率=\frac{气体产物总质量}{原料质量}\times 100\%$$

一般小于 C_4 的产物为气体。

3. 选择性

表示实际所得目的产物量与按反应掉原料计算应得产物理论量之比。

$$选择性=\frac{实际所得目的产物摩尔数}{按反应掉原料计算应得目的产物理论摩尔数}\times 100\%$$

$$=\frac{转化为目的产物的原料摩尔数}{反应掉原料摩尔数}\times 100\%$$

例 1-4 原料乙烷进料量 1000kg/h，反应掉乙烷量为 600kg/h，得乙烯 340kg/h，求反应转化率及选择性。

解　按反应 $C_2H_6 \longrightarrow C_2H_4+H_2$

$$转化率=\frac{600}{1000}\times 100\%=60\%$$

又　$$目的产物摩尔数=\frac{340}{28}=12.143\text{mol}$$

$$反应掉原料摩尔数=\frac{600}{30}=20\%$$

故　$$选择性=\frac{12.143}{20}\times 100\%=60.7\%$$

4. 收率和质量收率

$$收率=\frac{转化为目的产物原料摩尔数}{通入反应器原料摩尔数}\times 100\%$$

$$=转化率\times 选择性$$

$$质量收率=\frac{实际所得目的产物质量}{通入反应器原料质量}\times100\%$$

如上例，收率=60%×60.7%=36.42%

$$质量收率=\frac{340}{1000}\times100\%=34\%$$

有循环物料时产物总收率和总质量收率的计算

$$总收率=\frac{转化为目的产物的原料摩尔数}{新鲜原料摩尔数}\times100\%$$

$$总质量收率=\frac{所得目的产物质量}{新鲜原料质量}\times100\%$$

例如100kg乙烷（纯度100%）裂解，单程转化率为60%，乙烯产量为46.4kg，分离后将未反应的乙烷全部返回裂解，则

乙烷循环量=100−60=40kg

新鲜原料补充量=100−40=60kg

$$乙烯收率=\frac{46.4\times\frac{30}{28}}{100}\times100\%=49.5\%$$

$$乙烯总收率=\frac{46.4\times\frac{30}{28}}{60}\times100\%=82.8\%$$

$$乙烯总质量收率=\frac{46.4}{60}\times100\%=77.3\%$$

（二）裂解温度的影响

裂解温度是影响乙烯收率的一个极其重要的因素。温度对产物分布的影响主要有两方面：①影响一次产物分布；②影响一次反应对二次反应的竞争。

1. 温度对一次反应产物分布的影响

温度对一次反应产物分布的影响，按链式反应机理，是通过各种链式反应相对量的影响来实现的。表1-13是应用链式反应动力学数据计算得到的异戊烷在不同温度裂解时的一次产物分布。由有1-13可看出，裂解温度不同，就有不同的一次产物分布，提高温度，可以获得较高的乙烯、丙烯收率。

表1-13　裂解温度对异戊烷一次产物分布的影响（计算值）

温度/℃ \ 组分/%(质量)	H_2	CH_4	C_2H_4	C_3H_6	i-C_4H_8	1-C_4H_8	2-C_4H_8	总计	$C_2^{=}+C_3^{=}$
600	0.7	16.4	10.1	15.2	34.0	10.1	13.5	100	25.3
1000	1.6	14.5	13.6	20.3	22.5	13.6	14.5	100	33.9

2. 温度对一次反应和二次反应相互竞争的影响——热力学和动力学分析

烃类裂解时，影响乙烯收率的二次反应主要是烯烃脱氢、分解生碳和烯烃脱氢缩合结焦等反应。

（1）热力学分析。烃分解生碳反应的 ΔG^0 具有很大的负值，在热力学上比一次反应占绝对优势，但分解过程必须先经过中间产物乙炔阶段，故主要应看乙烯脱氢转化为乙炔的反应在热力学上是否有利？乙烯转化为乙炔的反应，在温度低于 760℃时的平衡常数值很小，表 1-14 为下列三个反应在不同温度条件下的平衡常数值。

表 1-14　乙烷分解生碳过程各反应的平衡常数

温度/℃	k_{p1}	k_{p2}	k_{p3}	温度/℃	k_{p1}	k_{p2}	k_{p3}
827	1.675	0.01495	6.556×10^7	1127	48.86	1.134	3.446×10^5
927	6.234	0.08053	8.662×10^6	1227	111.98	3.248	1.032×10^5
1027	18.89	0.3350	1.570×10^6				

$$C_2H_6 \xrightleftharpoons{k_{p1}} C_2H_4 + H_2$$

$$C_2H_4 \xrightleftharpoons{k_{p2}} C_2H_2 + H_2$$

$$C_2H_2 \xrightleftharpoons{k_{p3}} 2C + H_2$$

由表可以看出，随着温度的升高，乙烷脱氢和乙烯脱氢两个反应的平衡常数 k_{p1} 和 k_{p2} 都增大，其中 k_{p2} 的增大速率更大些。另一方面乙炔分解为碳和氢的反应，其平衡常数 k_{p3} 虽然随着温度升高而减小，但其值仍然很大，故提高温度虽有利于乙烷脱氢平衡，但更有利于乙烯脱氢生成乙炔，过高温度更有利于碳的生成。

（2）动力学分析。当有几个反应在热力学上都有可能同时发生时，如果反应速度彼此相当，则热力学因素对这几个反应的相对优势将起决定作用；如果各个反应的速度相差悬殊，则动力学对其相对优势就会起重要作用。温度对反应速度的影响程度与反应活化能有关，改变反应温度除了能改变各个一次反应的相对速度，影响一次反应产物分布外，也能改变一次反应对二次反应的相对速度。故提高温度后，乙烯收率是否能相应提高，关键在于一次反应和二次反应在动力学上的竞争。简化的动力学图式表示如下。

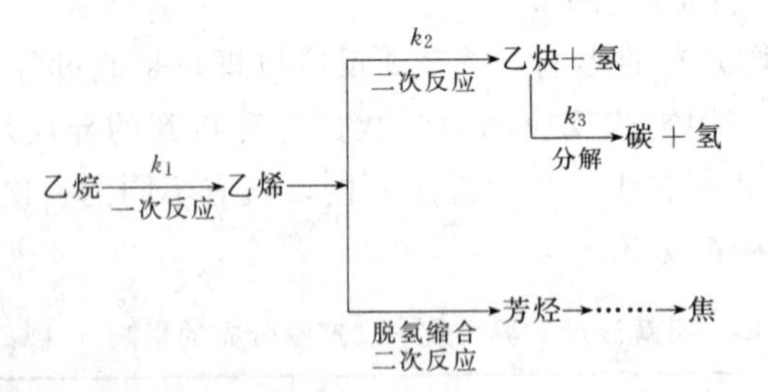

乙烯继续脱氢生成乙炔的二次反应与一次反应的竞争，主要决定于 k_1/k_2 的比值及其随温度的变化关系。

$$k_1 = 10^{14}\exp(-69000/RT)\text{s}^{-1}$$

$$k_2 = 2.57\times10^{8}\exp(-40000/RT)\text{s}^{-1}$$

一次反应的活化能大于二次反应，升高温度有利于提高 k_1/k_2 的比值（见图 1-4），也即有利于提高一次反应对二次反应的相对速度，提高乙烯的收率。

对于另一类二次反应即氢缩合反应与一次反应的竞争，也有同样的规律。

$$C_2H_4 + C_4H_6 \xrightarrow{k_4} \text{液体产物}$$

$$r_4 = K_4[C_2H_4][C_4H_6],$$

$$K_4 = 3.0 \times 10^7 \exp(-27500/RT) \text{l} \cdot \text{s}^{-1} \cdot \text{mol}^{-1}$$

$$C_3H_6 + C_4H_6 \xrightarrow{k_5} \text{液体产物}$$

$$r_5 = K_5[C_3H_6][C_4H_6]$$

$$K_5 = 3.0 \times 10^7 \exp(-27500/RT) \text{l} \cdot \text{s}^{-1} \cdot \text{mol}^{-1}$$

$$2C_4H_6 \xrightarrow{k_6} \text{液体产物}$$

$$r_6 = k_6[C_4H_6]^2$$

$$K_6 = 6.9 \times 10^8 \exp(-26800/RT) \text{l} \cdot \text{s}^{-1} \cdot \text{mol}^{-1}$$

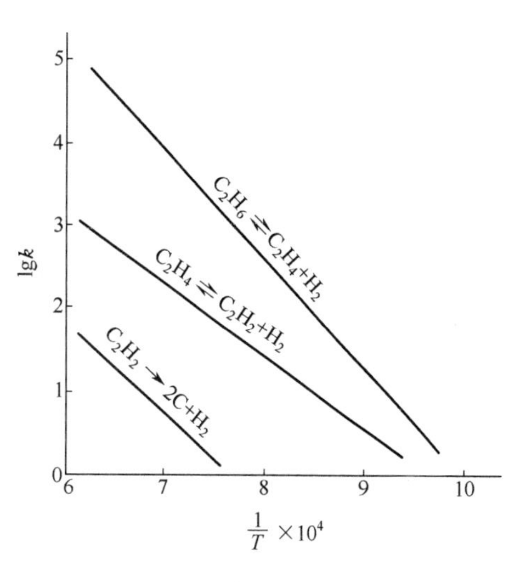

图 1-4　k 值与温度的关系

它们的活化能均比一次反应的活化能小，故升高温度也是有利于一次反应，提高乙烯收率，减小焦的相对生成量，但温度高，一次和二次反应的绝对速度均加快，焦的绝对生成量会增加。因此在采用高温时，必须相应减少停留时间以减少焦的生成。裂解温度过高也会有较多的乙炔生成。

（三）停留时间的影响

在以前介绍裂解炉的裂解条件时，常提到“停留时间”一词。所谓停留时间，是指物料从反应开始到达某一转化率时在反应器内经历的反应时间。在管式裂解反应器中，反应过程有二特点：一是非等温的，二是非等容的（体积增大），在计算物料在管式反应器中的停留时间时，由于管式反应器管径较小，径/长比小，流速甚快（返混少），可作为理想置换处理。在理想置换的活塞流管工反应器中，非等温非等容是沿管长而逐步变化的，因而，在工业上更广泛地用简化方法计算停留时间。

1. 表观停留时间（t_B）

$$t_B = \frac{V_R}{V} = \frac{S \cdot L}{V} \tag{1-11}$$

式中　V_R、S、L——分别为反应器容积，裂解管截面积及管长；

V——气态反应物（包括惰性稀释剂）的实际容积流率，m^3/s。

折算为质量流率时

$$t_B = \frac{L \cdot \rho}{G} \tag{1-12}$$

式中　ρ——反应物密度，kg/m^3；

G——质量流速，$kg/m^2 \cdot s$。

上列各式的参数均易测定。

2. 平均停留时间

微元处理时

$$\int_0^t dt = \int_0^{V_R} \frac{dV_R}{\alpha_V V_{\text{原料}}} \tag{1-13}$$

式中　α_V——体积增大率，在微元处理时它是随转化深度，温度和压力而变的数值。近似

计算时

$$t=\frac{V_R}{\alpha'_V V'_{原料}} \tag{1-14}$$

式中 $V'_{原料}$——原料气（包括水蒸气）在平均反应温度和平均反应压力下的体积流量，m^3/s；

α'_V——最终体积增大率。

$$\alpha'_V=\frac{最终反应物体积（标准态）}{原料气态的体积（标准态）} \tag{1-15}$$

3. 停留时间的影响

由于有二次反应，故每一种原料在某一特定温度下裂解时，都有一个得到最大乙烯收率的适宜停留时间。如图 1-5 所示，停留时间过长。乙烯收率下降。由于二次反应主要发生在转化率较高的裂解后期，如能控制很短的停留时间，减少二次反应的发生，就可增加乙烯收率。

4. 温度——停留时间效应

裂解温度与停留时间对提高乙烯收率来说是一对互相依赖互相制约的因素。图 1-6 及表 1-15 都说明了温度-停留时间效应对乙烯收率的影响。

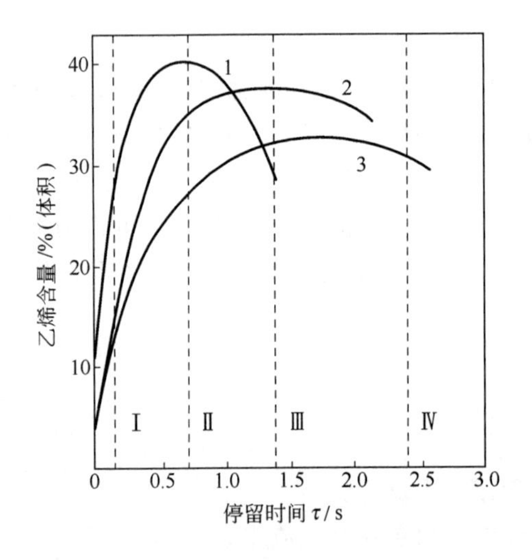

图 1-5 温度和停留时间对乙烷裂解反应的影响

1—843℃；2—816℃；3—782℃

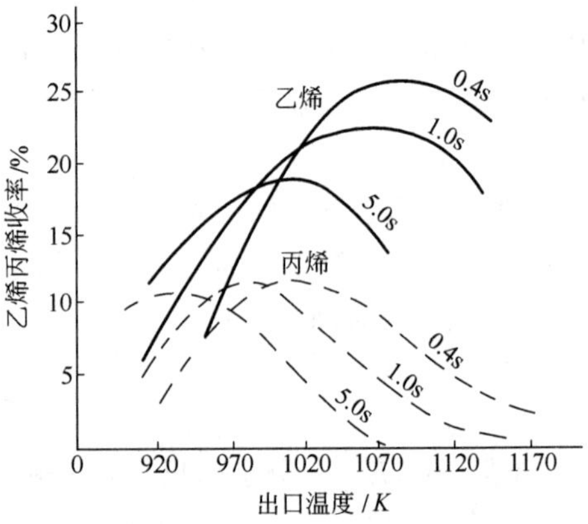

图 1-6 柴油裂解产物的温度-停留时间效应

表 1-15 温度-停留时间效应对石脑油产物分布关系

出口温度/℃ 停留时间/s	788～800 1.2	816～837 0.65	837～871 0.35	899～927 0.1	出口温度/℃ 停留时间/s	788～800 1.2	816～837 0.65	837～871 0.35	899～927 0.1
产物分布/%(质量)					C_4H_6	2.2	3.8	4.2	4.8
CH_4	15.6	16.6	16.8	16.7	C_5^+	32.8	29.7	27.8	23.0
C_2H_4	23.0	25.9	29.3	33.3	CH_4/C_2H_4	0.678	0.641	0.575	0.501
C_3H_6	13.6	12.7	12.2	11.7	$C_2H_4+C_3H_6+C_4H_6$	38.8	42.4	45.7	49.8

作为一般规律，提高温度，缩短停留时间有如下的效应：

(1) 正构烷烃裂解时能得到更多的乙烯，而丙烯以上的单烯烃收率有所下降。

(2) 能抑制芳烃的生成，减少液体产物和焦的生成。

(3) 工业上可利用温度——停留时间的影响效应来调节产物中乙烯/丙烯的比例，以适应市场变化的需要。

近年来各国裂解技术都采用了高温、短停留时间的操作条件。

(四) 烃分压和稀释剂的影响

烃分压是指进入裂解反应管的物料中气相碳氢化合物的分压。烃裂解反应时，压力对反应的影响有：

1. 压力对平衡转化率的影响

烃类裂解的一次反应（断链和脱氢）是分子数增加的反应，降低压力对反应平衡移动是有利的，但在高温条件下，断链反应的平衡常数很大，几乎接近全部转化，反应是不可逆的，因此改变压力对这类反应的平衡转化率影响不大。对于脱氢反应（主要是低分子烷烃脱氢），它是一可塑过程，降低压力有利于提高其平衡转化率。压力对二次反应中的断链、脱氢反应的影响与上述情况相似，故降低反应压力也有利乙烯脱氢生成乙炔的反应。至于聚合、脱氢缩合、结焦等二次反应，都是分子数减少的反应，因此降低压力应可抑制此类反应的发生，但这些反应在热力学上都比较有利，故压力的改变对这类反应的平衡转化率虽有影响，但影响一般不显著。

2. 压力对反应速度和反应选择性的影响从一次和二次反应速度式

$$r_{裂}=k_{裂}\ c$$

$$r_{聚}=k_{聚}\ c^{r}$$

$$r_{缩}=k_{缩}\ c_{A}c_{B}$$

可知，压力可以影响反应物浓度 c 而对速度 r 起作用。降低烃的分压对一次和二次反应的反应速度都是不利的。不过，反应级数不同，由于改变压力而改变浓度对反应速度的影响也有不同。压力对二级和高级反应的影响要比对一级反应的影响大得多。因此降低烃分压可增大一次反应对二次反应的相对反应速度，有利于提高乙烯收率，减少焦的生成。

故无论从热力学或动力学分析、降低烃分压对增产乙烯，抑制二次反应产物的生成都是有利的。因为裂解是在高温下进行的，如果系统在减压下操作，当某些管件连接不严密时，有可能漏入空气，不仅会使裂解原料或产物部分氧化而造成损失，更严重的是空气与裂解气能形成爆炸混合物而导致爆炸。减压操作对后续分离部分的压缩操作也不利，要增加能耗。解决的办法是在裂解原料气中添加稀释剂以降低烃分压。稀释剂可以是惰性气体（例如氮）或水蒸气。工业上都是用水蒸气作为稀释剂，其优点是：

(1) 水蒸气的热容较大，在 1027℃时约为 1.46kJ/kg·K，而氮气的热容为 1.17kJ/kg·K，水蒸气升温时虽然耗热较多，但能对炉管温度起稳定作用，在一定程度上保护了炉管。

(2) 易于从裂解产物中分离，对裂解气的质量无影响，这是很重要的一点，且水蒸气便宜易得。氮气从裂解气中分离不易，不但大大增加裂解气压缩机，脱甲烷塔的负荷，分离出来的氢、甲烷气中含大量氮气又降低了热值，而且供应氮气也需一个大型的空分装置。

(3) 可以抑制原料中的硫对合金钢裂解管的腐蚀作用。

（4）水蒸气在高温下能与裂解管中沉积的焦炭发生如下反应。

$$C+H_2O \longrightarrow H_2+CO$$

实际上起了对炉管的清焦作用。

（5）水蒸气对金属表面起一定的氧化作用，使金属表面的铁、镍形成氧化物薄膜，减轻了铁和镍对烃类气体分解生碳的催化作用。

但是，水蒸气的加入量也不是愈多愈好。加入过量的水蒸气、使炉管的处理能力下降，增加了炉子热负荷，也增加了水蒸气的冷凝量和急冷剂用量，并造成大量废水。水蒸气的加入量随裂解原料不同而异，一般是以能防止结焦，延长操作周期为前提。裂解原料性质愈重，愈易结焦，水蒸气的用量也愈大，见表 1-16。

表 1-16　不同裂解原料的水蒸气稀释比（管式炉裂解）

裂解原料	原料含氢量/%(质量)	结焦难易程度	稀释比水蒸气/烃/(kg/kg)
乙烷	20	较不易	0.25～0.4
丙烷	18.5	较不易	0.3～0.5
石脑油	14.16	较易	0.5～0.8
轻柴油	～13.6	很易	0.75～1.0
原油	～13.0	极易	3.5～5.0

表 1-17 则为水蒸气稀释比对公用工程的影响

表 1-17　水蒸气稀释比对公用工程的影响

项目	稀释比水蒸气/烃/(kg/kg)		项目	稀释比水蒸气/烃/(kg/kg)	
	0.6	1.2		0.6	1.2
燃料	100	116	冷却水	100	170
高压水蒸气	100	125	回收热量	100	135

过高的水蒸气用量比，为了达到相同的出口温度，需增大炉管表面的热强度，这样就需采用耐更高温度的炉管材料。实际上水蒸气的用量比也有最佳值，高于此最佳值，不仅对提高乙烯收率作用不大，且使能耗增加。

（五）动力学裂解深度函数 KSF（Kinetic Severity Function）

单一低级烷烃裂解时，由于原料及反应产物的组成都能比较精确地分析得到，其转化率较易求得，故可用转化率指标来衡量其裂解程度。对低级烷烃混合裂解，通常是选定某个浓度最大的组分或选其中一个有代表性的组分作为衡量裂解过程的当量组分而确定其转化率，但对乙丙烷混合裂解而乙烷的浓度又较大时，下列情况必须考虑：乙烷裂解生成丙烷的量实际上可以忽略不计，而丙烷生成乙烷的量较为可观（参见表 1-12），此时的乙烷来自两个方面，一是未转化的乙烷，二是丙烷裂解生成乙烷，因此用乙烷的转化率去衡量混合物的裂解深度就不明确。选择丙烷作当量组分，以其转化率去衡量其裂解深度则较为可行。对于轻石脑油裂解，常以正戊烷为代表来计算转化率，因为裂解过程并不生成正戊烷。

对于较重质原料如全沸程石脑油、煤油、柴油的裂解，由于其组成复杂，每个成分的裂解性能也不相同，某一种烃在裂解过程中消失了，而另一种烃在裂解时又可能生成它，因此无法以转化率来衡量其裂解深度。采用“动力学裂解深度函数（KSF）”作为衡量裂解深度的标准，则综合考虑了原料性质、停留时间和裂解温度效应，故能较合理地反映裂解进程的程度，KSF 的定义是

$$\mathrm{KSF}=\int k_5\,\mathrm{d}t \tag{1-16}$$

式中　k_5——正戊烷的反应速度常数，s^{-1}；

　　t——反应时间，s。

此法之所以选定正戊烷作为衡量裂解深度的当量组分，是因为在任何轻质油中，正戊烷总是存在的，它在裂解过程中只有减少，不会增加。其裂解余下的量亦能测定，选定它作当量组分，足以衡量原料的裂解深度。

公式中的 k_5 与 t 密切相关 [$k_5=A\exp(-E/RT)$]，因而 KSF 关联了 k_5 和 t 两个因素，就比较全面地描述了裂解过程的实际情况。但是，在计算 KSF 值时，要先知道沿反应管长的温度分布和相应温度下的 k_5，由此得到全部积分时间，才能计算 KSF 值。不过在某些情况下，可以通过测定原料中正戊烷的浓度 c_1 及产物中正戊烷的浓度 c_2 来计算。

对 1-16 式，当反应时间由 $0\rightarrow t$，而 k_5 在某一温度下已综合反映了正戊烷的反应速度，则可以积分为

$$\mathrm{KSF}=k_5 t \tag{1-17}$$

对于正戊烷裂解，按一级反应动力学方程式

$$r=\frac{-\mathrm{d}C}{\mathrm{d}t}=k_5 c \tag{1-18}$$

当正戊烷的浓度从 $c_1\rightarrow c_2$，k_5 为常数，积分结果是

$$k_5 t=\ln\frac{c_1}{c_2}=2.3\lg\frac{c_1}{c_2}$$

代入 1-17 式

$$\mathrm{KSF}=2.3\lg\frac{c_1}{c_2} \tag{1-19}$$

设 α 为正戊烷的转化率，则 1-19 式改写为

$$\mathrm{KSF}=2.3\lg\frac{\alpha_v}{1-\alpha} \tag{1-20}$$

这样，就把 KSF 与转化率数据关联起来。例如，已知 KSF=2.3，并假定 $\alpha_v=1$，则可从 1-20 式近似算得轻油中正戊烷的转化率 $\alpha=0.9$；或已知轻油中正戊烷的转化率 $\alpha=0.9$，则计算得其裂解深度 KSF=2.3。

要注意 $\alpha=0.9$ 是指轻油中正戊烷的转化率而不是轻油整体的转化率，KSF=2.3 是表征这种油品达到了那样一种裂解深度水平。

动力学裂解深度函数对于关联转化率数据，设计和估价裂解炉管的性能是有一定价值的。因为它将裂解温度和停留时间的影响按动力学方程式组合起来。这种组合的结果与动力学分析一致，但在精确计算上有缺点，因为需要详细确定反应物在流经裂解炉管时的温度分布，并由此计算 k_i 及其相应的 t，这一工作由计算机完成更方便。

KSF 值的大小对产物分布的影响可以用下列各图来说明（图 1-7 及图 1-8）。

图 1-7 是石脑油裂解时，KSF 数值对产物分布的影响。图中 KSF 值分为三个区。

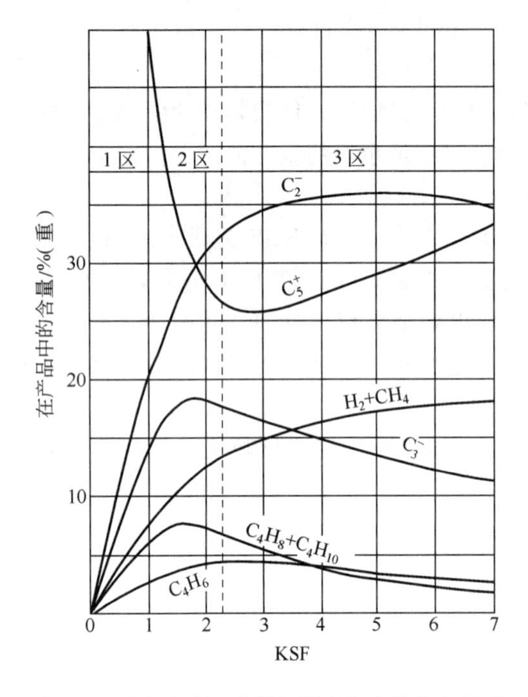

图 1-7　石脑油裂解时裂解深度与产物分布关系
（原料组成、烃分压、停留时间恒定）

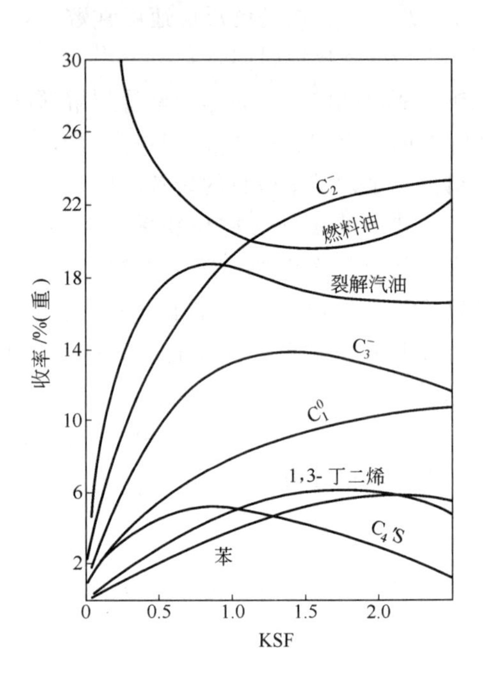

图 1-8　柴油为原料时裂解深度与产物分布关系

（1）KSF＝0～1 为浅度裂解区。此区内原料饱和烃（C_5^+）的含量迅速下降，产物乙烯、丙烯、丁烯等含量接近直线上升。但是，因为是浅度裂解，低级烯烃量是不多的。

（2）KSF＝1～2.3 为中度裂解区。在这区内 C_5^+ 烃含量继续下降，乙烯含量继续上升，但其增加速度则逐渐减慢。丙烯、丁烯在 KSF＝1.7 左右时出现峰值，因为丙烯和丁烯在此区内有二次反应发生，既有生成，也有消失，两种反应消长的结果出现了峰值。

（3）KSF＞2.3 为深度裂解区。在些区内一次反应实际上已经停止，产物的组成进一步发生变化是二次反应所造成的。C_5^+ 以上馏分中原有的饱和烃经过裂解反应达到了最低值，而随着裂解深度的加深，丙烯、丁烯进一步分解，烯烃脱氢缩合生成稳定的芳烃液体，使丙烯和丁烯的含量下降，C_5^+ 的含量回升（组成已变化）。乙烯的峰值出现在 KSF＝3.5～6.5，丁烯的峰值在 KSF＝2.5 处，二者均是反应的综合结果。

图 1-8 是以柴油为原料裂解时 KSF 与产物分布的关系，它和石脑油裂解相似的特点，但容许的裂解深度 KSF 值较低，产物收率也较低。

KSF 是关联温度与停留时间的函数，如果保持 KSF 值一定，为求取高的乙烯收率

必须相应地使 t、t 相匹配，即须服从高温短停留时间的原理来选择相应的 T、t 值（见图1-9）。

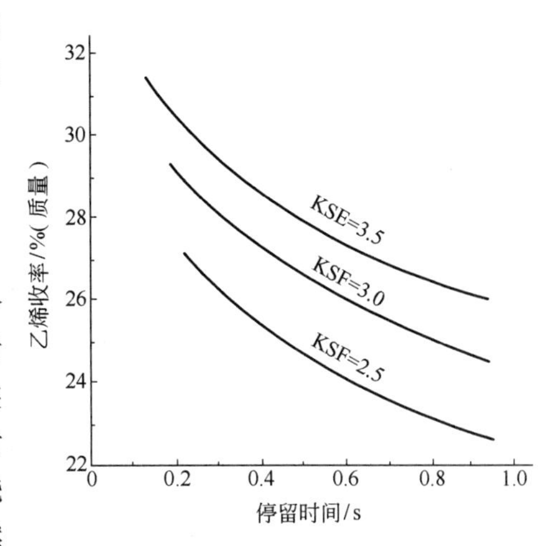

图 1-9　KSF 一定，不同停留时间对乙烯收率的影响

基准：进料水蒸气/油比，出口压力恒定

三、管式炉裂解的工艺流程[1,3,11～16]

（一）管式裂解炉

管式裂解炉主要由炉体和裂解管两大部分组成，炉体用钢构件和耐火材料砌筑，分为对流室和辐射室，原料预热管及蒸汽加热管安装在对流室内，裂解管布置在辐射室内，在辐射室的炉侧壁和炉顶或炉底，安装一定数量的烧嘴。由于裂解管布置方式和烧嘴安装位置及燃烧方式的不同，管式裂解炉的炉型有多种。早年使用裂解管水平布置的方箱式炉，由于热强度低，裂解管受热弯曲，耐热吊装件安装不易，维修预留地大等原因，已被淘汰。

近年各国竞相发展垂直管双面辐射管式裂解炉，炉型各具特色，其中美国鲁姆斯公司（Lummus Go.）开发的短停留时间裂解炉采用的国家较多。现列举一些有代表性的炉型。

1. 鲁姆斯 SRT-Ⅲ型炉（Lummus Short Residence Time-Ⅲ Type）

SRT 型炉，即短停留时间裂解炉，是 60 年代开发的，最先为 SRT-Ⅰ型，后为 SRT-Ⅱ型，近发展为 SRT-Ⅲ及 SRT-Ⅳ型。SRT 各型裂解炉外形大体相同，而裂解管径及排布则各异，Ⅰ型为均径管，Ⅱ、Ⅲ、Ⅳ型为变径管。炉型见图 1-10，SRT-Ⅰ、Ⅱ、Ⅲ型工艺特性见表 1-18。

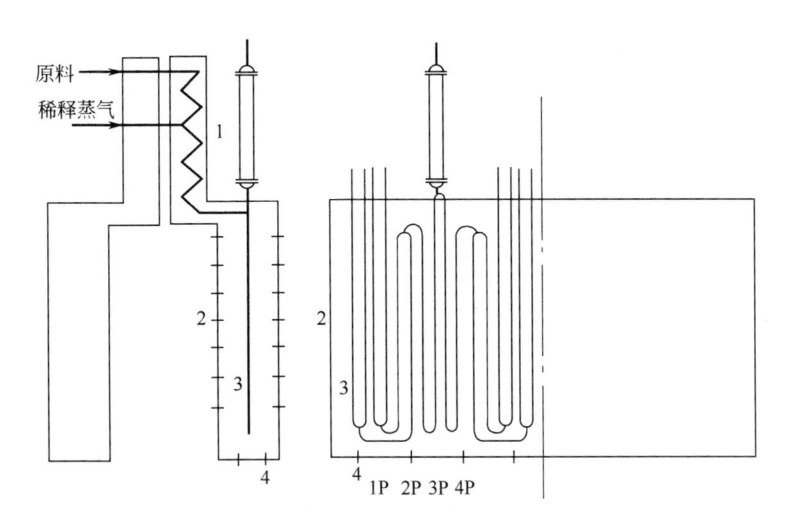

图 1-10　SPT-Ⅲ型裂解炉

1—对流室；2—辐射室；3—炉管组；4—烧嘴

1P—ϕ89(64)；2P—ϕ114(89)，3P、4P—ϕ178(146)，总长 48.8m

表 1-18　SRT 型炉管排布及工艺参数

炉　型	SRT-Ⅰ	SRT-Ⅱ(HC)	SRT-Ⅲ
炉管排布形式	1P　8P～10P	1P　2P　3P～6P	1P　2P　3P　4P
炉管尺寸,外径(内径)/mm	ϕ127	1P：ϕ89(63) 2P：ϕ114(95) 3～6P：ϕ168(152)	1P：ϕ89(64) 2P：ϕ114(89) 3～4P：ϕ178(146)
炉管长度/(m/组)	80～90	10.6	54.8
炉管材质	HK—40	HK—40	HK—40,HP—40
适用原料	乙烷—石脑油	乙烷—轻柴油	乙烷—减压柴油
管壁温度/℃ 初期～末期	945～1040	980～1040	1015～1100
每台炉管组数	4	4	6
对流段换热管组数	3	3	4
停留时间/s	0.6～0.7	0.475	0.431～0.37
乙烯收率/%(质量)	27(石脑油)	23(轻柴油)	23.25～24.5(轻柴油)
炉子热效率/%	87	87～91	92～93.5

表中 P——程。炉管内物料走向，一个方向为 1 程，如 3P，指第 3 程。

从炉型和炉管工艺特性的变化，可以看到裂解技术的进步。

(1) 实现了高温、短停留时间、低烃分压的裂解原理。为了在短停留时间内使原料能迅速升到高温进行裂解反应，必须有高热强度的辐射炉管，因此采用双面辐射的单排管，能使最大限度的接受辐射热量。最初使用的 SRT-Ⅰ型裂解炉，炉管是均径的，管径设计也稍大，停留时间为 0.7s，采用均径炉管的主要缺点是原料进入裂解管的初期，由于热通量小，升温速率较慢，难达到短停留时间的目的。且由于裂解反应是体积增大的反应，采用均径炉管，不能随着反应深度的增加而保持每一微单元阻力相同，到反应后期势必阻力增加，必须相应提高原料烃进口压力，以克服阻力，因而使烃分压增高。停留时间长，烃分压高均有利于二次反应进行，使乙烯收率降低。为此设计出 SRT-Ⅱ型变径布管，排列为 4-2-1-1-1-1，管径先细后粗。小管径有利于强化传热，使原料迅速升温，缩短停短时间。管列后部管径变粗，有利于减小 ΔP 降低烃分压，减少二次反应，且也不会因二次反应生成的焦很快堵塞管道，因而延长了操作周期，提高了乙烯收率。SRT-Ⅰ型与 SRT-Ⅱ型的管内气体温度分布及烃分压分布见图 1-11 及图 1-12。显然，达到同样的出口温度时，SRT-Ⅱ型比 SRT-Ⅰ型的停留时间要短，烃分压要小，因而 SRT-Ⅱ型比 SRT-Ⅰ型的乙烯收率提高 2%（质量）。

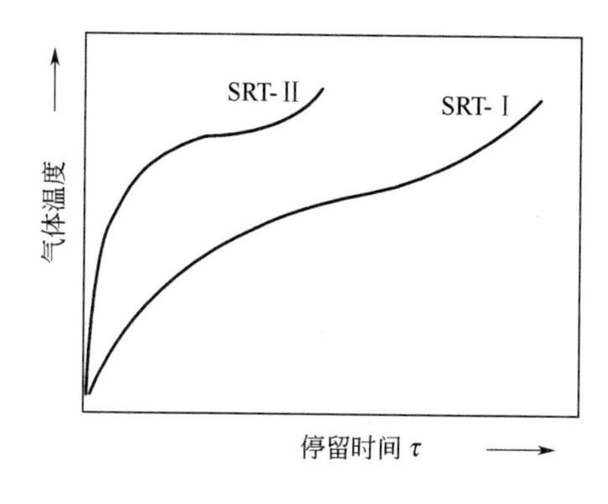

图 1-11　气体温度分布比较

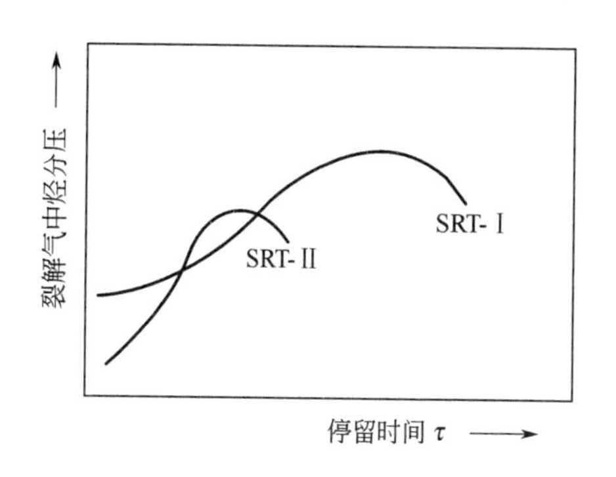

图 1-12　SRT-Ⅱ型和 SRT-Ⅲ型沿裂解管烃分压分布比较

SRT-Ⅲ型是吸取 SRT-Ⅱ型的经验进一步缩短停留时间，为此将管组后部减为 2 程，即 4-2-1-1，这一改进的关键是开发了新的管材 HP-40，炉管耐热温度更高，因而提高了炉管的表面热强度，加大了热通量，使裂解原料更迅速升温，裂解温度进一步提高，提高了乙烯收率。其次是对流段的预热管布置更合理（见图 1-13）使烟气出口温从 SRT-Ⅱ型的 180～200℃降到 130～140℃，炉子热效率提高至 93.5%。

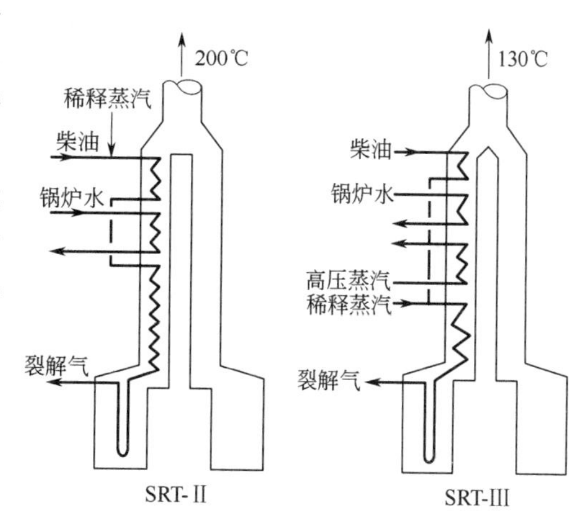

图 1-13　对流室预热管排布

近年，鲁姆斯公司又推出 SRT-Ⅳ型，其炉型结构与 SRT-Ⅲ型差异不大，但在工艺流程上采用了燃气透平，从而大大降低了能耗。SRT-Ⅲ、Ⅳ型都采用计算机控制，使裂解炉工况更稳定，工艺条件最佳，保持裂解炉最高的生产能力、乙烯收率比 SRT-Ⅱ型再提高 1%～1.5%。

(2) 更合理的炉型结构。①辐射室底部侧壁均有均匀分布的加热烧嘴，使炉管周边温度分布均匀，管上下温差较小；②炉管能上下自由伸长缩短，不因温度效应而变形；③炉管吊装件埋在上部隔热层内，避免高温辐射；④炉顶上部预留空间，利用检修换管，不占地面；⑤在裂解管出口上方即接装急冷换热器，使裂解气更快急冷，减少二次反应发生的机会。

2. 凯洛格毫秒裂解炉和分区域裂解炉

(1) 凯洛格毫秒裂解炉 MSF（Milli Second Furnace）美国凯洛格公司（M. Kellogg Co.）在 60 年代开始研究此种炉型，1978 年开发成功。在高裂解温度下，使物料在炉管内的停留时间缩短到 0.05～0.1s（50～100ms），是一般裂解炉停留时间的 1/4～1/6。以石脑油为原料裂解时，乙烯单程收率提高到 32%～34.4%（质量）。毫秒裂解炉的特点是（裂解炉系统见图 1-14，炉管布置见图 1-15）：裂解管是由单排垂直管组成，仅一程，管径 25～30mm，管长 10m，热通量大，可使原料烃在极短时间内加热至高温（裂解气出口温度可高达 850～880℃）；且因裂解管是一程，没有弯头，阻力降小，烃分压低，因此乙烯收率比其他炉型高。表 1-19 为毫秒炉与短停留时间炉在裂解温度相同时乙烯收率比较。

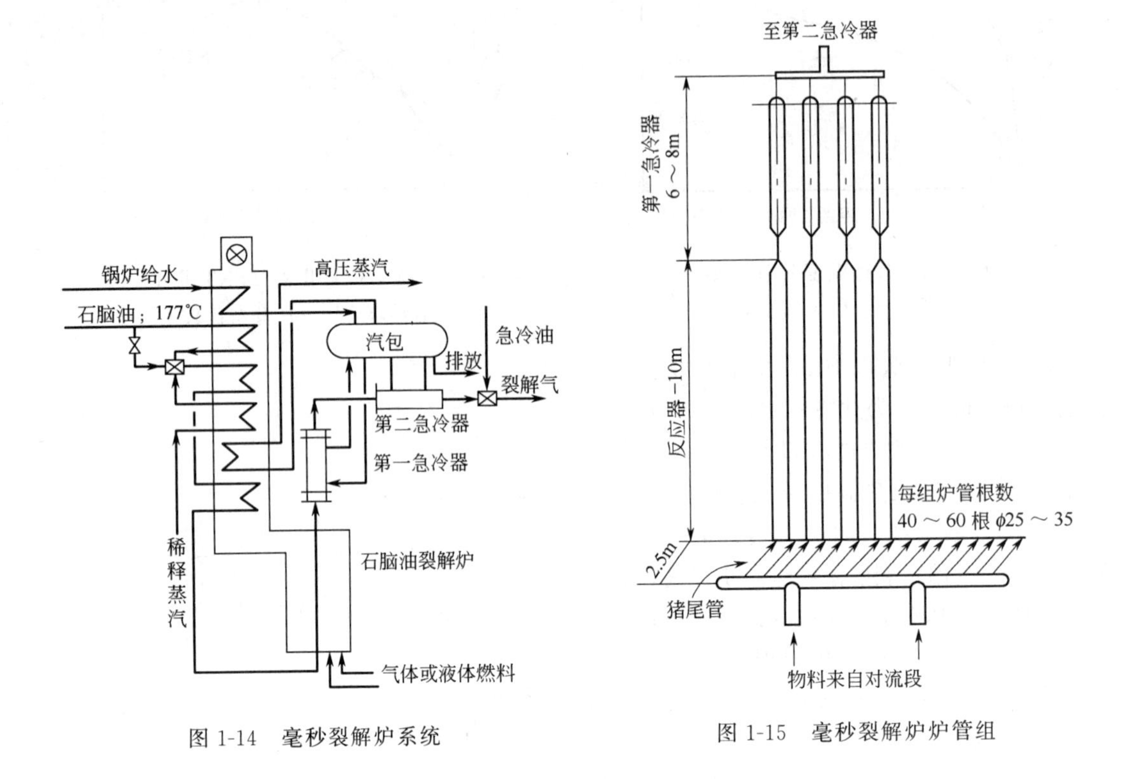

图 1-14　毫秒裂解炉系统

图 1-15　毫秒裂解炉炉管组

表 1-19　乙烯单程收率比较

组分/%(质量) \ 原料	石脑油		轻柴油		重柴油	
	短停留时间炉	毫秒炉	短停留时间炉	毫秒炉	短停留时间炉	毫秒炉
C_2H_4	28.6	32.2	24.4	27.0	19.5	21.6
燃料油	3.5	3.3	20.3	17.2	27.5	24.7

毫秒裂解炉投资与操作费用和一般短停留时间炉差不多，乙烯收率高时成本就低，据称此种炉型原料适应性广，可以裂解从乙烷到重柴油。不过，年产 0.3Mt 乙烯厂需用 1008 组炉管，流量均匀分配问题不易解决，近年采用“猪尾管”分配流量，效果较好。

(2) 分区域裂解炉。这是根据裂解过程前期和后期所需热量不同而进行分区供热设计的，前期原料要迅速升温，裂解反应吸热量大，故供热要大；后期大部分原料的一次反应已完成，故需供热量相应减少，分区供热较符合裂解过程所需的供热规律。裂解管也是中央垂直悬吊管，辐射室分三个区，各区热通量分配大致如表 1-20。炉膛高 7m，采用底部长焰烧嘴供热。图 1-16 为多区域裂解炉示意图。

3. 斯通-韦勃斯特超选择性裂解炉 USC（Ultra-Selectivity Cracking Furnace）

美国斯通-韦勃斯特公司（Stone and Webster，简写 SϕW）开发的超选择性裂解炉，连同两段急冷（USX＋TLX），构成三位一体的裂解系统，其裂解系统如图 1-17。

表 1-20　各区域炉热量分配

	热量分配比	炉管热强度/(kJ/m² · h)
一区	100	330000
二区	80	280000
三区	60	230000～280000

每台 USC 裂解炉有 16，24 或 32 组管，每组 4 根炉管，成 W 型，4 程 3 次变径（ϕ63.5～88.9mm），单排，每两组管共用 1 个一级急冷器，然后将裂解气汇总送入 1 台二级急冷器，一、二级急冷器共用 1 个汽包，产生 10MPa 高压蒸汽。炉管热强度 29.3kJ/m^2 · h，管材用 HK-40 及 HP-40，停留时间 0.2～0.3s，原料为乙烷-柴油，用轻柴油原料可以 100 天不停炉清焦，炉子热效率 92%，用轻柴油裂解乙烯收率 27.7%，丙烯收率 13.65%（均质量百分比）。

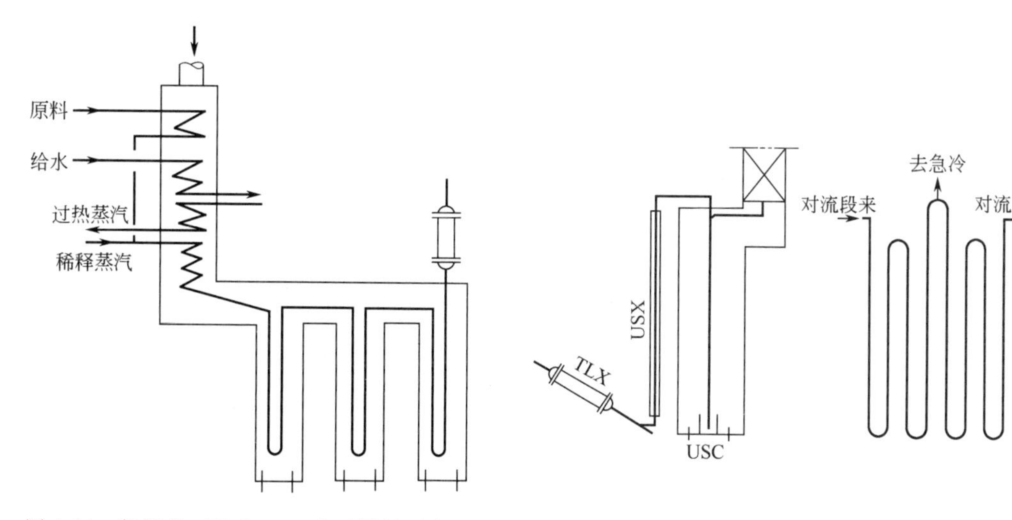

图 1-16　凯洛格（Kellogg）多区域炉示意图　　　图 1-17　超选择性炉系统

（二）裂解气急冷与急冷换热器

1. 裂解气的急冷

从裂解管出来的裂解气是富含烯烃的气体和大量水蒸气，温度在 727～927℃，烯烃反应性很强，若任它们在高温下长时间停留，仍会继续发生二次反应，引起结焦，烯烃收率下降及生成许多经济价值不高的副产物，因此必须使裂解气急冷以终止反应。

急冷的方法有两种，一种是直接急冷，另一种是间接急冷。直接急冷的急冷剂用油或水，急冷下来的油水密度相差不大，分离困难，污水量大，不能回收高品位的热能。近代的裂解装置都是先用间接急冷，后用直接急冷，最后洗涤的办法（参见图 1-14）。

采用间接急冷的目的，首先是回收高品位热能，产生高压水蒸气作动力能源以驱动裂解气、乙烯、丙烯三压缩机、汽轮机发电及高压水泵等机械，同时终止二次反应。间接急冷的关键设备是急冷换热器。急冷换热器与汽包所构成的水蒸气发生系统称为急冷废热锅炉。

急冷换热器常遇到的问题是结焦问题，结焦后，使急冷换热器的出口温度升高，系统压力增大，影响炉子的正常运转，故当结焦到一定程度后，也必须进行清焦。用重质原料裂解时，常常是急冷换热器结焦先于炉管，故急冷换热器清焦周期 的长短直接影响到裂解炉的操作周期。为了减小裂解气在急冷换热器内的结焦倾向，应控制以下两个指标：①停留时间，一般控制在 0.04s 以下；②裂解气出口温度，要求高于裂解气的露点（此处显然为油露点）。若低于露点温度，则裂解气中的较重组分有一部分会冷凝，凝结的油雾沾附在急冷换热器管壁上形成流动缓慢的油膜，既影响传热，又易发生二次反应而结焦。

表 1-21　裂解气露点

原　料	裂解气露点/℃	要求出口温度/℃
炼厂气	297	～347
轻　油	347	347～447
轻柴油	417～447	447～547

在一般裂解条件下，裂解原料含氢量愈低，裂解气的露点愈高，因而急冷换热器出口温度也必须控制较高。几种裂解原料所得裂解气的露点如表 1-21 所示。

对于体积平均沸点在 127～447℃ 的裂解原料油，有人提出用下列经验式来决定急冷换热器的出口温度。

$$T=0.56T_v+\alpha-153^{❶} \tag{1-21}$$

式中　T——急冷换热器出口温度，K；

T_v——裂解原料油的体积平均沸点，K（计算方法见式 1-9）；

α——裂解深度函数，其值在 337～427℃之间。

式 1-21 的函数关系，可用图 1-18 示之，图中阴影部分表示急冷换热器的出口温度范围，其宽度由 α 值大小决定。

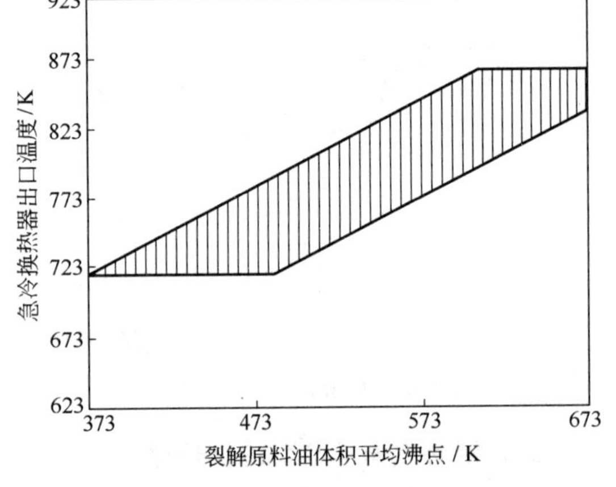

图 1-18　急冷换热器出口温度与原料油体积平均沸点的关系

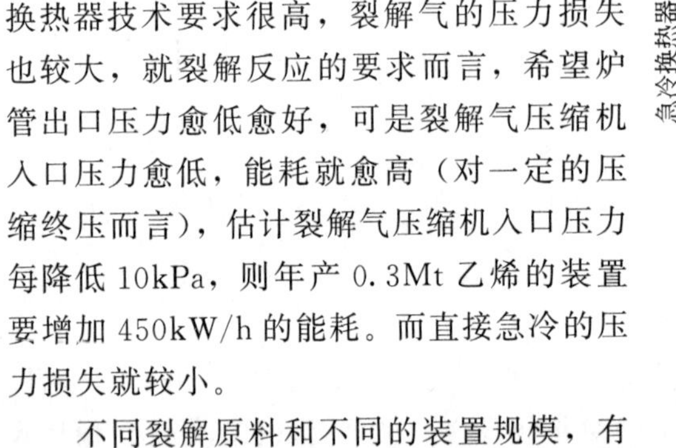

间接急冷虽然比直接急冷能回收高品位能量和减少污水对环境的污染，但急冷换热器技术要求很高，裂解气的压力损失也较大，就裂解反应的要求而言，希望炉管出口压力愈低愈好，可是裂解气压缩机入口压力愈低，能耗就愈高（对一定的压缩终压而言），估计裂解气压缩机入口压力每降低 10kPa，则年产 0.3Mt 乙烯的装置要增加 450kW/h 的能耗。而直接急冷的压力损失就较小。

不同裂解原料和不同的装置规模，有不同的合适急冷方式，在选择急冷方式时可参考表 1-22。

表 1-22　不同裂解原料的急冷方式

裂解原料	裂解稀释蒸汽含量	急冷负荷	重组分液体产物含量	结焦难易	合适的急冷方式		
					间接急冷	油直接急冷	水直接急冷
乙、丙、丁烷	较少	较小	较少	较不易	✓		✓
石脑油	中等	中等	中等	较易	✓	✓	
轻柴油	较多	较大	很多	较易	✓	✓	
重柴油	很多	很大	很多	很易		✓	

❶ 原式的 T_v、a 单位为℃，今按 SI 制调整。

2. 急冷换热器

采用间接急冷法，关键设备是急冷换热器，它是裂解装置中五大关键设备之一（五大关键设备：裂解炉、急冷换热器、三机、冷箱和乙烯球罐）。急冷换热器的结构必须满足裂解气急冷的特殊条件，急冷换热器管内通过高温裂解气，入口温度约 827℃，压力约 110kPa（表），要求在极短时间内（一般在 0.1s 以下，如气体原料裂解为 0.03～0.07 秒，馏分油裂解为 0.02～0.05s）将温度降至 350～600℃（因裂解原料而异，重质原料下降温度小些），传热的热强度高达 400×10^3kJ/(m^2·h)，管外走高压热水，温度约 320～330℃，压力 8～13MPa。由此可知，急冷换热器与一般换热器不同的地方是高热强度，管内外必须同时承受很大的温度差和压力差，同时又要考虑急冷管内的结焦清焦操作，操作条件极为苛刻。这里介绍已被广泛采用的几种急冷换热器。

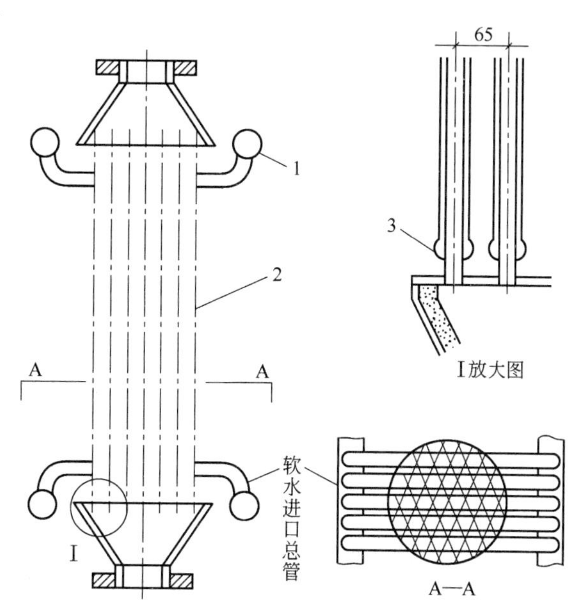

图 1-19 施米特（Schmidt）型双套管式急冷换热器简图

1—联络管；2—双套管；3—椭圆形截面

（1）双套管式急冷换热器。图 1-19 是施米特型双套管式急冷换热器，即 SHG❶ 型。这种换热器的结构与一般管壳式换热器不同之处在于用双管管列管式代替单管列管式，双套管管束焊接在椭圆形截面的直排集流管上，集流管及联结集流管的沟槽焊成管排结构，代替一般的平面管板。高温裂解气由下而上走中心管内，高压水和水蒸气也由下而上走中心管与外套管间的环隙，套管端用椭圆形的集流管与中心管相连。由于热交换在许多很小的双套管中进行，即使环隙间压力高达 12MPa 以上和管内外的高温差，管壁不厚的椭圆形结构能够吸收内外管的伸长变形，避免使用高压操作下较厚的钢质外壳。

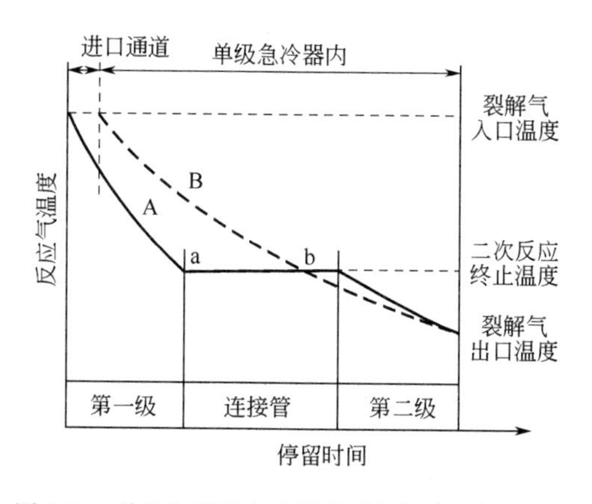

图 1-20 单级和两级急冷器内裂解气降温情况比较

A—两级急冷器裂解气降温曲线

B—单级急冷器裂解气降温曲线

（2）USX 急冷换热器。斯通-韦勃斯特公司的两级急冷技术中，USX 是第一级急冷，TLX 是第二级急冷。采用两级急冷的目的是可以较早地降温以迅速停止二次反应。图 1-20 是采用两级急冷与单级急冷时裂解气的降

❶ SHG——德国 Frima Schmidt Sche Heissdampf GesellShaft mit Basch ramker Haflung 公司名的缩写。

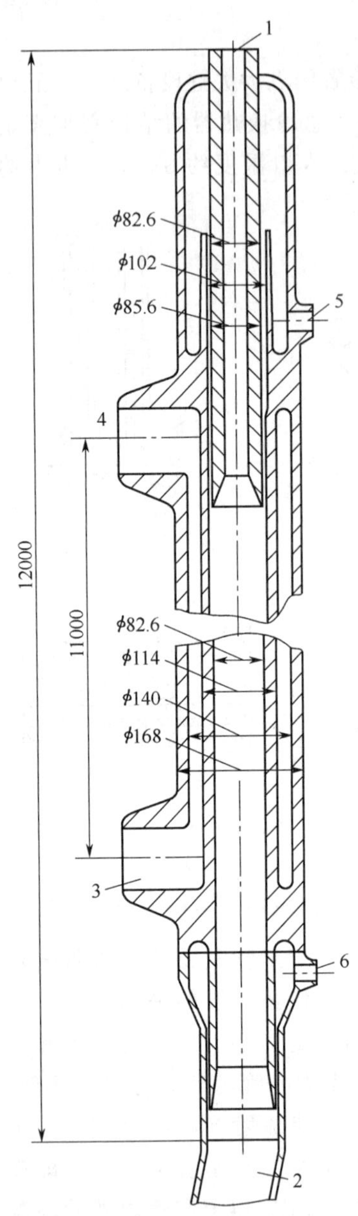

图 1-21 USX 急冷换热器

1—裂解气进口；2—裂解气出口；3—水进口；4—气水混合物出口；5，6—水蒸气进口

温比较。

两级急冷的情况是：裂解气在一级急冷器中降温至 a 点，在此点已能终止二次反应，采用单级急冷器时，裂解气降至相同的温度水平 b 点的停留时间就比 a 点长，结焦的可能性就增加。图 1-21 为 USX 急冷换热器结构图，它的入口为自由伸缩结构，内管为变径管，入口气流速高达 280m/s，停留时间为 0.0618s，温度由 762℃降至 577℃。在此操作条件下，即使急冷管后段略有结焦，但管径扩大了，裂解气的压差改变并不很大。终止二次反应后的裂解气进入二级急冷器，温度由 577℃继续降至 408℃，这样，二级急冷器的结焦机会就小。我国某厂采用此种急冷装置时，柴油裂解的清焦周期为 100 天，使用其他较轻质原料时为 240 天，国外第二急冷器的清焦及检修周期在一年以上。

USX 急冷换热器结构简单，清焦容易，二级急冷器可采用一般的管壳式换热器结构，因此整个造价不高。其缺点是 1 组炉管需 1 个 USX 急冷换热器，1 台炉需此种换热器 30 多台，投资较高。

（三）裂解炉的结焦与清焦

石油烃类在裂解过程中由于聚合、缩合等二次反应的发生，不可避免地会结焦，积附在裂解炉管的内壁上，结焦程度随裂解深度的加深而加剧，且与烃分压、原料重质化等有关。随着裂解炉运行时间的延长，焦的积累量每日每时地增加，有时结成坚硬的环状焦层，管子内径变小，阻力增大，使进料压力增加，管壁温度升高，破坏了裂解的最优工况，故应当在炉管结焦到一定程度时即应及时清焦。

炉管结焦的现象表现为：

(1) 炉管投料量不变的情况下，进口压力增大，压差增大。

(2) 从观察孔可看到辐射室裂解管管壁上某些地方因过热而出现光亮点。

(3) 投料量不变及管出口温度不变但燃料耗量增加，管壁及炉膛各点温度升高。

(4) 裂解气中乙烯的含量下降。

上述这些现象分别或同时出现，都表明管内有结焦，必须及时清焦。两次清焦时间的间隔，称为炉管的运转周期或清焦周期。运转周期的长短与操作条件有关，特别是与原料性质有关。

清焦方法有停炉清焦法和不停炉清焦法（也称在线清焦法）。停炉清焦法是将进料及

出口裂解气切断（离线）后，用惰性气体和水蒸气清扫管线，逐渐降低炉温，然后通入空气和水蒸气烧焦。反应是

$$C+O_2 \longrightarrow CO_2$$

$$C+H_2O \longrightarrow CO+H_2$$

$$CO+H_2O \longrightarrow CO_2+H_2$$

由于氧化（燃烧）反应是强放热反应，故需加入水蒸气以稀释空气中氧的浓度，以减慢燃烧速度。烧焦期间，不断检查出口尾气的二氧化碳含量，当二氧化碳浓度低至0.2%（干基）以下时，可以认为在此温度下烧焦结束。在烧焦过程中，裂解管出口温度必须严加控制，不能超过750℃，以防烧坏炉管。

坚硬的焦块有时需用机械方法除去，机构除焦法是打开管接头，用钻头刮除焦块，这种方法一般不用于炉管除焦，但可用于急冷换热器的直管除焦。机械除焦劳动强度较大。

不停炉清焦法是一改进。它有交替裂解法和水蒸气、氢气清焦法等。交替裂解法是在使用重质原料（如轻柴油等）裂解一段时间后有较多的焦生成需要清焦时，切换轻质原料（如乙烷）去裂解，并加入大量水蒸气，这样可以起到裂解和清焦的作用。当压降减小后（焦已大部分被清除），再切换为原来的裂解原料。水蒸气、氢气清焦是定期将原料切换成水蒸气、氢气，方法同上，也能达到不停炉清焦的目的。对整个裂解炉系统，可以将炉管组轮流进行清焦操作。

此外，近年研究添加结焦抑制剂，以抑制焦的生成。抑制结焦添加剂是某些含硫化合物，它们是$(C_4H_9)_2SO_2$、$(CH_3)_2S_2$、噻吩、硫磺、Na_2S水溶液、$(NH_4)_2S$、$Na_2S_2O_3$、$(NH_4)_2S_2O_8$、硫磺加水、KHS_2O_4、$(CH_3)_2SO$加水等。这些物质添加量很少，能起到抑制结焦的作用，但如添加量过大，则会腐蚀炉管。一般添加量为在稀释蒸气中加入50ppm CS_2；或气体原料中加入30～150ppmH_2S；或液体原料中加入0.05%～0.2%（质量）的硫或含硫化合物。还有人研究添加某些含氟化合物、高分子羧酸、聚硅氧烷等，后者能使结焦不附在管壁上而随气流流出。

添加结焦抑制剂能起到减弱结焦的效果，但当裂解温度很高时（例如850℃），温度对结焦的生成是主要的影响因素，抑制剂的作用就无能为力了。

（四）裂解工艺流程

裂解工艺流程包括原料油供给和预热系统、裂解和高压水蒸气系统、急冷油和燃料油系统、急冷水和稀释水蒸气系统。不包括压缩、深冷分离系统。

图1-22所示是轻柴油裂解工艺流程。

1. 原料油供给和预热系统

原料油从贮罐（1）经预热器（3）和（4）与过热的急冷水和急冷油热交换后进入裂解炉的预热段。原料油供给必须保持连续、稳定，否则直接影响裂解操作的稳定性，甚至有损毁炉管的危险。因此原料油泵须有备用泵及自动切换装置。

2. 裂解和高压蒸气系统

预热过的原料油入对流段初步预热后与稀释水蒸气混合，再进入裂解炉的第二预热段预热到一定温度，然后进入裂解炉的辐射室进行裂解。炉管出口的高温裂解气迅速进入急冷换热器（6），使裂解反应很快终止，再去油急冷器（8）用急冷油进一步冷却，然后进入洗油塔（汽油初分馏塔）（9）。

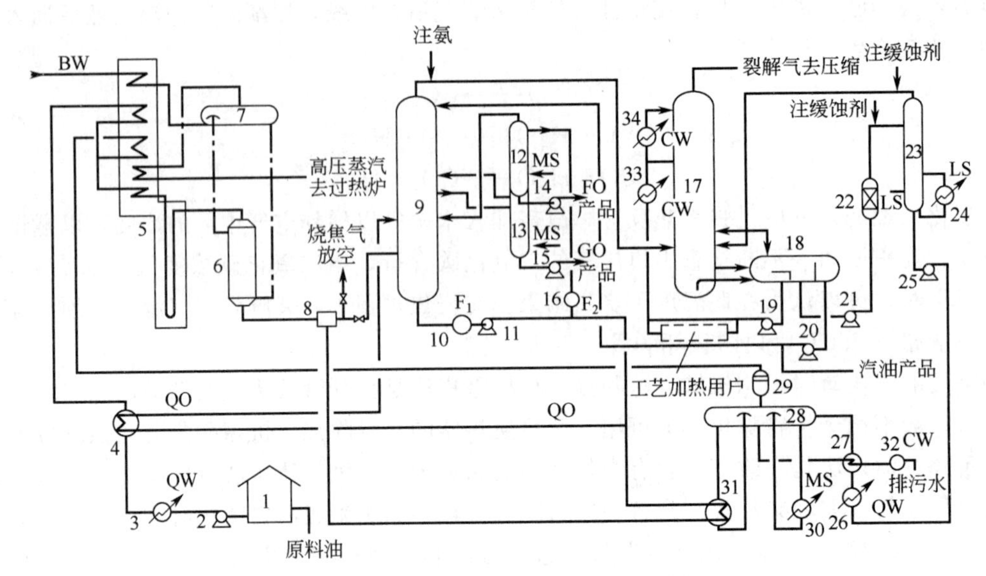

图 1-22　轻柴油裂解装置工艺流程图

1—原料油贮罐；2—原料油泵；3—原料油预热器；4—原料油预热器；5—裂解炉；6—急冷换热器；7—汽包；8—急冷器；9—油洗塔（汽油初分馏塔）；10—急冷油过滤器；11—急冷油循环泵；12—燃料油汽提塔；13—裂解轻柴油汽提塔；14—燃料油输送泵；15—裂解轻柴油输送泵；16—燃料油过滤器；17—水洗塔；18—油水分离罐；19—急冷水循环泵；20—汽油回流泵；21—工艺水泵；22—工艺水过滤器；23—工艺水汽提塔；24—再沸器；25—稀释蒸汽发生器给水泵；26—预热器；27—预热器；28—稀释蒸汽发生器汽包；29—分离器；30—中压蒸汽加热器；31—急冷油加热器；32—排污水冷却器；33，34—急冷水冷却器

QW—急冷水；CW—冷却水；MS—中压水蒸气；LS—低压水蒸气；

QO—急冷油；FO—燃料油；GO—裂解轻柴油；BW—锅炉给水

急冷换热器的给水先在对流段预热并局部汽化后送入高压汽包（7），靠自然对流流入急冷换热器（6）中，产生 11MPa 的高压水蒸气，从汽包送出的高压水蒸气进入裂解炉预热段过热，再送入水蒸气过热炉（图中未绘出），过热至 447℃后并入管网，供蒸气透平使用。

3. 急冷油和燃料油系统

裂解气在油急冷器（8）中用急冷油直接喷淋冷却，然后与急冷油一起进入油洗塔（9），塔顶出来的裂解气为氢、气态烃和裂解汽油以及稀释水蒸气和酸性气体。

裂解轻柴油从油洗塔（9）的侧线采出，经汽提塔（13）汽提其中的轻组分后，作为裂解轻柴油产品。裂解轻柴油含有大量烷基萘，是制萘的好原料，常称为制萘馏分。塔釜采出重质燃料油。

自洗油塔塔釜采出的重质燃料油，一部分经汽提塔（12）汽提出其中的轻组分后，作为重质燃料油产品送出，大部分则作为循环急冷油使用。循环使用的急冷油分两股进行冷却，一股用来预热原料轻柴油之后，返回油洗塔作为塔的中段回流，另一股用来发生低压稀释蒸汽，急冷油本身被冷却后则送至急冷器作为急冷介质，对裂解气进行冷却。

急冷油的黏度与油洗塔釜的温度有关，也与裂解深度有关，为了保证急冷油系统的稳定操作，一般要求急冷油 50℃以下的运动粘度 ν 控制在 $4.5 \sim 5.0 \times 10^{-5} m^2/s$。

急冷油系统常会出现结焦堵塞现象而危及装置的稳定运转，结焦产生的原因有二：一是急冷油与裂解气接触后超过300℃时性质不稳定，会逐步缩聚成易于结焦的聚合物，二是不可避免地由裂解管，急冷换热器带来的焦粒。因此在急冷油系统内设置有6mm滤网的过滤器（10），并在急冷器油喷嘴前设较大孔径的滤网和燃料油过滤器（16）。

4. 急冷水和稀释水蒸气系统

裂解气在油洗塔（9）中脱除重质燃料油和裂解轻柴油后，由塔顶采出进入水洗塔（17），此塔的塔顶和中段用急冷水喷淋，使裂解气冷却，其中一部分的稀释水蒸气和裂解汽油就冷凝下来。冷凝下来的油水混合物由塔釜引至油水分离槽（18），分离出的水一部分供工艺加热用，冷却后的水再经急冷水换热器（33）和（34）冷却后，分别作为水冷塔（17）的塔顶和中段回流，此部分的水称为急冷循环水。另一部分相当于稀释水蒸气的水量，由工艺水泵（21）经过滤器（22）送入汽提塔（23），将工艺水中的轻烃汽提回水洗塔（17），保证塔釜水中含油少于100ppm。此工艺水由稀释水蒸气发生器给水泵（23）送入稀释水蒸气发生器汽包（28）[先经急冷水预热器（26）和排污水预热器（27）预热]，再分别由中压水蒸气加热器（30）和急冷油加热器（31）加热汽化产生稀释水蒸气，经汽液分离后再送入裂解炉。这种稀释水蒸气循环使用系统，节约了新鲜的锅炉给水，也减少了污水的排放量。以年产0.3Mt乙烯装置为例，污水排放量从120t/h减至7～8t/h。此流程的污水排放量只是汽提塔（12）和（13）的汽提水蒸气量。

油水分离槽（18）分离出的汽油，一部分由泵（20）送至油洗塔（9）作为塔顶回流而循环使用，从裂解气中分离出的裂解汽油作为产品送出。

经脱除绝大部分水蒸气和少部分汽油的裂解气，温度约为313K，送至压缩系统。

裂解气逐步冷却时，其中含有的酸性气体也逐步溶解于冷凝水中，形成腐蚀性酸性溶液。为了防止这种酸性腐蚀，在相应的部位注加缓蚀剂。缓蚀剂有氨、碱液等碱性物质。

（五）管式炉裂解法的优缺点

管式炉裂解法是烃类裂解制低级烯烃的一种成熟的工艺。管式炉从油品加热炉。油品热裂化炉发展到油品裂解炉，已有多年的历史。此种炉型结构简单，操作容易，便于控制，能连续生产，乙烯、丙烷收率较高，产物浓度高，动力消耗小，热效率高，裂解气和烟道气的余热大部分可以设法回收，原料的适用范围随着裂解技术的进步已日渐扩大，可以多炉组合而大型化生产，这些都是它的优点。

但是，按现有的技术水平来说，它有一些待解决的问题，首先是它对重质原料的适应性还有一定的限制。裂解重质原料时，由于重质原料极易结焦，故不得不缩短运转周期，降低裂解深度，经常清焦，缩短了常年有效生产时间，也影响裂解炉及炉管的寿命。降低裂解深度的结果是原料利用率不高，重质燃料油等低值品量大，公用工程费用也增高。其次是按高温短停留时间和低烃分压的工艺要求，势必增大炉管的表面热强度，这就要求有耐高温的合金管材和铸管技术。近年管材除有HK-40（$Cr_{25}Ni_{20}$，耐温1040℃）外，已使用HP-40（$Cr_{25}Ni_{35}$，耐温1100℃）和HP-40W（$Cr_{25}Ni_{35}W_5$，耐温1150℃）、美国国际镍公司的Incoloy-802（$Cr_{21}Ni_{32}Co_{35}$）等，还在继续研究新型的耐热管材。

管式炉裂解法虽还有许多地方待开发和完善。但在将来仍然是先进的制造乙烯技术。我国近年来引进的裂解装置都是管式裂解炉。

四、裂解技术展望[1,11~13,17]

裂解技术在继续开发中，主要以下列问题为目标：①扩大重质原料的应用和裂解炉对原料改变的适应能力；②减小能耗、降低成本；③新的裂解技术研究。

（一）扩大重质原料的应用和裂解炉对原料改变的适应能力

目前，用减压柴油（VGO）、渣油、原油作原料的裂解技术已有某些进展，例如适当降低裂解深度，采用高温水蒸气裂解，载热体裂解等。

在裂解炉子的设计中考虑了原料供应和价格变化的因素，可以改换原料和混合进料操作，美国、日本现有的裂解炉有40%以上能适应多种原料裂解。这些炉子在设计时在供热量、流量、压力等方面有较大的变化范围和采用相应的调节手段。

（二）减小能耗、降低成本

降低产品成本是任何一个厂家的总目标，它与管理、产销、工艺技术水平密切相关，后者更是降低成本的关键。在过去10年，乙烯收率提高15%～20%，炉子热效率提高10%～15%，能耗降低34%（乙烷裂解）及22%（石脑油裂解），操作费用减小33%。现在设计的鲁姆斯SRT-Ⅲ型炉工艺能耗降低40%～60%，USC炉工艺能耗为70年代的60%，目前最佳工艺能耗低于2×10^4kJ/kg乙烯。

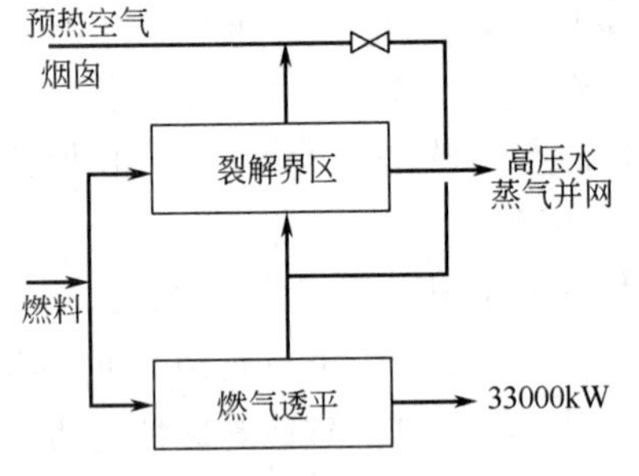

图1-23 日本出光燃气透平匹配

降低工艺能耗成绩显著的有：

1. 采用燃气透平

目前认为这是裂解炉节能技术一大突破。日本出光化学公司用此装置使每公斤乙烯能耗降至2×10^4kJ以下（我国目前为3.2×10^4～4.0×10^4kJ/kg乙烯）。斯通-韦勃斯特公司认为，年产0.3Mt乙烯厂使用燃气透平匹配，每吨乙烯可节能5.5×10^6kJ。燃气透平匹配的方法是将动力用燃气透平的高温出口气，再发生水蒸气和发电，或作裂解炉的燃烧混合气，或预热空气入炉。图1-23为燃气透平匹配示意图。

2. 继续提高炉子热效率

目前炉子热效率由70年代的87%提高至现在的93%～94%，提高炉子热效率除了改进炉体结构、烧咀布置等方法外，降低排烟温度和减小散热损失也是重要的方面。目前排烟温度已下降到127℃左右。如果烧咀结构良好，空气过剩系数小、燃料雾化效率高、化学燃烧完全，则排烟带走的热量就减小。充分利用对流段的热量是降低排烟温度的有效方法。现有炉子的换热管多数已采用翅片管，新型传热元件如热管、螺旋管、内插物管的应用正在研究中。

减小炉子散热损失的办法是从炉墙材质着手，炉墙需要有足够的耐火度和良好的隔热性，近年裂解炉炉墙除了使用传统的轻质耐火砖和耐火混凝土外，还使用了可塑耐火材料耐火陶瓷纤维毡和耐火涂料。鲁姆斯公司提出采用冷空气夹墙，降低外层墙与大气的温差，夹墙中的吸热空气作燃烧助燃空气。这样能将炉体的散热损失从总热负荷的3%降至1%。

（三）新的裂解技术研究

这方面引人注目的成果有：

(1) 开发耐高温的裂解管材。目前已有 HP-40W_5，耐温 1150℃。加铌（Nb）合金管和陶瓷合金管在开发中。

(2) 催化裂解。前苏联研究采用红柱石-刚玉为载体的钪钾型催化剂，并加入结焦抑制剂，裂解直馏汽油，温度降低 50～70℃，乙烯收率提高 9%，原料消耗减小 8%～10%。日本东洋工程公司（TEC）开发一种水蒸气重整催化剂 T-12（Fe，Mg 型），以石脑油为原料，温度 900℃，停留时间 0.056s，水蒸气/油比 1.5～2.0，乙烯收率 38.6%。美国菲利浦公司开发以氧化镁为载体的锰、铁系裂解催化剂，对低分子烃裂解，能提高收率。

催化裂解在工艺上仍存在一些问题，如降低反应温度会同时降低平衡转化率，催化剂载体传热传质慢，高温短停留时间制乙烯的工艺条件不易做到，寻找耐高温催化剂也不容易等。

第三节　裂解气的净化与分离

一、概　述

（一）裂解气的组成和分离要求

烃类经过裂解制得了裂解气，裂解气的组成是很复杂的，其中既有很有用的组分，也含有一些有害的杂质（见表 1-23）。裂解气的净化与分离的任务就是除去裂解气中有害杂质，分离出单一烯烃产品或烃的馏分，为基本有机化学工业和高分子化学工业等提供原料。

表 1-23　轻柴油裂解气组成

成　分	含量(mol)/%	成　分	含量(mol)/%
H_2	13.1828	正丁烷	0.0754
CO	0.1751	C_5	0.5147
CH_4	21.2489	C_6～C_8 非芳烃	0.6941
C_2H_2	0.3688	苯	2.1398
C_2H_4	29.0363	甲苯	0.9296
C_2H_6	7.7953	二甲苯+乙苯	0.3578
丙二烯+丙炔	0.5419	苯乙烯	0.2192
C_3H_6	11.4757	C_9～200℃馏分	0.2397
C_3H_8	0.3558	CO_2	0.0578
1,3-丁二烯	2.4194	硫化物	0.0272
异丁烯	2.7085	H_2O	5.04

在基本有机化学工业中，有些产品的生产可以用纯度较低的烯烃，例如次氯酸化法生产环氧乙烷和环氧丙烷，苯烷基化生产乙苯和异丙苯等。但有些产品的生产却要求用高纯度的烯烃原料。例如直接氧化法生产环氧乙烷时，原料乙烯浓度要求在 99%以上，有害杂质不允许超过 5～10ppm。许多聚合产品的生产，也对原料有很高的要求。例如生产聚乙烯、聚丙烯以及乙丙橡胶等用的乙烯与丙烯，其纯度要求分别见表 1-24 和表 1-25（A，B，C 为聚合度）。为了获得这样高纯度的产品，必须对裂解气进行净化和分离。

表 1-24　乙烯聚合级规格

组　分	单　位	A	B	C
$C_2^=$	%(mol)	≥99.9	≥99.9	99.9
$C_1^{\cdot}$	ppm(mol)	1000（$C_1^{\cdot}$、$C_2^{\cdot}$合计）	500	<1000
$C_2^{\cdot}$	ppm(mol)		500	—
$C_3^=$	ppm(mol)	<250	—	<50
$C_2^{\equiv}$	ppm(mol)	<10	<10	2
S	ppm(质量)	<10	<4	<1
H_2O	ppm(质量)	<10	<10	<1
O_2	ppm(质量)	<5	—	<1
CO	ppm(mol)	<10	—	<5
CO_2	ppm(mol)	<10	<100	<5

表 1-25　丙烯聚合级规格

组　分	单　位	A	B	C
$C_3^=$	%(mol)	≥99.9	≥99.9	98
$C_2^=$	ppm	<50	<5000	—
$C_4^{==}$	ppm	<20	<10	—
$C_3^{==}$	ppm	<5	<20	<10（$C_3^{==}$、$C_3^{\equiv}$合计）
$C_3^{\equiv}$	ppm	—	<10	
$C_2^{\cdot}$	ppm	—	<100	—
$C_3^{\cdot}$	ppm	<5000	<5000	—
S	ppm	<1	<10	<5
CO	ppm	<5	<10	<10
CO_2	ppm	<5	<1000	<20
O_2	ppm	<1	<5	—
H_2	ppm	—	<10	—
H_2O	ppm	—	<10	<10

需要净化与分离的裂解气，是由裂解装置送来的，它已脱除了大部分 C_5 以上的液态烃，它是一个含有氢和各种烃类的复杂混合物。此裂解气中并含有少量硫化氢，二氧化碳，乙炔，丙炔，丙二烯和水蒸气等杂质（见表 1-23）。

（二）裂解气分离方法简介

工业生产上采用的裂解气分离方法，主要有深冷分离法和油吸收精馏分离法两种。本章重点介绍深冷分离方法。

在基本有机化学工业中冷冻温度等于或者低于－100℃的，称深度冷冻，简称“深冷”。因为裂解气分离方法采用了－100℃以下的冷冻系统，所以工业上称深冷分离法。此法的分离原理是利用裂解气中各种烃的相对挥发度不同，在低温下除了氢和甲烷以外把其余的烃都冷凝下来，然后在精馏塔内进行多组分精馏分离，利用不同精馏塔，把各种烃逐个分离出来。其实质是冷凝精馏过程。

油吸收精馏分离法原理是利用溶剂油对裂解气中各组分的不同吸收能力，将裂解气中除了氢气和甲烷以外的其他烃全部吸收下来，然后用精馏法将各种烃再逐个分离开。所以油吸收精馏法实质是吸收精馏过程。

由表 1-23 可见，裂解气是很复杂的混合气体，要从这样复杂的混合气体中分离出高纯度的乙烯和丙烯等产品，需要进行一系列的净化与分离过程。图1-24是深冷分离流程示意图，图中净化位置可以变动，精馏塔多少以及其位置也是多方案的，但就其分离过程来说，可以概括成三大部分。

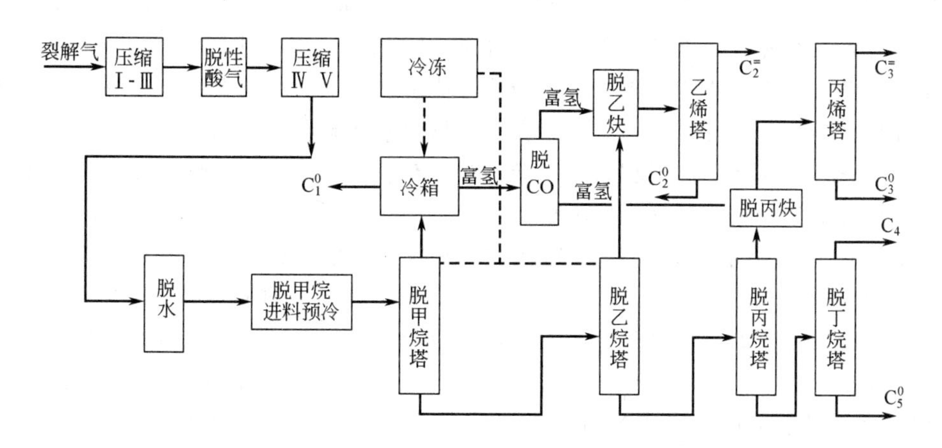

图1-24　深冷分离流程示意图

（1）气体净化系统：包括脱酸性气体、脱水、脱炔和脱一氧化碳（即甲烷化，用于净化氢）。

（2）压缩和冷冻系统：使裂解气加压降温，为分离创造条件。

（3）精馏分离系统：包括一系列的精馏塔，以便分离出甲烷、乙烯、丙烯、C_4 馏分以及 C_5 等馏分。

二、酸性气体的脱除

由表1-23数据可以看出，裂解气中含有的少量硫化物、CO_2、CO、C_2H_2、C_3H_4 以及 H_2O 等杂质如不脱除，不仅会降低乙烯、丙烯等产品的质量，且会影响分离过程的正常进行，故裂解气在分离前，必须先进行净化和干燥。

裂解气中的酸性气体主要是指 CO_2 和 H_2S。此外尚含有少量有机硫化物，如氧硫化碳（COS）、二硫化碳（CS_2）、硫醚（RSR′）、硫醇（RSH），噻吩（结构式）等，也可以在脱酸性气体操作过程中脱除之。

裂解气中的 H_2S，一部分是由裂解原料带来，另一部分是由裂解原料中所含的有机硫化物在高温裂解过程中与氢发生氢解反应而生成的。例如：

$$RSH + H_2 \longrightarrow RH + H_2S$$

裂解气中 CO_2 的来源有：

（1）CS_2 和 COS 在高温下与稀释水蒸气发生水解反应。

$$CS_2 + 2H_2O \longrightarrow CO_2 + 2H_2S$$

$$COS + H_2O \longrightarrow CO_2 + H_2S$$

（2）裂解炉管中的焦炭与水蒸气作用

$$C + 2H_2O \longrightarrow CO_2 + 2H_2$$

（3）烃与水蒸气作用

$$CH_4 + 2H_2O \longrightarrow CO_2 + 4H_2$$

这些酸性气体含量过多时，对分离过程会带来危害：H_2S 能腐蚀设备管道，使干燥用的分子筛寿命缩短，还能使加氢脱炔用的催化剂中毒；CO_2 则在深冷操作中会结成干冰，堵塞设备和管道，影响正常生产。酸性气体杂质对于乙烯或丙烯的进一步利用也有危害，例如生产低压聚乙烯时，二氧化碳和硫化物会破坏聚合催化剂的活性。生产高压聚乙烯时，二氧化碳在循环乙烯中积累，降低乙烯的有效压力，从而影响聚合速度和聚乙烯的分子量。所以必须将这些酸性气体脱除。

工业上用化学吸收方法，采用适当的吸收剂来洗涤裂解气，可同时除去 H_2S 和 CO_2 等酸性气体。吸收过程是在吸收塔内进行，气液两相进行逆流接触。对于吸收剂的要求是：对 H_2S 和 CO_2 的溶解度大，反应性能强，而对裂解气中的乙烯，丙烯的溶解度小，不起反应；在操作条件下蒸气压低，稳定性高，可减少损失，避免产品被污染；黏度小，可节省循环输送的动力费用；腐蚀性小，设备可用一般钢材；来源丰富，价格便宜。工业上已采用的吸收剂有 NaOH 溶液，乙醇胺溶液，*N*-甲基吡咯烷酮等，具体选用何种吸收剂要根据裂解气中酸性气体含量多少，净化要求程度，酸性气体是否回收等条件来确定。

管式炉裂解气中一般 H_2S 和 CO_2 含量较低，多采用 NaOH 溶液洗涤法，简称碱洗法。下面介绍碱洗脱酸性气体方法。

（一）碱洗法原理

碱洗法原理是使裂解气中 H_2S 和 CO_2 等酸性气体和硫醇、氧硫化碳等有机硫与 NaOH 溶液发生下列反应而除去，以达到净化的目的。

$$CO_2 + 2NaOH \longrightarrow Na_2CO_3 + H_2O$$

$$H_2S + 2NaOH \longrightarrow Na_2S + 2H_2O$$

$$COS + 4NaOH \longrightarrow Na_2S + Na_2CO_3 + 2H_2O$$

$$RSH + NaOH \longrightarrow RSNa + H_2O$$

反应生成的 Na_2CO_3、Na_2S、RSNa 等溶于碱液中。

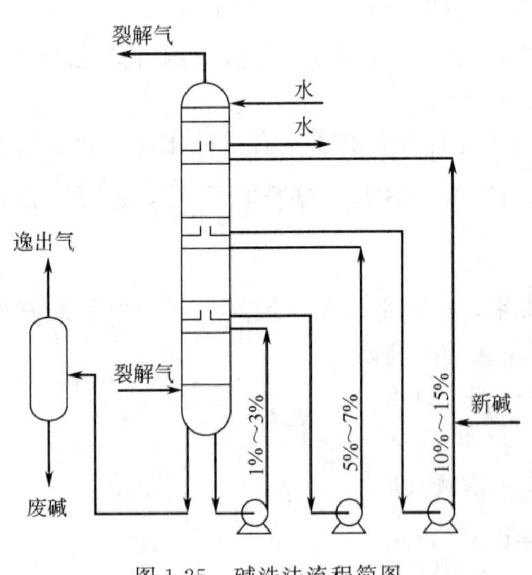

图 1-25　碱洗法流程简图

（二）碱洗法流程

碱洗脱酸性气体流程简图见图 1-25。裂解气进入碱洗塔底部，塔分成四段，上段为水洗，以除去裂解气中夹带的碱液；下部三段为碱洗，最下段用稀碱洗，其浓度为 1%～3%。最上碱洗段用 10%～15%浓度碱洗。碱液用泵打循环。新鲜碱液用补充泵连续送入碱洗的上段循环系统。塔底排出的废碱液中含有硫化物，不能直接用生化方法处理经由水洗段排出的废水稀释后，送往废碱处理装置。

裂解气在碱洗塔内与碱液逆流接触，酸性气体被碱液吸收，除去酸性气体的裂解气由塔顶流出，去下一个净化分离设备。

（三）碱洗塔操作条件

下面举出一种碱洗塔的操作条件。

塔压……………………………………………………………… 1.0MPa

塔内温度 ……………………………………………………………… 40℃

补充碱液浓度 …………………………………………………… 30%NaOH

碱洗塔操作压力一般为 1.0～2.0MPa（本章内所有压力都是绝对压力），上述压力条件 1.0MPa 是碱洗塔置于压缩机三段出口处，如果碱洗塔置放于压缩机的四段出口处，则碱洗塔的操作压力约为 2.0MPa。显然从脱除酸性气体要求来看，压力大有利，吸收塔尺寸小，循环碱液量少。碱洗塔在整个净化分离流程中的置放位置，是可变动的，要根据具体条件确定。

碱液温度一般为 30～40℃，温度低不仅脱除有机硫的效率差，且 C_4 以上的烃类会冷凝入碱液中。

为了节省碱的用量，塔釜碱浓度可以控制到很低，使碱与 H_2S 和 CO_2 发生如下反应。

$$H_2S+NaOH \longrightarrow NaHS$$

$$CO_2+NaOH \longrightarrow NaHCO_3$$

显然上述反应比生成 Na_2CO_3 和 Na_2S 反应能节省碱。

在裂解气中 H_2S 和 CO_2 含量不高时，例如管式炉裂解石脑油所得裂解气中含 H_2S 很少超过 0.1%（质量），CO_2 含量也在 0.02%（质量）左右，采用碱洗法是简单经济的。如果裂解原料气中含硫较高时，应用碱洗法。因碱液不能回收，耗碱量太大，可考虑先用乙醇胺水溶液作吸附剂，脱去 H_2S 和 CO_2，这是一个可逆吸收过程，吸收剂可以再生。

$$2HOCH_2CH_2NH_2+H_2S \underset{110\sim130℃}{\overset{25\sim45℃}{\rightleftharpoons}} (HOCH_2CH_2\overset{+}{N}H_3)_2S^{=}$$

$$2HOCH_2CH_2NH_2+CO_2+H_2O \underset{110\sim130℃}{\overset{25\sim45℃}{\rightleftharpoons}} (HOCH_2CH_2\overset{+}{N}H_3)_2CO_3^{=}$$

乙醇胺水溶液对脱有机硫效果差。将此两法结合，先用乙醇胺水溶液脱去酸性气体，然后用碱洗法进一步将硫化物脱净，可以收到较好的效果。

三、脱　　水

（一）水的危害

裂解气经过急冷，脱硫和压缩等操作过程，多少还含有一些水分，大约有 400～700ppm。裂解气分离是在－100℃以下进行的，在低温下水能冻结成冰，并能与轻质烃类形成固体结晶水合物。在一定的温度压力下，水能和烃类形成白色结晶水合物，与冰雪相似。例如能形成 $CH_4 \cdot 6H_2O$、$C_2H_6 \cdot 7H_2O$、$C_4H_{10} \cdot 7H_2O$ 等等。这些水合物在高压低温下是稳定的。图 1-26 是各种化合物生成水合物时的温度和压力条件。图 1-27 是不同密度烃类混合气体生成水合物的温度和压力条件。

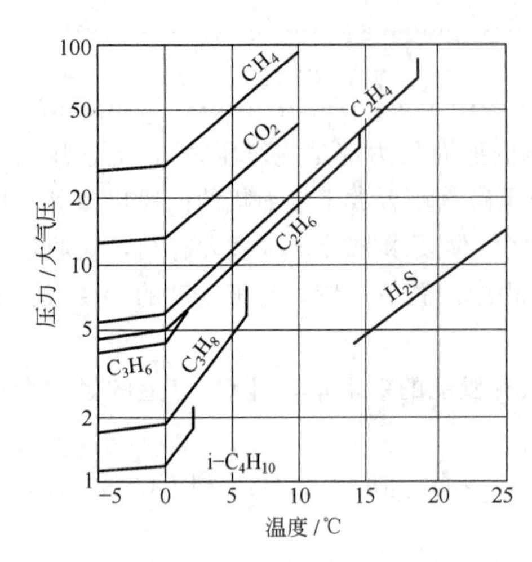

图 1-26 各种烃生成水合物的温度与压力

（1 大气压＝0.1013MPa）

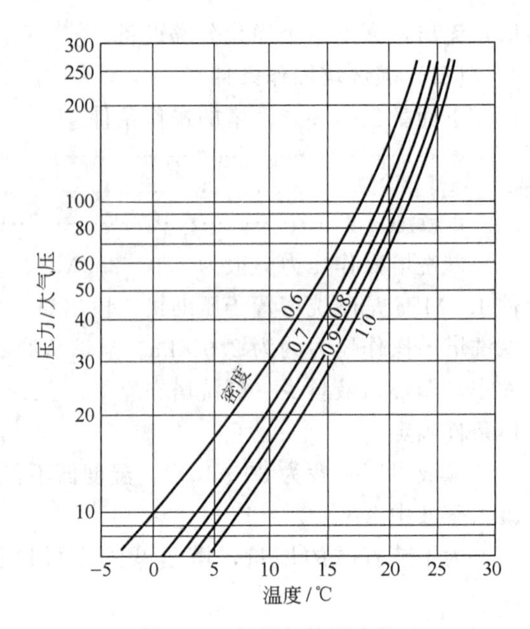

图 1-27 烃类气体混合物生成水合物的温度与压力

图 1-27 中密度是裂解气经过压缩脱除重组分后的气体密度。例如，裂解气的平均分子量为 23，则其对空气（平均分子量为 29）的相对密度为 23/29＝0.8，由图中相对密度为 0.8 的曲线，可查得，当压力为 3.6MPa 时，温度低于 14℃，就能生成水合物。

冰和水合物结在管壁上，轻则增大动力消耗，重则使管道堵塞，影响正常生产。为了排除这个故障，可用氨、甲醇或乙醇来解冻。大生产厂多用甲醇解冻。因为这些物质都能降低水的冰点和降低生成烃水合物的温度。这种解冻方法是一个消极办法，积极的办法是对裂解气进行脱水干燥达到一定的露点要求。

裂解气经过压缩和脱除重组分，也能脱除一部分水分。随着压力增加，气体中水分含量下降。这是由于在一定温度下，水蒸气的饱和蒸汽压是一定的。所以当压力增加时，水蒸气分压超过饱和蒸气压，水就开始凝结出来，因而气体中水分减少。显然，脱水放在压缩机后，压力达到分离过程最高值，对脱水是有利的。

工业上是采用吸附方法脱水，用分子筛、活性氧化铝或硅胶作吸附剂。

（二）分子筛脱水

关于几种干燥剂的脱水效能如图 1-28 所示。由图中曲线可以看出，脱除气体中微量水分以分子筛吸附水容量最高，分子筛脱水效能比硅胶或活性氧化铝高数倍，这是由于它的比表面积大于一般吸附剂。但是在相对湿度较高时，活性氧化铝和硅胶的吸附水容量都大于分子筛。故有的脱水流程是采用活性氧化铝与分子筛串联，含水分气体先进入活性氧化铝干燥器，然后再进入分子筛干燥器脱除残余水分。分子筛脱水效率高，使用寿命长，工业上已广泛使用。也有使用性能良好的活性氧化铝脱除乙烯馏分、丙烯馏分的水分。

裂解气脱水常用的是 A 型分子筛，A 型分子筛的孔径大小比较均匀，它只能吸附小于其孔径的分子。有较强的吸附选择性。例如 4A 分子筛能吸附水和乙烷分子，而 3A 分子筛只吸附水而不吸附乙烷分子，所以裂解气、乙烯馏分以及丙烯馏分脱水用 3A 分子筛比用 4A 分子筛好。此外分子筛是一种离子型极性吸附剂，它对于极性分子特别是水分子有极大的亲和力，易于吸附。H_2、CH_4 是非极性分子，所以虽能通过分子筛的孔口进入空穴也不易吸附。含水分的裂解气通过分子筛床层时，可选择性地对水分子进行吸附，裂解气中 H_2 等分子虽然比水分子小，也能进入空穴，但不易吸附，仍可以从分子筛孔口逸出。

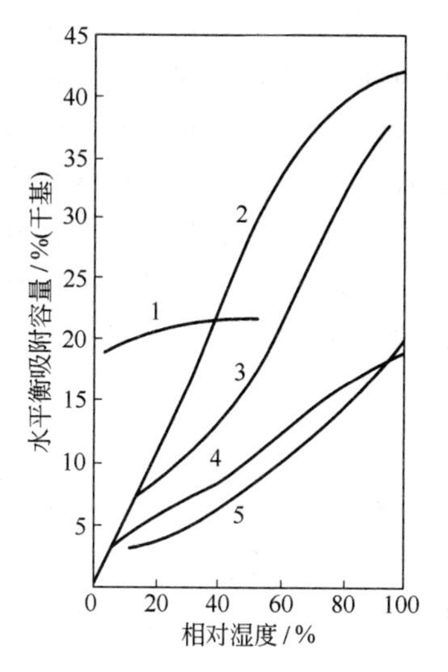

图 1-28 吸附水容量与相对湿度关系

1—5A 分子筛；2—硅胶；3,4—活性氧化铝；5—活性铁钒土

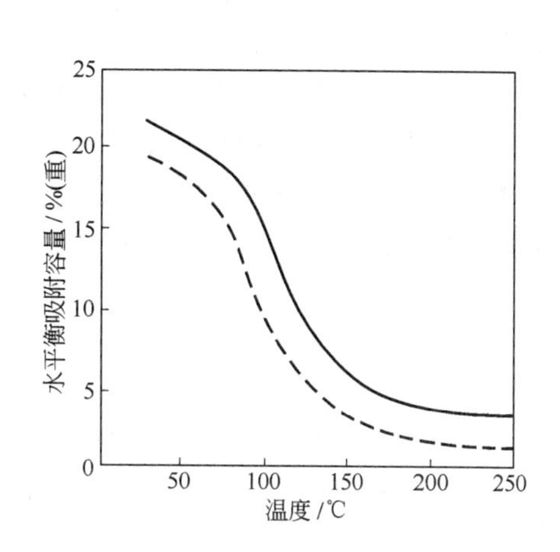

图 1-29 温度对 5A 分子筛吸附水容量的影响

分子筛吸附水蒸气的容量，随温度变化很敏感。分子筛吸附水是放热过程，所以低温有利于放热的吸附过程，高温则有利于吸热的脱附过程。分子筛吸附水的容量与温度的关系如图 1-29 所示。图中虚线是吸附开始有 2% 的残余水分在分子筛中的情况。由图可见，温度低时水的平衡吸附容量高，温度高时水的平衡吸附容量低。因此，在常温下，进行吸附脱水使裂解气得到深度干燥。分子筛吸附了水分以后，用加热升温的办法使水分脱附出来，达到再生目的，以便重新用来脱水。为了促进脱附，可以用氮气或甲烷氢尾气加热后作为分子筛的再生载气，这是因为 N_2、H_2、CH_4 等分子比较小，可以进入分子筛的孔穴内，又是非极性分子，不会被吸附，而能降低水蒸气在分子筛表面上的分压，起了携带水蒸气的作用。在温度高于 80℃时就开始有较好的再生效果。

（三）分子筛脱水与再生流程

裂解气分离过程中，需要进行脱水的有裂解气、C_2 馏分、C_3 馏分以及甲烷化后的氢气等。以裂解气的干燥为例，说明干燥及再生的操作过程，见图 1-30。

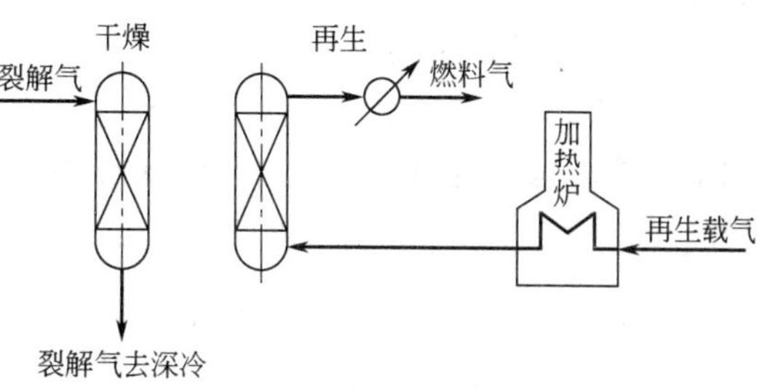

图 1-30 裂解气干燥与分子筛再生

裂解气干燥用 3A 分子筛作吸附剂，分子筛填充在干燥器中，有两台干燥器，一台进行裂解气的脱水操作，另一台进行再生或备用。裂解气经过压缩之后在进入冷冻系统之前，首先进入干燥器，自上而下通过分子筛层，这样可以避免分子筛被

带出，机械磨损也小，床层不致扰乱。另一台干燥器再生和冷却，再生时自下而上通入加热的甲烷、氢馏分，开始应缓慢加热，以除去大部分水分和烃类，不致造成烃类聚合，逐步升温至230℃左右，以除去残余水分。气流向上可保证床层底部完全再生。再生后需要冷却，然后才能用于脱水操作，可以用冷的甲烷、氢馏分由上而下地吹扫分子筛床层。气流自上而下是因为冷的载气中有水冷凝下来，首先留在床层上部，这样当进行裂解气脱水操作时，蒸发出来的水可随裂解气经过分子筛床层而被吸附除去，以保证出口的裂解气含水量不超过要求。干燥器通过冷却后温度降低到吸附脱水时的温度，可重新干燥气体。

分子筛再生操作很重要，它关系到分子筛的活性和使用寿命。分子筛吸附水容量及其活性降低，主要是由于重质不饱和烃，尤其是双烯烃在分子筛表面积聚所致。故在分子筛干燥之前须将裂解气中的重质烃脱除掉，另一方面在分子筛再生时，须使重烃脱除彻底。为了排除吸附的重质烃，可进行增湿，用水蒸气排出吸附的烃类。

四、脱　炔

裂解气中含有少量炔烃，如乙炔、丙炔以及丙二烯等。在分离过程中，乙炔主要集中于 C_2 馏分，丙炔及丙二烯主要集中于 C_3 馏分。在裂解气中乙炔含量一般为 2000～7000ppm，丙炔含量一般为 1000～1500ppm，丙二烯含量一般为 600～1000ppm。它们是在裂解过程中生成的。

聚合用乙烯，为了保持聚合催化剂寿命，要严格限制乙炔含量。在高压聚乙烯生产中，由于乙炔的积累使乙烯分压降低，所以必须提高总压力。当乙炔积累过多，乙炔分压过高，会引起爆炸，所以必须脱除少量乙炔。其他以乙烯为原料的合成过程对乙炔的含量也有严格要求。丙炔和丙二烯含于丙烯中，会影响以丙烯为原料的合成过程或聚合反应的顺利进行，所以丙炔、丙二烯也必须脱除。脱炔要求见表 1-24，表 1-25。

工业上脱炔主要采用催化加氢法，少数用丙酮吸收法。

(一) 催化加氢脱乙炔

乙炔含量较少，生产规模较大时，用催化加氢脱炔法在操作和技术经济上都比较有利。催化加氢可使乙炔加氢为乙烯，但乙烯也可能加氢为乙烷，生产中希望仅发生乙炔加氢为乙烯的反应，这样既脱除了乙炔又能增加乙烯收率，变害为利。

从化学平衡分析，乙炔加氢反应在热力学上是很有利的，几乎可以接近全部转化，虽然在反应系统中有大量乙烯存在，但加氢后，乙炔的含量可以达到 ppm 级要求。

要使乙炔进行选择性加氢，必须采用选择性良好的催化剂，常用的是载于 α-Al_2O_3 载体上的钯催化剂，也可用 Ni-Co/α-Al_2O_3 催化剂，在这些催化剂上乙炔的吸附能力比乙烯强，能进行选择性加氢。

原料气中有少量一氧化碳存在，由于其吸附能力比乙烯强，可以抑制乙烯在催化剂上吸附而提高加氢反应的选择性。但是一氧化碳含量过高会使催化剂中毒。故加氢的氢气中如果一氧化碳含量过高就需要除去，脱除的方法是在 Ni/Al_2O_3 等催化剂的存在下，使一氧化碳加氢。

$$CO + 3H_2 \xrightarrow[3.0\text{MPa}]{260\sim300℃} CH_4 + H_2O$$

由于上述加氢反应产物是甲烷，故此法又称甲烷化法。

加氢脱乙炔时可能发生的副反应有：

(1) 乙烯的进一步加氢反应;

(2) 乙炔的聚合生成液体产物即绿油;

(3) 乙炔分解生成碳和氢。

反应温度高时,有利于上述这些副反应的发生。H_2/C_2H_2 摩尔比大,有利于乙烯加氢,摩尔比小时则有利于乙炔的聚合,有较多绿油生成。

(二) 前加氢和后加氢

由于加氢脱乙炔过程在裂解气分离流程中所处的部位不同,有前加氢脱乙炔和后加氢脱乙炔两种方法。

设在脱甲烷塔前进行加氢脱炔的叫作前加氢。前加氢的加氢气体可以是裂解气全馏分;H_2、C_1^0、C_2、C_3 馏分或 H_2、C_1^0、C_2 馏分。可见加氢馏分中就含有氢气,不再需要外来氢气,所以前加氢又叫做自给加氢。

设在脱甲烷塔后进行加氢脱炔的叫作后加氢。裂解气经过脱甲烷、氢气后,将 C_2、C_3 馏分用精馏塔分开,然后分别对 C_2 和 C_3 馏分进行加氢脱炔。被加氢的气体中已不含有氢气组分,需要外部加入氢气。

从能量利用和流程繁简来看,前加氢流程有利。氢气可以自给,但是氢气是过量的,氢气的分压高,会降低加氢选择性,增大乙烯损失。为了克服此不利因素,要求催化剂活性和选择性高;后加氢的氢气是按需要加入的,馏分的组分简单,杂质少,选择性高。催化剂使用寿命长。产品纯度也较高。但是能量利用和流程繁简都不及前加氢方法。

(三) 加氢脱炔催化剂

前加氢和后加氢方法所用的催化剂及加氢脱炔效果,见表 1-26 和 1-27。钯和非钯催化剂的比较,见表 1-28。

表 1-26 前加氢催化剂

催化剂		Pd/13X	Pd	Ni-Co-Cr
工艺条件	温度/℃	60～97	43～85	150～200
	压力/MPa	3.5～4.5	1.96	1.8
	空速/h^{-1}	7000～9000	2500～10000	2500
使用周期/月		2～3	—	12
乙炔含量	反应前/%	0.2～0.4	0.11	0.45
	反应后/ppm	<5	0	<10
乙烯损失率/%		<2	0～0.2	1

表 1-27 后加氢催化剂

催化剂		Pd-Fe	Pd-Ag	Pd
工艺条件	温度/℃	80～145	30～210	50～100
	压力/MPa	2.5～2.7	2.4～2.6	2.1
	空速/h^{-1}	2000～3500	3000～10000	6000
	H_2/C_2H_2(摩尔比)	2.0～4.0	2.0～2.5	3.5～4.0
使用周期/月		>17	>6	4～6
寿命/年		—	—	4～7
乙烯含量	反应前/%	0.15～0.38	0.2～0.4	1.0
	反应后/ppm	<1	～0	<5
乙烯损失率/%		～0	较大	—

表 1-28 钯和非钯催化剂对比

项目	钯催化剂	非钯催化剂
金属用量(对载体)	少(0.04%～0.2%)	多(5%～20%)
加氢活性	高,可在较低温度下加氢	稍差,需在较高温度下加氢
选择性	好,乙烯损失小	稍差
空速	大,催化剂用量少	稍小,催化剂用量大
对 C_4^+ 组分敏感性	丁二烯易在催化剂上聚合	可放宽到含量为 3%
对 S 和 CO 敏感性	可暂时中毒	适量尚可提高选择性

(四) 加氢脱乙炔流程

图 1-31 是 C_2 馏分加氢脱乙炔流程，脱乙烷塔顶产物乙炔乙烷馏分中含有 5000ppm 左右的乙炔，和预热至一定温度的氢气相混合，进入一段加氢绝热式反应器，进行加氢反应。由一段出来的气体再配入补充氢气，经过调节温度后，再进入二段加氢反应器，又进行加氢反应。反应后气体经过换热降温到－6℃左右，送去绿油洗塔，用乙烯塔侧线馏分洗涤气体中含有的绿油。脱掉绿油的气体进行干燥，然后去乙烯精馏系统。

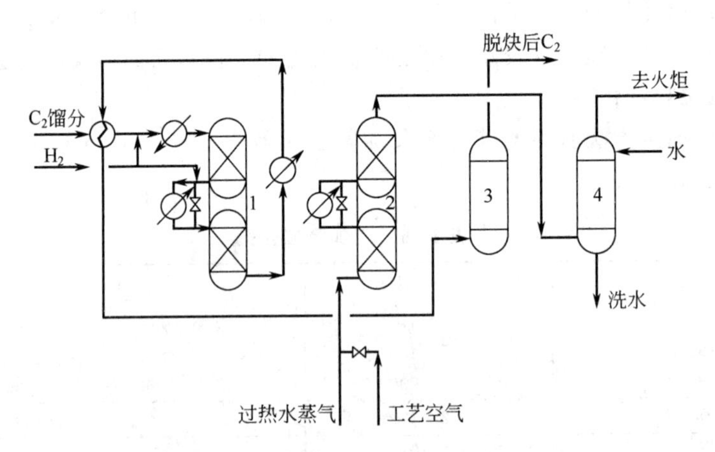

图 1-31 催化加氢脱乙炔及再生流程

1—加氢反应器；2—再生反应器；3—绿油吸收塔；4—再生气洗涤塔

在乙炔加氢过程中，有乙炔聚合生成绿油的副反应发生，生成的绿油量多时，影响催化剂操作周期和使用寿命，严重时能引起乙烯塔塔板结垢。绿油生成量与 H_2/C_2H_2 摩尔比及催化床层温度有关，H_2/C_2H_2 摩尔比越小，生成绿油越多；催化剂床层温度升高，绿油生成量增多。

由于加氢反应过程中有聚合反应和分解生碳反应发生，这些聚合物和碳沉积在催化剂表面上，降低了催化剂的活性，因此反应温度随催化剂活性的降低而逐渐升高。

C_3 馏分中的丙炔和丙二烯，也可采用加氢方法脱除，一般用液相加氢法。C_3 馏分液相加氢流程也分两段加氢，一段是主反应器，使丙炔和丙二烯由含量 2%左右降至 2000ppm 左右；二段是副反应器，使余下的丙炔和丙二烯再加氢脱除到 10ppm 以下。反应热的移出主要是借部分产物的气化。其操作条件如下：

主加氢反应器

温度 …………………………………………………………………………………………… 10～40℃

压力 …………………………………………………………………………………………… 1.1～1.7MPa

$H_2/C_3^{\equiv}$、$C_3^{==}$ …………………………………………………………………………… 2.0（摩尔比）

副加氢反应器

温度 …………………………………………………………………………………………… 10～50℃

压力 …………………………………………………………………………………………… 2.6～2.65MPa

$H_2/C_3^{\equiv}$，$C_3^{==}$ …………………………………………………………………………… 2.0（摩尔比）

（五）溶剂吸收法脱乙炔

利用乙炔能溶于某些溶剂的性能，使乙炔脱除叫作溶剂吸收法脱乙炔，此法适用于小型装置或裂解气中乙炔含量适于回收，又需要回收乙炔作产品时采用。

吸收乙炔可用的溶剂有丙酮、二甲基甲酰胺、*N*-甲基吡咯烷酮、乙酸乙酯等。常用的是丙酮。

以丙酮作溶剂脱除炔烃的流程见图 1-32。吸收过程是在较低温度和较高压力下进行的。

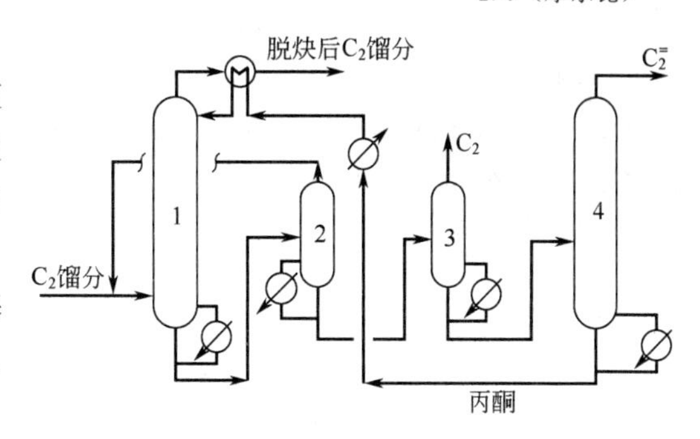

图 1-32 丙酮吸收法脱乙炔流程

1—吸收塔；2—第一闪蒸塔；3—第二闪蒸塔；4—解吸塔

五、裂解气的压缩

裂解气中许多组分在常压下都是气体，其沸点都很低，见表 1-29。如果在常压下进行各组分的冷凝分离，则分离温度很低，需要大量冷量。为了使分离温度不太低，可以适当提高分离压力。裂解气的深冷分离温度与相应的压力有如下数据：

分离压力/MPa	分离温度/℃
3.0～4.0	−96
0.6～1.0	−130
0.15～0.3	−140

表 1-29　低级烃类的主要物理常数

名　称	分子式	沸点/℃	临界温度/℃	临界压力/MPa	名　称	分子式	沸点/℃	临界温度/℃	临界压力/MPa
氢	H_2	−252.5	−239.8	1.307	异丁烷	i-C_4H_{10}	−11.7	135	3.696
一氧化碳	CO	−191.5	−140.2	3.496	异丁烯	j-C_4H_8	−6.9	144.7	4.002
甲烷	CH_4	−161.5	−82.3	4.641	丁烯	C_4H_8	−6.26	146	4.018
乙烯	C_2H_4	−103.8	9.7	5.132	1,3-丁二烯	C_4H_6	−4.4	152	4.356
乙烷	C_2H_6	−88.6	33.0	4.924	正丁烷	n-C_4H_{10}	−0.50	152.2	3.780
乙炔	C_2H_2	−83.6	35.7	6.242	顺-2-丁烯	C_4H_8	3.7	160	4.204
丙烯	C_3H_6	−47.7	91.4	4.600	反-2-丁烯	C_4H_8	0.9	155	4.102
丙烷	C_3H_8	−42.07	96.8	4.306					

由上述数据可见分离压力高时，则分离温度也高；反之分离压力低时，分离温度也低。分离操作压力高时，多耗压缩功，少耗冷量；分离操作压力低时，则相反。此外压力

高时，使精馏塔塔釜温度升高，易引起重组分聚合，并使烃类的相对挥发度降低，增加分离困难。低压下则相反，塔釜温度低不易发生聚合；烃类相对挥发度大，分离较容易。两种方法各有利弊，都有采用。工业上已有的深冷分离装置以高压法居多，但是由于近年来的技术进步，采有低压法也有了新的发展。

为了节省能量，降低压缩消耗功，气体压缩是采用多段压缩，段与段间并须设置中间冷却器。经过压缩，裂解气的压力提高，温度上升，重组分中的二烯烃能发生聚合，生成的聚合物或焦油沉积在离心式压缩机的扩压器内，严重地危及操作的正常进行。因此在压缩机的每段入口处常喷入雾化油，使喷入量正好能湿润压缩机通道，以防聚合物和焦油的沉积。二烯烃的聚合速度与温度有关，温度愈高，聚合速度愈快。为了避免聚合现象发生，必须控制每段压缩后气体温度不高于100℃。

裂解气压缩基本上是一个绝热过程，气体压力升高后，温度也上升，经压缩后的温度可由气体绝热方程式算出。

$$T_2 = T_1\left(\frac{P_1}{P_2}\right)^{(k-1)/k} \tag{1-22}$$

式中　T_1，T_2——压缩前后的温度，K；

P_1，P_2——压缩前后的压力，MPa；

k——绝热指数，$k=C_p/C_v$。

例 5　裂解气自20℃，p_1 为0.15MPa，压缩到 p_2 为3.6MPa，计算单段压缩的排气温度。

取裂解气的绝热指数 $k=1.228$ 则得

$$T_2=(273+20)\left(\frac{3.6}{0.105}\right)^{(1.228-1)/1.228}$$

$$T_2=566\text{K}(293℃)$$

由上例计算可见从入口压力0.105MPa，一段压缩到3.6MPa，温度能升高到293℃，这样会导致二烯烃发生聚合而生成树脂，严重影响压缩机操作，甚至破坏正常生产。故必须采用多段压缩，使每段压缩比（p_2/p_1）不致过大。如果采用五段压缩，则每段压缩比为2.03，且每段压缩后升高温度的气体都需要进行段间冷却冷凝，以维持低的入口温度，才能保证出口温度不高于90～100℃。

现在大规模生产厂的裂解气压缩机都是离心式的，一般为四～五段。每分钟转数可达到3000～16000。由于裂解炉的废热锅炉副产高压水蒸气，因此多用蒸气透平驱动离心式压缩机，达到能量合理利用。表1-30是五段离心式裂解气压缩机的温度压力操作参数。

表1-30　裂解气压缩机操作参数

段　次	温　度/℃		压力/MPa		压缩比	段　次	温　度/℃		压力/MPa		压缩比
	吸　入	排　出	吸　入	排　出			吸　入	排　出	吸　入	排　出	
Ⅰ	35	93	0.105	0.22	2.1	Ⅳ	20	93	0.855	1.9	2.22
Ⅱ	20	90	0.18	0.436	2.42	Ⅴ	20	93	1.8	3.66	2.04
Ⅲ	20	92	0.396	0.895	2.26						

压缩机采用多段压缩也便于在压缩段之间进行净化与分离，例如脱硫、干燥和脱重组分可以安排在段间进行。并且多段压缩能节省压缩功。图1-33是压缩、段间脱重组分的一种流程。

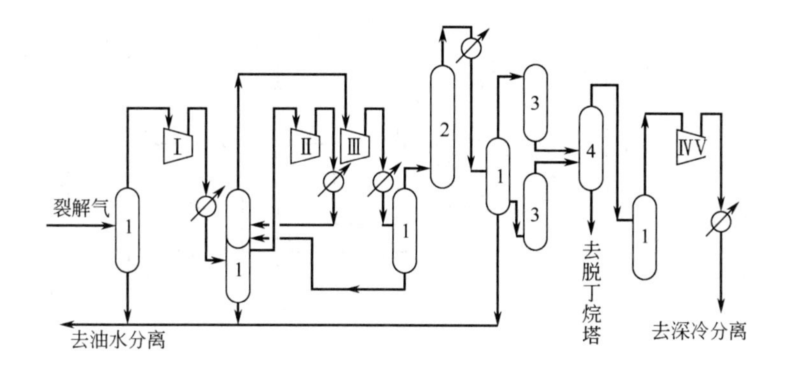

图 1-33 压缩流程

Ⅰ～Ⅴ—压缩机段数；1—分离罐；2—减洗塔；3—干燥器；4—脱丙烷塔

第四节 裂解气深冷分离流程[18～25]

一、顺序分离流程

深冷分离流程是比较复杂的，设备较多，水、电、汽的消耗量也比较大。一个生产流程的确定要考虑基建投资、能量消耗、运转周期、生产能力、产品成本以及安全生产等方面。

深冷分离流程有顺序分离流程（见图 1-34）、前脱乙烷流程（见图 1-35）和前脱丙烷流程（见图 1-36）等三种，典型的是顺序分离流程。

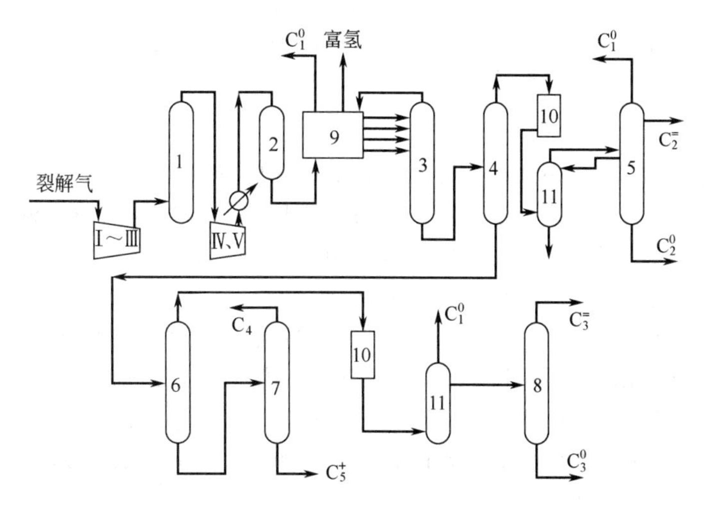

图 1-34 顺序深冷分离流程

1—碱洗塔；2—干燥器；3—脱甲烷塔；4—脱乙烷塔；5—乙烯塔；6—脱丙烷塔；7—脱丁烷塔；8—丙烯塔；9—冷箱；10—加氢脱炔反应器；11—绿油塔

顺序分离流程见图 1-34，裂解气经过离心式压缩机一、二、三段压缩，压力达到 1.0MPa，送入碱洗塔，脱去 H_2S、CO_2 等酸性气体。碱洗后的裂解气经过压缩机的四、五段压缩，压力达到 3.7MPa，经冷却至 15℃，去干燥器用 3A 分子筛脱水，使裂解气的

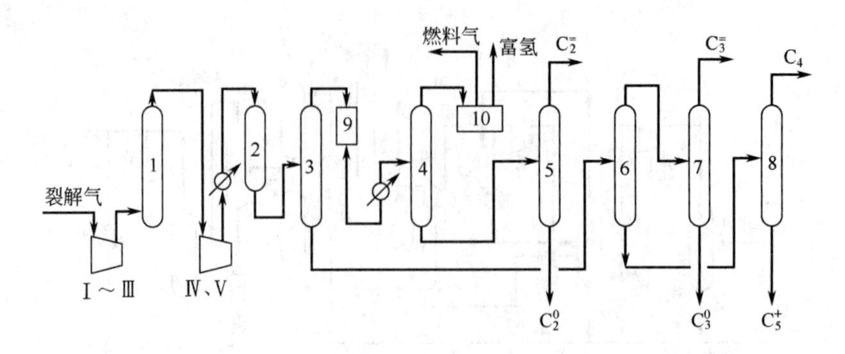

图 1-35　前脱乙烷深冷分离流程

1—碱洗塔；2—干燥器；3—脱乙烷塔；4—脱甲烷塔；5—乙烯塔；6—脱丙烷塔；7—丙烯塔；8—脱丁烷塔；9—加氢脱炔反应器；10—冷箱

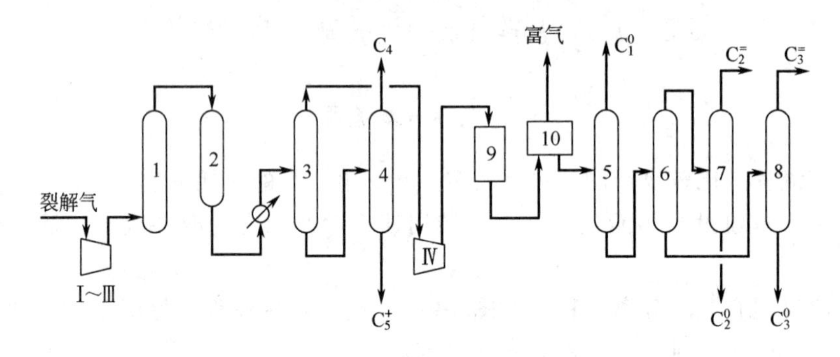

图 1-36　前脱丙烷深冷分离流程

1—碱洗塔；2—干燥器；3—脱丙烷塔；4—脱丁烷塔；5—脱甲烷塔；6—脱乙烷塔；7—乙烯塔；8—丙烯塔；9—加氢脱炔反应器；10—冷箱

露点温度达到－70℃左右。

干燥后的裂解气经过一系列冷却冷凝，在前冷箱中分出富氢和四股馏分，富氢经过甲烷化作为加氢用氢气；四股馏分进入脱甲烷塔的不同塔板，轻馏分温度低进入上层塔板，重的温度高进入下层塔板。脱甲烷塔塔顶脱去甲烷馏分。塔釜液是 C_2 以上馏分。进入脱乙烷塔，塔顶分出 C_2 馏分，塔釜液为 C_3 以上馏分。

由脱乙烷塔塔顶来的 C_2 馏分经过换热升温，进行气相加氢脱乙炔，在绿油塔用乙烯塔来的侧线馏分洗去绿油，再经过 3A 分子筛干燥，然后送去乙烯塔。在乙烯塔的上部第八块塔板侧线引出纯度为 99.9％的乙烯产品。塔釜液为乙烷馏分，送回裂解炉作裂解原料，塔顶脱出甲烷、氢（在加氢脱乙炔时带入，也可在乙烯塔前设置第二脱甲烷塔，脱去甲烷、氢后再进乙烯塔分离）。

脱乙烷塔釜液入脱丙烷塔，塔顶分出 C_3 馏分，塔釜液为 C_4 以上馏分，含有二烯烃，易聚合结焦，故塔釜温度不宜超过 100℃，并须加入阻聚剂。为了防止结焦堵塞，此塔一般有两个再沸器，以供轮换检修使用。

由脱丙烷塔蒸出的 C_3 馏分经过加氢脱丙炔和丙二烯，然后在绿油塔脱去绿油和加氢时带入的甲烷、氢、再入丙烯塔进行精馏，塔顶蒸出纯度为 99.9％丙烯产品，塔釜液为丙烷馏分。

脱丙烷塔的釜液在脱丁烷塔分成 C_4 馏分和 C_5 以上的馏分，C_4 和 C_5^+ 馏分分别送往下步工序，以便进一步分离与利用。

各塔操作条件以及分离难易可由各塔相对挥发度数值看出，见表 1-31。丙烯与丙烷的相对挥发度很小，难于分离。乙烯与乙烷的相对挥发度也较小，所以也比较难于分离。其他塔的关键组分的相对挥发度是较大的，分离是较容易的。分离流程是采取先易后难的分离顺序，即先分离易分离的不同碳分子数的烃，然后再进行 C_2 的分离和 C_3 的分离。

表 1-31　塔的操作条件与相对挥发度

分离塔	关键组分		操作条件			平均相对挥发度
	轻	重	温度/℃		压力/MPa	
			塔顶	塔釜		
脱甲烷塔	C_1^0	$C_2^=$	−96	6	3.4	5.50
脱乙烷塔	C_2^0	$C_3^=$	−12	76	2.85	2.19
脱丙烷塔	C_3^0	$i\text{-}C_4^0$	4	70	0.75	2.76
脱丁烷塔	C_4^0	C_5^0	8.3	75.2	0.18	3.12
乙烯塔	$C_2^=$	C_2^0	−70	−49	0.57	1.72
丙烯塔	$C_3^=$	C_3^0	26	35	1.23	1.09

顺序分离流程采用前加氢流程脱炔烃，虽可使流程简化，但因其中含有大量 C_4 馏分，在加氢过程中会放出大量热量，容易升温失控。

在脱甲烷塔系统中有些冷凝器、换热器和气液分离罐的操作温度甚低，为了防止散冷，减少与环境接触的表面积，把这些冷设备集装在一起成箱，称之为冷箱。冷箱在脱甲烷塔之前的称前冷流程（如图 1-34，1-36），冷箱在脱甲烷塔之后的称后冷流程（如图 1-35）。关于前、后冷流程的优缺点、将在讨论脱甲烷塔的操作条件时再作论述。

二、脱甲烷塔及操作条件

深冷法分离流程中，脱甲烷过程即脱甲烷塔系统是裂解气分离的关键，乙烯塔和丙烯塔是出产品的。因为脱甲烷塔温度最低，工艺复杂，原料预冷和脱甲烷塔系统在整个分离部分中冷量消耗占的比重较大。有的资料提出，脱甲烷塔系统消耗的冷量占分离部分总冷量消耗的 42%。由于脱甲烷塔的操作效果对产品回收率、纯度以及经济性的影响最大，所以在分离设计中，工艺安排、设备和材质的选择，大多是围绕这一过程考虑的。

裂解气中 H_2、C_1^0 最轻，沸点也最低，为了能分离出裂解气中乙烯、丙烯等组分，首先要脱去 H_2 和 C_1^0。脱甲烷塔的任务就是将裂解气中 C_1^0、H_2 以及其他惰性气体与 C_2 以上组分进行分离，关键组分是 C_1^0 与 $C_2^=$。由于 $C_2^=$ 沸点低，挥发度大，分离温度需要低达 −100℃以下才能保证塔顶尾气中少含 $C_2^=$，提高 $C_2^=$ 收率。另一方面要求塔釜中 C_1^0 尽可能少，以提高产品 $C_2^=$ 纯度。在冷量消耗上则要求尽可能少。

对于气液两相平衡系统，根据相律 $F=C-P+2$，一个有 C 组分的多元系统，其自由度等于 C。在脱甲烷塔塔顶的操作条件，当组成规定之后（例如乙烯在尾气中损失等），可以自由变化的参数只有一个，温度或压力，压力确定之后温度就不能任意变化了。那么选择多高的压力和多低的温度为妥呢？工业上脱甲烷过程有高压与低压法之分。

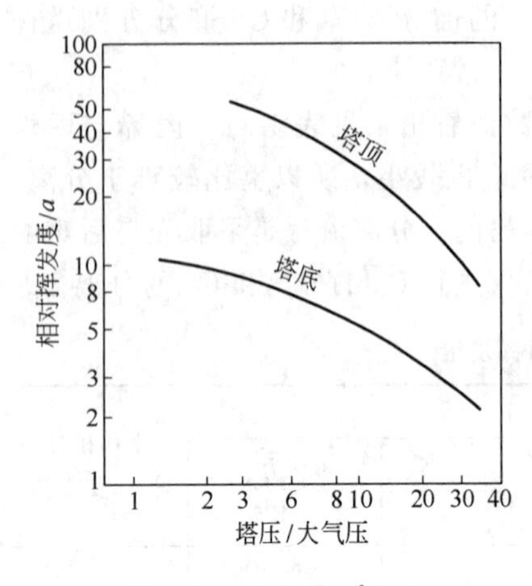

图 1-37 压力对 $C_1^0/C_2^=$ 相对挥发度的影响

(1 大气压=0.1013MPa)

1. 低压法

低压法分离效果好，乙烯收率高，操作条件为：压力 0.18～0.28MPa，顶温 −140℃左右，釜温 −50℃左右。由于压力低，由图 1-37 可见 $C_1^0/C_2^=$ 的相对挥发度 a 值较大，分离效果好。由于温度低乙烯回收率高。对于含氢及甲烷较多的裂解气也能分离。虽然需要用低温级冷剂，但因易分离，回流比较小，折算到每吨乙烯的能量消耗，低压法仅为高压法的70%多一些。低压法也有不利之处，如需要耐低温钢材、多一套甲烷制冷系统、流程比较复杂。

2. 高压法

高压法的脱甲烷塔顶温度为−96℃左右，不必采用甲烷制冷系统，只需用液态乙烯冷剂即可。由于脱甲烷塔塔顶尾气压力高，可借助高压尾气的自身节流膨胀获得额外的降温，比甲烷冷冻系统简单。此外提高压力可缩小精馏塔的容积，所以从投资和材质要求来看，高压法是有利的。

从上述两法比较来看，高压法和低压法各有优缺点，工业生产上两种方法都有采用。表 1-32 列出了几个脱甲烷塔操作条件。

表 1-32 脱甲烷塔操作条件

厂 别	塔 径	实际塔板数			塔压/MPa	温 度/℃		回流比
		精馏段	提馏段	合 计		塔 顶	塔 釜	
B	1400/2200	32	40	72	3.10	−91	6	0.87
S	1100/1600	33	29	62	3.10	−96	7	1.08

表中两厂的脱甲烷塔都是前冷，有四股进料。但由于 B 塔回流比较小和有中间再沸器，故塔板数比 S 塔的多 10 块板。

脱甲烷塔和一般精馏塔有一明显差别。一般精馏塔塔顶气相流出物可全部冷凝，塔顶回流液组成与塔顶气相流出物是相同的。脱甲烷塔与此不同，在其塔顶流出物中有不凝性气体氢气。因此脱甲烷塔的精馏段是有其特殊性的。

三、乙烯塔和丙烯塔

(一) 乙烯塔

C_2 馏分经过加氢脱炔之后，到乙烯塔进行精馏，塔顶得产品乙烯，塔釜液为乙烷。塔顶乙烯纯度要求达到聚合级（见表 1-24）。此塔设计和操作的好坏，对乙烯产品的产量和质量有直接关系。由于乙烯塔温度仅次于脱甲烷塔，所以冷量消耗占总制冷量的比例也较大，约为 38%～44%，对产品的成本有较大的影响。乙烯塔在深冷分离装置中是一个比较关键的塔。

1. 操作条件

表 1-33 是乙烯塔的操作条件，可见四个塔的操作条件大体可以分成两类，一类是低压法，塔的操作温度低；另一类是高压法，塔的操作温度也较高。

表 1-33　乙烯塔操作条件

厂　别	塔　径	实际塔板数			塔压/MPa	温　度/℃		回流比
		精馏段	提馏段	合　计		塔　顶	塔　釜	
L	1300	41	29	70	0.57	−70	−49	2.4
B	3400	90	29	119	1.9	−32	−8	4.5
S	2300	79	30	109	2.0	−29	−5	4.7
Y	1800	84	32	116	1.9	−30	−7	4.65

乙烯塔进料中 $C_2^=$ 和 C_2^0 占有 99.5 以上，所以乙烯塔可以看作是二元精馏系统。根据相律，乙烯乙烷二元气液系统的自由度为 2。塔顶乙烯纯度是根据产品质量要求来规定的，所以温度与压力两个因素只能规定一个，例如规定了塔压，相应温度也就定了。关于压力、温度以及乙烯液相浓度与相对挥发度的关系，见图 1-38。

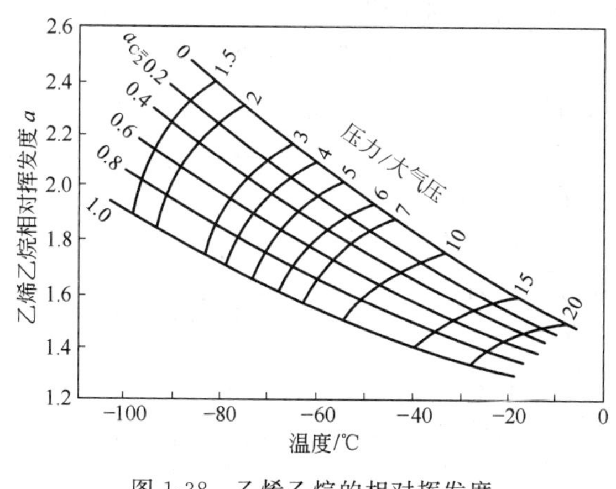

图 1-38　乙烯乙烷的相对挥发度

（1 大气压＝0.1013MPa）

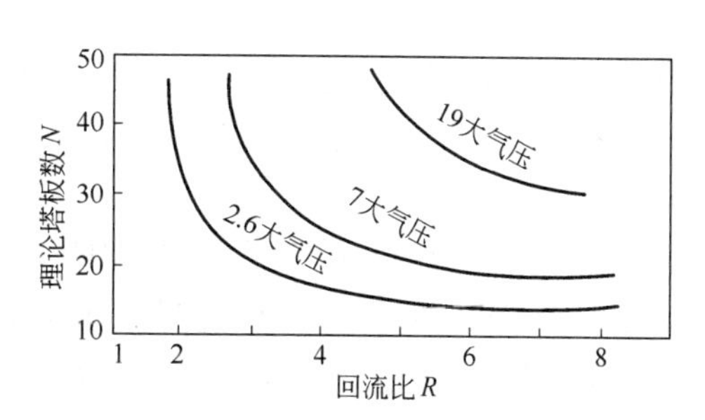

图 1-39　压力对回流比和理论塔板数的影响

（1 大气压＝0.1013MPa）

由图可见压力对相对挥发度有较大影响，一般可以采取降低压力的办法来增大相对挥发度，从而使塔板数或回流比降低，见图 1-39。从这一点来看，压力低一些好。图 1-39 中计算基准为：$C_2^=$ ∶ C_2^0 ＝1∶1，$C_2^=$ 回收率 98％；乙烯纯度为 98％～99％。当塔顶乙烯纯度要求在 99.9％左右时，由图 1-38 可以求得乙烯塔的操作压力与温度的关系。例如塔的压力分别为 0.6 和 1.9MPa，则塔顶温度由图可求得分别为−67 和−29℃。压力低塔的温度也低，因而需要冷剂的温度级位低，对塔的材质要求也高，从这些方面看，压力低是不利的，还是高一些为好。

压力的选择还要考虑乙烯的输出压力，如果对乙烯产品要求有较高的输出压力，则选用低压操作，既要为产品再压缩而耗费功率，又要增加低温设备，此时采用高压有利。

综上所述，乙烯塔的操作压力的确定需要经过详细的技术经济比较。它是由制冷的能量消耗，设备投资，产品乙烯要求的输出压力以及脱甲烷塔的操作压力等因素来决定的。根据综合比较来看，两法消耗动力接近相等，高压法虽然塔板数多，但可用普通碳钢，优点多于低压法，如脱甲烷塔采用高压，则乙烯塔的操作压力也以高压为宜。

2. 乙烯塔的改进

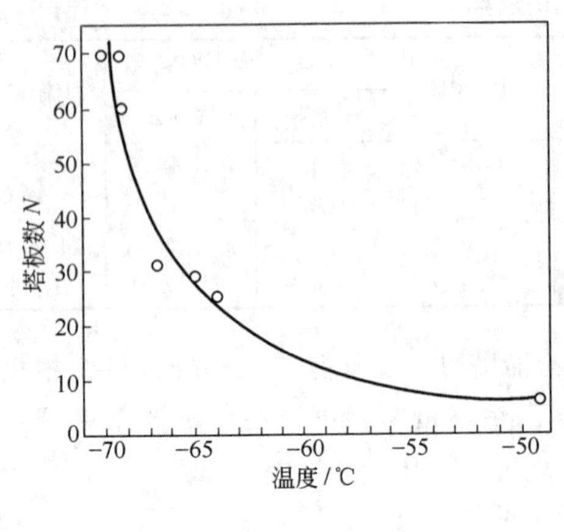

图 1-40　乙烯塔温度分布

乙烯塔沿塔板的温度分布和组成分布并不是线性的关系。图 1-40 是乙烯塔温度分布的实际生产数据。加料为第 29 块塔板。由图可见精馏段靠近塔顶的各塔板温度变化很小，而在提馏段各塔板的温度变化就较大。在塔压一定，温度与组成是相互制约的。此点可由图 1-38 等压线看出。所以图 1-40 温度分布曲张也反映了组成分布情况。在提馏段温度变化很大，即乙烯在提馏段中沿塔板向下，乙烯的浓度下降很快，而在精馏段沿塔板向上温度下降很少，即乙烯浓度增大较慢。因此乙烯塔与脱甲烷塔不同，乙烯塔精馏段塔板数较多，回流比大。

较大的回流比对乙烯精馏塔的精馏段是必要的，但是对提馏段来说并非必要。为此近年来采用中间再沸器的办法来回收冷量，见图 1-41，可省冷量约 17%，这是乙烯塔的一个改进。例如乙烯塔压力为 1.9MPa，塔底温度为－5℃，可以用丙烯蒸气作为再沸器的热剂，冷凝成丙烯液体，回收了冷量。中间再沸器引出物料温度可为－23℃，它用于冷却分离装置中某一些物料，相当于回收了－23℃温度级的冷量。

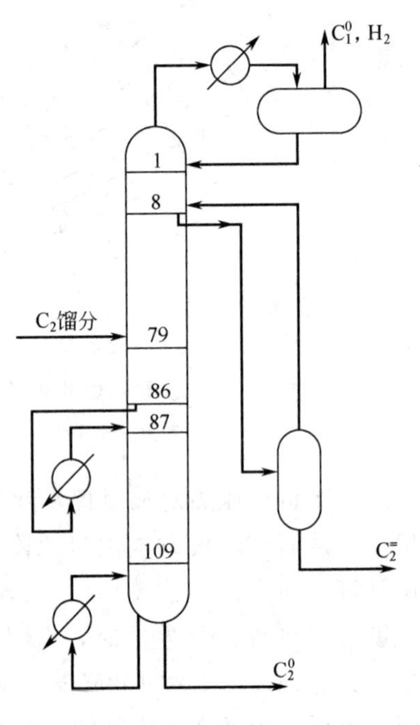

图 1-41　乙烯塔

乙烯进料中常含有少量甲烷，分离过程中甲烷几乎全部进入塔顶出料中，必然要影响塔顶乙烯产品的纯度，所以在进入乙烯塔之前要设置第二脱甲烷塔，再次脱去甲烷，然后再作为乙烯塔进料。近年来，深冷分离流程不设第二脱甲烷塔，在乙烯塔塔顶脱甲烷，在精馏段侧线出产品乙烯（见图 1-34）。一个塔起两个塔的作用，由于脱甲烷借用乙烯塔的大量回流，所以对脱甲烷作用比设置第二脱甲烷塔有利得多。即节省了能量，又简化了流程。

带有中间再沸器和侧线出产品的乙烯塔示意图见图 1-41。

（二）丙烯塔

丙烯丙烷馏分的分离在丙烯塔中完成，塔顶得产品丙烯，塔底得丙烷馏分。由于丙烯丙烷相对挥发度甚小，丙烯塔是整个分离过程中塔板数最多回流比最大的一个塔。由于塔的操作压力不同，塔的操作条件也有较大出入。表 1-34 是丙烯塔的操作条件。

表 1-34　丙烯塔的操作条件

厂　别	塔　径	实际塔板数			塔压/MPa	温　度/℃		回流比
		精馏段	提馏段	合　计		塔　顶	塔　釜	
L	1600	62	38	100	1.15	23	25	15
B	4500	93	72	165	1.75	41	50	14.5

四、影响乙烯回收率诸因素

(一) 影响乙烯回收率的因素分析

现代乙烯工厂的分离装置，乙烯回收率高低对工厂的经济性有很大影响，它是评价分离装置是否先进的一项重要技术经济指标。为了分析影响乙烯回收率的因素，我们先讨论乙烯分离的物料平衡，见图 1-42。由图可见乙烯回收率为 97%。乙烯损失有四处。

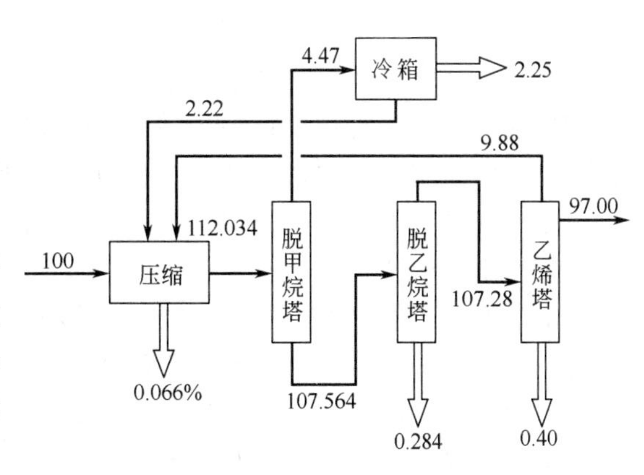

图 1-42　乙烯物料平衡

(1) 冷箱尾气（C_1^0、H_2）中带出损失，占乙烯总量的 2.25%。

(2) 乙烯塔釜液乙烷中带出损失，占乙烯总量的 0.40%。

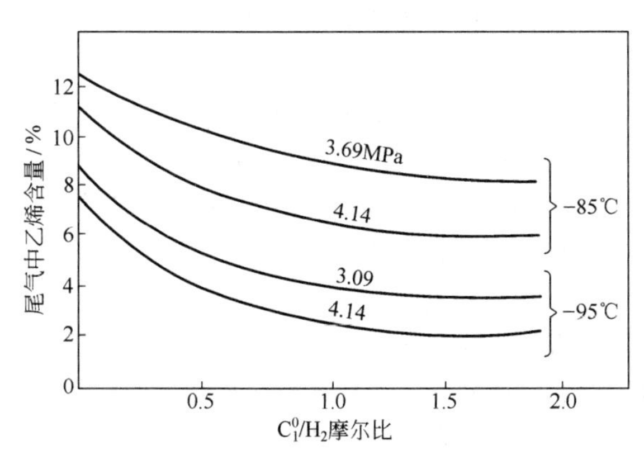

图 1-43　尾气中乙烯含量与 C_1^0/H_2 摩尔比关系

(3) 脱乙烷塔釜液 C_3^+ 馏分中带出损失，占乙烯总量的 0.284%。

(4) 压缩段间凝液带出损失，约为乙烯总量的 0.066%。

正常操作②③④项损失是很难免的，而且损失量也较小，因此影响乙烯回收率高低的关键是尾气中乙烯损失。影响尾气中乙烯损失的主要因素是原料气组成（C_1^0/H_2），操作温度和压力。

1. 原料气组成的影响

原料气中惰性气体、氢气等含量，对尾气中乙烯含量影响很大，见图 1-43。

由图可见，原料气中 C_1^0/H_2 摩尔比值对尾气中乙烯损失影响很大，这是因为脱甲烷塔塔顶由于氢气和其他惰性气体的存在降低了 C_1^0 分压，只有提高压力或降低温度才能满足塔顶露点的要求。这是由相平衡决定的，并不取决于塔板数和回流比的多少。因此在温度与压力条件一定时，原料气中 C_1^0/H_2 摩尔比值愈小，尾气中乙烯损失就愈大，反之则小。图 1-43 中任一条曲线都说明了这个结论。

2. 压力和温度的影响

由图 1-43 可见，当 C_1^0/H_2 摩尔比值一定时，增大压力或降低温度都有利于减少尾气中乙烯损失，其间关系由图 1-44 看得更明显。

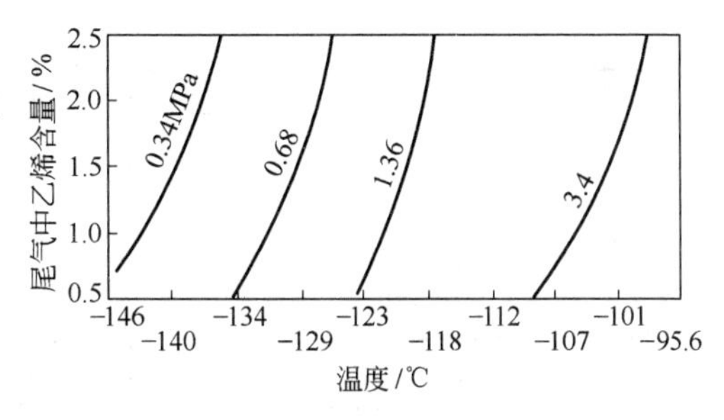

图 1-44　温度和压力与尾气中乙烯含量的关系（尾气组成：H_2 30%，C_1^0 70%）

既然增大压力或降低温度都能使乙烯在尾气中损失减少，似乎很易解决，但事实上增大压力和降低温度都有一定限制因素。压力升高受到下列因素限制。

(1) 压力增大，能降低 $C_1^0/C_2^=$ 的相对挥发度，（见图 1-37），相对挥发度减小，则分离变难，要达到同样分离效果，需要增加塔板数或增加回流比，因此要增加基建投资或多耗冷量。

（2）压力增大，使 C_1^0 难于从塔釜液中蒸出。由图 1-37 可见，塔底的相对挥发度低于塔顶，因此增大压力，塔底的 $C_1^0/C_2^=$ 相对挥发度过小，要保证 C_1^0 由塔底充分蒸出就很困难。一般当压力大于 4.0～4.5MPa 时，就逐渐接近塔底组分的临界压力，气液两相浓度差很小，难于进行分离。

温度降低，尾气中乙烯损失减少。但是塔顶温度首先受到冷剂水平的限制，用乙烯做冷剂时，为了保证它稍高于常压的安全操作，其最低蒸发温度为－101℃，考虑到传热设备效率，制冷温度约为－95℃。如果要求更低的温度，则需要用甲烷作冷剂，这样要增加一套甲烷制冷设备，不仅增加了投资，流程和操作也都复杂化。因此，用高压法时一般多用乙烯为冷剂，脱甲烷塔顶温度为－90～－96℃，这时一定量的乙烯损失是难免的。

在一定条件下，原料气中 C_1^0/H_2 摩尔比越大，乙烯在尾气中损失越小；操作压力越高，乙烯损失越小，但是它受到设备材质和塔釜临界压力的限制；塔顶温度越低，乙烯在尾气中损失越小，但是它受到冷剂温度水平的限制。这三者的关系已由图 1-44 表明了。

（二）利用冷箱提高乙烯回收率

由图 1-42 乙烯物料平衡数据可以看出，脱甲烷塔塔顶出来的气体中除了甲烷、氢之外，还含有乙烯，为了减少乙烯损失，除了用乙烯冷剂制冷外，还应用膨胀阀节流制冷，就是图中冷箱部分。从物料平衡图上可以看出，如果没有冷箱，塔顶尾气中的乙烯差不多要加倍损失。

冷箱是在－100～－160℃下操作的低温设备。由于温度低，极易散冷，用绝热材料把高效板式换热器和气液分离器等都放在一个箱子里。它的原理是用节流膨胀来获得低温。它的用途是依靠低温来回收乙烯，制取富氢和富甲烷馏分。

由于冷箱在流程中位置不同，可分为后冷和前冷两种。后冷是冷箱放在脱甲烷塔之后处理塔顶气；前冷是冷箱放在脱甲烷塔之前处理塔的进料，各有特点。

1. 后冷

图 1-45 是后冷流程示意图。脱甲烷塔塔顶气体未凝部分由回流罐去第一冷箱换热器，其中除甲烷、氢之外，还含有 3%～4%的乙烯，通过冷箱作用把尾气中乙烯含量降到 2%

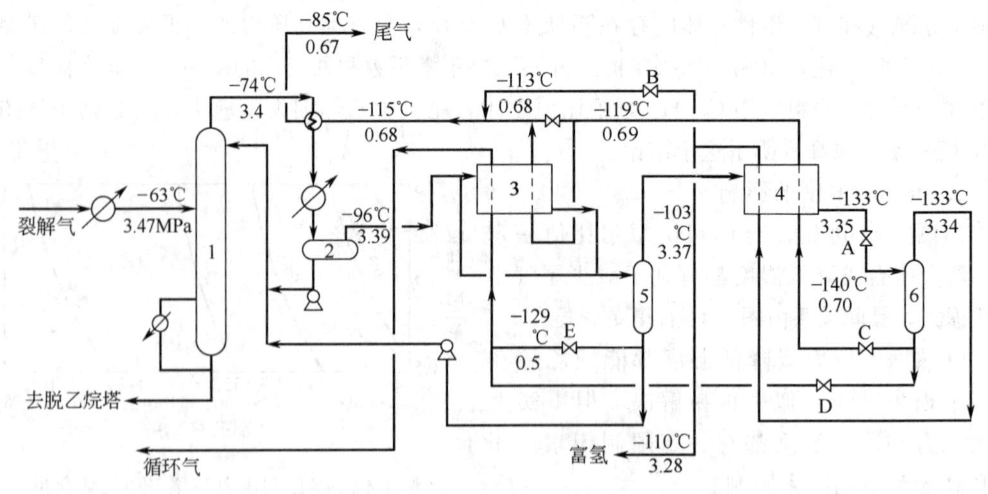

图 1-45 脱甲烷塔后冷流程

1—脱甲烷塔；2—回流罐；3—第一冷箱换热器；4—第二冷箱换热器；5，6—分离罐

左右，可多回收乙烯；并能获得浓度为70%～80%的富氢。

在第一冷箱换热器中，自回流罐来的气体中的部分乙烯和甲烷被冷凝液化，然后进入分离罐，进行气液分离。由分离罐5出来的气体再进入第二冷箱换热器，又有部分乙烯与甲烷冷凝下来，在分离罐6进行气液分离。分离罐中液体进行节流膨胀，节流阀是C、D、E。分离罐中液体温度是－133℃，压力是3.34MPa，经过节流阀C，膨胀到压力为0.70MPa，温度降至－140℃，然后进入第二冷箱换热器作为冷剂，使进入第二冷箱换热器的甲烷、氢气体被冷冻，温度降至－133℃左右。阀A为了调节塔顶压力，控制塔压是3.4MPa；阀B是用来调节分离罐6压力的，控制压力为3.34MPa。节流阀E，是使分离罐5中液体由3.37MPa膨胀到0.50MPa，由温度－103℃降至－129℃左右，作为第一冷箱换热器的冷剂，使塔顶来气体冷冻，回收乙烯。由于冷箱作用乙烯回收率可提高2%左右，使装置的乙烯回收率由95.0%提高到97.0%。

2. 前冷

前已指出，深冷分离原料中氢含量低，可提高乙烯回收率，由图1-43可以看出在温度和压力相同条件下，C_1^0/H_2摩尔比越大，乙烯回收率越高。所以降低脱甲烷塔原料气中氢含量，可以提高乙烯回收率。工业上是采用冷箱在原料入塔之前把大部分氢分出，达到提高乙烯回收率的目的。同时前冷是逐级冷凝，把冷凝液分股送入脱甲烷塔，温度级别不等，可节省冷量。其流程见图1-46。物料组成见表1-35。

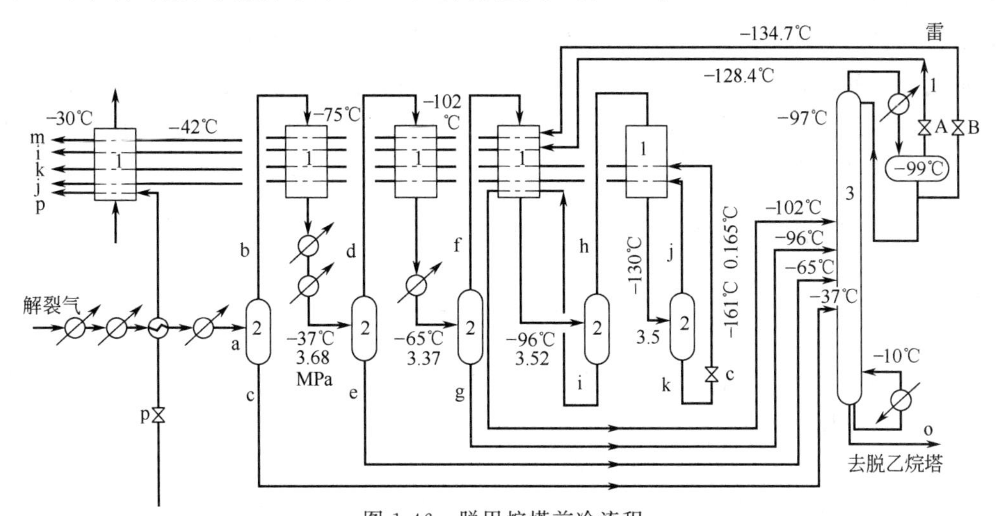

图1-46 脱甲烷塔前冷流程

1—冷箱换热器；2—气液分离罐；3—脱甲烷塔；c，e，g，i—脱甲烷塔四股进料；j—富氢；k—甲烷；m—甲烷（燃料）；p—乙烷（裂解原料）

表1-35 图1-46中各点组成，%（mol）

组成	a	b	c	d	e	f	g	h	i	j	k	l	m	o
H_2	15.05	27.81	0.89	36.39	0.96	48.62	0.99	70.29	1.05	91.48	0.98	4.19	0.12	—
Co	0.12	0.23	—	0.30	—	0.41	—	0.60	—	0.78	—	—	—	—
CH_4	29.37	41.67	15.73	46.75	25.74	46.65	47.04	28.95	85.52	7.74	98.33	95.74	99.11	1.00
C_2H_2	0.44	0.31	0.59	0.19	0.70	0.05	0.59	—	0.16	—	—	—	—	0.79
C_2H_4	34.09	23.99	45.29	14.44	53.88	4.00	44.65	0.16	12.43	—	0.67	0.07	0.76	66.79
C_2H_6	7.30	3.83	11.15	1.67	10.60	0.26	5.74	—	0.82	—	0.02	—	0.01	13.05
C_3H_4	0.40	—	0.84	—	—	—	—	—	—	—	—	—	—	0.71
C_3H_6	10.67	2.02	20.28	0.25	7.55	0.01	0.97	—	0.02	—	—	—	—	19.08
C_3H_8	0.35	0.05	0.68	0.01	0.20	—	0.02	—	—	—	—	—	—	0.62
C_4^+	2.21	0.09	4.55	—	0.37	—	—	—	—	—	—	—	—	3.96

图 1-46 中预处理后的裂解气，经过一系列的换冷以及用－43℃丙烯冷却降温到－37℃（a 点），在气液分离罐中分出凝液（c 点），其中含氢已极少，作为脱甲烷塔第一股进料。气体（b 点）经冷箱换热器和－56℃，－70℃乙烯冷剂冷却到－65℃，分出凝液（e 点）作为第二股进料。气体（d 点）经冷箱换热器和－101℃乙烯冷剂冷却到－96℃，分出凝液（g 点）作为第三股进料。气体（f 点）经冷箱换热器冷到－130℃，分出凝液（i 点）再经冷箱换热器温度升至－102℃，作为第四股进料。气体（h 点）经冷箱换热器后分出凝液（k 点），主要含甲烷，经节流阀 c 降温达到－161℃，然后依次经五个冷箱换热器作冷剂，最后引出去作化工原料。气体（j 点）主要含氢，经五个冷箱换热器后引出，经甲烷化反应脱去 CO 后作为加氢脱炔反应用的氢气。

四股进料在脱甲烷塔中进行精馏，塔顶气中主要含甲烷，其中氢含量极少（l、m 点），这两股甲烷馏分经节流阀 A、B 节流膨胀后，温度达到－130℃左右，再经冷箱换热器后引出。塔釜出料（o 点）含有 60%左右的乙烯送脱乙烯塔进一步分离。

由上述可见脱甲烷塔前后的三股甲烷馏分通过节流阀 A、B、C 获得了装置最低温度，成为低温冷量来源。这样多股进料的脱甲烷塔流程能节省低温级冷剂；凝液温度有高低，先冷凝下来的温度高，是重组分多。后冷凝下来的温度低，是轻组分多。在未入塔之前即进行了初步分离，减轻了塔的负荷；前冷流程分离出的氢气浓度高，氢含量为 90%（摩）左右，后冷流程分离出的氢气纯度低，仅 75%左右。由于氢气大部分在前冷箱中已经分出，故提高了脱甲烷塔进料的 C_1^0/H_2 摩尔比，从而提高了乙烯回收率。

但前冷流程也有缺点，脱甲烷塔的操作弹性比后冷的低，流程比较复杂，仪表自动化要求较高。因此，前冷流程适用于生产规模较大，自动化水平较高，原料气较稳定以及需要获得纯度较高的富氢场合。

第五节　裂解分离系统的能量有效利用[26～30]

一、急冷回收热能的利用

能量的回收及利用是化工厂的重要问题。显然，能耗增加直接使产品成本增加。能量回收及利用得好坏，体现了工艺流程及技术的先进水平。

表 1-36 列出一个乙烯工厂能量供给和回收的数值。从表可见，原料愈重，需要供给的能量也愈大，这主要是消耗于大量原料的预热、升温和相应大量的稀释水蒸气（指同一产品年产量计）。当然，大量的能量消耗也必然要求尽可能地回收利用。表中说明，能量回收有三个主要途径：急冷换热器回收的能量约占三分之一，更重要的是它能产生高能位

表 1-36　年产 25 万吨乙烯厂能量的供给和回收统计

裂解原料	能量供能/(GJ/h)							能量回收/(GJ/h)			
	原料预热和气化	辐射段升温和反应热	稀释蒸气	裂解气压缩	冷冻	其他	合计	急冷换热器	初分馏塔	热烟道气	合计
乙烷	102.1	237.8	56.1	139.0	154.0	15.9	704.9	138	17	285	439
丙烷	153.2	239.4	58.2	164.1	188.4	89.6	892.9	109	71	268	448
石脑油	203.4	340.7	115.9	133.9	136.9	44.4	975.3	222	109	410	741
粗柴油	322.7	380.1	300.1	133.9	137.3	44.4	1316.1	264	180	452	896

的能量，用于驱动三机（裂解气压缩机，丙烯压缩机和乙烯压缩机）；初馏塔及其附属系统回收的是低能位的能量，用于换热系统；烟道气热量一般是在裂解炉对流室内利用来预热原料、锅炉给水、过热水蒸气等。

二、中间冷凝器和中间再沸器

对于塔顶塔釜温差较大的精馏塔，如果在精馏段中间设冷凝器，则可以用冷冻温度级比塔顶回流冷凝器稍高的廉价的冷剂作为冷源，来代替一部分原来要用低温级冷剂提供的冷量，从而节省能量消耗。同理在提馏段设置中间再沸器，可以用温度比塔釜再沸器稍低的廉价热剂作为热源。脱甲烷塔和乙烯塔等的塔釜温度皆低于环境温度，如果在提馏段设置中间再沸器，就可以回收比塔釜温度更低的冷量。带有中间再沸器的乙烯塔见图 1-47。

由于脱甲烷塔顶塔釜温差较大，设置中间再沸器能明显地节省能量，估算能省 27%左右。

中间冷凝器和中间再沸器负荷大时，塔顶冷凝器和塔釜再沸器的负荷减低，会导致精馏段回流比与提馏段的蒸气比减少，故要相应地增加塔板数，从而使投资费用增加。

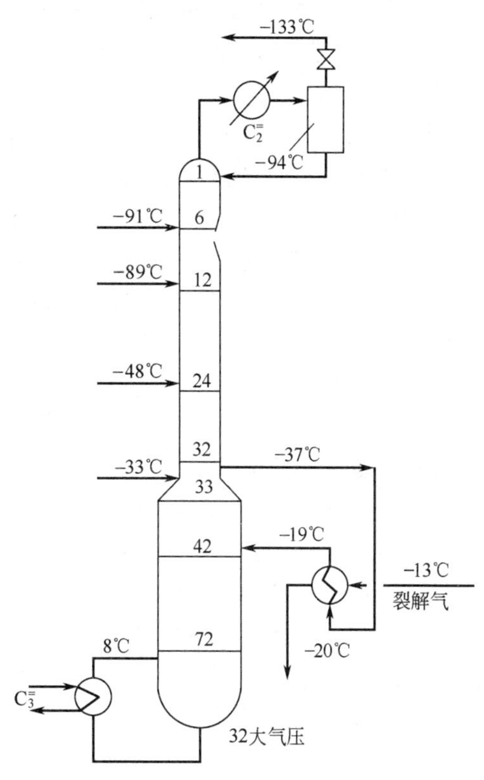

图 1-47　设中间冷凝器的脱甲烷塔

总之，要根据工艺要求和具体情况，对比各因素的相互影响进行权衡，来选择中间冷凝器和中间再沸器的适当位置。一般靠近加料口附近。

1. 中间冷凝器

采用中间冷凝器的脱甲烷塔流程见图 1-47。此图是逐级分凝，多股进料与中间回流相结合的流程。进料经一级分凝，−29℃的凝液作脱甲烷塔第一股进料，气体经二级分凝。−62℃的凝液做第二股进料。气体经第二个进料冷凝器（−101℃乙烯冷剂）分凝，−96℃气液混合物作第三股进料。同时从塔中间引出一股气体入中间冷凝器，与进料气体汇合冷凝后得气液混合物回流入塔。此种情况，中间回流与第三股进料结合起来了，而第二个进料冷凝器与中间冷凝器结合为一个设备。

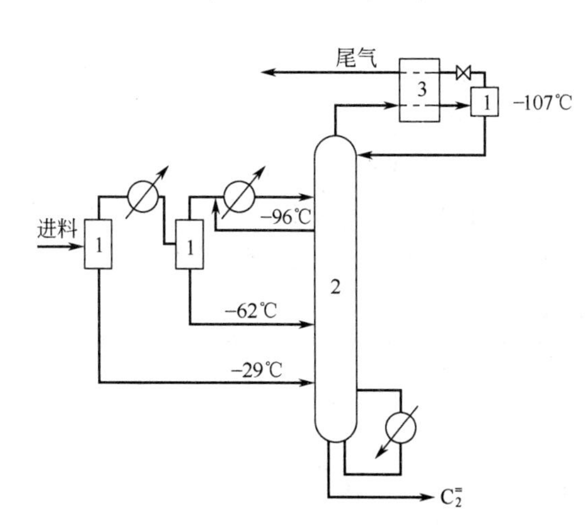

图 1-48　脱甲烷塔中间再沸器流程

1—气液分离器；2—脱甲烷塔；3—换热器

从塔顶气来看，经节流膨胀自身制冷而降温到 −107℃。因为采用了中间回流，减少了塔顶回流量，塔顶可省去外来冷剂制冷的冷凝器，只设自身制冷换热器已能满足负荷要求。由于节流膨胀自身制冷温度低，所以从塔顶气中还可回收一部分乙烯，降低乙烯损失。

2. 中间再沸器

由于脱甲烷塔提馏段的温度比压缩后经初步预冷的裂解气温度低，所以可用此裂解气来作为中间再沸器的热剂，而裂解气回收了脱甲烷塔的冷量，一举两得，可收到节约能量的效果。见图 1-48。

由图可见脱甲烷塔顶温度为－94℃，塔釜为 8℃，最下一股进料为－33℃。塔的提馏段仍低于环境温度，塔的再沸器用丙烯冷剂回收冷量；为了能回收更低一些温度级位的冷量，设置了中间再沸器。由第 32 块板引出液态物料进中间再沸器，温度为－37℃左右，与裂解气换热，物料再沸，进入第 42 块板，温度为－19℃左右。裂解气作为热剂，它由进入的－13℃冷至－20℃左右，达到回收冷量的目的。显然中间再沸器回收冷量温度级位低于塔釜再沸器的是有利的。但塔板数增为 72 块，大于不设中间再沸器的一般甲烷塔的塔板数。

三、深冷过程冷量的有效利用

（一）冷冻剂的选择

深冷分离过程除了裂解气压缩需要能量外，还需要供应冷剂。因物料是低温的，不能用一般冷水作冷却剂，需要用冷冻过程，获得制冷用冷剂。冷冻过程在深冷分离装置中的能量消耗占有重要地位。以裂解气压缩机、乙烯压缩机和丙烯压缩机三机所需功率来看，乙烯和丙烯制冷压缩功率占三机总功率的 50％～60％。在冷量消耗中脱甲烷塔进料的预冷和乙烯塔占的比例较大。关于深冷分离冷量消耗的分配如下：

占制冷功率的百分数，％

脱甲烷塔进料预冷 …… 32

脱甲烷塔 …… 10

脱乙烷塔 …… 9

乙烯塔 …… 44

脱丙烷塔 …… 5

制冷是利用冷剂压缩和冷凝得到冷剂液体，再在不同压力下蒸发，则获得不同温度级位的冷冻过程。

常用的冷剂见表 1-37。表中冷剂都是易燃易爆的，为了安全起见，不应在制冷系统中漏入空气，即制冷应在正压下进行。这样各冷剂的沸点就决定了它的最低蒸发温度，要获得低温就必须采用沸点低的冷剂。由于丙烯和乙烯是深冷分离过程的产品，用它作为冷剂可以就地取材，而且乙烯的沸点是－103.7℃，在正压下操作也可以达到－100℃低温的要求。甲烷和氢是脱甲烷过程中的产物，甲烷也可以作为冷剂，以便获得更低的温度。

表 1-37 冷剂的性质

冷 剂	分子式	沸点 /℃	凝固点 /℃	蒸发潜热 /(J/g)	临界温度 /℃	临界压力 /MPa	与空气的爆炸极限/％(V)	
							下 限	上 限
氨	NH_3	－33.4	－77.7	1373	132.4	11.298	15.5	27
丙烷	C_3H_4	－42.07	－187.7	426	96.81	4.257	2.1	9.5
丙烯	C_3H_6	－47.7	－185.25	437.9	91.89	4.600	2.0	11.1
乙烷	C_2H_6	－88.6	－183.3	490	32.27	4.883	3.22	12.45
乙烯	C_2H_4	－103.7	－169.15	482.6	9.5	5.116	3.05	28.6
甲烷	CH_4	－161.5	－182.48	510	－82.5	4.641	5.0	15.0
氢	H_2	－252.8	－259.2	454	－239.9	1.297	4.1	74.2

各种冷剂的制冷温度范围与能量消耗等级的关系，如图 1-49 所示。

由图可见，制冷温度越低，单位能量消耗便越大。所以工程上把冷剂分成不同级位，这样，在不需深冷温度的场合下，尽量用较高温度级位的冷剂（如氨、丙烯）。因为深冷分离工艺中需要各种不同温度级位的制冷，所以在设计制冷系统时要考虑到能提供各种温度级位的冷剂。

（二）复迭制冷

欲获得低温的冷量，而又不希望冷剂在负压下蒸发，则需要采用常压下沸点很低的物质为冷剂，但这类物质临界温度也很低，不可能在加压的情况下用水冷却使之冷凝。由表 1-35、图 1-49 可见，为了获得－100℃温度级位的冷量，需用乙烯为冷剂，但是乙烯的临界温度为 9.5℃，低于冷却水的温度，因此不能用冷却水使乙烯冷凝，这样就不能构成乙烯蒸气压缩冷冻循环。此时，需要采用另一冷剂氨或丙烯，使乙烯冷到临界温度以下，发生冷凝过程向氨或丙烯排热，这样氨或丙烯的冷冻循环可以和乙烯的制冷循环复叠起来，组成复迭制冷（或称串级制冷）。图 1-50，是乙烯丙烯复迭制冷。复迭换热器中水向丙烯供冷，丙烯向乙烯制冷，乙烯向－100℃冷量用户制冷。

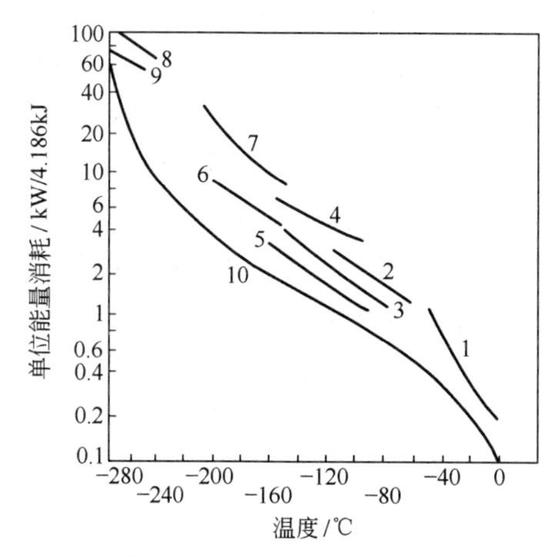

图 1-49　冷剂制冷温度范围与单位能量消耗的关系

1—NH_3；2—C_2H_4；3—C_2H_4（电力回收）；4—CH_4；5—CH_4（用膨胀机）；6—空气（用膨胀机）；7—N_2；8—H_2；9—H_2（用膨胀机）；10—逆行卡诺循环（环境温度 300K）（1kcal＝4.186kJ）

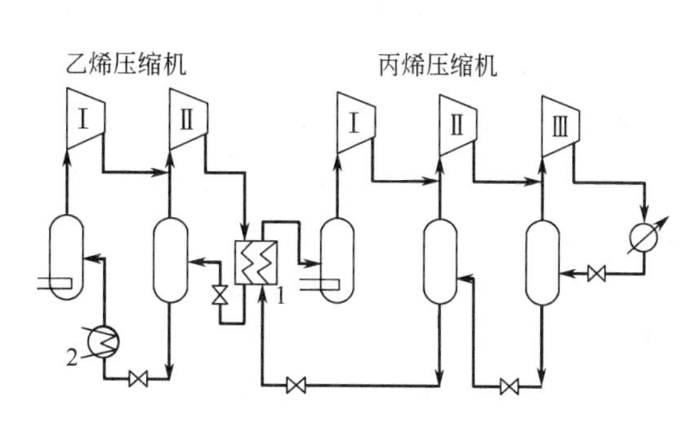

图 1-50　乙烯丙烯复迭制冷流程

1—复迭换热器；2—冷量用户

以上是说乙烯丙烯二元复迭制冷情况。如果需要低于－100℃的温度，为了避免乙烯负压操作，由表 1-35 可见，需要采用甲烷作冷剂。由于丙烯的蒸发温度，在正压操作时最低为－47.7℃，而甲烷的冷凝温度最高为其临界温度－82.5℃，显然不能用甲烷丙烯二元复迭制冷，必须采用甲烷、乙烯、丙烯三元复迭制冷循环，通过两个复迭换热器，使冷水向丙烯供冷，丙烯向乙烯制冷，乙烯向甲烷制冷，甲烷向低于－100℃冷量用户制冷。

（三）多级制冷

上述复迭制冷只提出最低温度级位的冷量用户，如果全部装置的运转只为一个对象，见图 1-51。在能量使用上是不合理的。由前述深冷分离流程可知除了－100℃外，还需用－75℃，－55℃，－41℃，－24℃，3℃，18℃等等温度级位的冷剂，所以复迭制冷应该能提供多温度级位的冷剂，才能合理利用能量，否则只能用低温度级位的冷剂向较高温度级位提供冷量，这是“大马拉小车”，能量利用不合理。

考虑到多级制冷循环中，压缩机各段间设有闪蒸分离罐，都是引出蒸气和分出液体。而且各段的温度不同，自然地形成了许多冷级。可采取下列措施，利用这些冷级，使能量得到合理利用。

(1) 尽可能使各段引出的不同温度的蒸气，作不同温度级位的热剂，供工艺中相应温度级位的热量用户（如再沸器）的需要，如图 1-51，1-52 所示（两图各点是相对应的）。将某段闪蒸分离罐引出的蒸气送入冷剂冷凝器 4 或 5（热量用户），在此冷凝供热，凝液回本段闪蒸分离罐或节流降压导入前一段的闪蒸分离罐。

(2) 尽可能使各段分出的不同温度的液体，作不同温度级位的冷剂，供工艺中相应温度级位的冷量用户（如冷凝器）之需，如图 1-51 所示，某段闪蒸分离罐分出的液体，送入冷剂蒸发器 9、11（即冷量用户）蒸发供冷，蒸气回入本段闪蒸分离罐；或液体先经过节流阀 12，14 节流膨胀降温，再蒸发制冷，蒸气导入前一段的闪蒸分离罐。

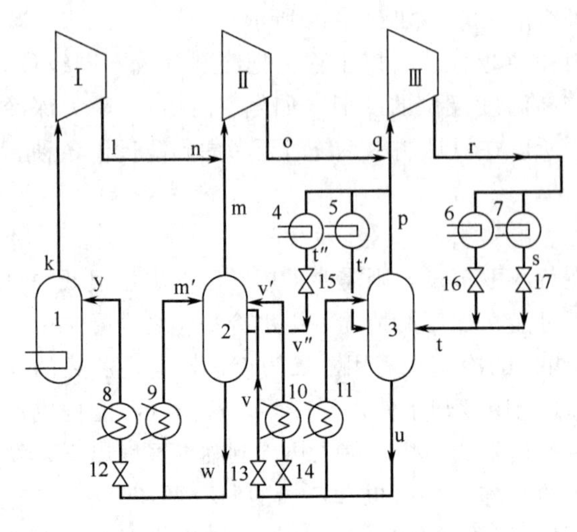

图 1-51　多级制冷循环提供不同温度级位冷剂和热剂流程

1—吸入罐；2、3—分离罐；4、5、6—冷凝器（热量用户）；7—水冷器；8—低温蒸发器（低温冷量用户）；9、10、11—中温及较高温度的蒸发器（中温及较高温度的冷量用户）；12～17—节流阀

(3) 尽可能组织热交换，把液态冷剂进行过冷，在过冷状态下进行节流膨胀，能多获得供冷的低温液态冷剂，少产生气相冷剂，使节流膨胀后的气化率降低，以提高制冷能力。图 1-52 中 s 点即是过冷点，由 s 点节流膨胀到 t 点产生气液相产物的比例为 tu/tp，如果不过冷时，进行上述同样的压力条件的膨胀，则气化率将大于前者，即气相产物比例大于前者，制冷能力将小于过冷到 s 点时情况。

实际生产中，使用乙烯丙烯复迭制冷流程时，闪蒸级数越多，制冷温度级位越多，则能量利用率越好。图 1-53 是乙烯丙烯复迭制冷温度与单位能量消耗的关系。

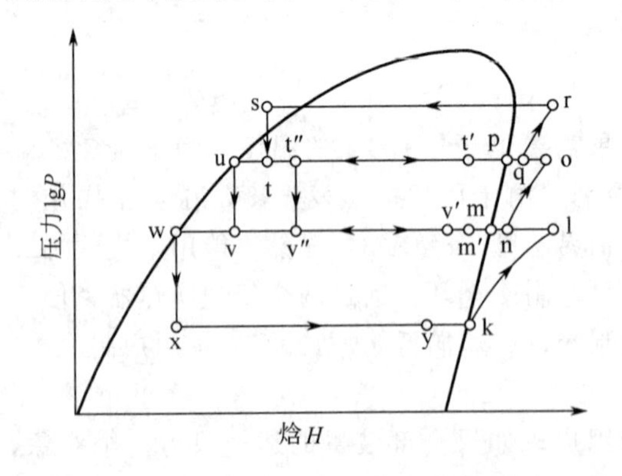

图 1-52　多级制冷循环提供不同温度级位的冷剂和热剂的 P-H 图

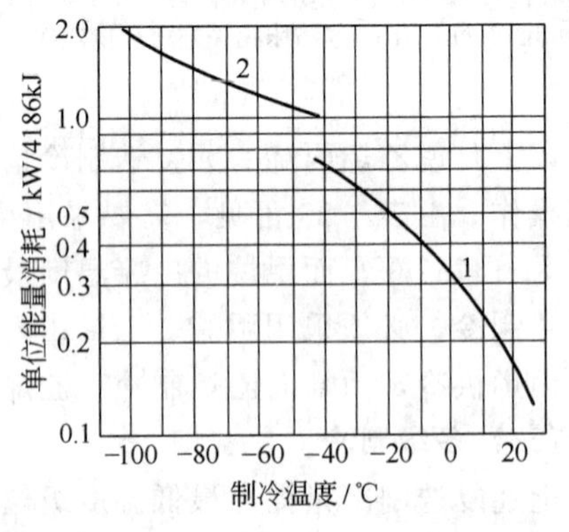

图 1-53　乙烯丙烯复迭制冷温度与单位能量消耗的关系

1—丙烯；2—乙烯（1kcal＝4.186kJ）

多级制冷温度级位越多，能量利用越合理，但是设备费也越大，操作也越复杂。所以闪蒸级数和制冷温度级位数多少最为合理，要根据工艺的具体要求来权衡比较，它与出入精馏塔的物料组成、制冷方式以及分离流程有关。

图 1-54 是乙烯丙烯复迭多级制冷循环的冷剂与热剂分配流程图。

表 1-38 是乙烯丙烯复迭制冷循环参数。

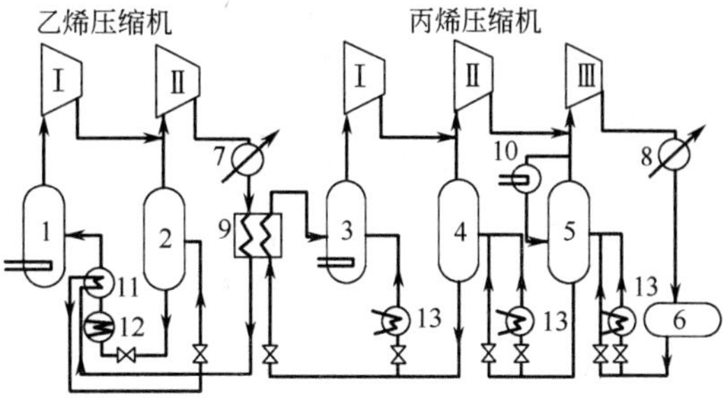

图 1-54　乙烯丙烯复迭制冷循环的冷剂与热剂分配流程图

1、3—吸入罐；2、4、5—闪蒸罐；6—丙烯罐；7—乙烯冷却器；8—丙烯冷凝器；9—复迭换热器；10—丙烯冷凝器（热量用户）；11—乙烯过冷器；12—乙烯蒸发器（低温冷量用户）；13—丙烯蒸发器（冷量用户）

四、热　　泵

精馏塔有用外来冷剂的一般制冷方式，也有用热泵制冷的。一般制冷只供冷不供热，而深冷分离中所习惯称为热泵的是既供冷又供热。

表 1-38　乙烯丙烯复迭制冷循环参数

装置	参数	乙烯压缩机				丙烯压缩机			
		一段入口	二段入口	三段入口	四段入口	一段入口	二段入口	三段入口	四段入口
L	压力/MPa	0.118	0.53	0.88	1.49	0.105	0.265	0.57	1.12
	温度/℃	−101	−70	−56	−40	−43	−21	0	23
B	压力/MPa	0.11	0.426	0.91		0.13	0.26	0.65	1.0
	温度/℃	−101	−75	−55		−41	−24	3	18
S	压力/MPa	0.108	0.439	0.74		0.144	0.29	0.65	1.03
	温度/℃	−101	−75	−62		−40	−23	2	20

在精馏过程中，塔顶需要引入冷量。塔釜需要加入热量。按照常规塔顶用外来冷剂制冷，从塔顶移出热量，塔釜又要用外来热剂供热。理想的是把塔顶低温处的热量传递给塔釜高温处。最简单的办法就是将精馏塔和制冷循环结合起来，这是一个很好的热泵系统。

图 1-55 是精馏塔的制冷方式。图（a）是一般制冷，制冷循环系统对精馏塔顶冷凝器提供冷剂，别无其他联系。

图（b）是闭式热泵流程，冷剂与塔顶物料换热后吸收热量蒸发为气体，气体经压缩提高压力和温度后，送去塔釜加热釜液，而本身凝成液体。液体经节流减压后再去塔顶换热，完成一个循环。于是塔顶低温处的热量，通过冷剂的媒介而传递到塔釜高温处。在此流程中，制冷循环中的冷剂冷凝器与塔釜再沸器合为一个设备，在此设备中冷剂冷凝放热而釜液吸热蒸发。此流程特点是物料与冷剂自成系统，互不相干。

图（c）为开式 A 型热泵流程，不用外来冷剂作媒介直接以塔顶蒸出的低温烃蒸气作为制冷循环冷剂，经压缩提高压力和温度后送去塔釜换热，放出热量而凝成液体。

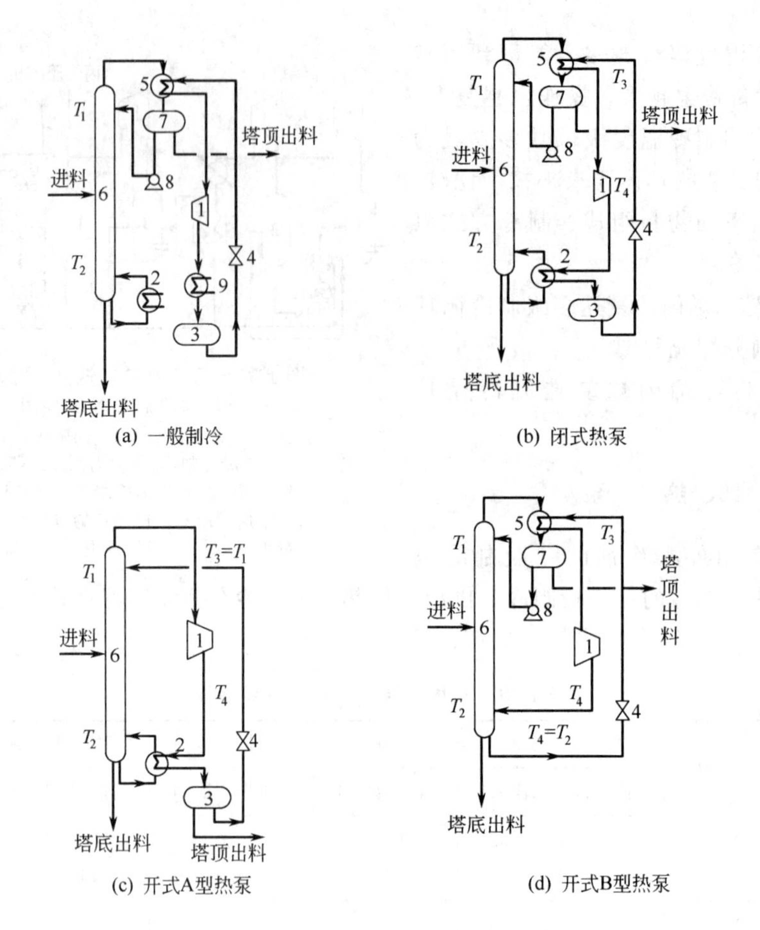

图 1-55　精馏塔制冷方式

1—压缩机；2—再沸器；3—冷剂贮罐；4—节流阀；5—塔顶冷凝器；6—精馏塔；
7—回流罐；8—回流泵；9—冷剂冷凝器

凝液部分出料，部分经节流降温后回流入塔。此流程从精馏过程的角度看，可理解为塔顶冷凝器和塔釜再沸器合为一个设备。从制冷循环的角度看，可理解为节省了塔顶冷凝器，将以外来冷剂作媒介的间接换热改为直接换热，即节省了能量，又节省了低温换热设备。

图（d）为开式 B 型热泵流程，直接以塔釜出料为冷剂，经节流后送至塔顶换热，吸收热量蒸发为气体，再经压缩升压升温后，返回塔釜。塔顶烃蒸气则在换热过程中放出热量凝成液体。从精馏过程的角度看，可理解为再沸器与塔顶冷凝器为一个设备。从制冷角度看，则可理解为节省了塔底再沸器，将间接换热改成了直接换热。

丙烯塔采用低压操作时，多用热泵系统。当采用高压操作时，由于操作温度提高，冷凝器可以用冷却水作为冷剂，故不需用热泵。近年来丙烯塔大多采用高压水冷系统。

为了合理利用能量，除了上述要充分进行合理选用能量的温度级位外，还要对一切可回收利用的能量，都力争在工艺生产中加以利用，这是减少消耗，降低成本，多创造经济效益的重要途径之一。

第六节 烃类裂解制乙烯原料路线的技术经济指标评比和展望

原料路线选择的正确与否，将会影响到整个乙烯工业的发展。对一个国家、一个地区来说，它取决于该国家该地区的资源情况，例如美国有大量的天然气，制乙烯的原料可以乙烷、丙烷为主，西欧、日本石油来源依赖进口，以石脑油为主在经济上较合算。近年来，国外乙烯装置进行了原料适应性的改造，逐渐改变了原料路线单一的状况。现在，使用什么原料来生产乙烯、丙烯，主要决定于原料的价格高低和市场对产品的需求。近十年中，世界经历了能源危机、石油价格暴涨后又暴跌，目前乙烯原料的供应相对稳定和充裕，石脑油降价幅度大于乙烷，乙烷作为裂解原料的经济优势降低，因此在西欧和日本仍以石脑油为原料，美国石脑油用量也呈上升趋势。目前世界烯烃生产的主要原料仍是轻质油类为主。一些石油生产国由于原料丰富、来源稳定、价格低廉、燃料费和运输费低，乙烯的成本可有较大幅度的下降（见表 1-39），吸引了国际投资者的兴趣。这些国家和地区，石油化学工业正在相继兴起。例如中东的沙特阿拉伯、巴林、科威特、伊朗，北非的利比亚、尼日利亚、北美的加拿大、墨西哥、中南美的委内瑞拉、巴西等国家，近年来都大量引进先进技术，建设大型的乙烯装置，据统计，1992 年以前新建的乙烯装置生产能力为 7.9Mt/a，其中 86％建在发展中国家和地区，所用的原料多是当地丰富的轻质原料。

表 1-39 不同地区生产乙烯的成本（1983 年，美元/吨）

地　区	阿拉伯湾	德　国	日　本	加拿大	美　国
原料	乙烷	石脑油	石脑油	乙烷	柴油
装置规模/(10^4t/a)	60	40	30	50	50
原料费	31	860	949	194	950
生产费用	10	10	13	9	12
固定费用	61	118	121	52	111
税＋折旧	166	242	249	134	249
联产品收益	－10	－576	－664	－5	－866
乙烯成本	258	654	668	384	456

我国乙烯工业起步于 50 年代，在 70 年代以后陆续引进了一些大型乙烯装置，估计 1990 年乙烯生产能力能达到 1.69Mt/a。我国发展乙烯工业的原料，在 50 年代以炼厂气为主，60 年代引进了以原油闪蒸油为原料的裂解装置，70 年代引进的装置，大多采用较重质原料如轻柴油作裂解原料，个别装置用油由气等轻质烃原料。我国发展乙烯工业原料路线的选择，应视装置所在地区的地区性供应、国内市场的需求、国际油品价格和石油化工产品市场变化情况等而定。在处于新开发的陆上和海上油气田附近的地区，丰富的油田气及其凝析油，是发展乙烯工业的宝贵原料。现在我国的石油化学工业处在改革开放年代，乙烯原料的采用，不单要考虑国内资源情况，同时要和国际技术和市场供需及价格相联系。

另一方面，原料轻重不同，裂解所需的工艺条件，裂解产物收率，裂解和分离过程的能耗都不同，不同原料所需的原料烃量和联产物量也不同，生产 1 吨乙烯的技术经济指标见表 1-40（70 年代末水平）。

表 1-40　不同原料生产 1 吨乙烯的共用工程耗量

指　　标	乙　烷	丙　烷	石脑油	轻柴油	重柴油
冷却水/t	551.1	560	577.7	604.4	720.1
电/kW·h	26.6	35.5	53.3	71.1	88.8
高压蒸汽/t	2.1	1.4	1.2	1.3	3.0
燃料/10^6kJ	19.3	23.0	24.7	27.5	32.7
按 45×10^4t/a 乙烯计算					
原料/(t/h)	70.9	127.2	182.3	230.48	
燃料/(10^6kJ/h)	933	1087.8	1477.0	1757.3	
蒸汽用量/(t/h)	24.77	44.50	109.40	230.50	

不同原料生产 1 吨乙烯的费用比较见表 1-41。

表 1-41　不同原料生产乙烯的费用比较

	原料 费用	乙　烷	丙　烷	石脑油	轻柴油	重柴油
按 1977 年计价	原料价/(美元/吨)	120	123	146	126	99
	原料费/(美元/吨乙烯)	142	266	433	486	483
	操作费/(美元/吨乙烯)	128	131	155	185	207
	生产费用总计/(美元/吨乙烯)	270	397	588	671	690
	副产收益/(美元/吨乙烯)	−41	−203	−358	−467	−604
按 1988 年第一季度	原料价/(美元/吨)	117.3	135	151.2	146.4	
	乙烯成本/(美元/吨)	298.7		381.9	375.5	
	乙烯售价/(美元/吨)	512.6				

从以上比较得到的结论是：用轻质原料裂解，乙烯产量高，能耗低，投资少，但丁二烯、B、T、X 等联产物的收率也低；用重质原料裂解，情况恰好相反，各项指标都不利，但 C_4（主要是丁二烯）、C_5 和 P、T、X 等联产物收率较高。可为合成材料工业和精细有机化学工业等提供更多的原料和产品。故采用重质烃原料，要提高经济效益，关键是要将联产物的综合利用搞好。

第七节　生产乙烯的其他方法

一、乙醇催化脱水制取乙烯

乙醇催化脱水制乙烯，是工业上获得乙烯最早采用的方法。

$$C_2H_5OH \longrightarrow CH_2=CH_2+H_2O$$

最初是采用载于焦炭上的磷酸作催化剂，现工业上采用的催化剂是 γ-Al_2O_3 或 ZSM 分子筛。反应温度一般为 360～420℃，是吸热反应，一般采用外加热多管式固定床反应器，乙醇可接近全部转化，乙烯收率为 95%左右，主要副产物是乙醚，也可能有少量乙醛生成。反应气经冷却、净化和干燥，脱除掉副产物和水后，即可得高纯度乙烯。该法生产过程简单，乙烯收率高，乙醇可由含淀粉物质或糖蜜发酵制得。对于缺乏石油资源，而农副产品资源丰富的地区，在生产规模不大时，用此法生产乙烯是具有现实意义的。近年来为了开辟生产乙醇新的原料路线，一些工业先进的国家正在开展以合成气为原料制取乙醇的研究工作。其研究途径主要有：甲醇的同系化；由合成气直接合成甲醇。

美国联合碳化物公司使甲醇同系化制取乙醇，采用 $CO(OAC)_2^-$-I_2 催化体系，甲醇转化率 92%，乙醇选择性 61.4%，Argonne 国立实验室采用五羰基铁和叔胺加入助催化剂，使甲醇同系化反应只生成二氧化碳和乙醇，该法催化剂费用低，有希望实现工业化。

由合成气直接制乙醇的研究有：美国联碳公司以 Rh-Fe 系催化剂载于硅胶上，在 300℃，7MPa 条件下得液相产物，其中乙醇选择性 94.2%，但副产大量甲烷，催化剂的时空收率低。日本市川胜用 Rh-Re-ZrO_2 作催化剂，在 180℃，100kPa 下得到 CO 转化率为 67%，含氧产物中乙醇占 99.9%。

二、以甲烷或合成气为原料制取乙烯

虽然用石油烃为原料裂解制乙烯在今后数十年仍是主要的，但从长远观点看，制取乙烯用的原料必然会转向利用天然气、煤等贮量庞大的资源。天然气中含大量甲烷，从天然气或煤可制造合成气（$CO+H_2$），如何将甲烷、合成气最终转化为乙烯，使乙烯原料路线从石油烃向天然气、煤转变，是全世界都十分关注的问题，各个工业国家都在开展这一方面的研究。下面将介绍近年来的一些研究结果。

（一）由甲烷制乙烯

甲烷分子的化学稳定性很高，使甲烷直接生成乙烯是很困难的。

$$CH_4 \longrightarrow \frac{1}{2}C_2H_4 + H_2 \qquad \begin{matrix}\Delta G/(kJ/mol)\\ 84.77\end{matrix}$$

该反应 ΔG 是一很大的正值，反应几乎不可能发生，因此需研究另辟蹊径。

1. 甲烷氧化偶联制乙烯

将甲烷进行氧化偶联，从热力学分析较为有利

$$CH_4 + \frac{1}{2}O_2 \longrightarrow \frac{1}{2}C_2H_4 + H_2O\ (g) \qquad \begin{matrix}\Delta G/(kJ/mol)\\ -143.62\end{matrix}$$

甲烷氧化偶联包括下列各步反应

$$2CH_4 + \frac{1}{2}O_2 \longrightarrow C_2H_6 + H_2O\ (g)$$

$$C_2H_6 + \frac{1}{2}O_2 \longrightarrow C_2H_4 + H_2O\ (g)$$

$$2CH_4 + O_2 \longrightarrow C_2H_4 + 2H_2O$$

副反应有

$$CH_4 + \frac{3}{2}O_2 \longrightarrow CO + 2H_2O\ (g)$$

$$CH_4 + 2O_2 \longrightarrow CO_2 + 2H_2O\ (g)$$

这一反应体系中，甲烷氧化偶联除生成乙烯外，还有乙烷、一氧化碳、二氧化碳等，因此，生成乙烯的选择性是衡量此方法成败的重要指标。目前，研究催化氧化偶联方法有较好结果的见表 1-42 所示。

表 1-42　甲烷氧化偶联合成乙烯的一些研究结果

催　化　剂	反应温度/℃	CH_4 ∶ O_2	CH_4 转化率/%	C_2 选择性/%	C_2H_4 选择性/%
Sm_2O_3,Dy_2O_3	700	18∶0.4		93	
Li-Ce-MgO	500	2∶1	25	98.4	67.7
LiCl/Mn 氧化物	750	2∶1	47.3	64.7	59.4
Li/Sm_2O_3	850	5∶1	37	57	

由表1-42的结果可看出，此方法尚存在两个问题，一是甲烷转化率不高，而且乙烯选择性只是中等水平，工业化时就必须考虑乙烯气的净化和大量高温甲烷的脱除，未转化的甲烷可进行系统循环或供给燃料用户，这就需进行能量消耗的优化权衡。二是催化剂活性不稳定，寿命不长，达不到工业化的要求。

2. 甲烷氯化裂解制乙烯

此法由美国南加州大学本森研究开发，称为本森法，反应如下：

$$CH_4 + Cl_2 \longrightarrow CH_3Cl + HCl$$

$$2CH_3Cl \longrightarrow C_2H_4 + 2HCl$$

小试研究的反应温度950～1050℃，CH_4：Cl_2＝2～3：1（摩尔），反应压力100～125kPa，反应时间40～50毫秒，氯的转化率接近100%，乙烯加乙炔的收率55%（乙炔占1/3）。此反应需大量氯气和输出大量氯化副产物，为工业化带来困难。

（二）由合成气制乙烯

合成气主要成分为$CO + H_2$，可以由石油重质烃原料制取（部分氧化法），也可以由天然气（甲烷转化）或煤为原料（煤气化）制得。因此，如果能够用合成气制取乙烯，也就是打通了利用资源丰富的天然气和煤制取乙烯的通道。由合成气制乙烯可先经费-托合成法由合成气制成汽油，然后再将汽油裂解生产乙烯，费-托合成法已工业化，故采用此路线由合成气制乙烯，技术上是可行的，但经济上不能与石油烃裂解制乙烯的方法竞争，其生产成本要高0.6～1.6倍。当前由合成气制乙烯的研究路线，主要有两个方面，一是采用改进的费-托合成法，一步合成乙烯，重点是研究催化剂，二是以甲醇（由合成气制得）为原料直接合成乙烯，目前阶段也仍处于催化剂的研究和中试阶段。

1. 改进的费-托合成法和其他催化剂系统的研究

费-托合成是30年代以钴为催化剂合成汽油、柴油的工业方法，产品多为重质石蜡烃，未得乙烯。前几年，美、法等国以Fe-Mn-Zn为催化剂，于320℃、1MPa下进行反应合成乙烯，

$$nCO + 2nH_2 \longrightarrow C_nH_{2n} + nH_2O$$

$$2nCO + nH_2 \longrightarrow C_nH_{2n} + 2CO_2$$

$n=2$，乙烯收率约31%。当用Fe-Mn-K_2CO_3系催化剂时，反应温度250～320℃，CO：H_2＝1：1，压力0.5～2.0MPa，CO转化率80%～90%，产物组成为CH_4 20%，C_2H_4 21%，C_3H_6 32%，C_4H_8 17%，C_2—C_4烷烃9%，其他烃1%。

其他催化剂系统的研究例如日本Arakawa、Hironori 1986年报道用Rh-Ti-Fe-Ir/SiO_2与H-硅沸石（H-Silicalite）复合催化剂可使合成气转化为乙烯，选择性达45%，美国W. H. Wiser研究了在Raneg Fe-Mn催化剂上，合成气于420～470℃，7.5MPa，$3cm^3g^{-1}s^{-1}$条件下转化为烯烃，C_2—C_4烯烃收率为34%～40%。

2. 甲醇制乙烯

合成气制甲醇早已工业化，由甲醇再制乙烯，这也是实现乙烯原料路线由石油向煤、天然气转变的途径之一。

由甲醇制乙烯的反应，大都是在分子筛催化剂上进行，反应为

$$2CH_3OH \longrightarrow C_2H_4 + 2H_2O$$

$$3CH_3OH \longrightarrow C_2H_6 + 3H_2O$$

各国公司都致力于这一过程的开发，但都在试验阶段，一般甲醇转化率都较高，达90%以上，试验温度在280～500℃之间，有的乙烯分布高达50%。美国USDOE公司、联邦德国URBK公司与美国莫比尔公司合作，建立了一套甲醇耗量100桶/天的改进流化床制烯烃的示范装置，温度420～515℃，压力220～350kPa，1985年连续运转3600小时，在515℃时烯烃选择性65.9%，芳烃为12.0%。罗马尼亚以ZSM-5分子筛作催化剂，建立了一套规模为300L/h流化床反应装置，甲醇转化率85%，主要产物为乙烯和对二甲苯，以C为基准，收率为52%～55%。联邦德国BASF公司建立了一套30t/a的中试装置，已运转三年，反应温度300～450℃，压力100～500kPa，C_2—C_4烯烃产物占50%～60%。

新西兰用美国莫比尔公司技术，于1986年建成从天然气制汽油57×10^4t/a的工厂，并得LPG6.5×10^4t/a，用这些制品作为制乙烯的原料是完全可行的。这是由甲醇间接制取乙烯的途径。由于第一步已工业化，故此途径在工业上已可实现，关键是在技术经济指标方面是否能与直接以石油烃为原料的热裂解法相竞争。

表1-43列出了不同方法生产乙烯的成本（估算）。

表1-43　国内不同原料制乙烯的成本估算

方　　法	轻柴油裂解	甲醇制乙烯	F-T油裂解	SNG本森法
规模	30×10^4t/a	30×10^4t/a	30×10^4t/a	1×10^4t/a
成本(元/吨)	921.61	1310.69	1347.29	1232.72
计算基准	轻柴油价格350元/吨	甲醇价格285.36元/吨	F-T油价格574元/吨	SNG价格0.35元/m^3(标准)

注：1. 1987年底国家价格：轻油450元/吨，蒸气6.7元/吨，水0.02元/吨。
2. 1983年高价油：石脑油780元/吨，轻柴油770元/吨，燃料油460元/吨。

以非石油系为原料制取乙烯是一战略性项目，乙烯原料的转向终有一天势在必行。我国目前虽正处于乙烯工业发展阶段，但开发非石油系原料的工作也是不容忽视的。

第八节　烃类裂解生产乙炔[31～33]

乙炔是基本有机化工的重要原料，从乙炔出发可合成许多重要产品。在50年代以前，乙炔化学工业曾在基本有机化学工业中占有重要的地位。但自60年代以来，由于石油烃类裂解得到大量廉价乙烯、丙烯和以乙烯、丙烯为原料的各种合成方法的开发，在许多有机合成领域里，乙炔已逐步被乙烯和丙烯所取代。一些过去从乙炔出发制造的大宗产品如氯乙烯、醋酸乙烯、丙烯腈等都已经转以乙烯、丙烯为原料（个别有例外），乙炔的需求量逐渐下降。但是，由于要充分利用资源，或者由于有机合成工艺的要求，用烃类生产乙炔仍然得到重视。

从烃类裂解生产乙炔，在工业上首先是用天然气制乙炔。60年代以后，发展了用石油烃类裂解联产乙炔、乙烯的方法。

烃类裂解生成乙炔是一强吸热反应

$$2CH_4 \rightleftharpoons C_2H_2 + 3H_2 \qquad \Delta H^0 = 376.6\text{kJ/mol } C_2H_2 \tag{1}$$

$$烃类\xrightleftharpoons{裂解}C_2H_4$$

$$C_2H_4 \rightleftharpoons C_2H_2 + H_2 \tag{2}$$

但乙炔在热力学上很不稳定，易分解为碳和氢，

$$C_2H_2 \longrightarrow 2C + H_2 \qquad \Delta H = 226.7\text{kJ/mol} \tag{3}$$

烃类裂解制乙炔，乙炔的收率主要决定于生成乙炔和乙炔分解此两反应在热力学和动力学上的竞争。它们的 ΔG^0 与 T 的关系及 k 与 T 的关系示于图 1-56 及图 1-57 中。

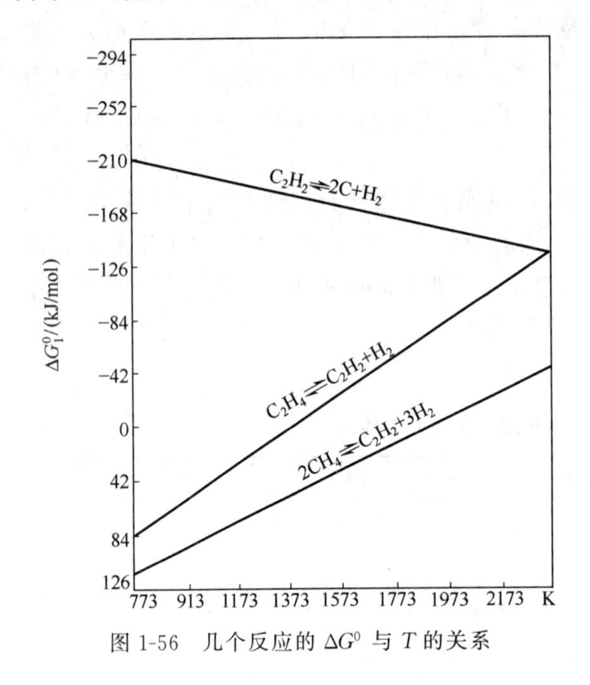

图 1-56　几个反应的 ΔG^0 与 T 的关系

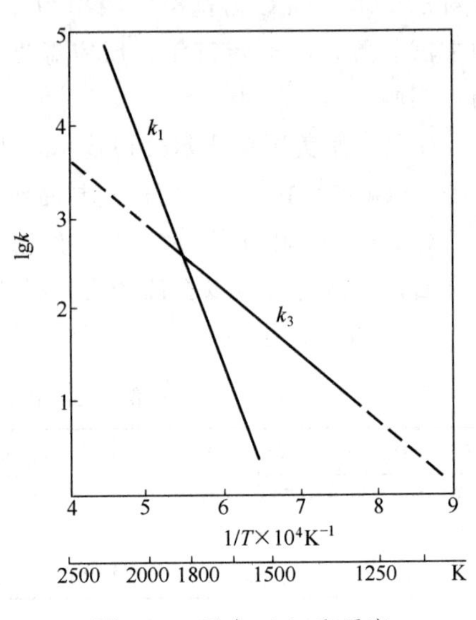

图 1-57　反应（1）和反应（3）的反应速度常数比较

从图 1-56 看到，在温度较低条件下，反应（1）、（2）的 ΔG^0 都是很大的正值，但随着温度的升高，ΔG^0 逐渐变小，高温时可有较大的负值。反应（3）适相反，在低温条件下 ΔG^0 是很大的负值，在热力学上占绝对优势，但这一优势随温度的升高而减小。故从热力学分析，烃类裂解制乙炔必须在高温条件下进行。但是否能获得最高收率，决定于它们之间在动力学上的竞争。

上列三个反应都是一级反应，图 1-57 为反应（1）和反应（3）的反应速度常数 k 与温度 T 的关系。由图可见，温度低于 1800K 时，$k_3 \gg k_1$，生成的乙炔很快分解，只有当温度高于 1800K 时，$k_1 \gg k_3$，在此温度条件下，才有可能获得高收率的乙炔。

由上讨论可知，烃类裂解制乙炔，无论从热力学或动力学分析都要求高温。但在高温下，虽然乙炔的分解速度与生成速度相比是减慢了，但其绝对分解速度还是增快的，因此，停留时间必须非常短，使生成的乙炔尽快地离开高温反应区域。由此可知，烃类裂解生产乙炔必须满足下列三个重要条件。

（1）迅速供给大量反应热；

（2）反应区温度很高（1227～1527℃）；

（3）反应时间特别短（0.01～0.001s 以下），而且反应物一离开反应区应即被急冷，

以终止二次反应，避免乙炔的损失。

一、甲烷氧化裂解制乙炔

我国天然气资源丰富，尤以四川盆地、沿海大陆架为甚。用天然气制乙炔发展化学工业仍不失为可行的途径。天然气部分氧化法制乙炔是利用甲烷部分氧化时产生的大量反应热供给裂解所需

$$CH_4 + O_2 \longrightarrow CO + H_2 + H_2O$$

$$\Delta H^0 = -277.4\text{kJ/mol}$$

$$2CH_4 \longrightarrow C_2H_2 + 3H_2$$

$$\Delta H^0 = 376.6\text{kJ/mol} \quad C_2H_2$$

反应温度在1530～1630℃，反应产物停留时间小于0.01秒，反应后气体立即急冷。

天然气部分氧化法制乙炔在国外已工业化的炉型有多种。这里介绍其中一种——旋焰炉，其结构如图1-58。

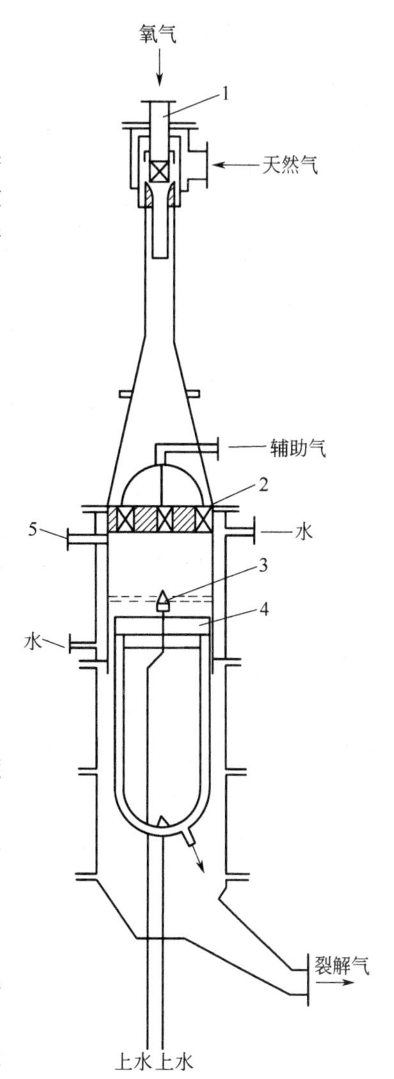

图 1-58　旋焰炉结构示意图

1—旋流混合器；2—旋焰烧嘴；3—淬火头；4—炭黑刮刀；5—点火孔

(1) 将预热至600～650℃的天然气及氧气用高速旋流混合器 (1) 进行快速混合，然后进入多个旋焰烧嘴 (2)，烧嘴直径ϕ20～45mm，内有导向旋涡器，混合气体即以旋流型式进行部分氧化，形成平整的火焰结构。

(2) 反应在旋焰周围进行，温度约1530℃，反应气体被反应通道中心的塔形喷头 (3) 所喷水幕急冷至75～95℃，积聚在反应道壁上的炭黑用刮刀除去。所得裂解气的组成见表1-44。产物除乙炔外，尚含有大量合成气 ($CO+H_2$) 可资利用。

采用加压 (300～400kPa (表)) 部分氧化法，其乙炔收率与常压下的收率差不多，但优点是利用天然气原有压力，整个流程的设备可以缩小。

表 1-44　裂解气的组成%，体积

CO_2	C_2H_2	C_2H_4	O_2	H_2	N_2	CO	CH_4	高炔及残碳
3.2	8.65	0.5	0	55.85	0.76	24.65	6.0	1.37

二、烃类裂解生产乙炔和乙烯

烃类高温裂解制乙炔同时联产乙烯，都是采用重质油或直接以原油为原料，其方法主要的有氧化裂解法和高温水蒸气裂解法。

(一) 氧化裂解法

此法之一是浸没燃烧法，其原理是在反应器中原料油（原油）液面下通入氧气进行不完全燃烧（部分氧化），所放出的热量供给周围原料进行裂解，火焰周围温度达1570℃，裂解反应在火焰边缘发生，这时得到的高温产物又被周围的油急冷（周围油温在200～250℃），终止了二次反应。裂解气中乙炔含量6%～7%，乙烯含量6%～7%，一氧化碳及氢则近70%（均为体积%）。裂解过程产生的炭黑悬浮在原料油中，积累至一定量时须进行清除。浸没燃烧法流程如图1-59。

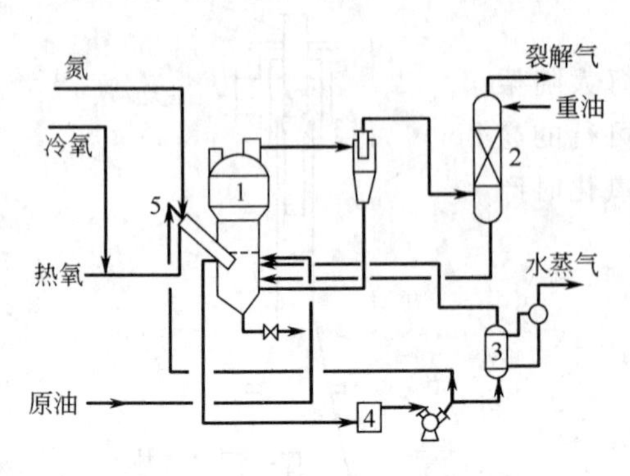

图1-59 浸没燃烧法流程

1—反应器；2—洗涤塔；3—蒸气发生器；4—过滤器；5—燃烧器

此法原料适应性广，设备简单，热效率高，除得到乙炔乙烯外，同时得到大量合成气。不足之处是乙炔浓度不高，耗氧量大，系统容易发生爆炸，要求有高灵敏度的氮气自动切换保护装置。

(二) 高温水蒸气裂解

用高温水蒸气裂解烃类，是以高温过热水蒸气作为载热体将原料加热到反应温度并供给裂解所需的热量。用连续法生产时，采用文丘里型甲烷燃烧器，燃烧后的高温烟气与水蒸气相混合得到2027℃的气体，再与预热至410℃的原油（已脱沥青）混合，在0.01～0.02s内升温至900℃进行裂解。裂解气中乙烯/乙炔比为8：1～20：1甚至50：1，其流程如图1-60。此法能

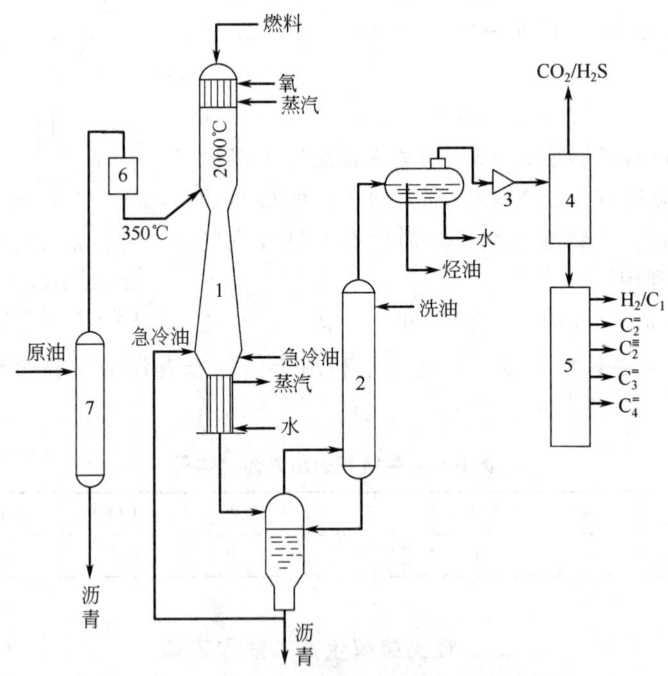

图1-60 原油高温水蒸气、烟道气裂解流程图

1—文丘里反应器；2—油洗塔；3—压缩机；4—除酸性气体塔；5—分离系统；6—原料预热；7—脱沥青塔

使原油的60%～70%转化为乙烯、乙炔及其他联产物。

三、乙炔的分离与提纯

近年来，从裂解气中分离与提纯乙炔几乎全部采用溶剂吸收法，所用溶剂有N-甲基吡咯烷酮（NMP）、二甲基甲酰胺（DMF）、液氨、甲醇和丙酮等。乙炔在一些有机溶剂中的溶解度见表1-45。

按吸收原理，温度愈低、压力愈高，乙炔的溶解度愈大。溶剂的选择，一般根据原料混合物性质，溶剂吸收乙炔的能力（选择性与溶解度）、解吸性能、溶剂来源与价格、溶剂化学稳定性、成品要求等条件来决定。对于含乙炔和乙烯的裂解气，应考虑采用对乙炔有较大溶解能力的溶剂。图1-61是以二甲基甲酰胺为溶剂的分离乙炔流程。吸收塔的操作条件为：塔顶温度−29℃，塔底温度−18℃，压力0.2MPa。自吸收塔塔顶排出的未被吸收的气体，经加压分馏，侧线抽出液乙烯经加热后入乙烯洗涤塔，用解吸后的溶剂洗涤以回收乙烯中的残余乙炔。吸收塔底部排出的吸收液，经乙烯气提塔吹出乙烯后，进入解吸塔蒸出乙炔，溶剂循环回吸收塔。解吸塔的操作条件为：塔顶温度77℃，塔釜温度164℃，压力0.14MPa，此法回收乙炔浓度>95%。

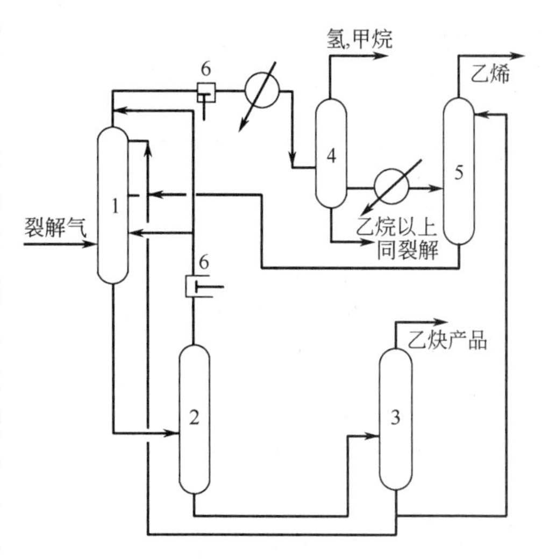

图1-61　二甲基甲酰胺分离乙炔流程

1—吸收塔；2—乙烯汽提塔；3—乙炔解吸塔；4—精馏塔；5—乙烯洗涤塔；6—压缩机

表1-45　乙炔在某些溶剂中的溶解度

溶　剂	温度/℃	溶解度/$\frac{\text{体积乙炔}}{\text{体积溶剂}}$	总压力/MPa
丙酮	−80	2000	0.1
丙酮	15	25	0.1
丙酮	15	300	1.2
二甲基甲酰胺	20	33～37	0.1
乙醇	18	6	0.1
N-甲基吡咯烷酮	20	44.2	0.1

参　考　文　献

[1]　北京化工研究院，《国外乙烯技术发展》，1986年.

[2]　H. L. Hoffman and L. Riddle，HPI's role in Chemicals' future，Hydrocarbon Processing，Vol 67，No. 2. P. 41，1988.

[3]　邹仁鋆，《石油化工裂解原理与技术》，化学工业出版社，1981年.

[4]　D. R. Stull and E. F. Westrum & G. C. Sinke，"The Chemical Thermodynamics of Organic Compounds"，John Wiley & Sons，Inc.，1969.

[5]　A. Д. Кокурин，Журнал Прикладной Хцмии，36，1784 (1963).

[6]　S. B. Zdonik and E. J. Green，Oil and Gas Journal，66，22，103 (1968).

[7] S. B. Zdonik and E. J. Green, Oil and Gas Journal, 64, 51, 75 (1966).
[8] S. B. Zdonik and E. J. Green, Oil and Gas Journal, 65, 1, 40 (1967).
[9] 石油化工译文集，第五、六两集，《石油烃的裂解》，石油化学工业出版社，1976年.
[10] Meiler, S. A., "Ethylene and its Industrial Derivatives", Ernest Benn Ltd, 1969.
[11] Albright, L. P. et al., "Pyrolysis Theory and Industrial Practice", N. Y. Academic, 1983.
[12] 中国石化总公司，《石油化工参考资料》，1986年.
[13] 中国石化总公司，《乙烯会议文集》，1984年.
[14] Richard A. Carbett, Oil and Gas Journal, 84, 35, 39 (1986).
[15] Ted wett, Oil and Gas Journal, 84, 14, 47 (1986).
[16] Ethylene Capacity Stortage Looms in Eeary 1990s, New Study Shows, Hydrocarbon Processing, 65, 7, 17 (1986).
[17] Harry L, Brown etc, "Energy Analysis of 108 Industrial Processes", Philadelphia, Fairmont, 1985.
[18] Ethylene, Hydrocarbon Processing, 64, 11, 135 (1985).
[19] H. B. Boyol et al., Oil & Gas Journal, 74, 39, 51 (1976).
[20] エチレン，石油と石油化学（日），16，1，65 (1972).
[21] S. B. Zdonik & E. J. Green, Oil & Gas Journal, 68, 19, 57 (1970).
[22] B. M. David et al. Journal of Chemical and Engineering Data 16, 3, 301 (1971).
[23] D. R. Laurance et al, ibid, 17, 3, 333 (1972)
[24] K. stork, Oil & Gas Journal, 69, 10, 60 (1971).
[25] J. B. Fleming et al., "Chemical Engineering" 81, 2, 112 (1974).
[26] T. Reis: Chemical & Process Engineering, 51, 3, 65 (1970).
[27] Shih-liang Hsu, Hydrocarbon Processing, 66, 4, 43 (1987).
[28] 王自昌，石油化工，14，3，168 (1985).
[29] 郑国汉，姚庆期：石油化工，14，11，693 (1985).
[30] 傅良，刘冲，石油化工，12，5，292 (1983).
[31] Park Ride N. J., "Acetylene Processes and Products", Noyes Development Corp, 1968.
[32] A. L. Wilkinson, Hydrocarbor Processing, 53, 5, 111 (1974).
[33] Petrochemicals-worldwide Construction, Oil and Gas Jaurnal, 84, 40, 75 (1986).

第二章　芳烃的转化

第一节　概　　述[1～6]

芳烃是重要的化工原料，其中以苯、甲苯、二甲苯、乙苯、异丙苯、十二烷基苯和萘等尤为重要。广泛用于合成树脂、合成纤维和合成橡胶工业。例如聚苯乙烯、酚醛树脂、醇酸树脂、聚氨酯、聚酯、聚醚、聚酰胺和丁苯橡胶等重要合成材料的生产中都需要芳烃作为原料。另外芳烃也是合成洗涤剂以及农药、医药、染料、香料、助剂、专用化学品等工业的重要原料（各个芳烃的具体用途见概论表24）。因此芳烃生产的发展对国民经济的发展，人民生活的提高和国防的巩固都有着重要的作用。

一、芳烃的来源

在石油中含有芳烃，但其量较少、且不易分离。目前工业上芳烃主要来自煤高温干馏副产粗苯和煤焦油；烃类裂解制乙烯副产裂解气油和催化重整产物重整汽油三个途径。后两个途径都是以石油烃为原料，随着石油炼制工业、石油化学工业和芳烃分离技术的发展，现在芳烃世界总产量的90%以上来自石油。

（一）从炼焦副产粗苯及煤焦油中获取

占焦化产品1.5%左右的粗苯，经加氢精制等方法处理除去不饱和烃和噻吩等杂质后，再经精馏分离可得到苯、甲苯和二甲苯，其中苯含量占50%～70%，所以粗苯是获得苯的好原料。

煤焦油经分馏得到的轻油、酚油、萘油、蒽油等馏分，再经精馏、结晶等方法分离可得到苯系、萘系、蒽系等芳烃。

（二）从裂解汽油中获取

裂解汽油中除含有50%～70%左右的芳烃外，还含有20%左右的单烯烃、双烯烃和烯基芳烃（如苯乙烯）以及微量的硫、氮、氧、氯等物质。由于裂解原料烃和裂解条件的不同，裂解汽油的收率和组成也不同。以乙烷、丙烷等气态烃为原料时，裂解汽油的收率只有原料量的2%～5%（质量）；以石脑油、轻柴油等液态烃为原料时则为15%～24%（质量）。表2-1是以柴油为原料的裂解汽油的组成示例。从裂解汽油中获取芳烃的工艺过程包括两部分。

表2-1　裂解汽油的组成示例

烃类＼组分/%（质量）	C_4	C_5	C_6	C_7	C_8	C_9^+	合　计
双烯烃	0.20	11.76	3.96	2.49	1.52	3.06	22.99
单烯烃	0.20	3.40	0.89	0.68	0.41	6.41	11.99
饱和烃	0.10	0.34	0.73	0.61	0.33	1.15	3.26
芳　烃	—	—	31.17	18.31	11.23	1.05	61.76
合　计	0.50	15.50	36.75	22.09	13.49	11.69	100

1. 裂解汽油的加氢精制

由于裂解汽油中含有二烯烃、苯乙烯等易聚合的不饱和烃和硫化物、氮化物等有害杂质，在分离芳烃前必须先进行预处理。通常是采用选择加氢法分两段进行。第一段是低温液相加氢，使双烯烃加氢成单烯烃，苯乙烯加氢为乙苯；第二段是高温气相加氢，使单烯烃加氢成饱和烃、使硫化物、氮化物等杂质加氢裂解为相应的烃和 H_2S、NH_3 等而除去，其示意流程如图 2-1 所示。

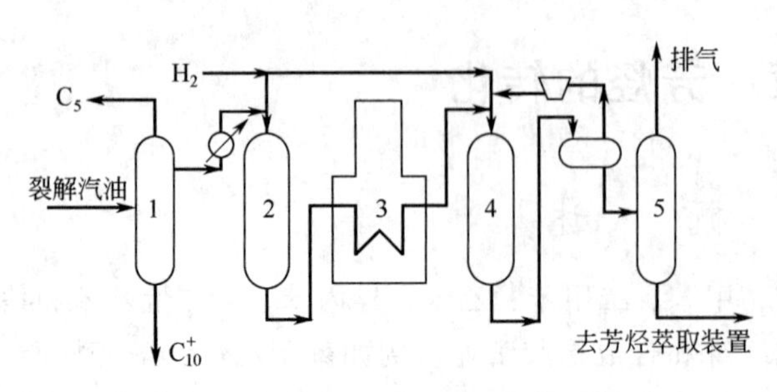

图 2-1 裂解汽油两段加氢示意流程

1—初馏塔；2——段加氢反应器；3—加热炉；4—二段加氢反应器；5—稳定塔

经预热的裂解汽油先进入初馏塔，脱去 C_5 和 C_{10} 馏分后进入一段加氢反应器。通常采用列管式反应器，催化剂为 Pd/Al_2O_3，反应温度 80～130℃，反应压力 5.57MPa 左右，液空速为 3 [h^{-1}]。反应热由循环于管间的锅炉给水所带出。一段加氢后的产物经加热炉升温至 280～300℃后进入二段加氢绝热床反应器，以 $Co\text{-}Mo\text{-}S/Al_2O_3$ 为催化剂，反应温度 285～395℃，反应压力 4.05MPa 左右，液空速为 1.5[h^{-1}]。经两段加氢处理后的裂解汽油在稳定塔分出气体后送芳烃抽提装置。

2. 芳烃的萃取分离

由于裂解汽油中苯系芳烃与相近碳原子数的非芳烃沸点相差很小，不能用一般精馏法分离。通常采用液液萃取法（也称抽提法）进行分离。可用的萃取剂有环丁砜、*N*-甲基吡咯烷酮、二甲基亚砜和二乙二醇醚等。工业上常使用环丁砜作萃取剂，其优点是腐蚀性小，对芳烃的溶解度较大，选择性高，萃取剂/原料比率较低等。图 2-2 是烃类在环丁砜中的溶解度，可以看出环丁砜对 C_6～C_{11} 芳烃的溶解能力大于相应非芳烃的十余倍。

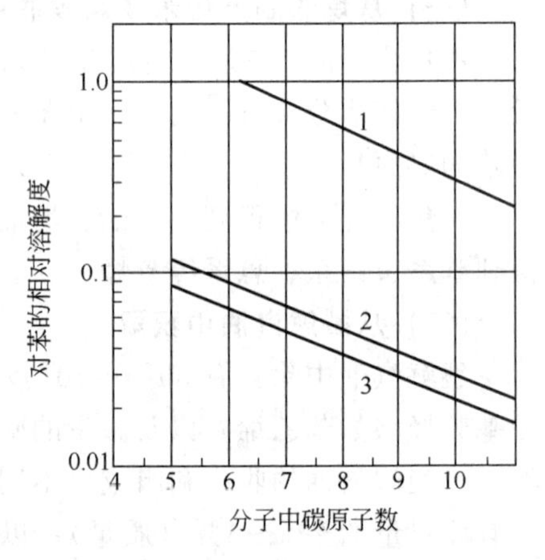

图 2-2 C_6～C_{11} 烃类在环丁砜中的相对溶解度

1—芳烃；2—环烷烃及烯烃；3—直链烷烃

以环丁砜为溶剂的萃取分离流程如图 2-3 所示。萃取塔是转盘塔或筛板塔。经加氢处理的裂解汽油，由塔的中部进入，溶剂环丁砜由塔的上部加入［溶剂与原料油的用量比为 2∶1（质量）］。由于原料油的密度较溶剂小，故在萃取塔内原料油上浮溶剂下沉形成逆向流动接触。上浮的抽余油，即非芳烃自塔顶流出。萃取了芳烃的溶剂称抽提油，由塔釜引出进入汽提塔。塔顶蒸出轻质非芳烃（其中还含有少量芳烃），冷凝后流入萃取塔下部；塔釜液送入溶剂回收塔。使溶剂和芳烃分离，塔顶蒸出芳烃，经冷凝和分去水后，先用白土处理以除去其中溶解的痕量烯烃，然后进行精馏分离，获得高纯度的苯、甲苯和二甲苯。自回收塔釜出来的，脱去芳烃的贫溶剂送往萃取塔再用。

萃取塔顶出来的抽余油，用水洗去溶在油中的环丁砜后作其他用。含环丁砜的洗涤水回到溶剂回收塔，回收其中的环丁砜。

本法芳烃回收率：苯为99.9%、甲苯为99.0%和二甲苯为96%。

（三）从重整汽油中获取

重整汽油中含50%～80%（质量）的芳烃，不含烯烃、硫化物等杂质，故在分离芳烃前不必经加氢预处理。从重整汽油中分离芳烃，也是用前述的溶剂萃取法抽提出芳烃，再经精馏获得苯、甲苯和二甲苯等。

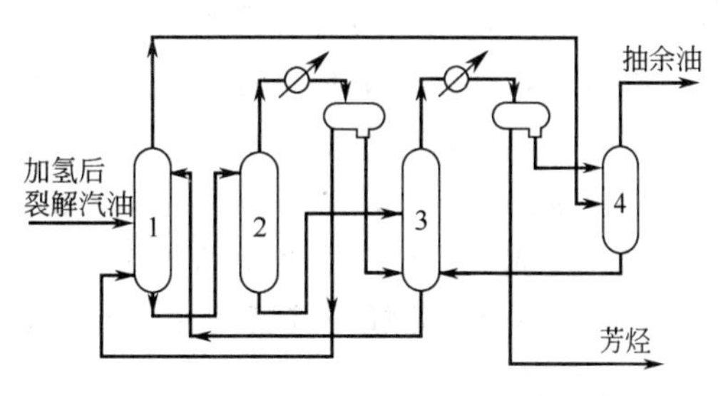

图2-3　环丁砜萃取分离芳烃流程

1—萃取塔；2—汽提塔；3—溶剂回收塔；4—水洗塔

近年来为了增产芳烃，开发了Aromax的工艺。该工艺以溶剂萃取法分离重整汽油后，所得的抽余油为原料，主要含C_6～C_8的烷烃和一定量的环烷烃。在Pt/BaK-L分子筛催化剂的作用下，使烷烃和环烷烃转化为芳烃。图2-4是常规重整装置和Aromax工艺、芳烃回收系统相结合的增产芳烃的简单示意过程。

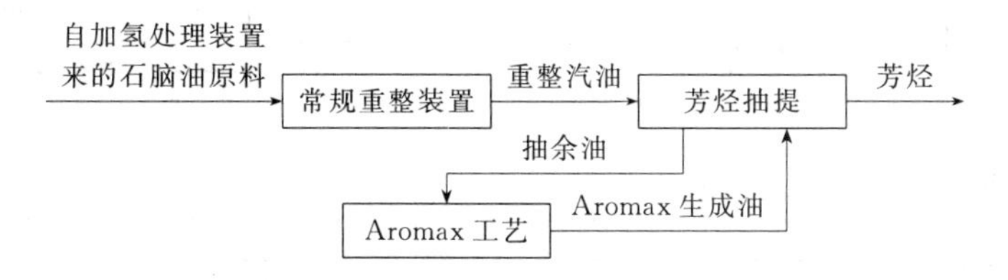

图2-4　生产更多芳烃的重整联合装置

另外为了更好地综合利用石油液化气和油田伴生气，将其转化为价值更高的芳烃是当今十分活跃的研究课题，其中由C_3和C_4烃类出发，经脱氢、齐聚和脱氢环化等一系列过程而转化为苯、甲苯、二甲苯等芳烃的Cyclar工艺最受重视。该法是以改性的分子筛为催化剂，在接近常压和500℃的条件进行芳构化。典型的产品收率见表2-2。由于所得芳烃产品中非芳烃含量小于1000ppm，故不需经抽提可直接用精馏法分离出苯、甲苯和C_8芳烃。

表2-2　Cyclar工艺的典型产品收率

产品收率/%(质量) ＼ 原料	丙　烷	丁　烷
苯	20.1	16.6
甲苯	27.3	29.5
乙苯和二甲苯	11.5	15.8
C_9^+ 芳烃	5.4	5.3
H_2	6.1	5.4
燃料气	29.6	27.4

表2-3　不同来源芳烃馏分的典型组成/%（质量）

组分含量/%(质量) ＼ 来源	重整汽油	裂解汽油	炼焦粗苯
苯	6	30	65
甲苯	20	19	15
二甲苯	22	7	5
C_9^+ 芳烃	5	11	—
非芳烃	47	33	<15

二、芳烃的供需和芳烃间的相互转化

表2-3为不同来源的含芳烃馏分的典型组成。可以看出，不同来源的各种芳烃馏分的组成是不相同的，则可能得到的各种芳烃的产量也是不相同的。因此如仅从这些来源来获得各种芳烃的话，必然会发生供需不平衡的矛盾。例如在有机化学工业中，苯的需要量是

很大的，但上述来源所能供给的苯却是有限的，而甲苯却因用途较少有所过剩；又如聚酯纤维的发展需要大量的对二甲苯，但裂解汽油、炼焦粗苯和 Cyclar 工艺的产品中二甲苯含量都有限，并且二甲苯中对二甲苯含量最高也仅能达到 23%左右；再有发展聚苯乙烯塑料需要乙苯原料，而上述来源中乙苯含量也甚少等。因此就开发了芳烃的转化工艺，使能依据市场的供求，调节各种芳烃的产量。

已开发成功并在工业上得到广泛应用的芳烃间的转化反应主要有：C_8 芳烃的异构化，甲苯的歧化和 C_9 芳烃的烷基转移，芳烃的烷基化和烷基芳烃的脱烷基化等。通常按图 2-5 所示组织生产。

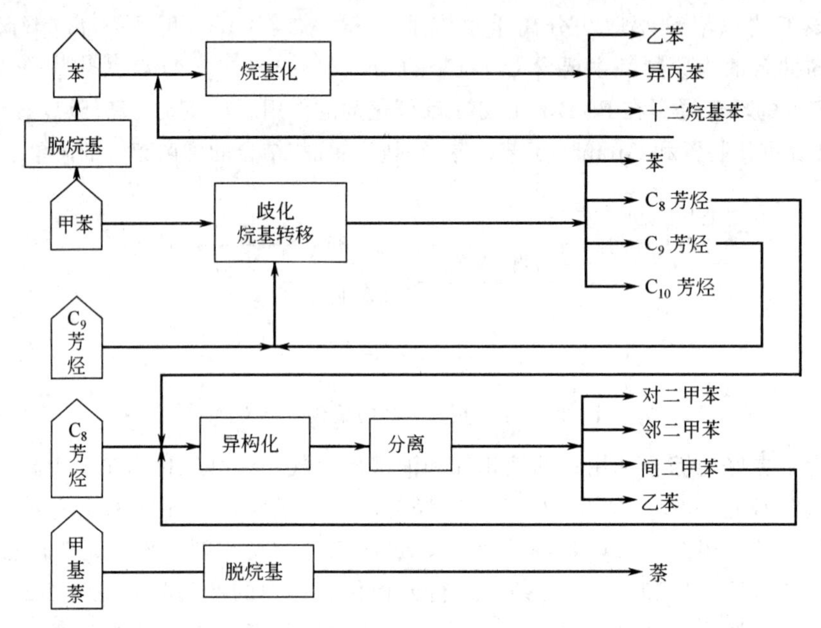

图 2-5　芳烃转化反应的工业应用

下面将对图中所示的各类转化反应，结合重点产品的生产进行讨论。

第二节　芳烃转化反应的化学过程[5~10]

一、主要转化反应及其反应机理

芳烃的转化反应主要有异构化、歧化与烷基转移、烷基化和脱烷基化等几类反应。

异构化反应

例如

$$C_6H_4(CH_3)_2 \text{(1,3-)} \xrightleftharpoons{\text{酸催化剂}} C_6H_4(CH_3)_2 \text{(1,4-)}$$

$$C_6H_4(CH_3)_2 \text{(1,3-)} \xrightleftharpoons{\text{酸催化剂}} C_6H_4(CH_3)_2 \text{(1,2-)}$$

歧化反应

例如

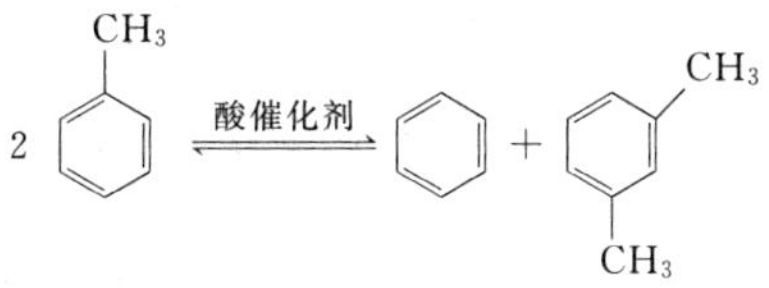

$$2\ C_6H_5CH_3 \xrightleftharpoons{\text{酸催化剂}} C_6H_6 + C_6H_4(CH_3)_2$$

烷基化反应

例如

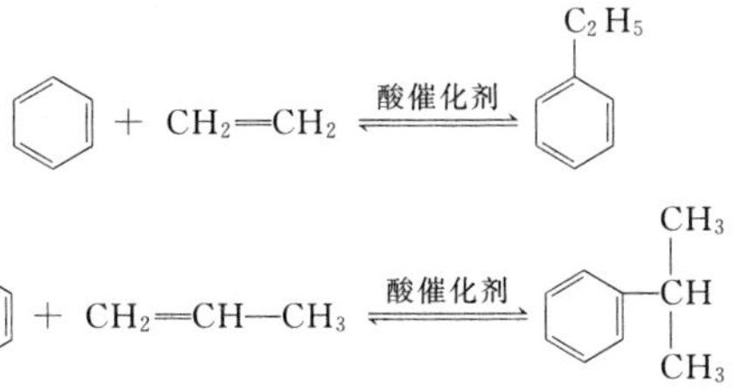

$$C_6H_6 + CH_2{=}CH_2 \xrightleftharpoons{\text{酸催化剂}} C_6H_5C_2H_5$$

$$C_6H_6 + CH_2{=}CH{-}CH_3 \xrightleftharpoons{\text{酸催化剂}} C_6H_5CH(CH_3)_2$$

烷基转移反应

例如

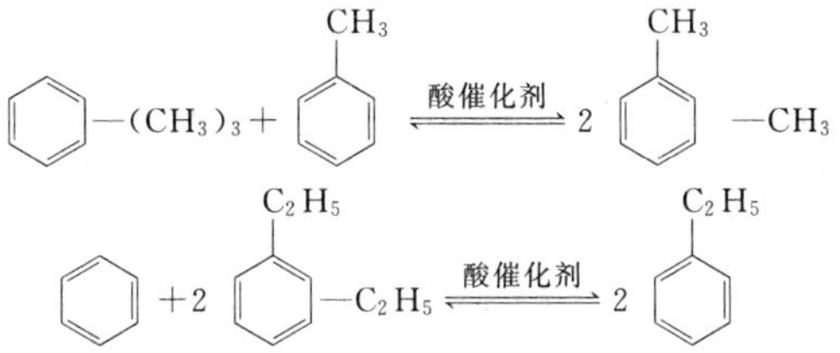

$$C_6H_3{-}(CH_3)_3 + C_6H_5CH_3 \xrightleftharpoons{\text{酸催化剂}} 2\ C_6H_4(CH_3)_2$$

$$C_6H_6 + 2\ C_6H_4(C_2H_5)_2 \xrightleftharpoons{\text{酸催化剂}} 2\ C_6H_5C_2H_5$$

脱烷基化反应

例如

$$C_6H_5CH_3 + H_2 \longrightarrow C_6H_6 + CH_4$$

$$C_{10}H_7CH_3 + H_2 \longrightarrow C_{10}H_8 + CH_4$$

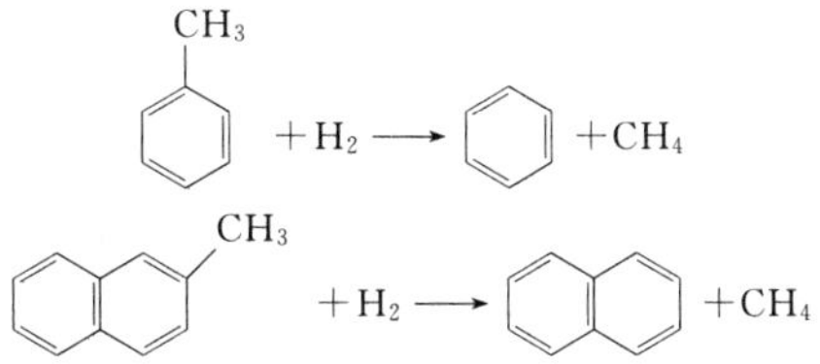

芳烃的转化反应（脱烷基反应除外）都是在酸性催化剂存在下进行的，具有相同的离子反应机理（但在特殊条件下，如自由基引发或高温条件下也可发生自由基反应）。其历程如下。

（一）正烃离子 R^+ 的生成

由于各种酸性催化剂都能提供质子（H^+），而质子只有一个正电荷，所以转移速度很快，容易接近其他极性分子中带负电的一端形成化学键；同时因质子半径特别小，故呈现很大的电场强度易极化接近它的分子，促进新键的形成。

另一方面芳烃转化反应中的反应物是芳烃，也有烯烃。它们是对质子具有一定亲和力的弱碱。因此能与催化剂提供的质子亲合而形成正烃离子。例如

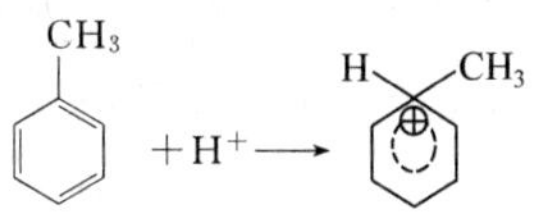

$$C_6H_5CH_3 + H^+ \longrightarrow [C_6H_6CH_3]^+$$

$$m\text{-}C_6H_4(CH_3)_2 + H^+ \longrightarrow [H(CH_3)C_6H_4CH_3]^+$$

不同结构的芳烃其碱度也不同。通常随苯环上烷基数的增大碱度也增大。它们的碱度大小顺序为

叔丁基苯>异丙苯>乙苯>甲苯>苯间二甲苯>邻二甲苯>对二甲苯>四甲苯>三甲苯>二甲苯

等。由于碱度愈大亲质子的能力也愈大，也愈易形成正烃离子。

其次芳烃转化反应中的烯烃，也可按下式形成正烃离子。例如

$$>C{=}C< + H^+ \longrightarrow >\underset{H}{\underset{|}{C}}{-}\overset{+}{C}<$$

与芳烃类似，随烯烃碳原子数的增多，愈易形成正烃离子。

(二）正烃离子的进一步反应

离子化的反应物（正烃离子）具有强的电荷中心，从而具有较高的反应活性，因此可以进一步发生各种类型的转化反应。

1. 异构化反应

在正烃离子寿命的时限内，与苯环相连的烷基可以转移到苯环的另一位置上，形成平衡物，最后脱去质子形成异构烃的混合物。例如

$$[H(CH_3)C_6H_4CH_3]^+ \rightleftharpoons [H(CH_3)C_6H_4CH_3]^+ \rightleftharpoons p\text{-}CH_3C_6H_4CH_3 + H^+$$

2. 歧化与烷基转移反应

如一个烷基苯正烃离子上的烷基转移到另一个相同烷基苯分子中的苯环上则发生歧化反应。例如

$$[H(R)C_6H_5]^+ + C_6H_5R \longrightarrow C_6H_6 + [R(H)C_6H_5R]^+$$

$$[R(H)C_6H_5R]^+ \longrightarrow p\text{-}RC_6H_4R + H^+$$

结果生成含不同烷基数的两种芳烃。总反应式表示为

$$[H\text{-}R\,C_6H_5]^+ + C_6H_5R \longrightarrow C_6H_6 + p\text{-}RC_6H_4R + H^+$$

如反应是在两种不同的烷基苯间发生，就是烷基转移反应。

3. 烷基化反应

首先是烷基化剂在催化剂存在下形成正烃离子。例如

$$\underset{H}{\overset{H}{>}}C{=}C\underset{H}{\overset{H}{<}} + H^+ \longrightarrow \underset{H}{\overset{H}{>}}\underset{H}{\underset{|}{C}}{-}C^+\underset{H}{\overset{H}{<}}$$

生成的正烃离子再加成到苯环上去形成 σ 络合物，然后中间络合物脱去质子生成烷基芳烃。

$$\text{[}C_2H_5,\ H\text{-}\sigma\text{络合物]} \rightleftharpoons C_6H_5C_2H_5 + H^+$$

除乙烯外，用其他烯烃为烷基化剂时，因为正烃离子的稳定性次序为，

$$(CH_3)_3{}^+C > (CH_3)_2{}^+CH > CH_3C^+H_2$$

因此主要是生成具有支链的烷基苯。例如

$$CH_3CH{=}CH_2 + H^+ \longrightarrow CH_3{}^+CHCH_3$$

$$CH_3\overset{+}{C}HCH_3 + C_6H_6 \rightleftharpoons \text{[}H,\ CH(CH_3)_2\text{-}\sigma\text{络合物]} \rightleftharpoons C_6H_5CH(CH_3)_2 + H^+$$

综上可知芳烃的异构化、歧化与烷基转移和烷基化都是在酸性催化剂作用下按离子型反应机理进行的反应，而正烃离子是非常活泼的，在其寿命的时限内可以参加多方面的反应，因此造成各类芳烃转化反应产物的复杂化。至于不同转化反应之间的竞争，主要决定于离子的寿命和它在有关反应中的活性。

二、催　化　剂

芳烃转化反应是酸碱型催化反应。其反应速度不仅与芳烃（和烯烃）的碱性有关；也与酸性催化剂的活性有关，而酸性催化剂的活性与其酸浓度、酸强度和酸存在的形态均有关。

芳烃转化反应所采用的催化剂主要有下面三类。

（一）无机酸

如：H_2SO_4、HF、H_3PO_4 等都是质子酸。活性较高，反应可在低温液相条件下进行。但腐蚀性太大。目前工业上已很少直接使用。

（二）酸性卤化物

如：$AlBr_3$、$AlCl_3$、BF_3 等，这类卤化物分子都具有接受一对电子对的能力，是路易氏酸。当它们单独使用时，是按下列机理与烃作用生成正烃离子。例如

$$>C{=}C< + BF_3 \longrightarrow >C^+{-}\underset{BF_3}{\underset{|}{C}}<$$

但在绝大多数场合，这类催化剂总是与 HX 共同使用，可用通式 HX-MX_n 表示。这类催化剂主要应用于芳烃的烷基化和异构化等反应，反应是在较低温度和液相中进行，主要缺点是具有强腐蚀性，HF 还有较大的毒性。

（三）固体酸

1. 浸附在适当载体上的质子酸

例如载于载体上的 H_2SO_4、H_3PO_4、HF 等。这些酸在固体表面上和在溶液中一样离解成氢离子。常用的是磷酸/硅藻土，磷酸/硅胶催化剂等。主要用于烷基化反应。但活

性不如液体酸高。

2. 浸附在适当载体上的酸性卤化物

例如载于载体上的 $AlCl_3$、$AlBr_3$、BF_3、$FeCl_3$、$ZnCl_2$ 和 $TiCl_4$ 等。应用这类催化剂时也必须在催化剂中或反应物中添加助催化剂 HX。已用的有 $BF_3/\gamma Al_2O_3$ 催化剂，用于苯烷基化生产乙苯过程。

3. 混合氧化物催化剂

常用的是 SiO_2-Al_2O_3 催化剂，亦称硅酸铝催化剂，主要应用于异构化和烷基化反应。在不同条件下 SiO_2-Al_2O_3 催化剂表面存在有路易斯酸或/和质子酸中心。其总酸度随 Al_2O_3 加入量的增加而增加，而其中质子酸的量有一峰值；同时这两种酸的酸浓度与反应温度也有关。在较低温度下（<400℃）主要以质子酸的形式存在；在高温下（>400℃）主要以路易酸的形式存在。即这两种形式的酸中心可以相互转化，而在任何温度时总酸量保持不变。但这类催化剂活性较低需在高温下进行芳烃转化反应。不过价格便宜。

从上讨论可以看出有无质子酸和催化剂是否与 H_2O 或 HX 结合有关。如果把非质子酸看作催化剂，把 H_2O 或 HX 看作是助催化剂，而在非质子酸水合为质子酸时铝离子的配位数由三变到四，这样所有固体酸催化剂表面酸的本质就统一起来了，如表 2-4 所示。

表 2-4　固体酸催化剂的表面酸

类　别	Ⅰ	Ⅱ	Ⅲ
催化剂	SO_3, P_2O_5	$AlCl_3$, BF_3	SiO_2-Al_2O_3
助催化剂	H_2O	HCl, HF	H_2O
理想的质子酸	$H^+HSO_4^-$　$H^+H_2PO_4^-$	$H^+AlCl_4^-$　$H^+BF_4^-$	$H^+[Al-(O-Si)_4]^-$

4. 贵金属-氧化硅-氧化铝催化剂

主要是 Pt/SiO_2-Al_2O_3 催化剂，这类催化剂不仅具有酸功能，也具有加氢脱氢功能。主要用于异构化反应。

5. 分子筛催化剂

经改性的 Y 型分子筛、丝光沸石（亦称 M 型分子筛）和 ZSM 系列分子筛是广泛用作芳烃歧化与烷基转移、异构化和烷基化等反应的催化剂。其中尤以 ZSM-5 分子筛催化剂性能最好，因为它不仅具有酸功能，还具有热稳定性高和形选性等特殊功能。

第三节　芳烃的歧化和烷基转移[5,11~17]

芳烃的歧化一般是指两个相同芳烃分子在酸性催化剂作用下，一个芳烃分子上的侧链烷基转移到另一个芳烃分子上去的反应。例如

$$C_6H_5R + C_6H_5R \rightleftharpoons C_6H_6 + R-C_6H_4-R$$

烷基转移反应是指两个不同芳烃分子之间发生烷基转移的过程。例如

$$C_6H_6 + R-C_6H_4-R \rightleftharpoons C_6H_5R + C_6H_5R$$

从以上两式可以看出歧化和烷基转移反应互为逆反应。在本门工业中应用最广的是甲苯的歧化反应。通过甲苯歧化反应可使用途较少并有过剩的甲苯转化为苯和二甲苯两种重要的芳烃原料，如同时进行 C_9 芳烃的烷基转移反应，还可增产二甲苯。二甲苯中的对二甲苯是生产聚酯树脂和聚酯纤维的单体，也是生产对苯二甲酸的重要原料。

一、甲苯歧化的化学过程

（一）主副反应

1. 主反应

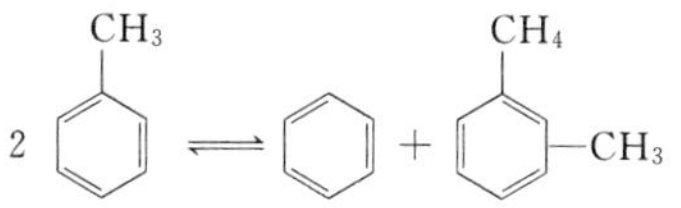

$$2\,C_6H_5CH_3 \rightleftharpoons C_6H_6 + CH_3C_6H_4CH_3 \qquad \Delta H^0_{800K}=0.84kJ/mol\ (\text{甲苯})$$

甲苯歧化反应是一可逆吸热反应，但反应热效应甚小。

2. 副反应

（1）产物二甲苯的二次歧化

例如

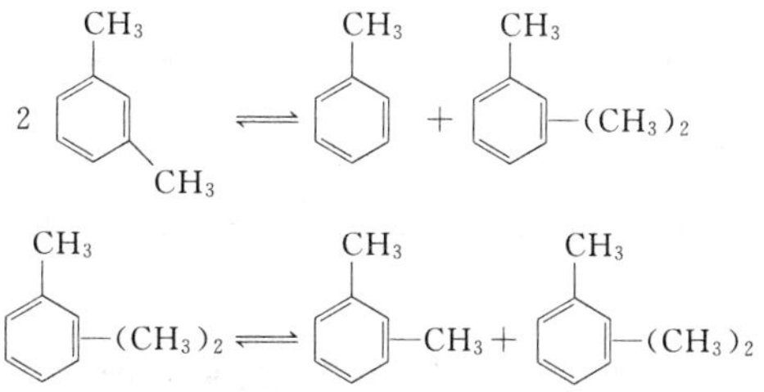

$$2\,CH_3C_6H_4CH_3 \rightleftharpoons C_6H_5CH_3 + CH_3C_6H_3(CH_3)_2$$

$$2\,CH_3C_6H_3(CH_3)_2 \rightleftharpoons CH_3C_6H_4CH_3 + CH_3C_6H_2(CH_3)_2$$

上述歧化产物还会发生异构化和歧化反应。

（2）产物二甲苯与原料甲苯或副产物多甲苯之间的烷基转移反应。

例如

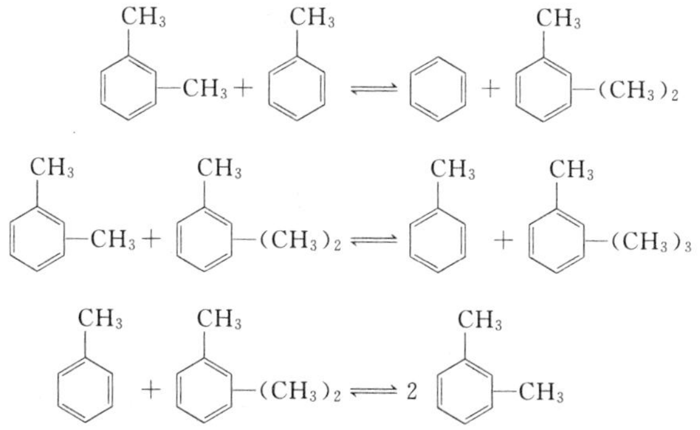

$$CH_3C_6H_4CH_3 + C_6H_5CH_3 \rightleftharpoons C_6H_6 + CH_3C_6H_3(CH_3)_2$$

$$CH_3C_6H_4CH_3 + CH_3C_6H_3(CH_3)_2 \rightleftharpoons C_6H_5CH_3 + CH_3C_6H_2(CH_3)_3$$

$$C_6H_5CH_3 + CH_3C_6H_3(CH_3)_2 \rightleftharpoons 2\,CH_3C_6H_4CH_3$$

工业生产上常利用此类烷基转移反应，在原料甲苯中加入三甲苯以增产二甲苯。

（3）甲苯的脱烷基反应

例如

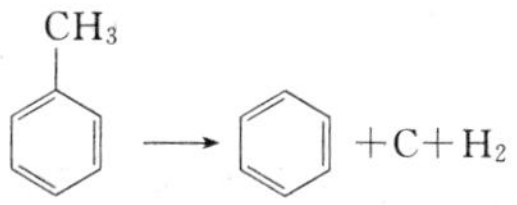

$$C_6H_5CH_3 \longrightarrow C_6H_6 + C + H_2$$

（4）芳烃的脱氢缩合生成稠环芳烃和焦。

此副反应的发生会使催化剂表面迅速结焦而活性下降，为了抑制焦的生成和延长催化剂的寿命，工业生产上是采用临氢歧化法。在氢存在下进行甲苯歧化反应，不仅可抑制焦的生成，也能阻抑副反应（3）的进行，避免碳的沉积。

但在临氢条件下也增加了甲苯加氢脱甲基转化为苯和甲烷以及苯环氢解为烷烃的副反应，后者会使芳烃的收率降低，应尽量减少发生。

(二) 甲苯歧化产物的平衡组成

甲苯歧化反应是一可逆反应，但因反应热效应甚小，温度对平衡常数的影响不大，如表 2-5 所示。

表 2-5　甲苯歧化反应的平衡常数

反应温度 ℃	$2C_6H_5CH_3 \rightleftharpoons C_6H_6 + 1,2\text{-}C_6H_4(CH_3)_2$	$2C_6H_5CH_3 \rightleftharpoons C_6H_6 + 1,3\text{-}C_6H_4(CH_3)_2$	$2C_6H_5CH_3 \rightleftharpoons C_6H_6 + 1,4\text{-}C_6H_4(CH_3)_2$
	K_p	K_p	K_p
127	7.08×10^{-2}	2.09×10^{-1}	8.91×10^{-2}
327	9.77×10^{-2}	2.19×10^{-1}	9.77×10^{-2}
527	1.15×10^{-1}	2.29×10^{-1}	1.01×10^{-1}

甲苯歧化反应过程比较复杂，除所生成的二甲苯会发生异构化反应外，还会发生一系列歧化和烷基转移反应。故所得歧化产物是多种芳烃的平衡混合物。表 2-6 和图 2-6 所示是甲苯歧化产物的平衡组成。

表 2-6　甲苯歧化产物的平衡组成

组分/% 化合物	500K		700K		800K		1000K	
	摩尔	质量	摩尔	质量	摩尔	质量	摩尔	质量
苯	31.2	26.5	31.9	27.1	32.0	27.1	32.4	27.5
甲苯	42.2	42.2	41.1	41.0	40.6	40.6	40.3	40.3
1,2-二甲苯	4.6	5.3	5.3	6.2	5.8	6.6	6.1	7.0
1,3-二甲苯	12.5	14.5	12.0	13.8	11.9	13.8	11.5	13.3
1,4-二甲苯	5.5	6.3	5.4	6.2	5.4	6.2	5.2	6.0
1,2,3-三甲苯	0.2	0.3	0.4	0.5	0.4	0.5	0.5	0.7
1,2,4-三甲苯	2.5	3.2	2.6	3.5	2.7	3.5	2.7	3.5
1,3,5-三甲苯	1.0	1.3	0.9	1.1	0.8	1.1	0.8	1.0
四甲苯总量	0.3	0.4	0.4	0.6	0.4	0.6	0.5	0.7

如所用原料为甲苯和三甲苯的混合物时，则因苯环与甲基比例的不同，产物的平衡组成也不同。图 2-7 是三甲苯歧化产物的平衡组成。由表 2-6 和图 2-6 所示数据可知，甲苯在 800K 左右歧化时，歧化产物中三种二甲苯异构体的平衡浓度只能达到约 23%（摩尔）。

(三) 催化剂

烷基苯的歧化和烷基转移必须借助于催化剂。目前工业上使用的催化剂可分为硅铝系，硼铝系的分子筛系三类。

1. 硅铝系催化剂

添加氟化物及活性金属（如银、铬、镉、锌等）的 SiO_2-Al_2O_3 系催化剂。

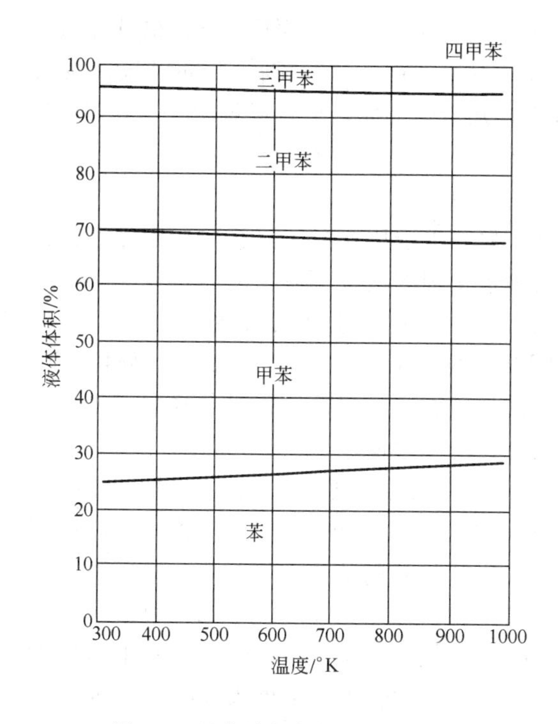

图 2-6　甲苯歧化产物的平衡组成

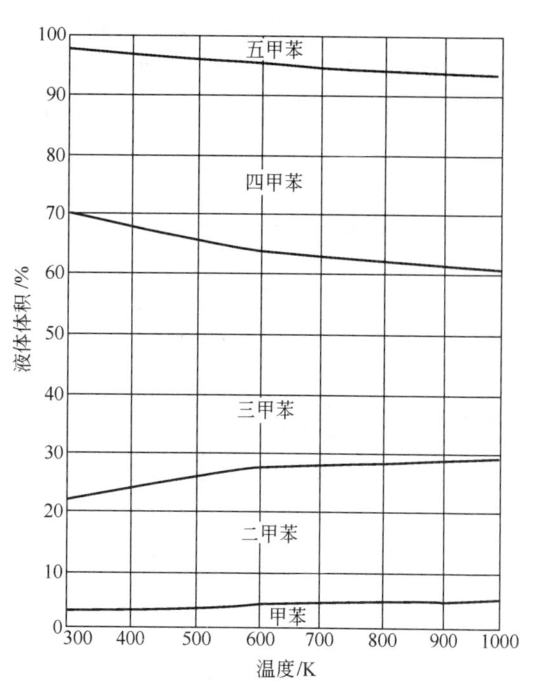

图 2-7　三甲苯歧化产物的平衡组成

2. 硼铝系催化剂

载有活性金属（周期表中Ⅰb、Ⅱb、Ⅵb、Ⅶb、Ⅷ族金属），并添加促进剂（周期表中Ⅰa、Ⅱa、Ⅳa及稀土元素）的 B_2O_3-Al_2O_3 系催化剂。

以上两类催化剂的活性及稳定性不够好，副反应较多。目前工业上很少使用。

3. 分子筛系催化剂

目前使用的有Y型、M型（即丝光沸石）及ZSM系分子筛催化剂等。其中对ZSM系分子筛催化剂的开发研究尤为活跃。通过对分子筛晶粒大小和改进分子筛的孔结构、酸性质等方面的研究，获得了较好的效果。例如美国飞马公司采用改性的择形性能良好的HZSM-5分子筛为催化剂，使甲苯歧化为苯和二甲苯，对二甲苯在二甲苯中的含量可远大于平衡值，甚至可高达98.2%。若这一结果能实现工业化，则对简化对二甲苯的生产工艺将有很大意义。当前工业上广泛采用的是丝光沸石催化剂。

（四）动力学和工艺条件

1. 动力学

在丝光沸石催化剂上和临氢条件下得到的甲苯歧化初始反应速度（r_0）方程式为

$$r_0=\frac{k_0K_T^2P_T^2}{(1+K_TP_T)^2}$$

式中　k_0——表面反应速度常数，[mol/g催化剂·S]；

K_T——甲苯在催化剂上的吸附系数，[1/MPa]；

P_T——甲苯分压，[MPa]。

由式可知，在一定压力范围内，歧化速度是随甲苯分压增加而加快。但其加快的程度随甲苯分压的增加而渐趋缓慢，当甲苯分压大于0.304MPa时，对歧化速度的影响很小。

在临氢条件下，如总压过高会促进苯核加氢分解等副反应的进行。而适宜压力的选择与氢纯度和催化剂的活性有关，目前生产上选用总压为 2.55～3.40MPa，循环氢气纯度为 80％（摩）以上。不临氢时，因甲苯压力增加会加速芳烃的脱氢缩合成焦反应，故宜在常压下进行。

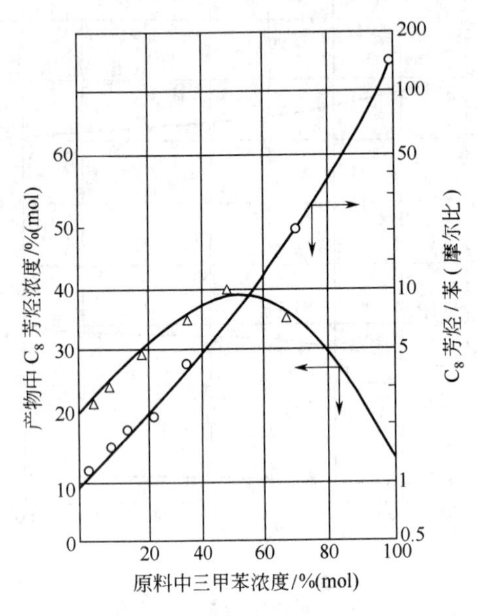

图 2-8　三甲苯浓度对产物分布的影响

2. 工艺条件

（1）原料中杂质含量。原料中有水分存在会使分子筛催化剂的活性下降，应脱除掉。有机氮化合物会严重影响催化剂的酸性，使活性下降，它在原料中的含量应小于 0.2ppm。此外原料中的重金属如砷、铅、铜等能促进芳烃脱氢，加速缩合反应，因此含量应小于 10ppb。

（2）C_9 芳烃的浓度和组成。为了增加二甲苯的产量，常在甲苯原料中加入 C_9 芳烃，以调节产物中二甲苯与苯的比例。图 2-8 为原料中三甲苯浓度对产物分布的影响。由图 2-8 可见，产物中 C_8 芳烃与苯的摩尔比可借原料中三甲苯浓度来调节。当原料中三甲苯浓度为 50％左右时，反应生成液中 C_8 芳烃的浓度最高。

但是 C_9 芳烃组成中除了三个三甲苯异构体外尚有三个甲乙苯异构体和丙苯。后者除了发生甲基转移反应外，主要发生下面的氢解反应。

$$C_2H_5C_6H_4CH_3 + C_6H_5CH_3 \rightleftharpoons C_6H_5C_2H_5 + CH_3C_6H_4CH_3$$

$$C_2H_5C_6H_4CH_3 + H_2 \longrightarrow C_6H_5CH_3 + C_2H_6$$

$$C_2H_5C_6H_4CH_3 + H_2 \longrightarrow C_6H_5C_2H_5 + CH_4$$

$$C_6H_5C_3H_7 + H_2 \longrightarrow C_6H_6 + C_3H_6$$

故 C_9 芳烃中有这些组分存在，不仅使乙苯含量增加，而且使氢气消耗量也增加。若在歧化过程中未转化的 C_9 芳烃全部循环使用，必须会使甲乙苯的浓度积累，并使反应液中乙苯含量愈来愈高，直至达到平衡值。所以甲乙苯和丙苯在 C_9 芳烃中的含量应有一定的限量。

（3）氢烃比。从反应方程式看，主反应不需要氢。然而氢气的存在可抑制生焦生碳等反应的进行对改善催化剂表面的积炭程度有显著的效果。故反应常在临氢条件下进行。但氢气量过大，不仅增加动力消耗，而且降低反应速度。工业生产上，一般选用氢与甲苯的摩尔比为 10 左右。另外氢烃比也与进料组成有关，当进料中 C_9 芳烃较多时，由于 C_9 芳烃比甲苯易发生氢解反应，要消耗氢，故需适当提高氢烃比，当 C_9 芳烃中甲乙苯和丙苯含量高时，所需氢烃比更高。

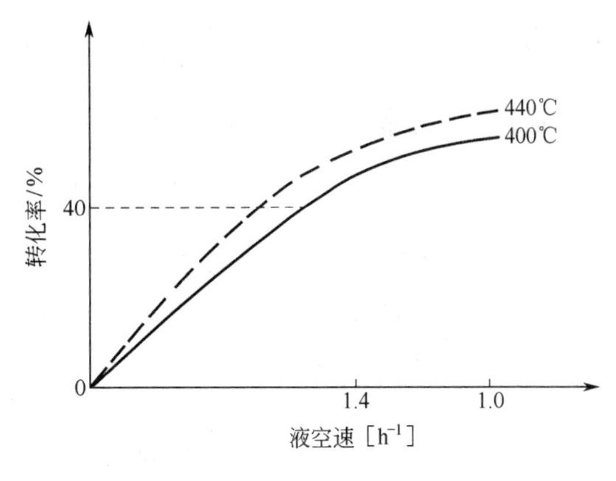

图 2-9　转化率和液空速的关系

（4）液体空速。由图 2-9 可见，转化率随空速的减小而增大；随温度的升高而增大。但当转化率增大到 40%以后，其增加速率就趋于平缓。实际生产中可从相应的转化率和反应温度来选择适宜的液空速。

二、工业生产方法

甲苯歧化和烷基转移制苯和二甲苯的工业生产方法。主要有下列三种。

（一）加压临氢气相歧化法

1. 工艺流程

该法采用固定床反应器，于氢压下进行歧化和烷基转移反应，所用催化剂为脱铝氢型丝光沸石，再生周期 6～10 月，寿命三年以上，工艺流程如图 2-10 所示。反应器入口温度为 390℃，随着催化剂活性的下降，可逐步升高温度至 500℃。原料甲苯、C_9 芳烃和新鲜氢及循环氢混合后与反应产物进行热交换，再经加热炉加热到反应所需温度后进入绝热式固定床反应器。反应压力为 3MPa，氢烃比为 6～10∶1（摩尔比），液空速为 0.6～1.0h^{-1}。反应后的产物经热交换器回收其热量后，经冷却器冷却冷凝后进入气液分离器，气相含氢 80%以上，大部分循环回反应器，其余作燃料；液体产物经稳定塔脱去轻组分，再经活性白土塔处理除去烯烃后，依次经过苯塔、甲苯塔、二甲苯塔和 C_9 塔。用精馏方

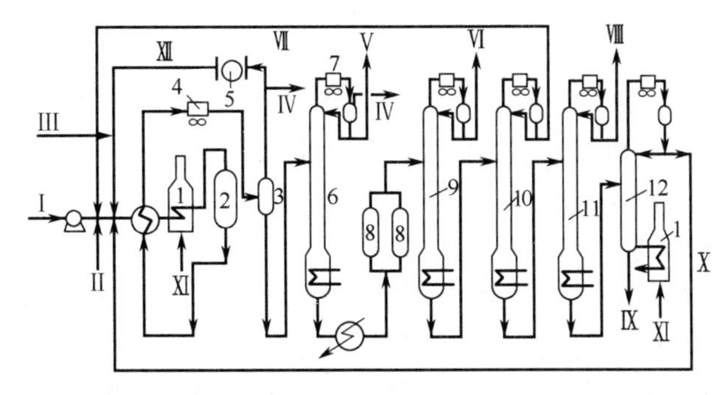

图 2-10　临氢歧化和烷基转移工艺流程

1—加热炉；2—反应器；3—分离器；4—冷却器；5—压缩机；6—稳定塔；7—冷凝器；8—白土塔；9—苯塔；10—甲苯塔；11—二甲苯塔；12—C_9 塔

Ⅰ—甲苯；Ⅱ—C_9 芳烃；Ⅲ—氢气；Ⅳ—排放气；Ⅴ—轻烃；Ⅵ—苯；Ⅶ—循环甲苯；Ⅷ—二甲苯；Ⅸ—高沸物；Ⅹ—循环 C_9 芳烃；Ⅺ—燃料气；Ⅻ—循环氢

法分出产物苯和二甲苯，未转化的甲苯和 C_9 芳烃循环使用。C_{10} 芳烃因容易生焦不宜进入反应器中。

本法芳烃的单程收率为98%以上。

$$芳烃单程收率=\frac{a}{b}\times100\%$$

式中　a——稳定塔底部出来的苯、甲苯、C_8 芳烃和 C_9 芳烃的摩尔数；

b——进入反应器的苯、甲苯、C_8 芳烃和 C_9 芳烃的摩尔数。

产物中苯和 C_8 芳烃的摩尔浓度达35%，而 C_8 芳烃与苯的比例可由原料液中 C_9 芳烃的浓度进行调节。催化剂的再生方法是先用氮置换系统中的氢，然后通入含氧再生气烧去催化剂表面沉积的焦炭。

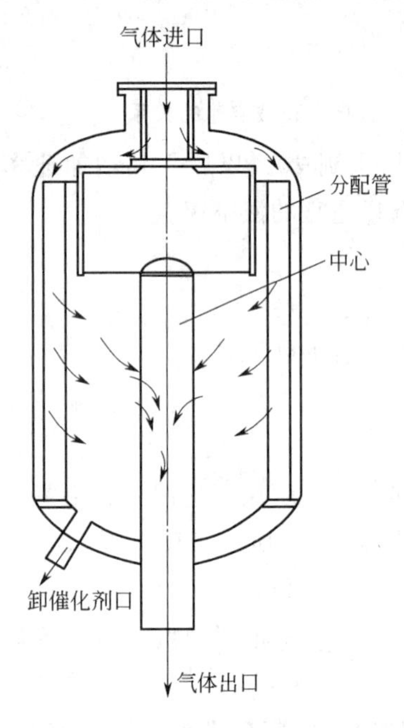

图 2-11　径向反应器结构图

本流程中设有白土塔，其作用是利用活性白土对烯烃的吸附以除去反应液中的烯烃。否则烯烃带入歧化产物中，和苯在一起会影响产品苯的质量；和甲苯在一起进入反应系统会产生歧化反应，而使催化剂容易积焦；和 C_8 芳烃在一起将带入吸附分离系统，被吸附后会严重影响吸附剂的性能。故白土塔的设立是很有必要的。

2. 反应器的构造

甲苯临氢歧化是采用径向流动型反应器，其结构如图2-11所示。物料从反应器顶部通过气体分布器进入外筒，外筒内有沿圆周排列的许多个椭圆分配管，在它们的内侧有很多小孔。物料是由分配管通过小孔进入催化剂床层中，为了避免小孔被催化剂所堵塞，这些分配管外面包有铁丝网，反应物料由圆周沿径向通过催化剂层以后进入反应器中心的集合管，然后从反应器底部流出。

径向反应器有下列优点。

(1) 床层压降小，从而可减少氢循环压缩机的负荷，并可允许采用颗粒较小的催化剂，以充分发挥其作用。

(2) 可以减少二次反应，提高反应选择性，由于原料是由反应器的截面外沿向中心移动，而外沿部分催化剂床截面积比较大，故接触时间较长，有利于主反应的进行。当反应一段时间即逐步向中心移动时，穿过的催化剂床截面愈来愈小，因而接触时间较短，使二次反应较少进行，故能提高选择性。

(二) 常压气相歧化法

本法采用稳定性较好的稀土Y型分子筛小球催化剂。反应在气相常压非临氢条件下进行。由于不用氢气，催化剂表面积焦迅速，为了使反应过程和催化剂的再生过程能连续进行，工业上采用移动床反应器，其反应部分的流程如图2-12所示。

甲苯和 C_9 芳烃的混合物，经换热和加热后从上部进入反应器，与从上而下移动的催化剂接触。于540℃，液空速 $0.9h^{-1}$，常压非临氢条件下反应。反应后的产物从反应器下部引出，经换热器回收其热量后，再经冷却后进入气液分离器。气相作为燃料排出；液相分烃层和水层，水层为废水经过处理后排放，烃层经稳定塔、白土塔处理后，用精馏法分离出苯、甲苯、C_8 芳烃和 C_9 芳烃。甲苯和 C_9 芳烃循环使用。

催化剂从反应器底部引出，流入再生器中，通入热空气进行烧焦，烧焦再生后的催化剂进入气提罐内，用空气提升至高处的分离罐，分出的催化剂流入反应器再次循环。出自再生器的烟道气，经废热锅炉回收热量后排入大气。

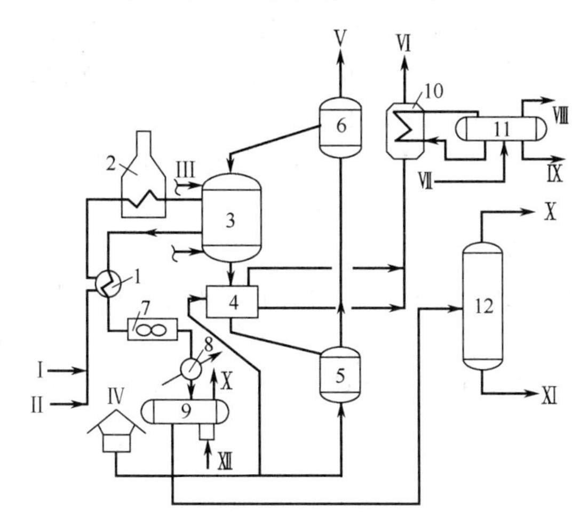

图 2-12　甲苯常压歧化法工艺流程

1—换热器；2—加热炉；3—反应器；4—再生器；5—提升器；6—分离器；7—空冷器；8—冷却器；9—分离器；10—废热锅炉；11—汽包；12—稳定塔

Ⅰ—甲苯；Ⅱ—C_9 芳烃；Ⅲ—蒸汽；Ⅳ—空气；Ⅴ—废气；Ⅵ—烟道气；Ⅶ—锅炉给水；Ⅷ—蒸汽；Ⅸ—排污；Ⅹ—燃料气；Ⅺ—产物；Ⅻ—废水

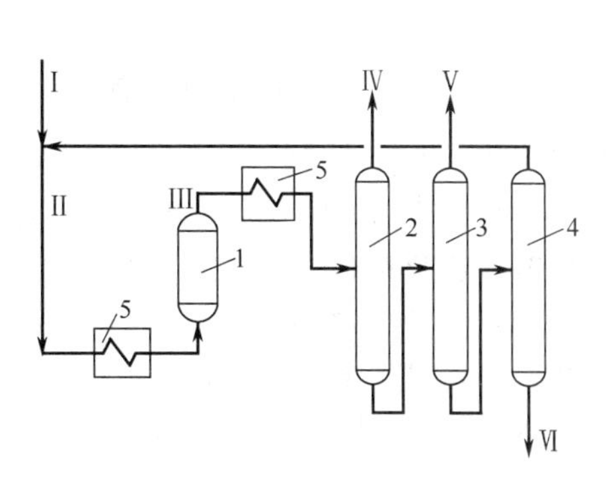

图 2-13　低温歧化工艺流程

1—反应器；2—稳定塔；3—苯塔；4—甲苯塔；5—换热器

Ⅰ—新鲜甲苯；Ⅱ—反应器进料甲苯；Ⅲ—反应产物；Ⅳ—非芳烃；Ⅴ—苯；Ⅵ—C_8^+ 芳烃

（三）低温歧化法

本法采用 ZSM-4 分子筛催化剂和固定床反应器于液相进行甲苯歧化反应。其工艺流程如图 2-13 所示。

该法的特点是①由于所需反应温度较低，而且是液相反应，省去了原料加热炉，故能耗低；②催化剂具有高活性，不易积焦和不需经常进行再生；催化剂寿命至少可达一年半；③反应过程不需用氢；④基本上没有乙苯生成；⑤芳烃的总收率可达 99%。

第四节　C_8 芳烃的分离和异构化[5,10,18~21]

从甲苯歧化装置分离得到的混合二甲苯，以及从重整汽油、裂解汽油和煤焦油分离得到的 C_8 芳烃，都含有四种异构体，即邻、间、对二甲苯及乙苯。这些来源的 C_8 芳烃中，对二甲苯和邻二甲苯的含量几乎相等；间二甲苯含量最多；而乙苯含量则随来源不同而异，见表 2-7 所示。

表 2-7　不同来源 C_8 芳烃的组成

组分/%(质量) ＼ 来源	重整汽油	裂解汽油	甲苯歧化	煤焦油
乙苯	14～18	30(含苯乙烯)	1.1	10
对二甲苯	15～19	15	23.7	20
间二甲苯	41～45	40	53.5	50
邻二甲苯	21～25	15	21.7	20

由于 C_8 芳烃的各异构体都是有用的有机化工原料，其中尤以对二甲苯的需要量最大，因此为了更有效地利用 C_8 芳烃中的各个部分，工业生产上采用分离和异构化相结合的工艺，生产 C_8 芳烃的各异构体和增产需要量大的某一组分。其示意过程如图 2-14 所示。其工艺组织大致有下列几种方式。

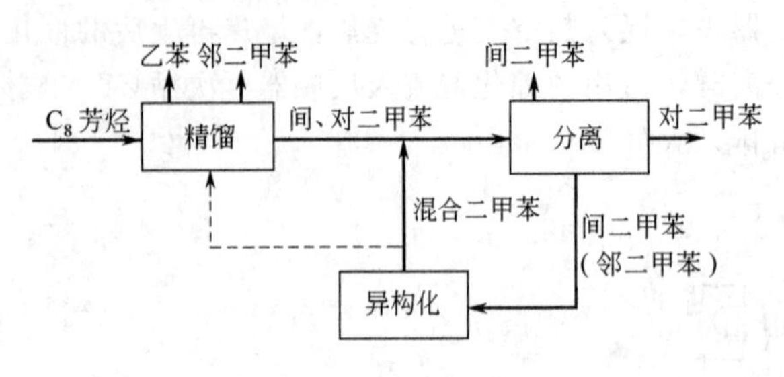

图 2-14　C_8 芳烃的分离及异构示意图

(1) 先从 C_8 芳烃中分离出所需纯度的乙苯和对二甲苯，其余 C_8 芳烃进行异构化，此方法只能获得乙苯和对二甲苯两种产品。

(2) 先将邻二甲苯和乙苯分出，再分出对二甲苯，间二甲苯进行异构化，从而获得邻二甲苯、乙苯和对二甲苯三种产品。

(3) 将 C_8 芳烃中的对二甲苯作为产品分离出来，其余 C_8 芳烃（包括乙苯）进行异构化，以获得更多的对二甲苯。

本节对 C_8 芳烃的分离和异构化进行讨论。

一、C_8 芳烃的分离

C_8 芳烃中各异构体的某些性质如表 2-8 所示。

表 2-8　C_8 芳烃各异构体的某些性质

组分 \ 性质	沸点 ℃	熔点 ℃	相对碱度	与 BF_3-HF 生成络合物相对稳定性
邻二甲苯	144.411	−25.173	2	2
间二甲苯	139.104	−47.872	3～100	20
对二甲苯	138.351	13.263	1	1
乙苯	136.186	−94.971	0.1	—

由于各异构体的沸点很接近，难于采用一般精馏的方法进行分离。尤其是对二甲苯和间二甲苯的分离更为困难。

(一) 从 C_8 芳烃中分离邻二甲苯和乙苯

1. 邻二甲苯的分离

C_8 芳烃中邻二甲苯的沸点最高，与关键组分间二甲苯的沸点相差 5.3℃，可以用精馏法分离，精馏塔需 150～200 块塔板，两塔串联，回流比 7～10，产品纯度为 98%～99.6%。

2. 乙苯的分离

C_8 芳烃中乙苯的沸点最低，与关键组分对二甲苯的沸点仅差 2.2℃，可能用精馏法分离，但较困难。工业上分离乙苯的精馏塔实际塔板数达 300～400（相当于理论塔板数 200～250），三塔串联，塔釜压力 0.35～0.4MPa，回流比 50～100。可得到纯度在 99.6%以上的乙苯。

(二) 对、间二甲苯的分离

由于对二甲苯与间二甲苯的沸点差只有 0.75℃，难于采用一般精馏方法进行分离。

目前工业上分离对、间二甲苯的方法主要有：低温结晶分离法、络合分离法和模拟移动床吸附分离法三种。

1. 低温结晶分离法

该法在50年代已工业化，技术较成熟。对二甲苯和间二甲苯熔点差别较大，在一定的低温下能形成最低共熔物，其共熔物组成（摩尔）为：对二甲苯12.5%，间二甲苯87.5%，共熔点−52.7℃（其他C_8芳烃也能形成最低共熔物，见表2-9）。从液固相平衡可知，结晶温度愈接近最低共熔点，结晶可分出的对二甲苯的回收率愈高，但其母液中间二甲苯的浓度也愈高，结果得到对二甲苯的纯度愈低。工业生产上为了解决对二甲苯回收率和纯度之间的矛盾，采用二级结晶过程。第一级采用低温结晶分离法，结晶温度接近其共熔点，以得到最大的对二甲苯回收率；第二级是将第一级分出的对二甲苯进行重结晶，以得到高纯度的对二甲苯。

表2-9　C_8芳烃的共熔组成

系统	组　分	共熔点 ℃	组　成/%(mol)			
			乙　苯	对二甲苯	间二甲苯	邻二甲苯
二元	邻二甲苯—对二甲苯	−34.9	—	23.8	—	76.2
	间二甲苯—对二甲苯	−52.7	—	12.5	87.5	—
	邻二甲苯—间二甲苯	−61.1	—	—	68.0	32.0
	邻二甲苯—乙苯	−96.3	93.3	—	—	6.7
	间二甲苯—乙苯	−99.3	84.0	—	16.0	—
	对二甲苯—乙苯	−99.8	98.8	1.2	—	—
三元	邻二甲苯—间二甲苯—对二甲苯	−63.7	—	8.5	62.8	28.7
	邻二甲苯—对二甲苯—乙苯	−96.8	92.3	1.1	—	6.6
	间二甲苯—对二甲苯—乙苯	−99.6	83.3	1.0	15.7	—
	邻二甲苯—间二甲苯—乙苯	−101.0	79.0	—	15.0	6.0
四元	邻二甲苯—间二甲苯—对二甲苯—乙苯	−101.3	78.8	0.9	14.9	5.4

2. 络合萃取分离法

C_8芳烃四个异构体与HF共存于一个系统时，形成两个互相分离的液层：上层为烃层、下层为HF层。当加入BF_3后，发生下列反应而生成在HF中溶解度大的络合物。

$$X+HF+BF_3 \longrightarrow XHBF_4 \quad (X—代表二甲苯)$$

由于间二甲苯碱度最大，所形成的$MXHBF_4$络合物的稳定性最大，故在系统中能发生如下置换反应。

$$MX+PXHBF_4 \longrightarrow PX+MXHBF_4$$

$$MX+OXHBF_4 \longrightarrow OX+MXHBF_4$$

式中MX、PX、OX分别代表间、对、邻二甲苯。络合物置换的结果，$HF-BF_3$层中的间二甲苯浓度越来越高，烃层中的间二甲苯浓度越来越低，从而达到选择分离的目的。

工业上抽提间二甲苯是在0℃和0.4MPa的条件下进行。萃取液（酸层）与烃层分离后，经40～170℃解络而获得纯度为98%以上的间二甲苯。由于$HF-BF_3$也是二甲苯异构化催化剂，故此分离法可与间二甲苯液相异构化过程联合，以获得更多的对二甲苯和邻二甲苯。其工艺过程如图2-15所示。

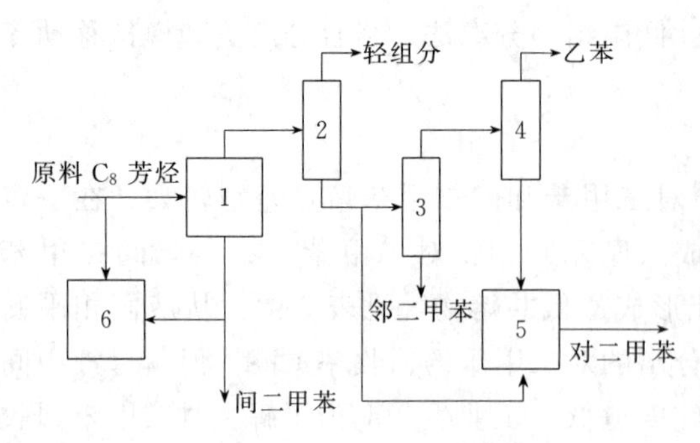

图 2-15　络合萃取分离法分离二甲苯示意流程

1—间二甲苯抽提塔；2—轻组分塔；3—邻二甲苯塔；4—乙苯塔；5—对二甲苯结晶分离设备；6—异构化设备

该法的特点是将含二甲苯含量 40%～50%的间二甲苯首先除去，使乙苯浓度提高，这不仅可以降低乙苯分离塔的塔径、回流比和操作费用；而且还可提高单程收率。其主要缺点是 HF 有毒，且有强腐蚀性。

3. 吸附分离法

（1）吸附剂。吸附分离是根据吸附剂对 C_8 芳烃各异构体吸附能力的差别来实现分离的。目前工业上主要应用于对二甲苯的分离。吸附分离工业化的关键，一方面是由于研制成功了对对二甲苯具有较高选择性的吸附剂以及与之相协调的脱附剂；另一方面是由于开发成功了模拟移动床的连续吸附工艺。从而使分离过程能经济地实现。

一般以选择吸附系数 β 来表示吸附剂的选择性。

$$\beta=\frac{(x/y)_A}{(x/y)_R}$$

式中　x——组分 1 的浓度，摩尔%；

y——组分 2 的浓度，摩尔%；

A——代表吸附相；

R——代表未被吸附相。

对一定的吸附剂来说，β 的数值取决于吸附温度和组分浓度。某些 Y 型分子筛于 180℃，气相吸附 C_8 芳烃的 β 值如表 2-10。

其中以 KBaY 型分子筛分离性能较好。

表 2-10　不同吸附剂的 β 值

Y 型分子筛	选择系数 β		
	对二甲苯/乙苯	对二甲苯/间二甲苯	对二甲苯/邻二甲苯
NaY	1.32	0.75	0.33
KY	1.16	1.83	2.38
CaY	1.17	0.35	0.21
BaY	1.85	1.27	2.33
KBaY	2.2	3.1	3.0

（2）脱附剂。在吸附分离中，脱附和吸附同样重要。用作本工艺脱附剂的物质必须满足如下条件：①与 C_8 芳烃任一组分均能互溶；②与对二甲苯有尽可能相同的吸附亲和力，即 β=脱附剂/对二甲苯≈1 或略小于 1，以便与对二甲苯进行反复的吸附交换；③与 C_8 芳烃的沸点有较大差别（至少差 15℃）；④脱附剂存在下，不影响吸附剂的选择性；⑤价廉易得，性质稳定。

一般用于对二甲苯脱附的脱附剂是芳香烃。例如甲苯、二乙苯和对二乙苯+正构烷烃等它们的脱附性能见表 2-11。在脱附剂中不能含有苯，否则将会降低吸附选择性。

表 2-11　几种脱附剂的比较

脱附剂	对二甲苯纯度/%	对二甲苯收率/%	相对吸附剂装量	相对分馏热负荷
甲苯	99.3	99.7	少	中
混合二甲苯	99.1	85.2	多	中
对二乙苯＋正构烷烃	99.3	94.5	中	低

原料和脱附剂中也不能含有化学结合力很强的极性化合物——水、醇等，因为它们将被牢固地吸附在吸附剂表面上，会严重影响分子筛的吸附容量和相对吸附率。因此在进行吸附分离之前，必须进行脱水，要求水含量降低至 10ppm 左右。

（3）模拟移动床分离 C_8 芳烃的基本原理

① 移动床作用原理。图 2-16 所示为移动床连续吸附分离示意图。A 和 B 代表被分离的物质。D 代表脱附剂。

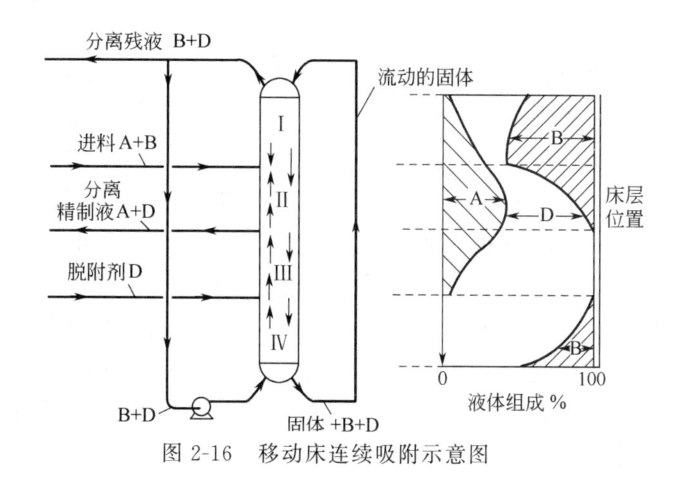

图 2-16　移动床连续吸附示意图

在此移动床中固体吸附剂和液体做相对移动，并反复进行吸附和脱附的传质过程。A 比 B 有更强的吸附力，吸附剂自上而下移动，脱附剂（D）逆流而上，将被吸附的 A 与 B 可逆地置换出来。被脱附下来的 D 与 A；D 与 B 分别从吸附塔引出，经过蒸馏可将 D 与 A 和 D 与 B 分开。脱附剂再送回吸附塔循环使用。

根据吸附塔中不同位置所起的不同作用，可将吸附塔分成四个区。Ⅰ区是 A 吸附区，它的作用是吸附有 B、D 的吸附剂从塔顶进入，在不断下降的过程中与上升的需要分离的含有 D 的 A、B 液相物流逆流接触，液相中的 A 被完全吸附，同时在吸附剂上的部分 B 和 D 被置换出来。液相达到Ⅰ区顶部已完全不含 A。不含 A 的抽余油（B＋D）一部分从Ⅰ区顶部排出，其余进入Ⅳ区。Ⅱ区是 B 脱附区（即第一精馏区）。它的作用是将吸附剂上被吸附的 B 完全脱附。在此区吸附有 A、B、D 的吸附剂，与含有 A 与 D 的液相逆流相遇。由于 A 比 B 有更强的吸附力，液相中 A＋D 就和吸附相中的 B 发生质的交换，液相中的 A 进入吸附相，吸附相中的 B 被 A＋D 置换下来，当吸附剂从Ⅱ区流到Ⅲ区时 B 已完全被脱附下来，吸附相中只有 A 和 D，而上升的液相则含 A、B 和 D 进入Ⅰ区与进塔的原料汇合。Ⅲ区是 A 脱附区。Ⅲ区是将吸附剂吸附的 A 脱附下来，吸附有 A 和 D 的吸附剂，从Ⅱ区流下来；脱附剂（D）从下部逆流而上，由于 D 在吸附剂上的吸附能力与 A 在吸附剂上的吸附能力相接近。吸附剂与大量的 D 逆流接触，D 就把 A 从吸附剂上冲洗下来。液相A+D一部分从这一区的顶部引出称为抽出液；其余的进入Ⅱ区。Ⅳ区是B吸附区（即第二精馏区）。这一区的作用是从上升的含B和D的液相中将B完全吸附除去。从Ⅲ区下来的仅吸附了D的吸附剂与含有B和D的液相逆流相遇，吸附剂上的D被部分置换下来，当液相上升到Ⅳ区顶部时仅剩脱附剂D，而自Ⅳ区下落的吸附剂吸附着B和D。

吸附塔各区液相组分的浓度分布如图2-16右所示。在实际操作中各区的距离不是等长的。从图2-16看出我们可以连续地从吸附塔中取出一定组分的分离精制液（A组分）及分离残液（B组分）。

但由于吸附剂磨损问题不易解决，大直径吸附器中固相吸附剂的均匀移动也难以保证。所以移动床连续吸附分离无法实现工业化。

② 模拟移动床的作用原理。从移动床的作用原理和液相中各组分的浓度分布图可看出，如果使固体吸附剂在床内固定不动，而将物料进出口点连续向上移，其作用与保持进出口点不动而连续自上而下移动固体吸附剂是一样的。由此原理设计的分离装置称模拟移动床。

（4）模拟移动床吸附分离流程。目前工业上用于分离C_8芳烃的模拟移动床吸附分离装置有立式吸附塔和卧式吸附器两种。图2-17是立式吸附塔模拟移动床分离C_8芳烃流程示意图。整个吸附分离过程在两个吸附塔（图中仅画出一个）中完成，两个吸附塔借循环泵首尾相连如同一个。塔内有若干塔节，一般为24节，各塔节中装有固定的吸附剂，并有管线与旋转阀相连，通向物料的四个进出口控制阀。图2-17的实线［③(解吸剂D)，⑥(A+D)，⑨(原料A+B)，⑫(B+D)］表示在操作过程中整个塔分成四个区在工作，假定随着旋转阀的旋转，把通入脱附剂的管线③移到④，这时其他管线也就相应地向前移动一个单位，(A+D)移到⑦，原料（A+B）和（B+D）分别移到⑩和①。旋转阀的转动是根据原料处理量，原料组成，吸附剂的填充量等依一定时间用计时开关来进行控制而完成吸附和脱附操作。

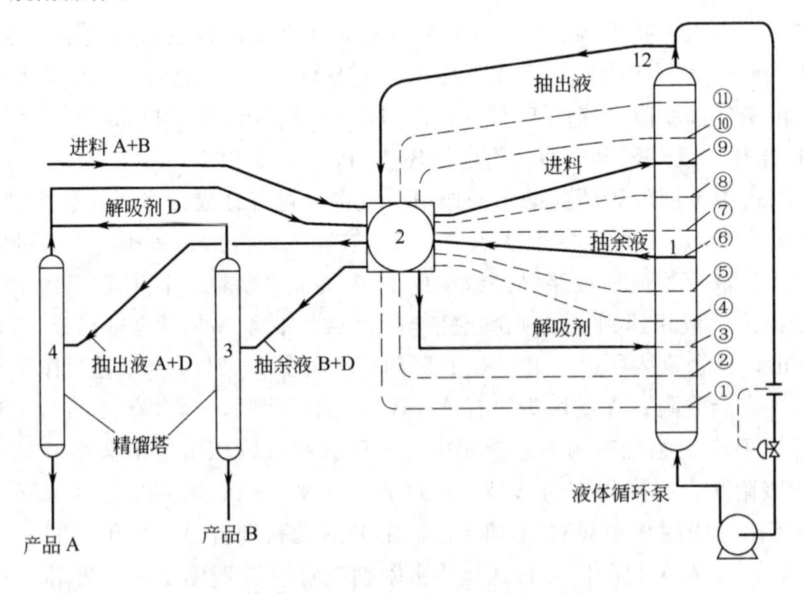

图2-17　立式模拟移动床吸附分离示意图

1—吸附塔；2—旋转阀；3—抽余液精馏塔；4—抽出液精馏塔

塔内各组分浓度分布如图 2-18。它是以混合二甲苯连续进入模拟移动床后，随着旋转阀的转动，每前进一个位置就从固定点取样分析得出其相应的百分组成而作出的。抽出液由仅含对二甲苯和脱附剂的区域引出，经精馏塔分离可回收几乎全部的对二甲苯。若要提高对二甲苯的纯度，可在原料进入和抽出液引出之间加入来自抽出液塔的对二甲苯作回流。同样，抽余液由不含对二甲苯的区域取出，经精馏塔分离可得产品间和邻二甲苯去进行异构化；脱附剂 D 循环使用。

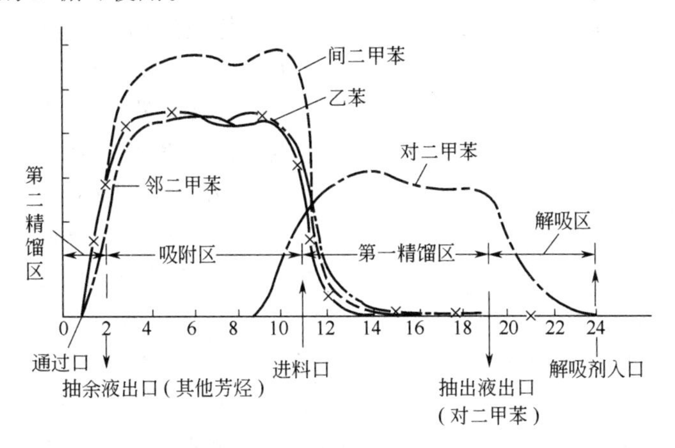

图 2-18　浓度分布剖面图

立式吸附分离的关键设备是循环泵和旋转阀。

循环泵是保证模拟移动床两个吸附塔之间液体正常循环流动的设备，共两台。一台是将 12 床层的液流送到 13 床层的循环泵；另一台是将 24 床层的液流送到 1 床的循环泵。随着旋转阀的转动周期性地切换通向诸进出口的管线，由于不同的区域需要不同的流量，因此当区域改变时其流量的设定值也相应地改变，故泵送循环液是由数控装置重点控制。

旋转阀是依靠计时器的定时控制，通过旋转阀的转动使床层管线切换，实现固体吸附剂模拟移动上升的主要设备。它主要由固定盘（见图 2-19）、旋转盘（见图 2-20）、密封垫片和密封罩（拱顶）所组成。从图 2-19 可见固定盘是一个阀座，圆周上平均分布 24 个圆孔。其下端发别通过 24 根管线与吸附塔相连接，中间有七条同心的环形沟槽，每个沟槽向下各有一个圆孔。七个圆孔分别与外部七根管级相通，七根管线分别通过七股不同

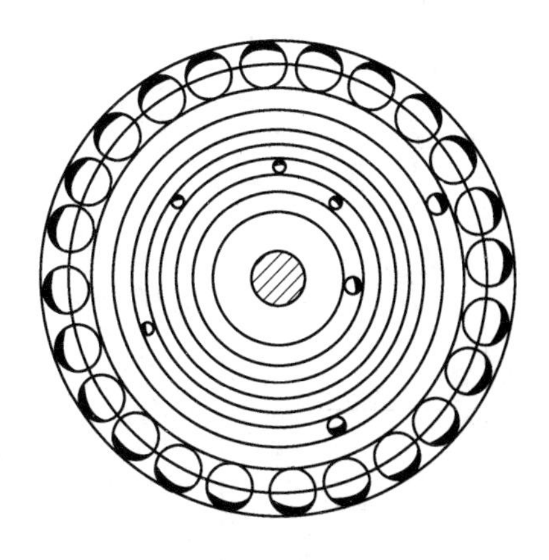

图 2-19　旋转阀固定盘示意图

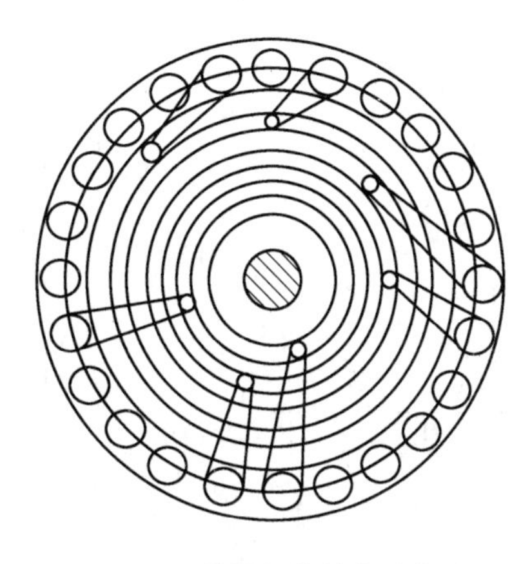

图 2-20　旋转阀旋转盘示意图

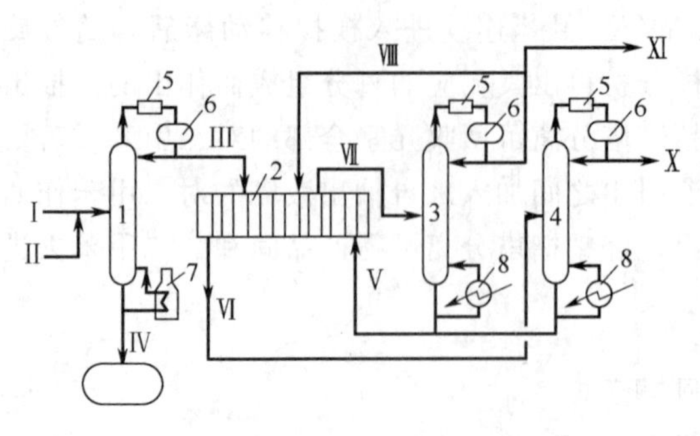

图 2-21　卧式分离器对二甲苯分离工艺流程
1—脱 C_9 塔；2—吸附器；3—抽提液塔；4—抽余液塔；5—冷凝器；6—回流罐；7—再沸炉；8—再沸器；
Ⅰ—原料二甲苯；Ⅱ—来自异构化的 C_8^+ 芳烃；Ⅲ—脱 C_9 后的 C_8 芳烃；Ⅳ—C_9^+；Ⅴ—解吸剂；
Ⅵ—抽余液；Ⅶ—抽提液；Ⅷ—回流对二甲苯；Ⅸ—产品对二甲苯；Ⅹ—分离对二甲苯后的 C_8 芳烃（去异构化）

的物料。从图 2-19 可见旋转盘是一个阀盖，其下端面上的圆孔和沟槽均与固定盘相重合。这样外部七根管线的物料通过旋转盘与固定盘间的沟槽，再通过七根跨接管线通到旋转盘圆周的七个孔。由于七个孔总是和固定盘的 24 个孔中的七个孔相通，所以物料能通过固定盘的七个孔通向相应的七根管线。

卧式吸附器对二甲苯分离的工艺流程如图 2-21。操作原理和立式吸附塔基本相同，只是吸附器为卧式，其中也分成 24 个独立的室，室中装有固定的吸附剂。各室有六个阀门（原料进口阀、脱附剂进口阀、抽出液出口阀、抽余液出口阀、回流液进口阀、室与室的连接阀），24 室共有阀门 144 只，由阀门的切换来完成进出口点的位置变化。并由电子计算机控制阀门的周期性切换。

吸附分离法分离对二甲苯工业化以来，由于具有单程收率高，工艺条件缓和、无腐蚀、无毒性，全部液相操作，不需特殊材质制作设备，投资小和能耗低等优点，因而发展迅速。

二、C_8 芳烃的异构化

工业上 C_8 芳烃的异构化是以不含或少含对二甲苯的 C_8 芳烃为原料，通过催化剂的作用，转化成浓度接近平衡浓度的 C_8 芳烃，从而达到增产对二甲苯的目的。

（一）C_8 芳烃异构化的化学过程

1. 主副反应及热力学分析

C_8 芳烃异构化时，可能进行的主反应是三种二甲苯异构体之间的相互转化和乙苯与二甲苯之间的转化。副反应是歧化和芳烃的加氢反应等。

表 2-12 是 C_8 芳烃异构化反应的热效应及平衡常数值。可以看出 C_8 芳烃异构化反应

表 2-12　C_8 芳烃异构化反应的热效应及平衡常数值

反　　应	ΔH^0_{298K}/(J/mol)	ΔG^0_{298K}/(J/mol)	K_{P298K}
CH_3, CH_3（间位）(气) $\rightleftharpoons$ CH_3, CH_3（对位）(气)	711.6	2260	0.402
CH_3, CH_3（间位）(气) $\rightleftharpoons$ CH_3, CH_3（邻位）(气)	1758	3213	0.272
C_2H_5 (气) $\rightleftharpoons$ CH_3, CH_3（对位）(气)	−11846	−9460	45.42

表 2-13　温度对二甲苯异构化反应平衡组成的影响

温度 ℃	二甲苯异构体的平衡组成		
	间二甲苯	对二甲苯	邻二甲苯
371	0.527	0.237	0.236
427	0.521	0.235	0.244
482	0.517	0.233	0.250

的热效应是很小的，因此温度对平衡常数的影响不明显。表 2-13 和图 2-22 为温度与混合二甲苯及 C_8 芳烃平衡组成的关系。可以看出，在平衡混合物中，对二甲苯的平衡浓度最高只能达到 23.7%，并随着温度升高逐渐降低，间二甲苯的含量总是最高，低温时尤为显著；邻二甲苯和乙苯的浓度均随温度升高而增高。故 C_8 芳烃异构化为对二甲苯的效率是受到热力学平衡所限制的，即对二甲苯在异构化产物中的浓度最高在 23%左右。这也是为何不同来源 C_8 芳烃具有相似组成的原因。

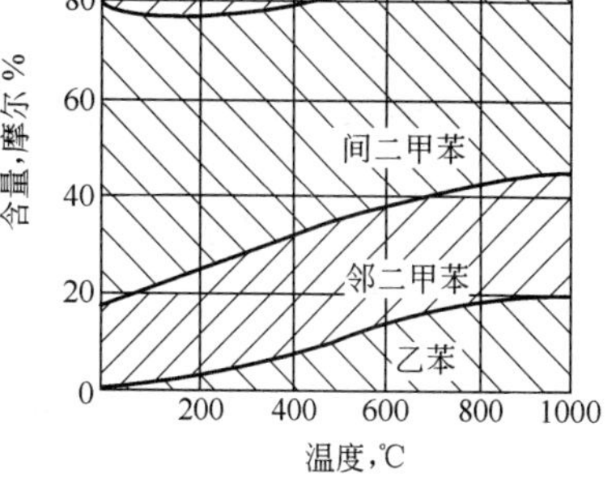

图 2-22　C_8 芳烃的平衡组成

2. 动力学分析

(1) 二甲苯的异构化过程。对于二甲苯异构化的反应图式有两种看法。

一种是三种异构体之间的相互转化

$$\begin{array}{ccc} & 间二甲苯 & \\ \nearrow\!\swarrow & & \searrow\!\nwarrow \\ 邻二甲苯 & \rightleftharpoons & 对二甲苯 \end{array}$$

另一种是连串式异构化反应

$$邻二甲苯 \rightleftharpoons 间二甲苯 \rightleftharpoons 对二甲苯$$

曾在 SiO_2-Al_2O_3 催化剂上对异构化过程的动力学规律进行了研究。得到的实验结果是：邻二甲苯异构化的主要产物是间二甲苯；对二甲苯异构化的主要产物也是间二甲苯；而间二甲苯异构化产物中邻二甲苯和对二甲苯的含量却非常接近。因此认为二甲苯在该催化剂上异构化的反应图式应是第二种。

对于间二甲苯非均相催化异构化的研究表明，反应速度是由表面反应所控制，其动力学规律与单吸附位反应机理相符合，反应速度方程式为

$$r_{异构}=\frac{k'}{1+K_AP_A}\left(P_A-\frac{P_B}{K_p}\right)$$

式中　P_A——间二甲苯分压；

P_B——对位或邻位二甲苯分压；

K_A——间二甲苯在催化剂表面吸附系数 [1/MPa]；

K_p——气相异构化平衡常数；

k'——间二甲苯异构化反应速度常数 [mol/h·MPa]。

表 2-14　间二甲苯异构化的 k' 值

温度 ℃	间→对 $k'\times10^3$	间→对 $k'\times10^3$
371	0.0263	0.0180
427	0.118	0.089
482	0.4973	0.334

在 SiO_2-Al_2O_3 催化剂上间二甲苯异构化的 k' 值见表 2-14。

另外也研究了在 $Ni/SiO_2\text{-}Al_2O_3$ 催化剂上的气相临氢异构化，发现其动力学规律也基本相似；液相异构化也有相似规律。故实际上二甲苯异构化过程中甲基绕苯环的移动只能移至相邻的一个碳原子上。

所以二甲苯异构化的总反应图式可表示如下。

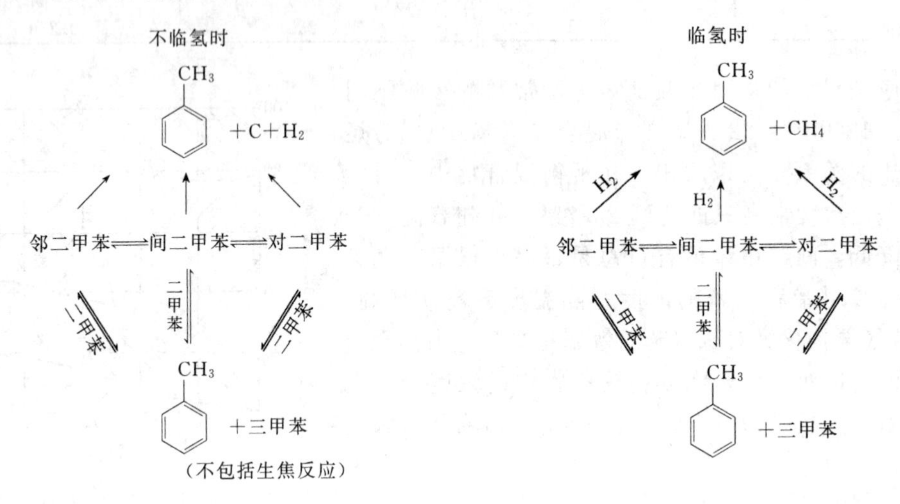

(2) 乙苯的异构化过程。曾在 Pt/Al_2O_3 催化剂上研究了乙苯的气相临氢异构化。得知其异构化速度比二甲苯慢，而且温度的影响较显著（表 2-15）。给出了温度对乙苯转化率和转化为二甲苯收率的影响。由表 2-15 看出，温度愈高、乙苯转化率愈小，二甲苯收率也愈小。这是因为乙苯是按如下反应图式进行异构化：

乙苯（C_2H_5）$\xrightleftharpoons{\text{加氢}}$ 乙基环己烷（C_2H_5）+ 乙基甲基环戊烷（C_2H_5，$-CH_3$）

$\Updownarrow$ 异构

二甲基环己烷（CH_3，$-CH_3$）$\xrightleftharpoons{\text{脱氢}}$ 间二甲苯（CH_3，$-CH_3$）

表 2-15 反应温度对乙苯异构化的影响

（压力＝1.1MPa，氢/乙苯＝10，乙苯液空速＝$1h^{-1}$）

反应温度 ℃	乙苯转化率 %	二甲苯收率 %	反应温度 ℃	乙苯转化率 %	二甲苯收率 %
427	40.9	32	483	24.0	19.2
453	28.6	24.2	509	21.1	11.8

整个异构化过程包括了加氢、异构和脱氢等反应。而低温有利于加氢、高温有利于异构和脱氢，故只有协调好各种条件才能使乙苯异构化得到较好的结果。

3. 催化剂

主要有无定型 $SiO_2\text{-}Al_2O_3$ 催化剂，负载型铂催化剂、ZSM 分子筛催化剂和 HF-BF_3 催化剂等。

(1) 无定型 $SiO_2\text{-}Al_2O_3$ 催化剂。因其无加氢、脱氢功能，不能使乙苯异构化，故乙苯应先分离除去，否则会发生歧化和裂解等反应，而使乙苯损失。为了提高催化剂的酸性，可加入有机氯化物、氯化氢和水蒸气等。二甲苯异构化反应一般在350～500℃，常压下进行。为抑制歧化和生焦等副反应的发生常在原料中加入水蒸气。

此类催化剂价廉，操作方便。但选择性较差、结焦快故需频繁再生。

(2) 铂/酸性载体催化剂。已用的有 Pt/SiO_2-Al_2O_3、Pt/Al_2O_3 和铂/沸石等催化剂。这类催化剂既具有加氢、脱氢功能，又具有异构化功能，故不仅能使二甲苯之间异构化，也可使乙苯异构化为二甲苯。并具有较好的活性和选择性。所得产物二甲苯异构体的组成接近热力学平衡值。选择适宜的氢压和温度能促进乙苯的异构化并提高转化率。通常于400～500℃和0.98～2.45MPa 氢压下进行异构化反应。

(3) ZSM 分子筛催化剂。已用的有 ZSM-4 和经 Ni 交换的 NiHZSM-5。它们的异构化活性都很高，以 ZSM-4 为催化剂时可在低温液相进行异构化，产物二甲苯组成接近热力学平衡值，副产物仅0.5%（质量）左右，但其不能使乙苯异构化。用 Ni 改性后的 NiHZSM-5 催化剂，在临氢条件下对乙苯异构化具有较好的活性，乙苯转化率达34.9%，二甲苯组成接近平衡值，二甲苯收率达99.5%（质量）。

(4) HF-BF_3 催化剂。该催化剂用于间二甲苯为原料的异构化过程具有较高的活性和选择性，转化率为40%左右，产物二甲苯异构体组成接近热力学平衡值，C_8 芳烃的单程收率达99.6%（质量），副产物单程收率仅0.37%（质量）。

此类催化剂还具有异构化温度低、不用氢气等优点；但 HF-BF_3 在水分存在下具有强腐蚀性，故原料必须经过分子筛仔细干燥并除氧。

（二）C_8 芳烃异构化工艺过程举例

由于使用的催化剂不同，C_8 芳烃的异构化方法有多种，但其工艺过程大同小异。下面以 Pt/Al_2O_3 催化剂为例介绍 C_8 芳烃异构化的工艺过程。

1. 工艺流程

该过程为临氢气相异构化，其示意工艺流程如图2-23所示。主要由三部分组成。

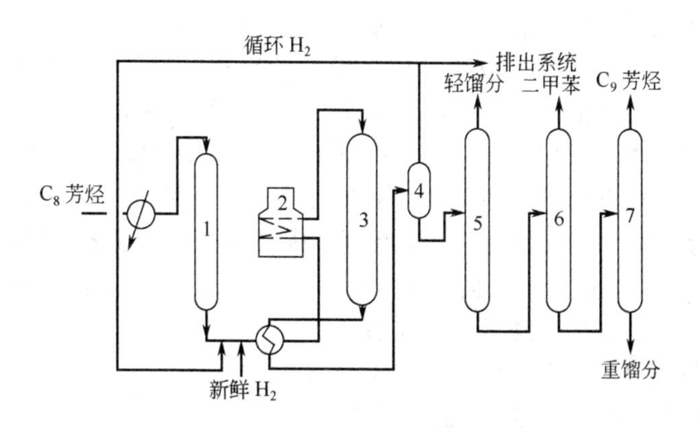

图2-23　C_8 芳烃异构化工艺流程

1—脱水塔；2—加热炉；3—反应器；4—分离器；5—稳定塔；6—脱二甲苯塔；7—脱 C_9 塔

(1) 原料准备部分。由于催化剂对水分不稳定，当异构化原料中含有水分时，必须先经脱水处理，由于二甲苯与水会形成共沸混合物，故一般采用共沸蒸馏脱水。使其含水量下降到10ppm 以下。

（2）反应部分。干燥的 C_8 芳烃与新鲜的和循环的氢气混合后，经换热器，加热炉加热到所需温度后进入异构化反应器。所用反应器为绝热式径向反应器（类似于歧化反应器）。

（3）产品分离部分。反应产物经换热后进入气液分离器。为了保持系统内氢气浓度有一定值（70%以上），气相小部分排出系统而大部分循环回反应器；液相产物进入稳定塔脱去低沸物（主要是乙基环己烷、庚烷和少量苯、甲苯等）。塔釜液经活性白土处理后，进入脱二甲苯塔。塔顶得到含对二甲苯浓度接近热力学平衡浓度的 C_8 芳烃，送至分离工段分离对二甲苯。塔釜液进入脱 C_9 塔，塔顶蒸出的 C_9 芳烃送甲苯歧化和 C_9 芳烃烷基转移装置。

2. 催化剂的再生

由于异构化过程中有生焦等副反应存在，焦会沉积在催化剂的表面，引起活性下降。当操作过程中升温升压到一定限度时必须进行再生，再生的方法是用微量氧气混入氮气而缓慢燃烧来进行。再生后活性稍逊于初活性，其寿命一般为三年以上。

3. 异构化反应条件

异构化的效果主要用下列两个指标来衡量。

一是一次通过异构化反应器的芳烃重量收率 $=\dfrac{\text{从稳定塔底出来的 } C_8 \text{ 芳烃(质量)}}{\text{进入异构化反应器的 } C_8 \text{ 芳烃(质量)}}\times 100\%$，一般要求在96%以上。

二是异构化产物中对二甲苯含量 $=\dfrac{\text{稳定塔底出来的对二甲苯质量}}{\text{稳定塔底出来的 } C_8 \text{ 芳烃质量}}\times 100\%$ 一般要求在18%～20%。

此外乙基环己烷的含量也不宜过高。C_8 芳烃在 Pt/Al_2O_3 催化剂上临氢异构化的适宜反应条件为

（1）反应温度为 390～440℃，反应初期由于催化剂活性大，采用较低的反应温度，随着催化剂活性的下降，逐步提高反应温度，当升温到 440℃后，就需进行催化剂再生。

（2）反应压力为 1.26～2.06MPa，为了降低焦在催化剂表面的沉积，一开始就采用 1.26MPa 的氢压操作，随着反应温度的提高要相应的提高压力。由于在异构化过程中，原料里所含的乙苯是经过加氢过程异构化为二甲苯。增加压力有利于加氢反应的进行，升高温度有利于脱氢反应的进行。故生产中需经常分析异构产物中乙苯和乙基环己烷的含量，以改变温度和压力参数。如乙基环己烷含量增高需升高反应温度；如乙苯含量高，乙基环己烷含量低则需相应增加压力。通常在操作中温度和压力的提高是交替进行的。

（3）氢气浓度是根据乙苯异构化为二甲苯的特点，环烷烃的平衡浓度与氢分压有关。而提高氢分压的手段除了增加总压外，还可通过提高氢气的浓度来实现。所以通常反应初期控制氢气浓度为 70%（摩）；反应末期控制氢气浓度为 80%（摩）。此外氢的存在还具有减少焦的沉积，保持催化剂高活性的效果。

（4）循环氢与原料液的摩尔比一般为 6。

（5）原料液空速一般为 1.5～2.0 $[h^{-1}]$。

第五节　芳烃的烷基化[25～33]

一、概　述

芳烃的烷基化，又称烃化。是芳烃分子中苯环上的一个或几个氢被烷基所取代而生成

烷基芳烃的反应。

这类反应在工业中主要应用于生产乙苯、异丙苯和十二烷基苯等。它们都是重要的有机化工原料。乙苯主要用于脱氢制三大合成材料的重要单体苯乙烯；异丙苯主要用于生产苯酚、丙酮。十二烷基苯主要用于生产合成洗涤剂。在芳烃的烷基化反应中以苯的烷基化最为重要。

（一）烷基化剂

能为烃的烷基化提供烷基的物质称烷基化剂。可采用的烷基化剂有多种，工业上常用的有

1. 烯烃

如乙烯、丙烯和十二烯等。烯烃不仅具有较好的反应活性，而且比较容易得到。由于烯烃在烷基化过程中形成的正烃离子会发生骨架重排取最稳定的结构存在，所以乙烯以上烯烃与苯进行烷基化反应时，只能得到异构烷基苯而不能得到正构烷基苯。烯烃的活泼顺序为异丁烯＞正丁烯＞丙烯＞乙烯。

2. 卤代烷烃

也是一种活泼的烷基化剂，其反应活性与其分子结构有关。活性顺序为：叔卤烷＞仲卤烷＞伯卤烷；碘代烷烃＞溴代烷烃＞氯化烷烃＞氟代烷烃。碘代烷烃虽然活性大，但易分解，一般不采用。工业上是用氯代烷烃，如氯乙烷、氯代十二烷等。

此外醇类、酯类、醚类等也可作为烷基化剂。

（二）苯烷基化反应的化学过程

1. 主反应

例如

$$C_6H_6(气) + CH_2{=}CH_2 \rightleftharpoons C_6H_5C_2H_5(气) \qquad (1)$$

$$\Delta H_{298}^{\circ} = -106.6kJ/mol$$

$$C_6H_6(气) + CH_3CH{=}CH_2 \rightleftharpoons C_6H_5CH(CH_3)_2(气) \qquad (2)$$

$$\Delta H_{298}^{\circ} = -97.8kJ/mol$$

$$C_6H_6(液) + CH_2{=}CH_2 \rightleftharpoons C_6H_5C_2H_5(液) \qquad (3)$$

$$\Delta H_{298}^{\circ} = -114.5kJ/mol$$

苯的烷基化反应是一反应热效应甚大的放热反应。上述三例中平衡常数和温度的关系为

$$\lg K_{P(1)} = \frac{5460}{T} - 6.56；\lg K_{P(2)} = \frac{5109.6}{T} - 7.434；$$

$$\lg K_{P(3)} = \frac{5944}{T} - 7.3$$

可见在较宽阔的温度范围内，苯的烷基化反应在热力学上都是很有利的。只有当温度高时，才有较明显的逆反应发生。

2. 副反应

（1）多烷基苯的生成。苯的烷基化反应并不只停止在生成一元烷基取代物阶段，生成

的单烷基苯还会继续发生烷基化反应生成二烷基苯和多烷基苯。

例如

$$C_6H_5C_2H_5 + CH_2{=}CH_2 \longrightarrow C_6H_4(C_2H_5)_2$$

$$C_6H_4(C_2H_5)_2 + CH_2{=}CH_2 \longrightarrow C_6H_4(C_2H_5)(C_2H_5)_2$$

等。这些反应在热力学上都是有利的。随着苯环上烷基取代数目的增加，一方面芳烃的碱性随之增加，使烷基化速度随之加快；另一方面空间的位阻效应也增加，使进一步烷基化速度减慢。故烷基苯的继续烷基化速度是加快还是减慢，需视两个效应何者为主而定。为了提高单烷基苯的收率，必须选择适宜的催化剂和反应条件，其中最重要的是控制原料苯和烯烃的用量比。以减少二烷基苯和多烷基苯的生成。

（2）异构化反应。根据苯环上取代反应的定位规律，单烷基苯进一步烷基化时，第二个烷基应优先进入邻位和对位；但因生成的二烷基苯易发生烷基的异构转位，故得到的是邻、间、对三种异构体。当反应条件较激烈时（如温度较高、时间较长、催化剂活性和浓度较高等）异构化反应愈易发生。例如：用 $AlCl_3$ 络合物为催化剂时，异构化反应的速度就很快，所生成的二烷基苯主要是间位二烷基苯。而用 BF_3、H_2SO_4、$FeCl_3$ 和 $ZnCl_2$ 等为催化剂，在低温和低浓度溶液中反应时，主要得到邻、对位二烷基苯。

（3）烷基转移（反烃化）反应。在苯不足量时有利于二烷基苯和多烷基苯的生成；在苯过量时，有利于多烷基苯向单烷基苯的转化。故在生产中可利用这一反应，将副产物多烷基苯循环使用，使其与过量的苯发生烷基转移反应而转化为单烷基苯，以增加单烷基苯的总收率。

例如

A.

$$C_6H_6（液） + C_6H_4(C_2H_5)_2（液） \rightleftharpoons 2\,C_6H_5C_2H_5（液）$$

B.

$$C_6H_6（液） + C_6H_4[CHC(CH_3)_2]_2（液） \rightleftharpoons 2\,C_6H_5CH(CH_3)_2（液）$$

这两个反应的热效应很小，其平衡常数和温度的关系如表 2-16 所示。

表 2-16　烷基转移反应的平衡常数

反应温度 ℃	平衡常数		反应温度 ℃	平衡常数	
	反应 A	反应 B		反应 A	反应 B
50	10.5	30.2	150	9.77	17.0
100	10.0	21.9	200	9.33	14.0

由此可知，烷基化产物的平衡组成将受到这一副反应所限制。但并非所有酸性催化剂对烷基转移反应都有催化作用。例如在 $AlCl_3$-HCl 催化剂存在下，二乙苯和苯或二异丙苯和苯能在低于 100℃温度条件下顺利地进行烷基转移反应。但是如用磷酸/硅藻土为催化剂

时，则在反应过程中所生成的二烷基苯就不易发生烷基转移。

(4) 芳烃缩合和烯烃的聚合反应。生成高沸点的焦油和焦炭。

综上所述，苯的烷基化过程，由于同时还有其他各种芳烃转化反应的发生。所以产物是单烷基苯和各种二烷基苯、多烷基苯异构体组成的复杂混合物。

(三) 催化剂

工业上已用于苯烷基化工艺的酸性催化剂主要有下面几类。

1. 酸性卤化物的络合物

如 $AlCl_3$、$AlBr_3$、BF_3、$ZnCl_2$、$FeCl_3$ 等的络合物，它们的活性次序为 $AlBr_3 > AlCl_3 > FeCl_3 > BF_3 > ZnCl_2$。工业上常用的是 $AlCl_3$ 络合物。

纯的无水 $AlCl_3$ 无催化活性，必须有助催化剂 HCl 或 RCl 同时存在，使其转化为 $HAlCl_4$ 或 $RAlCl_4$ 络合物，工业生产上使用的 $AlCl_3$ 络合物是将无水 $AlCl_3$ 溶于芳烃中，并同时通入 HCl（或加入少量水，使少量 $AlCl_3$ 水解产生 HCl）配制而成芳烃 · $H^+AlCl_4^-$ 的复合体。该复合体是红棕色液体，其稳定性与芳烃结构有关，$C_6H_6 \cdot H^+AlCl_4^-$ 不稳定，一般多用烷基苯配制而成。其对苯的烷基化反应有良好的催化性能，反应机理可简单表示如下（以苯乙基化为例）。

$$C_6H_4(C_2H_5)_2 \cdot H^+AlCl_4^- + CH_2{=}CH_2 \longrightarrow C_6H_4(C_2H_5)_2 \cdot C_2H_5{}^*AlCl_4^-$$

所生成的高度极化的 $C_6H_4(C_2H_5)_2 \cdot C_2H_5^+AlCl_4^-$ 复合体，向苯环进攻发生如下反应而生成乙苯，$C_6H_4(C_2H_5)_2 \cdot H^+AlCl_4^-$ 复合体再循环使用。

$$C_6H_4(C_2H_5)_2 \cdot C_2H_5^+AlCl_4^- + C_6H_6 \longrightarrow C_6H_4(C_2H_5)_2 \cdot [C_6H_6(H)(C_2H_5)]^{\oplus} AlCl_4^-$$

$$\longrightarrow C_6H_4(C_2H_5)_2 \cdot H^+AlCl_4^- + C_6H_5C_2H_5$$

$AlCl_3$ 络合物催化剂活性甚高，可使反应在 100℃左右进行，还具有使多烷基苯与苯发生烷基转移的作用。但其呈强酸性、对设备、管道具有强腐蚀性。

2. 磷酸/硅藻土

该催化剂活性较低，需要采用较高的温度和压力；又因不能使多烷基苯发生烷基转移反应，故原料中苯需大大过量，以保证单烷基苯的收率。另外该催化剂对烯烃的聚合反应也有催化作用，会使催化剂表面积焦而活性下降。此催化剂工业上主要应用于苯和丙烯气相烷基化生产异丙苯。

3. $BF_5/\gamma Al_2O_3$

这类催化剂活性较好，并对多烷基苯的烷基转移也具有催化活性。用于乙苯生产时还可用稀乙烯为原料，乙烯的转化率接近 100%。但有强腐蚀性和毒性。

4. ZSM-5 分子筛催化剂

这类催化剂的活性和选择性均较好。用于乙苯生产时，可用 15%～20%低浓度的乙烯作为烷基化剂，乙烯的转化率可达 100%，乙苯的选择性大于 99.5%。

二、烷基化方法

按反应状态分类，烷基化工艺可分为液相法和气相法两种。

(一) 液相烷基化法

1. 传统的无水三氯化铝法

此法是最悠久和应用最广泛的生产烷基苯的方法。

(1) 反应条件。在 $AlCl_3$-HCl 络合物催化剂溶液存在下，苯用烯烃烷基化，同时也发生烷基的转移反应。图 2-24 和图 2-25 所示分别为苯以乙烯或丙烯烷基化时乙基或异丙基与苯环的摩尔比与烷基化产物平衡组成的关系。由图 2-24，图 2-25 可知，要获得高产率的乙苯或异丙苯必须控制适宜的用量比。但用量比愈小，未反应的苯愈多，能量消耗则愈大。适宜的用量比为 0.5～0.6。由于多烷基苯在该催化剂溶液中能迅速进行烷基转移反应，故一般所生成的多烷基苯循环使用，而烷基与苯环的比例可由下式计算得到。

$$\frac{\text{烷基}}{\text{苯环}}=\frac{\text{被吸收的原料烯烃摩尔数}+\text{循环多烷基苯的摩尔数}\times n}{\text{原料苯摩尔数}+\text{循环烷基苯的摩尔数}}$$

式中　n——多烷基苯分子中的平均烷基数。

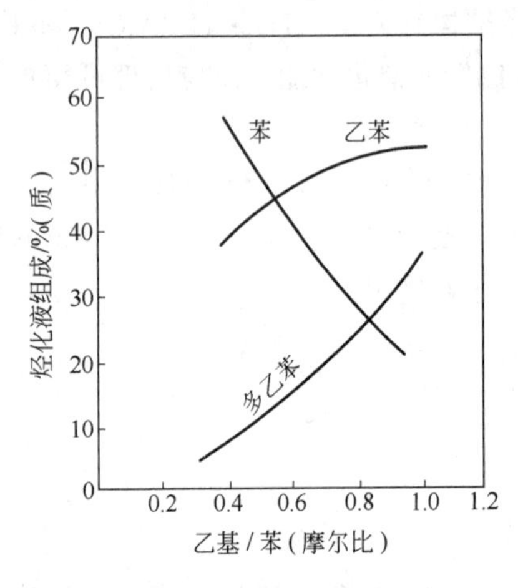

图 2-24　乙基与苯的摩尔比与烃化液组成的平衡关系

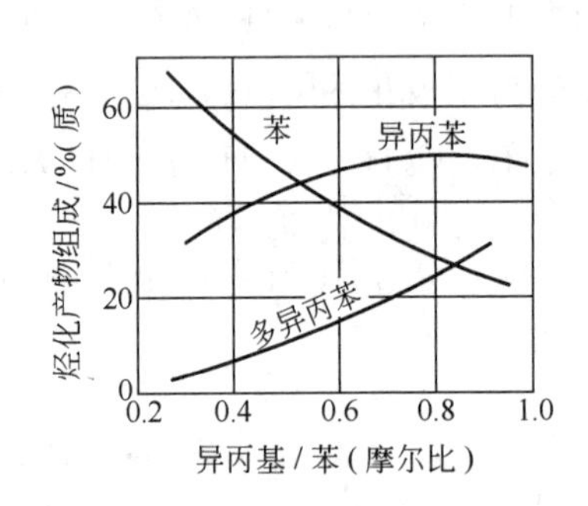

图 2-25　异丙基与苯的摩尔比对烃化产物组成的影响

反应温度主要受 $AlCl_3$ 络合催化剂稳定性的限制。该催化剂在高温时不稳定，会生成树脂状物质而活性下降。当温度高于 120℃时，会有严重的树脂化现象发生，同时还必须考虑到反应设备防腐蚀材料的耐热性能，所以一般反应温度控制在 80～100℃。丙烯的反应性能比乙烯高，故合成异丙苯时反应温度可较低，一般为 80℃左右。而合成乙苯时反应温度为 95℃左右。

70 年代以来，由于运用了电子计算机技术，通过合理地调节进料组成，多乙苯的返回量、催化剂用量、反应温度和压力、停留时间等因素。使大多数的传统液相三氯化铝法装置达到了最佳化操作。与原来的操作相比，苯单耗降低 3.5%，乙烯单耗降低 2%，能耗降低 10%。

(2) 工艺流程。以 AlC_3-HCl 络合物溶液为催化剂的液相烷基化制乙苯的工艺流程如图 2-26 所示。

原料乙烯和苯以质量比为 1∶(8～10) 的流量从烃化塔的底部进入，在 90～100℃、常压至 0.15MPa 的条件下进行反应。反应放出的热量大部分由原料苯的蒸发带走。烃化产物自烃化塔的上部流出，是由约 50%～55%苯，35%～38%乙苯，10%～15%多乙苯

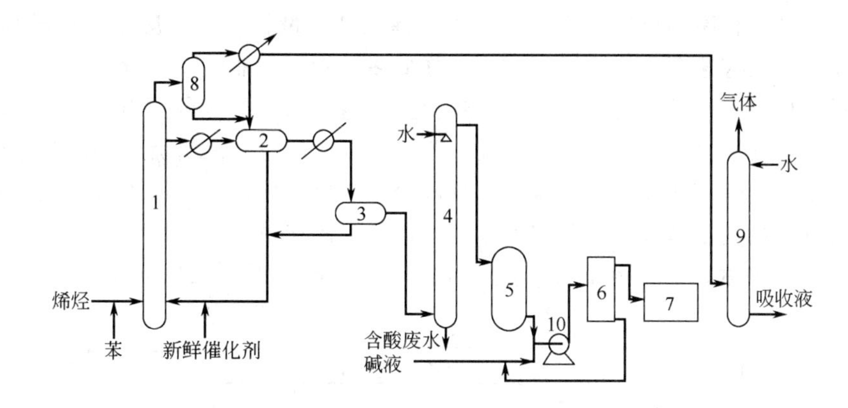

图 2-26　液相烃化工艺流程简图

1—烃化塔；2，3—沉降槽；4—水解塔；5—烃化液缓冲罐；6—油碱分离器；7—烃化液贮槽；8—气液分离器；9—尾气吸收塔；10—碱液中和泵

混合物有机相和三氯化铝络合物相所组成。经冷却后流入沉降槽，其中催化剂络合物因密度较烃化液大而沉于下层，并返回烃化塔循环使用；上层的烃化液自沉降槽上部溢出进入水解塔，使所夹带的少量三氯化铝络合物遇水分解。为了避免对后继精馏系统设备的腐蚀，烃化液和水分开后，再用氢氧化钠溶液中和。然后进入油碱分离器，使烃化液与碱液分开，碱液由分离器底部流至中和泵循环使用；烃化液由上部溢出流入烃化液贮槽。

生产中为了保持催化剂三氯化铝络合物浓度的恒定，在反应过程中，需连续补加新鲜的络合物催化剂。新鲜的催化剂是用需要量的苯、多乙苯和 $AlCl_3$ 等在装有搅拌器的催化剂配制槽中配制而成。

从烃化塔顶部出来的气体主要是苯蒸气，经气液分离和冷凝后回收烃化液流至沉降槽内；不凝性气体进入尾气吸收塔，用水吸收氯化氢等气体，不溶于水的气体由塔顶排出。

置于烃化液贮槽中的烃化液是一多组分的混合物。由于各组分的沸点相差较远，故可用一般精馏法分离，大多采用顺序分离流程。根据沸点的高低依次将苯、乙苯、二乙苯分出。苯循环使用；二乙苯可作为产品、或循环回反应器；多乙苯可用以配制催化剂循环回反应器。

传统的液相烷基化法反应条件缓和，催化剂对烷基转移反应有较好的活性，故多烷基苯可以循环使用。但因采用强酸性络合物催化剂，反应器、冷却器和络合物沉降槽等设备都需用耐腐蚀材料；烃化液需经水洗、碱洗等过程，流程比较复杂，如中和不完全，带入后面系统将会引起塔的腐蚀。且有废水要处理。

2. 高温均相无水三氯化铝法

在传统无水三氯化铝法的工艺中，存在着如下缺点。从烷基化产物中冷却分离所得的大量三氯化铝络合物需返回烷基化反应器，而该络合物有优先溶解多乙苯的性能，会导致反应系统倾向于生成较多的高沸物和焦油。这不仅降低了乙苯的收率，而且焦油等会包裹催化剂，使其失活而增加催化剂的消耗量。另外有较多失活的三氯化铝络合物需从系统中排出。因此近年来对此工艺作了如下改进。

(1) 制备了一种具有重三氯化铝络合物催化剂—$(C_2H_5)_3C_6H_3\cdots H^+\cdots Al_2Cl_7^-$，这种络合物能迅速地溶解在苯的混合物中，得到完全均相体系。有利于乙烯与溶解于三氯化铝络合物中的苯进行瞬间反应而生成乙苯另外催化剂用量较少，反应温度可较高。因此，可以加快烷基化反应速率，提高烃化收率、降低多乙苯和焦油的生成量。

(2) 设计成功了一种具有内外圆筒的烃化反应器。乙烯和苯可在内圆筒中瞬间完成烷基化反应，并且几乎全部乙烯在此作用完。不含乙烯的反应物流析流入外圆筒，进行烷基转移反应。由于把烷基化反应与烷基转移反应分成两个区域进行，所以可以提高乙烯和苯的配比，得到较高的乙苯收率，使多乙苯的生成量限制在最低值。

改进后的工艺称高温均相无水三氯化铝法其示意流程如图 2-27 所示。

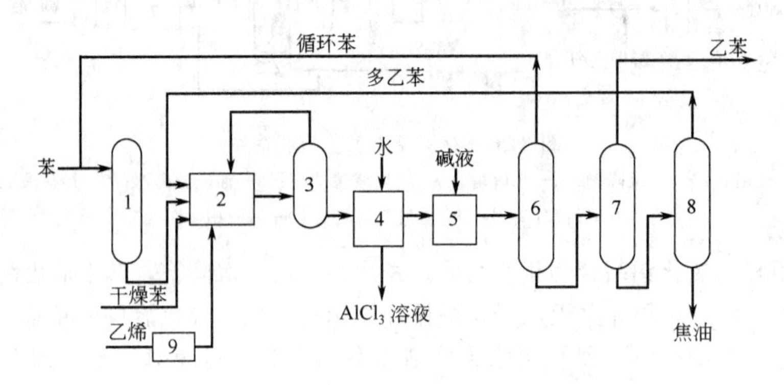

图 2-27 高温均相烃化生产乙苯示意流程图

1—苯干燥塔；2—烷基化反应器；3—泄压塔；4—水洗涤器；5—碱洗涤器；
6—苯塔；7—乙苯塔；8—多乙苯塔；9—催化剂制备槽

新鲜的乙烯、干燥的苯以及配制的三氯化铝络合物连续加入烷基化反应器。在乙烯与苯的摩尔比为 0.8，反应温度 140～200℃，反应压力 0.588～0.784MPa，三氯化铝用量为传统法的 25%的条件下进行反应。反应产物经泄压绝热闪蒸，蒸出的气态轻组分和氯化氢返回反应器；液相产物经水洗、碱洗和三塔蒸馏系统，分离出苯、乙苯和多乙苯等。苯循环使用、多乙苯返回烷基化反应器。三氯化铝络合物不重复使用，经萃取，活性炭和活性氧化铝处理后，制得一种多三氯化铝溶液，可用作废水处理凝絮剂。

3. 高温均相无水三氯化铝法和传统无水三氯化铝法的比较

(1) 技术经济指标比较如表 2-17。

表 2-17 两种 $AlCl_3$ 法生产乙苯的技术经济指标比较（每吨乙苯）

项　目	单　位	传统 $AlCl_3$ 法	高温均相 $AlCl_3$ 法
乙烯	t	0.273	0.266
苯	t	0.770	0.741
$AlCl_3$	kg	8	1.9
副产焦油	kg	2.2	0.7
水蒸气	t	1.3	1.18
燃料	4.18×10^6 kJ	—	0.5
电	kW·h	26	9

(2) 高温均相新工艺与传统三氯化铝两相工艺相比，有下述优点。①可采用较高的乙烯/苯（摩尔比)，并可使多乙苯的生成量控制在最低限度，乙苯收率达 99.3%（传统法为 97.5%)；②副产焦油少，0.6～0.9kg/t（乙苯），传统法为 2.2；③三氯化铝用量仅为

传统法的 25%，并且络合物不需循环使用，从而减少了对设备和管道的腐蚀及防腐要求；④反应温度高有利于废热回收；⑤废水排放量少。

但高温均相烃化法的反应器材质必须在高温下耐腐蚀。

（二）气相烷基化法

以固体酸为催化剂的气相烷基化法。最早采用的是以磷酸/硅藻土为催化剂的固体磷酸法，但只适用于异丙苯的生产。后来开发了以 $BF_3/\gamma Al_2O_3$ 为催化剂的阿尔卡法，可用于生产乙苯。70 年代莫比尔公司又开发成功的以 ZSM-5 分子筛为催化剂的莫比尔-巴杰尔法。现将该方法作简单介绍如下。

采用 ZSM-5 分子筛催化剂，气相烷基化所用反应器为多层固定床绝热反应器，其示意工艺流程如图 2-28 所示。

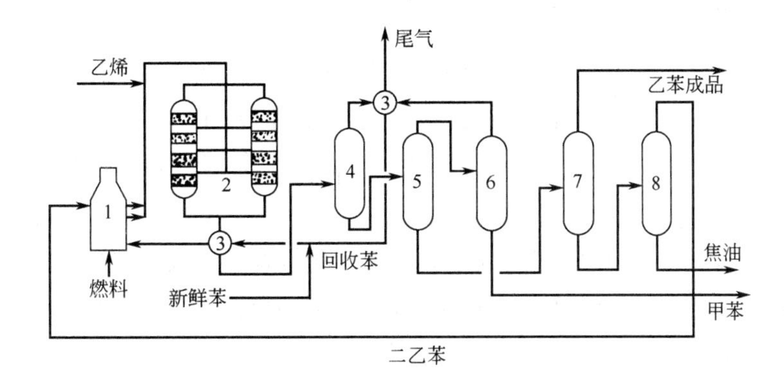

图 2-28　气相烷基化生产乙苯的工艺流程

1—加热炉；2—反应器；3—换热器；4—初馏塔；5—苯回收塔；6—苯、甲苯塔；7—乙苯塔；8—多乙苯塔

新鲜苯和回收苯与反应产物换热后进入加热炉，气化并预热至 400～420℃。先与已加热气化的循环二乙苯混合，再与原料乙烯混合后进入烷基化反应器各床层。各床层的温升控制在 70℃以下。由上一床层进入下一床层的反应物流经补加苯和乙烯骤冷至进料温度，使每层反应床的反应温度相接近。典型的操作条件为：温度 370～425℃，压力 1.37～2.74MPa，质量空速 3～5kg 乙烯/kg 催化剂·h。烷基化产物由反应器底部引出，经换热后进入初馏塔，蒸出的轻组分及少量苯，经换热后至尾气排出系统作燃料塔釜物料进入苯回收塔，在该塔内将物料分割成两部分，塔顶蒸出苯和甲苯进入苯、甲苯塔；塔釜物料进入乙苯塔。在苯、甲苯塔分离得到回收的苯循环使用、甲苯作为副产品引出。在乙苯塔塔顶蒸出乙苯成品送贮罐区；塔底馏分送入多乙苯塔。多乙苯塔在减压下操作，塔顶蒸出二苯、返回烷基化反应器；塔釜引出多乙苯残液送入贮槽。

该法的主要优点有：无腐蚀无污染，反应器可用低铬合金钢制造，尾气及蒸馏残渣可作燃料；乙苯收率高，以 ZSM-5 为催化剂时乙苯收率达 98%，以 HZSM-5 为催化剂（Si/Al=67，α=120）时乙苯收率达 99.3%；能耗低，烷基化反应温度高有利于热量的回收，完善的废热回收系统使装置的能耗少；催化剂价廉，寿命二年以上，每千克乙苯耗用的催化剂较传统三氯化铝法价廉 10～20 倍；以及装置投资较低、生成成本低，装置不需特殊合金设备和管线等。

但该法由于催化剂表面积焦，活性下降甚快，需频繁进行烧焦再生。

第六节　芳烃的脱烷基化[5,34～36]

烷基芳烃分子中与苯环直接相连的烷基，在一定的条件下可以被脱去，此类反应称为芳烃的脱烷基化。工业上主要应用于甲苯脱甲基制苯、甲基萘脱甲基制萘。

$$C_6H_5CH_3 + H_2 \longrightarrow C_6H_6 + CH_4$$

$$C_{10}H_7CH_3 + H_2 \longrightarrow C_{10}H_8 + CH_4$$

也有从三甲苯脱甲基过程中制备二甲苯的。

$$C_6H_3(CH_3)_3 + H_2 \xrightarrow{k_1} C_6H_4(CH_3)_2 + CH_4$$

$$C_6H_4(CH_3)_2 + H_2 \xrightarrow{k_2} C_6H_5CH_3 + CH_4$$

$$C_6H_5CH_3 + H_2 \xrightarrow{k_3} C_6H_6 + C_4$$

实验测得的反应速度常数（铝铬催化剂）比值如下：$k_1/k_3=4.4$，$k_2/k_3=2.7$。所以甲基是一个一个地脱去的顺次反应，而且脱甲基的速度也顺次减慢，脱最后一个甲基生成苯的速度最慢。二甲苯是反应过程的中间产品，故如选择缓和的操作条件，可使反应产物主要为二甲苯。

一、方法简介

（一）烷基芳烃的催化脱烷基

烷基苯在催化裂化的条件下可以发生脱烷基反应生成苯和烯烃。此反应为苯烷基化的逆反应，是一强吸热反应。例如异丙苯在硅酸铝催化剂作用下于350～550℃催化脱烷基成苯和丙烯。即 $C_6H_5CH(CH_3)_2 \rightleftharpoons C_6H_6 + CH_3CH{=}CH_2$，反应的难易程度与烷基的结构有关。不同烷基苯脱烷基次序为：叔丁基＞异丙基＞乙基＞甲基。烷基愈大愈容易脱去。甲苯最难脱甲基，所以这种方法不适用于甲苯脱甲基制苯。

（二）烷基芳烃的催化氧化脱烷基

烷基芳烃在某些氧化催化剂作用下用空气氧化可发生氧化脱烷基生成芳烃母体及二氧化碳和水。其反应通式可表示如下。

$$C_6H_5{-}C_nH_{2n+1} + \frac{3}{2}nO_2 \longrightarrow C_6H_6 + nCO_2 + nH_2O$$

例如甲苯在400～500℃，在铀酸铋催化剂存在下，用空气氧化则脱去甲基而生成苯，选择性可达70％。

此法尚未工业化，其主要问题是氧化深度难控制和反应选择性较低。

（三）烷基芳烃的加氢脱烷基

此法是在大量氢气存在下，在加压条件下，使烷基芳烃发生氢解反应脱去烷基生成母体芳烃和烷烃。

$$C_6H_5R + H_2 \longrightarrow C_6H_6 + RH$$

这一反应在工业上广泛用于从甲苯脱甲基制苯。是近年来扩大苯来源的重要途径之一。也用于从甲基萘脱甲基制萘。

$$C_6H_5CH_3 + H_2 \longrightarrow C_6H_6 + CH_4$$

$$C_{10}H_7CH_3 + H_2 \longrightarrow C_{10}H_8 + CH_4$$

在氢气存在下有利于抑制焦炭的生成，但在临氢脱烷基条件下也会发生下面的深度加氢裂解副反应。

$$C_6H_5CH_3 + 10H_2 \longrightarrow 7CH_4$$

烷基芳烃的加氢脱烷基过程，又分成催化法和热法两种。以甲苯加氢脱甲基制苯为例对这两种方法的比较如表 2-18。从表 2-18 看出，两法各有优缺点。由于热法具有不需催化剂，苯收率稍高和原料适应性较强等优点，所以采用加氢热脱烷基法的装置日渐增多。

表 2-18　催化法和热法脱烷基的比较

项　　目	催　　化　　法	热　　法
反应温度/℃	530～650	700～800
反应压力/MPa	2.94～7.85	1.96～4.90
苯收率/%	96～98	97～99
催化剂	要	不要
反应器运转周期	半年	一年
空速大小	较小(反应器较大)	较大(反应器较小)
原料要求	原料适应性差，非芳烃和 C_9^+ 含量不能太高	原料适应性较好，允许含非芳烃达 30%，C_9^+ 芳烃达 15%
补充氢的要求	对 CO、CO_2、H_2S、NH_3 等杂质含量有一定要求	杂质含量不限制
气态烃生成量	少	稍多
氢耗量	低	稍高
反应器材质要求	低	高
苯纯度(产品)	99.9%～99.95%	99.99%

(四) 烷基苯的水蒸气脱烷基法

本法是在加氢脱烷基同样的反应条件下，用水蒸气代替氢气进行的脱烷基反应。通常认为这两种脱烷基方法具有相同的反应历程。

$$C_6H_5CH_3 + H_2O \longrightarrow C_6H_6 + CO + 2H_2$$

$$C_6H_5CH_3 + 2H_2O \longrightarrow C_6H_6 + CO_2 + 3H_2$$

甲苯还可以与反应中生成的氢作用进行脱烷基化反应。

$$C_6H_5CH_3 + H_2 \longrightarrow C_6H_6 + CH_4$$

同样在脱烷基的同时也伴随发生苯环的开环裂解反应。

$$C_6H_5CH_3 + 14H_2O \longrightarrow 7CO_2 + 18H_2$$

$$C_6H_5CH_3 + 10H_2 \longrightarrow 7CH_4$$

水蒸气法突出的优点是以廉价的水蒸气代替氢气作为反应剂，反应过程不但不消耗氢气，还副产大量含氢气体。但此法与加氢法相比苯收率较低，一般在 90～97%；需用贵金属铑作催化剂，成本较高。因此目前尚处于中试阶段。

二、甲苯加氢脱烷基制苯

甲苯加氢脱烷基制苯是 60 年代以后，由于对苯的需要量增长很快，为了调整苯的供需平衡而发展起来的增产苯的途径之一。

(一) 主副反应和热力学分析

主反应

$$C_6H_5CH_3 + H_2 \longrightarrow C_6H_6 + CH_4 \qquad (1)$$

$$\Delta H^0_{800K} = -49.02\text{kJ/mol}$$

副反应

$$C_6H_6 + 3H_2 \longrightarrow C_6H_{12} \qquad (2)$$

$$\Delta H^0_{800K} = -220.6\text{kJ/mol}$$

$$C_6H_{12} + 6H_2 \longrightarrow 6CH_4 \qquad (3)$$

$$\Delta H^0_{800K} = -367.32\text{kJ/mol}$$

$$CH_4 \longrightarrow C + 2H_2 \qquad (4)$$

$$\Delta H^0_{800K} = 87.15\text{kJ/mol}$$

四个反应的平衡常数和温度的关系见表 2-19 所示。

表 2-19 平衡常数和温度的关系

反应 \ $\log K_p$	700K (427℃)	800K (527℃)	900K (627℃)	1000K (727℃)
(1)	3.17	2.72	2.36	2.07
(2)	−4.26	−6.32	−7.92	−9.19
(3)	25.02	21.65	18.96	16.70
(4)	−0.95	−0.15	0.49	1.01

从表 2-19 中数据可以看出，主反应在热力学上是有利的。当温度不太高，氢分压较高时可以进行得比较完全。然而副反应中除芳烃加氢反应（2），平衡常数很小外，环烷烃的加氢裂解反应（3）在热力学上却十分有利，为不可逆反应，只要芳烃一经加氢成环烷烃，如有足够长的反应时间，就会深度加氢裂解成甲烷而后止；虽然采用较高的反应温度、较低的氢分压深度加氢裂解反应可以被抑制。但温度过高、氢分压过低将不利于主反

应，而有利于甲烷分解生成碳的副反应（4）和如下的芳烃脱氢缩合反应。

$$C_6H_6 + C_6H_5\text{—}CH_3 \longrightarrow C_6H_5\text{—}C_6H_4\text{—}CH_3 + H_2$$

$$\longrightarrow C_{13}H_{10} + 2H_2$$

所以这些副反应都较难从热力学上来加以抑制，因此只有从动力学上来控制它们的反应速度，使它们尽量少地发生。

从以上分析可知加氢脱烷基的温度不宜太低也不宜太高，氢分压和氢气对甲苯的摩尔比，较大时对防止结焦和对加氢脱烷基反应都比较有利，但对抑制一些加氢副反应的发生是不利的，而且也会增加氢气的消耗。

（二）催化剂

主要是由含量为 4%～20%（质量）的，周期表中第Ⅳ、Ⅷ族中的，Cr、Mo、Fe、Co 和 Ni 等元素的氧化物负载于 Al_2O_3、SiO_2 等载体上所组成。最常用的是氧化铬-氧化铝、氧化钼-氧化铝和氧化铬-氧化钼-氧化铝催化剂。为了抑制芳烃裂解生成甲烷等副反应的进行，常加入少量碱和碱土金属作为助催化剂；为防止缩合产物和焦的生成，提高催化剂的选择性，也可在反应区内加入反应物料量的 10%～15%（质量）的水蒸气。

（三）工艺过程

1. 以氧化铬-氧化铝为催化剂的甲苯脱甲基制苯的工艺过程流程如图 2-29 所示。

新鲜原料甲苯与循环甲苯、新鲜氢气与循环氢气经加热炉加热到所需温度后进入反应器，从反应器出来的气体产物经冷却器冷却、冷凝，气液混合物一起进入闪蒸分离器，分出的氢气一部分直接返回反应器；另一部分中除一小部分排出作燃料外，其余送到纯化装置除去轻质烃，提高浓度后再返回到反应器使用。凝液芳烃经稳定塔去除轻质烃和白土塔脱去烯烃后至苯精馏塔，塔顶得产品苯。塔釜重馏分送再循环塔，塔顶蒸出未转化的甲苯再返回反应器使用，塔底的重质芳烃排出系统。

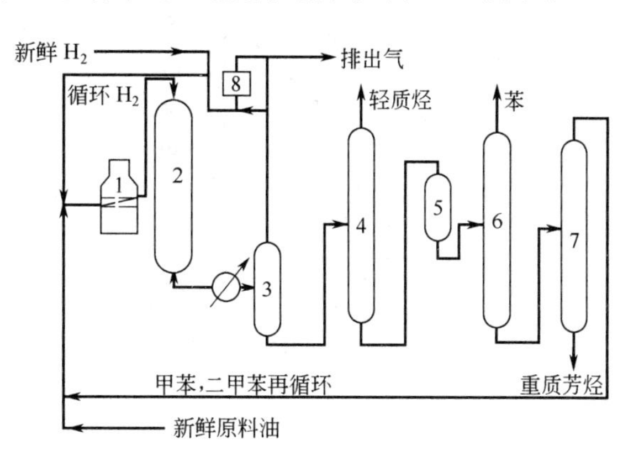

图 2-29 甲苯催化加氢脱甲基制苯工艺流程

1—加热炉；2—反应器；3—闪蒸分离器；4—稳定塔；5—白土塔；6—苯塔；7—再循环塔；8—H_2 提浓装置

采用绝热式反应器，为了保持一定的反应器出口温度也有采用两只反应器串联，在两只反应器之间喷入液体甲苯进行骤冷。

操作条件为，反应温度 595～650℃，压力 5.57～6.59MPa，液空速 1～5h^{-1}，氢/甲苯（摩尔比）4～5。

当以纯甲苯为原料时，甲苯的单程转化率为 80%左右，选择性可达 98%左右。

2. 甲苯加氢热脱甲基制苯的工艺过程

甲苯在 600℃以上，一定的氢压下，可以发生加氢热脱甲基反应。曾研究了反应参数对苯收率的影响。如图 2-30、图 2-31、图 2-32 和图 2-33 所示。

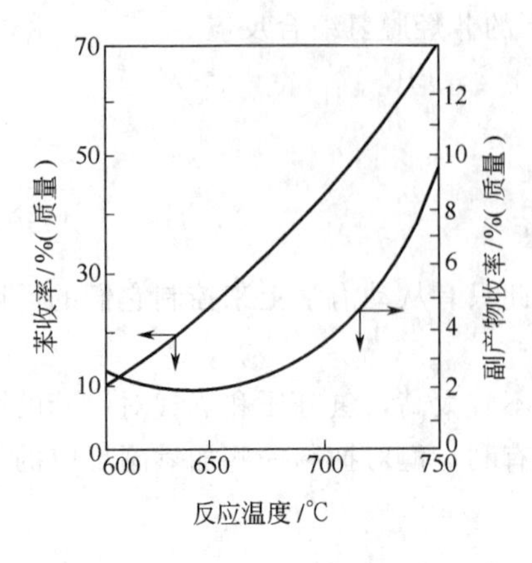

图 2-30　苯收率与反应温度的关系
空速　$0.2h^{-1}$；
压力　4.5MPa；
氢烃摩尔比　4.7∶1。

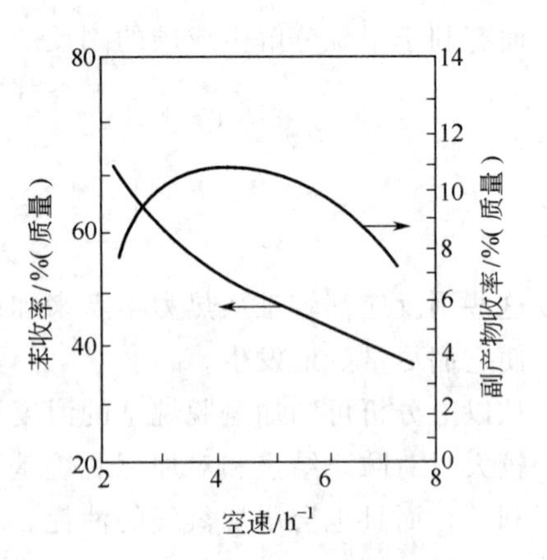

图 2-31　苯收率与空速的关系
压力　3.92MPa；
温度　750℃；
氢烃摩尔比　3.3。

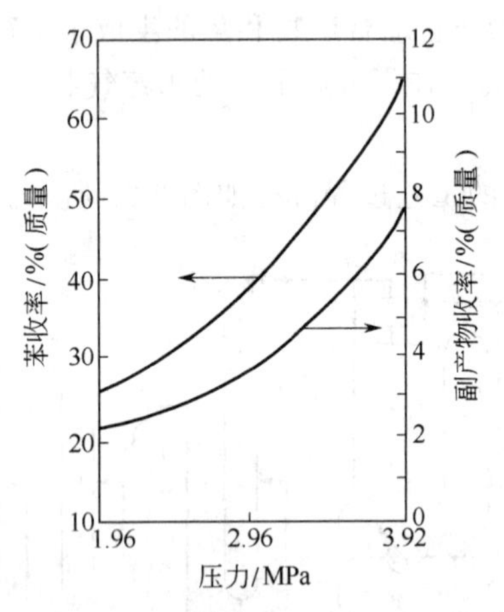

图 2-32　苯收率与压力的关系
温度　790℃；
空速　$5h^{-1}$；
氢烃摩尔比　3.8。

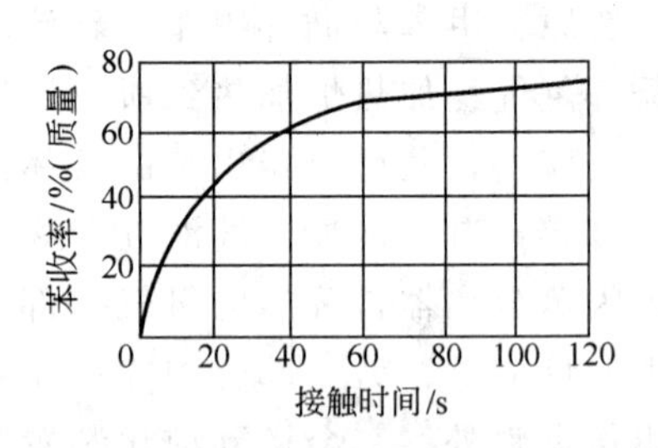

图 2-33　苯收率与接触时间的关系
温度　700℃；
压力　0.5～7.0MPa；
空速　$0.3～17h^{-1}$；
氢烃摩尔比　4.4～18。

从图看出，较适宜的反应条件为：反应温度 700～800℃，液空速 3～6 $[小时]^{-1}$，氢/甲苯（摩尔比）3～5，压力 3.98～5.0MPa 和接触时间 60 秒左右。

甲苯加氢热脱甲基制苯的工艺流程基本上与催化加氢脱甲基的流程相似，只是反应温度较高，热量需要合理利用。其流程如图 2-34 所示。

原料甲苯、循环芳烃（未转化甲苯和少量联苯）和氢气混合，经换热后进入加热炉，加热到接近热脱烷基所需温度进入反应器，由于加氢及氢解副反应的发生，反应热很大，为了控制所需反应温度，可向反应区喷入冷氢和甲苯。反应产物经废热锅炉。热交换器进行能量回收后，再经冷却、分离、稳定和白土处理，最后分馏得到产品苯，纯度大于 99.9%（摩），苯收率为理论值的 96%～100%。未转化的甲苯和其他芳烃经再循环塔分

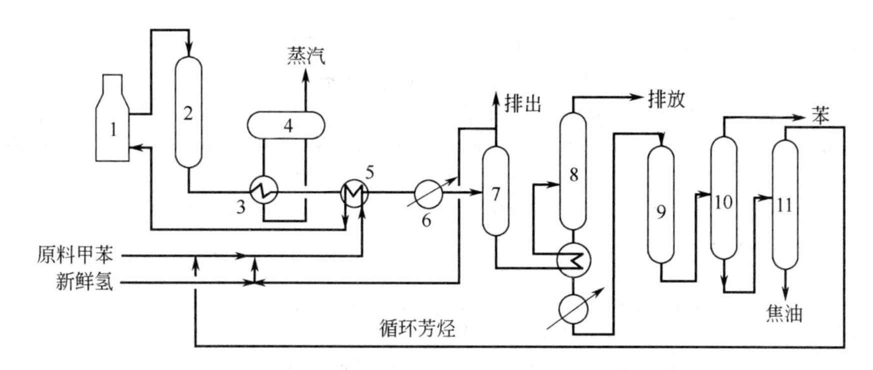

图 2-34 甲苯加氢热脱甲苯制苯工艺流程

1—加热炉；2—反应器；3—废热锅炉；4—汽包；5—换热器；6—冷却器；
7—分离器；8—稳定塔；9—白土塔；10—苯塔；11—再循环塔

出后，循环回反应器。典型的物料平衡如表 2-20。

表 2-20 典型的甲苯脱甲基物料平衡

原 料	%(质量)	产 品	%(质量)	原 料	%(质量)	产 品	%(质量)
甲苯	100	甲烷	18.6			苯	82.0
		乙烷	0.4			聚合物	0.3
氢	2.5	丙烷	0.6	合计	102.5	合计	102.5
		丁烷以上	0.6				

本法具有副反应少、重芳烃（蒽等）收率低等特点。

参 考 文 献

[1] 郝国璋，石油化工，16，5，375（1987）.

[2] Slanley C. Che et al.，CEP，81，5，45（1985）.

[3] 由轻石脑油生产芳烃和高辛烷值汽油组分的 Aromax 新工艺，"石油化工动态"，11，中国石油化工总公司科学技术情报研究所，1988 年 5 月 10 日（内部资料）.

[4] 曾亭，石油化工快报，有机原料，15，5（1988 年 8 月 1 日）.

[5] 孙宗海、瞿国华、张溱芳编，《石油芳烃生产工艺与技术》，化学工业出版社，1986 年.

[6] 上海化工学院，"煤化学和煤焦油化学"，上海人民出版社，1976 年.

[7] API Report，Hydrocarbon Processing，49，5，113（1970）.

[8] J. E. Germain 著，"烃类的催化转化"，吴祉龙，何文生，黄立钧译，石油化学工业出版社，1976 年.

[9] H. A. Benesi，J. of Catalysis，8，4，368（1967）.

[10] M. A. 达林著，王会仪、朱长赢译，"烯烃对苯的烃化作用"，中国工业出版社，1963 年.

[11] 上海石化总厂，"芳烃联合装置技术资料汇编"（上），（内部交流）.

[12] S. H. Hastings et al，J. of Chemical and Engineering Data，6，1，1（1961）.

[13] Clark J. Egan，Ibid，5，3，298（1960）.

[14] 王振秋，"石油化学通讯"，5，40（1983）.

[15] U. S. P. 3651162.

[16] P. Grandio，F. H. Schenider，Oil and Gas J.，69，48，61（1971）.

[17] 小川大肋，林正太郎，工业化学杂志（日），72，10，2165（1969）.

[18] Кравченко，B. M. 著，《甲苯、二甲苯及其工业衍生物》，王杰、白庚辛译，化学工业出版社，1987 年.

[19] Harry W. Haines，Ind. Eng. Chem.，47，1096（1955）.

[20] D. B. Brughton，R. W. Neuzii et. al，Chemical Engineering Progress，66，9，71（1970）.

[21] R. S. Atkins，Hydrocarbon Processing，49，11，127（1970）.

[22] D. P. Thornton, Ibid, 49, 11, 151 (1970).
[23] A. Cortes, J. of Catalysis, 51, 3, 338 (1978).
[24] 上海石油化工总厂,《旋转阀控制系统说明》,(内部交流) 1984 年.
[25] 苏企沟编,《有机化学反应历程》, 高等教育出版社, 1965 年.
[26] George A. Olah, "Friedel-Craft and Relatad Reactions" Vol Ⅰ. Vol Ⅱ Part Ⅰ, Interscience Publishers (1963、1964).
[27] B. T. Brooks & Others Eds., "The Chemistry of Petroleum Hydrocarbons", Vol 3, 581 (1955).
[28] 王金平, 石油化工, 13, 5, 347 (1984).
[29] 杨智生, 辽宁化工, 5, 16 (1986).
[30] A. Miller and J. W. Donaldson, Chemical & Process Engineering, 48, 12, 37 (1967).
[31] Warren Huang, Oil and Gas J., 80, 13, 119 (1982).
[32] F. G. Dwyer, P. J. Lewis and F. H. Sehneider, Chem. Eng., 83, 1, 90 (1976).
[33] P. J. Lewis, F. G. Dwyer, Oil and Gas J., 75, 40, 55 (1977).
[34] Doelp, L. G., Industrial and Engineering Chemistry, Process Design and Development, 4, 1, 92 (1965).
[35] G. F. Asselin, Advances in Petroleum Chemistry and Refining, Vol, Ⅸ, 46, 1964.
[36] A. A. Balandin et al., "Proceedings of 7th World Petroleum Congress", Vol. 5, 121, 1967.

第三章　催化加氢

第一节　概　　述[1]

一、催化加氢在石油化工工业中的应用

将有机化合物进行催化加氢，能获得很多新的产物。其中有许多是很有价值的基本有机化学工业产品，所以催化加氢反应在基本有机化学工业生产中应用较广。除了用于合成有机产品外，还用于精制过程。

（一）合成有机产品

（1）用苯做原料，进行催化加氢反应，可以得到产品环己烷。

$$C_6H_6 + 3H_2 \xrightarrow{Ni\text{-}Al_2O_3} C_6H_{12}$$

环己烷是生产聚酰胺纤维的重要原料，它的产量是很大的。

（2）将苯酚进行催化加氢，可以得到产品环己醇。

$$C_6H_5\text{-}OH + 3H_2 \xrightarrow{\text{骨架镍}} C_6H_{11}\text{-}OH$$

环己醇也是生产聚酰胺纤维的重要原料。

（3）以一氧化碳为原料，进行催化加氢反应，因催化剂和反应条件的不同，可以获得不同的有机产品。例如用铜基催化剂，在230～270℃，10.0MPa的条件下，可以合成甲醇。甲醇是重要的基本有机化工产品。其反应如下。

$$CO + 2H_2 \longrightarrow CH_3OH$$

用Co-ThO_2、Ni-ThO_2或者铁催化剂，在160～230℃，0.5～2.5MPa下，可以合成烃（汽油、柴油、蜡等），即费-托（Fischer-Tropsh简称F-T）合成。

$$nCO + (2n+1)H_2 \longrightarrow C_nH_{2n+2} + nH_2O$$

（4）丙酮加氢可以生产异丙醇，丁烯醛加氢可制得丁醇。

$$(CH_3)_2C{=}O + H_2 \xrightarrow{Cu\text{-浮石}} (CH_3)_2CHOH$$

$$CH_3CH{=}CHCHO + 2H_2 \xrightarrow{Ni\text{-硅藻土}} CH_3CH_2CH_2CH_2OH$$

异丙醇和丁醇是重要的有机原料和溶剂。

（5）羧酸或酯加氢生产高级伯醇。

$$RCOOH + 2H_2 \xrightarrow{Cu\text{-}Cr\text{-}O} RCH_2OH + H_2O$$

$$RCOOR' + 2H_2 \xrightarrow{Cu\text{-}Cr\text{-}O} RCH_2OH + R'OH$$

高级伯醇是表面活性剂、合成洗涤剂和增塑剂工业的重要原料。

（6）己二腈经催化加氢合成己二胺，己二胺是聚酰胺纤维的重要单体。

$$N \equiv C(CH_2)_4C \equiv N + 4H_2 \xrightarrow{\text{骨架镍}} H_2N(CH_2)_6NH_2$$

（7）硝基苯催化加氢合成苯胺。

$$C_6H_5-NO_2 + 3H_2 \longrightarrow C_6H_5-NH_2 + 2H_2O$$

（8）杂环化合物加氢可以制得新的产物，以呋喃、糠醛为例，其反应如下。

$$\text{呋喃} + 2H_2 \xrightarrow{\text{骨架镍}} \text{四氢呋喃}$$

$$\text{呋喃基}-CHO + H_2 \xrightarrow{Cu\text{-}Cr\text{-}O} \text{呋喃基}-CH_2OH \ (\text{糠醇})$$

四氢呋喃是良好的溶剂，糠醇可用以合成糠醇树脂。

（9）甲苯或甲基萘加氢脱烷基生产苯或萘。

$$C_6H_5-CH_3 + H_2 \xrightarrow{Al_2O_3\text{-}Cr_2O_3} C_6H_6 + CH_4$$

$$C_{10}H_7-CH_3 + H_2 \xrightarrow{Al_2O_3\text{-}Cr_2O_3} C_{10}H_8 + CH_4$$

（二）加氢精制

1. 裂解气乙烯和丙烯的精制

从烃类裂解气分离得到的乙烯和丙烯中含有少量乙炔、丙炔和丙二烯等有害杂质，可利用催化加氢方法，使炔烃和二烯烃进行选择加氢，转化为相应的烯烃而除去（参见第一章）。

2. 裂解汽油的加氢精制（参见第二章）

3. 精制氢气

氢气中含有一氧化碳杂质，在加氢反应时能使催化剂中毒。可通过催化加氢反应，使一氧化碳转化为甲烷，达到精制的目的。其反应式如下。

$$CO + 3H_2 \xrightarrow{Ni\text{-}Al_2O_3} CH_4 + H_2O$$

二氧化碳也能发生类似反应

$$CO_2 + 4H_2 \xrightarrow{Ni\text{-}Al_2O_3} CH_4 + 2H_2O$$

这两个反应通常称甲烷化反应。反应温度 260～300℃压力为 3.0MPa 左右。

4. 精制苯

从焦炉气或煤焦油中分离得到的苯，含有硫化物杂质，通过催化加氢，可以比较干净地将它们脱除掉。例如噻吩的脱除，其反应如下式。

$$\text{噻吩} + 4H_2 \xrightarrow{\text{硫化镍}} C_4H_{10} + H_2S$$

二、加氢反应类型

工业中应用的重要催化加氢反应，主要有下列几种类型。

(一) 不饱和 —C≡C—，$\rangle$C=C$\langle$ 键的加氢

$$—C≡C— + H_2 \longrightarrow \rangle C=C \langle$$

$$\rangle C=C \langle + H_2 \longrightarrow \rangle C—C \langle$$

$$\text{环戊二烯} + H_2 \longrightarrow \text{环戊烯}$$

(二) 芳环加氢

例如苯环加氢，可同时加三分子氢转化为相应的脂环化合物。

(三) 含氧化合物加氢

例如含有 $\rangle$C=O 基化合物加氢可转化为相应的醇。

(四) 含氮化合物加氢

例如含有—CN、—NO_2 等官能团的化合物加氢得到相应的胺类。

(五) 氢解

在加氢反应过程中同时发生裂解，有小分子产物生成，或者生成分子量较小的两种产物。例如酸、酯、醇或烷基芳烃的氢解反应，以及有机含硫、含氮、含氧化合物的氢解反应。

由于被加氢官能团的结构不同，加氢难易程度也不同，所用催化剂也有所不同。有些加氢反应被加氢的化合物分子中有两个以上官能团，要求只一个官能团有选择地进行加氢，而另一个官能团仍旧保留，这种加氢反应称为选择性加氢。选择性加氢的关键在于选择适宜的催化剂。例如苯乙烯加氢，用选择性好的铜催化剂，可以只使侧链上双键加氢，而苯核不加氢，得产物乙苯，当用镍催化剂时，双键和苯核全进行加氢，得产物乙基环己烷。

$$C_6H_5—CH=CH_2 \xrightarrow{Ni} C_6H_{11}—C_2H_5$$

$$C_6H_5—CH=CH_2 \xrightarrow{Cu} C_6H_5—C_2H_5$$

有些加氢反应必须控制加氢深度，使加氢停止在要求的深度上。例如乙炔加氢，要求加氢停止在乙烯阶段，乙烯不再进行加氢。又如环戊二烯加氢合成环戊烯，只允许一个双键进行加氢。这种类型选择性加氢反应，主要也是在于选择合适的催化剂，但是反应温度和氢分压有时也有显著影响。

当混合物中有两个以上可加氢物质时，如只允许其中一个或几个物质加氢，不允许另外的物质加氢。例如裂解汽油中含有芳烃、二烯烃、烯烃以及含硫、含氮、含氧等杂质，进行加氢精制时，不允许苯环加氢，其他化合物必须加氢到 ppm 级，这种类型选择加氢反应，与各物质的加氢能力密切相关，在适宜的催化剂存在下，由于种物质在催化剂表面吸附能力不同，加氢速度不同，从而达到选择性加氢的目的。

三、氢的性质和来源

(一) 氢的性质

氢是无色无味的气体。氢与氧混合易形成爆炸性气体。在氢氧混合物中，当氢的浓度达到一定范围时才可能爆炸，此浓度范围称爆炸极限。氢的爆炸极限数据如表 3-1 所示。

表 3-1　氢爆炸极限浓度

介质/%(V)	下　限	上　限
与空气混合	4.1	74.2
与氧气混合	4.65	73.9

加氢反应大多在压力下进行。在高压下氢对钢有腐蚀作用，使钢材脆化。其原因是氢与钢中的碳能发生如下反应

$$Fe_3C+2H_2 \longrightarrow CH_4+3Fe$$

在高温高压下，氢原子能侵入钢的晶格中，与钢中碳原子化合，生成甲烷。此甲烷向外扩散，在晶格中产生应力，晶格结构发生变形，钢硬化变形，称为氢蚀。

上述氢蚀现象随着温度与压力的升高而越严重。表 3-2 中数据是钢开始氢蚀的温度与压力。以普通碳钢为例，当加氢反应温度为 300℃时，开始氢蚀的压力为 15MPa。

表 3-2　氢蚀压力与温度

钢　　种	压　　力	温　度/℃					
		0	100	200	300	400	500
碳　钢	MPa	>60	50	28	15	8.0	3.0
1%Cr,0.5Mo	MPa			>70	60	15	5.0

在钢中加入适量的 Cr、Ti 和 Nb 等，可以提高钢的抗氢蚀能力。在高压下不能使用普通碳钢，需要使用合金钢。

(二) 氢的来源

加氢用氢气的来源有多种，主要是由含氢物质转化而来。

在有廉价电力资源的地方，水电解制氢是氢气的重要来源。石油炼厂铂重整装置和脱氢装置等有副产氢气；烃类裂解生产乙烯装置也副产氢气；焦炉煤气中含氢 60%左右，经变压吸附分离可以获得高纯度氢气。

利用烃类转化制氢，是工业是常用的方法。天然气或石脑油进行转化可以制得氢；用煤或焦气化也可以制氢。天然气中主要含有甲烷，甲烷中氢的含量高于其他烃类，所以甲烷是理想的制氢原料。在有天然气资源的地方，多用天然气为原料制氢。下面我们对甲烷水蒸气转化法和部分氧化法制氢作简要介绍。

1. 水蒸气转化法

在高温下，在镍催化剂的作用下，甲烷与水蒸气进行转化反应，生成 H_2、CO 和 CO_2。

$$CH_4+H_2O \rightleftharpoons CO+3H_2$$

$$CH_4+2H_2O \rightleftharpoons CO_2+4H_2$$

生成的 CO 和水蒸气在一定条件下进行变换反应生成 CO_2 和 H_2。

$$CO+H_2O \rightleftharpoons CO_2+H_2$$

以轻质烃或石脑油为原料制氢，也有上述类似的反应。

烃类水蒸气转化制氢的生产流程简图，如图 3-1 所示。经过脱硫预处理的原料气与水蒸气混合后进入转化炉，炉内有一定数量的反应管，管内装有镍催化剂。压力约为 2.0MPa 的混合气被加热到 800℃左右，在镍催化剂的作用下，转化成氢气、一氧化碳和

二氧化碳。

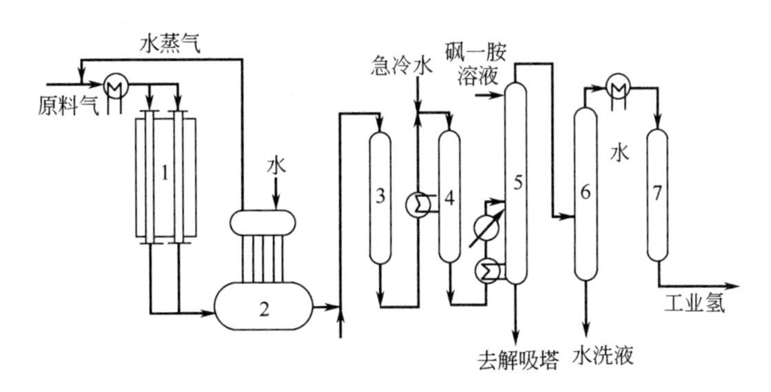

图 3-1　烃类水蒸气转化制氢流程

1—转化炉；2—废热锅炉；3—CO 中温变换器；4—CO 低温变换器；
5—CO_2 吸收塔；6—水洗塔；7—甲烷化反应器

转化气从转化炉出来后，经废热锅炉回收热量，而后又喷入急冷水冷却到 380～400℃，随即进入 CO 中温变换反应器，在中温变换催化剂作用下，使 CO 的含量降到 3%（体）左右。

中温变换气经过换热及冷却到 180～200℃后进入 CO 低温变换反应器，在低温变换催化剂作用下，使 CO 含量降到 0.3%（体）左右。

在吸收塔中用环丁砜——乙醇胺溶液除去气体中的 CO_2，其含量可降到 0.3%（体）以下。

粗氢气再经过水洗以回收夹带的环丁砜——乙醇胺溶液，然后加热到 300℃进入甲烷化反应器。在 Ni/Al_2O_3 催化剂作用下，粗氢气中残余的 CO、CO_2 与氢气反应生成甲烷，制得氧化物含量少于 0.1%（体）工业氢气。此工业氢气可以用于加氢合成或加氢精制。

例如以 C_3 26%，C_4 70%，其他 C_1，C_5 组分占 4%的液化气为原料，用水蒸气催化转化，并经过变换和净化，可制得如下纯度的氢气。

H_2 ………………………………………… 98%　　$CO+CO_2$ ………………………………… ≤20ppm

CH_4 ………………………………………… 2%　　H_2O ………………………………………… ≤10ppm

甲烷水蒸气转化生成的 CO 和 H_2 的混合气，可以用于合成甲醇等有机合成产品，故此混合气体也称合成气。表 3-3 是以天然气为原料，进行水蒸气转化生产的合成气组成。表中序号 4 是低压合成甲醇用合成气，另配入了 CO_2。

表 3-3　合成气组成

序号	CO_2 %(V)	CO %(V)	H_2 %(V)	CH_4 %(V)	N_2 %(V)	序号	CO_2 %(V)	CO %(V)	H_2 %(V)	CH_4 %(V)	N_2 %(V)
1	0.3	31.9	67.1	0.6	0.12	3	2.6	34.5	61.4	0.3	1.4
2	0.5	32.0	65.6	0.2	1.7	4	11.22	13.12	70.36	4.68	0.62

2. 部分氧化法

将甲烷部分氧化，即不完全燃烧，也可以制氢，其反应如下。

$$CH_4+\frac{1}{2}O_2 \longrightarrow CO+2H_2$$

表3-4是不同原料的部分氧化法合成气组成。反应温度为1400～1500℃，系非催化反应。方法比较简单。所得合成气经CO变换和精制也可以获得纯度较高的氢气。

表3-4 部分氧化法合成气组成

组分 %(V)	原料			组分 %(V)	原料		
	天然气	石脑油	重燃料油		天然气	石脑油	重燃料油
H_2	60.9	51.6	46.1	CH_4	0.4	0.4	0.4
CO	34.5	41.8	46.9	N_2	1.4	1.4	1.4
CO_2	2.8	4.8	4.3	S		70(ppm)	0.9

3. 变压吸附分离法

焦炉煤气或其他含氢气体可以利用吸附剂进行分子吸附，把氢气分离出来。工业上采用变压吸附完成气体分离过程，压力高吸附多，压力低则少。例如焦炉煤气，压力高时通过分子筛吸附剂氢气被分离出，其他组分被吸附，压力低时分子筛脱吸再生。

焦炉煤气为原料，采用变压吸附技术，包括下述过程。

(1) 原料气加压。

(2) 预处理（脱去焦油、萘等杂质）。

(3) 分离氢（变压吸附装置）。

(4) 氢精制（除去氢气中微量氧和水分）。

焦炉煤气用压缩面升压1.0MPa，冷却之后在预处理吸附塔中除去易发生堵塞物质焦油和萘等杂质。接着在氢气分离设备中，通过变压吸附只把氢气分离出去。其他组分被吸附，减压时脱吸，释放出残气作为副产燃料气。变压吸附设备是并联的四个吸附塔，有的加压吸附，有的减压脱附，自动切换完成循环过程。吸附剂是分子筛，例如可以用由煤制的炭分子筛或沸石分子筛。变压吸附分离出来的氢气中还含有微量氧，在催化燃烧脱氧器中脱去之。此法所得氢气可达到高纯度。变压吸附装置能力已达到每时50000m^3。

第二节 催化加氢反应的一般规律[2～10]

一、热力学分析

(一) 反应热效应

加氢反应是放热反应，但是由于被加氢的官能团的结构不同，放出的热量也不相同。可用下述各例加以说明。所给热效应数值的温度条件，除另有注明者外都是在25℃。热效应ΔH^0的单位是kJ/mol。

$$CH\equiv CH + H_2 \longrightarrow CH_2=CH_2 + 174.3$$

$$CH_2=CH_2 + H_2 \longrightarrow CH_3CH_3 + 132.7$$

$$\text{环戊烯}(\text{气}) + H_2 \longrightarrow \text{环戊烷}(\text{气}) + 101.2$$

$$\text{苯}(\text{气}) + 3H_2 \longrightarrow \text{环己烷}(\text{气}) + 208.1$$

$$\text{甲苯} + H_2 \longrightarrow \text{苯} + CH_4 + 42.0$$

$$CH_3COCH_3(\text{气}) + H_2 \longrightarrow (CH_3)_2CHOH(\text{气}) + 56.2$$

$$CH_3CH_2CH_2CHO(气)+H_2 \longrightarrow CH_3(CH_2)_3OH(气)+69.1$$

$$CO+2H_2 \longrightarrow CH_3OH(气)+90.8$$

$$CO+3H_2 \longrightarrow CH_4+H_2O+176.9$$

$$C_2H_5SH+H_2 \longrightarrow C_2H_6+H_2S+70.0(700K)$$

$$C_2H_5SC_2H_5+2H_2 \longrightarrow 2C_2H_6+H_2S+120.3(700K)$$

$$\text{(噻吩)}+4H_2 \longrightarrow n\text{-}C_4H_{10}+H_2S+280.4(700K)$$

(二) 化学平衡

影响加氢反应化学平衡的有温度、压力和用量比诸因素，分别进行讨论如下。

1. 影响的影响

在温度低于100℃时，绝大多数加氢反应的平衡常数值都非常大，可作为不可逆反应。由热力学方法推导得到的平衡常数 K_p，温度 T 和热效应 ΔH^0 之间的关系式为

$$\left(\frac{\partial \ln K_p}{\partial T}\right)_P = \frac{\Delta H^0}{RT^2}$$

加氢反应是放热反应，热效应 $\Delta H^0 < 0$，所以

$$\left(\frac{\partial \ln K_p}{\partial T}\right)_P < 0$$

即平衡常数是随温度的升高而减小。现举例如下。

(1) 乙炔选择加氢

$$CH \equiv CH+H_2 \longrightarrow CH_2 = CH_2$$

温度，℃	127	227	427
K_p	7.63×10^{16}	1.65×10^{12}	6.5×10^{6}

(2) 苯加氢合成环己烷

$$\text{(苯)}(气)+3H_2 \longrightarrow \text{(环己烷)}(气)$$

温度，℃	127	227
K_p	7×10^{7}	1.86×10^{2}

(3) 一氧化碳加氢合成甲醇

$$CO+2H_2 \longrightarrow CH_3OH$$

温度，℃	0	100	200	300	400
K_p	6.773×10^{5}	12.92	1.909×10^{-2}	2.4×10^{-4}	1.079×10^{-5}

(4) 一氧化碳的甲烷化反应

$$CO+3H_2 \longrightarrow CH_4+H_2O$$

温度，℃	200	300	400
K_p	2.155×10^{11}	1.516×10^{7}	1.686×10^{4}

(5) 有机硫化物的氢解

$$C_2H_5SH(气)+H_2 \longrightarrow C_2H_6+H_2S$$

$$C_6H_5SH(气)+H_2 \longrightarrow C_6H_6+H_2S$$

$$C_2H_5SC_2H_5(气)+2H_2 \longrightarrow 2CH_4+2H_2S$$

$$\text{(噻吩)}+4H_2 \longrightarrow n\text{-}C_4H_{10}+H_2S$$

它们的平衡常数随温度的变化如图 3-2 所示。

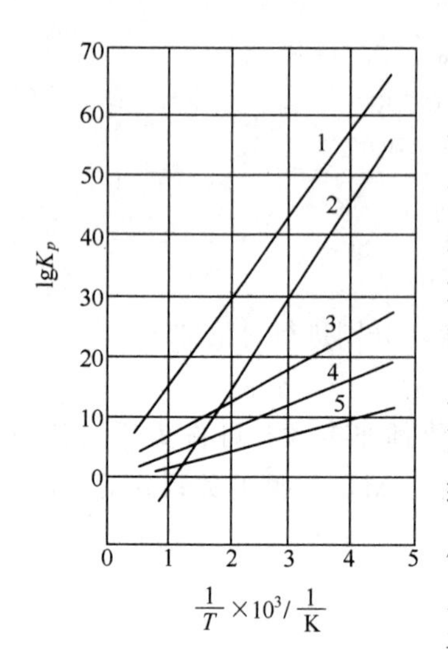

图 3-2 有机硫化物氢解的平衡常数与温度的关系

1—$(CH_3)_2S_2$；2— S ；

3—$(C_2H_5)_2S$；4—CH_3SH；

5—C_6H_5SH

由所举例可知，从热力学分析，加氢反应有三种类型。一类加氢反应在热力学上是很有利的，即使在较高温度条件下，平衡常数仍很大。例如乙炔加氢，一氧化碳的甲烷化反应，有机硫化物的氢解等。这类加氢反应在较宽的温度范围内热力学上几乎可进行到底，关键是反应速度问题。第二类加氢反应在低温时平衡常数甚大，但是随着温度升高平衡常数显著变小，例如苯加氢合成环己烷。对于这类反应在不太高的温度条件下加氢，对平衡还是很有利的，可以接近全部转化。但是在温度较高时，要达到高的平衡转化率，就必须适当地加压或采用氢过量。第三类加氢反应，例如一氧化碳加氢合成甲醇，在热力学上是不利的。只有在低温时具有较大的平衡常数值，在温度不太高时，平衡常数已很小。对于这类加氢反应，化学平衡就成为关键问题，为了提高平衡转化率，反应必须在高压下进行。

2. 压力的影响

上述各类加氢反应，可以概括成下列通式形式。

$$A+H_2=B \qquad \Delta\nu=-1$$

$$A+2H_2=B \qquad \Delta\nu=-2$$

$$A+3H_2=B \qquad \Delta\nu=-3$$

已知气相反应平衡常数的关系式为

$$K_f=K_r\cdot K_p=K_r\cdot K_N\cdot P^{\Delta\nu} \tag{3-1}$$

加氢反应是分子数减少的反应，$\Delta\nu<0$，故增大反应压力，能提高 K_N 值，即能提高加氢产物的平衡产率。关于这方面的具体例子，将在后面合成甲醇工艺中给出。

3. 用量比的影响

加氢作用物的用量比大小，对反应物的平衡组成是有影响的。从化学平衡分析，提高 H_2 的用量可以提高加氢作用物的平衡转化率，并有利于移走反应热。但是氢用量比越大，产物浓度越小，这样不仅大量氢气需要循环，并给产物分离增加困难，需要多耗冷量和动力。

二、催 化 剂

从化学平衡分析加氢反应是可能进行的。但要使加氢反应具有足够快的反应速度，一般都使用催化剂。不同类型的加氢反应选用的催化剂也不一样，同一类型的反应因选用不同的催化剂则反应条件也各异。为了获得经济的催化加氢产品，选用的催化反应条件应尽量避开高温高压，催化剂的寿命要长，并且价格便宜。

用于加氢的催化剂种类较多，以元素区分时，主要是第八族过渡金属元素，其他族元素也有应用，按元素周期表来看是四、五、六的三个周期的元素，如表 3-5 所示。表中元素可划分成三个大组，Ⅰ、Ⅱ和Ⅲ。Ⅲ组元素是费-托合成法的有效催化剂，Ⅱ组中的 Pt、Pd、Cu 以及Ⅲ组中的 Ni、Co、Fe 各元素是常用的加氢催化剂。Ⅰ组中的 Mo、W、Zn、

Cr 等，它们的氧化物或硫化物也能做加氢催化剂。

表 3-5 加氢催化剂用元素

第六周期	第五周期	第四周期
		Zn(10)氧化物
Au(10)	Ag(10)	Cu(10)氧化物
Pt(g) Ⅱ	Pd(10)	
		Ni(8)
Lr(7)	Rh(8)	Co(7)
		Ⅲ
	Ru(7)	Fe(6)
Os(5)氧化物	Tc(5) Ⅰ	Mn(5)氧化物
Re(5)氧化物	Mo(5)氧化物	Cr(5)氧化物
W(4)氧化物	硫化物	V(3)氧化物
硫化物		

注：表中括号内数字为最外层的 d 电子数。

表 3-5 中过渡金属元素所以能作为加氢催化剂，是由于它们具有的结晶几何条件和电子构型条件。它们的结晶是面心立方晶格或是六方晶格，具有晶格参数是 2.4～4.08Å，能使氢活化的最宜晶格参数为 0.35～0.408nm，而使不饱和化合物活化，则要求在 2.4～3.8Å 之间。除了晶格条件之外，实验证明最外层 d 电子数为 8～9 个的过滤元素，最宜于氢的活化，例如 Co、Ni、Rh、Pt 等。最外层有 10 个 d 电子的 Pd 也具有高度的催化活性，这是由于 4d 与 5s 能级接近，4d 电子极容易跃迁入 5s 轨道，所以也能形成 d 带空位。

以催化剂形态来区分，常用的加氢催化剂有金属催化剂、骨架催化剂、金属氧化物、金属硫化物以及金属络合物催化剂。

（一）金属催化剂

加氢常用的金属催化剂有 Ni，Pd，Pt 等。使用量最大的是 Ni。

金属催化剂是把金属载于载体上。这样不仅能节约金属，而且能提高效率，增加强度和耐热性能。载体是多孔性惰性物质，常用的载体有氧化铝、硅胶和硅藻土等。

金属催化剂的特点是活性高，在低温下即可以进行加氢反应，几乎可以用于所有官能团的加氢反应。

金属催化剂的缺点是容易中毒，对于原料中杂质要求较严。例如含有 S、N、As、P、Cl 等化合物都能使金属催化剂中毒。以含硫化合物为例，H_2S，RSH 等化合物都是金属催化剂的毒物，其原因是这些有毒化合物的电子构型中都有孤电子对，孤电子对可以填满过渡金属原子的 d 带空位，毒物与金属形成了强吸附，活性中心被占据，催化剂表现出失掉活性，而中毒。

硫化物中毒是暂时中毒可以再生。有的毒物不能再生，例如砷使钯中毒则不能再生。硫化物中毒可以提高温度，增大氢气分压使硫化物由金属上脱除，使催化剂恢复活性。

原料中带入含有不饱和键物质，例如炔烃、一氧化碳等，它们能与金属催化剂的 d 轨道结合成键，形成中毒现象。Co 能使钯中毒，在加氢脱炔工艺中已有论述了。

（二）骨架催化剂

将具有催化活性的金属和铝或硅制成合金，再用氢氧化钠溶液浸渍合金，除去其中的部分铝或硅，即得到活性金属的骨架称骨架催化剂。最常用的骨架催化剂有骨架镍，合金中镍占40～50%，可应用于各种类型的加氢反应。骨架镍活性很高，有足够的机械强度。骨架镍非常活泼，置于空气中能自燃。其他的骨架催化剂有骨架铜、骨架钴等。在骨架催化剂中由于碱溶液浸渍不可能全部除去可溶组分，它或多或少残留于催化剂中，所以骨架催化剂不是纯金属催化剂。

（三）金属氧化物

表3-5中列出的金属氧化物，可以作为加氢催化剂。主要有 MoO_3、Cr_2O_3、ZnO、CuO和NiO等，可以单独使用，也可以是混合氧化物，例如 $CuO\text{-}CuCr_2O_4$（Adkins催化剂，简称铜铬催化剂），$ZnO\text{-}Cr_2O_3$，$CuO\text{-}ZnO\text{-}Cr_2O_3$，$CuO\text{-}ZnO\text{-}Al_2O_3$，Co-Mo-O，Ni-Co-Cr-O，Fe-Mo-O等，铜铬催化剂广泛应用于醛、酸、酯等化合物的加氢。这类加氢催化剂的活性比金属催化剂差，要求有较高的加氢反应温度和压力。抗毒性较强，适用于一氧化碳加氢反应。由于活性较低，所需反应温度较高，常在氧化物催化剂中加入高熔点组分（如 Cr_2O_3，MoO_3 的熔点都很高），以提高其耐高温性能。

（四）金属硫化物

金属硫化物主要是 MoS_2、WS_2、Ni_2S_3、Co-Mo-S、Fe-Mo-S等。含硫化合物有抗毒性，可用于含硫化合物的氢解，主要用于加氢精制。Ni_2S_3 可用于共轭双键的选择加氢。这类催化剂活性也较低，所需反应温度也较高。

（五）金属络合物

这类加氢催化剂的中心原子，多是贵金属，如Ru、Rh、Pd等的络合物。也有Ni、Co、Fe、Cu等络合物。其特点是活性较高，选择性好，反应条件缓和，可以用于共轭双键的选择加氢为单烯烃。络合物催化剂是一类液相均相加氢催化剂，能溶于液相，由于催化剂是溶于加氢产物中，难于分离。而这类催化剂用的又多是贵金属，所以工业上采用络合物催化剂时催化剂的分离与回收是很关键的问题。

加氢反应用的催化剂，一般活性大的往往容易中毒，热稳定性低，为了增加稳定性可适当地加一些助催化剂和选用合适的载体。有些场合下用稳定性好而活性低的催化剂为宜。通常反应温度在150℃以下，多用Pt、Pd等贵金属催化剂，以及用活性很高的骨架镍催化剂；而在150～200℃的反应温度区间，用Ni、Cu以及它们的合金催化剂；在温度高于250℃时，多用金属及金属氧化物催化剂。为防止硫中毒则用金属硫化物催化剂，通常都是在高温下进行加氢。

三、作用物的结构与反应速度

有机化合物的结构对加氢反应速度有影响，这与作用物在催化剂表面的吸附能力，活化难易程度有关，也和作用物发生加氢反应时受到空间障碍的影响有关。不同的催化剂其影响也可以不一样。

（一）不饱和烃加氢

烯烃加氢，以结构简单的乙烯加氢反应速度最快。而随着取代基的增加，反应速度也随着下降。烯烃加氢反应速度有如下顺序。

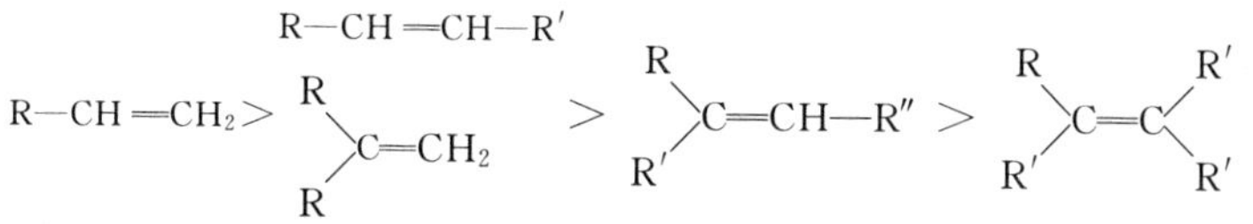

$$R-CH=CH_2 > \begin{matrix} R-CH=CH-R' \\ R_2C=CH_2 \end{matrix} > RR'C=CH-R'' > RR'C=CR'R'$$

表 3-6 数据是烯烃加氢速度与结构的关系。乙烯加氢最快，其次是丙烯，而长链烯烃的反应速度则减慢了。

表 3-6 烯烃结构对加氢反应速度影响

加氢化合物	加氢相对速度	加氢化合物	加氢相对速度
$CH_2=CH_2$	138	$CH_3CH=CHCH_3$	2.3
$CH_3CH=CH_2$	11	$CH_3-C(CH_3)=CH_2$	1
$CH_3CH_2CH=CH_2$	4.3		

乙炔吸附能力太强，引起反应速度下降，所以单独存在时乙炔加氢反应速度比丙炔慢。

对于非共轭的二烯烃加氢反应，无取代基双键首先反应。共轭双烯烃加氢反应顺序如下所示，即先加一分子氢，双烯转化为单烯，然后再加一分子氢转化为相应的烷烃。

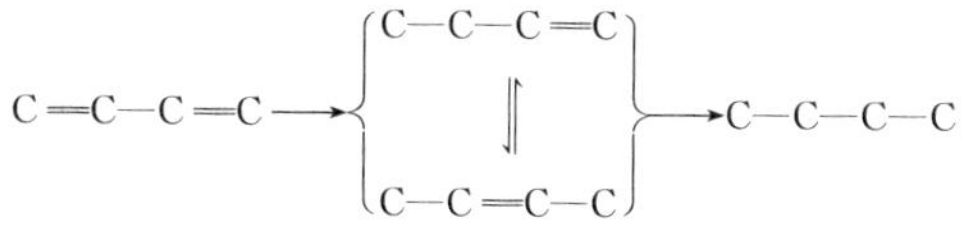

$$C=C-C=C \longrightarrow \left\{ \begin{matrix} C-C-C=C \\ \Updownarrow \\ C-C=C-C \end{matrix} \right\} \longrightarrow C-C-C-C$$

（二）芳烃加氢

苯环上取代基愈多，加氢反应速度愈慢。以苯、甲基苯为例，其加氢反应速度有如下顺序。

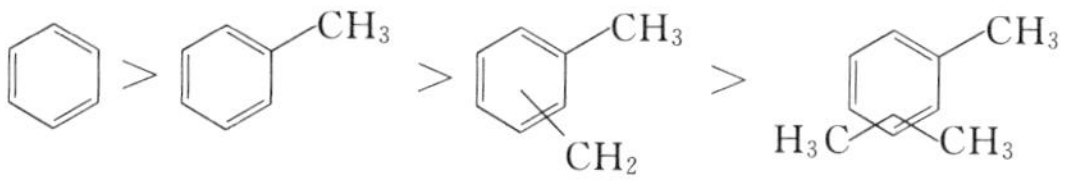

苯 > 甲苯 > 二甲苯 > 三甲苯

（三）各种不同烃类加氢反应能力比较

不同烃类相比较，其加氢反应能力也不一样，这与烃类在催化剂表面的吸附能力强弱和活化难易程度有关。也与反应条件和催化剂性能有关。在同一催化剂上，当单独加氢时，各种烃类加氢反应速度 γ 的比较，大致如下。

$$\gamma_{烯烃} > \gamma_{炔烃} \qquad \gamma_{烯烃} > \gamma_{芳烃} \qquad \gamma_{二烯烃} > \gamma_{烯烃}$$

但当共同存在时，反应速度有如下顺序。

$$\gamma_{炔烃} > \gamma_{二烯烃} > \gamma_{烯烃} > \gamma_{芳烃}$$

这是因为共同存在时，发生了吸附竞争，乙炔吸附能力最强，大部分活性中心被乙炔所覆盖，所以乙炔加氢速度最快。正是利用这一特性来精制烯烃与芳烃。

（四）含氧化合物的加氢比较

醛、酮、酸、酯的加氢产物都是醇，但其加氢难易程度不同。一般醛比酮容易加氢，酯类比酸类容易加氢，醇和酚则氢解为烃和水较困难，需要更高的反应温度。反应式如下。

$$ROH + H_2 \longrightarrow RH + H_2O$$

（五）有机硫化物的氢解速度比较

曾研究了各种有机硫化物在钼酸钴催化剂存在下的氢解速度发现硫化物的结构不同，

氢解速度有较显著差别，其顺序为

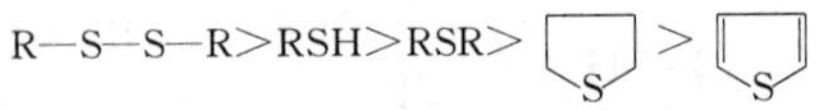

R—S—S—R>RSH>RSR>（四氢噻吩）>（噻吩）

由此可知用氢解方法脱硫，含混合硫化物原料的脱硫速度，主要是由最难氢解的硫杂茂的氢解速度所控制。

四、动力学及反应条件

(一) 反应机理和动力学

关于催化加氢反应机理，即使像乙烯加氢这样一个简单的反应，认识也不一致。对加氢机理的不同认识，主要为①氢是否也发生化学吸附；②作用物在催化剂表面是发生单位吸附还是多位吸附；③氢与吸附在催化剂表面的作用物分子是怎样反应的。

例如对反应

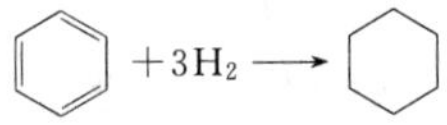

$$\text{苯} + 3H_2 \longrightarrow \text{环己烷}$$

就提出了两种不同的机理：一种认为苯分子在催化剂表面发生多位吸附，形成（多位吸附的苯分子，各碳原子上带 H 并与 * 相连），然后发生加氢反应，生成环己烷；近年来又提出了另一种看法，认为苯分子只与催化剂表面一个活性中心发生化学吸附，形成 π-键合吸附物。然后吸附的氢原子逐步加到吸附的苯分子上，即

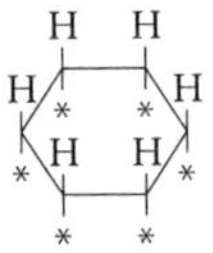

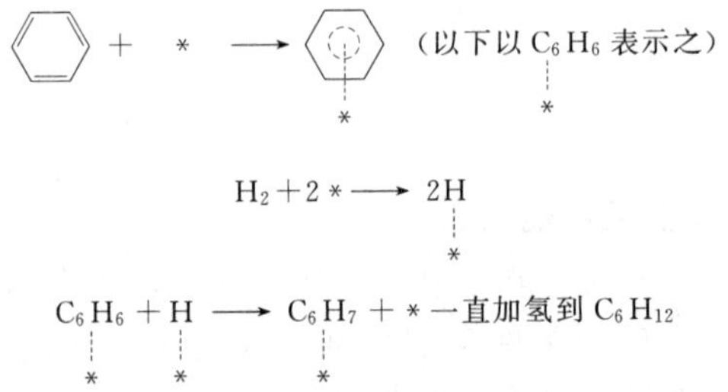

$$\text{苯} + * \longrightarrow \underset{*}{\overset{\vdots}{\text{苯}}}\quad（以下以 \underset{*}{\overset{\vdots}{C_6H_6}} 表示之）$$

$$H_2 + 2* \longrightarrow 2\underset{*}{\overset{\vdots}{H}}$$

$$\underset{*}{\overset{\vdots}{C_6H_6}} + \underset{*}{\overset{\vdots}{H}} \longrightarrow \underset{*}{\overset{\vdots}{C_6H_7}} + * \text{一直加氢到 } C_6H_{12}$$

由于所假说的反应机理不同，得到的动力学方程式形式也不同，对于气相加氢反应

$$A + H_2 \underset{k_{-1}}{\overset{k_1}{\rightleftharpoons}} R$$

其反应速度方程式可用下式表示之

$$r = \text{R 的净生成速度} = \frac{k_1\left[b_A b_{H_2} p_A p_{H_2} - \dfrac{b_R p_R}{K_p}\right]}{(1 + b_A p_A + b_R p_R)^n} \tag{3-2}$$

分母项为吸附项，对反应产生阻力，n 等于参与表面反应的吸附活性中心数，与反应机理有关。由于氢的吸附能力很弱，故在吸附项中略去。

式中　k_1，k_{-1}——分别为正逆反应的速度常数；

p_A，p_{H_2}，p_R——分别为作用物 A，氢气和产物 R 的分压。

b_A，b_{H_2}，b_R——分别为作用物 A，氢气和产物 R 的吸附系数；

K_p——平衡常数。

反应速度方程式也可以用下列指数方程式来表示。

$$r=k_1 p_A^m p_{H_2}^n p_R^q - k_{-1} p_R^{q'} p_A^{m'} p_{H_2}^{n'}$$

式中 m，n，q，q'，m'，n'由实验方法求得。例如：

① $CH\equiv CH+H_2 \longrightarrow CH_2=CH_2 \quad r=kp_{H_2}$

② 苯 $+3H_2 \longrightarrow$ 环己烷　$r=kp_{H_2}^{0.5}$（反应温度＜100℃）

$r=kp_{苯}^{0.5}\ p_{H_2}^3$（反应温度＞200℃）

③ $CO+2H_2 \underset{k_{-1}}{\overset{k_1}{\rightleftharpoons}} CH_3OH$

$$r=k_1 p_{CO}^{0.25} p_{H_2} p_{CH_3OH}^{-0.25} - k_{-1} p_{CH_3OH}^{0.25} p_{CO}^{-0.25}$$

（二）温度的影响

1. 温度对反应速度的影响

对于热力学上十分有利的加氢反应，反应温度主要通过动力学因素 k 影响反应速度，即温度越高，反应速度常数 k 越大，反应速度也越快。但对于可逆的加氢反应，由于反应温度既影响动力学因素又影响热力学因素，而且效果恰好相反，故升高温度对产物净生成速度发生的效果并不都是正的。

由式（3-2）可知温度对 γ 的影响需视何者是矛盾的主要方面而定。在温度低时，平衡常数 K_p 值很大，决定反应速度的主要是动力学项 k_1，因此随着温度的升高，k_1 值增高，反应速度加快，即$\frac{\partial r}{\partial T}>0$。当反应温度高至一定值时，由于 K_p 值达到一个很小的值，使矛盾转化，影响反应速度的主要因素转化为推动力项 K_p。温度越高，K_p 越小，反应速度也越小，即$\frac{\partial r}{\partial T}<0$，因此有一最适宜的温度，在此温度$\frac{\partial r}{\partial T}=0$，反应速度最快。

对于一定的起始气体组成，当转化率提高时，由于反应平衡限制的作用增大，因而在较高转化率时的最佳温度必低于转化率较低时的最佳温度。相应于各个转化率时的最佳温度所组成的曲线，称为最佳温度分布曲线，如图 3-3 所示。此关系可应用于反应器的设计和生产控制。

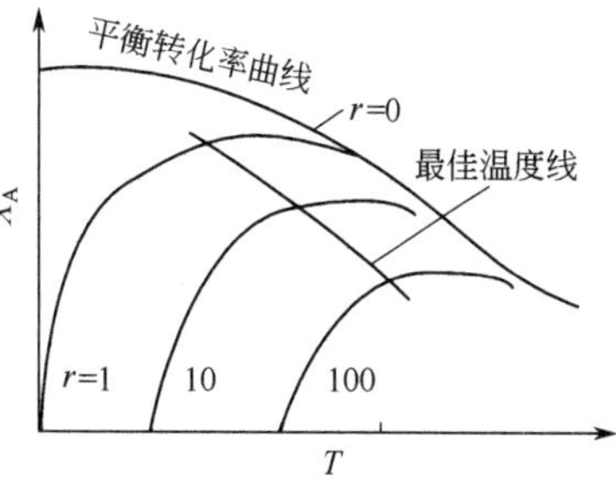

图 3-3　可逆放热反应最佳温度分布曲线

在绝热式反应器中进行可逆加氢反应，由于反应是放热的，反应温度随着转化率升高而逐渐升高，所以反应难于控制在最佳温度条件下进行。为使绝热式反应器不太偏离最佳温度，可以采用多段激冷式，即把反应器分成多段，在段间进行冷却，移走反应热，使反应温度接近于最佳温度。当然，反应温度的选定不只是根据上述因素确定，还要综合各方面条件才能确定。

2. 温度对反应选择性的影响

反应温度升高能引起不希望的副反应发生，从而影响加氢反应的选择性，并增加产物分离的困难。也可能使催化剂表面积焦，而活性下降。例如裂解汽油中含有的环己烯加氢，在 180℃时加氢得环己烷，而当温度为 300℃时则发生脱氢反应转化为苯。

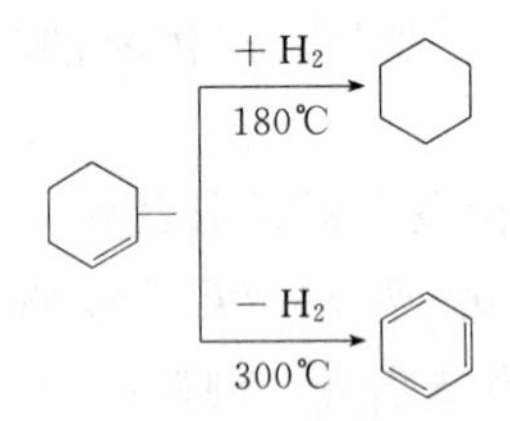

又如乙炔选择加氢时，反应温度高会发生过度氢化，乙烯进一步加氢成乙烷且有分子量大的聚合物（绿油）生成。有的加氢反应在高温时会发生加氢裂解副反应，例如苯加氢制环己烷反应，温度高时，产物环己烷能进一步加氢裂解生成甲烷与碳。又如酯或酸加氢制醇时，温度过高，产物醇会氢解而生成相应的烷烃和水，此外温度高时，也会有深度裂解副反应发生。

（三）压力的影响

压力对加氢反应速度的影响，需视该反应的动力学规律而定，且与反应温度也有关。由于反应温度不同，在催化剂表面的吸附情况不同，或反应机理不同，其反应速度方程式也可以不同，如前面讨论的苯加氢反应。

一般气相加氢反应，氢分压增加能提高加氢反应速度，而反应物 A 分压增加是否能提高加氢反应速度呢？大多数加氢反应对反应物 A 的级数为 0→1 级，可以是分数级，一般是 P_A 增加，反应速度也增加，但不一定成正比。当为 0 级时，P_A 就对反应速度无关，如乙炔加氢反应，和在温度低于 100℃时的苯加氢反应。有少数情况，对 A 也可能是负数。这样 P_A 增加，反应速度反而会下降，对于吸附性能很强的作用物，可能会发生此情况。加氢产物对反应速度的影响，需视其在催化剂表面的吸附能力而定，当其有较强的吸附能力时，产物就对反应发生抑制作用，产物分压越高，反应速度越慢，如一氧化碳加氢合成甲醇反应。

对于液相加氢反应，为了使反应物系保持液相，往往需要在高的氢分压下进行。液相加氢首先是气相中的氢溶于液相中，然后在固体催化剂表面发生加氢反应，大多数液相加氢的反应速度是与液相中氢的浓度成正比。因此除了需提供充分的气液相接触表面以减少扩散阻力外，并要求氢有较大的溶解度，增加氢的分压，可提高其溶解度，加快加氢反应速度。

但氢分压高，有时也能影响加氢反应的选择性，应予注意。

（四）用量比的影响

一般总是采用氢过量，氢过量不仅可提高被加氢物质的平衡转化率和加快反应速度，且可提高传热系数，有利于导出反应热和延长催化剂的寿命。有时还能提高选择性。但氢过量太多，将使产物浓度降低。在有些加氢反应中氢过量也会使选择性降低，例如乙炔的选择性加氢。

（五）溶剂的影响

在液相加氢时，有时需要采用溶剂作稀释剂，以带走反应热；当原料或产物是固体时，采用溶剂可使固体物料溶解在溶剂中，以利反应进行。

催化加氢常用的溶剂有乙醇、甲醇、醋酸、环已烷、乙醚、四氢呋喃、乙酸乙酯等。应用溶剂的加氢反应，温度不能超过溶剂的临界温度，否则溶剂不呈液态存在，失掉溶剂作用。一般反应的最高温度要比溶剂的临界温度低 20～40℃。例如以乙醚为溶剂，其临界温度为 192℃，则加氢反应温度应低于 150℃；以甲醇为溶剂时，其临界温度为 240℃，则加氢反应温度应低于 220℃。

溶剂对加氢反应速度有较大影响，以苯加氢为例，用不同的溶剂进行加氢反应，以 Ni 或 Co 为催化剂，氢气压力为 4.0MPa，加氢反应速度如表 3-7 所示。表中数字表示苯加氢速度（mlH_2/min），可以看出溶剂对苯加氢速度的影响是很明显的。例如以骨架镍为催化剂，以庚烷为溶剂，则加氢速度增大到 $495mlH_2/min$，比无溶剂加氢时大 $35mlH_2/min$。当用甲醇或乙醇为溶剂时，则反应速度降至 $3\sim6mlH_2/min$，几乎不进行反应。

表 3-7　溶剂对苯加氢反应速度（mlH_2/min）的影响

溶剂	催化剂				溶剂	催化剂			
	$Ni-Cr_2O_3$ 90℃	骨架镍 70℃	$Co-Cr_2O_3$ 80℃	骨架钴 70℃		$Ni-Cr_2O_3$ 90℃	骨架镍 70℃	$Co-Cr_2O_3$ 80℃	骨架钴 70℃
无	112	460	46	178	丁醇	4	—	—	—
环己烷	110	449	103	154	环己醇	20	—	—	—
甲基环己烷	112	490	92	150	异丙醇	29	62	—	—
己烷	110	445	103	114	伯丁醇	32	66	1	7
庚烷	113	495	96	154	叔丁醇	34	—	—	—
甲醇	3	6	0	—	异丙醚	46	135	43	—
乙醇	3	3	0	0	二氧杂环己烷	1	5	—	—

溶剂对选择性也有影响，例如铂为催化剂进行酮类加氢反应，因溶剂不同而选择性有很大差异。

第三节　一氧化碳加氢合成甲醇[11~25]

甲醇是一种重要的化工产品，有很多用途。它是生产塑料、合成橡胶、合成纤维、农药、染料和医药的原料。甲醇大量用于生产甲醛和对苯二甲酸二甲酯。以甲醇为原料经羰化反应直接合成醋酸也已经工业化。用甲醇为原料还可以合成人造蛋白，是很好的禽畜饲料。

为了解决石油资源不足问题，近年来有些国家正在研究充分利用煤和天然气资源，发展合成甲醇工业，以甲醇作代用燃料或进一步合成汽油。也可以从甲醇出发合成乙醇，然后进行乙醇脱水生产乙烯，以代替石油生产乙烯的原料路线，或从甲醇直接制取乙烯、丙烯等低级烯烃。近年来甲醇化学的研究工作，开展得十分活跃。

由于甲醇用途广泛，近年来它的生产能力增长迅速，大厂年产量可达 0.3～0.6Mt，今后还会有较大发展。

我国地大物博，地区资源各有特点，有的地区盛产天然气，有的地区盛产煤，因地制宜地利用煤或天然气为原料合成甲醇，进一步发展基本有机化学工业是可行的。

一、热力学分析

由一氧化碳加氢合成甲醇，是一个可逆反应

$$CO+2H_2 \rightleftharpoons CH_3OH\ (气)$$

当反应物中有二氧化碳存在时，还能发生下述反应。

$$CO_2 + 3H_2 \rightleftharpoons CH_3OH(气) + H_2O(气)$$

除了上述反应外还有一些副反应，留在后面再讨论。本节主要对一氧化碳加氢合成甲醇反应进行热力学分析。

(一) 反应热效应

一氧化碳加氢合成甲醇是放热反应，在25℃的反应热为 $\Delta H_{298}^{0} = -90.8$kJ/mol。常压下不同温度的反应热可按下式计算。

$$\Delta H_T^0 = 4.186(-17920 - 15.84T + 1.142\times10^{-2}T^2 - 2.699\times10^{-6}T^3) \quad (3\text{-}3)$$

式中 ΔH_T^0——常压下合成甲醇反应热，J/mol；

T——开氏温度，K。

根据式3-3计算得到不同温度下的反应热如下。

温度,K	298	573	473	573	673	773
ΔH_T^0,kJ/mol	90.8	93.7	97.0	99.3	101.2	102.5

反应热与温度及压力关系如图3-4所示。从图3-4可以看出，反应热的变化范围是比较大的。在高压下温度低时反应热大，而且当反应温度低于200℃时，反应热随压力变化的幅度大于反应温度高时，25℃、100℃等温线比300℃等温线的斜率大。所以合成甲醇在低于300℃条件下操作在比高温条件下操作要求严格，温度与压力波动时容易失控。而在压力为20MPa左右温度为300～400℃进行反应时，由图3-4可以看出，反应热随温度与压力变化甚小，故采用这样的条件合成甲醇，反应是比较容易控制的。

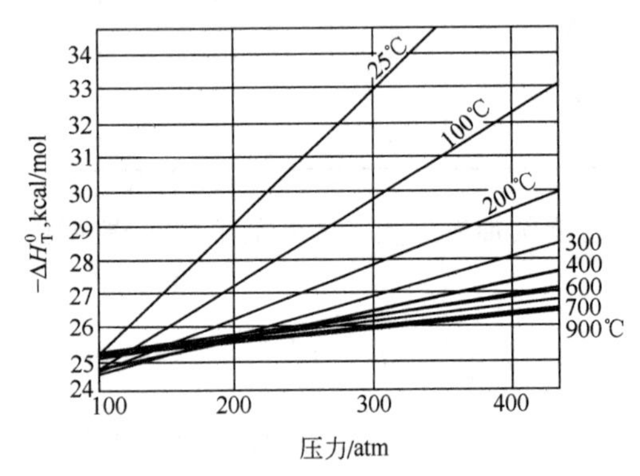

图3-4 反应热与温度及压力关系

(1千卡=4.186kJ；1大气压=0.1013MPa)

(二) 平衡常数

由一氧化碳加氢合成甲醇反应的平衡常数 K_f 与标准自由焓 ΔG^0 的关系式如下。

$$K_f = f_{CH_3OH}/f_{CO}\cdot f_{H_2}^2 = \exp(-\Delta G_T^0/RT) \quad (3\text{-}4)$$

式中 f——逸度；

ΔG_T^0——标准自由焓，J/mol；

T——反应温度，K。

由上式可以看出平衡常数 K_f 只是温度的函数，当反应温度一定时，可以由 ΔG_T^0 值直接求出 K_f 值。不同温度下的 ΔG_T^0 与 K_f 值如表3-8所示。

K_f 值与温度关系，也可以用下式直接进行计算。

$$\lg K_f = 392T^{-1} - 7.971\lg T + 2.499\times10^{-3}T - 2.953\times10^{-7}T^2 + 10.20 \quad (3\text{-}5)$$

式中 T 为温度K。上式计算值略高于表3-8数值。

由表3-8中 ΔG_T^0 与 K_f 值可以看出，随着温度升高，自由焓 ΔG_T^0 增大，平衡常数 K_f 变小。这就说明在低温下反应对合成甲醇有利。

表 3-8 合成甲醇反应的 ΔG_T^0 与 K_f 值

温度/K	ΔG_T^0/(J/mol)	K_f	温度/K	ΔG_T^0/(J/mol)	K_f
273	−29917	527450	623	51906	4.458×10^{-5}
373	−7367	10.84	673	63958	1.091×10^{-5}
473	16166	1.695×10^{-2}	723	75967	3.265×10^{-6}
523	27925	1.629×10^{-3}	773	88002	1.134×10^{-6}
573	39892	2.316×10^{-4}			

表 3-8 中 K_f 值与实测值基本上符合。由式 3-1 知有下述关系。

$$K_f=K_f \cdot K_p=K_r \cdot K_N \cdot P^{-2} \tag{3-6}$$

$$K_p=\frac{p_{CH_3OH}}{p_{CO} \cdot p_{H_2}^2} \tag{3-7}$$

式中 p_{CH_3OH}、p_{CO}、p_{H_2} 分别为 CH_3OH、CO 及 H_2 的分压。式 3-6 中 P 为总压。

$$K_N=\frac{N_{CH_3OH}}{N_{CO} \cdot N_{H_2}^2} \tag{3-8}$$

式中 N_{CH_3OH}、N_{CO}、N_{H_2} 分别为 CH_3OH、CO 及 H_2 的摩尔分率。

$$K_r=\frac{r_{CH_3OH}}{r_{CO} \cdot r_{H_2}^2} \tag{3-9}$$

式中 r_{CH_3OH}、r_{CO}、r_{H_2} 分别为 CH_3OH、CO 及 H_2 的逸度系数。K_r 值可由图 3-5 查得。

根据式 3-5～式 3-9 计算结果如表 3-9 所示，表中给出了不同温度下的平衡常数值，以及在不同温度和压力下的 K_P 和 K_N 值。由表中的 K_N 数据可以看出在同一温度下，压力越大 K_N 值越大，即甲醇平衡产率越高。在同一压力下，温度越高 K_N 值越小。所以从热力学来看，低温高压对合成甲醇有利。如果反应温度高，则必须采用高压，才有足够大的 K_N 值。降低反应温度，则所需压力就可相应降低。合成甲醇所需反应温度与催化剂的活性有关。近年来由于高活性催化剂的研究成功，低压合成甲醇法有很大发展，其合成压力为 5～10MPa。在 2.0～10.0MPa 下实验求得平衡常数，其值与表 3-9 计算值是比较接近的。

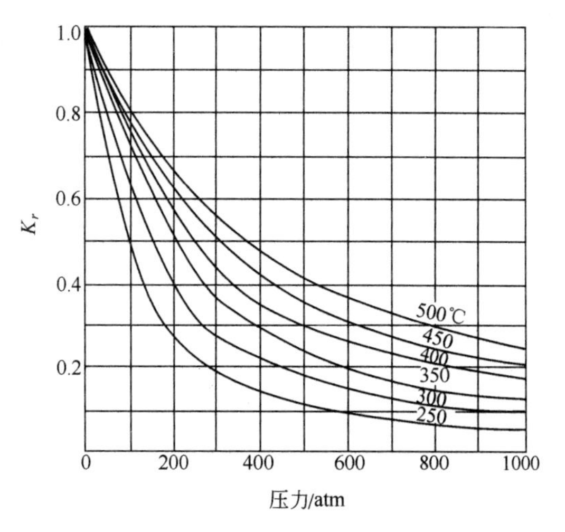

图 3-5 反应 $CO+2H_2 \rightleftharpoons CH_3OH$ 的 K_r 值
（1 大气压＝0.1013MPa）

（三）副反应

一氧化碳加氢除了生成甲醇反应外，还有下列几个副反应。

$$2CO+4H_2 \rightleftharpoons (CH_3)_2O+H_2O$$
$$CO+3H_2 \rightleftharpoons CH_4+H_2O$$

$$4CO+8H_2 \rightleftharpoons C_4H_9OH+3H_2O$$

$$CO_2+H_2 \rightleftharpoons CO+H_2O$$

此外还可能生成少量的乙醇和微量醛、酮、酯等副产物，也可能形成少量的 $Fe(CO)_5$。

表 3-9 合成甲醇反应的平衡常数

温度/℃	压力/MPa	r_{CH_3OH}	r_{CO}	r_{H_2}	K_f	K_r	K_P	K_N
200	10.0	0.52	1.04	1.05	1.909×19^{-2}	0.453	4.21×10^{-2}	4.20
	20.0	0.34	1.09	1.08		0.292	6.53×10^{-2}	26
	30.0	0.26	1.15	1.13		0.177	10.80×10^{-2}	97
	40.0	0.22	1.29	1.18		0.130	14.67×10^{-2}	234
300	10.0	0.76	1.04	1.04	2.42×10^{-4}	0.676	3.58×10^{-4}	3.58
	20.0	0.60	1.08	1.07		0.486	4.97×10^{-4}	19.9
	30.0	0.47	1.13	1.11		0.338	7.15×10^{-4}	64.4
	40.0	0.40	1.20	1.15		0.252	9.60×10^{-4}	153.6
400	10.0	0.88	1.04	1.04	1.079×10^{-5}	0.782	1.378×10^{-5}	0.14
	20.0	0.77	1.08	1.07		0.625	1.726×10^{-5}	0.69
	30.0	0.68	1.12	1.10		0.502	2.075×10^{-5}	1.87
	40.0	0.62	1.19	1.14		0.400	2.695×10^{-5}	4.18

为了进行比较，把一氧化碳加氢各反应的标准自由焓 ΔG^0 列在表 3-10。由表中数据可以看出在这些反应中合成甲醇主反应的标准自由焓 ΔG^0 最大，说明这些副反应在热力学上均比主反应有利。因此必须采用能抑制副反应的选择性好的催化剂，才能进行合成甲醇反应。此外由表 3-10 也可以看出各反应都是分子数减少的，主反应的分子数减少最多，其他副反应虽然也都是分子数减少的，但是小于主反应，所以加大反应压力对合成甲醇有利。

表 3-10 CO 加氢反应标准自由焓 ΔG^0 (kJ/mol)

反　应　式	温　度/K(℃)				
	127	227	327	427	527
$CO+2H_2 \longrightarrow CH_3OH$	−26.35	−33.40	+20.90	+43.50	+69.0
$2CO \longrightarrow CO_2+C$	−119.5	−100.9	−83.60	−65.80	−47.8
$CO+3H_2 \longrightarrow CH_4+H_2O$	−142.0	−119.5	−96.62	−72.30	−47.8
$2CO+2H_2 \longrightarrow CH_4+CO_2$	−170.3	−143.5	−116.9	−88.7	−60.7
$nCO+2nH_2 \longrightarrow C_nH_{2n}+nH_2O(n=2)$	−114.8	−80.8	−46.4	−11.18	+24.7
$nCO+(2n+1)H_2 \longrightarrow C_nH_{2n}+2+nH_2O(n=2)$	−214.5	−169.5	−125.0	−73.7	−24.58

从上述热力学分析可知，合成甲醇的反应温度低，所需操作压力边可以低，但温度低，反应速度太慢。关键在于催化剂。60 年代中期以前，由于所使用的催化剂活性不够高，需要在 380℃ 左右的高温下进行，故所有甲醇生产装置均采用高压法（30MPa）。1966 年英国卜内门化学工业公司研制成功了高活性的铜系催化剂，并开发了低压合成甲醇新工艺，简称 ICI 法。1971 年联邦德国鲁奇（Lurgi）公司开发了另一种低压合成甲醇的工艺，70 年代以后世界上新建和扩建的甲醇厂均采用低压法，以下重点讨论低压合

成法。

二、催化剂及反应条件

（一）催化剂

合成甲醇催化剂最早使用的是 Zn_2O_3-Cr_2O_3，该催化剂活性较低，所需反应温度高（380～400℃），为了提高平衡转化度，反应必须在高压下进行（称高压法）。60 年代中期以后开发成功了铜系催化剂，其活性高，性能良好，适宜的温度为 230～270℃，现在广泛用于低压法合成甲醇。

表 3-11 是几种低压法合成甲醇铜系催化剂及其组成。

表 3-11 合成甲醇催化剂组成

原　子	ICI 催化剂/%	Lurgi 催化剂/%
Cu	90～25	80～30
Zn	8～60	10～50
Cr	2～30	—
V	—	1～25
Mn	—	10～50

在低压法合成甲醇工业化之前，人们早就知道铜系催化剂活性很高，但是解决不了的难题是铜系催化剂对硫敏感，易中毒失活，热稳定性较差。后来由于采用了已脱硫的造气原料，和改进了脱硫方法使合成气中硫含量降低至 0.1ppm 以下，并且又提高了铜系催化剂本身的性能和改进了反应器的结构，所以低压法合成甲醇终于实现了工业化，这是合成甲醇技术上的一大突破。此催化剂除对硫化物敏感外，对氯化物及铁也很敏感，全装置要求清除铁锈之后，才能投入生产。

（二）反应条件

为了减少合成甲醇的副反应，提高甲醇产率，除了选择适当的催化剂之外，选定适宜反应条件也是重要的。反应条件主要的是温度、压力、空速及原料气的组成。

1. 反应温度和压力

反应温度影响反应速度和选择性。反应温度对反应速度的影响与第二节四中讨论的规律相似，有一最适宜的温度，见图 3-3。由于催化剂的活性不同，最适宜的反应温度也不同。对 ZnO-Cr_2O_3 催化剂最适宜温度为 380℃左右，而对 CuO-ZnO-Al_2O_3 催化剂最适宜温度为 230～270℃。最适宜温度与转化深度与催化剂的老化程度也有关。一般为了使催化剂有较长的寿命，开始时宜采用较低温度，过一定时间后再升至适宜温度，其后随着催化剂老化程度的增加，反应温度也需相应提高。由于合成甲醇是放热反应，反应热必须及时移出，否则易使催化剂温升过高，不仅会使副反应增加——主要是高级醇的生成。且会使催化剂因发生熔结现象而活性下降，尤其是使用铜系催化剂时，铜系催化剂的热稳定性较差，因此严格控制反应温度及时有效地移走反应热是低压法甲醇合成反应器设计和操作的关键问题。

增加压力可加快反应速度，所需压力与反应温度有关，用 ZnO-Cr_2O_3 催化剂反应温度高，由于化学平衡的限制，必须采用高压，以提高其推动力。而采用铜系催化剂，由于适宜的反应速度可降低至 230～270℃，故所需压力也可相应降至 5～10MPa。在生产规模大时，压力太低也会影响经济效果，一般采用 10MPa 左右，较为适宜。

2. 空速

合成甲醇的空速大小影响选择性和转化率，直接关系到催化剂的生产能力和单位时间的放热量。合适的空速与催化剂的生活和反应温度是密切相关的。一般来说，接触时间长是不适宜的，不仅有利于副反应进行，生成高级醇类，且使催化剂的生产能力降低。高空速下进行操作可以提高合成反应器生产能力，减少副反应，提高甲醇产品纯度。但是，空速太高也有缺点，因为这样单程转化率小，甲醇浓度太低，甲醇难于从反应气中分离出来。采用铜系催化剂的低压合成法适宜空速一般为 $10000h^{-1}$左右（标米^3/米^3 催化剂·时）。

3. 原料气组成

合成甲醇原料气 H_2/CO 的化学计量比是 2∶1。CO 含量高不好，不仅对温度控制有害，而且能引起羰基铁在催化剂上的积聚，使催化剂失掉活性，低 CO 含量有助于避免上述困难，故一般常采用 H_2 过量。氢过量，可改善甲醇质量并提高反应速度，能抑制生成甲烷及酯的副反应，并有利于导出反应热。低压法用铜系催化剂时，H_2/CO 摩尔比为 2.2～3.0，H_2/CO 对 CO 转化率的影响见图 3-6。

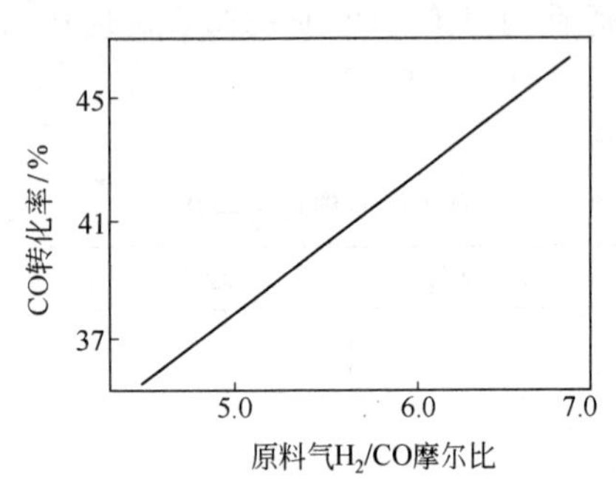

图 3-6　H_2/CO 对 CO 转化率影响

由于 CO_2 的比热比 CO 高而其加氢反应热却较小，故原料气中有一定 CO_2 含量，可以降低峰值温度。对于低压合成甲醇 CO_2 含量为 5%（体积）时甲醇产率最好，当 CO_2 含量高时使甲醇产率降低。此外 CO_2 的存在也可抑制二甲醚的生成。

原料气中有氮及甲烷等惰性物存在时，使 H_2 及 CO 的分压降低，导致反应的转化率降低。由于合成甲醇的空速大，接触时间短，单程转化率低，只有 10%～15%，因此反应气体中仍含有大量未转化的 H_2 及 CO，必须循环利用。为了避免惰性气体的积累，必须将部分循环气从反应系统排出，以使反应系统中惰性气体含量保持在一定浓度范围。一般生产控制循环气量是新原料量的 3.5～6 倍。

新鲜原料气组成主要取决于操作条件，在下述范围内变动。

H_2 …… 65%～85%　　CH_4 …… 0.2%～1.5%

CO …… 8%～35%　　N_2+Ar …… 5%～3.5%

CO_2 …… 0.5%～5.5%　　O_2 …… 微量

表 3-12 是新鲜原料气与循环气组成一个具体例子。

表 3-12　新鲜原料气与循环气组成

成分	新鲜原料气/%(mol)	循环气/%(mol)	成分	新鲜原料气/%(mol)	循环气/%(mol)
CO	26.5	8	CH_4	1.2	6.5
H_2	67	73	N_2+Ar	3	13.3
CO_2	2	1	O_2	0.3	0.2

（三）催化剂的活化

低压合成甲醇的催化剂，其化学组成是 $CuO-ZnO-Al_2O_3$，只有还原成金属铜才有活性。一般称此还原过程为活化。活化是升温还原反应过程，以低压合成甲醇催化剂为例，可分为氮气流升温和还原过程。

采用 0.4MPa，99%的纯氮气（允许含氧 0.5%），经过开工加热炉升温之后，将热氮气导入合成反应器的催化剂床内，进行缓慢地升温。一般控制催化剂的温升速度为20℃/h，不能升温过猛，以防损坏催化剂。

当催化剂温度达到 160～170℃时，即告升温结束。开始导入还原性气体进行催化剂的还原操作。

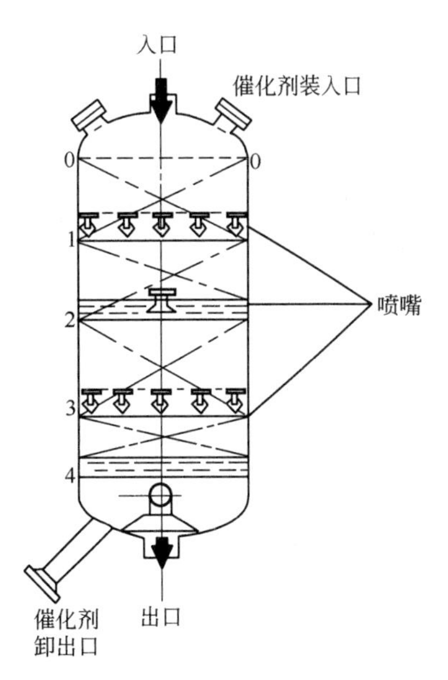

图 3-7　冷激式反应器

三、合成反应器的结构和材质

合成甲醇反应是一个强放热过程。因反应热移出方法不同，有绝热式和等温式两类反应器。按冷却方法区分，可区分成直接冷却的冷激式和间接冷却的列管式合成反应器。下面介绍用于低压法合成甲醇所采用的冷激式和列管式两种反应器。

(一) 冷激式绝热反应器

这类反应器是把反应床层分为若干绝热段，两段之间直接加入冷的原料气使反应气体冷却。故名冷激式绝热反应器。图 3-7 是冷激式反应器结构示意图。催化剂由惰性材料支撑，反应器的上下部分别设置有催化剂装入口和催化剂卸出口，冷激用原料气分数段由催化剂段间喷嘴喷入，喷嘴分布在反应器的整个横截面上。冷的原料气与热的反应气体相混合，其混合后的温度刚好是反应温度低限，然后进入下一段催化剂床层，继续进行合成反应。两层喷嘴间的催化剂床层是在绝热条件下操作，释放的反应热又使反应气体温度升高，但未超过反应温度高限，于下一个段间再用冷的原料气进行冷激，降低温度后继续进入再下一段催化剂床层。其温度分布如图 3-8 所示。这种形式的反应器每段加入冷激用的原料气，流量在不断增大，各段反应条件是有差异的，气体的组成和空速都不一样。这类反应器结构简单，催化剂装卸方便，但要避免过热现象的发生，关键是反应气和激冷气的混合和分布必须均匀。

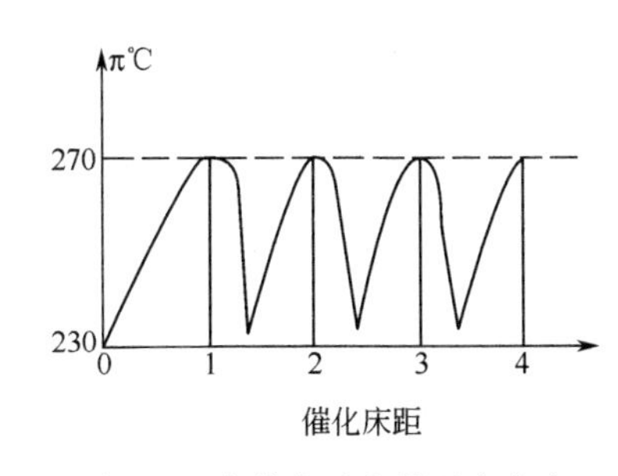

图 3-8　冷激式反应器温度分布
(图中催化床距与图 3-7 相对应)

(二) 列管式等温反应器

用于低压法的列管式反应器，结构类似列管式换热器，见图 3-9。催化剂置于列管内，壳程走锅炉给水。反应热由管外锅炉给水带走，同时发生高压蒸气，供给本装置使用，例如带动压缩机的透平。通过对蒸气压力的调节，可以简便地控制反应器内反应温度。沿管长方向的温度几乎可以保持均匀，仅比水温度几度，避免了催化剂的过热。

管式等温反应器与其他型式相比，它的循环气量小。特别是原料气是用煤生产的合成气时，其中 CO_2 含量少，CO 含量约为 28%，采用水冷管式反应器，循环气与新鲜合成气量之比可较低，仅为 5∶1。能量利用较经济，反应器的尺寸和导管尺寸也可以缩小。

年产 0.1Mt 甲醇所用列管反应器有反应管三千余根（$\phi38\times2$），管长达 6m。一般反应器的直径可达 6m，高度可达 8～16m。

(三) 反应器材质

合成气中含有氢和一氧化碳，因此反应器材质要求有抗氢蚀和抗一氧化碳腐蚀的能

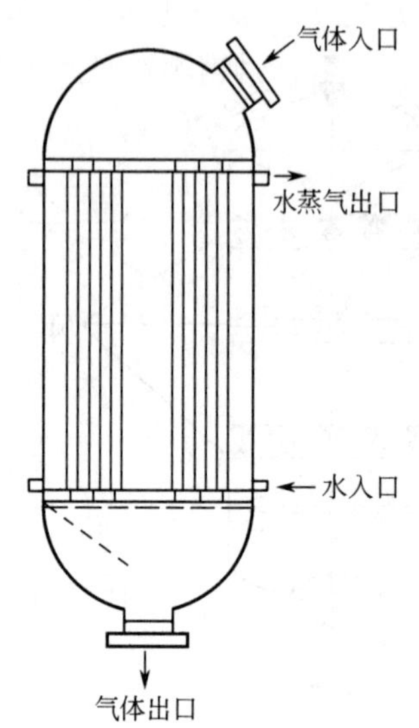

图 3-9　低压法合成甲醇水冷管式反应器

力。在一般情况下，于 150℃一氧化碳和钢铁即发生作用生成 $Fe(CO)_5$，CO 的分压越高，反应越强烈。有时于常温下也能生成 $Fe(CO)_5$。此作用能破坏反应器和催化剂。然而高于 350℃，此反应几乎不发生。

为了保护反应器钢材强度，有采用在反应器内壁衬铜，铜中还含有 1.5%～2%锰，但衬铜的缺点是在加压膨胀时会产生裂缝。当 CO 分压超过 3.0MPa 时，必须采用特殊钢材以防 H_2 和 CO 的腐蚀作用，可用铬钢，其中含有少量碳并加入钼、钨和钒，例如可用 1Gr18Ni8Ti 不锈钢。

四、工艺流程

高压法合成甲醇历史较久，技术成熟，但副反应多，甲醇产率较低，投资费用大，动力消耗大。在 1966 年工业上成功地采用了活性高的铜系催化剂，实现了甲醇低压合成法。该法反应温度为 230～270℃反应压力为 5MPa。但压力太低，也有缺点，所需反应器容积庞大，生产规模大时制造较困难。近年来又进一步发展了 10MPa 的低压合成法，适合于产量大的大型厂，采用 10MPa 低压法比 5MPa 低压法节省生产费和催化剂费用。由于低压法技术经济指标先进，例如低压法的压缩动力消耗仅为高压法的 60%左右。现在世界各国合成甲醇生产已广泛采用了低压合成法。

（一）低压合成甲醇工艺流程

低压合成甲醇流程简图，如图 3-10 所示。它是较普遍采用的典型流程。合成甲醇工艺流程是由造气（图 3-10 中未画出）、压缩、合成以及粗甲醇精制四个工序组成的。

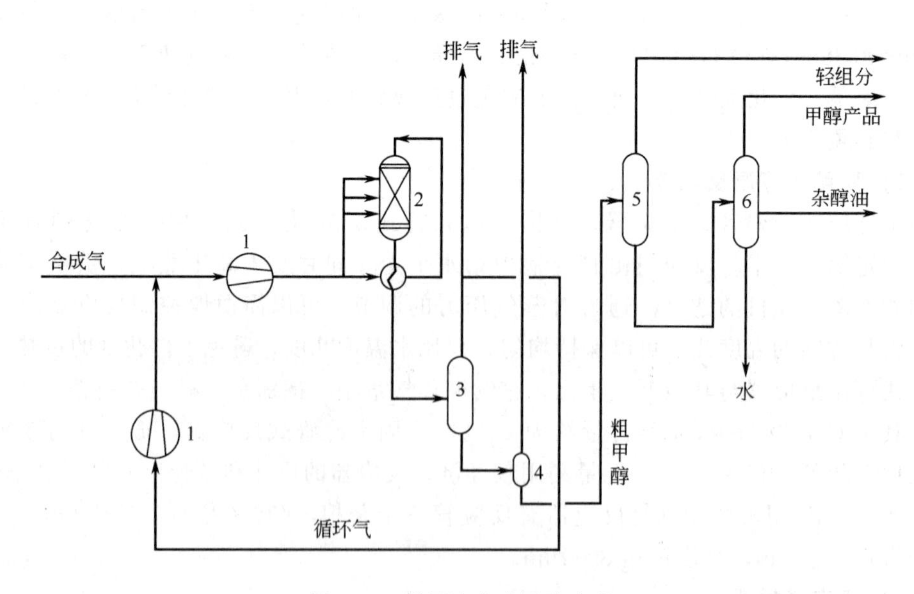

图 3-10　低压法合成甲醇流程

1—压缩机；2—合成反应器；3—分离器；4—闪蒸罐；5—脱轻组分塔；6—精馏塔

所用原料是天然气（或石脑油）或煤炭转化成 H_2 和 CO，称合成气。若用天然气为原料，采用炉后补加 CO_2 气体，以达到所要求的原料气用量比。

合成气经过换热、冷却和压缩，压力升至 5.0MPa 或 10MPa，进入反应器，在催化剂床中进行合成反应。由反应器出来的反应气体中含有 6%～8%的甲醇，经过换热器换热后进入水冷凝器，使产物甲醇冷凝，然后将液态的甲醇在气液分离器中分离出，得到液态的粗甲醇。

粗甲醇入闪蒸罐，闪蒸出溶解的气体。然后把粗甲醇送去精制。在分离器分出的气体中还含有大量未反应的 H_2、CO，部分排出系统，以维持系统内惰性气体在一定浓度范围内，排放气可作燃料用。其余气体与新鲜合成气相混后，用循环气压缩机增压后再进入合成塔。

粗甲醇中除甲醇外，基本上含有两类杂质。一类是溶于其中的气体和易挥发的轻组分如氢气、一氧化碳、二氧化碳、二甲醚、乙醛、丙酮、甲酸甲酯和羰基铁等。另一类杂质是难挥发的重组分如乙醇、高级醇、水分等。可用两个塔精制。

第一塔为脱轻组分塔，为加压操作，分离易挥发物，塔顶馏出物经过冷却冷凝回收甲醇。不凝气体及轻组分则排放。一般此塔为 40～50 块塔板。

第二塔为精制塔，用来脱除重组分和水。重组分乙醇、高级醇等杂醇油在塔的加料板下 6～14 块板处，侧线气相采出，水由塔釜分出，塔顶排除残余的轻组分，距塔顶 3～5 块塔板处侧线采出产品甲醇。一般常压下操作需要塔板数为 60～70 块。

由于低压法合成的甲醇中杂质含量少，净化比较容易，利用双塔精制流程，便可以获得纯度为 99.85%精制产品甲醇。

粗甲醇溶液呈酸性，为了防止设备及管线腐蚀，并导致甲醇中铁含量增高。因此需要加入适量的碱液，以便中和甲醇溶液的酸度，控制 pH 为 7～9，使其呈中性或弱碱性。碱液配成 1%～2% NaOH 溶液，由柱塞泵连续打入脱经组分塔的提馏段。

生产燃料甲醇时，粗甲醇精制是以除去水为主要目的，因此只需一个脱水塔。

（二）三相流化床反应器合成甲醇工艺流程

三相流化床反应器合成甲醇的工艺流程如图 3-11 所示。

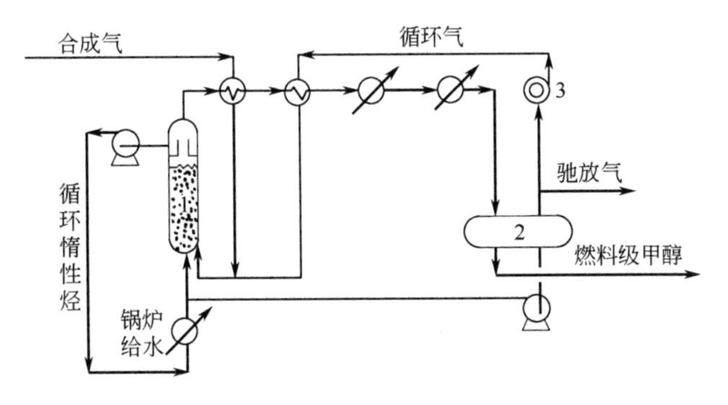

图 3-11　三相流化床反应器合成甲醇流程

1—三相流化床甲醇合成塔；2—汽液分离器；3—循环气压缩机

合成反应器是个空塔，塔上部有一溢流堰。塔内用液态惰性烃进行循环，催化剂悬浮在液态烃中，含有 H_2、CO 的原料气由塔底进入，与液态烃一起向上流动，液态烃能使催化剂分散流化，在合成反应器内形成固、液、气三相流。在三相流中进行合成反应。反应热被液态烃吸收。固、液、气三相物料在反应器顶部分离，催化剂留在反应器内，液态惰性烃在反应器上部溢流堰溢出，通过换热器加热锅炉给水，并发生水蒸气，回收反应热。冷却后的液态烃再用泵送回反应器。从反应器顶部出来的反应气，经过冷却冷凝分离出蒸发的惰性烃和反应生成的甲醇，液态的惰性烃返回合成塔，甲醇送去精制。未凝气体中还含有大量的 H_2、CO，部分排放以便维持反应气中惰性气体浓度不积累增大，其余的气体增压后循环回反应器。

三相反应器单程转化率高，出口气体中甲醇浓度可达 15%～20%（体），而一般固定床合成法只能达到 6%（体）左右。因此三相合成法可以大大减少循环气量，节省动力消耗。反应器是空筒设备，结构简单。可以利用粒子较小的催化剂，加大反应速度。器内温度比较均匀，可以按动力学要求加以控制。但此法的弱点是气液固三相互相夹带，不利于分离，以及有可能堵塞设备等。惰性烃在操作条件下不应该发生热降解或化学降解反应，这是比较难于达到的，因此惰性烃需要补充和再生。试验用的惰性烃是石油馏分，反应压力为 3.4～10.2MPa，温度范围是 230～250℃。催化剂粒度为 1～3 毫米，粒度越小，活性越大。现在此法尚处于试验阶段。

（三）技术经济指标

低压合成甲醇装置技术经济指标如下。

1. ICI 法

每年生产能力/10^4t	
反应器	冷激式
反应压力/MPa	5.0～10.0
反应温度/℃	200～300
催化剂	铜系催化剂
催化剂寿命/年	3～4
原料合成气含硫/ppm	＜0.1

每吨甲醇消耗指标

原料类别	重油	石脑油	天然气
原料和燃料/10^9J	32.6	32.2	30.6
电力/kW·h	88	35	35
原料水/m^3	0.75	1.15	1.15
冷却水/m^3	88	64	70
催化剂/US	1.8	1.8	1.5

2. Lurgi 法

每年生产能力/10^4t	
反应器	列管式 3199 根 $\phi 38\times 2$ 长 6000
合成反应压力/MPa	5.0～10.0
合成反应温度/℃	240～270
催化剂	铜系催化剂
$\frac{H_2-CO_2}{CO+CO_2}$比	≈2

每吨甲醇消耗指标

原料类别	天然气	重渣油	煤
原料和燃料/10^9J	29.7	38.3	40.8

水/t	3.1	2.5	3.8
催化剂和化学品/US	1.0	0.5	0.6
装置能力范围/t/d		150～2500	

五、甲醇利用的发展

甲醇是重要的化工原料，从甲醇出发可合成许多化工产品，具有多种用途。甲醇也可作燃料用，在70年代石油危机以来，以甲醇作为代用燃料的开发和研究发展很快。将甲醇转化成汽油的工艺，已有工业规模装置。甲醇化学也得到较快的发展。在我国能源构成中以煤为主，由煤制流体燃料势在必行。由煤制合成气，进而合成甲醇，技术成熟，已经工业化。因此，发展甲醇燃料和甲醇化学在我国更有重要意义。

甲醇经生化反应可制成单细胞蛋白，在卜内门公司，已建成年产0.16Mt工厂。目前虽然这种甲醇蛋白只能作饲料，但是随着科技进步，将来有可能成为人类食物。甲醇利用的发展规模将是很大的。

（一）甲醇燃料

甲醇是一种易燃的液体，具有良好的燃烧性能，辛烷值高（110～120），抗爆性能好，因此在开发代用燃料领域中，甲醇是重点开发对象。

1. 甲醇汽油混合燃料

甲醇（CH_3OH）是由C、H、O元素构成，C、H是可燃的，O是助燃的。甲醇是一种无烟燃料。

汽油中掺烧甲醇国外早已进行，掺入4%～8%效果良好。美国、前西德用于燃料甲醇每年有0.15～0.2Mt。汽油中混入甲醇15%左右，可以正常用于汽车。

甲醇与汽油互溶性差，受温度影响较大，需要加入助溶剂。助溶剂可用乙醇、异丁醇、甲基叔丁基醚（MTBE）等。

2. 合成甲醇燃料

意大利用改进Zn-Cr-O合成甲醇催化剂，反应压力10～15MPa，温度410℃，产品组成为CH_3OH 70%，C_2H_5OH 2.4%～5.0%，C_3H_7OH 5.6%～10%，C_4H_9OH 13%～15%，高碳醇以异丁醇为主，有很强的助溶性。此产品可直接掺入汽油。掺入15%甲醇即M15作为燃料使用。

法国IFP制得以甲醇为主的混合醇燃料。所用催化剂为Cr、Fe、V、Mn，反应压力5.0～12MPa，温度240～300℃。所用合成气组成CO 19%，H_2 66%，CO_2 13%，N_2 2%。可直接掺入汽油。

联邦德国鲁奇公司在低压合成甲醇技术基础上，发展了混合醇工艺，产品中C_2以上的醇含量较高，可达17%，主要控制H_2/CO比。例如合成反应压力5.0～10MPa，温度290℃，合成气中H_2/CO≈10，所生产的燃料甲醇组成为

	CH_3OH	C_3H_5OH	C_3H_7OH	C_4H_9OH	$C_5H_{11}OH$	$C_6H_{13}OH$
%	53.3	3.9	3.1	6.2	3.8	14.8

	其他含氧化物	C_5^+	H_2O
%	10.1	4.3	0.3

混合醇中水含量低于1%，可直接作燃料使用。

3. Mobil 法甲醇制汽油

Mobil 法是用 ZSM-5 分子筛催化剂，把甲醇转化成汽油，已在新西兰实现了工业化。该法分两步进行，均可采用固定床绝热反应器。第一步是使含水甲醇在 315～410℃温度条件下通过装有 γ-Al_2O_3 催化剂的脱水反应器，使甲醇脱水生成含有二甲醚、水和甲醇的平衡混合物，第二步是将自脱水反应器流出的平衡混合物于 360～400℃温度条件下通过装有 ZSM-5 分子筛催化剂的转化反应器，使进一步转化为烃类，其反应过程可简单表示如下。

$$2CH_3OH \underset{H_2O}{\overset{-H_2O}{\rightleftharpoons}} CH_3OCH_3 \xrightarrow{-H_2O} \underset{\text{烯烃}}{C_2\sim C_5} \longrightarrow \begin{cases}\text{烷烃}\\ \text{芳烃}\\ \text{环烷烃}\\ C_6^+\ \text{烯烃}\end{cases}$$

所得产物组成（不计水）大致如下（wt%）。

C_1+C_2	2	C_{11}^+	痕量
C_3+C_4	22	含氧化合物	痕量
$C_5\sim C_{10}$（汽油）	76		

产物中没有甲醇和二甲醚，即甲醇的转化率可达 100%。由于 ZSM-5 分子筛催化剂择形性良好，故 C_{11} 以上烃类只有痕量。如把 C_4 部分也掺入汽油中，则每转化 100t 甲醇，可生产汽油 35.6 吨，汽油的辛烷值可达 94～95。

由于反应过程中有焦生成，催化剂的活性会随之下降，反应一定时间后，需进行烧焦再生。

4. 甲醇制甲基叔丁基醚（MTBE）

MTBE 的辛烷值大于 100，可作为无铅高辛烷值汽油添加剂。当用甲醇掺混汽油时，它是良好的助溶剂。MTBE 合成工艺是 C_4 馏分中脱除异丁烯的有效手段，余下的 C_4 馏分可生产丁二烯。由于 MTBE 的优异性能，生产工艺又是 C_4 馏分的分离手段，故在国外发展迅速，产量很大，供不应求。国内也在发展。

MTBE 由甲醇与异丁烯合成，主反应为

$$CH_3OH + CH_3—\underset{\underset{CH_3}{|}}{C}=CH_2 \xrightarrow{H^+} CH_3—O—\underset{\underset{CH_3}{|}}{\overset{\overset{CH_3}{|}}{C}}—CH_3$$

$\Delta H_{298}=-36.48$kJ/mol MTBE

副反应为

$$2CH_3—\underset{\underset{CH_3}{|}}{C}=CH_2 \longrightarrow CH_3—\underset{\underset{CH_3}{|}}{\overset{\overset{CH_3}{|}}{C}}—CH_2—\overset{\overset{CH_3}{|}}{C}=CH_2$$

$$CH_3—\underset{\underset{CH_3}{|}}{C}=CH_2 + H_2O \longrightarrow CH_3—\underset{\underset{CH_3}{|}}{\overset{\overset{CH_3}{|}}{C}}—OH$$

$$2CH_3OH \longrightarrow (CH_3)_2O + H_2O$$

所用催化剂为强酸性大孔离子交换树脂。一般反应温度 60～80℃，反应压力 0.5～5.0MPa，生成 MTBE 的选择性大于 98%。转化率大于 90%。C_4 馏分原料中异丁烯含量为 5%～60%均可。

（二）甲醇化学

以甲醇为原料可以合成多种化学产品，在国内已成熟投入生产的近 30 种，如甲醛、甲胺、硫酸二甲酯、二甲基亚砜、对苯二甲酸二甲酯、甲基丙烯酸甲酯、氯代甲烷等。其中甲醛是最大量的产品，约占甲醇总耗量的 50%。从甲醛出发可合成酚醛、脲醛、马来亚胺树脂、聚甲醛热固塑料及乌洛托品等产品。其他大部分产品在染料、农药、医药、合成树脂与塑料、橡胶、化纤工业中得到广泛应用。

甲醇化学包括的反应类型有裂解、氧化、羰化、酯化与合成气反应以及生物化学等反应。下面对近年来开发成功或正在开发的反应作一简单介绍。

1. 甲醇羰化

甲醇羰化可制甲酸、醋酸等产品，甲醇羰化合成醋酸的工艺将在第六章羰化反应中进行讨论。

甲酸广泛用于农药、皮革、医药、橡胶等工业。甲酸可经甲醇羰化再经甲酰胺制得。

$$CH_3OH + CO \longrightarrow HCOOCH_3$$

$$HCOOCH_3 + NH_3 \longrightarrow HCONH_2 + CH_3OH$$

$$HCONH_2 + H_2SO_4 + 2H_2O \longrightarrow 2HCOOH + (NH_4)_2SO_4$$

甲醇与 CO 在催化剂存在下于 80℃，4.4MPa 条件下反应，生成甲酸甲酯，再于 65℃，1.3MPa 条件下与氨反应，再在 85℃用 70%的硫酸水解而得甲酸，每吨甲酸消耗甲醇 31kg，CO 720kg，NH_3 314kg，H_2SO_4 1010kg。

2. 甲醇脱氢合成甲酸甲酯

甲酸甲酯是用途广泛的低沸点溶剂，有毒性，可直接用作杀虫剂、杀菌剂，并可用于处理谷物和水果。也是有机合成的原料和中间体。

甲醇在催化剂存在下，在常压和 200～300℃条件下脱氢可一步合成甲酸甲酯

$$2CH_3OH \longrightarrow HCOOCH_3 + 2H_2$$

转化率为 30%～45%，选择性可达 90%左右，每吨甲酸甲酯消耗原料甲酸 1.3 吨左右。

3. 甲醇与合成气反应合成乙醇

甲醇与合成气反应可合成乙醇，该法在研究开发中。

$$CH_3OH + CO + 2H_2 \longrightarrow CH_3CH_2OH + H_2O$$

壳牌公司采用磷钴催化剂，反应温度为 200℃，反应压力 9.8～14.7MPa，生成乙醇的选择性可达 89%。

4. 甲醇羰化氧化合成草酸和乙二醇

该法是日本宇部公司开发成功，二步合成。

（1）第一步甲醇羰化氧化合成草酸甲酯

$$2CH_3OH + 2CO + \frac{1}{2}O_2 \longrightarrow \begin{array}{c} COOCH_3 \\ | \\ COOCH_3 \end{array} + H_2O$$

上述反应以氯化钯-氧化铜-氯化钾为催化剂，在 80℃，6.9MPa 压力下进行。

（2）第二步草酸甲酯水解得草酸或加氢得乙二醇

$$\begin{array}{c} COOCH_3 \\ | \\ COOCH_3 \end{array} + 2H_2O \longrightarrow \begin{array}{c} COOH \\ | \\ COOH \end{array} + 2CH_3OH$$

$$\begin{array}{l}COOCH_3\\|\\COOCH_3\end{array} + 4H_2 \longrightarrow \begin{array}{l}CH_2OH\\|\\CH_2OH\end{array} + 2CH_3OH$$

加氢反应是在铜系催化剂存在下，在250℃，2.9～3.9MPa压力下进行。

5. 甲醇裂解制烯烃

甲醇裂解可制取烯烃。由煤和其他碳资源制得合成气再由合成气合成甲醇。故由甲醇制取烯烃，是开辟了以煤或其他碳资源制取烯烃的新途径，使有机化工原料多样化，具有重要意义。

美国Mobil公司用ZSM-5分子筛为催化剂，进行甲醇裂解得到的产品主要是低级烯烃。英国（ICI）发现FU-1沸石催化剂能使甲醇转化为烯烃，只有少量芳烃形成，在380℃富产 C_4～C_6 烯烃，450℃时富产 C_2～C_3 烯烃。前西德巴斯夫（BASF）公司进行了甲醇制乙烯和丙烯中试，反应温度为300～450℃，压力为0.1～0.5MPa，C_2～C_4 烯烃的产率为50%～60%。我国也进行了此技术的研究，获得了好的结果。

参考文献

[1] B. A. 德鲁斯，《有机催化》，中国工业出版社，1964年.
[2] 数森敏郎，《高压ガスエ学》，日刊工业新闻社，1971年.
[3] 华东石油学院，《煤油工艺基础》，燃料化学工业出版社，1973年.
[4] 南京化工研究院译，《合成氨催化剂手册》，第一版，燃料化学工业出版社，1974年.
[5] G. N. 许劳策，《均相催化中的过滤金属》，科学出版社，1976年.
[6] 多罗间么雄，《反应别实用触媒》，化学工业出版社，1970年.
[7] J. E. 杰马茵著，呈祉龙等译，《烃类的催化转化》，第一版，石油化学工业出版社，1976年.
[8] 山中龙雄，《有机合成にわける接触水素化法》，日刊出版社，1963年.
[9] R. L. Augustime，“Catalytic Hydrogenation Techniques And Application In Organic Synthesis”，Marcel Dekker Inc.，1965.
[10] 丹羽丹，《触煤反应（1）水素化触媒工学讲座6》，地人书馆，1965年.
[11] J. 法尔贝著，王杰等译，《一氧化碳化学》，354页，化学工业出版社，1985年.
[12] J. Falbe “Chemierohstoffe aus kohle”，Gearg Thieme Verlag Stuttgart，1977.
[13] M. J. Pettman et al.，Hydrocarbon Processing，54，1，77，(1975).
[14] D. D. Metha，Hydrocarbon Processing，55，5，165，(1976).
[15] M. B. Shermin et al.，Hydrocarbon Processing，55，11，122，(1976).
[16] 燃料协会志（日），57，609，38（1978).
[17] 化学工业，28，11，78（1977).
[18] Hydrocarbon Processing，64，11，144（1985).
[19] Chemical Engineering. March.，3，9（1986)；April，7，43～45（1980)；April，21，86（1980).
[20] Hydrocarbon Processing.，655，36（1986).
[21] 李君，齐鲁石油化工，2，70（1987).
[22] 赵玉龙，石油化工，12，5，444（1983).
[23] 煤制甲醇的生产和需求展望，煤化工，39，2（1987).
[24] 潘德晓，赵慧娴，张建国，齐鲁石油化工，6，24（1984).
[25] M. M. 卡拉华耶夫，A. П. 马斯捷洛夫著，孟广铨，黄裕培译，《甲醇的生产》化学工业出版社，1980年.

第四章　催化脱氢和氧化脱氢

在基本有机化学工业中重要的催化脱氢反应和氧化脱氢反应及其产品的主要用途见表4-1表示。

表 4-1　催化脱氢和氧化脱氢反应的工业应用举例

反应类别	反应式	产品主要用途
正丁烷脱氢制1,3-丁二烯(以下简称丁二烯)	$nC_4H_{10} \xrightarrow{-H_2} nC_4H_8 \xrightarrow{-H_2} C_4H_6$	合成橡胶单体 ABS工程塑料单体
正丁烯脱氢制丁二烯	$nC_4H_8 \longrightarrow C_4H_6 + H_2$	合成橡胶单体 ABS工程塑料单体
正丁烯氧化脱氢制丁二烯	$nC_4H_8 + \frac{1}{2}O_2 \longrightarrow C_4H_6 + H_2O$	合成橡胶单体 ABS工程塑料单体
异戊烯脱氢制异戊二烯	$iC_5H_{10} \longrightarrow CH_2{=}CH{-}C(CH_3){=}CH_2 + H_2$	合成橡胶单体
异戊烯氧化脱氢制异戊二烯	$iC_5H_{10} + \frac{1}{2}O_2 \longrightarrow CH_2{=}CH{-}C(CH_3){=}CH_2 + H_2O$	合成橡胶单体
乙苯脱氢制苯乙烯	$C_6H_5C_2H_5 \longrightarrow C_6H_5CH{=}CH_2 + H_2$	聚苯乙烯塑料单体 ABS工程塑料单体 合成橡胶单体 合成离子交换树脂
二乙苯脱氢制二乙烯基苯	$C_2H_5C_6H_4C_2H_5 \longrightarrow CH_2{=}CHC_6H_4CH{=}CH_2 + 2H_2$	合成离子交换树脂
对甲乙苯脱氢制对甲基苯乙烯	$CH_3C_6H_4C_2H_5 \longrightarrow CH_3C_6H_4CH{=}CH_2 + H_2$	聚对甲基苯乙烯塑料
正十二烷脱氢制正十二烯	$n{-}C_{12}H_{26} \longrightarrow n{-}C_{12}H_{24} + H_2$	合成洗涤剂原料
甲醇氧化脱氢制甲醛	$CH_3OH + O_2 \longrightarrow HCHO + H_2O + H_2$(不足量)	见第五章
乙醇氧化脱氢制乙醛	$CH_3CH_2OH + O_2 \longrightarrow CH_3CHO + H_2O + H_2$(不足量)	有机原料
乙醇脱氢制乙醛	$CH_3CH_2OH \longrightarrow CH_3CHO + H_2$	同上
异丙醇脱氢制丙酮	$CH_3CH(OH)CH_3 \longrightarrow CH_3C(=O)CH_3 + H_2$	溶剂,有机原料
正己烷脱氢芳构化	$nC_6H_{14} \longrightarrow C_6H_6 + 4H_2O$	溶剂,有机原料
正庚烷脱氢芳构化	$nC_7H_{16} \longrightarrow C_6H_5CH_3 + 4H_2O$	溶剂,有机原料

由表 4-1 可知，烃类的催化脱氢在化学工业中占有重要地位，利用这些脱氢反应，可将低级烷烃、烯烃和烷基芳烃转化为相应的烯烃，二烯烃和烯基芳烃，它们是高分子材料工业的重要单体，其中产量最大和最重要的产品是苯乙烯和丁二烯，本章主要结合这两个产品的生产工艺，讨论烃类的催化脱氢和氧化脱氢。

第一节　烃类催化脱氢反应的化学

一、热力学分析[1～5]

(一) 温度对脱氢平衡的影响

烃类的脱氢反应是吸热反应，1 摩尔烃脱去一摩尔氢所需吸收的热量，因烃的结构不同而有异。例如

ΔH^0 298K　(kJ/mol)

$$nC_4H_{10}(气) \longrightarrow nC_4H_2(气) + H_2 \qquad 124.8$$

$$C_4H_8(气) \longrightarrow CH_2=CH-CH=CH_2(气) + H_2 \qquad 110.1$$

$$CH_3-\underset{\displaystyle CH_3}{\underset{|}{CH}}-CH=CH_2(气) \longrightarrow CH_2=\underset{\displaystyle CH_3}{\underset{|}{C}}-CH=CH_2(气) + H_2 \qquad 125.1$$

$$C_6H_5C_2H_5(气) \longrightarrow C_6H_5CH=CH_2(气) + H_2 \qquad 117.8$$

大多数脱氢反应在温度低时平衡常数均很小，从平衡常数与温度的关系式可知，因为 $\Delta H^0 > 0$，

$$\left(\frac{\partial \ln K_p}{\partial T}\right)_p = \frac{\Delta H^0}{RT}$$

平衡常数是随温度升高而增大，故可提高反应温度以增大平衡常数，来提高脱氢反应的平衡转化率。

1. 烷烃和烯烃的脱氢平衡

图 4-1 为温度对正丁烷和正丁烯脱氢反应的平衡常数的影响。由图可看出，正丁烯脱氢比正丁烷脱氢在热力学上更不利，需要更高的温度。

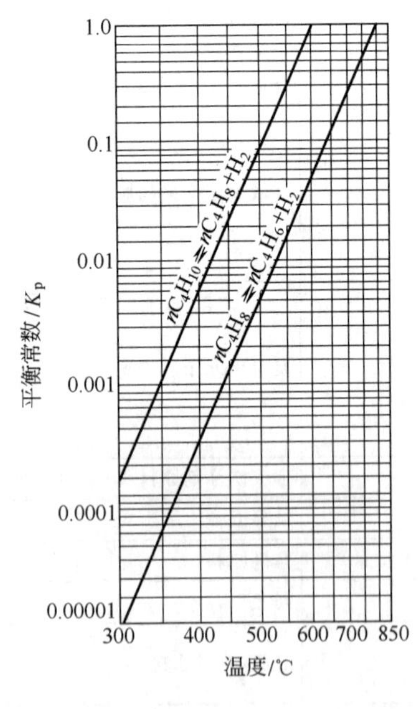

图 4-1　正丁烷、正丁烯脱氢反应的平衡常数与温度的关系

2. 烷基苯的脱氢平衡

表 4-2、图 4-2 和图 4-3 分别为温度为乙苯脱氢反应的平衡常数、平衡转化率和平衡组成的影响。由所示数据可知，乙苯脱氢在热力学上虽比正丁烯脱氢有利，但要获得较高的平衡转化率，仍需采用高温。

(二) 压力对脱氢平衡的影响

从热力学分析可知，烃类的脱氢反应要达到较高的平衡转化率，必须在高温下进行，这样会给脱氢催化剂的选择、高温下的供热以及设备材质的选择等带来许多困难，故必须同时改变其他因素，使能在不太高的温度条件下达到较高的平衡转化率。脱氢反应是分子数增加的反应。从平衡常数的关系式：$K_p = K_N P^{\Delta\nu}$ 可知，因为 $\Delta\nu$ 为正值，

降低总压 P，使 K_N 增大，产物的平衡浓度增大，即增大了反应的平衡转化率，压力对烃类脱氢反应的平衡转化率的影响，见表 4-3。从表 4-3 可看出，当压力自 101.3kPa 减至 10.1kPa 时，达到相同的平衡转化率所需的脱氢温度约降低 100℃左右。

表 4-2　乙苯脱氢反应的平衡常数

温　度/K	700	800	900	1000	1100
K_P	3.30×10^{-2}	4.71×10^{-2}	3.75×10^{-1}	2.00	7.87

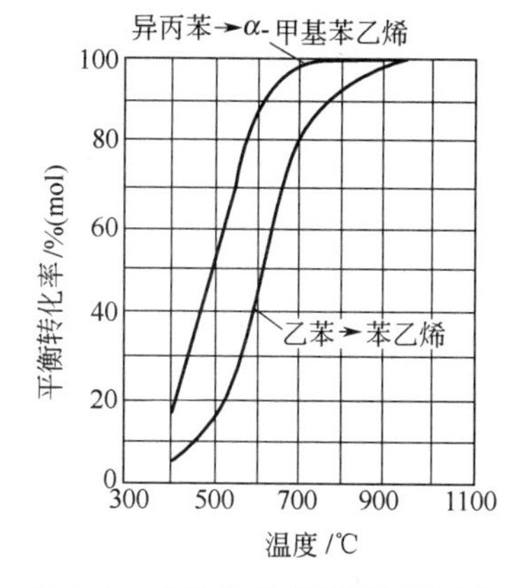

图 4-2　乙苯和异丙苯脱氢反应平衡转化率与温度关系

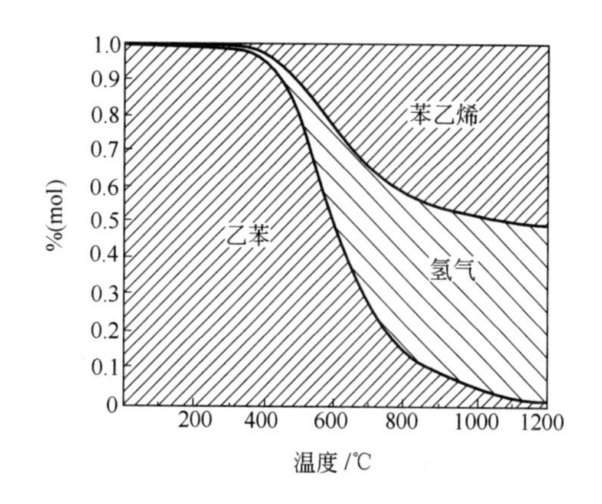

图 4-3　乙苯脱氢产物组成与温度关系

表 4-3　压力对烃类脱氢反应平衡转化率的影响

脱　氢　反　应	正丁烷 ↓ 乙　烯		丁　烯 ↓ 1,3-丁二烯		乙　苯 ↓ 苯乙烯	
压力/kPa 平衡转化率/%　　温度/K	101.3	10.1	101.3	10.1	101.3	10.1
10	460	390	540	440	465	390
30	545	445	615	505	565	455
50	600	500	660	545	620	505
70	670	555	700	585	675	565
90	753	625	740	620	780	630

（三）惰性气体的影响

虽然脱氢反应在减压下操作，可在较低脱氢温度获得较高的平衡转化率。但工业上在高温下进行减压操作是不安全的，因此必须采取其他措施，通常是采用惰性气体作稀释剂以降低烃的分压。如在 1 摩尔原料烃中加入 n 摩尔稀释剂，则原料烃的分压就降至$\frac{1}{n+1}P$，其对平衡产生的效应和降低总压的效应相似。工业上常用的惰性稀释剂是水蒸气。它具有许多优点，与产物易分离；热容量大；不仅提高了脱氢反应的平衡转化率，而且有利于消除催化剂表面上沉积的焦。乙苯脱氢反应的平衡转化率与水蒸气/乙苯用量比关系见图 4-4。

从图中可看出，水蒸气用量比增加，乙苯的平衡转化率随之增加。但当水蒸气与乙苯

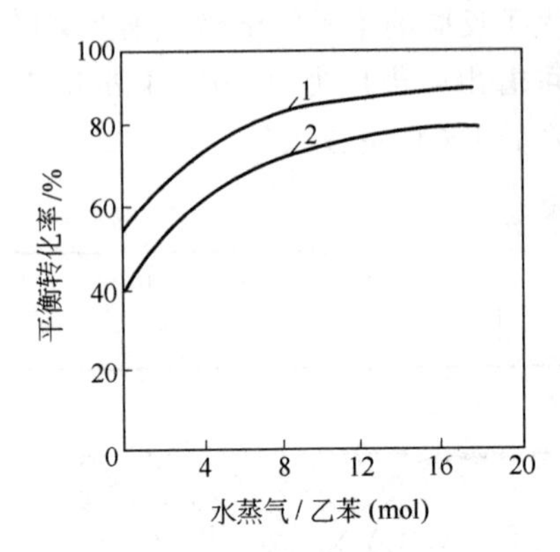

图 4-4　乙苯平衡转化率与水蒸气/乙苯用量比关系

1—总压 101.3kPa（温度 900K）；
2—总压 202.6kPa（温度 900K）

的摩尔比超过一定值时，乙苯平衡转化率的提高就非常缓慢，如再增加水蒸气用量，不仅对提高乙苯平衡转化率无显著作用，反而使能耗增加。故在选用水蒸气用量比时，必须作技术经济指标总的衡量。

二、主要副反应

烃类脱氢时可能发生的副反应，有平行的也有连串的。

（一）脂肪烃脱氢时的主要副反应

1. 平行副反应

主要是裂解反应。烃类分子中的 C—C 键断裂，生成分子量较小的烷烃和烯烃，例如

$$n C_4H_{10} \longrightarrow C_3H_6 + CH_4$$

$$n C_4H_{10} \longrightarrow C_2H_4 + C_2H_6$$

烯烃裂解则生成分子量更小的烯烃。烃类在高温作用下 C—C 键断裂的裂解反应在热力学上是比 C—H 键破裂的脱氢反应显著有利，在动力学方面也占优势。故在高温下进行热脱氢得到的主要产物是裂解产物。要使反应主要向脱氢方向进行，必须改变动力学因素，使脱氢反应速度远大于裂解反应的速度，最主要的是采用选择性良好的催化剂。

2. 连串副反应

主要是产物的裂解、脱氢缩合或聚合生成焦油或焦。己烷以上烷烃脱氢时，尚有脱氢芳构化副反应发生。

（二）烷基芳烃脱氢时的主要副反应（以乙苯脱氢为例）

1. 平行副反应

主要有裂解反应和加氢裂解反应两种，由于烷基芳烃分子中的苯环比较稳定，故裂解反应都发生在侧链。

$$C_6H_5C_2H_5(气) \longrightarrow C_6H_6(气) + C_2H_4$$

$$\Delta H^0_{298} = 105kJ/mol$$

$$C_6H_5C_2H_5(气) + H_2 \longrightarrow C_6H_5CH_3(气) + CH_4$$

$$\Delta H^0_{298} = -54.4kJ/mol$$

$$C_6H_5C_2H_5(气) + H_2 \longrightarrow C_6H_6(气) + CH_3CH_3$$

$$\Delta H^0_{298} = -31.5kJ/mol$$

这些副反应与乙苯脱氢在热力学上的竞争，如图 4-5 所示。

裂解反应在热力学上也比脱氢反应有利。而加氢裂解反应是放热反应，虽然平衡常数随着温度升高而减小，但即使温度高达 700℃，平衡常数仍然很大，与乙苯脱氢相比在热

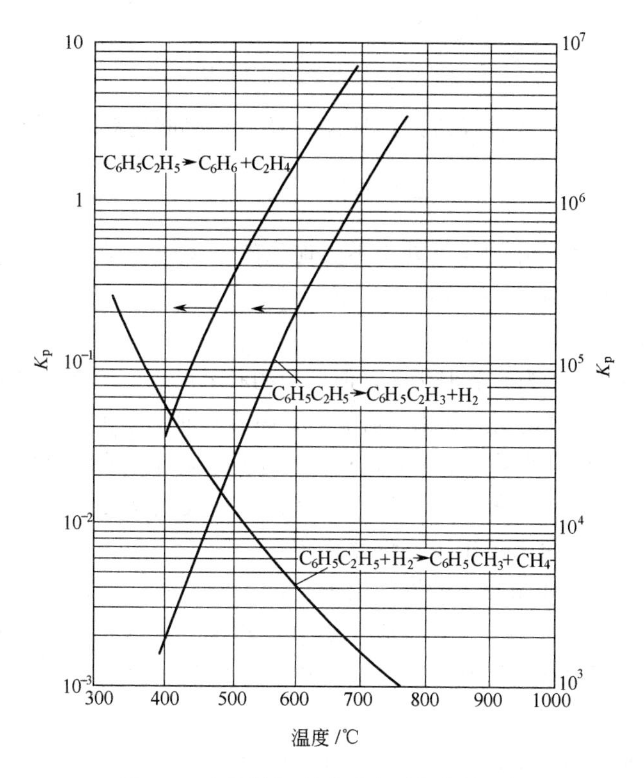

图 4-5 乙苯脱氢主副反应平衡常数比较

力学上还是占绝对优势。但加氢裂解反应的进行，必须有氢存在，在氢是由乙苯脱氢反应产生的情况下，加氢裂解副反应的进行就受到乙苯脱氢反应的制约。而乙苯脱氢反应的平衡，由于生成的氢被加氢裂解副反应所消耗，也会受到影响。在动力学方面乙苯裂解反应也比脱氢反应有利，故乙苯在高温下进行热脱氢时，主要产物是苯。要使反应主要向脱氢方向进行，也必须采用选择性良好的催化剂。

在水蒸气存在的条件下，还可能发生下列反应。

$$C_6H_5C_2H_5(\text{气}) + 2H_2O(\text{气}) \longrightarrow C_6H_5CH_3(\text{气}) + CO_2 + 3H_2$$

$$\Delta H_{298}^{0} = 110\text{kJ/mol}$$

2. 连串副反应

主要是产物苯乙烯的聚合生成焦油和焦以及加氢裂解，如：

$$n\, C_6H_5CH{=}CH_2 \longrightarrow \cdots[-CH(C_6H_5)-CH_2-]_n$$

$$C_6H_5CH{=}CH_2 + 2H_2 \longrightarrow C_6H_5CH_3 + CH_4$$

$$\text{C}_6\text{H}_5\text{CH}{=}\text{CH}_2 + 2\text{H}_2 \longrightarrow \text{C}_6\text{H}_6 + \text{CH}_3\text{CH}_3$$

聚合副反应的发生，不仅使反应的选择性下降，且使催化剂表面结焦而活性下降。

三、催化剂[6~11]

由上讨论可知，要使在热力学上处于不利地位的烃类脱氢反应能在动力学上占绝对优势，就必须采用选择性良好的催化剂。

(一) 脱氢催化剂的要求

一般加氢催化剂就可作为脱氢催化剂，但烃类的脱氢反应由于受到热力学限制，必须在较高的温度条件下进行，故使用的催化剂需能耐受高温。通常金属氧化物比金属具有更高的热稳定性，故烃类脱氢反应均采用金属氧化物作催化剂。对于烃类脱氢催化剂的要求是：

(1) 具有良好的活性和选择性——能有选择性地加快脱氢反应速度，对裂解反应、水蒸气转化、聚合等副反应没有或很少有催化作用。

(2) 热稳定性好——能耐较高的操作温度。

(3) 化学稳定性好——由于脱氢反应产物中有氢存在，要求所采用的金属氧化物催化剂能耐受还原气氛，不致被还原到金属态。并要求催化剂在大量水蒸气存在下长期操作不至于崩解，能保持足够强度。

(4) 抗结焦性能好和容易再生——不易在催化剂表面迅速发生焦沉积，结焦后可以用方便的方法再生，而不致引起不利的变化。

(二) 脱氢催化剂的类别

1. 氧化铬-氧化铝系催化剂

这类催化剂氧化铬是活性组分，氧化铝是载体，通常还添加少量碱金属或碱土金属氧化物作为助催化剂以提高其活性。典型组成如：

$$Cr_2O_3\ 18\%\sim20\%\text{-}Al_2O_3\ 80\%\sim82\%$$

$$Cr_2O_3\ 12\%\sim13\%\text{-}Al_2O_3\ 84\%\sim85\%\text{-}MgO\ 2\%\sim3\%$$

这类催化剂适用于低级烷烃脱氢，例如丁烷脱氢制丁烯和丁二烯，异戊烷脱氢制异戊烯和异戊二烯等。原料气中有水分对催化剂有可逆的毒化作用，可能是由于水蒸气吸附在催化剂表面的活性中心上，阻止了烃的吸附，因而抑制了脱氢反应。故不能用水蒸气作稀释剂，也不宜用水蒸气再生。采用这类催化剂脱氢，一般不用稀释剂，而采用减压。这类催化剂在脱氢反应条件下，有强烈的结焦倾向，致使催化剂很快地失活，需要频繁地用含氧的烟道气进行再生。

2. 氧化铁系催化剂

工业上早期使用的是以氧化镁为载体，代表性组成为

$$MgO\ 72.4\%\text{-}Fe_2O_3\ 18.4\%\text{-}CuO\ 4.6\%\text{-}K_2O\ 4.6\%\ \text{(Standard1707)}$$

这类催化剂可用水蒸气作稀释剂，但易结焦，反应 1 小时就需再生，现已改为非负载型氧化铁系催化剂。工业上采用的一些典型的氧化铁系催化剂组成见表 4-4 所示。氧化铁系催化剂可用于烯烃和烷基芳烃脱氢。

在氧化铁系催化剂中，各组分的作用是氧化铁是活性组分，据研究对脱氢反应起催化

表 4-4　一些典型氧化铁系催化剂组成

催化剂组成/%		Fe_2O_3	Cr_2O_3	K_2O
催化剂牌号	菲列普斯(Phillipe)1490	93	5	2
	壳牌(Shell)105	87	3	10
	壳牌(Shell)205	70	3	27

作用的可能是 Fe_3O_4。这类催化剂具有较高的活性和选择性。但在还原气氛中脱氢，其选择性很快下降。这可能是由于氧化铁系统存在着下列平衡。

$$FeO \underset{H_2}{\overset{H_2O}{\rightleftharpoons}} Fe_3O_4 \underset{H_2}{\overset{H_2O}{\rightleftharpoons}} Fe_2O_3$$

脱氢反应有氢生成，在氢气等还原气氛中使高价氧化铁还原成低价氧化铁甚至金属态铁。金属态铁能催化烃类的完全分解反应，从而使选择性下降。为了防止氧化铁的被过渡还原，要求脱氢反应必须在适当氧化气氛中进行。水蒸气是氧化性气体，在大量水蒸气存在下，可以阻止氧化铁的被过渡还原，而获得高的选择性。故采用氧化铁系催化剂脱氢，总是以水蒸气作稀释剂。

氧化铬是高熔点的金属氧化物，它的存在可提高催化剂的热稳定性，还可能起着稳定铁的价态的作用。

氧化钾不仅具有助催化剂的作用，且能改变催化剂的表面酸度，以减少裂解副反应的进行。由于氧化钾毒化了部分能引起聚合的酸中心，所以也提高了催化剂的抗结焦性。氧化钾还能催化水煤气反应

$$C + H_2O \xrightarrow{K_2O} CO + H_2$$

从而促进催化剂的自再生能力，这样使催化剂的再生周期大大延长，而且可直接使用水蒸气来再生催化剂。

在氧化铁系催化剂中尚可加入氧化镁、氧化铈、氧化铜等助催化剂。我国工业上使用的“315”催化剂也是以氧化铁为主的催化剂。

在氧化铁系催化剂中，虽然氧化铬的存在能起到结构稳定剂的作用，但其毒性甚大。故现工业上已广泛采用不含铬的氧化铁系催化剂。例如 Fe_2O_3-Mo_2O_3-CeO-K_2O 催化剂以及我国研制成功的 XH-02 和 335 无铬催化剂都是性能良好的乙苯脱氢催化剂。

3. 磷酸钙镍系催化剂

例如　$Ca_8Ni(PO_4)_6$ 96%-Cr_2O_3 2%-石墨 2%这类催化剂对烯烃脱氢制二烯烃具有良好的选择性，但抗结焦性能差，再生周期短，再生时必须用水蒸气和空气的混合物。

四、动力学及工艺参数的影响[7~15]

(一) 烃类脱氢能力的比较

正丁烷在 Cr_2O_3-Al_2O_3 催化剂上脱氢可生成正丁烯和丁二烯，其动力学图式为

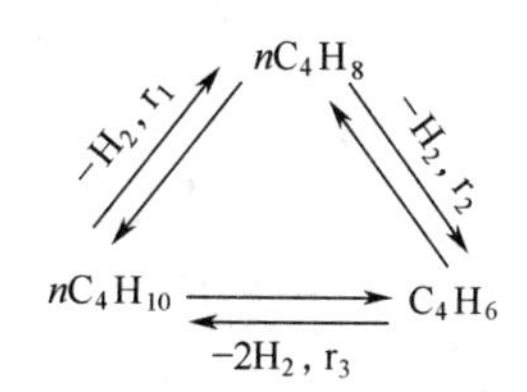

在反应温度为873K，压力为33.4kPa条件下，诸反应的速度比为：$r_1/r_3=20$，$r_2/r_3=25$
正丁烷一步脱氢为丁二烯的速度最慢。正丁烯的脱氢速度大于正丁烷的脱氢速度。

烷基芳烃在Cr_2O_3-Al_2O_3催化剂上，于773～833K条件下脱氢，其脱氢速度随分子结构而异，其顺序如下

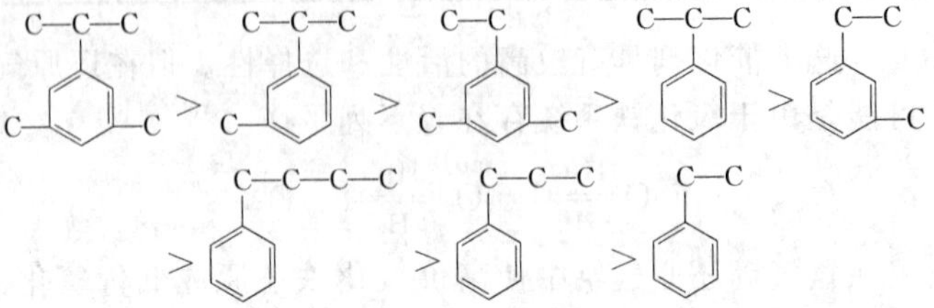

即侧链的α碳原子上的取代基增多，或链的增长或苯环上的甲基数目增多时，脱氢反应速度上升，乙苯的脱氢速度最慢。

二乙苯在氧化铁系催化剂上脱氢，其动力学图式为

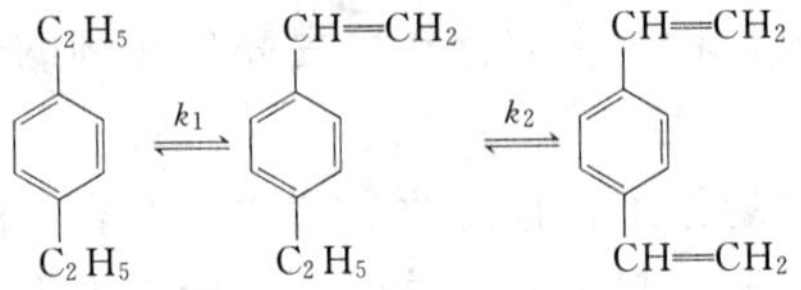

$k_2>k_1$，中间产物乙烯基乙苯的脱氢能力大于二乙苯。

（二）脱氢反应机理及动力学

对烃类在固体催化剂上脱氢反应的动力学研究表明，无论是丁烷、丁烯、乙苯或二乙苯，其脱氢反应的控制步骤都是表面化学反应，且都可按双位吸附机理的动力学方程来描述。

例如乙苯在氧化铁系催化剂上脱氢，其动力学图式为

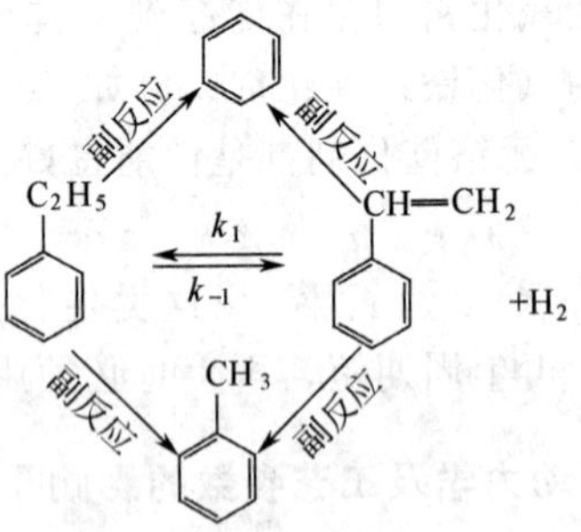

其主反应的速度方程为

$$r=r_1-r_{-1}=\frac{k_1\lambda_E\left(p_E-\frac{p_Sp_H}{K'}\right)}{(1+\lambda_Ep_E+\lambda_Sp_S)^2} \tag{4-1}$$

$$K'=\frac{\lambda_E}{\lambda_S\lambda_H}K_p \tag{4-2}$$

式中　　r——主反应苯乙烯的净生成速度；

k_1——表面反应速度常数；

p_E、p_S、p_H——分别为乙苯、苯乙烯和氢的分压；

K_P——主反应的平衡常数；

λ_E、λ_S、λ_H——分别为乙苯、苯乙烯和氢的吸附系数。由于 λ_E 远比 λ_S 小，如忽略乙苯的吸附项，则上列诸方程式中的分母项可改为 $(1+\lambda_S p_S)^2$，对脱氢起阻抑作用的，主要是产物苯乙烯。

（三）催化剂颗粒大小对脱氢反应速度及选择性的影响

图 4-6、图 4-7 和图 4-8 分别为乙苯和正丁烯在新鲜氧化铁系催化剂上脱氢时催化剂的颗粒度对反应速度和选择性的影响。从图可看出采用小颗粒催化剂不仅可提高脱氢反应速度，也有利于提高选择性。这可能是在新鲜催化剂上主反应的速度受到内扩散限制，而副产物的生成速度受内扩散的影响较小之故。所以工业脱氢催化剂的颗粒一般不宜太大。同时也可通过改进催化剂孔结构的方法来改善催化剂的内扩散性能。例如，将催化剂在高

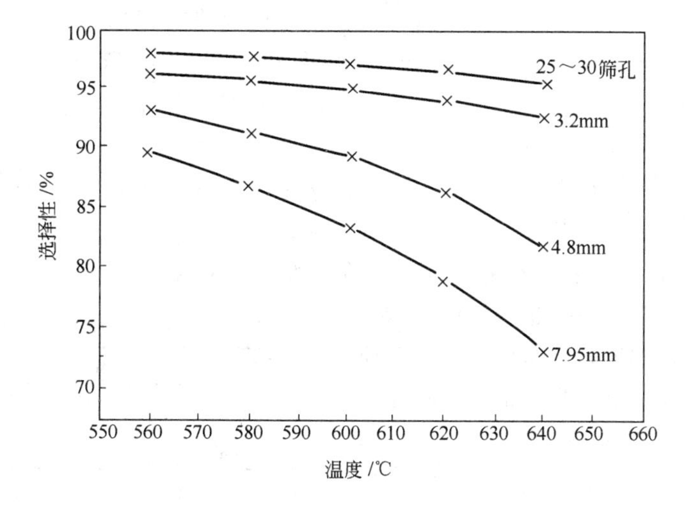

图 4-6　催化剂的颗粒度对乙苯脱氢选择性的影响

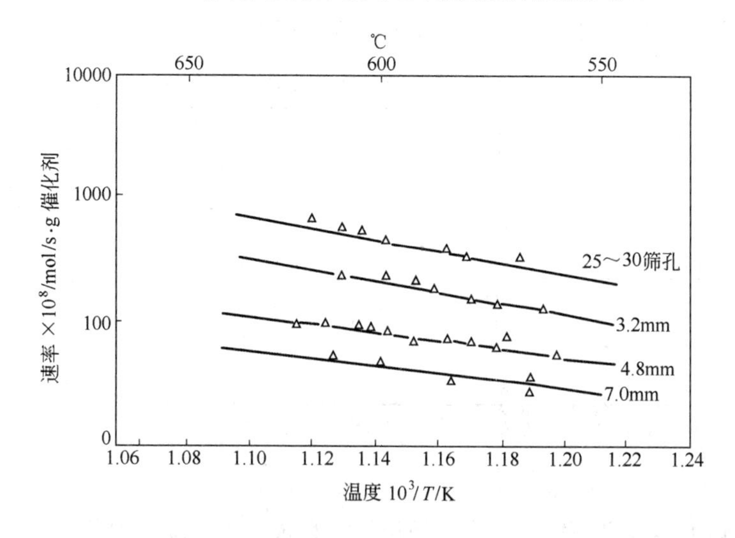

图 4-7　催化剂的颗粒度对乙苯脱氢反应速度的影响

温焙烧以消除微孔；采用黏结剂以堵塞微孔；添加孔调节剂以改进催化剂的孔结构等。

氧化铁系催化剂在使用过程中会慢慢老化，随着催化剂的活性下降，内扩散影响会逐渐减少以致消失。

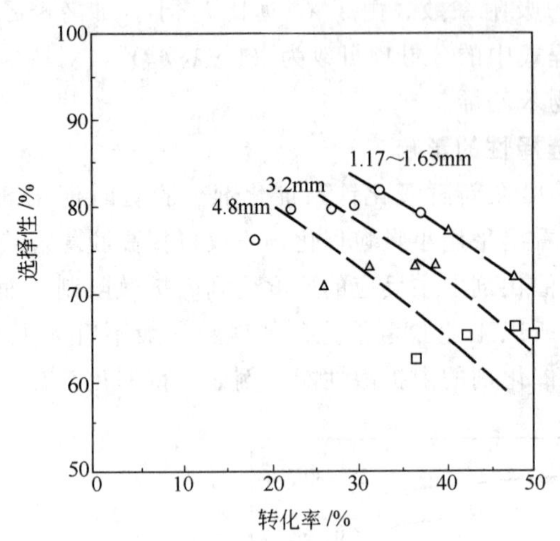

图 4-8　催化剂的颗粒度对丁烯脱氢反应速度和选择性的影响

○—763K；△—783K；□—803K

(四) 操作参数的影响

催化剂的活性和选择性是影响反应结果的重要因素，但不是惟一的因素。要催化剂发挥良好的作用，使转化率、选择性和能耗均能达到技术经济上合理的指标，操作参数的合理选择和控制也同样重要。脱氢反应过程所需控制的主要操作参数是反应温度、压力、稀释剂用量和原料烃空速。

1. 反应温度

反应温度高虽有利于脱氢平衡，并可加快脱氢反应速度。但温度高，活化能比脱氢反应高的裂解等副反应速度加快更甚，结果转化率增加而选择性下降。同时由于温度高产物聚合生焦的副反应也加速，使催化剂的失活速度加快，再生周期缩短。表 4-5 和表 4-6分别为丁烯在 205 催化剂上脱氢制丁二烯，和乙苯在 XH-02 及 G_4-1 催化剂上脱氢制苯乙烯反应温度对转化率和选择性的影响。

表 4-5　正丁烯脱氢反应温度的影响

反应温度/℃	转化率/%	选择性/%
620	27.7	79.9
640	36.9	73.4
650	48.0	60.4

注：丁烯空速（GHSV）500hr^{-1}，H_2O/正丁烯 12（摩尔比）

与正丁烯脱氢相比，乙苯脱氢时副反应的竞争能力较小，催化剂表面结焦速度较慢，故转化率可控制较高，由表 4-6 可知，当转化率控制在 80%以上，选择性仍可达 90%以上。而正丁烯脱氢却只能控制较低转化率。低级脂肪烃和烷基芳烃的脱氢温度一般控制在 600～630℃。

表 4-6　乙苯脱氢反应温度的影响

催　化　剂	反应温度/℃	转化率/%	选择性/%
XH-02	580	53.0	94.3
	600	62.0	93.5
	620	72.5	92.0
	640	87.0	89.4
G_4-1	580	47.0	98.0
	600	63.5	95.6
	620	76.1	95.0
	640	85.1	93.0

注：乙苯液空速（LHSV）1hr^{-1}，乙苯/H_2O（体积比）=1∶1.3。

2. 操作压力

由于受到热力学因素的影响，降低操作压力和减小压力降对脱氢反应是有利的。最好是在减压下操作，但因减压操作对反应设备的制造要求高，使设备制造费增加，故一般除了低级烷烃脱氢因催化剂不耐水蒸气必须在减压下操作外，烯烃和烷基芳烃的脱氢，工业上均在略高于常压下操作，为了尽可能采用低压操作，系统的压力降应尽可能小。

3. 水蒸气和烃的用量比

为了提高脱氢反应的平衡转化率，烃类脱氢需在稀释剂存在下进行，常用的稀释剂是水蒸气，其作用有（1）降低烃的分压，改善化学平衡，使能达到较高的平衡转化率；（2）通过与催化剂表面的焦发生水煤气反应达到清焦作用；（3）提供反应所需热量。用量比大，虽然对上述三方面都有利，但能耗增加，稀释水蒸气冷凝所生成的过程水量增加。所以这是一个复杂的因素，需要综合考虑。其用量比也与所采用的脱氢反应器形式有关，等温多管反应器脱氢比绝热式反应器脱氢所需水蒸气量要少一半左右。

4. 烃的空速

空速小，转化率高，但由于连串副反应的竞争，使选择性下降，催化剂表面的结焦量增加，再生周期缩短，尤其是低级烷烃和烯烃脱氢制丁二烯时。但空速过大，转化率太小，产物收率低，未转化的原料的回收循环量大，能耗增加，故最佳空速的选择，必须综合考虑原料单耗、能耗和催化剂的再生周期。

乙苯在 XH-02 催化剂上脱氢，乙苯的液空速对转化率和选择性的影响见表 4-7。

表 4-8 为正丁烷和正丁烯在各种催化剂上的脱氢条件和反应结果。

表 4-7　乙苯液空速的影响

乙苯液空速(LHSV)/h^{-1}	1		0.6	
乙苯/水蒸气(体积比)	1/1.3		1/1.3	
反应温度/℃	转化率/%	选择性/%	转化率/%	选择性/%
580	53.0	94.3	59.8	93.6
600	62.0	93.5	72.1	92.4
620	72.5	92.0	81.4	89.3
640	87.0	89.4	87.1	84.8

表 4-8　正丁烷和正丁烯的脱氢

原料	正丁烷	正丁烷	正丁烯
产品	丁二烯	正丁烯	丁二烯
催化剂	Cr_2O_3-Al_2O_3	Cr_2O_3-Al_2O_3	壳牌 205
反应器型式	绝热式固定床	绝热式固定床	绝热式固定床
操作参数			
反应温度/℃	607(进口)	570(进口)	620～675
压力/kPa(绝压)	17	70.9	152
水蒸气/烃(摩尔比)	—	—	8
烃空速/h^{-1}	1.0～1.5(LHSV)	1.5～2(LHSV)	500(GHSV)
反应再生循环	各 5～10min	各 5～10min	反应 24h 再生 1h
转化率/%	28	47	26～28
选择性/%	56	73	73～75

第二节　乙苯催化脱氢合成苯乙烯[2,5,16～20]

一、苯乙烯的性质、用途及合成方法简介

苯乙烯是无色液体，沸点 145℃，难溶于水，能溶于甲醇、乙醇及乙醚等溶剂中。能

自聚生成聚苯乙烯（PS）树脂，也易与其他含双键的不饱和化合物共聚。例如苯乙烯与丁二烯、丙烯腈共聚，其共聚物可用以生产 ABS 工程塑料；与丙烯腈共聚为 AS 树脂；与丁二烯共聚可生成胶乳（SBL）或合成橡胶（SBR），苯乙烯也可用于生产其他树脂。此外苯乙烯还被广泛用于制药、涂料、纺织等工业。1981 年苯乙烯的年生产能力达 17.13Mt，其用途分配比例见表 4-9。

表 4-9　1980 年世界苯乙烯的用途分配

用　　途	PS	ABS	AS	SBL	SBR	其他树脂	其他用途
分配比例/%	63	9	1	7	9	6	5

烃类裂解制乙烯所得副产裂解汽油中，含有 4%～6%苯乙烯，但要从裂解汽油中分离出聚合级苯乙烯比较困难。苯乙烯与 C_8 芳烃的沸点很接近难以分离，且苯乙烯本身易聚合，需采用特殊的萃取剂，用萃取精馏法进行分离，并需采用能耐高温的阻聚剂。

工业上苯乙烯主要是由乙苯脱氢法制得，该法在 40 年代初开始工业化，40 多年来无论在催化剂、反应器和工艺条件控制方面都有很大的改进。此方法的初始原料是苯和乙烯，生产过程包括两步：第一步苯用乙烯烃化合成乙苯（见第二章）；第二步乙苯催化脱氢合成苯乙烯。

70 年代初工业上开发成功了以乙苯和丙烯为原料联产苯乙烯和环氧丙烷的新工艺，称为哈尔康（Halcon）法（参见第五章第二节），现在世界上已建有多套规模甚大的生产装置。该法优点可联产环氧丙烷，但苯乙烯的生产规模受到环氧丙烷需求量的限制，且投资费用也较高。

近年来为了寻求便宜的生产方法和开拓新的原料路线，对苯乙烯的合成方法还在不断地开展研究。

1. 乙苯氧化脱氢法

$$C_6H_5C_2H_5+\frac{1}{2}O_2 \longrightarrow C_6H_5CH=CH_2+H_2O$$

由于乙苯脱氢受平衡的限制需要高温并需采有大量水蒸气，使生产成本增大，采用氧化脱氢法就可不受平衡限制。

2. 以甲苯为原料的合成法

例 1　$$2C_6H_5CH_3+2PbO \xrightarrow[540\sim650℃]{常压} C_6H_5CH=CHC_6H_5+2Pb+2H_2O$$

$$C_6H_5CH=CHC_6H_5+CH_2=CH_2 \longrightarrow 2C_6H_5CH=CH_2$$

$$2Pb+O_2 \longrightarrow 2PbO$$

例 2　$$2C_6H_5CH_3+2CH_3OH \xrightarrow[离子交换的分子筛催化剂]{碱或碱土金属} C_6H_5C_2H_5+C_6H_5CH=CH_2+2H_2O+H_2$$

3. 乙烯和苯直接合成法

$$C_6H_6+CH_2=CH_2+\frac{1}{2}O_2 \xrightarrow{醋酸钯} C_6H_5CH=CH_2+H_2O$$

4. 以丁二烯为原料的方法

$$2CH_2=CH-CH=CH_2 \xrightarrow{\text{二聚}} \text{乙烯基环己烷}$$

$$\text{乙烯基环己烯} \xrightarrow{\text{脱氢}} C_6H_5CH=CH_2+H_2$$

但以上这些方法都还处于研究阶段。

二、乙苯催化脱氢合成苯乙烯的工艺流程

脱氢反应是强吸热反应，反应不仅需在高温下进行，且需在高温条件下向反应系统供给大量的热量。由于供热方式不同，采用的反应器形式也不同。

工业上采用的反应器型式有两种：一是多管等温型反应器，是以烟道气为载热体，反应器放在炉内，由高温烟道气将反应所需的热量通过管壁传给催化床层。另一种是绝热型反应器，所需热量是由过热水蒸气直接带入反应系统。采用这两种不同型式反应器的工艺流程，主要差别是脱氢部分的水蒸气用量不同，热量的供给和回收利用不同。

（一）多管等温反应器脱氢部分的工艺流程

这种反应器由许多耐高温的镍铬不锈钢管或内衬以铜锰合金的耐热钢管组成，管径为100～185mm，管长3m，管内装催化剂，管外用烟道气加热（见图4-9）多管等温反应器脱氢部分的工艺流程见图4-10。

原料乙苯蒸气和一定量水蒸气混合后，经第一预热器、热交换器和第二预热器预热至540℃左右，进入反应器进行脱氢反应，反应后的脱氢产物离开反应器的温度约为580～600℃，经热交换器利用其热量后，进入冷凝器进行冷却冷凝、凝液分去水后送至粗苯乙烯贮槽，不凝气体含有90%左右的H_2，其余为CO_2和少量C_1及C_2。一般可作气体燃料用，也可用作氢源。

等温反应器脱氢，水蒸气仅作为稀释剂用，其与乙苯的用量比（摩尔比）为（6～9）∶1。脱氢温度的控制与催化剂的活性有关。新鲜催化剂一般控制在580℃左右，已

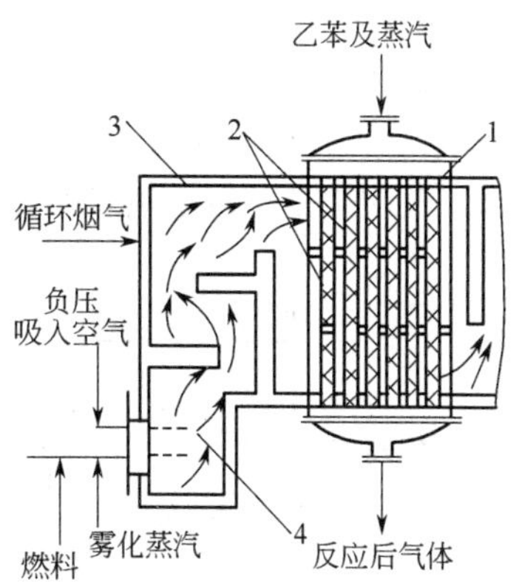

图4-9　乙苯脱氢等温反应器

1—多管反应器；2—圆缺挡板；3—耐火砖砌成的加热炉；4—燃烧喷嘴

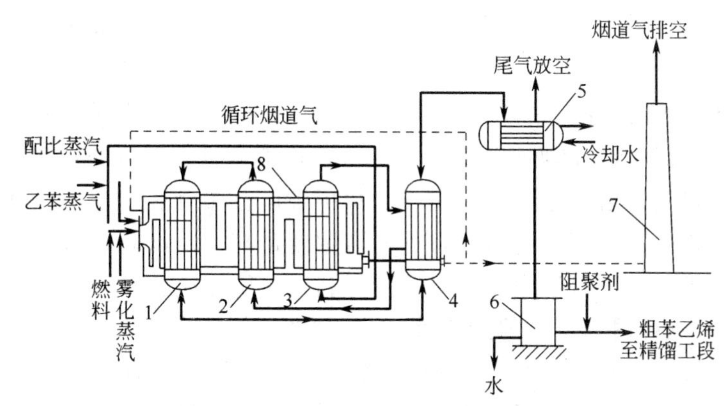

图4-10　多管等温反应器乙苯脱氢工艺流程

1—脱氢反应器；2—第二预热器；3—第一预热器；4—热交换器；5—冷凝器；6—粗乙苯贮槽；7—烟囱；8—加热炉

老化的催化剂可提高至620℃左右。要使反应器达到等温，沿反应管传热速率的改变必须与反应所需吸收热量的递减速率的改变同步。但在一般情况下，往往是传给催化剂床层的热量大于反应所需吸收的热量，故反应器的温度分布是沿催化床层逐渐增高，出口温度可能比进口温度高出数10度。

乙苯脱氢是一吸热可逆反应，温度对动力学因素和热力学因素的影响是一致的，高温对两者均产生有利的影响。如仅从获得最大反应速度考虑，催化剂床层的最佳温度分布应随着转化深度而升高，故采用等温反应器可获得较高的转化率。对反应选择性而言，在反应初期乙苯浓度高，平行副反应竞争剧烈，反应器入口温度低，有利于抑制活化能较高的平行副反应的进行。接近反应器出口处，连串副反应竞争剧烈，如反应温度过高，将会使苯乙烯聚合结焦的副反应加速，但如出口温度控制适宜，连串副反应也是能控制的。故通常采用等温反应器脱氢，乙苯转化率可达40％～45％，苯乙烯的选择性达92％～95％。

虽然采用多管等温反应器脱氢，水蒸气的消耗量约为绝热式反应器的$\frac{1}{2}$，但因等温反应器结构复杂，且需大量的特殊合金钢材，反应器制造费用高，故大规模的生产装置，都采用绝热型反应器。

（二）绝热型反应器脱氢部分的工艺流程

1. 工艺流程组织

图4-11是单段绝热反应器脱氢的工艺流程。循环乙苯和新鲜乙苯与约总量的10％的水蒸气混合后，与高温脱氢产物进行热交换被加热至520～550℃，再与过热到720℃的其余90％的过热水蒸气混合，然后进入脱氢反应器，脱氢产物离开反应器时的温度为585℃左右，经热交换利用其热量后，再进一步冷却冷凝，凝液分离去水后，进粗苯乙烯贮槽，尾气90％左右是氢，可作燃料用或可用以制氢。

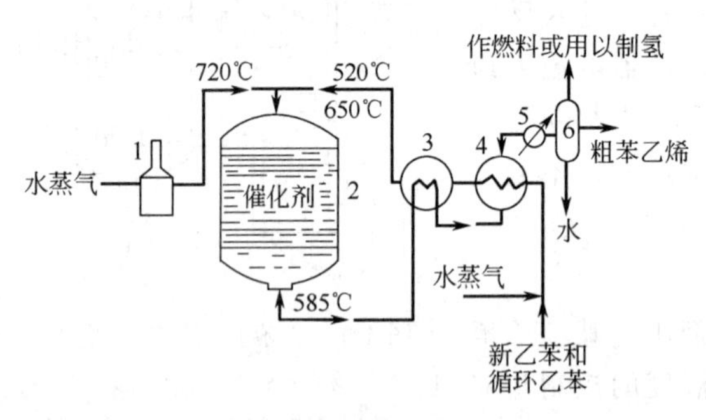

图4-11　绝热反应器乙苯脱氢工艺流程
1—水蒸气过热炉；2—脱氢反应器；3、4—热交换器；5—冷凝器；6—分离器

绝热反应器脱氢，反应所需热量是由过热水蒸气带入，故水蒸气用量要比等温式大一倍左右。绝热反应器脱氢的工艺条件为：操作压力138kPa左右，H_2O/乙苯＝14/1（摩尔比），乙苯液空速0.4～0.6m^3/h/m^3催化剂。由于脱氢反应需吸收大量热量，故反应器的进口温度必然比出口温度高，单段绝热反应器的进出口温差可大至65℃。这样的温度分布对脱氢反应速度和反应选择性都会产生不利的影响。由于反应器进口处乙苯浓度最高，温度高就有较多平行副反应发生，而使选择性下降。出口温度低，对平衡不利，使反应速度减慢，限制了转化率的提高，故单段绝热反应器脱氢，不仅转化率较低（35％～40％），选择性也较低（约90％）。

绝热反应器脱氢，由于采用大量的过热水蒸气，凝液中分出的过程大量甚大，此过程水中含有少量芳烃和焦油，需经处理后，重用于产生水蒸气，循环使用，既节约工业用水，又能满足环保要求。

2. 绝热反应器和脱氢条件的改进

绝热反应器的优点是结构简单，制造费用较低，生产能力大。一只大型单段绝热反应器，其生产能力可达到 6×10^4 t 苯乙烯/a。但采用单段绝热反应器脱氢，尚有上述这些缺点。为了克服这些缺点，降低原料乙苯单耗和能耗，70 年代以来在反应器和脱氢条件方面作了多方面的改进，收到了较好的效果。

(1) 采用几个单段绝热反应器串联使用，反应器间设加热炉，进行中间加热，如图 4-12 所示。采用多段式绝热反应器，过热水蒸气分段导入，如图 4-13 所示。

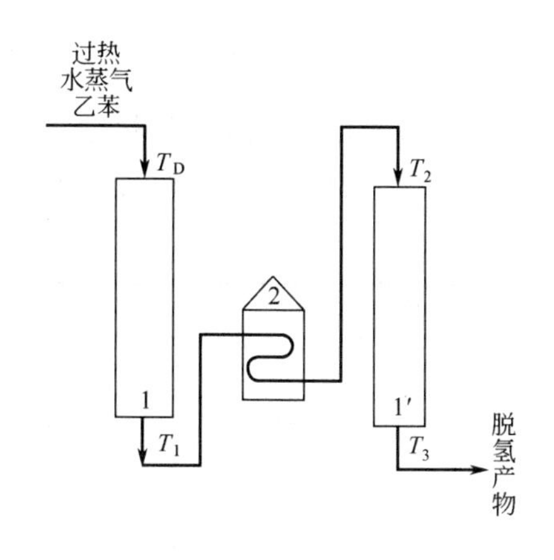

图 4-12 中间设加热器的绝热反应器系统

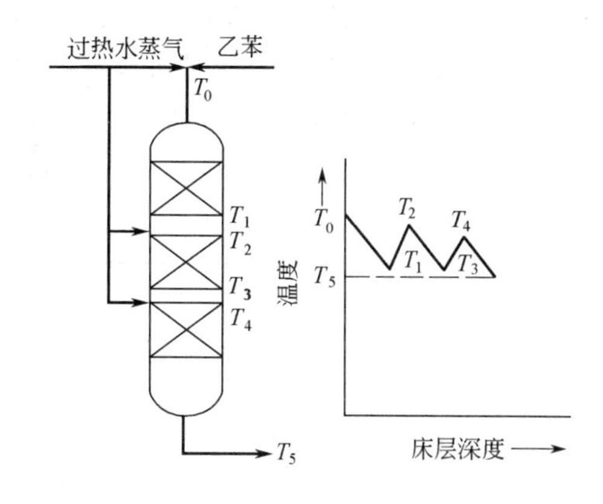

图 4-13 多段式绝热反应器及温度分布

这样，反应器进口温度可降低，有利于减少裂解和水蒸气转化等平行副反应的进行，提高了反应的选择性。T_0 与 T_1，T_2 与 T_3、T_4 与 T_5 之间的温差减少，提高了出口温度，使乙苯的转化率增高，例如采用两只单段绝热反应器串联，可使转化率提高到 65%～70%，选择性为 92%左右。

(2) 采用二段绝热反应器。第一段使用高选择性催化剂，如 Fe_2O_3 49%-CeO_2 1%-焦磷酸钾 26%-铝酸钙 20%-Cr_2O_3 4%，以减少副反应，提高选择性，第二段使用高活性催化剂，如 Fe_2O_3 90%-K_2O 5%-Cr_2O_3 3%，以克服温度下降带来反应速度下降的不利影响。结果乙苯转化率可提高到 64.2%，选择性达到 91.9%，水蒸气消耗量由单段的 6.6t/t 苯乙烯，降低到 4.5t/t 苯乙烯，生产成本降低 16%。

(3) 采用多段径向绝热反应器。由图 4-4、图 4-5 可知，使用小颗粒催化剂不仅可提高选择性，也可提高反应速度。但使用小颗粒催化剂，床层阻力增加，操作压力要相应提高。操作压力高，又会使转化率下降，为了解决此矛盾，开发了径向绝热反应器脱氢技术，图 4-14 为三段绝热式径向反应器结构示意图。每一段都由混合室、中心室、催化剂室和收集室组成。乙苯蒸气与一定量过热水蒸气先进入混合室，充分混合后由中心室通过钻有细孔的钢板制圆筒壁，喷入催化剂层，脱氢产物经钻有细孔的钢板制外圆筒，进入由反应器的环形空隙形成的收集室。然后再进入第二混合室再与过热水蒸气混合，经同样过程后直至反应器出口。这种反应器制造费用比等温反应

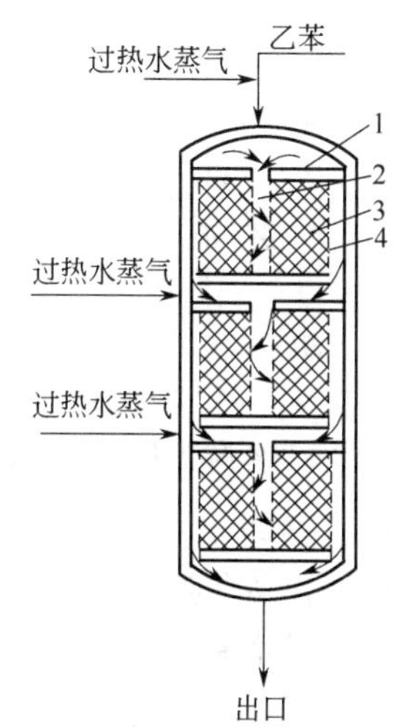

图 4-14 三段绝热式径向反应器
1—混合室；2—中心室；3—催化剂室；4—收集室

器便宜，水蒸气的用量低于一段绝热，温差小，乙苯转化率可达60%以上，选择性也高。

(4) 应用绝热反应器和等温反应器联用技术。发挥等温和绝热的优点。

(5) 采用三段绝热反应器，使用不同催化剂、操作条件的变化范围为：反应温度630～650℃，操作压力50.6～131.7kPa（绝压），水蒸气/乙苯=(6～12)/1(摩尔比)，最终转化率为77%～93%，选择性达92%～96%。

综上讨论可知，改进后的绝热反应器，对前面提到的过热水蒸气消耗量大、乙苯转化率低和苯乙烯选择性低等的缺点，得到了较好的解决。

(三) 脱氢产物粗苯乙烯的分离与精制

脱氢产物粗苯乙烯（也称脱氢液或炉油），除含有产物苯乙烯外，尚含有未反应的乙苯和副产物苯、甲苯及少量焦油。其组成因脱氢方法和操作条件不同而有异（见表4-10）。

表 4-10 粗苯乙烯组成举例

组分	沸点/℃	组成/%(质量)		
		例一 (等温反应器脱氢)	例二 (二段绝热反应器脱氢)	例三 (三段绝热反应器)
苯乙烯	145.2	35～40	60～65	80.90
乙苯	136.2	55～60	30～35	14.66
苯	80.1	1.5左右	5左右（苯、甲苯合计）	0.88
甲苯	110.6	2.5左右		3.15
焦油		少量	少量	少量

各组分沸点差较大，可用精馏方法分离，其中乙苯-苯乙烯的分离是最关键部分。由于两者的沸点只差9度，分离时要求的塔板数较多，加之苯乙烯在温度高时易自聚，它的聚合速度随温度的升高而加快（见图4-15）。为了减少聚合反应的发生，除加阻聚剂外，塔釜温度需控制在90℃以下，因此必须采用减压操作。早期生产中采用泡罩塔，效率低，压力损失大，因此乙苯和苯乙烯的分离需要两台精馏塔。工艺流程长、设备多、动力和热能消耗高。现采用林德公司开发的压力损失小且效率高的筛板塔，能用一台精馏塔分离，不仅简化了流程，且水蒸气用量也减少了一半。

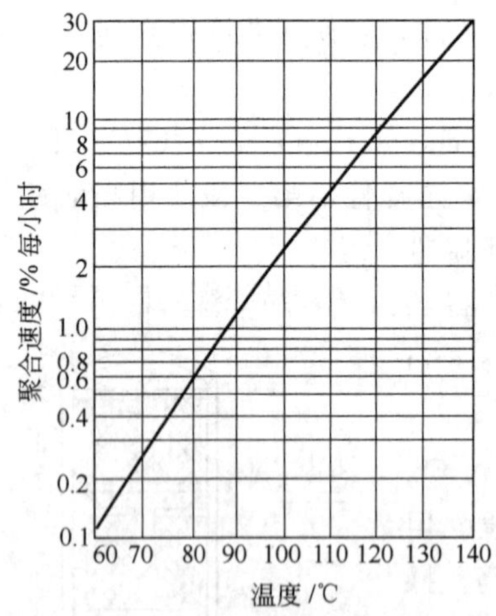

图 4-15 各温度下的苯乙烯聚合速度

粗苯乙烯的分离和精制流程见图4-16所示。粗苯乙烯先送入乙苯蒸出塔，将未反应乙苯、副产物苯和甲苯与苯乙烯分离。塔顶蒸出的乙苯、苯和甲苯经冷凝后，一部分回流，其余送入苯、甲苯回收塔，将乙苯与苯、甲苯分离，塔釜分出的乙苯可循环作脱氢原料用。塔顶分出的苯和甲苯，送入苯、甲苯分离塔，将苯和甲苯分离。乙苯蒸出塔塔釜液主要是苯乙烯，尚含有少量焦油，送入苯乙烯精馏塔，塔顶蒸出聚合级成品苯乙烯，纯度为99.6%（质量）。塔釜液为焦油，尚含有苯乙烯，可进一步进行回收。上述流程中，乙苯蒸出塔和苯乙烯精馏塔均需在减压下操作，为了防止苯乙烯的聚合，塔釜需加阻聚剂，例如二硝基苯酚、叔丁基邻苯二酚等。

（四）苯乙烯的贮存

苯乙烯单体对于污染物甚敏感，受污染后能影响它的颜色和聚合性能。

放置成品苯乙烯单体的贮槽，应基本上无铁锈和潮气，因为潮湿的铁锈与阻聚剂会发生作用，使苯乙烯变色，并且使它有加速聚合的危险。为了防止苯乙烯的聚合，阻聚剂的含量应保持在 5～15ppm。苯乙烯单体在常温下聚合速度甚慢，随着温度升高聚合速度加快，聚合时有热量放出，故一旦发生聚合，反应为自然加速，此过程发生在大量单体中，反应就变得无法控制，故贮存的苯乙烯要放在干燥而清洁的贮槽中，必须加阻聚剂，环境温度不宜高，保持期也不宜过长。

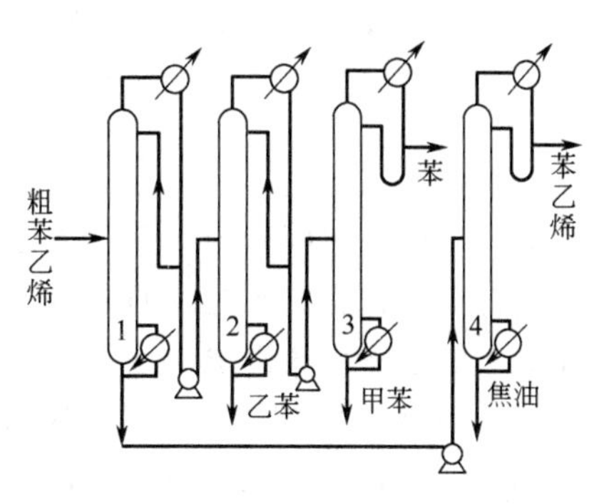

图 4-16　粗苯乙烯的分离和精制流程

1—乙苯蒸出塔；2—苯、甲苯回收塔；3—苯、甲苯分离塔；4—苯乙烯精馏塔

第三节　烃类的氧化脱氢

一、氧化脱氢反应简介[21,22]

脱氢反应由于受到化学平衡的限制，转化率不可能很高，尤其是低级烷烃和低级烯烃的脱氢反应。要使平衡向有利于脱氢方向进行，可以采取将生成的氢除去的方法。如果在脱氢反应系统中加入能够和氢相结合的所谓氢“接受体”，随时去掉反应所生成的氢，这样就可使平衡向脱氢方向转移，转化率就可大幅度提高。同时由于这些氢的“接受体”与氢结合时，放出大量热量，又可大大降低热量消耗。可以作为氢接受体的物质很多，如氧(或空气)、卤素和含硫化合物等。它们能夺取烃类分子中的氢，使其转变为相应的不饱和烃，而氢则被氧化，这种类型的反应都称为氧化脱氢反应。

1. 以气态氧为氢接受体的氧化脱氢

碳链上至少具有四个碳原子、并含有 α-H 的烯烃，在一定的反应条件并有催化剂存在下，能与气态氧直接发生氧化脱氢反应，生成相应的具有共轭双键的二烯烃。

例如

$$CH_3CH=CHCH_3+\frac{1}{2}O_2 \xrightarrow{\text{催化剂}} CH_2=CH-CH=CH_2+\frac{1}{2}H_2O$$

$$CH_3CH_2CH=CH_2+\frac{1}{2}O_2 \xrightarrow{\text{催化剂}} CH_2=CH-CH=CH_2+\frac{1}{2}H_2O$$

$$CH_3CH=\overset{\overset{\displaystyle CH_3}{|}}{C}-CH_3+\frac{1}{2}O_2 \xrightarrow{\text{催化剂}} CH_2=CH-\overset{\overset{\displaystyle CH_3}{|}}{C}=CH_2+\frac{1}{2}H_2O$$

$$CH_3CH_2CH_2CH=CH_2+\frac{1}{2}O_2 \xrightarrow{\text{催化剂}} CH_3CH=CH-CH=CH_2+\frac{1}{2}O_2$$

此反应不需要用其他化工原料，故颇为人们所重视。但此氧化过程，反应可向多方进行，除生成二烯烃外，尚有多种氧化产物生成。要具有工业化价值，必须寻找出一个活性和选择性均良好的催化剂，难度甚大。经研究者多年的努力，关于正丁烯氧化脱氢制丁二烯的催化剂的研究，已获得成功，此方法在 60 年代已工业化。

烷基芳烃分子中，苯核是个大 π 体系，不易受氧攻击。故具有 α-H 的烷基苯也能发

生氧化脱氢生成相应的烯基苯。其中最引人注目的是乙苯用气态氧氧化脱氢制备苯乙烯

$$C_6H_5CH_2CH_3 + \frac{1}{2}O_2 \xrightarrow{\text{催化剂}} C_6H_5CH{=}CH_2 + H_2O$$

对此反应，在催化剂方面已进行了大量研究工作，所研究的催化剂类型也有多种，例如磷酸盐类；含有过渡金属的多组分氧化物；以及铁尖晶石等。但由于选择性尚不能达到催化脱氢的水平，故尚未得到工业应用。

2. 以卤素为氢接受体的氧化脱氢反应

例如 $C_nH_{2n+2} + X_2 \longrightarrow C_nH_{2n} + 2HX$

$C_nH_{2n} + X_2 \longrightarrow C_nH_{2n-2} + 2HX$

卤素（X）的脱氢效率为：$I_2 > Br_2 > Cl_2$。碘显示出最好的结果。这类氧化脱氢反应也是可逆吸热反应，但其化学平衡比脱氢反应有所改善，例如

$$C_4H_{10} + 2I_2 \rightleftharpoons C_4H_6 + 4HI$$

$$\Delta H_{298}^0 = 215.1\text{kJ/mol}$$

生成的 HI 在高温下以氧再生

$$4HI + O_2 \longrightarrow 2I_2 + 2H_2O$$

$$\Delta H_{298}^0 = -460\text{kJ/mol}$$

由于 HI 的氧化为强放热反应，如烃和碘的氧化脱氢和 HI 的氧化在同一反应器内进行，则 HI 氧化放出的热量能补偿烃和氢气的氧化脱氢反应所需吸收的热量而有余，从而使总反应成为放热反应，并使反应在热力学上变得十分有利。

卤素法不仅适用于烯烃脱氢，尤其适用于烷烃脱氢，该法的主要缺点是：

（1）HX 对设备有腐蚀性，在有水蒸气存在时尤为严重。

（2）卤素成本高（特别是碘），回收复杂，损耗量大。

（3）生成的烯烃与二烯烃容易与卤素或卤化氢加成生成有机卤化物，影响选择性，造成碘和原料烃的损失。

3. 以硫化物为氢接受体的氧化脱氢反应

含硫化合物如 SO_2、H_2S 或元素硫都可作为氢接受体，使烷烃、烯烃和烷基芳烃发生氧化脱氢反应生成相应的不饱和烃。以 SO_2 为氢接受体的氧化脱氢反应是吸热反应，但热效应比脱氢反应小，热力学上也比脱氢反应有利。以 SO_2 为氢接受体的乙苯氧化脱氢反应的热效应和平衡常数见表 4-11。以 SO_2 为氢接受体，对乙苯的氧化脱氢特别有效。乙苯转化率达 95%，选择性为 90%。

$$C_6H_5CH_2CH_3(\text{气}) + \frac{1}{3}SO_2 \xrightarrow[550℃]{Ca_8Ni(PO_4)_6-Cr_2O_3} C_6H_5CH{=}CH_2(\text{气}) + \frac{1}{3}H_2S + \frac{2}{3}H_2O(\text{气})$$

表 4-11　以 SO_2 为氢接受体的乙苯氧化脱氢反应的平衡常数和热效应

温　度/℃	427	482	538	597
ΔH^0/(kJ/mol)	92.06	92.02	91.90	91.72
$\lg K_p$	4.661	5.493	6.212	6.861

以 SO_2 为氢接受体的氧化脱氢反应的缺点是具有腐蚀性；会有硫析出，长期运转会使管道堵塞；催化剂上沉积的焦不易除去；在反应过程中会使催化剂部分转化生成含硫化合物，因此必须经常用空气再生；产物烯烃、二烯烃易与硫化物发生反应形成含硫化合物，影响选择性。

以上简单地介绍了烃类的氧化脱氢反应，其中已工业化的是以氧为氢接受体的正丁烯氧化脱氢生产丁二烯，下面将以此反应为例进行讨论。

二、正丁烯氧化脱氢合成丁二烯

丁二烯是无色气体，沸点－4.4℃，是最简单的具有共轭双键的二烯烃，易发生齐聚和聚合反应，也易与其他具有双键的不饱和化合物共聚，是高分子材料工业的重要单体，也可用作有机合成原料。丁二烯的主要用途见表 4-12。

表 4-12　丁二烯的主要用途

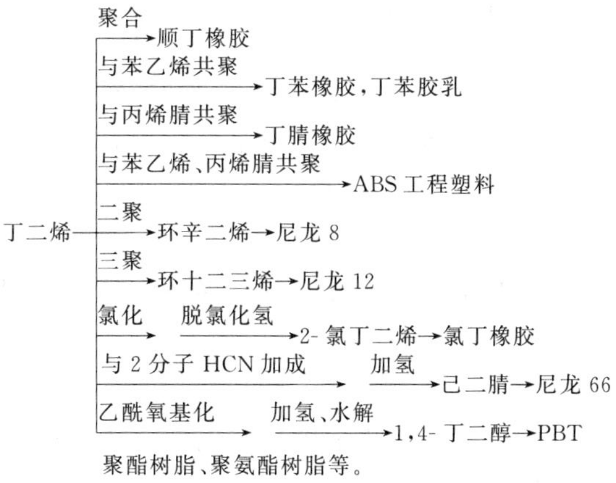

丁二烯—
- 聚合 → 顺丁橡胶
- 与苯乙烯共聚 → 丁苯橡胶，丁苯胶乳
- 与丙烯腈共聚 → 丁腈橡胶
- 与苯乙烯、丙烯腈共聚 → ABS 工程塑料
- 二聚 → 环辛二烯 → 尼龙 8
- 三聚 → 环十二三烯 → 尼龙 12
- 氯化 → 脱氯化氢 → 2-氯丁二烯 → 氯丁橡胶
- 与 2 分子 HCN 加成 → 加氢 → 己二腈 → 尼龙 66
- 乙酰氧基化 → 加氢、水解 → 1,4-丁二醇 → PBT
- 聚酯树脂、聚氨酯树脂等。

工业上获取丁二烯的主要方法有三种。

（1）从烃类裂解制乙烯的联产物碳四馏分分离得到。裂解碳四馏分的收率和组成因裂解原料和裂解深度不同而有异。一般其收率为乙烯的 30%～50%，其中丁二烯的含量可高达 40%左右（见表 4-13）。

表 4-13　不同原料烃裂解所得碳四馏分组成举例

原　　料	碳　四　烃　含　量/%(质　量)							
	n-C_4^0	i-C_4^0	$(n-1)$-$C_4^=$	i-$C_4^=$	$1,3C_4^{==}$	C-2-$C_4^=$	t-2-$C_4^=$	$C_4^{\equiv}$　$C_4^{==}$
石脑油	8.95		17.06	23.74	39.26	4.22	5.78	少量
轻柴油	1.29		34.6	14.52	40.16	3.02	6.03	少量
组分沸点,℃	－0.5	－11.7	－6.3	－6.9	－4.4	0.9	3.7	

由表 4-13 可知碳四馏分各组分沸点接近，尤其是正丁烯，异丁烯和丁二烯三者沸点非常接近，难于用一般精馏法分离。工业上从裂解碳四馏分中分离丁二烯通常是采用萃取精馏法，所用的萃取剂有：N-甲基吡咯烷酮、二甲基甲酰胺和乙腈等。从裂解碳四馏分中获取聚合级丁二烯的分离方案如下。

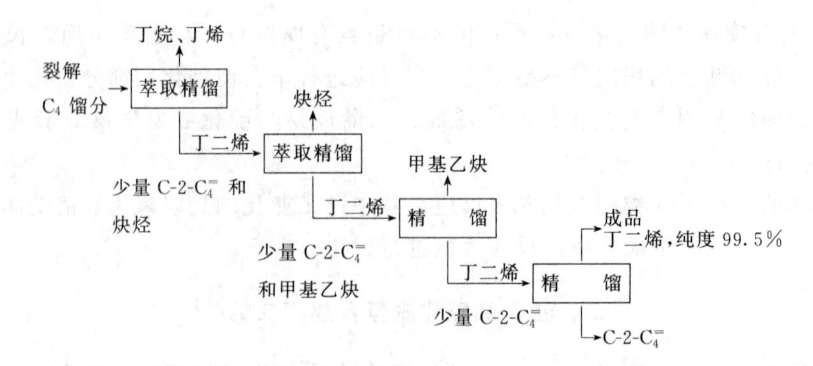

（2）由丁烷或丁烯催化脱氢法制取。

（3）由丁烯氧化脱氢法制取。该法采用空气中的氧为氢接受体，使丁烯和空气在水蒸气存在下共同通过固体催化剂，使发生氧化脱氢反应而生成丁二烯

$$nC_4H_8+\frac{1}{2}O_2\xrightarrow[\text{水蒸气}]{\text{催化剂}}C_4H_6+H_2O$$

氧化脱氢法于 1965 年开始工业化。由于其具有水蒸气和燃料消耗低，丁烯单程转化率高，催化剂寿命长，且不需要再生等优点，颇为工业上所重视，并已逐渐取代了丁烯催化脱氢法。

（一）催化剂[21,23～26]

已研究的正丁烯氧化脱氢制丁二烯的催化剂有多种，其中应用于工业上主要是下列两类。

1. 钼酸铋体系

是以 Mo-Bi 氧化物为基础的二组分或多组分催化剂。初期用的是 Mo-Bi-O 二组分和 Mo-Bi-P-O 三组分催化剂，但活性和选择性都较低。后经改进，发展为六组分、七组分或甚至更多组分的混合氧化物催化剂，例如 Mo-Bi-P-Fe-Ni-K-O，Mo-Bi-P-Fe-Co-Ni-Tl-O 等。经改进后的多组分氧化物催化剂在活性和选择性方面都有明显提高。在适宜的条件下，正丁烯在六组分混合氧化物上氧化脱氢，丁烯转化率可达 66%，丁二烯的选择性为 80%。这类催化剂中 Mo 或 Mo-Bi 氧化物是主要活性组分，碱金属、铁族元素、ⅤB 族元素以及其他元素的氧化物是作助催化剂，以提高催化剂的活性、选择性或稳定性。常用的载体是硅胶。钼酸铋系催化剂用于丁烯氧化脱氢制丁二烯的主要不足之处是副产物含氧化合物尤其是有机酸的生成量较多，三废污染较严重。

2. 铁酸盐尖晶石催化剂

$ZnFe_2O_4$、$MnFe_2O_4$、$MgFe_2O_4$、$ZnCrFeO_4$ 和 $Mg_{0.1}Zn_{0.9}Fe_2O_4$ 等铁酸盐具有尖晶石型（$A^{2+}B_2^{3+}O_4$）结构的氧化物，是 60 年代后期开发的一类丁烯氧化脱氢催化剂。据研究在该类催化剂中 α-Fe_2O_3 的存在是必要的，不然催化剂的活性会很快下降。铁酸盐尖晶石催化剂对丁烯氧化脱氢具有较高的活性和选择性，含氧副产物少，三废污染少。正丁烯在这类催化剂上氧化脱氢，转化率可达 70%左右，选择性达 90%或更高。

另一类使用较早的催化剂是以 Sb 或 Sn 氧化物为基础的混合氧化物催化剂，现继续在进行研究改进。

(二) 正丁烯氧化脱氢的化学[21]

正丁烯氧化脱氢生成丁二烯是放热反应。

$$n\mathrm{C_4H_8}+\frac{1}{2}\mathrm{O_2}\longrightarrow \mathrm{CH_2=CH-CH=CH_2}+\mathrm{H_2O}\text{（气）}\qquad \Delta H^0_{720\mathrm{K}}=-125.4\mathrm{kJ/mol}$$

其氧化脱氢反应的平衡常数与温度的关系式为

$$\lg K_P=\frac{13740}{T}+2.14\lg T+0.829 \tag{4-3}$$

由式可知，该反应在任何温度下平衡常数均很大，在热力学上是很有利的，反应的进行可不受热力学条件限制。下面以反应机理、化学动力学和副反应三方面进行讨论。

1. 正丁烯在铁酸盐尖晶石催化剂上的氧化脱氢机理

正丁烯在铁酸盐尖晶石催化剂上氧化脱氢的反应机理可表示如下：

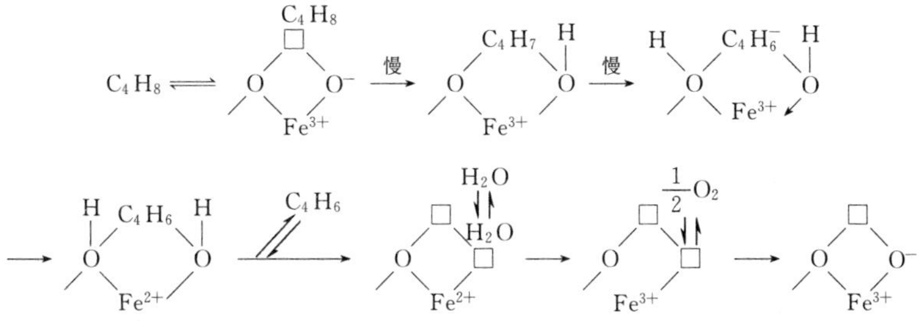

丁烯分子吸附在催化剂表面 Fe^{3+} 附近的阴离子缺位上（以□表示），氧则解离为 O^- 形式吸附在毗邻的另一缺位上。吸附的丁烯在 O^- 的作用下，先以均裂方式去掉一个 α-H，并与 O^- 结合，再以异裂方式脱掉第二个 α-H 而形成 $C_4H_5^-$，脱去的第二个氢则与晶格氧相结合，所形成的 $C_4H_6^-$ 与 Fe^{3+} 发生电子转移而转化为产物丁二烯自催化剂表面解吸，而 Fe^{3+} 则被还原为 Fe^{2+}。所形成的两个 OH 基则结合生成 H_2O，同时产生一缺位。气相氧吸附在此缺位上发生解离吸附形成 O^-，同时使 Fe^{2+} 氧化 Fe^{3+}，而形成氧化还原催化循环。Fe^{3+} 对氧化脱氢有活性，如还原为 Fe^{2+} 活性就迅速衰退。Fe^{2+} 对氧化脱氢没有活性，丁烯吸附在 Fe^{3+} 上，只能完全氧化为 CO_2。故在氧化脱氢反应中，必须避免 Fe^{3+} 的过度还原。在铁酸盐尖晶石催化剂中锌离子和铬离子的存在有利于促进氧化还原循环，避免 Fe^{2+} 的生成。

根据此机理可推知这类催化剂活性衰退的原因，可能是催化剂表面或近表面这一层在反应过程中形成的阴离子缺位，在反应条件下不能被气相氧再充满，因而被还原的 Fe^{2+} 不能再氧化为 Fe^{3+}，催化剂的活性和选择性就下降。

2. 主要副反应

丁烯氧化脱氢过程可能发生的副反应，主要有下列几种类型。

(1) 氧化降解生成饱和及不饱和的小于四个碳原子的醛、酮、酸等含氧化合物。例如甲醛、乙醛、丙烯醛、丙酮、饱和及不饱和低级有机酸等。

(2) 氧化生成呋喃、丁烯醛、丁酮等。

(3) 完全氧化生成一氧化碳和二氧化碳及水。

(4) 氧化脱氢环化生成芳烃。

(5) 深度氧化脱氢生成乙烯基乙炔、甲基乙炔等。

(6) 产物和副产物的聚合结焦。

其反应图式可表示如下：

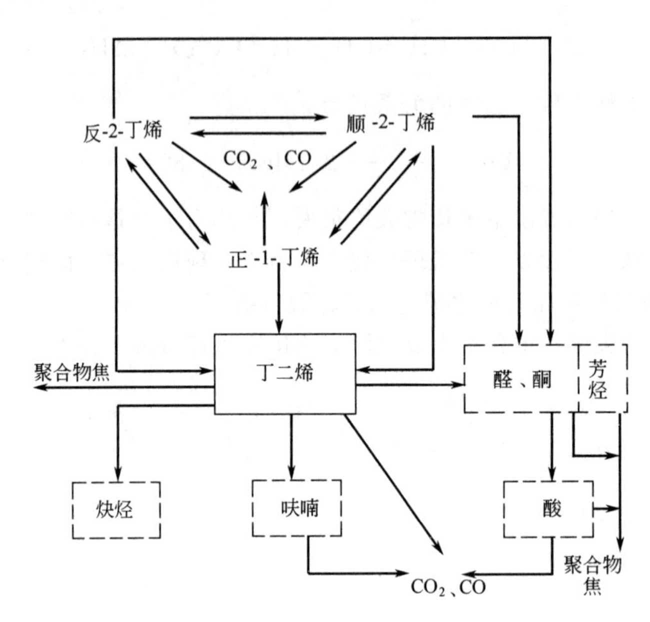

不饱和含氧化合物在一定的温度、压力条件下易自聚，尤其有有机酸存在时，会加速自聚反应，聚合物的存在会影响后处理过程。而且这些含氧副产物大多易溶于水，造成污染。这些副反应的产生，与所采用的催化剂有关。使用钼酸铋系催化剂，含氧副产物较多，尤其是有机酸的生成量较多（2～3%）。采用铁酸盐尖晶石催化剂，含氧副产物的总生成率小于1%。

炔烃的生成将会给产物丁二烯的精制带来麻烦，丁烯在铁酸盐尖晶石催化剂上氧化脱氢，可能会发生深度脱氢而生成副产物炔烃（主要是乙烯基乙炔和甲基乙炔）。这是该催化剂不足之处。

（三）动力学研究[27,28]

正丁烯在铁酸盐尖晶石催化剂上氧化脱氢，主要副反应是深度氧化反应。原料和产品丁二烯都能发生深度氧化生成 CO、CO_2 和 H_2O，其动力学图式为

$$nC_4H_8 \xrightarrow[O_2,\text{反应}(1)]{r_1} CH_2=CH-CH=CH_2 \xrightarrow[O_2,\text{反应}(2)]{r_3} CO_2+H_2O$$

$$nC_4H_8 \xrightarrow[O_2,\text{反应}(3)]{r_3} CO_2+H_2O$$

对2-丁烯在组成为 $Fe_{4.9}Zn_{0.9}Mg_{0.1}$（原子比）铁酸盐尖晶石催化剂上氧化脱氢为丁二烯的动力学研究结果，认为该反应是符合双位强吸附机理，控制步骤是表面反应。主、副反应都是符合此机理。由此机理得到的动力学方程为

$$r_1=\frac{k_1K_BK_Op_Bp_O}{(K_Bp_B+K_Op_O)^2} \tag{4-4}$$

$$r_2=\frac{k_2K_BK_Op_Bp_O}{(K_Bp_B+K_Op_O)^2} \tag{4-5}$$

$$r_3 = \frac{k_3 K_D K_O p_D p_O}{(K_D p_D + K_O p_O)^2} \tag{4-6}$$

式中　k_1、k_2 和 k_3——分别为反应（1）（2）和（3）的速度常数，mol/ml 催化剂/h；

p_B、p_O 和 p_D——分别为 2-丁烯、氧和丁二烯的分压，kPa；

K_B、K_O 和 K_D——分别为 2-丁烯、氧和丁二烯的吸附系数，1/kPa。

测得各反应的活化能分别为

$$E_1 = 825\text{kJ/mol};\ E_2 = 103\text{kJ/mol};$$
$$E_3 = 107\text{kJ/mol}$$

平行和连串副反应的活化能均比主反应小。

在铁酸盐尖晶石催化剂上丁烯或丁二烯的吸附能力是比氧强。

（四）操作参数的影响[29,30]

由于所用催化剂不同，采用的反应器型式不同，操作参数的控制也不同。采用铁酸盐尖晶石催化剂将正丁烯氧化脱氢制取丁二烯，一般是采用绝热式反应器，所需控制的变量有，氧与正丁烯用量比；水蒸气与正丁烯的用量比；反应器入口温度；正丁烯空速和反应器入口压力等，此外原料纯度也有影响。

1. 原料纯度的要求

正丁烯各异构体在铁酸盐尖晶石催化剂上的氧化脱氢反应速度和生成丁二烯的选择性稍有不同，顺-2-丁烯反应速度最快，生成丁二烯的选择性最好。反-2-丁烯的反应性最差，而选择性中等；丁烯反应性中等，选择性最差。虽然正丁烯的三个异构体在反应性和选择性方面有差异，但差别不大。铁酸盐尖晶石催化剂对双键异构化的活性甚小，故反应产物中正丁烯的各异构体的分布是只与原料组成有关，而与操作参数无关。

原料中如有异丁烯存在，因异丁烯易氧化，使氧的消耗量增加，并影响温度控制，故其含量要严格控制。

低级烷烃一般不会被氧化，除非含量高时才能观察到这些杂质的影响。

2. 氧与正丁烯的用量比

丁烯氧化脱氢采用的氧化剂可以是纯氧、空气或富氧空气，一般是用空气。由于丁二烯的收率与所用氧量直接有关，故氧与正丁烯的用量比是一很重要的变量。氧对丁烯用量比增加，转化率增加而选择性下降，由于转化率增加幅度较大，故丁二烯的收率还是增加的。但超过一定范围，收率又会下降（见表 4-14 和图 4-17）。

表 4-14　氧/正丁烯用量比的影响

氧/丁烯摩尔比	水蒸气/丁烯摩尔比	进口温度 ℃	出口温度 ℃	转化率 %	选择性 %	收率 %
0.52	16	346.7	531.7	72.2	95.0	68.5
0.60	16	345	556	77.7	93.9	72.9
0.68	16	346	584	80.7	92.2	74.4
0.72	16	344	609	79.5	91.6	72.8
0.72	18	352.8	596.5	80.6	91.4	73.7

注：丁烯液空速 2.14h^{-1}。

氧/丁烯比增加，反应速度加快，而乙烯基乙炔、甲基乙炔等炔烃化合物和甲醛、乙醛、呋喃等含氧化物生成量增加，完全氧化反应也加速，反应选择性下降。

由表 4-14 也可看出，氧/丁烯比增加，反应器进出口温度增大。要降低其出口温度，必须提高水蒸气对丁烯的用量比。

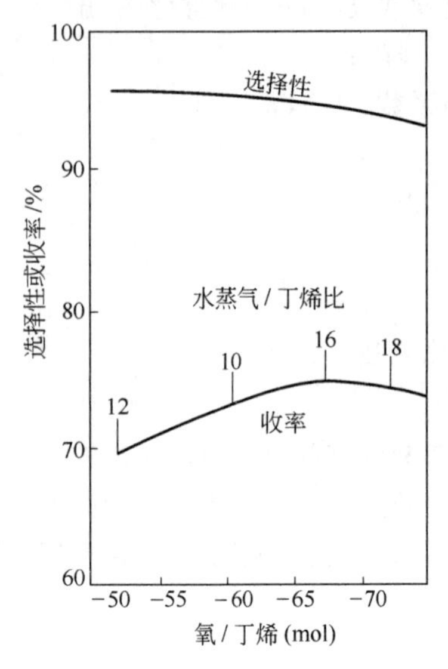

图 4-17 氧/丁烯比对选择性和转化率的影响

通常为了保护催化剂的活性，氧必须过量，其过量系数一般为理论量的 50%左右。

3. 水蒸气与正丁烯的用量比

水蒸气不参与反应，但丁烯的氧化脱氢必须有水蒸气存在，以提高反应的选择性。其反应选择性是随水蒸气与丁烯的用量比的增加而增加，直至达到最大值。有水蒸气存在，反应速度也能加快。对每一个所用的氧/丁烯用量比，都有一最佳水蒸气/丁烯用量比，氧/丁烯比高，最佳水蒸气/丁烯比也高。由于水蒸气/丁烯用量比对投资费和成本费都有影响，是呈线性关系。故从经济效果考虑，宜采用达到最高选择性的最小用量比。例如由表 4-15 所示数据可以看出，当氧/正丁烯比为 0.52 时，水蒸气/正丁烯的最佳用量比为 12（摩尔比）。

4. 反应温度

使用绝热式反应器进行丁烯氧化脱氢反应，主要是控制反应的进口温度。在一定的物料流速和浓度条件下，有一个称作点火温度的最低进口温度，低于此温度反应就不能进行。

表 4-15 不同水蒸气/正丁烯用量比的影响

[氧/正丁烯为 0.52（摩尔比），正丁烯液空速 2.14h^{-1}]

水蒸气/正丁烯 摩尔比	进口温度 ℃	出口温度 ℃	转化率 %	选择性 %	收率 %
9	306	548	71.1	94.6	67.8
10	321	583	71.7	94.9	68.0
12	334.4	558	72.3	95.1	68.8
16	346.7	531.7	72.2	95.0	68.5

丁烯氧化脱氢因伴随着完全氧化副反应的进行，反应过程中有大量热量放出，故绝热反应器的进出口温差甚大，可达 220℃左右或更大。适宜的温度范围一般为 327～547℃。正丁烯在铁酸盐尖晶石催化剂上氧化脱氢，由于完全氧化副反应的活化能是小于主反应，故高温不会对选择性产生明显不利影响，即使反应器出口温度高达 547℃以上，选择性仍可达 90%以上。由于此反应具有这一特点，所以虽是强放热过程，也可采用绝热床反应器。提高进口温度，有利于提高反应速度，减少催化剂用量。但进口温度高，出口温度也必相应升高，含氧副产物和炔烃的生成量会增加，影响选择性，且温度过高，会促使催化剂失活。因此要提高进口温度，必须相应提高水蒸气/丁烯比以降低出口温度。

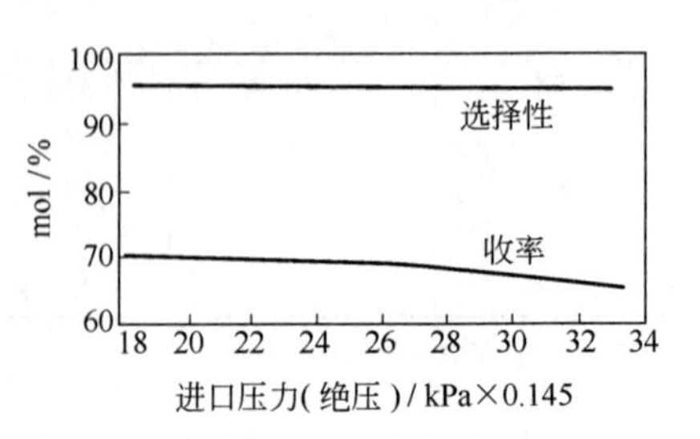

图 4-18 进口压力对选择性和收率的影响

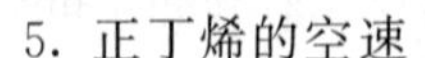

5. 正丁烯的空速

虽然存在着连串副反应的竞争，但正丁烯在空速在一定范围内变化，对选择性影响甚小。一般空速增加，需相应提高进口温度，以保持一定的转化率。工业上正丁烯的空速（GHSV）为 600h^{-1}左右或可更高。

6. 反应器的进口压力

图 4-18 为进口压力对选择性和收率的影响。图中显示的规律表明，进口压力升高，选择性下降，收率也下降。要降低进口压力，催化剂床层的阻力降应尽可能小，为此宜采用径向绝热床反应器。

最佳操作参数的选择，必须同时考虑到投资和成本。影响投资和成本的诸因素中，丁二烯的单程收率对投资和成本影响最大，丁二烯的选择性对成本影响较大，对投资影响甚小；水蒸气与丁烯的用量比也有同样规律。故选择最佳操作参数时，应以获得最大丁二烯收率为主要目标。表 4-16 所列是采用二段径向绝热反应器正丁烯在铁酸盐尖晶石催化剂上氧化脱氢制备丁二烯，所采用的操作条件和反应结果举例。

表 4-16　正丁烯氧化脱氢操作条件举例

		一段绝热反应器	二段绝热反应器
操作条件	入口温度/℃	335～365	322～372
	出口温度/℃	470～500	450～500
	氧/丁烯/摩尔比	0.35	0.40
	水蒸气/丁烯、摩尔比	12	6
	丁烯空速(GHSV)/h^{-1}	1200	600
	床层阻力/kPa	6.9	8.8
反应结果	正丁烯转化率/%	70	
	丁二烯选择性/%	90	
	丁二烯收率/%	63	
	CO_2 选择性/%	7.26	
	CO 选择性/%	1.03	
	含氧化合物选择性	1.71	

（五）工艺流程[29,30]

正丁烯氧化脱氢生产丁二烯的工艺流程，主要分三部分：反应部分，丁二烯的分离和精制及未转化的正丁烯的回收。

反应部分的流程如图 4-19 所示。

由于铁酸盐尖晶石催化剂有较宽广的操作温度范围，故可采用绝热床反应器脱氢。

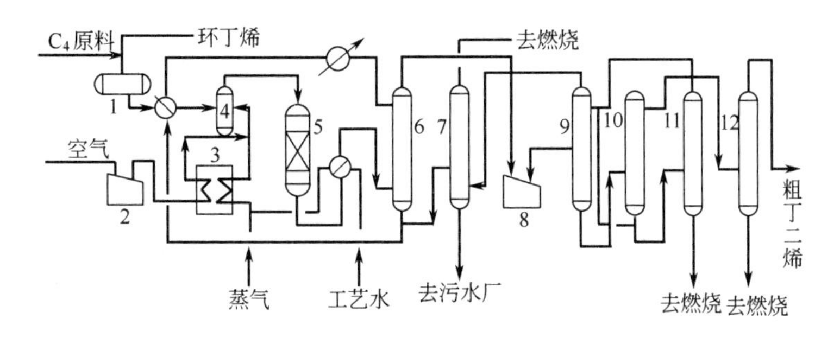

图 4-19　正丁烯氧化脱氢制丁二烯反应部分流程

1—C_4 原料罐；2—空气压缩机；3—加热炉；4—混合器；5—反应器；6—淬冷塔；7—吹脱塔；8—压缩机；9—吸收塔；10—解吸塔；11—油再生塔；12—脱重组分塔

新鲜原料正丁烯和循环正丁烯混合后，再与预热至一定温度的空气和水蒸气混合物充分混合，并使到达一定的温度，然后进入绝热式反应器进行氧化脱氢反应。自反应器出来的高温反应产物经废热锅炉利用其热量产生水蒸气供反应用。废热锅炉出口的反应物料的温度控制与其组成有关。以铁酸盐尖晶石作催化剂的正丁烯氧化脱氢产物中不含有机酸，不易结焦，故可控制较低的温度，以提高能量的回收率。反应物料经废热锅炉回收能量后，进入淬冷系统，直接喷水急冷。物料在淬冷塔中经进一步降温和除去高沸点副产物后，输入吸收分离工序，分离出产物丁二烯和未转化的正丁烯。为了提高吸收效率，物料经吸收塔前先经压缩机增压。可有沸程为60～90℃的馏分油作吸收剂。丁二烯和丁烯被吸收后，在解析塔中进行解析，得到粗丁二烯，经脱重组分塔脱除高沸点杂质后，送分离和精制部分，吸收剂循环使用。未被吸收的气体，主要是N_2，CO和CO_2，并含有少量低沸点副产物，经吹脱塔送火炬燃烧处理。自淬冷塔塔底排出的水，含有沸点较高的含氧副产物，一部分经热交换回收部分能量后循环作淬冷水用，其余经吹脱塔脱除低沸点副产物后，排放到污水厂处理。

自解析塔解析得到的粗丁二烯，除含有未转化的丁烯外，还可能含有副产物炔烃，和原料带入的惰性物质丁烷。从粗丁二烯中分离精制出聚合级丁二烯，其分离方案与从裂解碳四馏分中获取聚合级丁二烯的分离、精制方案基本相似，也需采取二级萃取精馏的方法，其流程组织见图4-20。

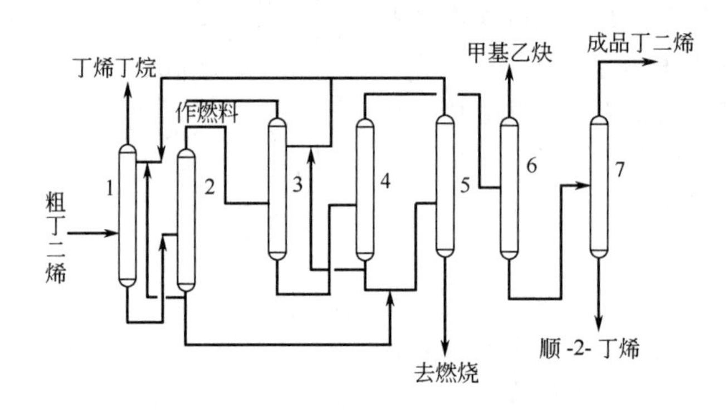

图4-20　丁二烯分离和精制流程

1—一级萃取精馏塔；2—一级蒸出塔；3—二级萃取精馏塔；4—二级蒸出塔；5—萃取剂再生塔；6—脱轻组分塔；7—丁二烯精馏塔

粗丁二烯先在一级萃取精馏塔中，分离出未转化的正丁烯和丁烷，然后再在二级萃取精馏塔中分离出炔烃，萃取剂大部循环使用，一部分送再生塔再生。从二级蒸出塔蒸出的丁二烯尚可能含有少量甲基乙炔和顺-2-丁烯。先在脱轻组分塔中蒸出甲基乙炔，然后在丁二烯精馏塔中，分出顺-2-丁烯，获得聚合级丁二烯。

从丁二烯分离精制部分分出的正丁烯和正丁烷，为了避免在循环过程中正丁烷的积累，需将正丁烷分出后，才能循环使用。由于正丁烷的沸点与顺-2-丁烯的沸点接近，故也需采用萃取精馏法分离。

丁二烯不仅能与空气形成爆炸混合物［爆炸极限2%～11.5%（体积），自动着火温度450℃］，且能与空气中氧形成具有爆炸性的过氧化物，过氧化合物的生成使在贮藏和蒸馏过程中其有危险性，并能促进丁二烯的聚合。为了防止过氧化物的生成，在蒸馏或贮藏过程中应避免与空气接触。

（六）主要技术经济指标

正丁烯在铁酸盐尖晶石催化剂上氧化脱氢制取丁二烯的主要技术经济指标见表4-17所示。

（七）与催化脱氢法比较

催化脱氢法与氧化脱氢法比较见表4-18。

表 4-17 正丁烯氧化脱氢制丁二烯的主要技术经济指标

项目	消耗定额,每吨丁二烯	项目	消耗定额,每吨丁二烯
原料正丁烯(100%)/t	1.22	电/kWh	867.6
公用工程		冷冻量/kJ	1291×10^4
工艺水/t	3.8	燃料气/m^3	248
工业水/t	662.2	污水处理/t	39.6
低压蒸气/t	26.6		

表 4-18 催化脱氢法和氧化脱氢法比较

方法	正丁烯单程转化率/%	丁二烯选择性/%	丁二烯单程收率/%	进料水蒸气摩尔数 / 生成一摩尔丁二烯
催化脱氢法(催化剂壳牌 205)	25	65	16	62.5
催化脱氢法(催化剂磷酸钙镍)	40	65	34	87.0
氧化脱氢法(催化剂铁酸盐尖晶石)	65	92	60	20.0

由表 4-18 所列数据可看出，氧化脱氢法与催化脱氢法相比，原料单耗最小，蒸气单耗最低，在技术经济指标方面的优越性甚为显著。

参考文献

[1] Ray H Boundy, Raymoud F Boyer, "Styrene Its Polymers, Copolymers and Derivaties", Book Division Reinhold Publishing Corporation, 1952.
[2] E. G. Hancock, "Benzene and Its Industrial Derivatives", Ernest Benn Limited London and Tonbridge, 1975.
[3] B. T. 布鲁克斯，《石油烃化学》，第二卷，北京石油学院炼制系石油工学教研组译，中国工业出版社，1960 年.
[4] 安东新午，雨宫登三，川濑义和，《石油化学工业手册》上册，化学工业出版社，1966 年.
[5] Kirk-Othmer, "Encyclopedia of Chemical Technology", Vol. 4, Vol. 21, 3rd ed.
[6] 白崎高保，藤堂尚之编，《催化剂制造》，中译本，石油工业出版社，1981 年.
[7] 祝以湘，石油化工，8 (1), 65 (1979).
[8] 祝以湘，石油化工，8 (2), 137 (1979).
[9] 兰化公司合成橡胶中试室，合成橡胶工业，6 (4), 264 (1983).
[10] 肖漳龄，蔡庆叠，石油化工，15 (4), 229 (1986).
[11] Emerson H. Lee, Catalysis Review, 8 (2), 285 (1974).
[12] 刘中奇等，催化学报，4 (2), 107 (1983).
[13] H. H. Лебдев, Кин и кам, 18 (6), 1441 (1977).
[14] Lucio Forni and Alfonso Valerio, I & EC Process Design And Developement, 10, 552 (1971).
[15] Henvey H. Voge and Cargen, I & EC Process Design And Developement, 11, 454 (1972).
[16] S. A. 米勒主编，吴祉龙等译，乙烯及其工业衍生物，下册，化学工业出版社，1980 年.
[17] Ralph R. Wenner and Ernes C. Dybdal, Chemical Engineering Progress, 44 (4), 275 (1948).
[18] 今成，真、渡道芳久，石油化工译丛，1, 39 (1980).
[19] 伍治华，合成橡胶工业，7 (2), 89 (1984).
[20] D. J. Ward and S. M. Black, Hydrocarbon Processing, March, 47 (1987).
[21] 肖漳龄，石油化工，8 (3), 209 (1979).
[22] C. R. Adams and T. J. Jennings, Journal of Catalysis, 17, 157 (1970).
[23] 周望岳等，催化学报，4 (3), 167 (1983).

[24] R. J. Rennard and W. L. Kehl，Journal of Catalysis 21，282 (1971).
[25] 齐鲁石化总公台橡胶厂、兰化公司化工研究院，合成橡胶工业，5 (3)，182 (1982)；5 (5)，355 (1982).
[26] 张国栋，周望岳，合成橡胶工业，8 (4)，229 (1985).
[27] 俞户全、金韵、王首，石油化工，15 (12)，738 (1986).
[28] 周望岳，催化学报，1 (3)，157 (1980).
[29] L. Marshall Welch，Louis J. Croce and Harold F. Christmann，Hydrocarbon Processing，Nov 131 (1977).
[30] 竹宝林，合成橡胶工业，6 (4)，258 (1983).

第五章 催化氧化

第一节 概 述[1,2]

一、催化氧化在基本有机化学工业中的重要地位

在基本有机化学工业生产中，催化氧化是一大类重要反应。50 年代以来，随着石油化学工业的发展和选择性氧化有效催化剂的开发成功，烃类催化氧化技术取得了很大的进展，给基本有机化学工业的发展带来了广阔的前景。新工艺、新技术相继开发，产品类型不断扩大。其氧化产品除了各类有机含氧化合物——醇、醛、酮、酸、酯、环氧化合物和过氧化物等外，还包括有机腈和二烯烃等（见表 5-1）。这些产品大多量大用途广，它们有些是有机化工的重要原料和中间体，有些是三大合成材料的重要单体，有些是应用很广的溶剂，在国民经济中占有重要的地位。

表 5-1 重要的氧化产品

醇 类	醛 类	酮 类	酸 类	酸酐和酯	环氧化物	有机过氧化物	有机腈	二烯烃
乙二醇 高级醇 环己醇	甲醛 乙醛 丙烯醛	丙酮 甲乙酮 环己酮	醋酸 丙烯酸 甲基丙烯酸 己二酸 对苯二甲酸 高级脂肪酸	醋酐 苯酐 顺丁烯二酸酐 均苯四酸二酐 醋酸乙烯 丙烯酸酯	环氧乙烷 环氧丙烷	过氧化氢异丙苯 过氧化氢乙苯 过氧化氢异丁烷	丙烯腈 甲基丙烯腈 苯二腈	丁二烯

二、氧化过程的一些共同特点[1]

（一）氧化剂

要在烃类或其他有机化合物分子中引入氧，可采用的氧化剂有多种。对于产量大的基本有机化学工业生产而言，具有重要价值的氧化剂是气态氧，可以是空气或纯氧。以气态氧作氧化剂来源丰富，无腐蚀性，但氧化能力较弱。故以气态氧为氧化剂时，一般必须采用催化剂。有的还须同时采用高温。以空气为氧化剂的优点是容易获得，但动力消耗较大，排放废气量大。用纯氧为氧化剂，优点是排放废气量小，反应设备体积也较小，但需空分装置。

以气态氧为氧化剂，“物料-氧”或“物料-空气”组成系统在很广的浓度范围内易燃易爆，故在生产上和工艺条件的选择和控制方面必须注意安全，必须注意爆炸极限的问题。

（二）强放热反应

氧化反应是强放热反应，尤其是完全氧化反应，释放的热量要比部分氧化反应大 8～10 倍。故在氧化过程中，反应热的移走是很关键的问题。如反应热不能及时移走，将会使反应温度迅速上升，结果必须会导致大量完全氧化反应发生，选择性显著下降，致使反

应温度无法控制，甚至发生爆炸。

（三）热力学上都很有利

烃类和其他有机化合物氧化反应的 ΔG^0 都是很大的负值，在热力学上都很有利，尤其是完全氧化反应，在热力学上占绝对优势。

（四）多种途径经受氧化

烃类是用于制备各种氧化产品的重要原料。但烃类氧化的最终产物都是二氧化碳和水，而所需的目的产物都是氧化中间产物。在多种情况下，氧往往能以多种形式向烃分子进攻，使其以不同途径经受氧化，转化为不同的氧化产物。例如丙烯的可能氧化途径有：

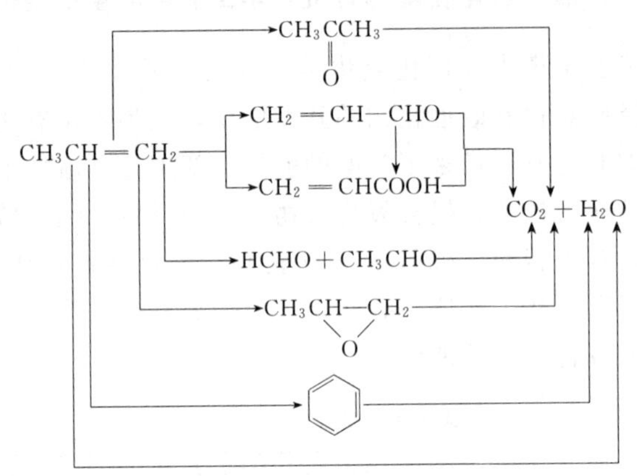

对于这样一个存在着平行和连串反应相互竞争的复杂反应系统，要使反应尽可能朝着所要求的方向进行，获得所需的目的产物，必须选用合宜的催化剂和反应条件，而关键是催化剂。由于所用催化剂的类型和反应物系相态的不同，催化氧化反应有均相催化氧化和非均相催化氧化两大类。

第二节　均相催化氧化

均相催化氧化大多是气液相氧化反应，气相氧化因缺少合适的催化剂，且反应控制也较困难，故工业上甚少采用。

在均相氧化领域中，乙醛氧化制醋酸，高级烷烃氧化制脂肪酸等氧化技术在工业上应用较早。这类氧化反应常用过渡金属离子为催化剂，具有自由基链反应的特点，称为催化自氧化反应。60 年代以来，自乙烯均相催化氧化制乙醛的瓦克（Wacker）法实现工业化后，人们对均相催化氧化技术的研究给予了很大的重视，并获得了迅速的发展。瓦克法所用的催化剂是 $PdCl_2$-$CuCl_2$-HCl 水溶液，在反应过程中，烯烃与 Pd^{2+} 先形成活性络合物，然后转化为产物，是另一类均相氧化反应——络合催化氧化。

近年来开发研究的均相催化氧化反应类型甚多，例如在 $PdCl_2$-$CuCl_2$-LiCl-CH_3COOLi 催化剂存在下，乙烯、一氧化碳和氧直接羰化氧化一步合成丙烯酸；乙烯在 Te_2O-HBr 催化剂存在下，在醋酸介质中合成乙二醇等新氧化方法。60 年代末，还发展了用有机过氧化物为氧化剂的均相氧化新工艺，主要是应用于烯烃的环氧化，特别是环氧丙烷的生产，有良好的选择性，颇为各国所重视。

下面主要讨论在工业上广泛采用的两类反应——均相自氧化和络合催化氧化。

一、催化自氧化[3~7]

将空气或氧通入液态乙醛中，乙醛被氧化为醋酸，反应可以在没有催化剂存在下自动进行，但有较长的诱导期，过了诱导期，氧化反应速度即迅速增长，而达到最大值，这类能自动加速的氧化反应具有自由基链反应特征，称自氧化反应。工业上主要用来生产有机酸和过氧化物。如条件控制适宜，也可使反应停留在中间阶段而获得中间氧化产物——醇、醛和酮。反应主要在液相中进行，常用过渡金属离子为催化剂，其主要氧化产品如表5-2所示。

表 5-2　催化自氧化的重要氧化产品

原　料	主要氧化产品	催　化　剂	反　应　条　件
丁烷	醋酸和甲乙酮	醋酸钴	167℃左右,6MPa,醋酸作溶剂
轻油	醋酸	丁酸钴或环烷酸钴	147～177℃,5MPa
高级烷烃	高级脂肪酸	高锰酸钾	117℃左右
高级烷烃	高级醇	硼酸	167℃左右
环己烷	环己醇和环己酮	环烷酸钴	147～157℃
环己烷	环己醇	硼酸	167～177℃
环己烷	己二酸	醋酸钴,促进剂乙醛	90℃,醋酸作溶剂
甲苯	苯甲酸	环烷酸钴	147～157℃,303kPa
对二甲苯	对苯二甲酸	醋酸钴、促进剂乙醛或	117℃左右,3MPa,醋酸作溶剂
		醋酸钴、促进剂溴化物	217℃左右,3MPa,醋酸作溶剂
乙苯	过氧化氢乙苯		147℃左右
异丙苯	过氧化氢异丙苯		107℃左右
乙醛	醋酸	醋酸锰	67℃左右,152～505kPa
乙醛	醋酸、醋酐	醋酸钴、醋酸锰	45℃左右,醋酸乙酯
异丁烷	过氧化氢异丁烷		107～127℃,0.5～3MPa

烷烃资源丰富是理想的氧化原料，但氧化选择性较差，产物组成往往很复杂。尤其是气相氧化。低级烷烃的气相自氧化反应较重要的有甲烷氧化制甲醛；丙烷、丁烷氧化制乙醛等。但由于气相氧化反应温度高，氧化产物在高温下不稳定会进一步氧化分解，故往往只有在转化率控制较低的条件下，才能获得较高选择性。例如甲烷的气相氧化，需在650℃左右高温下进行，由于甲醛在高温下易氧化分解，即使控制很低的单程转化率（1%～3%），甲醛的选择性仍较低。因此低级烷烃的气相自氧化，工业意义就不大。

芳烃与烷烃不同，在芳烃分子中苯环比较稳定，不易破裂，故自氧化时选择性较高。例如对二甲苯液相催化自氧化制对苯二甲酸的反应，对二甲苯接近全部转化时，对苯二甲酸的选择性仍可达98%以上。

（一）反应机理、催化剂和氧化促进剂

1. 氧化反应机理及动力学

经过大量科学实验，虽已确定烃类及其他有机化合物的自氧化反应是按自由基链式反应机理进行，但有些过程（例如链的引发）尚未完全弄清楚。下面以烃类的液相自氧化为例，将其自氧化的基本步骤作一简单介绍。

链的引发　　$$RH + O_2 \xrightarrow{k_i} \dot{R} + H\dot{O}_2 \qquad (1)$$

链的传递 $$\dot{R}+O_2 \xrightarrow{k_1} RO\dot{O} \tag{2}$$

$$RO\dot{O}+RH \xrightarrow{k_2} ROOH+\dot{R} \tag{3}$$

链的终止 $$\dot{R}+\dot{R} \xrightarrow{k_t} R—R \tag{4}$$

上述三个步骤，决定性步骤是链的引发过程，也就是烃分子发生均裂反应转化为自由基的过程，需要很大的活化能。所需能量与碳原子的结构有关。已知 C—H 键键能大小为

叔 C—H＜仲 C—H＜伯 C—H

故叔 C—H 键均裂的活化能最小，其次是仲 C—H 键。

要使链反应开始，还必须有足够的自由基浓度，因此从链引发到链反应开始，必然有一自由基浓度的积累阶段。在此阶段，观察不到氧的吸收，一般称为诱导期，需数小时或更长的时间，过诱导期后，反应很快加速而达到最大值。可以采用引发剂以加速自由基的生成，缩短反应诱导期，例如过氧化氢异丁烷，偶氮二异丁腈等易分解为自由基的化合物，都可作为引发剂。这些物质通常是在键引发阶段使用。在键传递阶级，作为载链体的是由作用物生成的自由基。在生产中，常采用催化剂以加速链的引发反应。

链的传递反应是自由基-分子反应，所需活化能较小。这一过程包括氧从气相到反应区域的传质过程和化学反应过程。各参数的影响甚为复杂。在氧的分压足够高时，反应（2）速度很快，链传递反应速度是由反应（3）所控制。在稳定态时，链的引发速度等于链的消失速度，此时烃的氧化速度可由下式表示之。

$$\frac{-\mathrm{d}[O]_2}{\mathrm{d}t}=k_2[RH][RO\dot{O}]=[R_i]^{\frac{1}{2}}k_2[RH]/[2k_t]^{\frac{1}{2}} \tag{5-1}$$

式中 R_i——链的引发速度；

k_2——反应（3）速度常数；

k_t——链终止反应速度常数。

反应（3）生成的产物 ROOH，性能不稳定，在温度较高或有催化剂存在下，会进一步分解而产生新的自由基，发生分支反应，生成不同氧化产物

$$ROOH \longrightarrow R\dot{O}+\dot{O}H \tag{5}$$

$$R\dot{O}+RH \longrightarrow ROH+\dot{R} \tag{6}$$

$$\dot{O}H+RH \longrightarrow H_2O+\dot{R} \tag{7}$$

或 $$2ROOH \longrightarrow RO\dot{O}+R\dot{O}+H_2O \tag{8}$$

$$RO\dot{O} \longrightarrow R'O+R''CHO(\text{或酮}) \tag{9}$$

$$R\dot{O}(\text{或 } R'O)+RH \longrightarrow ROH(\text{或 } R'OH)+\dot{R} \tag{10}$$

分支反应结果生成不同碳原子数醇和醛，醇和醛又可进一步氧化生成酮和酸，使产物组成甚为复杂。

2. 催化剂

在工业生产中，绝大多数自氧化过程是在催化剂存在下进行的，除非所需的氧化产物是 ROOH。所用的催化剂是过渡金属的水溶性或油溶性的有机酸盐，常用的是醋酸钴、丁酸钴、环烷酸钴、醋酸锰等。一般，钴盐的催化效率较好。在这类反应中，要完全弄清

催化剂的作用，常常是困难的。从实践结果看来，这类催化剂的作用是：

（1）加速链的引发，缩短或消除反应的诱导期。过渡金属的有机酸盐如何加速链的引发反应，尚难完全弄清。一种看法认为是靠作用物直接向金属离子转移电子

例如 $C_6H_5CH_3+Co^{3+} \longrightarrow C_6H_5\dot{C}H_2+H^++CO^{2+}$ 另一种看法认为催化剂是以络合物的形式存在，络合物的配位体 $R-\underset{\underset{O}{\|}}{C}-O^-$ 将电子转移给金属离子而形成自由基，其过程可简单表示如下。

$$R-\underset{\underset{O}{\|}}{C}-O-Co(\text{Ⅲ}) \longrightarrow R-\underset{\underset{O}{\|}}{C}-\dot{O}+CO(\text{Ⅱ})$$

$$R-\underset{\underset{O}{\|}}{C}-\dot{O} \longrightarrow \dot{R}+CO_2$$

$$\dot{R}+C_6H_5CH_3 \longrightarrow C_6H_5\dot{C}H_2+RH$$

这一途径很可能对于在羧酸介质中进行的反应特别有利。

（2）加速 ROOH 的分解，促进氧化产物醇、醛、酮、酸的生成。

$$ROOH+M^{n+} \longrightarrow R\dot{O}+OH^-+M^{(n+1)+} \quad (11)$$

$$ROOH+M^{(n+1)+} \longrightarrow RO\dot{O}+H^++M^{n+} \quad (12)$$

生成的 $R\dot{O}$ 和 $RO\dot{O}$ 按反应（6）、（9）和（10）进行反应，生成相同或不同碳原子数的醇、醛（或酮）及酸。

在反应（11）中，ROOH 使低价金属离子失去一个电子氧化为高价。由于 ROOH 为一强氧化剂，反应（11）的活化能（约为 42～50kJ/mol）远比反应（5）的活化能（约为 167kJ/mol）小，因而反应（11）的速度要比反应（5）快得多。在反应（12）中 ROOH 使高价金属离子获得一个电子还原为低价。由于 ROOH 仅是一缓和的还原剂，故在相同浓度和反应条件下，反应（12）的速度必然比反应（11）慢。要使这两个反应的速度相当，组成催化剂的氧化还原循环，必须选择氧化还原电位高的金属离子作催化剂。金属离子的氧化还原电位愈高，反应（12）的速度愈快。这样，就有可能使反应（11）和反应（12）的速度相当，而金属离子的两个氧化态中任一个，在反应过程中都是循环的，催化剂不需要再生。钴离子和锰离子具有较高的氧化还原电位

$$Co^{3+}+e \longrightarrow Co^{2+} \qquad E^0=1.82V$$

$$Mn^{3+}+e \longrightarrow Mn^{2+} \qquad E^0=1.54V$$

是良好的催化剂，尤其是钴盐。

催化剂的加入方式通常是先将二价钴盐（或锰盐）转化为有机酸盐（醋酸盐、丁酸盐或环烷酸盐），并溶于溶剂中（常用的是醋酸），然后加入反应系统。催化剂用量一般小于1%。高价金属离子是在反应系统中生成的，故也有诱导期，但较短。据研究氧的起始吸收速度对 Co^{3+} 的浓度是两级，如加入的钴盐是三价钴盐，反应就没有诱导期，氧的最大吸收速度等于氧的起始吸收速度。

3. 氧化促进剂

有些烃类或有机物的自氧化反应在上述催化剂存在下，反应诱导期仍很长或氧化反应只能停留在某一阶段。例如环己烷一步氧化制己二酸时，如仅采用醋酸钴为催化剂，据报

道当反应温度为90℃时，诱导期需7小时左右，又如对二甲苯氧化制对苯二甲酸时，二甲苯分子中第一个甲基较易氧化，而第二个甲基由于受到分子中羧基的影响就不易氧化，如仅用醋酸钴为催化剂，则反应产物主要是对甲苯甲酸。

在上述情况下，为了缩短反应诱导期或加快某一步的氧化反应速度，就需同时加入氧化促进剂。促进剂的作用机理尚未完全弄清楚，很可能是起着有利于产生含氧基团和加速金属离子氧化再生的作用。

工业上采用的氧化促进剂主要有两类：一类是有机含氧化合物，例如对二甲苯氧化时，在醋酸钴催化剂存在下，同时加入三聚乙醛、乙醛或甲乙酮等氧化促进剂，可使反应在较低温度下顺利进行，而获得高收率目的氧化产物——对苯二甲酸，氧化促进剂同时氧化为醋酸。

$$CH_3C_6H_4CH_3 + 3O_2 \xrightarrow[\text{氧化促进剂:三聚乙醛}]{\text{醋酸钴 0.5\%}\sim\text{1\%(质量)}} HOOCC_6H_4COOH + 2H_2O$$

反应条件：120～125℃，3MPa，溶剂为醋酸。对苯二甲酸收率＞99％。

三聚乙醛是比乙醛或甲乙酮更有效的促进剂。因三聚乙醛不易挥发，在反应过程中能更有效地发挥促进剂的作用，醋酸收率也较高。

这类氧化促进剂的用量，需视具体反应而定。例如环己烷氧化制己二酸时，只需加入少量乙醛，反应诱导期就可显著缩短。但有些氧化反应，例如对二甲苯氧化时促进剂三聚乙醛的用量需很多，与原料的摩尔比（以乙醛计）接近或超过1。在这种情况下，氧化产物实际上有两种——对苯二甲酸和醋酸。对于后一种类型的氧化反应，也可称为共轭氧化反应（简称共氧化反应），乙醛是共氧化剂。在共氧化反应中，组成共轭对的两种物质氧化反应能力不同，易氧化的一种物质能促进另一较难氧化的物质氧化，故共氧化剂就是氧化促进剂。

另一类氧化促进剂是溴化物。无机溴化物和有机溴化物都可采用，常用的如溴化铵、四溴乙烷、四溴化碳等。溴自由基有强烈的吸氢作用，溴化物的作用可能是引发自由基的生成。但用溴化物为促进剂，往往需要较高的反应温度和压力，对设备的腐蚀性较严重，产物精制也较困难。

（二）影响氧化反应过程的诸因素

1. 杂质的影响

自氧化反应的特点是以自由基作载链体。链反应的速度不仅决定于单位时间内引发的链的数目，同时也决定于链的传递速度。当反应处于稳定态时，自由基的产生速度等于消失速度。但如在反应系统中有干扰引发反应或导致载链体自由基消失的杂质存在，会使反应速度显著下降，甚至终止反应。自由基消失的途径有多种：自由基的再化合，自由基的歧化，自由基与器壁碰撞和在系统中存在着能夺取反应链中自由基的杂质。最后一种作用称为阻化作用，这些杂质称为阻化剂。由于链反应的自由基浓度不大，故对阻化剂一般很敏感，少量阻化剂的存在，就会使反应显著降速。

水有阻化作用。例如丁烷自氧化制醋酸时，当水含量达到3％，氧化反应就无法进行。乙醛自氧化制醋酸时，也有同样现象：氧化反应速度随着氧化液中水浓度的增加而降低。又如对二甲苯氧化制对苯二甲酸时，反应诱导期随着氧化液中水浓度增大而增加，当氧化液中水含量大于20%时，氧化反应就停止。

关于水的阻化作用，尚未完全弄清。一种看法认为很可能在Co^{3+}的配位基中，水分子替代了醋酸分子，因而使三价钴的氧化能力发生变化而阻碍了引发反应的进行。另一种看法是水能与载链体自由基反应而消耗自由基。

硫化物也有阻抑作用。

有此阻抑物质也可能在反应过程中生成。例如对二甲苯氧化时，如反应条件过于剧烈，就可能有对甲苯酚生成；异丙苯氧化时，也可能有苯酚生成。这些酚类对自氧化反应均有阻抑作用。这种现象称为自阻现象。又如烃类或乙醛氧化时，常有副产甲酸生成，甲酸具有还原作用，能使Co^{3+}还原，故在反应系统中甲酸含量过高，对反应也是不利的。

2. 反应温度和氧分压

在反应温度较低氧分压较高的情况下，烃类和其他有机物的液相催化自氧化的速度，是由动力学控制。在完全由动力学控制的条件下操作，如有引起反应温度降低的失常现象发生，就会使反应速度显著下降，因而放热速率和除热速率失去平衡，温度会继续下降，反应速率继续减慢，反应不能稳定进行。这种效应会像滚雪球那样继续进行下去，直至反应完全停止。

工业上进行液相自氧化反应，为了反应能稳定地进行，应该保持足够高的反应温度，这样在氧浓度高的区域是动力学控制，而在氧浓度低的区域就转为氧的传质控制。当在反应器中动力学控制区和传质控制区并存时，温度有波动，仍能使反应稳定进行。但反应温度过高也不相宜，会使反应选择性降低，低碳原子副产物增多，尾气中二氧化碳含量增高，甚至使反应失控，最终可能造成爆炸。

当反应过渡到传质控制时，增高空气或氧的压力，可提高反应速度。但压力高，对设备要求高，不一定经济，故有一适宜的操作压力。

压力对氧化反应选择性也可能有影响。

3. 氧化气空速

$$\text{氧化气空速}=\frac{\text{空气或氧的流量},\mathrm{Nm^3/h}}{\text{反应器中液体的滞留量},\mathrm{m^3}}$$

液相催化自氧化，反应往往是在气液相接触界面附近进行，空速大，有利于气液相接触，能加速氧的吸收。但空速太大，气体在反应器内停留时间太短，氧的吸收不完全，使尾气中氧的浓度增高，氧的利用率降低，不仅不经济且不安全。因尾气中氧含量达到爆炸极限浓度范围内时，遇火花或受到冲击波就会引起爆炸，故在实际生产中，空气或氧的空速是受尾气中氧含量的控制。

4. 溶剂

丁烷的液相自氧化反应，其氧化反应温度由于受丁烷临界温度（152℃）的限制，只能在低于152℃的温度条件下进行，但反应速度太慢，不能满足工业化要求，且反应热也不能合理利用。要使反应在高于临界温度条件下进行，必须采用溶剂，以溶解烃和氧提供它们化合的环境。又如对二甲苯氧化时，也必须采用溶剂。在自氧化反应中采用溶剂，必须考虑到溶剂的效应。甲苯和对二甲苯等烃类氧化时，常用的溶剂是醋酸。这类溶剂在自由基引发过程中往往起着重要的作用，它不仅有利于自由基的生成，且能加快氧化反应速率。在自氧化反应时，溶剂的效应是很复杂的，可以产生正效应（例如醋酸），也可能产生负效应。故必须正确选择溶剂以使反应能顺利进行。

5. 转化率的控制和返混的影响

烃和其他有机物自氧化反应的转化率控制，须视具体反应而定。例如乙醛氧化制醋酸，对二甲苯氧化制对苯二甲酸等反应，由于反应产物是稳定的有机酸，不易进一步氧化，故控制高转化率仍可获得高选择性。但对于有些氧化反应，目的产物是中间氧化产物，而且往往比原料更易氧化，当产物积累到一定的浓度后，其进一步的氧化就与原料的氧化相竞争，为了获得高选择性必须限制转化率。例如环己烷氧化制环己酮、环己醇时，由于它们比环己烷更易氧化，要获得高选择性，转化率只能控制在10%左右；又如丁烷氧化时，甲乙酮是中间氧化产物，易进一步氧化为醋酸，其氧化速度比丁烷快10倍左右，要获得高选择性的甲乙酮，也只能控制低转化率。有些目的产物（例如过氧化物）易分解，转化率也受到限制。

氧化反应结果与反应器中物料的返混程度也有关。当目的产物是易氧化的中间产物时，在反应器中的液相返混使目的产物暴露于高浓度的氧中，更易继续氧化而使选择性降低。对于这类反应，必须尽量减少返混，最好采用活塞流反应器。而对于另一些氧化反应，增加返混却是有利的，例如对二甲苯氧化制对苯二甲酸时，有一系列中间氧化产物。

$$CH_3C_6H_4CH_3 \longrightarrow CH_3C_6H_4CHO \longrightarrow CH_3C_6H_4COOH \longrightarrow OHCC_6H_4COOH \longrightarrow HOOCC_6H_4COOH$$

增加返混有利于中间产物的进一步氧化，故工业上采用全返混型反应器。

下面举醋酸和过氧化氢异丙苯的生产工艺为例进行讨论。

（三）乙醛催化自氧化生产醋酸

醋酸是具有刺激味的无色液体，沸点118℃、冰点16.58℃，能与水以任何比例互溶。醋酸中溶有水后，冰点降低（见表5-3）。

表 5-3　含水醋酸的冰点

水含量，%(质)	冰　点，℃	水含量，%(质)	冰　点，℃
0	16.58	1.5	13.98
0.5	15.63	2	12.96
1	14.78	3	11.93

醋酸是重要的有机原料，用途广泛，大量用于醋酸纤维工业和合成醋酸乙烯及其他各种醋酸酯，也可作为医药、农药、染料、食品和化妆品等工业的原料。醋酸的合成方法主要有三种：乙醛氧化法，丁烷和轻油氧化法及甲醇羰化法。这三种方法的生产工艺路线见图5-1所示。

乙醛氧化法工业化最早，技术成熟，世界上第一个乙醛氧化制醋酸的工厂是1911年建立的，乙醛氧化法的另一特点是原料路线多样化，煤、石油及天然气和农副产品都可作为原料。由乙醛氧化生产醋酸，几种不同生产醋酸的方法，其原料消耗定额见表5-4。

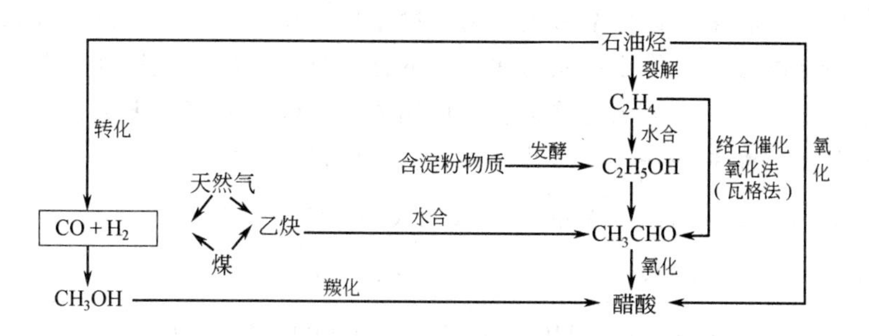

图 5-1 醋酸生产工艺路线示意图

虽然乙炔-乙醛法的原料单耗最少，但乙炔价格比乙烯高得多，故总的原料成本仍是比乙烯法高。且由乙炔水合制乙醛需采用汞盐作催化剂，存在着污染问题。乙烯-乙醛法不仅原料单耗比乙醇法少，且合成工艺路线短，是60年代发展起来的生产方法。

表 5-4 乙醛氧化法生产醋酸的原料单耗

方　法	原料单耗 t/t 醋酸
乙炔-乙醛法	乙炔 0.48
乙醇-乙醛法	乙烯 0.6
乙烯-乙醛法	乙烯 0.53

在70年代，工业上开发成功了用甲醇与一氧化碳低压羰化一步合成醋酸的新工艺

$$CH_3OH + CO \xrightarrow[175℃, 3MPa]{RhCl_3\text{-}CH_3I} CH_3COOH$$

此法反应条件较缓和，选择性高（达99%），所得醋酸质量高，原料单耗低（0.56t 甲醇/t 醋酸），提纯过程简单，且原料路线也可多样化，是一颇有发展前途的新方法。在有些国家已成为醋酸的主要生产方法，此法将在第六章中讨论。

1. 乙醛催化自氧化合成醋酸的化学

乙醛液相催化自氧化合成醋酸是一强放热反应，总反应式为

$$CH_3CHO(液) + \frac{1}{2}O_2 \longrightarrow CH_3COOH(液)$$

$$\Delta H^0_{298K} = -294kJ/mol$$

乙醛易为分子氧氧化，这可能是由于乙醛分子中 $-\overset{H}{\overset{|}{C}}=O$ 基团中的 H 容易解离而生成自由基 $CH_3\dot{C}O$，且 $CH_3\dot{C}O$ 与氧作用生成的自由基 $CH_3COOO\cdot$ 反应性较大之故，因此在常温下乙醛就可以自动吸收空气中的氧而氧化为醋酸

$$CH_3-\overset{H}{\overset{|}{C}}=O \longrightarrow CH_3\dot{C}O + \dot{H}$$

$$CH_3\dot{C}O + O_2 \longrightarrow CH_3COOO\cdot$$

$$CH_3COO\dot{O} + CH_3CHO \longrightarrow CH_3COOOH + CH_3\dot{C}O$$

生成的过氧醋酸能以较慢的速度分解为醋酸，同时放出新生态氧，此新生态氧又能使一个分子乙醛氧化为醋酸

$$CH_3COOOH \longrightarrow CH_3COOH + [O]$$

$$CH_3CHO + [O] \longrightarrow CH_3COOH$$

在没有催化剂存在下，过氧醋酸的分解速度甚慢，反应系统中会出现过氧醋酸的浓度积累。由于过氧醋酸是一不稳定的具有爆炸性的化合物，其浓度积累到一定程度后会导致突然分解而发生爆炸。工业上由乙醛氧化制取醋酸需在催化剂存在下进行。常用的催化剂是醋酸锰，其效果比醋酸钴好，醋酸收率高。其反应机理可能为

链的引发　　$CH_3CHO + Mn^{3+} \longrightarrow CH_3\dot{C}O + H^+ + Mn^{2+}$

链的传递　　$CH_3\dot{C}O + O_2 \longrightarrow CH_3COO\dot{O}$

$$CH_3COO\dot{O} + CH_3CHO \longrightarrow CH_3COOOH + CH_3\dot{C}O$$

所生成的过氧醋酸在催化剂存在下能与乙醛形成中间复合物（其结构常未弄清），然后分解生成二分子醋酸。

$$CH_3COOOH + CH_3CHO \xrightarrow{\text{醋酸锰}} \text{中间复合物}$$

$$\text{中间复合物} \xrightarrow{\text{醋酸锰}} 2CH_3COOH$$

由于催化剂醋酸锰能加速中间复合物的形成和分解，从而使反应系统中过氧醋酸的浓度达到很低程度，不致发生突发性分解。因复合物的分解速度很快，在反应物中几乎检察不出。催化剂的用量约为 0.1%（质量）左右。

主要副产物是甲烷，二氧化碳、甲酸、醋酸甲酯和二醋酸亚乙酯等。反应温度高时，这些副产物会增多。以醋酸钴为催化剂，它们的生成量也会增多。

2. 乙醛催化自氧化生产醋酸的工艺流程

由乙醛液相催化自氧化生产醋酸的工艺流程如图 5-2 所示。

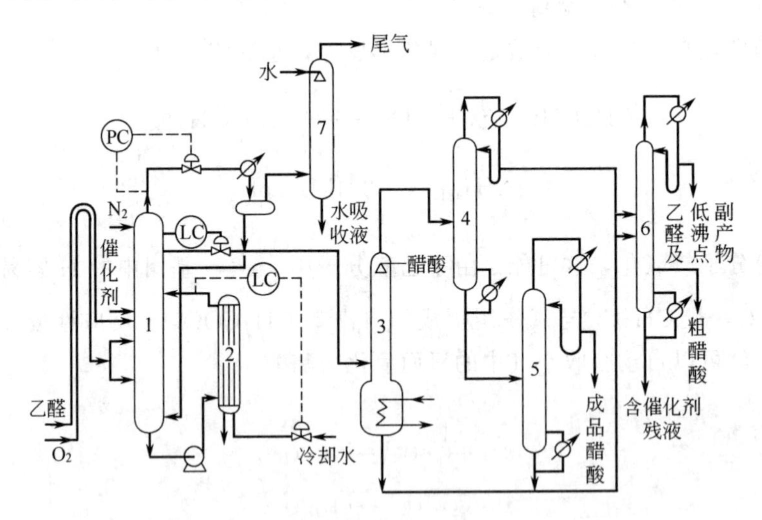

图 5-2　乙醛液相催化自氧化生产醋酸工艺流程

1—氧化反应器；2—外冷却器；3—蒸发器；4—脱轻组分塔；5—脱重组分塔；6—醋酸回收塔；7—吸收塔

乙醛氧化所用的氧化剂可以是空气或氧。以氧作氧化剂效率较高，且乙醛不会被大量惰性气体带走，故工业上常采用氧作氧化剂，反应温度为 70～75℃。采用的反应器是具有外循环冷却器的鼓泡床塔式反应器。乙醛和催化剂溶液自反应塔的中上部加入，氧分两

段或三段鼓泡通入反应液中，氧化产物自反应塔的上部溢流出来，反应液在塔内的停留时间约3小时。反应温度由循环液进口温度控制。由于反应塔中液体返混程度甚大，温度分布较均匀。通入反应器的氧量约大于理论需要量10%左右。乙醛转化率可达97%左右，氧的吸收率为98%左右，醋酸选择性为98%左右。

未吸收的氧夹带着乙醛和醋酸蒸气自塔顶排出。乙醛和氧能形成爆炸混合物，乙醛在气相中也能自氧化为过氧醋酸，由于气相中无催化剂存在，生成的过氧醋酸不会立即分解，因而造成其浓度积累，结果会发生突然分解而引起爆炸。故氧化塔上部气相空间的氧浓度和温度必须严格控制。通常是通入一定量的氮，以稀释未反应的氧，使排出的尾气中氧含量低于爆炸极限浓度。因氧化温度高于常压下乙醛的沸点，氧化塔需保持一定的操作压力（绝压250kPa）。尾气中带出的乙醛，经低温冷凝器和吸收塔回收。从氧化塔溢流出来的反应产物，其组成（质量%）大致如下。

醋酸(沸点118℃)	94%～95%	乙醛(沸点21℃)	1%～2%
甲酸(沸点101℃)	1%～1.5%	高沸物	0.7%左右
醋酸甲酯(沸点108℃)	1%～1.5%	醋酸锰	0.1%左右
水	1.5%～2%		

氧化产物中含有的少量低沸点和高沸点副产物及未反应的乙醛可用精馏法分离。但在精馏分离前，必先将溶在其中的醋酸锰催化剂除去，不然会使精馏塔塔釜结垢，影响传热。由于醋酸锰是不挥发的盐类，故可用蒸发法分离掉。氧化产物经蒸发处理分离掉醋酸锰和不易挥发的副产物后，再经脱轻组分塔蒸出未反应的乙醛、副产物醋酸甲酯、甲酸和水；脱重组分塔脱除掉高沸点副产物后，得成品醋酸，要求纯度>99%，冰点不低于14℃。

甲酸是一腐蚀性很强的有机酸，且具有还原性，醋酸中即使有少量甲酸存在，也会大大增加醋酸的腐蚀性，故醋酸中甲酸含量必须严格控制，要求≤0.15%。由于甲酸的沸点与醋酸较接近，且甲酸能与水形成最高共沸物，其沸点与醋酸沸点只差11℃。要达到分离要求，脱轻组分塔不仅需要较多的塔板数，且塔顶馏出物中醋酸含量也较高（50%左右）。自脱轻组分塔蒸出的轻组分，可经三塔分离系统作进一步分离，以回收未反应的乙醛、副产物甲酸甲酯和含水醋酸以及醋酸（等外）。含有醋酸锰的蒸发残液，则送催化剂回收装置以回收醋酸锰和醋酸（等外）。

3. 反应器的结构和材质

液相自氧化反应具有下列特征：是气液相反应，氧的传递过程对氧化反应速度起着重要的作用；反应时有大量热量放出；介质往往具有强腐蚀性；原料、中间产物或甚至产物与空气或氧能形成爆炸混合物，而具有爆炸危险等。故采用的反应器必须是能提供充分的氧接触表面；能有效地移走反应热；设备材料必须耐腐蚀；并需有安全装置，同时返混程度要满足具体反应的要求。乙醛氧化制醋酸可采用全返混型反应器，工业上常用的是连续鼓泡床塔式反应器，气体分布装置一般是采用多孔分布板或多孔管。去除反应热的方式可以在反应器内设置冷却盘管或采用外循环冷却器。

图5-3是具有多孔分布板的鼓泡塔，氧分数段通入，每段设有冷却盘管。原料液体从底部送入，氧化液从上部溢流出来，这种型式反应器可以分段控制冷却水量和通氧量，但传热面太小，生产能力受到限制。在大规模生产中都采用具有外循环冷却器的鼓泡床反应器（见图5-4）。反应液在设在反应器外的冷却器中进行强制循环以除去反应热。氧化液

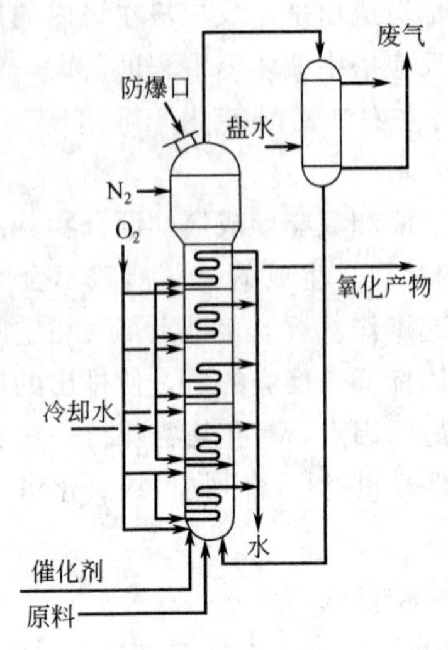

图 5-3 内冷却式分段鼓泡反应器

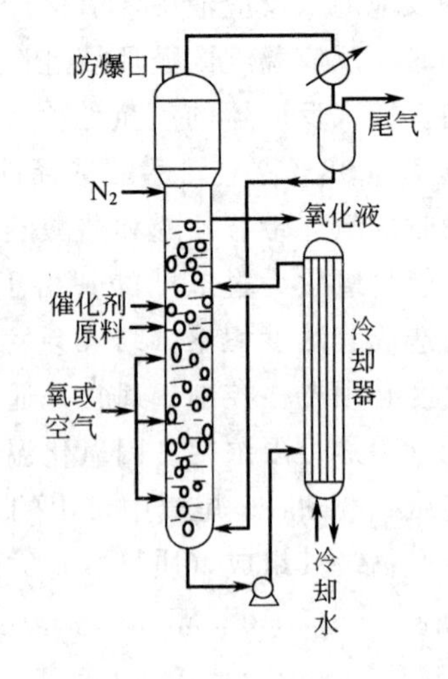

图 5-4 具有外循环冷却器的鼓泡床反应器

的溢流口高于循环液进口约 1.5 米，塔总高约 16 米。循环量的大小决定于反应温度的控制和反应放热量的大小。

$$W(\text{循环量}, t/h) = \frac{Q}{C\Delta t} \times \frac{1}{1000} \tag{5-2}$$

式中 Q——反应放出的热量，kJ/h；

C——氧化液比热，kJ/kg·℃；

Δt——氧化液温差，℃。

氧化液的允许温差愈小，循环量愈大。由于循环量甚大，塔内氧化液浓度基本均一，为全混型反应器。这种型式的反应器结构简单，检修方便，但动力消耗较大。

反应器的安全装置一般是采用防爆膜或安全阀。反应器材料需用 Mo2Ti 钢。

4. 技术经济指标

乙醛液相催化自氧化生产醋酸的主要技术经济指标见表 5-5。

表 5-5 原料和公用工程的单耗

名　称	单耗(每吨醋酸)	名　称	单耗(每吨醋酸)
原料乙醛，≥99.7%(质量)/t	0.777	冷却水/t	5～7
氧气≥99.5%/Nm^3	226	电/kW·h	98
醋酸锰≥95%/kg	2	冷冻量/kJ	12.6×10^3
纯碱≥99%/kg	2		

(四) 过氧化氢异丙苯的制备及应用

有机过氧化氢物 ROOH 一般不稳定，易分解。但当—OOH 基团与叔碳原子相连接或受到邻近苯环的影响，其稳定性就增加。对过氧化氢异丙苯 $C_6H_5-\underset{CH_3}{\overset{CH_3}{\underset{|}{\overset{|}{C}}}}-OOH$ 而言，这两个因素都存在，故其相对稳定，可以制备得到。

纯的过氧化氢异丙苯是无色透明油状液体，压力为 0.4Pa 时，沸点为 97.4℃。易溶于乙醇、乙醚和丙酮等有机溶剂，难溶于水。过氧化氢异丙苯遇热易分解，且有大量热量放出，其分解速度与过氧化氢异丙苯的浓度成正比，据估算其分解时的最大放热量为 302.6kJ/mol。

其热分解反应有：

单分子分解——生成二甲基苯甲醇和 2-甲基苯乙烯

$$C_6H_5-\underset{CH_3}{\overset{CH_3}{C}}-OOH \longrightarrow C_6H_5-\underset{CH_3}{\overset{CH_3}{C}}-O\cdot+\dot{O}H \qquad (13)$$

$$\xrightarrow{RH} C_6H_5-\underset{CH_3}{\overset{CH_3}{C}}-OH+\dot{R}$$

$$\longrightarrow C_6H_5-\overset{CH_3}{C}=CH_2+H_2O$$

双分子分解——生成苯乙酮、甲酸、二甲基苯甲醇和 2-甲基苯乙烯

$$2C_6H_5-\underset{CH_3}{\overset{CH_3}{C}}-OOH \longrightarrow C_6H_5-\underset{CH_3}{\overset{CH_3}{C}}O\cdot+C_6H_5-\underset{CH_3}{\overset{CH_3}{C}}OO\cdot \qquad (14)$$

$$C_6H_5-\underset{CH_3}{\overset{CH_3}{C}}O\dot{O} \longrightarrow C_6H_5\underset{\overset{\|}{O}}{C}CH_3+CH_3\dot{O}$$

$$CH_3\dot{O}+RH \longrightarrow \dot{R}+CH_3OH \qquad (15)$$

$$CH_3OH \xrightarrow{O_2} HCOOH+H_2O$$

$$C_6H_5-\underset{CH_3}{\overset{CH_3}{C}}O\cdot$$ 进一步反应产物同反应式(13)

过氧化氢异丙苯在酸催化下，能按下列反应式进行分解生成苯酚和丙酮

$$C_6H_5\underset{CH_3}{\overset{CH_3}{C}}-OOH \xrightarrow{H^+} C_6H_5OH+CH_3\underset{\overset{\|}{O}}{C}CH_3 \qquad (16)$$

工业上即利用此反应来制备苯酚和丙酮。该法已成为现代工业上生产苯酚的主要方法，过氧化氢异丙苯的主要用途也就在此。

1. 过氧化氢异丙苯的制备

过氧化氢异丙苯是直接由异丙苯氧化制得。在异丙苯分子中有一易受攻击的叔 C—H 键，故易自氧化而生成较稳定的过氧化氢异丙苯。其总反应式为

$$C_6H_5-\underset{CH_3}{\overset{CH_3}{C}}H+O_2 \longrightarrow C_6H_5-\underset{CH_3}{\overset{CH_3}{C}}-OOH-\Delta H^0$$

$$\Delta H^0_{298K} = -116\text{kJ/mol}$$

但此自氧化反应如没有引发剂存在，仍需有一较长的诱导期，通常采用产物本身作引发剂

$$C_6H_5\underset{\underset{CH_3}{|}}{\overset{\overset{CH_3}{|}}{C}}—OOH \longrightarrow C_6H_5—\underset{\underset{CH_3}{|}}{\overset{\overset{CH_3}{|}}{C}}O\cdot + \dot{O}H$$

$$C_6H_5—\underset{\underset{CH_3}{|}}{\overset{\overset{CH_3}{|}}{C}}O\cdot + C_6H_5—\underset{\underset{CH_3}{|}}{\overset{\overset{CH_3}{|}}{C}}H \longrightarrow C_6H_5—\underset{\underset{CH_3}{|}}{\overset{\overset{CH_3}{|}}{C}}—OH + C_6H_5—\underset{\underset{CH_3}{|}}{\overset{\overset{CH_3}{|}}{C}}\cdot$$

所生成的自由基 $C_6H_5(CH_3)_2\dot{C}$ 是链传递反应的载链体

链传递反应

$$C_6H_5\underset{\underset{CH_3}{|}}{\overset{\overset{CH_3}{|}}{C}}\cdot + O_2 \longrightarrow C_6H_5\underset{\underset{CH_3}{|}}{\overset{\overset{CH_3}{|}}{C}}—OO\cdot$$

$$C_6H_5—\underset{\underset{CH_3}{|}}{\overset{\overset{CH_3}{|}}{C}}OO\cdot + C_6H_5\underset{\underset{CH_3}{|}}{\overset{\overset{CH_3}{|}}{C}}H \longrightarrow C_6H_5—\underset{\underset{CH_3}{|}}{\overset{\overset{CH_3}{|}}{C}}OOH + C_6H_5\underset{\underset{CH_3}{|}}{\overset{\overset{CH_3}{|}}{C}}\cdot$$

当反应连续进行时，反应系统中总是有一定浓度的过氧化氢异丙苯，故可以不外加引发剂。

(1) 主要副反应和影响反应选择性诸因素。主要副反应是过氧化氢异丙苯的分解反应，其选择性主要决定于链传递反应速度和分解反应速度的竞争。异丙苯的自氧化反应，链传递反应速度较快，而生成的过氧化氢异丙苯又较稳定，故如条件控制适宜，是可能获得高选择性的。

①化学物质的影响。过渡金属的羧酸盐虽能加速链的引发反应，但也能加速过氧化氢异丙苯的分解反应而使选择性降低，故不宜采用。在氧化反应系统中如有酸存在，将会催化过氧化氢异丙苯的酸式分解反应（见反应 16），而阻抑异丙苯自氧化反应的进行，结果使氧化反应速度减慢而选择性降低。故氧化液的 pH 值控制很重要，一般控制在 8～10。在异丙苯自氧化过程中如发生双分子热分解反应，就有甲酸生成（见反应 14 和 15），可在反应液中加入少量碳酸钠或可直接用少量过氧化氢异丙苯的钠盐作引发剂，将碱带入反应系统，以中和副反应所生成的甲酸。由于双分子热解反应实际上很难完全避免，加入碳酸钠的结果不仅可提高选择性，并能使氧化反应速度不受或少受抑制。有铁锈存在也能加速异丙苯过氧化氢的分解反应，故反应器和其他设备需采用不锈钢材质。②反应温度的影响。在异丙苯自氧化过程中，反应温度的控制很重要。反应温度高，氧化反应速度快，但产物的分解速度也快。由于分解反应释放的热量，比氧化反应释放的热量大得多，使反应温度难于控制，甚至发生爆发性分解反应而引起爆炸，一般控制在 100～120℃。③反应液中过氧化氢异丙苯浓度的影响。过氧化氢异丙苯的分解速度不仅与温度有关，也与反应液中过氧化氢异丙苯的浓度有关。浓度愈高，分解速度愈快。故要获得高选择性，转化率不宜控制太高，同时所采用的反应器应尽量减少返混。工业生产上转化率的控制与所选反应器型式和反应温度有关。一般控制氧化液中过氧化氢浓度为 25%左右，选择性为 95%左右。

(2) 异丙苯自氧化制备过氧化氢异丙苯的工艺流程。由异丙苯自氧化制备过氧化氢异丙苯的工艺流程比较简单，主要包括氧化和产物浓缩两部分。工业上大规模生产采用的是多台塔式反应器串联的流程，反应温度采用梯降式控制方式（见图 5-5)。每台反应器用筛板分隔成数段，并设有外循环冷却器（图上未画出）以移走反应热。新鲜异丙苯和循环异丙苯及助剂碳酸钠自第一台反应器加入，然后按次通过诸反应器，空气分别从每台反应器底部鼓泡通入，自顶部排出，汇总后经冷却器以回收可能带出的异丙苯，然后放空。每台反应器控制一定转化率，反应温度逐台降低。例如第一台控制温度为 115℃，到第四台降至 90℃。自第一台到第四台氧化液中过氧化氢异丙苯浓度的控制分别为：9%～12%（质量）15%～20%，24%～29%，32%～39%，总停留时间为 6 小时，过氧化氢异丙苯的选择性可达 92%～95%。

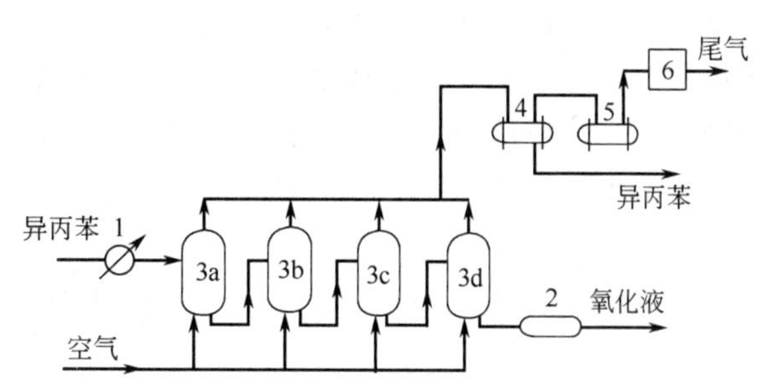

图 5-5　采用多塔串联反应器异丙苯自氧化制备过氧化氢异丙苯的工艺流程

1—预热器；2—过滤器；3a～3d—氧化反应器；4，5—冷却器；6—尾气处理装置

自最后一台氧化反应器流出的氧化液，经水洗以除去钠离子和能溶于水的副产物甲酸等。然后进行浓缩。由于温度高会促使过氧化氢异丙苯的分解，故需真空浓缩。可采用膜式蒸发器提浓。一般浓缩到过氧化氢异丙苯浓度达到 80%左右，其余为未反应的异丙苯和副产物苯乙酮、二甲基苯甲醇等。提浓时蒸出的异丙苯（含有少量过氧化氢异丙苯），经碱洗以中和酸和除去苯酚等有害杂质后，循环回氧化反应器。在碱洗时所含的过氧化氢异丙苯转化为钠盐，为了避免其溶解损失，碱液浓度不可太大，一般不宜大于 3%。

循环异丙苯的质量对氧化反应有显著影响。有酚类或 2-甲基苯乙烯等杂质存在，会使氧化反应速度下降。尤其是酚类，其含量需严格控制，一般在 50ppm 以下。

浓缩后的过氧化氢异丙苯如受热很易分解，而引起爆炸，故存放它的贮槽，必须设有冷却装置。

2. 过氧化氢异丙苯的工业应用

过氧化氢异丙苯在酸催化下，能分解而生成苯酚和丙酮

$$C_6H_5-\underset{CH_3}{\overset{CH_3}{\underset{|}{\overset{|}{C}}}}-OOH \xrightarrow{H^+} C_6H_5OH + CH_3\underset{\underset{O}{\|}}{C}CH_3$$

$$\Delta H^0_{298K} = -253kJ/mol$$

现工业上已广泛地应用它来生产苯酚和丙酮。苯酚和丙酮是基本有机化学工业的重要产品，用途甚广。

工业上采用的酸催化剂主要有两类，一类是无机酸催化剂，主要是硫酸；另一类是强酸性离子交换树脂，是非均相催化剂。这两种催化剂的作用原理是相同的。工业上应用较广的是以硫酸作催化剂，其优点是均相反应，温度容易控制，硫酸用量少，反应速度快。一般硫酸的用量为 0.1%左右，反应温度控制在 50～60℃。由于分解反应是强放热反应，

为了防止反应过于剧烈甚至发生爆炸危险，必须及时移走反应热，并将一部分分解液循环入反应系统，以降低反应液中过氧化氢异丙苯的浓度。反应选择性可达 90%～95%，副产物种类很多，主要是过氧化氢异丙苯的热分解产物，和丙酮的缩合产物以及上述这些副产物进一步反应的产物。故分解产物的分离精制过程甚为复杂。

异丙苯法生产苯酚、丙酮的主要过程如图 5-6 所示。

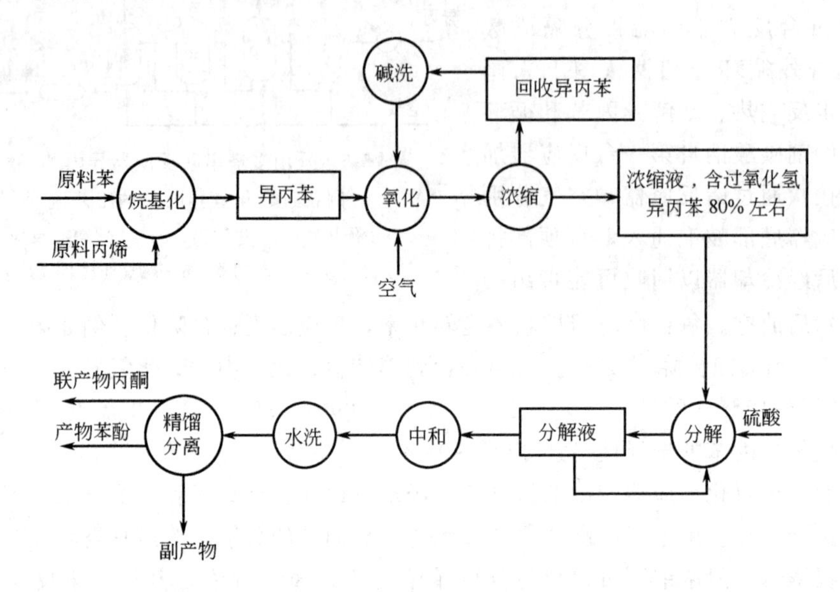

图 5-6　异丙苯法生产苯酚、丙酮的主要过程

二、络合催化氧化[8～11]

均相络合催化氧化是均相催化氧化的另一重要领域，所用的催化剂是过渡金属的络合物，最主要的是 Pd 络合物。它与催化自氧化反应不同，在催化自氧化反应中，可变价过渡金属离子通过单电子转移促使链的引发及过氧化氢物的分解。而在络合催化氧化反应中，催化剂的过渡金属中心原子与反应物分子构成配位键使其活化，并使在配位上进行反应。具有代表性的络合催化氧化反应是在 50 年代末研究开发成功的乙烯在 $PdCl_2$-$CuCl_2$-HCl 水溶液中，直接氧化制乙醛的反应。

早在 1894 年已发现将乙烯通入氯化钯水溶液中，有金属钯析出并有乙醛生成

$$C_2H_4 + PdCl_2 + H_2O \longrightarrow CH_3CHO + Pd\downarrow + 2HCl$$

而氧能使分散的金属钯在盐酸溶液中氧化为 $PdCl_2$ 的反应也早已为人们所发现

$$Pd + 2HCl + \frac{1}{2}O_2 \longrightarrow PdCl_2 + H_2O$$

这两个反应的发现，揭示了由乙烯直接氧化合成乙醛的可能性。但要使 $PdCl_2$ 能作为催化剂在反应系统中形成催化循环，这两个反应在同一条件下，速度必须相等或者钯的氧化速度更快。但实际上钯的氧化速度要慢得多，所以不可能形成催化循环，上述反应在工业上也不可能得到应用。

以后对金属钯的氧化反应进行了细致的研究，发现利用 $CuCl_2$ 或 $FeCl_3$ 等氧化剂能有

效地使金属钯氧化为 Pd^{2+}，反应速度很快

$$2CuCl_2 + Pd^0 \longrightarrow PdCl_2 + 2CuCl$$

而 CuCl 在酸性溶液中很易为气态氧氧化为 $CuCl_2$。

在上述一系列研究成果的基础上，1959 年工业上成功地开发了乙烯均相络合催化氧化制乙醛的新工艺称瓦克（Wacker）法。该方法是以 $PdCl_2$-$CuCl_2$-HCl 的水溶液为催化剂，具有很高选择性，总反应式为

$$CH_2{=}CH_2 + \frac{1}{2}O_2 \xrightarrow[\text{水溶液}]{PdCl_2\text{-}CuCl_2\text{-}HCl} CH_3CHO$$

这一反应的开发成功，不仅对乙醛的生产工艺是重大革新，也可应用于其他烯烃的直接氧化以生产酮（例如丁烯氧化生产甲乙酮），并促进了钯和其他过渡金属络合物催化剂对烯烃氧化的应用和理论研究，发现了许多新反应，有的很有价值。

烯烃在钯盐存在下的络合催化氧化，不仅能在水溶液中进行，也可在非水溶液体系中进行。

例如：(1) 乙烯和醋酸在钯盐催化下，乙酰氧基化生成醋酸乙烯

$$CH_2{=}CH_2 + CH_3COOH + \frac{1}{2}O_2 \xrightarrow[110\sim130^\circ C,\ 3\sim4MPa]{PdCl_2\text{-}CuCl_2\text{-}LiOAC} CH_2{=}CH{-}OCOCH_3 + H_2O$$

此反应在工业上一度被利用来生产醋酸乙烯，但因腐蚀性严重，随着气相法的研究成功，现已为气相法取代。

丙烯乙酰氧基化生成 $CH_2{=}CH{-}CH_2OCOCH_3$

丁二烯乙酰氧基化则生成 $CH_3\underset{\underset{O}{\|}}{C}OCH_2{-}CH{=}CH{-}CH_2OCOCH_3$，水解得 $HOCH_2CH{=}CHCH_2OH$，再加氢得 $HOCH_2CH_2CH_2CH_2OH$。利用此反应，可以丁二烯为原料合成 1,4-丁二醇。此过程已工业化。

(2) 乙烯在 $PdCl_2$-$LiNO_3$-$LiCl_2$ 催化剂存在下，在醋酸溶液中氧化，生成乙二醇单酯，水解可得乙二醇

$$CH_2{=}CH_2 + CH_3COOH + \frac{1}{2}O_2 \xrightarrow[60^\circ C,3MPa]{PdCl_2\text{-}LiNO_3\text{-}LiCl} HOCH_2CH_2O\underset{\underset{O}{\|}}{C}CH_3$$

$$HOCH_2CH_2OCOCH_3 + H_2O \longrightarrow HOCH_2CH_2OH + CH_3COOH$$

醋酸循环使用。单酯的收率可达 95% 左右。利用此反应可将乙烯直接氧化生产乙二醇，也可从丙烯制备丙二醇。

(3) 乙烯在 $PdCl_2$-$CuCl_2$-LiCl-LiOAC 催化剂存在下，同时进行羰化氧化一步合成丙烯酸

$$CH_2{=}CH_2 + CO + \frac{1}{2}O_2 \xrightarrow[140^\circ C,7.5MPa,\text{醋酸}]{PdCl_2\text{-}CuCl_2\text{-}LiCl\text{-}LiOAC} CH_2{=}CHCOOH$$

此反应的开发，为丙烯酸的合成开辟了新的路线。

(4) 以 $PdCl_2$ 为催化剂，在高极性溶剂中，乙烯直接进行氧氯化反应一步合成氯乙烯

$$CH_2{=}CH_2 + PdCl_2 \xrightarrow[100^\circ C,2.1MPa]{\text{高极性溶剂}} CH_2{=}CHCl + Pd^0 + HCl$$

析出的金属钯用氧化剂再氧化

(5) 乙烯与苯在 $Pd(OAC)_2$-$Cu(OAC)_2$-NaOAC 催化下，在醋酸介质中氧化偶联生成苯乙烯

$$C_6H_6+CH_2=CH_2+Pd(OAC)_2\xrightarrow[2.3MPa]{353K}C_6H_5CH=CH_2+Pd^0+HOAC$$

Pd^0 由醋酸铜氧化再生。

以上这些反应虽大多尚处于研究阶段，但很有意义。

下面主要讨论在工业上已得到广泛应用的，具有代表性的烯烃在水溶液中的钯盐络合催化氧化，重点是乙烯氧化合成乙醛。

(一) 烯烃钯盐络合催化氧化的化学

1. 基本反应过程

将烯烃和氧在一定的反应条件下，通入由 $PdCl_2$-$CuCl_2$-HCl-H_2O 组成的催化剂溶液，可一步得到相应的醛或酮

$$CH_2=CH_2+\frac{1}{2}O_2\xrightarrow[\text{水溶液}]{PdCl_2\text{-}CuCl_2\text{-}HCl}CH_3CHO$$

$$CH_3CH=CH_2+\frac{1}{2}O_2\xrightarrow[\text{水溶液}]{PdCl_2\text{-}CuCl_2\text{-}HCl}CH_3\underset{\underset{O}{\|}}{C}CH_3$$

$$CH_3CH_2CH=CH_2+\frac{1}{2}O_2\xrightarrow[\text{水溶液}]{PdCl_2\text{-}CuCl_2\text{-}HCl}CH_3CH_2\underset{\underset{O}{\|}}{C}CH_3$$

但实际上反应不是一步完成的，它是由下列三个基本反应所组成（以乙烯氧化为例）。

(1) 烯烃的羰化反应。

$$CH_2=CH_2+PdCl_2+H_2O\longrightarrow CH_3CHO+Pd^0\downarrow+2HCl \tag{17}$$

在此反应中，产物乙醛分子中的氧是由水分子提供的

(2) Pd^0 的氧化反应

$$Pd^0+2CuCl_2\rightleftharpoons PdCl_2+2CuCl \tag{18}$$

(3) 氯化亚铜的氧化

$$2CuCl+\frac{1}{2}O_2+2HCl\longrightarrow 2CuCl_2+H_2O \tag{19}$$

这样反应（17）所析出的金属 Pd，通过反应（18）立即被 Cu(Ⅱ）氧化为 Pd(Ⅱ)，而反应（18）被还原了的 Cu(Ⅰ)，在反应（19）又立即被氧化为 Cu(Ⅱ)，从而组成了催化循环。在此反应中 $PdCl_2$ 是催化剂，$CuCl_2$ 是氧化剂，也称共催化剂，没有 $CuCl_2$ 的存在就不能构成此催化过程。但氧的存在也是必需的，要使反应能稳定地进行，必须将还原生成的低价铜复氧化为高价铜，以保持催化溶液中有一定的 Cu(Ⅱ）离子浓度。

这三步反应中烯烃的羰化反应速度最慢，是反应的控制步骤。对烯烃的羰化反应机理和动力学已进行了许多研究工作，并得到了较一致的结果。

烯烃羰化反应的机理甚为复杂，首先烯烃溶于催化剂溶液中，与钯盐形成 σ-π 络合物而使烯烃活化。

$$PdCl_2 + 2Cl^- \longrightarrow PdCl_4^=$$

$$PdCl_4^= + CH_2 = CH_2 \rightleftharpoons \left(\begin{array}{c} Cl \quad\quad CH_2 \\ \diagdown \quad \diagup \| \\ Pd \quad CH_2 \\ \diagup \quad \diagdown \\ Cl \quad\quad Cl \end{array} \right)^- + Cl^- \tag{20}$$

然后进行一系列反应而生成产物醛或酮并析出钯。根据反应机理推导得到的动力学方程为

$$\frac{-d[C_2H_4]}{dt} = \frac{kK[PdCl_4^=][C_2H_4]}{[Cl^-]^2[H^+]} \tag{5-3}$$

（Pd(Ⅱ）浓度低于 0.04mol/L 时适用）

式中　k——反应速度常数，$(mol/L)^2/s$；

K——反应（20）的平衡常数。

表 5-6 所示是温度对 k，K 和乙烯溶解度的影响。

表 5-6　温度对 k，K 和乙烯溶解度的影响

温　　度/℃	K	$k\times10^4$ $(mol/L)^2/s$	乙烯溶解度$\times10^3$ mol/L
15	18.7±1.4	0.53±0.08	3.05
25	17.4±0.4	2.0±0.2	2.67
35	9.5±1.5	5.8±0.6	2.25

表 5-7 所示为不同烯烃的 k，K 值和溶解度比较。

表 5-7　不同烯烃的 k，K 值和溶解度（25℃）

烯　　烃	K	$k\times10^4$ $(mol/L)^2/s$	烯烃溶解度$\times10^3$ mol/L
乙烯	17.4	20.3	2.67
丙烯	14.5	6.5	2.62
丁烯	11.2	3.5	2.59

由表 5-6 可看出，α-烯烃的氧化速度是随碳链的增长而降低。图 5-7 为各种烯烃原料氧化速度的比较。由图 5-7 可知烯烃双键的反应性能对羰化速度有显著的影响。β-烯烃的氧化速度比 α-烯烃慢，具有 $R_2C=CH_2$ 结构的烯烃氧化速度更慢，或根本不起反应。高级

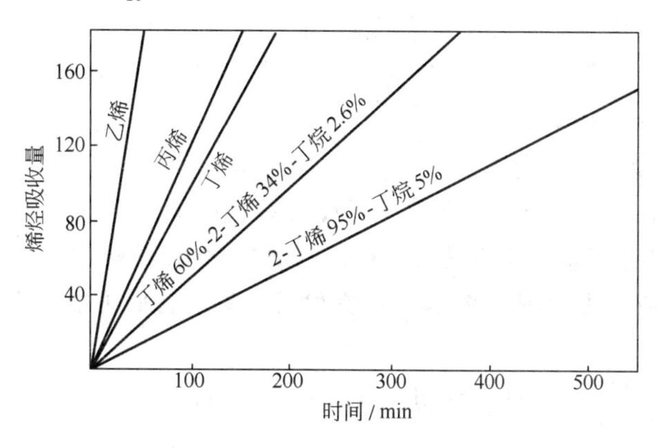

图 5-7　在 $PdCl_2$-$CuCl_2$-HCl 水溶液中不同烯烃的相对氧化速度

烯烃由于在水中的溶解度很小，氧化很困难。但如在含水的乙醇溶液中反应，则可获得高的氧化速度和选择性。

2. 催化剂溶液的组成对其活性和稳定性的影响

要使烯烃的氧化反应能以一定速度稳定地进行，催化剂溶液的组成是关键。虽然烯烃的氧化速度是取决于羰化反应（17）的反应速度，但催化剂的活性是否能保持稳定，则受 Pd^0 氧化反应（18）的热力学条件限制，也受 Cu(Ⅰ) 氧化反应（19）的反应速度的影响。要满足其热力学和动力学稳定条件，除与反应条件有关外，与催化剂溶液的组成也密切相关。工业生产中，对催化剂溶液的控制指标有：钯含量、总铜含量、氧化度 $(Cu^{2+})/[(Cu^{2+})+(Cu^{+})]$，和 pH 值等。

由动力学方程（5-3）可知，烯烃的氧化速度是与 Pd^{2+} 的浓度成正比，但由于受到 Pd^0 氧化热力学平衡的限制，Pd^{2+} 浓度超过其平衡浓度，将会有金属钯析出，故有一适宜的钯浓度。

总铜是 Cu(Ⅱ) 和 Cu(Ⅰ) 的总和。Cu(Ⅱ) 是 Pd^0 的氧化剂，为了使 Pd^0 的氧化能有效地进行，而不致有金属钯析出，溶液中必须有过量的 Cu(Ⅱ) 存在。除了控制总铜含量外，还必须控制氧化度。氧化度就是指在总铜中，Cu(Ⅱ) 所占百分数。

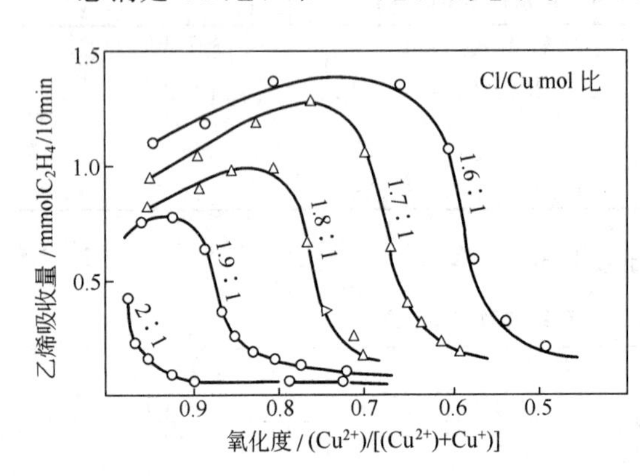

图 5-8　Cl/Cu 原子比和氧化度对乙烯氧化速度的影响

虽然由动力学方程可知，烯烃的氧化速度对 Cl^- 浓度呈－2 级关系，氯离子浓度减少，必然会使烯烃的氧化速度增加，但问题还有另一面。Cl^- 浓度减小，对 Cu(Ⅰ) 的氧化反应不利。因为 Cu(Ⅰ) 的氧化必须在盐酸溶液中进行。图 5-8 为不同的 Cl/Cu 原子比，氧化度对乙烯氧化速度的影响。由图 5-8 可知，氧化速度是随 Cl/Cu 比增大而减小，故 Cl/Cu 比不宜大。对于一定的 Cl/Cu 比有一适宜的氧化度。Cl/Cu 比小，适宜的氧化度也较低。

烯烃的氧化速度是与 H^+ 浓度成反比，故催化剂溶液的酸度不宜过大，但催化剂溶液又必须保持酸性，不然就会有碱式铜盐沉淀，且不利于 Cu(Ⅰ) 的氧化。

工业生产中催化剂溶液的组成一般为：Pd 含量 0.25～0.45g/L，总铜含量 65～70g/L，Cu^{2+}/总铜约 0.6，pH 值 0.8～1.2。

3. 主要副反应及其对催化剂活性和稳定性的影响

在钯盐催化下，烯烃的络合催化氧化反应具有良好的选择性，副产物的生成量不多，约为 5%左右，主要副反应有下列几种，现以乙烯氧化制乙醛的反应为例说明之。

（1）反行副反应。主要副产物是氯乙烷和氯乙醇，它们可能由下列反应生成，但量不多。

$$CH_2=CH_2+HCl \longrightarrow CH_3CH_2Cl$$

$$2HCl+\frac{1}{2}O_2 \longrightarrow Cl_2+H_2O$$

$$CH_2{=}CH_2+Cl_2+H_2O \longrightarrow ClCH_2CH_2OH+H^++Cl^-$$

（2）连串副反应　主要生成氯代、氧化、缩合等产物。

① 产物乙醛氧氯化生成氯代乙醛

$$CH_3CHO+HCl+\frac{1}{2}O_2 \longrightarrow CH_2ClCHO+H_2O$$

$$CH_2ClCHO+HCl+\frac{1}{2}O_2 \longrightarrow CHCl_2CHO+H_2O$$

$$CHCl_2CHO \xrightarrow{HCl+\frac{1}{2}O_2} CCl_3CHO+H_2O$$

② 产物乙醛和副产物氯代醛的进一步氧化，生成醋酸或氯代醋酸

$$CH_3CHO+\frac{1}{2}O_2 \longrightarrow CH_3COOH$$

$$CH_2ClCHO+\frac{1}{2}O_2 \longrightarrow CH_2ClCOOH \quad 等$$

③ 缩合反应生成烯醛和树脂状物质

$$CH_3CHO+CH_3CHO \longrightarrow CH_3CH{=}CHCHO$$

$$CH_3CHO+CH_2ClCHO \longrightarrow CH_3CH{=}C(Cl)CHO \quad 等$$

④ 其他副反应。在乙烯氧化制乙醛的反应过程中，尚有甲烷氯衍生物和草酸铜等副产物生成。甲烷氯衍生物可能是由氯代乙醛脱羰或氯代乙酸脱羧生成，而草酸则可能是由三氯乙醛水解和氧化生成。草酸与催化剂溶液中 Cu^{2+} 离子作用，则生成草酸铜沉淀。

⑤ 深度氧化反应。这些副反应的发生，不仅会影响产物的收率，也使催化剂溶液的组成发生变化，而影响其活性。副反应要消耗 HCl，使 Cl^- 和 H^+ 浓度降低，并由于草酸铜沉淀的生成，同时也使 Cu^{2+} 离子的浓度下降。为了使催化剂溶液保持一定的活性，在反应过程中必须不断补充 HCl，并将催化剂加热再生以分解草酸铜沉淀。

$$CuCl_2+CuC_2O_4 \longrightarrow 2CuCl+2CO_2\uparrow$$

不溶固体树脂状副产物积聚在催化剂溶液中，也会使催化剂的效率降低，一般超过允许值（$<20g/L$），就需用过滤法除去。

（二）乙烯钯盐络合催化氧化制乙醛的工艺

乙醛是无色液体，具有特殊的刺激味，沸点 20.8℃，易溶于水，易燃，与空气能形成爆炸混合物。乙醛在硫酸催化下能自聚，生成三聚乙醛，沸点 124.5℃。由于乙醛易挥发，故在输送时往往加工成三聚乙醛。三聚乙醛在硫酸存在下加热，复解聚为乙醛。

乙醛是一重要的中间体，主要用于生产醋酸、醋酐、醋酸酯类、醋酸乙烯、丁醇和 2 乙基己醇等重要的基本有机化工产品。工业上生产乙醛的主要方法有四种。

（1）乙炔在汞盐催化下液相水合法

$$CH{\equiv}CH+H_2O \xrightarrow[80℃左右]{HgSO_4\text{-}H_2SO_4} CH_3CHO$$

（2）乙醇氧化脱氢法

$$CH_3CH_2OH+O_2 \xrightarrow[460℃]{Ag催化剂} CH_3CHO+H_2O+H_2$$

（约理论量的 70%）

(3) 丙烷-丁烷直接氧化法

(4) 乙烯在钯盐催化下均相络合催化氧化法

乙炔液相水合法已有70余年工业化历史，至今工业上还在采用，该法是以乙炔为原料，如乙炔是用电石水解制得，耗电量大，且需用有毒的汞盐作催化剂，污染环境，故其发展受到限制。虽然非汞催化剂气相水合制乙醛的方法，已进行了大量研究工作，但尚未应用于大规模生产。

乙醇氧化法技术成熟，乙醛选择性高（95%左右），关键在于原料乙醇的来源。在农副产品资源丰富的地区，可用发酵酒精为原料，用此法生产乙醛。

丙烷-丁烷气相氧化制乙醛的方法，一方面受到原料产地的影响，同时氧化副产物多，分离困难，乙醛收率不高，因此采用的国家甚少，虽工业化较早，至今没有大发展。

乙烯均相络合催化氧化法是直接以乙烯为原料一步合成。此法工艺过程简单，反应条件缓和，选择性高，被认为已工业化方法中是最经济的方法。故自1959年开始工业化以来，受到各国重视，发展迅速，在许多国家中已成为乙醛的主要生产方法。

从前面讨论可知，在钯盐催化下，乙烯均相氧化制乙醛的过程包括三个基本反应。这三步反应可在同一反应器中进行，称一段法。也可分开在两台反应器中进行。即乙烯羰化和 Pd^0 的氧化在一台反应器中进行，Cu^{I} 的氧化在另一台反应器中进行，称二段法。下面主要讨论一段法的工艺流程。

1. 乙烯钯盐络合催化氧化制乙醛的工艺流程

一段法生产乙醛的工艺流程见图5-9所示。该流程主要分三部分：氧化部分、粗乙醛精制部分和催化剂再生部分。

(1) 氧化部分。乙烯络合催化氧化一步合成乙醛是一气液相反应，又是一强放热反应。

$$CH_2=CH_2(\text{气})+\frac{1}{2}O_2(\text{气})\longrightarrow CH_3CHO(\text{液})$$

$$\Delta H^0_{298K}=-243.6\text{kJ/mol}$$

虽然总的氧化速度是由羰化反应速度所控制，但传质过程也有显著的影响。所采用的反应器型式，要求有良好的传质条件，气液相间有充分的接触表面，催化剂溶液有充分的轴向混合以达到整个反应器内浓度均一，并能及时除去反应热。由于反应介质具有强腐蚀性，要在反应器内设置传热和气体分布装置等构件，材料不易解决。工业上是采用具有循环管的鼓泡床塔式反应器，催化剂溶液的装载量为1/2～1/3体积。原料乙烯和循环气混合后自反应器底部通入，氧自反应器侧线送入，氧化反应在125℃左右和400kPa条件下进行。为了有效地进行传质，气体的空塔速度很高，流体处于湍流状态，气液两相能较充分地接触，反应器是被密度较低的气液混合物所充满。这种气液混合物经反应器上部侧线流至除沫分离器，在此气体流速减小，使气液分离，催化剂溶液在除沫分离器中沉降下来，由于催化剂溶液的密度比反应器内的气液混合物密度约大一倍，借此密度差，使催化剂溶液经循环管自行返回至反应器。这样，催化剂溶液在反应器和除沫器之间不断进行快速循环，达到充分混合，以保持其组成在各部分均匀一致，温度分布也较均匀。除热方法是借产物乙醛和主要是催化剂溶液中水的蒸发，吸收蒸发潜热以带走反应热。

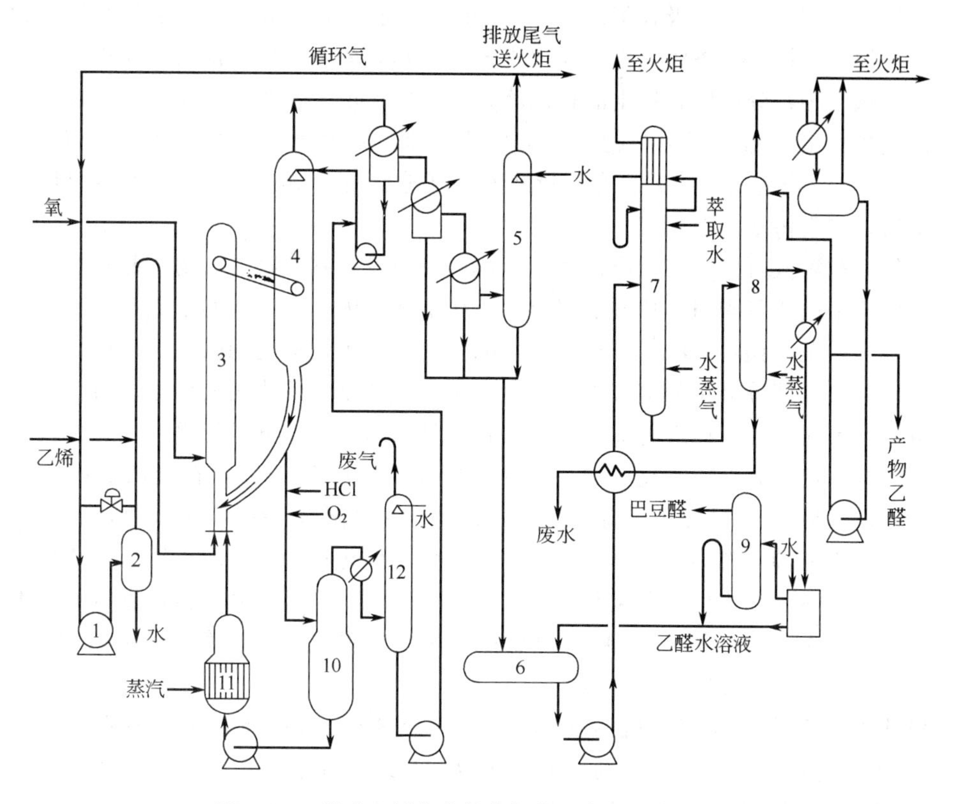

图 5-9　一段法乙烯络合催化氧化生产乙醛工艺流程

1—水环泵；2—水分离器；3—反应器；4—除沫分离器；5—水吸收塔；6—粗乙醛贮槽；7—脱轻组分塔；8—精馏塔；9—乙醛水溶液分离器；10—分离器；11—分解器；12—水洗涤器

自除沫分离器上部连续逸出的反应气体，主要是产物乙醛、水蒸气、未转化的乙烯和氧、副产物二氧化碳、氯甲烷和氯乙烷、醋酸、丁烯醛等，经第一冷凝器，在此将大部分水蒸气冷凝下来，凝液全部返回除沫分离器，再回入反应器。这部分溶液中乙醛含量应尽可能低，不然乙醛回入反应器中将增加副产物丁烯醛等生成，故第一冷凝器的温度控制很重要。自第一冷凝器出来的气体再进入第二和第三冷凝器，将乙醛和高沸点副产物冷凝下来，未凝气体进入水吸收塔，用水吸收未冷凝的乙醛。水吸收液和自第二、第三冷凝器出来的凝液汇合后，一并进入粗乙醛贮槽。自吸收塔上部出来的气体含乙烯约 65%，氧约 8%，其他为惰性气体氮等及副产物二氧化碳、氯甲烷和氯乙烷等，乙醛含量仅 100ppm 左右。为了不使惰性气体在循环气中积累，将其一部分排放至火炬烧掉，其余作为循环气返回至反应器。由于第一冷凝器不可能使蒸发出来的水全部冷凝回收，故还需连续补充一些新鲜去离子水至泡沫分离器，以维持催化剂溶液浓度的恒定。

(2) 粗乙醛精制部分。得到的粗乙醛水溶液含乙醛（沸点 20.8℃）10%左右，并含有少量副产物：氯甲烷（沸点－24.2℃），氯乙烷（沸点 12.3℃），丁烯醛（沸点 102.3），醋酸（沸点 118℃），及高沸物，还溶有少量乙烯、二氧化碳等气体。由于这些副产物的沸点与乙醛相差较远，故可用一般精馏法分离。采用两个精馏塔，第一个脱轻组分塔的作用是将低沸点物氯甲烷、氯乙烷及溶解的乙烯和二氧化碳等从乙醛水溶液中除去。由于氯乙烷和乙醛的沸点比较接近，因此在塔的上部加入吸收水，利用乙醛易溶于水而氯乙烷不溶于水的特性，把部分乙醛吸收下来，以减少乙醛的损失，并降低塔釜氯乙烷的含量。脱轻组分塔在加压下操作，塔底部直接通入水蒸气加热，塔顶蒸出的低沸点物量甚少，排入火炬烧掉。从脱轻组分塔塔底排出的粗乙醛，送入精馏塔，在此将产品纯乙醛自水溶液中蒸出，侧线分离出丁烯醛等副产物（丁烯醛能与水形成最低共沸物，其共沸点为 84℃，含水量 24.8%）。塔釜液废水并含有少量醋酸等高沸点副产物，经与乙醛水溶液热交换利用其热量后，排至污水处理系统。

(3) 催化剂溶液再生。在反应过程中生成的可挥发性副产物与产物一起蒸发离开催化剂溶液，但不溶的树脂和固体草酸铜仍留在催化剂溶液内。草酸铜的生成不仅污染催化剂溶液，更不利的是使铜离子浓度下降，而影响活性。为了使催化剂的活性保持恒定，需连续自装置中引出一部分催化剂溶液进行再生。再生方法是借催化剂的氧化能力，使草酸铜受热分解。在反应过程中连续将催化剂溶液自循环管引出一部分进行再生。先通入氧和加入一定量盐酸，使 Cu(Ⅰ) 氧化，然后减压并降温到 100～105℃，在分离器中使催化剂溶液与逸出的气体-蒸汽混合物分离。气体-蒸汽混合物经冷却冷凝和水吸收，以回收乙醛和捕集夹带出来的催化液雾滴后排至火炬烧掉，含有催化液和乙醛的水送至除沫分离器作为补充水。分离器底部排出的催化剂溶液，经用泵升压后，送至分解器，直接通入水蒸气加热至 170℃，借催化液中 Cu^{2+} 离子的氧化作用将草酸铜氧化分解，放出 CO_2 并生成 Cu^{+}，再生后催化剂溶液送回反应器。

一段法生产乙醛，乙烯的单程转化率为 35%～38%，选择性为 95%左右，催化剂生产能力约为 150kg 乙醛/(m^3 催化剂·h)。所得乙醛纯度可达 99.7%以上。

因为催化剂溶液具酸性并含有高浓度氯离子，有强烈的腐蚀作用，反应器材料必须在操作温度下具有良好的耐腐蚀性能，一般是用碳钢制造，内衬耐酸耐温橡胶和瓷砖，各法兰连接处和通氧气的管子腐蚀更严重，即使采用钛钢也难满足要求，需要采用特种材料。

2. 工艺条件的控制

影响乙烯氧化速度的主要因素是催化剂溶液的组成，但工艺条件的控制对反应速度和选择性也有很重要的影响，下面分别对原料纯度、转化率控制和原料配比，反应温度及压力等参数对反应的影响，进行讨论。

(1) 原料纯度。钯催化剂易中毒，原料纯度必须严格控制。如原料乙烯中含有乙炔、硫化氢等杂质，将大大影响反应速度。乙炔能与催化剂溶液中的亚铜离子作用生成乙炔铜，并能与钯盐作用，生成钯炔化合物和析出金属钯。乙炔铜和钯炔化合物都是难溶的物质（干燥的乙炔铜和钯炔化合物受热会爆炸）。它们的生成不仅使催化剂溶液的组成发生变化而活性下降，并易引起发泡现象。

硫化物的影响也很明显，在酸性溶液中，氯化钯与硫化氢作用能生成硫化钯沉淀，这种沉淀物性稳定不易分解。原料气中如有一氧化碳存在，也会与钯盐作用而析出金属钯。二氧化碳与乙烷等烷烃对反应没有不利影响。

一般使用的原料乙烯，要求乙烯纯度＞99.5%，乙炔含量＜30ppm，硫化物含量＜3ppm。氧的纯度也要求达到 99.5%。原料气中惰性气体增加，虽对催化剂溶液的活性没有不利影响，但使放空量增大，乙烯的放空损失增加。

(2) 转化率的控制和进反应器的混合气组成。乙烯直接氧化制乙醛，催化剂对羰化反应有良好的选择性，但在氧存在下，易发生连串副反应，这些副反应的发生不仅使乙醛产率降低，且会影响催化剂的活性。为了减少连串副反应的发生，维护催化剂的活性，必须控制较低转化率，使生成的产物乙醛迅速离开反应区域。因此就有大量未反应的乙烯需循环使用，不仅要多消耗动力，还容易引起爆炸危险，故转化率的控制同时也受到安全操作因素的限制，进反应器的混合气配比，也与转化率的控制有关。

进反应器的混合气是由原料乙烯、氧气和循环气所组成，虽然氧含量高达17%，但由于采取了氧和乙烯分别通入反应器的方式，故不会形成爆炸混合物，在液相中能稳定地进行氧化反应。但自反应器出来的气相混合物（即循环气）的组成，必须严格控制，如在爆炸极限之内，就可能发生爆炸危险。据研究，当循环气中氧含量＞12%，乙烯含量＜58%时，就会形成爆炸混合物。故循环气中氧含量不允许过高。工业生产上从安全和经济两方面考虑，要求循环气中氧含量控制在8%左右，乙烯含量控制在65%左右，当循环气中氧含量到达9%或乙烯含量降至60%时，就需立即停车，并用氮气置换系统中气体，将气体排入火炬烧掉，为了确保安全，要求配置自动报警联锁停车系统。

循环气中氧含量与乙烯单程转化率和进反应器混合气组成关系见图5-10所示。由图5-10可看出，当进反应器混合气的组成为C_2H_4 65%，O_2 17%，惰性气体18%时，如要求循环气中氧含量为8%左右，乙烯的转化率只能控制在35%左右。一般认为混合气这样的组成是比较经济而又安全，工业生产中所采用的进反应器混合气的组成就在这一范围。

新鲜乙烯和氧的用量比是接近理论比，由于副反应要消耗一部分氧，故一般氧的用量约需过量10%。

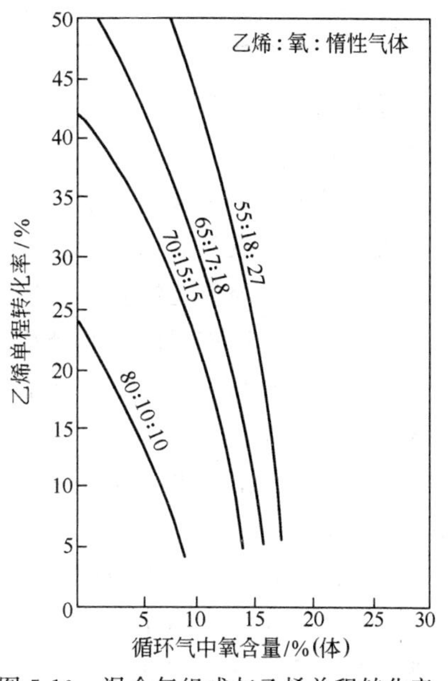

图5-10　混合气组成与乙烯单程转化率和循环气中氧含量关系

（3）反应温度和压力控制。从总的反应式分析，该反应在热力学上是很有利的，温度因素主要是影响反应速度和副反应。从动力学方程5-3和表5-6可看出，升高温度k值增大，有利于加快反应速度，但K值却随温度升高而减小，乙烯溶解度也随之减小，对反应速度产生不利影响。对于金属钯的氧化而言，温度高，可以提高$PdCl_4^=$的平衡浓度，使催化剂溶液的Pd^{2+}浓度可提高，有利于加速羰化反应速度。就氯化亚铜的氧化反应而言，温度升高可增大反应速度常数，但氧的溶解度却随之降低。综合以上分析可知。温度对反应速度产生的影响，需视两个相反效应何者占优势而定。在温度不太高时，有利因素占优势，反应速度随温度升高而加快。但随着温度的升高，有利因素的优势逐渐减小，而不利因素的影响逐渐显著。且反应温度高，副反应速度也相应加快，故有一适宜反应温度，一般控制在120～130℃。

为了保持一定的反应温度，必须及时移走反应热，一段法采用的除热方法是借产物乙醛和水的蒸发以带走反应热，催化剂溶液是处于沸腾状态，反应温度是根据给定的压力而自然确定的。当反应器出口压力（绝压）为400～450kPa时，反应温度为120～130℃。

增加压力可提高乙烯和氧的溶解度，但压力增加，反应温度也必然相应提高，总的效果未必有利。且反应温度的提高还受到反应设备防腐蚀材料的耐热性能的限制。

3. 主要技术经济指标及其生产工艺的改进

一段法乙烯络合催化氧化直接合成乙醛的主要技术经济指标见表5-8。

表5-8　一段法原料和公用工程的单耗

原　料		公　用　工　程	
项　目	单耗/吨乙醛	项　目	单耗/吨乙醛
乙烯(100%)	670kg	水蒸气	1300kg
氧(100%)	$275Nm^3$	冷却水	$200m^3$
盐酸(100%)	4kg	电	50kW·h
$PdCl_2$	0.9g	去离子水	$1.5m^3$
$CuCl_2 \cdot H_2O$	150g	工艺水	$6.0m^3$

近年来，为了节能、降低乙烯的单耗和减少污染，对此工艺流程已进行了多处改进，其中主要有：

(1) 进一步利用排放气中乙烯。将原来送至火炬烧掉的排放气，通过第二氧化器，使其中乙烯进一步氧化为乙醛，这样可使乙醛的产量提高0.5%～1%，从第二氧化反应器排出的尾气，再经催化燃烧，产生高压水蒸气，回收热能。

(2) 将精馏塔排出的废水循环使用，减少排污。精馏塔排出的废水90%冷却至15℃，复作吸收塔吸收水用，只有10%的废水进行排放处理。排放的水正好由脱轻组分塔加入的水蒸气来补充。

(3) 降低吸收水的温度，提高吸收液中乙醛的浓度，以降低精制部分水蒸气的消耗等。

经过改进，使其技术经济指标更为先进。

由乙烯液相络合催化氧化直接合成乙醛，虽有前述这些优点，但也有严重的缺点。由于催化剂溶液具有强腐蚀性，与催化剂溶液接触的设备、管道、泵等都需用钛钢制造或采用其他耐腐蚀性能良好的材料。为了克服这些缺点，70年代以来对气相法直接氧化合成乙醛进行了大量研究工作，其中效率较高的催化剂有$PdCl_2$/活性炭，$PdCl_2$-$CuCl_2$/分子筛，Pd/V_2O_5等。气相氧化必须要有水蒸气存在，据报道乙烯在$PdCl_2$/活性炭催化剂上于100℃左右氧化，其转化率为20%，生成乙醛的选择性可达99%，只有少量副产物丁烯和二氧化碳生成。又如在Pd/V_2O_5催化剂上，乙烯在140℃左右进行氧化，生成乙醛选择性为64%，同时有醋酸生成，其选择性为20%。但这些方法，尚未见有工业化报道。

三、烯烃的液相环氧化[7,12~14]

烯烃的液相环氧化是以ROOH为环氧化剂，使烯烃直接转化为环氧化合物的重要反应，可用通式表示。

$$>C=C< + ROOH \longrightarrow >\underset{\diagdown O \diagup}{C-C}< + ROH$$

此反应工业上主要用来将丙烯环氧化制取环氧丙烷，所用的环氧化剂是过氧化氢乙苯或过氧化氢异丁烷

$$C_6H_5-CH(OOH)-CH_3 + CH_3CH{=}CH_2 \longrightarrow C_6H_5-CH(OH)-CH_3 + CH_3CH\underset{O}{-}CH_2$$

$$C_6H_5-CH(OH)-CH_3 \xrightarrow{-H_2O} C_6H_5-CH{=}CH_2$$

$$CH_3-C(CH_3)_2-OOH + CH_3CH{=}CH_2 \longrightarrow CH_3-C(CH_3)_2-OH + CH_3CH\underset{O}{-}CH_2$$

$$CH_3-C(CH_3)_2-OH \xrightarrow{-H_2O} CH_3-C(CH_3){=}CH_2$$

此合成方法通称为哈康（Halcon）法，除得到产物环氧丙烷外，尚有联产物苯乙烯或异丁醇（或异丁烯）。

环氧丙烷是无色易燃液体，沸点 34.2℃，与水部分互溶，是重要的有机化工产品，主要用于生产聚氨酯泡沫塑料，也用于生产非离子型表面活性剂和破乳剂等。60 年代后，由于聚氨酯泡沫塑料的迅速发展，环氧丙烷的生产也得到了迅速发展，现在环氧丙烷的产量在丙烯系产品中仅次于聚丙烯和丙烯腈，占第三位。

第一个生产环氧丙烷的工业装置是 1927 年建立的，所用的方法是氯醇法。

$$CH_3CH{=}CH_2 + Cl_2 + H_2O \xrightarrow{100℃左右} CH_3CH(OH)-CH_2Cl + HCl$$

$$2CH_3CH(OH)CH_2Cl + Ca(OH)_2 \longrightarrow 2CH_3CH\underset{O}{-}CH_2 + CaCl_2 + 2H_2O$$

此方法直至 60 年代末仍是环氧丙烷的主要生产方法。其优点是生产过程比较简单，主要缺点是生产成本高，氯消耗量大，有大量含氯化钙污水需要处理。

丙烯用 ROOH 液相环氧化生产环氧丙烷的方法在 1968 年才开始工业化，此法投资比氯醇法高，但公害少，收率高，生产成本较低，且有联产物苯乙烯或异丁烯，故颇受各国重视，现许多国家新建的工厂，大多采用此法。

（一）环氧化催化剂

烯烃的液相环氧化反应能有工业化价值关键是催化剂的研究成功。前已讨论到 ROOH 是一不稳定化合物，易发生分解。虽然过氧化氢乙苯或过氧化氢异丁烷由于受苯环或叔碳原子的影响相对较稳定，但还是一个易分解的物质。在过渡金属盐催化剂存在下，采用 ROOH 作环氧化剂，存在着下列反应的竞争

$$CH_3CH{=}CH_2 + ROOH \xrightarrow[k_1]{催化剂} CH_3CH\underset{O}{-}CH_2 + ROH \tag{21}$$

$$ROOH + M^{(n+1)+} \xrightarrow{k_2} ROO + H^+ + M^{n+} \tag{22}$$

催化剂的选择性取决于$\frac{k_1}{k_2}$。已知反应（22）的反应速度是随过渡金属离子的氧化还原电位的增高而加速，要使反应主要向环氧化方向进行，所用的催化剂其金属离子必须具有低的氧化还原电位。据研究催化剂的活性还与催化剂的 L 酸的酸度有关。可采用下列过渡金

属化合物作为催化剂，它们的活性次序是 Mo(Ⅵ)＞W(Ⅵ)＞V(Ⅴ)＞Ti(Ⅳ)。Mo(Ⅵ)的氧化还原电位比 W(Ⅵ) 高，但其 L 酸的酸度也较高，故活性最高，是常用的催化剂。表 5-9 为各种不同金属的环烷酸盐的环氧化催化效率比较。由表 5-9 可看出，以环烷酸钼的催化效率为最高。

表 5-9 催化剂对丙烯环氧化效率比较

进料：丙烯＋过氧化氢乙苯＋乙苯

催化剂浓度：0.002 原子摩尔/摩尔 ROOH

反应条件：1 小时，110℃

催化剂（环烷酸盐）	ROOH 转化率 %	选择性 %	催化剂（环烷酸盐）	ROOH 转化率 %	选择性 %
Mo	97	71	Nb	22	20
W	83	65	Ta	25	23
Ti	54	55	Re	100	10

在环氧化反应中，主要副反应是 ROOH 按别的途径分解，对烯烃而言生成环氧化物的选择性是很高的。故一般所指的选择性是指每消耗 1 摩尔 ROOH 生成环氧化物的摩尔数，但也有用生成相应的醇的摩尔数来表示。采用后者，选择性的数值就比较高，因 ROOH 按别的途径分解时，也有同样的醇生成。

（二）影响因素讨论

曾对烯烃的环氧化反应动力学进行了研究，得到的结果是烯烃的环氧化反应速度对烯烃、ROOH 和催化剂的浓度都呈一级关系。

$$\text{烯烃环氧化速度}=k[\text{烯烃}][\text{ROOH}][\text{催化剂}]$$

温度越低，ROOH 按别的途径分解越少，选择性越高，但环氧化速度太慢。据试验结果，温度在 90℃以下，反应速度缓慢；高于 130℃时，选择性就显著下降。故环氧化反应的温度控制范围为 90～130℃，一般以 100℃左右为宜。

ROOH 的结构对环氧化反应速度也有影响，例如丙烯环氧化时，采用过氧化氢乙苯环氧化的反应速度就比采用过氧化氢异丁烷快。

环氧化反应是液相反应，当反应温度高于烯烃的临界温度时，就需采用溶剂，溶剂的性质对环氧化速度也有显著影响。非极性溶剂的效果较极性溶剂好。可能是极性溶剂与催化剂形成了络合物，因此影响了反应速度。一般是选用反应系统中存在的烃作溶剂。例如丙烯用过氧化氢乙苯环氧化时，就以乙苯作溶剂，因在过氧化氢乙苯中就有大量乙苯存在。也可用产物醇作溶剂，但醇的效果不如烃类。为了使烯烃在溶剂中有足够的溶解度，环氧化反应需在足够高的压力条件下进行。

烯烃与 ROOH 的用量比也会影响反应的选择性，烯烃必须过量，而且过量不宜太少。

（三）环氧化法生产环氧丙烷联产苯乙烯的方法简介和示意流程

用哈康法生产环氧丙烷和苯乙烯所用的原料是丙烯和乙苯，其生产过程包括三个主要步骤。

（1）乙苯液相自氧化制备过氧化氢乙苯

$$C_6H_5C_2H_5+O_2 \longrightarrow C_6H_5\underset{\displaystyle |\atop\displaystyle OOH}{CH}CH_3$$

其制备方法与过氧化氢异丙苯的制法相同，只是乙苯的氧化速度比异丙苯慢，而生成的过氧化氢物稳定性较差，故所需反应温度较高（140～150℃），而转化率只能控制在15%左右，有α-甲基苯甲醇和苯乙酮等副产物生成，为了提高选择性，常加入少量焦磷酸钠为稳定剂。

（2）丙烯用过氧化氢乙苯环氧化生成环氧丙烷和α-甲基苯甲醇

$$CH_3CH{=}CH_2 + C_6H_5{-}\underset{\displaystyle OOH}{\underset{|}{CH}}{-}CH_3 \longrightarrow CH_3CH{-}CH_2(\text{环氧，}O\text{桥}) + C_6H_5{-}\underset{\displaystyle OH}{\underset{|}{C}}HCH_3$$

是一强放热反应，这是关键的一步，由于丙烯的临界温度为92℃，而反应温度往往控制在92℃以上，故需在溶剂存在下进行。过氧化氢乙苯中有大量乙苯存在，即可作为溶剂。所用的催化剂是环烷酸钼或其他可溶性钼盐。其反应条件控制和反应结果举例如下。

反应条件

- 反应温度…………………………… 100～130℃
- 压力………………………………… 1.7～5.5MPa
- 丙烯/过氧化氢乙苯 ………… 2～6：1（摩尔比）
- 停留时间 ……………………………… 1～3小时
- 催化剂浓度 ……………… 0.001～0.006摩尔钼盐/摩尔过氧化氢乙苯

反应结果

- 过氧化氢乙苯转化率……………………… 99%
- 丙烯转化率………………………… 10%～20%
- 丙烯转化为环氧丙烷选择性………………… 95%
- 过氧化氢乙苯转化为α-甲基苯甲醇选择性 … 98%

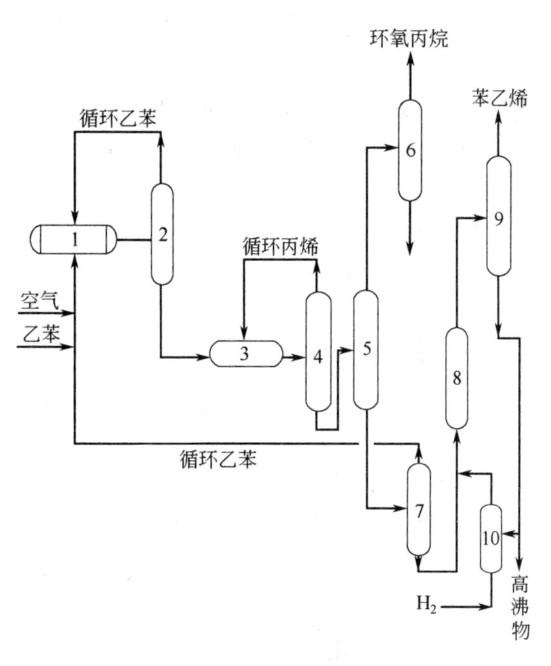

图5-11 丙烯环氧化生产环氧丙烷和苯乙烯示意流程

1—乙苯过氧化反应器；2—提浓塔；3—环氧化反应器；4—气液分离器；5—环氧丙烷分离塔；6—环氧丙烷精馏塔；7—乙苯回收塔；8—脱水反应器；9—苯乙烯精馏塔；10—苯乙酮加氢反应器

（3）α-甲基苯甲醇脱水转化为苯乙烯。这一步工艺比较成熟，脱水反应所采用的催化剂可以是TiO_2-Al_2O_3，反应温度为200～250℃，选择性达92%～94%。副产物苯乙酮，可通过加氢转化为α-甲基苯甲醇。

该方法的示意流程见图5-11。

上面讨论了重要的液相均相催化氧化反应在基本有机化工工业中的应用及有关的生产工艺，可以看到液相均相催化氧化在工艺上有其优越性。

① 反应条件比较缓和，有较高的选择性，并可采用溶剂以缓和反应的进行和提高选择性。

② 反应热的除去比较方便，有些氧化过程可方便地利用反应物或溶剂的蒸发以移走反应热。

③ 反应温度比较容易控制，温度分布比较均匀。

④ 反应设备结构简单，生产能力较高。

但均相氧化反应在工艺上也有不足之处如：反应介质的腐蚀性往往比较严重；必须解决催化剂的回收问题；有些反应，主要是络合催化氧化，需用贵金属盐作催化剂。

这些不足之处的存在，推进了科研工作的进一步发展，均相催化剂固相化已成为活跃的研究领域。

第三节　非均相催化氧化[15～22]

一、重要的非均相催化氧化反应及其工业应用

非均相催化氧化主要是指气态有机原料在固体催化剂存在下，以气态氧作氧化剂，氧化为有机产品的过程。近 30 年来，由于选择性氧化催化剂的相继开发成功，使非均相催化氧化反应在石油化工工业中得到了广泛的应用。所用的原料主要是烯烃和芳烃，也有用醇作原料。以烯烃和芳烃为原料制得的氧化产品的产量，要占总氧化产品 80%以上。

重要的非均相催化氧化反应有 6 种。

1. 烷烃的催化氧化

已工业化的是正丁烷气相催化氧化制顺丁烯二酸酐

$$nC_4H_{10}+3\frac{1}{2}O_2 \xrightarrow[450\sim500℃]{V_2O_5\text{-}P_2O_5/SiO_2} \begin{matrix}CHCO\diagdown\\ \| \qquad\quad O\\ CHCO\diagup\end{matrix} +4H_2O$$

主要副反应是深度氧化生成 CO_2 和 CO。

顺丁烯二酸酐主要用于制备不饱和聚酯、1,4-丁二醇、四氢呋喃、增塑剂和杀虫剂等。

2. 烯烃的直接环氧化

已工业化的是乙烯环氧化制环氧乙烷

$$CH_2{=\!=}CH_2+\frac{1}{2}O_2 \xrightarrow[220\sim260℃]{Ag/\alpha\text{-}Al_2O_3} \underset{\diagdown O \diagup}{CH_2{-}CH_2}$$

3. 烯丙基氧化反应

含有三个碳原子以上的单烯烃如丙烯、正丁烯、异丁烯等，α-碳原子上的 C—H 键的解离能比一般 C—H 键小，具有高的反应活性。这类烯烃在特定的催化剂上，在氧存在下，易发生 α-C—H 键的断裂，从而在 α-碳上达到选择性氧化的目的。由于这类氧化反应，都经历烯丙基［$CH_2{=\!=}CH{=\!=}CH_2$］的中间物种，所以统称烯丙基氧化反应。由于烯烃分子中 α-碳原子的结构不同和催化条件不同，可生成不同类型的氧化产物：α-β 不饱和醛，α-β 不饱和酮，α-β 不饱和酸和酸酐，α-β 不饱和腈化物和二烯烃等。这类氧化产物仍保留着双键结构，而且具有共轭体系的特性，易聚合，也能与其他不饱和化合物共聚，而生成多种重要的高分子化合物（合成纤维、塑料、合成橡胶、涂料等），在有机化工的单体生产中占有重要的地位，其主要工业应用，简单表示如下。

$$CH_3CH{=\!=}CH_2 \xrightarrow[+O_2,\text{氧化}]{P\text{-}Mo\text{-}Bi\text{-}O/SiO_2} CH_2{=\!=}CH{-}CHO$$

$$CH_2{=\!=}CH{-}CHO \xrightarrow{+O_2,\ Co\text{-}Mo\text{-}O/SiO_2} CH_2{=\!=}CH{-}COOH$$

$$CH_3CH{=\!=}CH_2 \xrightarrow[+O_2,\text{氧化}]{Co\text{-}Mo\text{-}O/SiO_2} CH_2{=\!=}CH{-}COOH \xrightarrow{ROH} CH_2{=\!=}CH{-}COOR$$

$$CH_3CH{=\!=}CH_2 \xrightarrow[+NH_3+O_2,\text{氨氧化}]{P\text{-}Mo\text{-}Bi\text{-}O/SiO_2} CH_2{=\!=}CH{-}CN$$

$$CH_2{=\!=}CH{-}CN \xrightarrow{H_2O} CH_2{=\!=}CH{-}COOH$$

丙烯醛主要用于进一步氧化制丙烯酸，也可作为合成甘油和药物的中间体。丙烯酸酯化可得丙烯酸酯，广泛用作涂料，织物上光剂，皮革上光剂等。

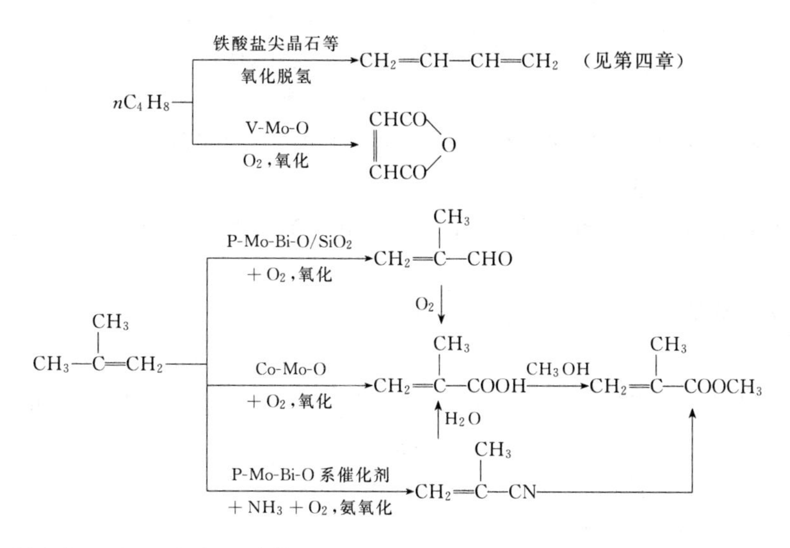

α-甲基丙烯酸甲酯是有机玻璃的单体。

4．烯烃的乙酰氧基化反应

在钯催化剂存在下，烯烃（或二烯烃）与醋酸和氧反应能在烯烃分子中直接引进一个乙酰氧基（ $-O-\underset{\underset{O}{\|}}{C}-CH_3$ ），而生成不饱和醋酸酯。例如

① $$CH_2{=}CH_2 + CH_3COOH + \frac{1}{2}O_2 \xrightarrow[\substack{165\sim180℃\\600\sim800kPa}]{Pd\text{-}Au\text{-}CH_3COOK/SiO_2} CH_2{=}CH{-}O{-}\underset{\underset{O}{\|}}{C}CH_3 + H_2O$$

乙烯单程转化率10％左右，醋酸的单程转化率18％左右，选择性90％～95％。

② $$CH_3CH{=}CH_2 + CH_3COOH + \frac{1}{2}O_2 \xrightarrow{钯催化剂} CH_2{=}CH{-}CH_2{-}O{-}\underset{\underset{O}{\|}}{C}CH_3 + H_2O$$

③ $$CH_2{=}CH{-}CH{=}CH_2 + CH_3COOH + \frac{1}{2}O_2 \xrightarrow{钯催化剂} CH_3\underset{\underset{O}{\|}}{C}O{-}CH_2CH{=}CHCH_2O\underset{\underset{O}{\|}}{C}CH_3$$

该类反应在60年代末开发成功，主要应用于乙烯乙酰氧基化制备醋酸乙烯。聚醋酸乙烯被广泛地用作水溶性涂料和黏结剂，它对金属、瓷器、木材、纸张等都有优良的黏结力。醋酸乙烯也是合成纤维维尼纶的重要单体。醋酸乙烯与氯乙烯、乙烯等共聚物，有特殊性能，可作涂料和防腐剂。

丙烯或丁二烯的乙酰氧基化产物，是以丙烯或丁二烯为原料合成1,4-丁二醇的中间体。由于丁二烯气相乙酰氧基化选择性较低，工业上是采用液相法。

5．芳烃的催化氧化

在基本有机化学工业中，芳烃的非均相催化氧化主要是用来生产酸酐

$$C_6H_6 + 4\frac{1}{2}O_2 \xrightarrow[400℃左右]{V\text{-}Mo\text{-}O/SiO_2} \begin{matrix}CHCO\\ \|\\ CHCO\end{matrix}\!\!>\!O + 2CO_2 + 2H_2O + 1850kJ$$

$$C_{10}H_8 + 4\frac{1}{2}O_2 \xrightarrow{V_2O_5\text{-}K_2SO_4/SiO_2} C_6H_4\begin{matrix}CO\\CO\end{matrix}\!\!>\!O + 2CO_2 + 2H_2O + 1880kJ$$

$$\text{C}_6\text{H}_4(\text{CH}_3)_2 + 3O_2 \xrightarrow[400℃左右]{V_2O_5\text{-}TiO_2/载体} \text{C}_6\text{H}_4(\text{CO})_2\text{O} + 3H_2O + 1290kJ$$

$$\text{(CH}_3)_4\text{C}_6\text{H}_2 + 6O_2 \xrightarrow{钒系催化剂} \text{O(OC)}_2\text{C}_6\text{H}_2\text{(CO)}_2\text{O} + 6H_2O$$

均苯四酸二酐

芳烃氧化所生成的产物虽都是结晶固体，但因均具有较高的挥发性，能升华，故可用气固相催化氧化方法制备得到。

邻苯二甲酸酐是增塑剂的重要原料，也广泛用于制造醇酸树脂、聚酯树脂，又是染料工业的重要中间体。

均苯四酸二酐是生产高绝缘性能漆的重要原料。

6．醇的氧化

醇氧化可应用于生产相应的醛和酮，其中最重要的是甲醇氧化制备甲醛

$$CH_3OH + O_2 \xrightarrow[600\sim630℃]{电解银催化剂} HCHO + H_2O + H_2$$

（理论量的70%左右）　　（氧化脱氢）

或

$$CH_3OH + O_2 \xrightarrow[450℃左右]{Fe\text{-}Mo\text{-}O} HCHO + H_2O$$

（氧化）

甲醛是热固性酚醛树脂的重要单体，又可用于合成聚甲醛、季戊四醇、环六次甲基四胺等产品和中间体。

乙醇氧化则可得乙醛

$$C_2H_5OH + O_2 \xrightarrow[450℃左右]{银催化剂} CH_3CHO + H_2O + H_2$$

（理论量70%左右）

非均相催化氧化反应与均相催化氧化的比较。

（1）非均相催化氧化过程是气态物料通过固体催化剂所构成的床层进行氧化反应，和一般非均相催化反应相似，其反应过程也包括扩散、吸附、表面反应、脱附和扩散五个步骤。催化剂的活性表面，流体流动的特征和分子扩散速度等对产品的生成速度和放热及除热速率都有影响。一般都采用高线速以消除外扩散的影响因素和提高传热效率。如内扩散阻力大，反应产物积累在催化剂的孔内，将有利于深度氧化连串副反应的发生。此外，平行副反应的竞争也比均相氧化反应复杂而较难控制。故对于非均相催化氧化反应，反应的选择性问题往往比均相氧化反应更为突出。它不仅与催化剂的组成有关，也与催化剂的宏观结构例如比表面、孔结构等有关。当然它决定于外界条件的控制。

（2）非均相催化氧化过程的传热情况也比均相氧化过程复杂。在非均相催化氧化系统中，有催化剂颗粒内传热，催化剂颗粒和气体间传热，以及催化床层与管壁间传热等。而催化剂的载体又往往是导热欠佳的物质，如采用固定床反应器，床层轴向和径向温度分布，由于受到传热效率的限制，可能产生较大的温差，影响反应选择性，甚至会产生飞温，破坏反应的进行。

本节主要讨论烯烃环氧化和烯丙基氧化两类反应，而以环氧乙烷和丙烯腈为代表性产物。

二、烯烃的环氧化[8,23～30]

在催化剂存在下，烯烃直接与气态氧作用生成环氧化合物的工艺在工业上已开发成功的只有一个产品，即环氧乙烷。丙烯或更高级的烯烃的直接环氧化反应，生成环氧化合物的选择性甚差，尚处于研究阶段。

环氧乙烷 $\underset{\diagdown O \diagup}{CH_2—CH_2}$ （沸点 10.5℃）是最简单也是最重要的环氧化合物。由于在其分子中，具有三元氧环的结构，性活泼。环氧乙烷与过量的水在一定的温度和压力条件下反应，即水解生成乙二醇

$$\underset{\diagdown O \diagup}{CH_2—CH_2} + H_2O \xrightarrow[1.4\sim2.0MPa]{90\sim200℃} \underset{OH\quad\ OH}{\overset{|\qquad\ |}{CH_2—CH_2}}$$

乙二醇是聚酯树脂和聚酯纤维的单体；也是重要的防冻剂。环氧乙烷的主要用途是生产乙二醇，因此工业上常将环氧乙烷和乙二醇的生产组织在一起。环氧乙烷的第二大用途就是制备表面活性剂，此外还用于制备乙醇胺类、乙二醇醚类等。

环氧乙烷在 20 年代已开始工业化生产，至今已有 60 多年历史。由于聚酯纤维和树脂的需要量的不断增长，环氧乙烷的产量也迅速增长，1985 年环氧乙烷的世界年生产能力已达到 8Mt。

工业上生产环氧乙烷最早采用的方法是氯醇法，该法分两步进行，第一步将乙烯和氯通入水中反应，生成 2-氯乙醇

$$CH_2—CH_2 + Cl_2 + H_2O \xrightarrow{50℃左右} \underset{OH\quad\ Cl}{\overset{|\qquad\ |}{CH_2—CH_2}} + HCl$$

2-氯乙醇水溶液浓度控制在 6%～7%（质量）。第二步使 2-氯乙醇与 $Ca(OH)_2$ 反应，生成环氧乙烷。

$$\underset{OH\quad\ Cl}{\overset{|\qquad\ |}{CH_2—CH_2}} + Ca(OH)_2 \xrightarrow{100℃} \underset{\diagdown O \diagup}{CH_2—CH_2} + CaCl_2 + H_2O$$

该法优点对乙烯纯度要求不高，反应条件较缓和，其主要缺点是要消耗大量氯气和石灰，反应介质有强腐蚀性，且有大量含氯化钙的污水要排放处理。

1938 年美国联合碳化合物公司（Unio Carbide Corp）建立了第一套空气氧化法将乙烯直接环氧化制备环氧乙烷的生产装置，1958 年美国壳牌化学公司（Shall Chemical Company）又开发了氧气法乙烯直接环氧化生产环氧乙烷的技术。由于直接氧化法与氯醇法相比具有原料单纯，工艺过程简单，无腐蚀性，无大量废料需排放处理，废热可合理利用等优点，故得到了迅速发展，现已成为环氧乙烷的主要生产方法。

（一）乙烯的环氧化反应

在银催化剂上乙烯用空气或纯氧氧化，除得到产物环氧乙烷外，主要副产物是二氧化碳和水，并有少量甲醛和乙醛生成。其反应的动力学图式可表示为

$$CH_2{=}CH_2 \xrightarrow{O_2} \begin{cases} \underset{\diagdown O \diagup}{CH_2{-}CH_2} \xrightarrow{O_2} CO_2 + H_2O \\ CO_2 + H_2O \\ CH_2O \longrightarrow CO_2 + H_2O \end{cases}$$

用示踪原子研究结果，表明完全氧化产物二氧化碳和水主要是由乙烯直接氧化生成，反应的选择性主要决定于平行副反应的竞争。由环氧乙烷氧化为二氧化碳和水的连串副反应也有发生，但是次要的。产物环氧乙烷的氧化可能是先异构化为乙醛，再氧化为二氧化碳和水，由于乙醛在反应条件下易氧化，故在反应产物中只有少量乙醛存在。

$$\underset{\diagdown O \diagup}{CH_2{-}CH_2} \xrightarrow{\text{异构化}} CH_3CHO \xrightarrow{O_2} CO_2 + H_2O$$

甲醛是乙烯的降解氧化副产物

$$CH_2{=}CH_2 + O_2 \longrightarrow 2HCHO$$

乙烯的完全氧化是强放热反应，其反应热效应要比乙烯环氧化反应大十多倍。

$$CH_2{=}CH_2 + \frac{1}{2}O_2 \longrightarrow \underset{\diagdown O \diagup}{CH_2{-}CH_2}(\text{气})$$

$$\Delta H^0_{298K} = -103.4kJ/mol$$

$$\Delta H^0_{523K} = -107.2kJ/mol$$

$$CH_2{=}CH_2 + 3O_2 \longrightarrow 2CO_2 + 2H_2O(\text{气})$$

$$\Delta H^0_{298K} = -1324.6kJ/mol$$

$$\Delta H^0_{523K} = -1324.6kJ/mol$$

故完全氧化副反应的发生，不仅使环氧乙烷的选择性降低，且对反应热效应也有很大的影响，表 5-10 是反应选择性与热效应的关系。当选择性下降时，热效应明显增加，故在反应过程中，选择性的控制十分重要，如选择性下降，移热速率若不相应加快，反应温度就会迅速上升，甚至发生飞温现象。

表 5-10 乙烯环氧化的选择性与反应热效应

选择性,%	70	60	50	40
反应放出的总热量,kJ/mol 转化乙烯	472.2	593.9	715.0	837.2

(二) 催化剂与反应机理

1. 催化剂

大多数金属和金属氧化物催化剂，对乙烯的环氧化反应选择性均很差，氧化结果主要是生成二氧化碳和水，只有银催化剂例外。在银催化剂上乙烯能选择性地氧化为环氧乙烷。该催化剂是在 1931 年研究成功的，经过了 50 多年的研究和改进，在选择性、强度、热稳定性和寿命方面均有很大的提高，为了寻求效率更高的催化剂，直到现在，研究工作还在继续进行着。工业上所用的银催化剂是由活性组分银、载体和助催化剂所组成。

(1) 载体。载体的主要功能是分散活性组分银和防止银微晶的半熔和烧结，使其活性保持稳定。由于乙烯环氧化过程存在着平行副反应和连串副反应（次要的）的竞争，又是一强放热反应，故载体的表面结构和孔结构及其导热性能，对反应的选择性和催化剂颗粒内部的温度分布有显著的影响。载体比表面大，活性比表面大，催化剂活性高，但也有利于乙烯完全氧化反应的发生，甚至生成的环氧乙烷很少。载体如有细孔隙，由于反应物在细孔隙中扩散速度慢，产物环氧乙烷在孔隙中的浓度比主流体中高，有利于连串副反应的进行。工业上为了控制反应速度和选择性，均采用低比表面无孔隙或粗孔隙型惰性物质作为载体，并要求有较好的导热性能和较高的热稳定性，使之在使用过程中不发生孔隙结构变化。为此，所用载体必须先经高温处理，以消除细孔结构和增加其热稳定性。常用的载体有碳化硅，α-氧化铝，和含有少量 SiO_2 的 α-氧化铝等。一般比表面$<1m^2/g$，孔隙率50%左右，平均孔径 4.4μm 左右，也有采用更大孔径的。

(2) 助催化剂。所采用的助催化剂有碱金属盐类，碱土金属盐类和稀土元素化合物等。它们的作用不尽相同。碱土金属盐中，用得最广泛的是钡盐。在银催化剂中加入少量钡盐，可增加催化剂的抗熔结能力，有利于提高催化剂的稳定性，延长其寿命，并可提高其活性，但催化剂的选择性可能有所降低。添加碱金属盐可提高催化剂的选择性，尤其是添加铯的银催化剂，但其添加量要适宜，超过适宜值，催化剂的性能反而受到影响。

据研究，两种或两种以上碱金属、碱土金属的添加所起的协同作用，比单一碱金属添加的效果更为显著。例如银催化剂中只添加钾助催化剂，环氧乙烷的选择性为 76%，只添加适量铯助催化剂，环氧乙烷的选择性为 77%，如同时添加钾和铯，则环氧乙烷的选择性可提高到 81%。添加稀土元素化合物，也可提高选择性。

(3) 抑制剂。在银催化剂中加入少量硒、碲、氯、溴等对抑制二氧化碳的生成，提高环氧乙烷的选择性有较好的效果，但催化剂的活性却降低。这类物质称调节剂，也称抑制剂。在原料气中添加这类物质也能起到同样效果。工业生产上常在原料气中添加微量有机氯例如二氯乙烷，以提高催化剂的选择性，调节反应温度。氯化物用量一般为 1～3ppm。用量过多，催化剂的活性会显著下降。但这种类型的失活不是永久性的，停止通入氯化物后，活性又会逐渐恢复。

(4) 催化剂的制备方法。早期，银催化剂是用黏结法制得，即将活性组分银盐和助催化剂混合在一起，用黏结剂粘结在无孔载体上，再经干燥和热分解。这样制得的催化剂颗粒，活性组分分布不均匀，银粉易剥落，强度差，不能承受高空速。使用时床层压力降增加很快，活性下降快，寿命不长。现在普遍采用浸渍法，即将载体浸入水溶性的有机银（例如乳酸银或银-有机铵络合物等）和助催化剂溶液中，然后进行干燥和热分解。用浸渍法制得的催化剂，活性组分银可获得较高的分散度，银晶粒可较均匀地分布在孔壁上，与载体结合较牢固，能承受高空速。催化剂的形状，一般都采用中空圆柱体，银含量为 9%～15%。

70 年代工业上采用的银催化剂，用空气氧化法转化率控制在 35%左右时，选择性为70%左右；用氧气氧化法转化率控制在 12%～15%时，选择性为 71%～74%。在环氧乙烷生产中，原料费用要占产品成本 70%左右，显然开发高选择性的催化剂是降低原料消耗最有效的途径。故对改进催化剂的研究工作，从未间断过。现在已投入生产的银催化剂，用氧气氧化法，选择性已可达80%～82%，据报道选择性更高的催化剂也已研究成功。

2. 反应机理

关于乙烯在银催化剂上直接氧化为环氧乙烷的反应机理已进行了许多研究，但到目前为止，尚未有完全一致的认识。下面介绍的是近年来利用红外吸收光谱和同位素交换等研究方法对氧在银催化剂表面的吸附、乙烯和吸附氧的作用，以及乙烯选择性氧化为环氧乙烷的反应机理提出的看法。

(1) 氧在银催化剂表面可能发生两种形式的化学吸附。一种是氧的解离吸附，生成 O^{2-}，这种吸附在任何温度吸附速度都很快，吸附活化能很低，但必须有四个相邻的银原子金属簇存在。

$$O_2+4Ag\text{（相邻）}\longrightarrow 2O^{2-}\text{（吸附）}+4Ag^+$$

乙烯与解离吸附氧 O^{2-} 作用，惟一产物是二氧化碳和水，当有二氯乙烷等抑制剂存在时，由于覆盖了部分银表面，使这种解离吸附受到阻抑，从而使完全氧化反应减少，如银表面的$\frac{1}{4}$为氯所覆盖，这类氧的吸附则可完全被抑制。但在温度较高时，经过吸附位的迁移，在不相邻的银原子上也能发生氧的解离吸附

$$O_2+Ag\text{（不相邻）}\longrightarrow 2O^{2-}+4Ag^+\text{（相邻）}$$

但这种解离吸附与前面的解离吸附不同，活化能很高，不易发生。

(2) 另一种吸附是活化能<33kJ/mol的不解离吸附，发生于当在催化剂表面上设有4个相邻的银原子簇可被利用时，这种化学吸附生成离子化的分子氧吸附态

$$O_2+Ag\longrightarrow Ag\text{-}O_2^-\text{（吸附）}$$

乙烯与吸附的离子化分子态氧反应，能有选择性地氧化为环氧乙烷并同时产生一个吸附的原子态氧。

$$CH_2{=}CH_2+Ag\text{-}O^-\text{（吸附）}\longrightarrow \underset{\diagdown\ O\ \diagup}{CH_2{-}CH_2}+Ag\text{-}O^-\text{（吸附）}$$

乙烯与 $Ag\text{-}O^-$（吸附）反应，则氧化为二氧化碳和水。

$$CH_2{=}CH_2+6Ag\text{-}O^-\text{（吸附）}\longrightarrow 2CO_2+2H_2O+6Ag$$

总反应式为：$7CH_2{=}CH_2+6Ag\text{-}O_2^-\text{（吸附）}\longrightarrow 6\underset{\diagdown\ O\ \diagup}{CH_2{-}CH_2}+2CO_2+2H_2O+6Ag$

根据此机理，如氧的解离吸附完全被抑制，而产物环氧乙烷不再继续氧化，那么乙烯环氧化反应的最大选择性为6/7，即85.7%。要达到此最高选择性，催化剂表面必须设有4个相邻的银原子簇存在，这与下列诸因素有关：①催化剂的组成；②催化剂的制备条件；③抑制剂的用量；④反应温度的控制等。

但对上述机理仍有不同看法。例如有的研究工作者用红外吸收光谱研究的结果，对反应机理提出了不同看法、乙烯环氧化反应和完全氧化反应都是乙烯与原子态吸附氧的反应。气相中乙烯与原子态吸附氧反应主要生成环氧乙烷，而吸附乙烯与原子态吸附氧反应，则生成二氧化碳和水。抑制剂二氯乙烷的作用是由于Cl的吸附掩盖了部分活性表面，使吸附乙烯的浓度降低，因而选择性提高，根据此看法，环氧乙烷的选择性就不受

85.7%的限制。

实际上，此反应的选择性在转化率低时，可达90%以上。在低温（373K）下反应，选择性可接近100%，但转化率太低，没有现实意义，而这些现象，不能用前述反应机理来解释。

（三）影响因素讨论

1. 反应温度和空速

在乙烯环氧化过程中有完全氧化平行副反应的激烈竞争，而影响竞争的主要外界因素是反应温度。从动力学研究得到的结果是环氧化反应的活化能小于完全氧化反应的活化能，故反应温度增高，这两个反应的反应速度增长速率是不同的，完全氧化副反应的速率增长更快，因此选择性必然随温度的升高而下降。当反应温度在100℃时，产物中几乎全部是环氧乙烷，选择性接近100%，但反应速度甚慢，转化率很小，没有现实意义。随着温度升高，反应速度加快，转化率增加，选择性下降，放出的热量也愈大，如不能及时移走反应热，就会导致温度难于控制，产生飞温现象。此外，反应温度过高，也会引起催化剂的活性衰退。适宜的反应温度与催化剂活性有关，一般控制在220～260℃。

影响转化率和选择性的另一因素是空速，与反应温度相比，此因素是次要的，因为在乙烯环氧化反应过程中，主要竞争反应是平行副反应，产物环氧乙烷的深度氧化居于次要，但空速减小，转化率增高，选择性也要下降。例如在以空气作氧化剂时，当转化率控制在35%左右，选择性达70%左右，如空速减小一半左右，转化率可提高至60%～75%，而选择性却降低到55%～60%。

空速大小不仅影响转化率和选择性，也影响催化剂的空时收率和单位时间的放热量，故必须全面衡量，现工业上采用的混合气空速一般为7000h^{-1}左右，也有更高的。单程转化率的控制与所用氧化剂有关。当用空气作氧化剂时，单程转化率控制在30%～35%，选择性达70%左右，若用纯氧作氧化剂，转化率控制在12%～15%，选择性可达75%～80%或更高。

2. 反应压力

在加压下氧化对反应的选择性无显著影响，但可提高反应器的生产能力，且也有利于从反应气体产物中回收环氧乙烷，故工业上大多是采用加压氧化法。但压力高，所需设备耐压程度高，投资费用增加，催化剂也易损坏。现工业上采用的操作压力为2MPa左右。

3. 原料纯度及配比

（1）原料气中杂质的影响　原料气中的杂质可能带来的不利影响有①使催化剂中毒而活性下降。例如乙炔和硫化物等能使银催化剂永久性中毒，乙炔能与银形成乙炔银，受热会发生爆炸性分解；②使选择性下降。如原料气中带用铁离子，会加速环氧乙烷异构化为乙醛的副反应，从而使选择性下降；③使反应热效应增大。如H_2、C_3以上烷烃和烯烃由于它们都能发生完全氧化反应而放出大量热量；④影响爆炸极限。例如氩是惰性气体，但氩的存在会使氧的爆炸极限浓度降低而增加爆炸的危险性，氢也有同样效应。故原料气中上述各类有害杂质的含量必须严格控制。在原料乙烯中要求乙炔＜5ppm、C_3以上烃＜10ppm、硫化物＜1ppm，H_2＜5ppm。

（2）进反应器的混合气组成。对于具有循环的乙烯环氧化过程，进入反应器的混合气是由循环气和新鲜原料气混合而成，它的组成不仅影响经济效果，也关系到安全生产。氧的含量必须低于爆炸极限浓度，乙烯浓度也必须控制，它不仅会影响氧的极限浓度，也影响催化剂的生产能力。尤其像乙烯环氧化这类强放热的气固相催化反应，必须要考虑到反应器的热稳定性。乙烯和氧的浓度高，反应速度快，催化剂生产能力大，但单位时间释放的热量也大，反应器的热负荷增大，如放热和除热不能平衡，就会造成飞温。故氧和乙烯的浓度都有一适宜值。由于所用氧化剂不同，进反应器的混合气的组成要求也不同。用空气作氧化剂，空气中有大量惰性气体氮存在，乙烯的浓度以5%左右为宜，氧的浓度为6%左右。当以纯氧为氧化剂时，为使反应不致太剧烈，仍需采用稀释剂，一般是以氮作稀释剂，进反应器的混合气中，乙烯的浓度可达15%～20%，氧的浓度为8%左右。近年来有些工业生产装置已改用CH_4作稀释剂，CH_4不仅导热性能好，且在CH_4存在下，氧的爆炸极限浓度提高，对安全生产有利。采用甲烷作稀释剂乙烯的浓度可采用更高。

二氧化碳对环氧化反应有抑制作用，但含量适当对提高反应的选择性有好处，且可提高氧的爆炸极限浓度，故在循环气中允许含有一定量二氧化碳。循环气中如含有环氧乙烷对环氧化反应也有抑制作用，并会造成氧化损失，故在循环气中的环氧乙烷应尽可能除去。

（四）乙烯氧气氧化法生产环氧乙烷的工艺流程及主要技术经济指标

乙烯在$Ag/\alpha\text{-}Al_2O_3$催化剂存在下直接氧化制取环氧乙烷的工艺，由于所采用的氧化剂不同，有空气氧化法和氧气氧化法两种。两者所用催化剂和工艺条件的控制不同，工艺流程的组织也有差异。氧气氧化法虽安全性不如空气氧化法好，但氧气氧化法选择性较好，乙烯单耗较低，催化剂的生产能力较大，据评价生产规模在（1.0～20）×10^4 t/a范围内，总的投资费用比空气氧化法低，故新建的工厂大多采用氧气氧化法，只有生产规模小时，才采用空气氧化法。氧气氧化法的工艺流程，氧气是从空气分离装置得到。

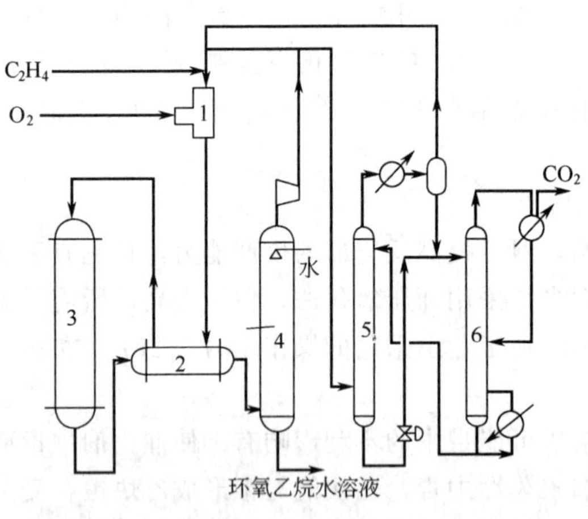

图5-12　氧气氧化法反应部分的工艺流程
1—混合器；2—热交换器；3—反应器；4—环氧乙烷吸收塔；5—二氧化碳吸收塔；6—二氧化碳吸收液再生塔

氧气氧化法生产环氧乙烷的工艺流程主要分两部分：反应部分和环氧乙烷的回收和精制部分。

1. 反应部分工艺流程

反应部分的工艺流程如图5-12所示。乙烯环氧化制环氧乙烷是一强放热反应，温度对反应选择性的影响又甚敏感，对于这种反应最好是采用流化床反应器，但因细颗粒的银催化剂易结块也易磨损，流化质量很快恶化，催化剂效率急速下降，故现工业上普通采用的是列管式固定床反应器，管内放催化剂，管间走冷却介质（有机载热体或加压热水）。新鲜原料氧气和新鲜原料乙烯与循环气混合后，经过热交换器预热至一定温度后，从反应器上部进入催化床层。在配制混合气时，由于是纯氧加入到循环气和乙烯的混合气中去，必须使氧和循环气迅速混合达到安全组成，如混合不好很可能形成氧浓度局部超过极限浓度，进入热交换器时易引起爆炸危险。为此，混合器的设计极为重要，工业上是借多孔喷射器对着混合气流的下游将氧高速度喷射入循环气和乙烯的混合气中，使它们迅速进行均匀混合，以减少循环气和乙烯的混合气返混入分布器的可能性。这一部分，是氧气氧化法安全生产的关键部分。为了确保安全，需要用自动分析仪监视，并配制自动报警联锁切断系统，热交换器安装需有防爆措施。

自反应器流出的反应气环氧乙烷含量仅1%～2%，经热交换器利用其热量并进行冷却后，进入环氧乙烷吸收塔。由于环氧乙烷能以任何比例与水混合，故采用水作吸收剂以吸收反应气中的环氧乙烷。从吸收塔排出的气体，含有未转化的乙烯和氧，二氧化碳和惰性气体。虽然原料乙烯和原料氧纯度很高，带入反应系统的惰性杂质甚少，但反应过程中有副产物二氧化碳生成，如从吸收塔排出的气体全部循环回反应器，必然会造成循环气中二氧化碳浓度的积累。因此从吸收塔排出的气体，大部分（约90%）循环使用，而一小部分需送 CO_2 吸收装置，用热碳酸钾溶液脱除掉副反应所生成的 CO_2。

用热碳酸钾溶液脱除 CO_2 是依据反应

$$K_2CO_3 + CO_2 + H_2O \underset{\text{加热,减压}}{\overset{\text{加压}}{\rightleftharpoons}} 2KHCO_3$$

该装置是由二氧化碳吸收塔和吸收液再生塔所组成。送 CO_2 吸收装置那一小部分气体在二氧化碳吸收塔中与来自再生塔的热的贫碳酸氢钾-碳酸钾溶液接触。在系统压力下碳酸钾与二氧化碳作用转化为碳酸氢钾。自二氧化碳吸收塔塔顶排出的气体经冷却器冷却，并分离出夹带的液体后，返回至循环气系统。二氧化碳吸收塔塔釜的富碳酸氢钾-碳酸钾溶液经减压入再生塔，经加热，使碳酸氢钾分解为二氧化碳和碳酸钾，CO_2 自塔顶排出，再生后的贫碳酸氢钾-碳酸钾溶液循环回二氧化碳吸收塔。

氧气氧化法由于使用了高纯度氧作氧化剂，原料带入反应系统的惰性气体量甚少，未转化的乙烯几乎可完全用于循环。自二氧化碳吸收塔塔顶出来的气体，只需周期性地排放一小部分，以避免反应系统中惰性气体浓度的积累，故乙烯的排放损失很小。

2. 环氧乙烷回收和精制部分的工艺流程

自环氧乙烷吸收塔塔底排出的环氧乙烷吸收液，含环氧乙烷仅1.5%左右，并含有少量副产物甲醛和乙醛，尚溶有二氧化碳，需经进一步提浓精制以获得所需纯度的环氧乙烷，其工艺流程如图5-13所示。

这部分流程主要包括两个过程：将产物环氧乙烷自水溶液中解吸出来和将解析得到的粗环氧乙烷进行精制。粗环氧乙烷中所含杂质除水外，主要是溶于其中的二氧化碳和少量甲醛、乙醛等副产物。由于产品环氧乙烷的用途不同，提浓和精制的要求也不同，当环氧乙烷用以水合制取乙二醇时，水含量可较高，并允许有醛存在，但溶于其中的二氧化碳，应尽可能除尽。因二氧化碳是酸性气体，有腐蚀性，而水合制乙二醇（不用催化剂）的设备大多用碳钢制成。故粗环氧乙烷必须经脱气处理。

当需要高纯度环氧乙烷产品时，则须再进行精馏，以除去甲醛、乙醛等少量杂质。图5-13所示流程，同时可生产高纯度环氧乙烷。

自环氧乙烷吸收塔塔底排出的环氧乙烷吸收液经热交换利用其热量后进入解吸塔，解吸塔的顶部设置有分凝器，以冷凝与环氧乙烷一起蒸出的大部分水和重组分杂质。解吸出来的环氧乙烷再用水吸收，得到含环氧乙烷10%（质量）左右的水溶液，同时分离掉一起解吸出来的二氧化碳和其他不凝气体。所得环氧乙烷水溶液再经脱气，在脱气塔脱出的气体除二氧化碳外，尚含有相当量环氧乙烷蒸气，这部分气体返回至再吸收塔。自脱气塔排出的环氧乙烷水溶液，一部分直接送乙二醇装置，加入适量水后（环氧乙烷与水摩尔比

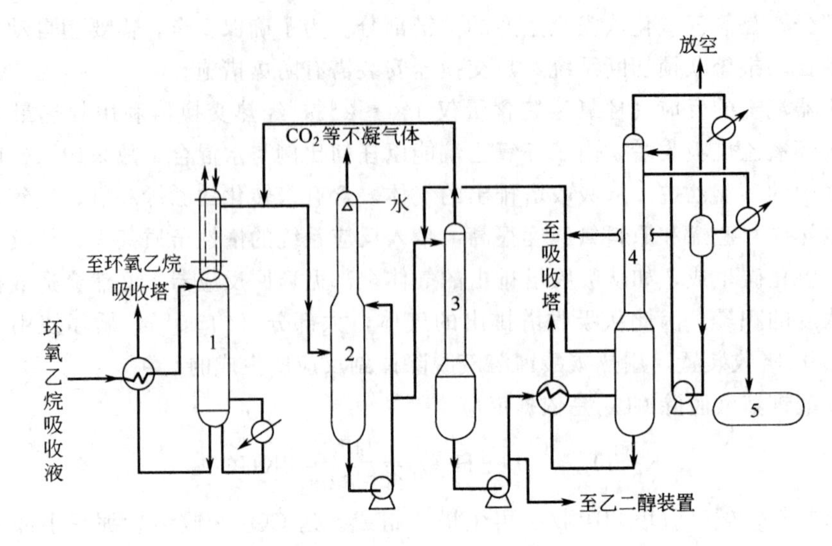

图 5-13　环氧乙烷回收和精制流程

1—解吸塔；2—再吸收塔；3—脱气塔；4—精馏塔；
5—环氧乙烷贮槽

为 1∶15～20)，在 190～200℃和 1.4～2.0MPa 反应条件下水合制乙二醇。其余入精馏塔。精馏塔具有 95 块塔板，在 87 块塔板处采出产品环氧乙烷，纯度＞99.99％，塔顶蒸出的甲醛（含环氧乙烷）和塔下部取出的含乙醛的环氧乙烷，仍返回脱气塔。精馏塔塔釜排出的水，和解吸塔塔釜排出的吸收水，经热交换利用其热量和冷却后，循环回吸收塔作吸收水用。

在环氧乙烷的吸收和解吸过程中，吸收剂水是循环使用的，组成闭路循环，减少污染。上述流程中分出一部分环氧乙烷水溶液，用于水合制取乙二醇，这一部分环氧乙烷水溶液中含有副产物乙醛和甲醛，这样可避免这些副产物在系统中积累。

氧气氧化法各参数控制和反应结果举例。

新鲜原料乙烯和氧的用量比（mol 比)：约 1∶1.2

进反应器混合气组成，％（mol)

乙烯	O_2	CO_2	N_2	Ar	CH_4	C_2H_6	H_2O
15.00	7.00	10.55	53.27	12.40	0.63	0.87	0.28

反应温度：204～244℃

反应压力：2.1MPa

空速：6000～7000h^{-1}

反应结果：乙烯单程转化率　12.3％

选择性　71.3％

乙烯总转化率　99％

在大规模生产中，影响环氧乙烷生产成本的主要因素是原料的单耗，原料费用要占产品成本 70％以上。影响原料单耗的关键是催化剂的选择性。但操作条件的优化，反应器传热条件的改善，对提高选择性也能产生有益的影响。例如改用 CH_4 作稀释剂，由于 CH_4 的导热性能比氮好，可使选择性提高 2％～4％。近年来，由于催化剂、稀释剂、操作条件和反应器结构等多方面的改进，使原料的单耗，有不同程度的降低（见表 5-11）。

表 5-11　氧气氧化法生产环氧乙烷的原料单耗举例

催 化 剂 代 号	UCC-1285	SDS-804	Shell8-839
选择性/%	82	80	80
催化剂生产能力/(kg 环氧乙烷/kg 催化剂·h)	0.2075	0.1688	0.2060
原料单耗/t/t 环氧乙烷			
100%乙烯	0.8080	0.8780	0.8390
100%氧	0.9484	1.1044	1.0211

关于能耗方面，由上述工艺流程可知，除了反应选择性和反应热的利用等影响因素外，环氧乙烷吸收液的浓度和吸收水热量的利用，对能耗也有显著影响。关于这些方面，近年来也作了多方面的改进。例如在环氧乙烷吸收系统和解吸系统设置多个换热器，以回收不同位能的热量；低位能热量的回收和利用；降低吸收水温度以提高吸收效率，提高吸收液中环氧乙烷的浓度，减少循环水量；CO_2 脱除系统热量的回收和利用等。

环氧乙烷易自聚，尤其在铁、酸、碱、醛等杂质存在和高温情况下更易自聚。自聚时有热量放出，结果引起温度和压力上升，甚至引起爆炸事故，因此存放环氧乙烷的贮槽必须清洁，并保持在 0℃以下。

三、烯丙基氧化——丙烯氨氧化合成丙烯腈[7,9,15,31~34]

在烯丙基氧化反应中，具有代表性而应用最广的是丙烯氨氧化合成丙烯腈的反应，下面即以此反应为例进行讨论。

丙烯腈是有机化学工业的重要产品。在室温和常压下，它是具有刺激性臭味的无色液体，有毒，沸点 77.3℃。能溶于许多有机溶剂中，与水能部分互溶，丙烯腈在水中的溶解度为 7.3%（质量），水在丙烯腈中的溶解度为 3.1%（质量）。能与水形成最低共沸物。在丙烯腈分子中有双键和氰基存在，性活泼，易聚合，也易与其他不饱和化合物共聚，是三大合成材料的重要单体，其主要用途见图 5-14 所示。

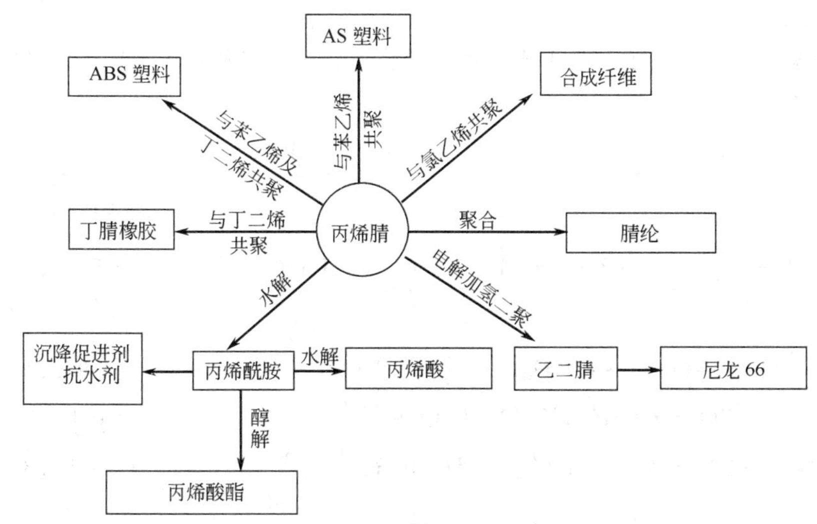

图 5-14　丙烯腈的主要用途

60 年代以前，丙烯腈的生产方法有 3 种。

1. 以环氧乙烷为原料

$$\underset{\diagdown O \diagup}{CH_2—CH_2} + HCN \xrightarrow[50\sim60℃]{Na_2CO_3} \underset{OH\quad\ \ CN}{\overset{}{CH_2—CH_2}}$$

$$\underset{OH\quad\ \ CN}{CH_2—CH_2} \xrightarrow[200\sim220℃]{MgCO_3} CH_2=CH—CN + H_2O$$

2. 以乙醛为原料

$$CH_3CHO + HCN \xrightarrow[10\sim20℃]{NaOH} CH_3—\underset{CN}{\overset{H}{C}}—OH$$

$$CH_3—\underset{CN}{\overset{H}{C}}—OH \xrightarrow[600\sim700℃]{H_3PO_4} CH_2=CH—CN + H_2O$$

3. 以乙炔为原料

$$CH\equiv CH + HCN \xrightarrow[80\sim90℃]{Cu_2Cl_2—NH_4Cl—HCl} CH_2=CH—CN$$

但这些生产方法原料贵，需用剧毒的 HCN 为原料以引进—CN 基，生产成本高，故限制了丙烯腈生产的发展。50 年代末，开发成功了丙烯氨氧化一步合成丙烯腈的新方法，称索亥俄（Sohio）法。

$$CH_3CH=CH_2 + NH_3 + 1\frac{1}{2}O_2 \xrightarrow[470℃]{P—Mo—Bi—O} CH_2=CH—CN + 3H_2O$$

1960 年建立了第一套工业生产装置，由于该方法具有原料价廉易得，可一步合成，投资少，生产成本低等显著优点。故实现工业化后，迅速推动了丙烯腈生产的发展，在世界各国得到了广泛的应用。1960 年后各国新建的丙烯腈装置，绝大部分采用此法。1983 年丙烯腈的世界年产量达到 3Mt。

（一）丙烯氨氧化反应的化学

1. 主副反应

丙烯氨氧化反应过程中，除生成产物丙烯腈外，尚有多种副产物生成，可能发生的副反应可概括如下。

反应	ΔG^0_{700K} kJ/mol	ΔH^0_{298K} kJ/mol
主反应		
$C_3H_6 + NH_3 + 1\frac{1}{2}O_2 \longrightarrow CH_2=CHCN(气) + 3H_2O(气)$	−569.67	−514.8
副反应		
$C_3H_6 + \frac{3}{2}NH_3 + \frac{3}{2}O_2 \longrightarrow \frac{3}{2}CH_3CN(气) + 3H_2O(气)$	−595.71	−543.8
$C_3H_6 + 3NH_3 + 3O_2 \longrightarrow 3HCN(气) + 6H_2O(气)$	−1144.78	−942.0
$C_3H_6 + O_2 \longrightarrow CH_2=CHCHO(气) + H_2O(气)$	−338.73	−353.3
$C_3H_6 + \frac{3}{2}O_2 \longrightarrow CH_2=CHCOOH(气) + H_2O(气)$	−550.12	−613.4

$C_3H_6+O_2 \longrightarrow CH_3CHO(气)+HCHO$　　-298.46 (298K)　　-294.1

	ΔG^0_{700K} kJ/mol	ΔH^0_{298K} kJ/mol
$C_3H_6+\frac{1}{2}O_2 \longrightarrow CH_3\underset{\underset{O}{\parallel}}{C}CH_3(气)$	-215.66 (298K)	-237.3
$C_3H_6+3O_2 \longrightarrow 3CO+3H_2O(气)$	-1276.52	-1077.3
$C_3H_6+\frac{9}{2}O_2 \longrightarrow 3CO_2+3H_2O(气)$	-1491.71	-1920.9
$2NH_3+\frac{3}{2}O_2 \longrightarrow N_2+3H_2O$		

此外还可能有少量丙腈生成。

由上列诸副反应可见，所生成的副产物有三类：一类是氰化物，主要是乙腈和氢氰酸；一类是有机含氧化物，主要是丙烯醛，也可能有少量丙酮、乙醛和其他含氧化合物生成，另一类是深度氧化产物 CO_2 和 CO。

上列这些副反应都是强放热反应，尤其是深度氧化反应。它们的 ΔG^0 都是很大的负值，故在热力学上均是有利的。主反应的 ΔG^0 也具有很大的负值，但生成乙腈和氢氰酸的副反应，尤其是深度氧化副反应，在热力学上比主反应更有利。要获得高选择性丙烯腈，主反应必须在动力学上占优势，关键在于催化剂。所采用的催化剂必须使主反应具有较低活化能，这样反应就可在较低的反应温度下进行。使热力学上更有利的深度氧化副反应在动力学上受到抑制。

2. 催化剂

丙烯氨氧化所采用的催化剂主要有下列两类。

(1) Mo-Bi-O 系催化剂。工业上最早使用的丙烯氨氧化催化剂是氧化钼和氧化铋的混合氧化物催化剂，并加入磷的氧化物作助催化剂。其代表性组成为 $PBi_9M_{12}O_{52}$。单一的 MoO_3 虽有一定的催化活性，但选择性甚差。单一的 Bi_2O_3 对生成丙烯腈无催化活性，只有 MoO_3 和 Bi_2O_3 的组合才表现较好的活性、选择性和稳定性。曾对该类催化剂的组成进行了研究，用 X 衍射法测知此类催化剂可能存在着三种主要晶相。

α 相　$Bi_2Mo_3O_{12}$　　Bi/Mo＝2/3

β 相　$Bi_2Mo_2O_9$　　Bi/Mo＝1

γ 相　Bi_2MoO_6　　Bi/Mo＝2

测得这三种晶相对丙烯氨氧化的活性是不同的，相对反应速度为：$\alpha:\beta:\gamma=14.1:16.6:2.3$，$\beta$ 相活性最好，其次是 α 相。选择性也是同样的次序。α 相是稳定的，熔点 700℃左右。β 相只在约 550℃至 670℃之间才稳定，温度低于 550℃时它缓慢分解为 α 相及 γ 相，高于 670℃时迅速分解为 α 相及 γ 相的变异体。实际上所制得的催化剂可能是三种晶相的混合型。

在 Mo-Bi-O 催化剂中加入 P_2O_5 后，催化剂活性的变化规律见图 5-15。在 β 晶相中加入磷的氧化物后，活性显著下降；在 α 晶相中加入少量磷，活性有所增加，但随着磷含量的增加，活性很快下降。只有 γ 晶相加入磷后活性才有所提高，但幅度不大。在磷含量增加到一定浓度后，三种晶相的活性趋于一致，可能是形成了相同晶相之故。但也有研究工作者认为 P-Mo-Bi-

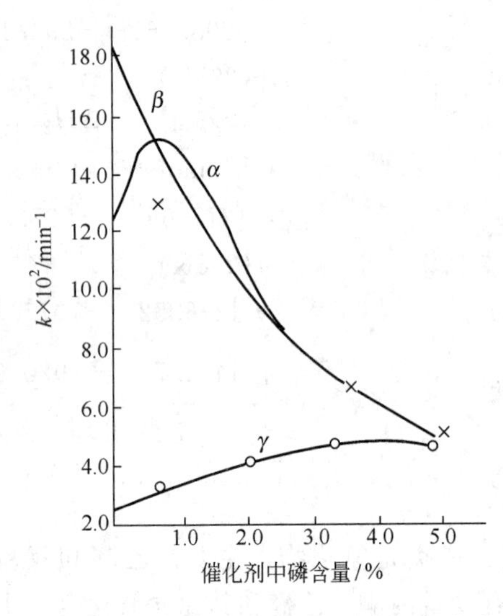

图 5-15　Mo-Bi-O 系催化剂中磷含量的影响

O 系催化剂具有更复杂的晶相结构。实际上在 Mo-Bi-O 催化剂中加入 P_2O_5 后，催化剂的活性有所下降，选择性提高，热稳定性也能得到改善。

工业上最早采用的 P-Mo-Bi-O 系（代号 C-A）催化剂，有其不足之处①效率不够好，丙烯腈收率只有 60%左右，丙烯单耗高，副产物乙腈的生成量较多，达到丙烯腈的 10%（质量）左右；②由于催化剂的活性不够高，需用较高的反应温度（470℃左右），而高温则会加速 MoO_3 的升华损失。在生产实践中，将活性下降的催化剂进行化学分析，发现 Mo 与 Bi 的原子比较新鲜催化剂少。此外，反应温度高，氨的氧化分解损失也较多，使氨的消耗定额增加；③为了改善该催化剂的选择性，在原料气中需加入一定量水蒸气，因而使 MoO_3 更易挥发损失（可能是形成了更易挥发的水合 MoO_3）。

60 年代以来，以 P-Mo-Bi-O 催化剂为基础，进行了许多改进配方的研究，以求改善催化剂的活性和选择性，提高丙烯腈的收率，减少乙腈的生成量。所研究的催化剂通常以下列形式来描述。

$$M_a^{2+}Fe_b^{3+}Bi_c^{3+}Mo^{6+}Q_cR_fT_gO_x$$

其中　M^{2+}——金属离子 Ni^{2+}，Co^{2+}；

Q——碱金属离子 K^+ 等；

R——碱土金属离子；

T——磷、砷或锑等。

70 年代初在研究成功的 P-Mo-Bi-Fe-Co-O 五组分催化剂基础上，开发成功了 P-Mo-Bi-Fe-Co-Ni-K-O 七组分催化剂（C-41），使丙烯腈收率得到进一步提高，该催化剂的优点是①活性和选择性较好，丙烯腈收率高（74%左右）；②反应温度较低（435℃左右），且不需添加水蒸气，因而使 MoO_3 的挥发损失显著改善，有利于稳定催化剂的活性，延长寿命，且减少了污水处理量；③空气需要量较低，使反应器的生产能力提高，能耗减小；④用途较小的副产物乙腈的生成量显著减少；⑤由于反应温度较低，氨的氧化分解较少，因而氨的消耗定额降低，表 5-12 是 C-A 和 C-41 两种催化剂的比较。

表 5-12　三组元和七组元催化剂的氨氧化性能比较

催化剂	反应温度 ℃	C_3H_6：空气：NH_3：H_2O	丙烯腈收率 %	丙烯腈：乙腈：HCN （质量）
P—Mo—Bi—O/SiO_2(C—A)	467 左右	1：10.5：1.1：3	60 左右	100：10：15
P—Mo—Bi—Fe—Co—Ni—K—O/SiO_2(C—41)	437 左右	1：9.8：1.0：0	74 左右	100：2～3：15

70 年代末又开发成功了代号为 C-49 的催化剂，据报道，该催化剂的性能更为优良，使丙烯的消耗定额得到进一步降低。

七组分系催化剂组成甚为复杂，各组分的功能尚待研究，从 X 衍射谱所显示的晶相，在该类催化剂中除了 Mo-Bi 氧化物所形成的晶相外，尚有 $CoMoO_4$，$NiMoO_4$ 和 $Fe_2(MoO_4)_3$ 三种晶相，这些晶相的存在，有利于提高催化剂的活性，但原因尚需作进一步研究。在反应过程中 Fe^{3+} 能还原为 Fe^{2+} 而形成 $FeMoO_4$，$FeMoO_4$ 能再氧化，但较困难。工业生产中 Fe^{3+} 的还原度也是一控制指标。

K_2O 的存在对催化剂的氨氧化性能有显著影响。少量 K_2O 存在有利于抑制深度氧化反应，提高生成丙烯腈的选择性。但 K_2O 用量过多，却使催化剂的活性和选择性都下降。这很可能是 K_2O 的存在，改变了催化剂的表面酸度。催化剂表面的强酸中心会促使深度氧化反应，少量 K_2O 的加入使强酸中心数量减少，故选择性增加。K_2O 用量过多，使催化剂表面酸度明显下降，而氨氧化反应要求催化剂表面具有适当酸度，故活性和选择性均下降。

（2）Sb-O 系催化剂。锑系催化剂在 60 年代中期开始应用于丙烯氨氧化合成丙烯腈。例如 Sb-U-O，Sb-Sn-O，Sb-Fe-O、锑铀混合氧化物催化剂虽效果良好，但由于具放射性，废催化剂处理困难，工业上已不采用。锑铁混合氧化物催化剂对丙烯氨氧化的催化效率甚好。据报道丙烯腈收率可达 75%左右，副产物乙腈生成量甚少，该催化剂价格也较便宜。α-Fe_2O_3 是活性甚高的氧化催化剂，但选择性差，在纯氧化铁催化剂上丙烯氨氧化结果，丙烯腈收率只有 2.5%，而 CO_2 的收率达 93%。纯氧化锑活性很低，但选择性良好，只有氧化铁和氧化锑的组合，才表现优良的活性和选择性。Sb-Fe-O 系催化剂的耐还原性能较差，添加 V、Mo、W 等氧化物可改善它的耐还原性能。

除上述两类催化剂外，工业上也有采用以 MoO_3 为主的 Mo-Te-O 系催化剂，例如 Mo-Te-Ce-O 系催化剂的效率也较好，但氧化碲易挥发。

各类催化剂所用载体与所用反应器形式有关。采用流化床反应器，对催化剂的强度要求甚高，耐磨性能要求高，一般均用粗孔微球形硅胶作载体，用等体积浸渍法制备得到。如采用固定床反应器，由于其传热情况远比流化床差，故载体的导热性能就显得很重要，一般是采用导热性较好，低比表面并没有微孔结构的惰性物质作载体，如钢玉、碳化硅和石英砂等。索亥俄法是采用流化床反应器，催化剂是以微球形硅胶为载体。

载体的孔结构对氨氧化反应的选择性也有影响，如微孔多，产物在微孔中由于扩散阻力大，使其在孔隙中浓度大于气相中浓度，因而会加速深度氧化反应进行，而使选择性下降。

丙烯氨氧化反应所采用的催化剂，也可应用于其他烯丙基氧化反应，例如丙烯氧化制丙烯醛，正丁烯氧化脱氢制丁二烯，异丁烯氨氧化制甲基丙烯腈等。

3. 反应机理及动力学

烯丙基氧化反应的共同特点，是原料烯烃在 α-碳上均连有氢原子。在丙烯分子中有三个与伯碳原子相连的 α-H。反应过程中，首先被进攻的是 α-碳上的 C—H 键，而形成烯丙基。在 Mo-Bi-O 系催化剂上烯丙基的形成过程，尚有各种看法。其中一种看法是：丙烯首先吸附在 Mo^{6+} 附近的氧空位上，然后 αC—H 键发生解离，分裂出 H^+ 并释放出一个电子而形成烯丙基

$$CH_3CH{=}CH \xrightarrow[-e]{-H^+} [CH_2{=}CH{=}CH_2]$$

所形成的烯丙基可继续脱氢，并与晶格氧结合而生成氧化产物丙烯醛。

$$CH_2{=}CH{=}CH_2 \xrightarrow[\text{晶格氧}]{-H^+} CH_2{=}CH{-}CHO$$

如系统中有 NH_3 存在，则 NH_3 吸附于 Bi^{3+} 离子上脱去两个质子并释放出两个电子而形成 NH 残余基团。烯丙基与 NH 残余基团结合并脱去二个质子和释放出二个电子而形成丙烯腈。

$$[CH_2{=\!=}CH{=\!=}CH_2]+NH\xrightarrow[-2e]{-2H^+}CH_2{=\!=}CH{-}CN$$

上述过程中所释放出的电子很可能先授予 Bi^{3+}，而后又转移到 Mo^{6+}，使其还原为 Mo^{5+}（或 Mo^{4+}）。

$$Bi^{3+}+e\longrightarrow Bi^{2+}$$

$$Bi^{2+}+Mo^{6+}\longrightarrow Bi^{3+}+Mo^{5+}$$

或 $$2Bi^{2+}+Mo^{6+}\longrightarrow 2Bi^{3+}+Mo^{4+}$$

同时放出的 H^+ 则与晶格氧结合为 OH^-，并经由下列反应形成水而解析

$$4H^+ + 4O^-(\text{晶格})\longrightarrow 4OH^-$$

$$4OH^-\longrightarrow 2H_2O+2O^-(\text{晶格})+2\square+4e$$

而吸附在催化剂表面的氧获得电子后，转化为晶格氧，并使低价钼离子，复氧化为 Mo^{6+}，而形成氧化还原循环。

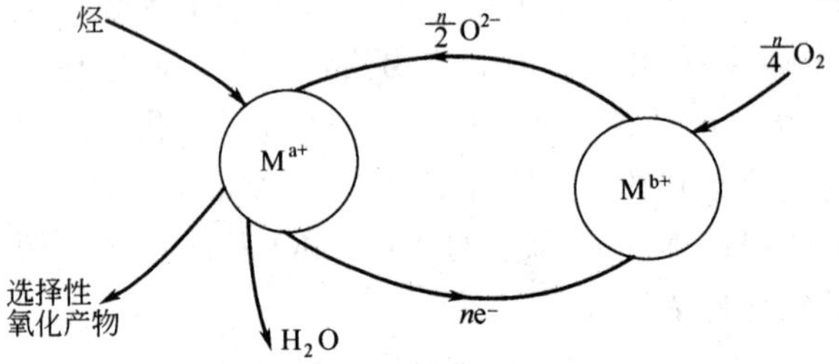

图 5-16 催化剂的氧化还原循环

据研究，在此过程中不仅催化剂表面的晶格氧参与氧化反应，而且体相中的晶格氧也能参与反应。故再氧化速率与氧扩散通过晶格氧的速率密切相关。

这是一个典型的氧化还原机理，其催化循环可用图 5-16 表示之，选择性氧化的氧是来自晶格氧。

根据上述机理丙烯氨氧化的动力学图式可表示如下：

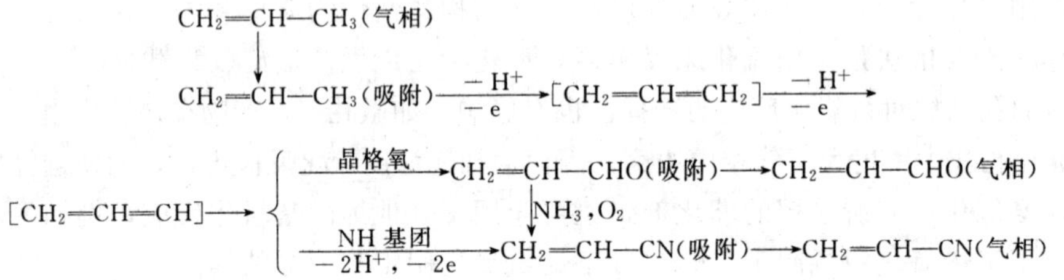

$$CH_2{=\!=}CH{-}CH_3(\text{气相})$$

$$\downarrow$$

$$CH_2{=\!=}CH{-}CH_3(\text{吸附})\xrightarrow[-e]{-H^+}[CH_2{=\!=}CH{=\!=}CH_2]\xrightarrow[-e]{-H^+}$$

$$[CH_2{=\!=}CH{=\!=}CH]\longrightarrow\begin{cases}\xrightarrow{\text{晶格氧}}CH_2{=\!=}CH{-}CHO(\text{吸附})\longrightarrow CH_2{=\!=}CH{-}CHO(\text{气相})\\ \qquad\qquad\qquad\qquad\downarrow NH_3,O_2\\ \xrightarrow[-2H^+,\,-2e]{\text{NH 基团}}CH_2{=\!=}CH{-}CN(\text{吸附})\longrightarrow CH_2{=\!=}CH{-}CN(\text{气相})\end{cases}$$

可简写为

$$CH_3CH{=\!=}CH_2\xrightarrow[(1)]{k_1}CH_2{=\!=}CH{-}CHO$$

$$CH_2{=\!=}CH{-}CHO\xrightarrow{(2)\,k_2}CH_2{=\!=}CH{-}CN$$

$$CH_3CH{=\!=}CH_2\xrightarrow[(3)\text{主要}]{k_3}CH_2{=\!=}CH{-}CN$$

$$CH_3CH{=\!=}CH_2,\ CH_2{=\!=}CH{-}CHO,\ CH_2{=\!=}CH{-}CN\longrightarrow CO_2+H_2O$$

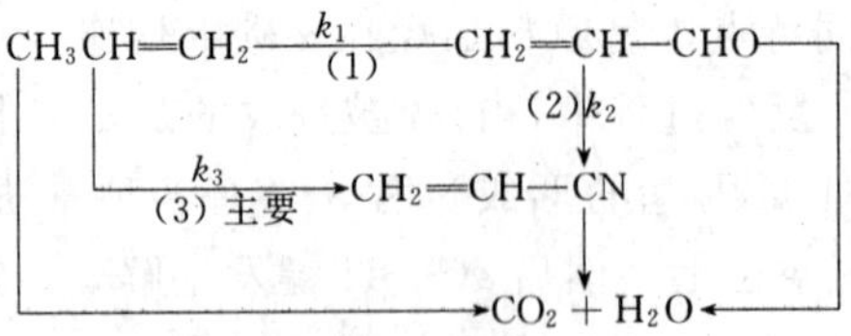

k_1、k_2、k_3 分别为三个反应的速度常数，曾在 50% $PBi_9Mo_{12}O_{52}$/50% SiO_2 催化剂上对丙烯氨氧化反应的动力学进行了研究，从实验数据推算得到在 430℃时，$k_1/k_3=1/40$，说明丙烯腈主要是由丙烯直接氨氧化得到，丙烯醛是平行副反应的产物。这一点可由实验数据得到证实（见图 5-17）。

图 5-17 所示实验数据也表明，乙腈、氢氰酸等副产物也是由平行副反应生成。而深

度氧化产物 CO_2 和 CO 则是由平行和连串副反应生成。

对乙腈、氢氰酸等副产物的生成途径也有不同看法，一种看法认为是由烯丙基降解氧化生成，但也有认为因催化剂表面有不同活性中心，而导致这些副产物的生成。

对丙烯氨氧化反应的动力学研究，得到的结果是，当氧和氨的浓度不低于一定的浓度时，对丙烯是一级反应，对氨和氧都是零级，反应的控制步骤是第一步，即是由丙烯脱去氢形成烯丙基的过程。

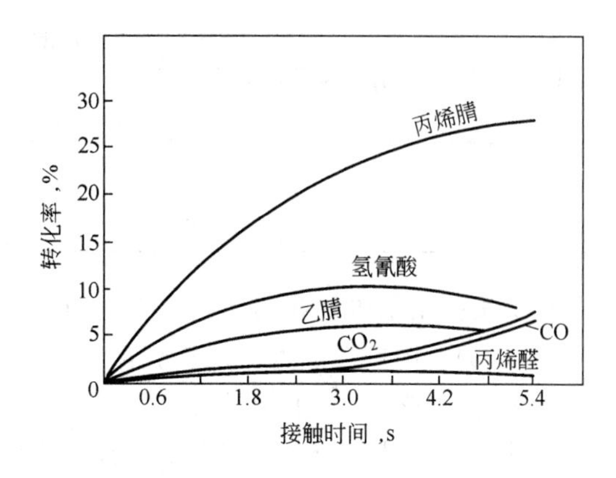

图 5-17　接触时间对转化为主副产物转化率的影响

催化剂 50% $PBi_9Mo_{12}O_{52}$/50% SiO_2 C_3H_6：空气：NH_3：H_2O=1：10：1.2：4 反应温度 430℃

在烯烃分子中脱去氢形成烯丙基的速度与具有 α-H 的 C—H 键的结构有关，也与 α-H 的数目有关。曾在 Mo-Bi-O 系催化剂存在下，在 460℃对多种具有 α-H 的烯烃的氧化速度进行了研究，得到的结果见表 5-13 所示。

表 5-13　烯烃氧化的相对速度

烯　烃	α-H 数目	α-H 状态	相对速度	烯　烃	α-H 数目	α-H 状态	相对速度
丙烯	3	伯 H	0.11	丁烯	2	仲 H	1.00
顺-2-丁烯	6	伯 H	0.26	戊烯	2	仲 H	1.38
反-2-丁烯	6	伯 H	0.19	3-甲基-1-丁烯	1	叔 H	2.7
异丁烯	6	伯 H	0.50				

叔 C—H 键最易解离，其次是仲 C—H 键。丙烯分子中只有 3 个伯 C—H 键，其相对氧化速度最慢。

（二）反应条件的影响

1. 原料纯度和配比

（1）原料中杂质的影响。原料丙烯是从烃类裂解气或催化裂化气分离得到，其中可能含有的杂质是 C_2、丙烷及 C_4，也可能有硫化物存在。丙烷和其他烷烃对反应没有影响，它们的存在只是稀释了浓度，实际上 50%丙烯-丙烷馏分也可作原料使用。乙烯不如丙烯活泼，并在分子中没有 α-H，一般情况下，少量乙烯存在对反应无不利影响。但丁烯或更高级的烯烃存在会给反应带来不利，因①丁烯或更高级的烯烃比丙烯易氧化，会消耗原料中的氧，甚至造成缺氧，而使催化剂活性下降；②正丁烯氧化生成甲基乙烯酮（沸点 80℃），异丁烯能与氨氧化生成甲基丙烯腈（沸点 90℃），它们的沸点与丙烯腈的沸点接近，会给丙烯腈的精制带来困难。故丙烯中丁烯或更高级烯烃含量必须控制。硫化物的存在，会使催化剂活性下降，应予脱除。

（2）丙烯与空气的配比。丙烯氨氧化是以空气作氧化剂，表 5-14 是在 P-Mo-Bi-O/SiO_2 催化剂存在下，在 454℃，丙烯：空气=1：8（摩尔比）的反应条件下，丙烯腈收率与反应时间的关系。

表 5-14　丙烯腈收率随反应时间的变化

反应累计时间 h	尾气中氧含量 %	丙烯腈收率 %	反应累计时间 h	尾气中氧含量 %	丙烯腈收率 %
2.3	0	43.5	12.8	0	17.9
4.8	0	39.2	15.0	0	7.5
9.5	0	27.4			

这一试验结果告知我们，虽然空气用量已略大于理论所需量（理论用量比 C_3H_6 ：空气＝1：7.3），因副反应也需消耗氧，故反应结果在尾气中还是没有氧存在。反应在缺氧条件下进行，催化剂就不能进行氧化还原循环，六价钼离子被还原为低价钼离子，故催化剂的活性下降。虽这种失活现象不是永久性的，可通空气使被还原的低价钼重行氧化为六价钼。但在高温下缺氧或催化剂长期在缺氧条件下操作，即使通空气再行氧化，活性也不可能全部恢复。故必须采用过量空气，以保持催化剂的活性稳定。但空气过量太多也会带来以下问题①使丙烯浓度下降，影响反应速度，从而降低了反应器的生产能力；②能促使反应产物离开催化剂床层后，继续发生气相深度氧化反应，使选择性下降；③使动力消耗增加；④使反应器流出物中产物浓度下降，影响产物的回收。故空气用量有一适宜值。适宜的空气用量与催化剂的性能有关。例如采用 C-A 催化剂时，由于选择性较差，空气用量比需要较高，C_3H_6 ：空气＝1：10.5（mol）左右，采用 C-41 七组分催化剂时，则空气用量可较低，C_3H_6 ：空气＝1：9.8（mol）左右。

（3）丙烯与氨配比。从前面反应机理的讨论可知，在 P-Mo-Bi-O/SiO_2 系催化剂上丙烯可以氧化为丙烯醛，也可以氨氧化丙烯腈，它们都属于烯丙基氧化反应。故丙烯和氨的配比，对这两个产物的生成比有密切影响。从图 5-18 可知，氨的用量至少等于理论比，不然就有较多的丙烯醛副产物生成。但用量过多也不经济，会增加氨的消耗定额。且过量的氨要用硫酸去中和，又要增加硫酸的消耗定额。合适的氨比与催化剂的性能有关。如催化剂的活性高可在较低反应温度下进行，且对氨的分解没有催化作用，则采用理论用量比就可以，不然氨必须过量 5％～10％。

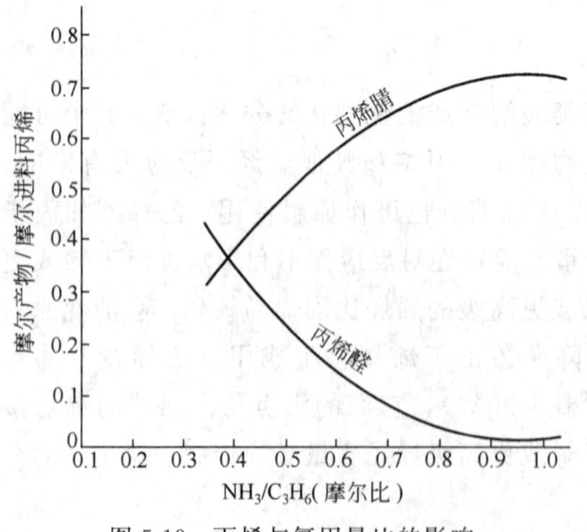

图 5-18　丙烯与氨用量比的影响

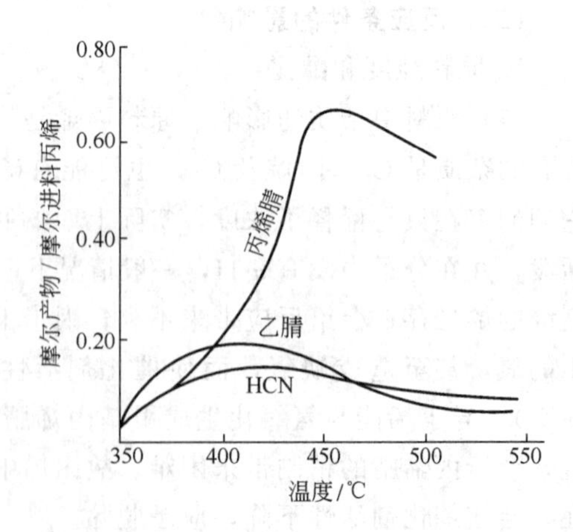

图 5-19　反应温度的影响

CH_3 ：NH_3 ：O_2 ：H_2O＝1：1：1.8：1

2. 反应温度

反应温度不仅影响反应速度也影响反应选择性。一般在 350℃以下，几乎没有氨氧化反应发生，要获得高收率丙烯腈，必须控制较高的反应温度。图 5-19 所示是丙烯在 P-Mo-Bi-O/SiO_2 系催化剂上氨氧化温度对主副产物收率的影响，由图 5-19 可看出有一极大值。温度超过最适宜值，丙烯腈收率和副产物乙腈和氢氰酸的收率都要下降，表明在高温时连串副反应加速（主要是深度氧化反应）。适宜的反应温度与催化剂的活性有关。C-A 催化剂活性较低，需在 470℃左右进行。而 C-41 活性较高，适宜温度为 440℃左右。当反应温度高于 470℃时，丙烯腈收率明显下降，高温也会使催化剂的稳定性降低。

3. 接触时间

氨氧化过程的主要副反应是平行副反应。从图 5-17 已可看出，丙烯腈的收率是随着接触时间的增长而增加。这是因为接触时间增加，丙烯转化率增加，而副产物乙腈，氢氰酸的生成量到一定程度后，不再增加，而丙烯腈的进一步深度氧化副反应甚少发生之故。所以允许控制足够的接触时间，使丙烯能达到尽可能高的转化率，以获得较高的丙烯腈收率。采用良好活性和选择性的催化剂时，丙烯转化率可达 99%以上，丙烯腈的选择性可达 75%左右或更高。但过长的接触时间也不宜，因为一方面催化剂的生产能力降低，同时也会使丙烯腈的深度氧化反应进行的程度加深。适宜的接触时间与所用催化剂有关，也与所采用的反应器型式有关，一般为 5～10 秒。

4. 反应压力

在加压下反应有利于加快反应速度，提高反应器的生产能力。但实验结果表明，反应压力增加，选择性下降，丙烯腈的收率降低，故丙烯氨氧化反应不宜在加压下进行。

（三）丙烯氨氧化生产丙烯腈的工艺流程

丙烯氨氧化生产丙烯腈的工艺过程可简单表示为

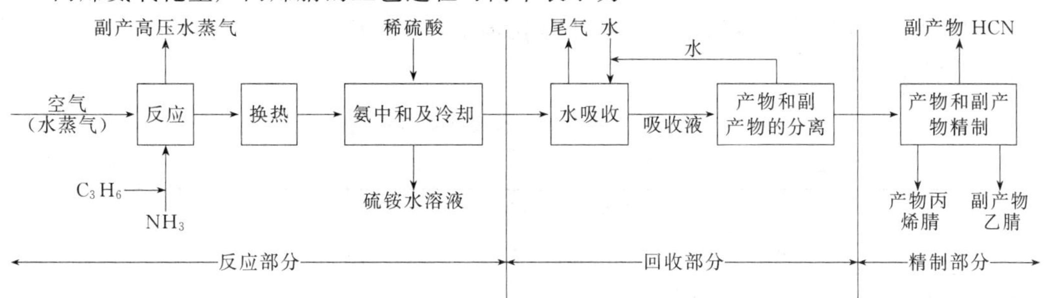

其工艺流程主要分三部分，即反应部分、回收部分和精制部分。各国采用的流程除反应器的形式不同外，回收部分和精制部分流程也有较大的差异，下面讨论工业上采用较广的一种流程。

1. 反应部分的工艺流程

丙烯氨氧化是一强放热反应，反应温度又较高，工业上大多采用硫化床反应器。其工艺流程见图 5-20A 所示。原料空气经过滤器除去灰尘和杂质后，用透平压缩机加压到 250kPa 左右，在空气预热器与反应器出口物料进行热交换，预热至 300℃左右，然后从流化床底部经空气分布板进入流化床反应器。丙烯和氨分别来自丙烯蒸发器和氨蒸发器，先在管道中混合后，经分布管进入流化床。丙烯和氨混合气的分布管设置在空气分布板上部。空气、丙烯和氨均需控制一定的流量以达到所要求的配比。

在流化床反应器内设置一定数量的 U 形冷却管，通入高压热水，借水的汽化以移走

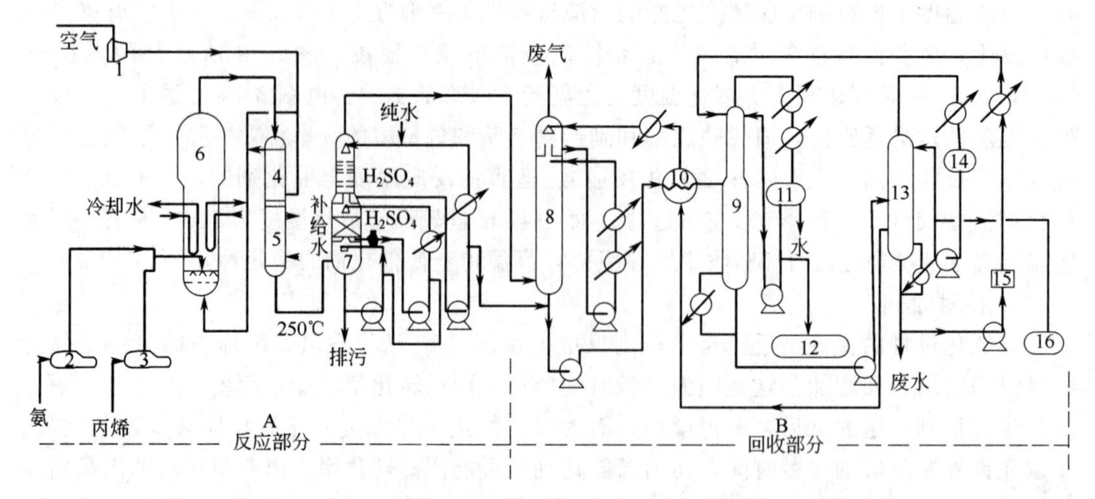

图 5-20 丙烯氨氧化制丙烯腈反应和回收部分的工艺流程

1—空气压缩机；2—氨蒸发器；3—丙烯蒸发器；4—热交换器；5—冷却管补给水加热器；6—反应器；7—急冷器；8—水吸收塔；9—萃取塔；10—热交换器；11—回流沉降罐；12—粗丙烯腈中间贮槽；13—乙腈解吸塔；14—回流罐；15—过滤器；16—粗乙腈中间贮槽

反应热。反应温度的控制除由使用冷却管的管数来调节外，原料空气预热温度的控制也很重要。反应放出的热量一小部分为反应物料所带走，经过与原料空气换热和冷却管补给水换热得到回收利用；大部分是在反应床中为冷却系统所导出，产生高压过热水蒸气（2.8MPa 左右），作为空气透平压缩机的动力，高压过热水蒸气经透平压缩机利用其能量后，变为低压水蒸气（350kPa 左右），可作为回收和精制部分的热源。

从反应器出来的物料的组成，因所用催化剂不同，反应条件不同而有异。表 5-15 所列是反应结果举例。

表 5-15 丙烯氨氧化反应结果举例

反应条件：反应温度 440℃，接触时间 7s，C_3H_6：空气：NH_3＝1：9.8：1（mol），线速 0.5m/s

	反应产物和副产物							未反应物质			惰性物质	
	丙烯腈	乙腈	HCN	丙烯醛	CO_2	CO	H_2O	C_3H_6	NH_3	O_2	N_2	C_3H_8
各物收率/%(mol)	73.1	1.8	7.2	1.9	8.4	5.2						
反应物料组成/%(mol)	5.85	0.22	1.73	0.15	2.01	1.25	24.90	0.19	0.20	1.10	61.8	0.6

由表所举例可看出，在反应器的流出物料中，尚有少量未反应的氨，这些氨必先除去。因为在氨存在下，在碱性介质中会发生下列一系列不希望发生的反应：HCN 的聚合、丙烯醛的聚合、HCN 与丙烯醛加成为氰醇、HCN 与丙烯腈加成生成丁二腈以及 NH_3 与丙烯腈反应生成 $H_2NCH_2CH_2CN$，$NH(CH_2CH_2CN)_2$ 和 $N(CH_2CH_2CN)_3$ 等，生成的聚合物会堵塞管道，而各种加成反应会导致产物丙烯腈和副产物 HCN 的损失，使回收率降低。

为了避免在气相中发生聚合反应，反应气体产物经热交换后的温度不宜太低，因为气体中有氨存在时，温度低易促使聚合反应的发生，致使管道发生堵塞现象，一般需控制在 250℃左右。

除去氨的方法，现工业上均采用硫酸中和法，硫酸浓度为1.5%（质量）左右。中和过程也是反应物料的冷却过程。故氨中和塔也称急冷塔。反应物料经急冷塔除去未反应氨并冷却至40℃左右后，就进入回收系统。

由于稀硫酸具有强腐蚀性，在急冷塔中循环液体的pH值控制不宜太小，太小腐蚀性大，要求能保持在5.5～6.0，pH值太大会引起聚合和加成反应，也不相宜。

用稀硫酸中和氨，优点是氨易脱除完全，但未反应的氨不能回收利用，并有含氰化物和硫酸铵的有毒废液需排放处理。

2. 回收部分的工艺流程

从急冷塔脱除未反应氨的反应物料中，产物丙烯腈的浓度甚低，副产物乙腈和氢氰酸的浓度更低，大量是惰性气体。这些产物和副产物的有关物理性质见表5-16所示。由表可知产物丙烯腈和副产物乙腈、氢氰酸及丙烯醛能与水部分互溶或互溶，而惰性气体，未反应的丙烯、氧以及副产物CO_2及CO不溶于水或在水中的溶解度很小，故工业上是采用以水作溶剂的吸收法，使产物和副产物与其他气体分离，回收部分的工艺流程见图5-20B所示。

表5-16　主副产物的有关物理性质

	丙烯腈	乙腈	氢氰酸	丙烯醛
沸点/℃	77.3	81.6	25.7	52.7
熔点/℃	−83.6	−41	−13.2	−8.7
共沸组成(质量比)	丙烯腈/水＝88/12	乙腈/水＝84/16	—	丙烯醛/水＝97.4/2.6
共沸点/℃	71	76	—	52.4
在水中溶解度/%(质量)	7.35(25℃)	互溶	互溶	20.8
水在该物中溶解度/%(质量)	3.1(25℃)			6.8

这部分流程主要由三塔组成——吸收塔（50块塔板）、萃取精馏塔（70块塔板），和乙腈解吸塔。由急冷塔出来的反应物料进入吸收塔，用冷却至5～10℃的冷水进行吸收分离。产物丙烯腈、副产物乙腈、氢氰酸、丙烯醛及丙酮等溶于水中，其他气体自塔顶排出，所排出的气体中要求丙烯腈和氢氰酸的含量均＜20ppm。排出的尾气最好经催化燃烧处理，并利用其热能后，再排放至大气。现工业上采用的是经高烟囱直接排放至高空，借大气流将有毒气体进行稀释以达到无害程度。

增大压力，可提高吸收效率，但因吸收塔压力的提高会影响反应器的操作压力，故吸收塔压力的提高有其限度，即不影响氨氧化反应的选择性。

从吸收塔塔底排出的水吸收液含丙烯腈只4%～5%（质量），含其他有机副产物约1%（质量）左右。由于从吸收液中回收产物和副产物的顺序和方法不同，流程的组织也不同。基本上有两种流程，一种是将产物和副产物全部解吸出来，然后进行分离精制。另一种流程是先将产物丙烯腈和副产物氢氰酸解吸出来（称部分解吸法），然后分别进行精制。后一种流程，获得产品丙烯腈的过程较简单，工业生产中大多是采用此流程，图5-20B所示即为这种流程。

采用该流程，首先要解决丙烯腈和乙腈的分离问题。它们的分离完全度不仅影响产品质量，而且也影响回收率。丙烯腈和乙腈的相对挥发度很接近，难于用一般精馏方法分离。工业上是采用萃取精馏法，以水作萃取剂，以增大它们的相对挥发度。萃取水的用量为进料中丙烯腈含量的8～10倍。在萃取精馏塔塔顶蒸出的是氢氰酸和丙烯腈与水的共沸物，乙腈残留在塔釜。副产物丙烯醛、丙酮等羰基化合物，虽沸点较低，但由于它们能与HCN发生加成反应生成氰醇。

$$CH_2{=}CH_2CHO + HCN \underset{\triangle}{\rightleftharpoons} CH_2{=}CH\overset{H}{\underset{CN}{C}}{-}OH$$

氰醇的沸点甚高，故丙烯醛主要是以氰醇形式留在塔釜，只有少量被蒸出。

由于丙烯腈与水是部分互溶，蒸出的共沸物经冷却冷凝后，分为水相和油相两相，水相回流至萃取精馏塔，油相是粗丙烯腈。

萃取精馏塔塔釜排出液中，乙腈含量仅1%左右或更低，并含有少量氢氰酸和氰醇，其中大量是水，送乙腈解析塔进行解析分离，以分出副产物粗乙腈和获得符合质量要求的水，循环回水吸收塔和萃取精馏塔作为吸收剂和萃取剂用，形成闭路循环。自乙腈解析塔排出的少量含氰废水，送污水处理装置。

3. 精制部分的工艺流程

回收部分得到的粗丙烯腈需进一步分离精制以获得聚合级产品丙烯腈和所需纯度的副产物氢氰酸。其精制部分的工艺流程如图5-21所示。该流程是由三塔组成——脱氢氰酸塔、氢氰酸精馏塔和丙烯腈精制塔。

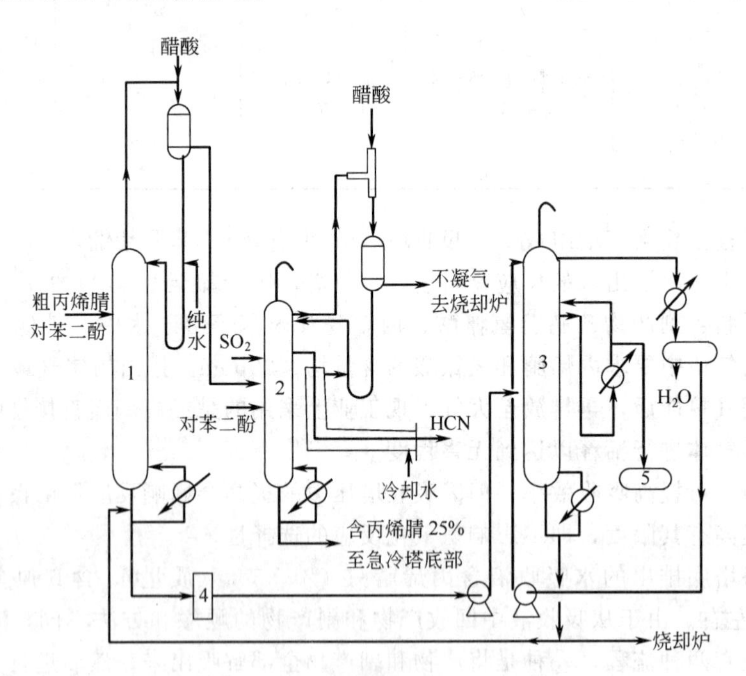

图5-21　粗丙烯精制部分的工艺流程

1—脱氢氰酸塔；2—氢氰酸精馏塔；3—丙烯腈精制塔；4—过滤器；5—成品丙烯腈贮槽

从萃取精馏塔蒸出的粗丙烯腈含丙烯腈80%以上，氢氰酸10%左右，水约8%左右，并含有微量其他杂质丙烯醛、丙酮和氰醇等。由于它们的沸点相差较远，故可用精馏法精制。先在脱氢氰酸塔脱去氢氰酸，然后在丙烯腈精制塔分离掉水和高沸点杂质。丙烯腈精制塔塔顶蒸出的是丙烯腈和水的共沸物，并含有微量丙烯醛、氢氰酸等杂质，经冷却、冷

凝和分层后，油层丙烯腈仍回流入塔，水层分出。成品聚合级丙烯腈自塔上部侧线出料，其纯度为

丙烯腈含量	>99.5%(质量)	丙酮	<100ppm
水分	0.25%～0.45%	丙烯醛	<15ppm
乙腈	<300ppm	氢氰酸	<5ppm

为了防止丙烯腈聚合和氰醇的分解，该塔是在减压下操作。

自脱氢氰酸塔蒸出的氢氰酸，再经氢氰酸精馏塔精馏，脱去溶于其中的不凝气体和分离掉高沸点物丙烯腈等，得到纯度为99.5%的氢氰酸。

回收和精制部分所处理的物料丙烯腈、氢氰酸、丙烯醛等都易自聚，聚合物会使塔和塔釜发生堵塞现象，影响正常生产。故处理这些物料时必须加入少量阻聚剂。由于发生聚合的机理不同，所用阻聚剂的类型也不同。氢氰酸在酸性介质中易聚合，需加酸性阻聚剂。由于在气相中和液相中都能聚合，所以均需加阻聚剂。一般气相阻聚剂用二氧化硫，液相阻聚剂用醋酸等。放氢氰酸的贮槽可以加入少量磷酸作稳定剂。丙烯腈的阻聚剂可用对苯二酚或其他酚类。有少量水存在对丙烯腈也有阻聚作用。

氢氰酸是剧毒物质，丙烯腈的毒性也很大，故在生产过程中，必须作好安全防护。

自乙腈解析塔蒸出的粗乙腈，尚含有丙烯腈、氢氰酸以及丙烯醛等低沸点杂质，需进一步精制，以获得所需纯度的乙腈。但粗乙腈的精制较困难，因为乙腈与丙烯腈的相对挥发度接近不易分离；丙烯醛与HCN能形成不稳定的氰醇，不易脱除；乙腈和水能形成共沸物，但因乙腈能与水互溶，不能使水从共沸物中分出，必须外加脱水剂。由于存在着上述这些问题，故乙腈的精制流程比较复杂，要化学和物理方法并用，尚待继续研究改进。

4. 主要技术经济指标

丙烯氨氧化生产丙烯腈的技术经济指标，与所采用的催化剂有关，表5-17是以采用C-41催化剂为例的主要技术经济指标。

表5-17　氨氧化法生产丙烯腈的主要技术经济指标

原料单耗/吨丙烯腈	公用工程/吨丙烯腈	原料单耗/吨丙烯腈	公用工程/吨丙烯腈
丙烯(100%)1.18t 液氨(100%)0.52t	电 600kWH 高压水蒸气 3.2t 中压水蒸气 1.8t	硫酸 52kg	循环冷却水 765～880m^3 纯水 3.3t 工业水 17～30t

丙烯腈生产装置的节能措施主要有下列两方面①反应热的合理利用。丙烯氨氧化是一强放热反应，且有深度氧化副反应发生，故在反应过程中有大量热量释放出来。生成1kg丙烯腈，约可产生15000千焦的热量，这些反应热必须充分利用。一般是作为副产高压水蒸气回收，其量为6t水蒸气/t丙烯腈。所产生的高压水蒸气可作为动力或热源。新催化剂的开发，提高了反应的选择性，但同时也降低了每千克丙烯腈所产生的热量，从而减少了副产高压水蒸气；②萃取精馏塔和乙腈解析塔的节能。在上述工艺流程中，水蒸气消耗量最大的是萃取精馏塔和乙腈解析塔。因此对这两个塔采取节能措施将会明显改善能耗指标。

（四）副产物的综合利用

丙烯氨氧化生产丙烯腈，得到的副产物主要是氢氰酸和乙腈。

1. 氢氰酸的利用

氢氰酸是价贵有用的副产物。氢氰酸是无色液体，剧毒，具弱酸性，化学性质活泼。含水的氢氰酸更不稳定，易聚合，并有较多热量放出，可能会导致爆炸。故在一般情况下不宜长期存放，并需加入少量酸作稳定剂。副产氢氰酸的主要利用途径有

（1）生产氰化钠　$HCN + NaOH \longrightarrow NaCN + H_2O$

（2）生产丙醇氰醇用以制备有机玻璃单体 α-甲基丙烯酸甲酯。

$$(CH_3)_2C{=}O + HCN \underset{}{\overset{OH^-}{\rightleftharpoons}} CH_3{-}\underset{\underset{OH}{|}}{\overset{\overset{CH_3}{|}}{C}}{-}CN \xrightarrow[CH_3OH]{H_2SO_4} CH_2{=}\overset{\overset{CH_3}{|}}{C}{-}COCCH_3$$

丙酮和 HCN 在碱催化下，很易发生加成反应生成丙酮氰醇。但这是一可逆反应，低温有利于反应向右进行，但反应速度太慢。温度高会使生成的丙酮氰醇重行分解。故工业上分两段进行。第一段采用较高反应温度，40℃左右，使能以足够快的速度进行。第二段采用低温，－20℃左右，以利于反应进行完全。丙酮与 HCN 的加成反应是放热反应，故反应器需有冷却装置以撤除反应热。

此外，氢氰酸也可利用于制备硫氰酸钠和与丁二烯反应制备尼龙 66 的中间体己二腈等。

2. 乙腈的利用

乙腈的用途不如氢氰酸重要。现主要作为萃取剂用于从 C_4 烃类中分离丁二烯。乙腈加氢可得乙胺，可作农药、医药等原料。由于乙腈的用途不广，需要继续进行开发。故在改进催化剂的研究中，尽量减少乙腈的生成量。

（五）含氰废气和废水的处理

由于氰化物剧毒，故含氰废气和废水都需经过处理，才能排放，以防污染环境。

在丙烯腈生产装置中，吸收塔含氰废气排出，在急冷塔和乙腈解吸塔有含氰废水排放，均需处理。

1. 废气处理

催化燃烧法是近年来对含有低浓度可燃性有毒有机物的废气的重要处理方法。该法是将需处理的废气和空气通过负载型金属催化剂，使废气中含有的可燃有毒有机物在较低温度下发生完全氧化反应转化为 CO_2，H_2O，N_2 等无毒物质而排出。由于燃烧后的气体温度升高，可将此高温气体送入废气透平，利用其热能使转变为电能，作为动力使用。该法在丙烯腈生产装置中已有采用。

2. 含氰废水处理

（1）水量少而 HCN 和有机腈化合物含量高的废水（例如急冷塔排出的废水），一般是经过滤除去固体杂质后，可采用燃烧法处理，以空气作氧化剂，将废水直接喷入（或用碱水处理后再喷入）烧却炉，用中压水蒸气雾化并加入辅助燃料，进行烧却处理。

（2）当废水量较大氰化物（包括有机腈化物）含量较低时，则可用生化方法处理。最常用的方法是曝气池活性污泥法。活性污泥是微生物植物群、动物群和吸附的有机物质、无机物质的总称。这些微生物的污水中的有机污染物为食物，在酶的催化作用下，有足够氧供给的条件下，能将这些有毒和耗氧的有机物质氧化，分解为无毒或毒性较低不再耗氧的物质（主要是二氧化碳和水）而除去。污水和空气连续不断地进入爆气池并和活性污泥充分混合，使污水中所含的有机物在活性污泥作用下被氧化除去。为了使微生物能顺利成长，还

需加入一定数量的氮、磷和微量的无机盐类，作为微生物的营养。采用曝气池处理丙烯腈生产废水的主要缺点是在曝气过程中易挥发的氰化物会随空气逸至大气，造成二次污染。

近年来广泛采用生物转盘法。生物转盘是固定在横轴上的一系列间距很近的圆盘组成，可以隔成数级，放在盛污水的氧化槽中。圆盘一半浸在污水中，一半露在大气中，由电动机带动横轴使圆盘慢慢转动。圆盘上先挂好生物膜，然后污水不断地从氧化槽底部分散进入氧化槽。当旋转的圆盘在污水中时，污水中有机物吸附在生物膜上，当转到大气中时，被盘片带起的污水薄膜，延着生物膜表面向下滴，空气中氧不断溶解在水膜中，微生物吸收水膜中的氧靠酶的催化作用，使吸附在上面的有机物氧化分解，同时以有机物为营氧物，微生物进行自身繁殖，老化的生物膜不断脱落，新的生物膜不断产生，脱落的生物膜随净化好的水流从氧化槽上部流出。用生物转盘处理含氰丙烯腈污水不会造成二次污染。根据道总氰（以-CN 计）含量为 50～60mg/L 的丙烯腈污水，经上述方法处理后，-CN的脱除率为 99%。工业废水氰化物（以游离氰根计）最高允许排放浓度为 0.5mg/L。

衡量水质污染程度常用指标是

（1）生物耗氧量。以符号 BOD 表示。废水中的有机物由于受到微生物的生化作用而进行氧化分解时所需的氧量，单位是 mg/L。

（2）化学耗氧量。以符号 COD 表示。为强氧化剂氧化废水中的有机物时所需的氧量，单位也是 mg/L。

污水生化处理的效果，可由处理前后 BOD 的变化来衡量。其值降得愈低，处理效果愈好。一般是用脱除率表示。

$$\text{脱除率},\% = \frac{\text{处理前 BOD} - \text{处理后 BOD}}{\text{处理前 BOD}} \times 100\%$$

四、氧化反应器[7,35,36]

非均相催化氧化反应都是强放热反应，而且都伴随着完全氧化副反应的发生，温度高使完全氧化反应有不同程度加速，放热更为剧烈，故采用的氧化反应器型式必须能及时移走反应热和控制适宜反应温度，避免局部过热。工业上常用的有两种：列管式固定床反应器和流化床反应器。

（一）列管式固定床反应器

1. 列管式固定床反应器的结构

列管式固定床反应器的外壳为钢制圆筒，考虑到受热膨胀，常设有膨胀圈。反应管按正三角形排列，管数需视生产能力而定，可自数百根至万根以上。管内填装催化剂，管间走载热体。为了减少管中催化床层的径向温差，一般采用小管径，常用的为 ϕ25～30m/m 的无缝钢管，但采用小管径，管子数目要相应增多，使反应器造价昂贵。近年来倾向于采用较大管径（ϕ38～42m/m），同时相应增加管的长度，以增大气体流速，强化传热效率。但反应管长度增加，气体通过催化床层的阻力增大，动力消耗增加，为了降低床层阻力，常采用球形催化剂。反应温度是籍插在反应管中的热电偶来测量。为了能测到不同截面和高度的温度，需选择不同位置的管子数根，将热电偶插在不同高度。反应器的上下部都设置有分布板，使气流分布均匀。

载热体在管间流动或汽化以移走反应热。对于这类强放热反应，合理的选择载热体和载热体的温度的控制，是保持氧化反应能稳定进行的关键。载热体的温度与反应温度的温差宜小，但又必须移走反应过程释放出的大量热量，这就要求有大的传热面和大的传热系数。反应温度不同，所用载热体也不同。一般反应温度在240℃以下宜采用加压热水作载热体。反应温度在250～300℃可采用挥发性低的矿物油或联苯-联苯醚混合物等有机载热体。反应温度在300℃以上则需用熔盐作载热体。熔盐的组成为KNO_3 53%，NaOH 7%，$NaNO_2$ 40%（质量，熔点142℃）。

图5-22为以加压热水作载热体的反应装置。乙烯氧化制环氧乙烷，乙烯乙酰氧基化制醋酸乙烯都可采用这样的反应装置。以加压热水作载热体，主要借水的汽化以移走反应热，传热效率高，有利于催化床层温度控制，提高反应的选择性。加压热水的进出口温差一般只有2℃左右，利用反应热直接产生高压（或中压）水蒸气。但反应器的外壳要承受较高的压力，故设备投资费用较大。图5-22所示是经过改进后的乙烯氧化制环氧乙烷反应器的结构示意图。该反应器在上下封头的内腔都呈喇叭状，这一结构可以减少进入反应器的含氧混合气在进口处的返混从而造成乙烯的燃烧，并使气体更分布均匀。同时也可使反应后的物料迅速离开高温区，以避免反应物料离开催化床层后，发生燃烧（通常称为尾烧）。

图5-23是用有机载热体带走反应热的反应装置，反应器外设置载热体冷却器，利用载热体移出的反应热副产中压蒸气。以熔盐作载热体也可采用类似图5-23的反应装置，只是因熔盐熔点高，需要考虑保温。

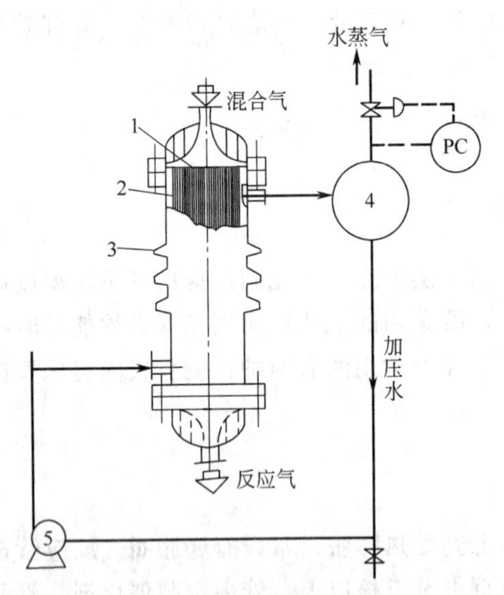

图5-22　以加压热水作载热体的反应装置示意图

1—列管上花板；2—反应列管；3—膨胀圈；4—气水分离器；5—加压热水泵

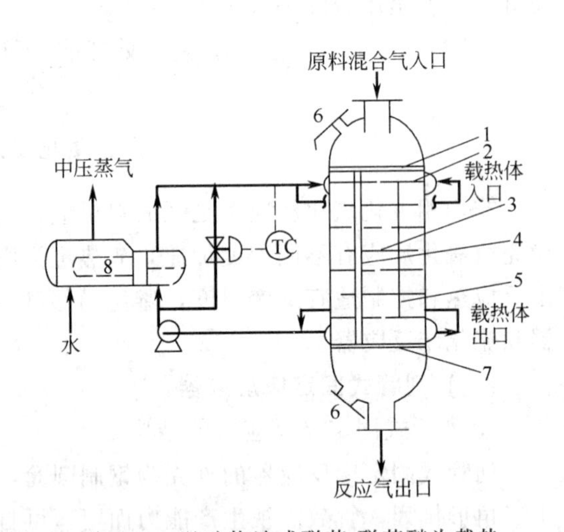

图5-23　以矿物油或联苯-联苯醚为载热体的反应装置示意图

1—列管上花板；2、3—折流板；4—反应列管；5—折流板固定棒；6—人孔；7—列管下花板；8—载热体冷却器

图5-24所示是以熔盐作载热体冷却器设置在反应器内的反应装置，用于丙烯固定床氨氧化制备丙烯腈。在反应器的中心设置载热体冷却器和推进式搅拌器，搅拌器使熔盐在反应区域和冷却区域间不断进行强制循环，减小反应器上下部熔盐的温差（4℃左右）。熔盐移走反应热后，即在冷却器中冷却并产生高压水蒸气。

由于氧化反应具有爆炸危险性，在设计反应器时，必须考虑防爆装置。

2. 列管式反应器的温度分布和热稳定性

对于强放热的氧化反应，径向和轴向都有温差，如催化剂的导热性能良好，而气体流速又较快，则径向温差可较小。轴向的温度分布主要决定于沿轴向各点的放热速率和管外载热体的除热速率。一般沿轴向温度分布都有一最高温度称为热点，如图 5-25 所示。在热点以前放热速率大于除热速率，因此出现轴向床层温度升高，热点以后恰好相反，故延床层温度就逐渐降低。控制热点温度是使氧化反应能顺利进行的关键。热点温度过高，使反应选择性降低，催化剂变劣，甚至使反应失去稳定性而产生飞温。热点出现的位置与高度与反应条件的控制有关，与传热情况有关，也与催化剂的活性有关。随着催化剂的逐渐老化，热点温度逐渐向下移，其高度也逐渐降低。

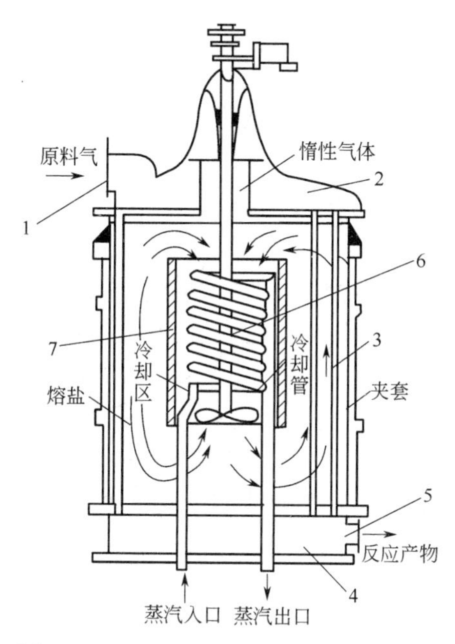

图 5-24　以熔盐为载热体反应装置示意图

1—原料气进口；2—上头盖；3—催化剂列管；4—下头盖；5—反应气出口；6—人孔；7—防爆片

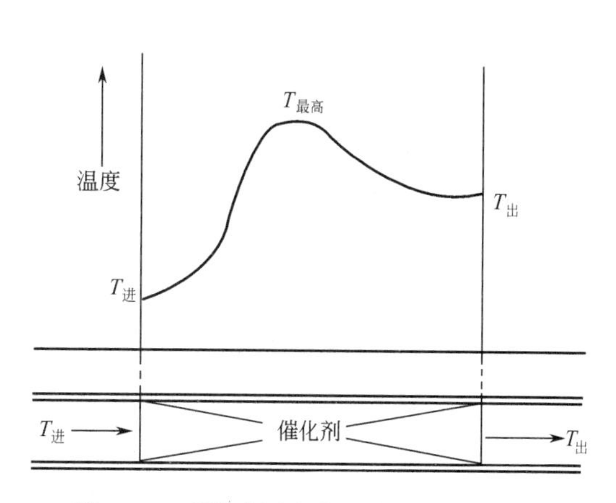

图 5-25　列管式固定床反应器的温度分布

热点温度的出现，使整化催化床层只有一小部分催化剂是在所要求的温度条件下操作，影响了催化剂效率的充分发挥。为了降低热点温度减少轴向温差，使沿轴向大部分催化床层能在适宜的温度范围内操作，工业生产上所采取的措施有①在原料气中带入微量抑制剂，使催化剂部分毒化；②在原料气入口处附近的反应管上层放一定高度为惰性载体稀释的催化剂，或放一定高度已部分老化的催化剂。这两点措施是降低入口处附近的反应速度，以降低放热速率，使与除热速率尽可能平衡；③采用分段冷却法，改变除热速率，使与放热速率尽可能平衡等。

对于进行强放热氧化反应的管式反应器，其热点温度对过程参数如原料气入口温度、浓度、壁温等的少量变化十分敏感，如控制不小心，就会造成飞温。因此在操作这类氧化反应器时，必须要考虑各操作参数的敏感区。由于氧化过程比较复杂，存在着平行和连串副反应，下面仅以简单的假一级不可逆放热反应为例进行讨论（图中所列数据，均是相对数据）。图 5-26 为原料气入口温度对轴向温度分布的影响。由图 5-26 可看出。在一定的温度范围内，原料气进床层温度的变化，对轴向温度分布和热点温度有影响，但不显著。当超过某一温度时，即使只提高 1～2℃，热点温度就显著升高，发生飞温事故，使反应器不能稳定操作。温度发生显著变化的这个区称为参数敏感区。故原料气的入口温度有一临界温度，高于此临界温度就入敏感区。为了使反应器能稳定操作，入口温度必须低于此临界温度。但原料气入口温度也不能低于氧化起始温度，不然反应就不能进行。

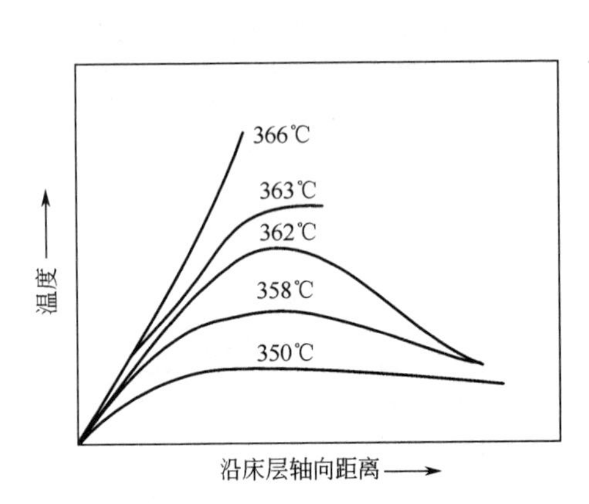

图 5-26　原料气入口温度对轴向温度分布的影响

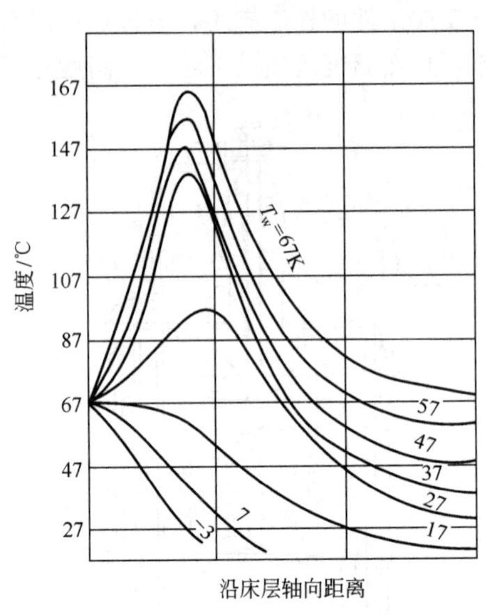

图 5-27　壁温对轴向温度分布的影响

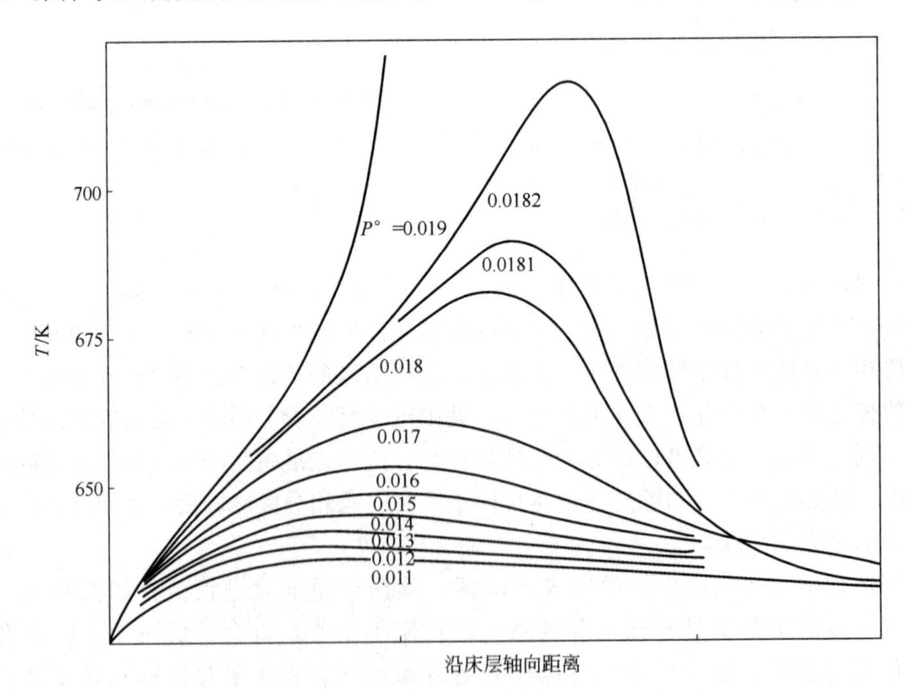

图 5-28　原料气起始浓度对轴向温度分布的影响

图 5-27 和图 5-28 分别为壁温和原料气起始浓度（以分压表示），对温度分布的影响。由图 5-27，图 5-28 可看出，也有一参数敏感区。当壁温高于一定值时，热点温度就显著升高，当然壁温过低，氧化反应也不能进行。故虽增加载热体与催化床层气相的温差对强化传热是有利的，但由于受到氧化起始温度的影响，载热体的温度不宜太低，一般载热体的温度与催化床层最高温度的温差不大于 10℃。原料的起始浓度也有一敏感区，在敏感区，浓度的稍微变化会使热点显著增高，甚至造成飞温。

由上讨论可知，在操作列管式固定床氧化反应器时，各操作参数的选择，不仅要考虑反应的转化率和选择性，还必须考虑参数的敏感区（当然最好能知道各参数的临界值）。如果反应器在敏感区附近操作，则由于某一参数的微小变化，就会使温度分布发生显著变化，从而使反应质量严重恶化。

3. 列管式固定床反应器的优缺点

列管式固定床反应器的优点是催化剂磨损少，流体在管内接近活塞流，推动力大，催化剂的生产能力较高。故有的氧化反应是采用固定床反应器。例如苯氧化制顺酐，邻二甲苯氧化制邻苯二甲酸酐等。乙烯环氧化制环氧乙烷用的是银催化剂，由于受到催化剂性能的限制，也只能采用这类反应器。这类反应器也有缺点①反应器结构复杂，合钢钢材消耗大；②传热差，需要大的传热面，反应温度不易控制，热稳定性较差；③沿轴向温差较大，且有热点出现，径向也有温差；④催化剂装卸很不方便，在装催化剂时敏根管子催化剂层的阻力要相同，很费工时。如阻力不同就会造成各管间气体流量分布不均匀，致使停留时间不一样，影响反应质量；⑤原料气必须充分混合后再进入反应器，故原料气的组成严格受到爆炸极限的限制，且对混合过程的要求也高，尤其是以纯氧为氧化剂的反应过程。有时为了安全需加入水蒸气作稀释剂。

（二）流化床反应器

1. 流化床反应的结构

图 5-29 和图 5-30 是两种流化床反应器结构示意图，用于丙烯氨氧化生产丙烯腈或其他气固相催化氧化过程，例如萘氧化制邻苯二甲酸酐，正丁烷或正丁烯氧化制顺丁烯二酸酐等。

采用流化床反应器，氧化剂空气和原料气可以分别进料（如图 5-29 所示），也可以混合后进料（如图 5-30 所示）。分别进料较安全，原料混合气的配比可不受爆炸极限的限制，例如丁烯氧化制顺丁烯二酸酐，丁烯与空气混合物的爆炸下限为 1.6%（体积），如混合后进料，考虑到安全，丁烯的浓度只能控制在低于 1.5%。如采用分别进料方式，丁烯的浓度就可以高于爆炸下限。又如丙烯氨氧化制丙烯腈，选用图 5-29 所示流化床反应器，空气和丙烯-氨分别进料，不仅比较安全，且因不需要用水蒸气作稀释，对催化剂，对后处理过程减少含氰污水的排放量都有好处。现工业上都采用这种形式的反应器。空气经分布板自床的底部进入催化床层流化催化剂，并把吸附在催化剂表面的还原性物质解吸下来，使催化剂保持高的氧化状态。丙烯和氨的混合气经过分配管，在离空气分布板一定距离处进入床层，在床层中与空气会合发生氨氧化反应。

流化床的中部是反应段，是关键部分，内放一定粒度的催化剂，并设置有一定传热面的 U 形或直形冷却管。在反应段可以除冷却管外不设置任何破碎气泡的构件（如图 5-29 所示），也可以设置一定数量的导向挡板或挡网（如图 5-30 所示）。设置这些构件有利于破碎大气泡，改善气固相之间的接触，减少返混，从而改善流化质量。但设置内部构件也带来了下列这些缺点①限制了催化剂的轴向混合，使床层温差增大；②使反应器的结构复杂；③由于催化剂不断与挡板或挡网碰撞，磨损率增加。图 5-29 所示为内部无构件的流化床反应器，垂直的冷却管也可起到破裂大气泡改善流化质量的作用。使用这种类型的反应器，一般是采用细粒度催化剂和较低操作线速，以获得较好的流化质量。催化剂中必定要有一定比例的对改善流化质量很有影响的良好粒度。例如丙烯氨氧化制丙烯腈，采用这种类型流化床反应器，其催化剂的粒度分布大致如下。

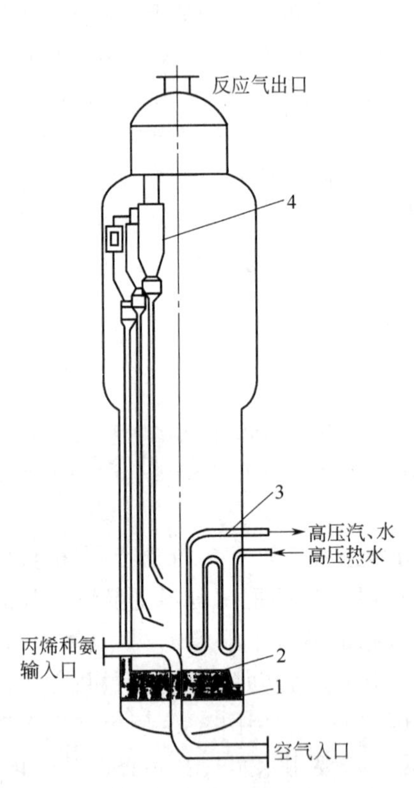

图 5-29　流化床反应器（一）

1—空气分配板；2—原料气分配管；3—U 形冷却管；4—旋风分离器

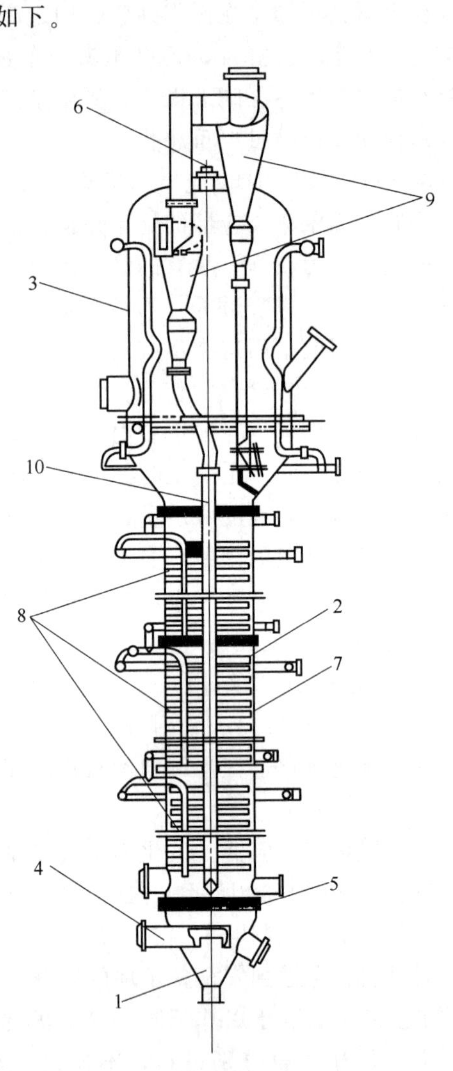

图 5-30　流化床反应器（二）

1—锥形体；2—反应段；3—扩大段；4—进料管；5—分布板；6—防爆孔；7—导向挡板；8—冷却管；9—旋风分离器；10—料腿

0～44μm ························ 25%～45%(质量)

44～88μm ······························ 30%～60%

88μm 以上 ·································· 15%～30%

小于 44μm 的催化剂颗粒对改善流化质量很有影响，称为良好组分。由于在反应过程中这些细颗粒催化剂可能被反应气流带走，因而使催化剂的粒度分布发生变化，导致流化质量下降，故在反应器内需设置有破碎催化剂的喷嘴，必要时可使用。

反应器上部是扩大段，在扩大段由于床径扩大，气体流速减慢，有利于为气流夹带的催化剂的沉降。为了进一步回收催化剂，设置有二至三级旋风分离器一组或数组（也可设置催化剂过滤管）。由旋风分离装置捕集回收的催化剂，通过下降管回至反应器。在扩大段一般不设置冷却器，如氧化反应在此继续进行，就会发生超温燃烧现象，故反应气体产物中氧的残余浓度不宜过高。

2．流化床反应器的优缺点

非均相催化氧化反应采用流化床反应器的优点有：

（1）固体催化剂颗粒与气体之间接触面大，且为气流强烈搅动，气固间传热速率快，床层温度分布比较均匀，反应温度也易控制，不会发生飞温事故，操作稳定性较好。

（2）催化剂床层与冷却管壁面间传热系数大，一般要比固定大 10 倍左右，所需传热面比固定床小得多，而且冷却管的管壁温度可以与反应温度有较大差别。故虽丙烯氨氧化的反应温度为 440℃，而冷却管中载热体可采用加压热水，借加压热水的汽化移走反应热，同时产生一定压力的水蒸气。

（3）操作比较安全。

（4）合金钢材消耗少。

（5）催化剂装卸方便。

但流化床反应器也有缺点：

（1）催化剂易磨损，损耗较多。为了减少磨损率，催化剂必须具有强度高耐磨性能好等良好机械性能，旋风分离器的效率也要高。

（2）在流化床内，由于催化剂颗粒剧烈的轴向混合，引起部分气体的返混，使反应推动力减小，影响反应速度，使转化率降低，必须相应增加接触时间，才能达到所需转化率。返混也会使边串副反应加快，选择性下降。

（3）当气体通过催化剂床层时，可能会有大气泡产生，使原料气与催化剂颗粒之间接触不良，传质恶化，从而转化率下降。

虽然流化床反应器有上述这些缺点，但其总的经济效果是有利的，尤其对于温度敏感的氧化反应。采用流化床反应器，可以有效地控制反应温度，消除局部过热现象，避免飞温事故。

第四节　氧化操作的安全技术[8]

在基本有机化学工业中进行的催化氧化过程无论是均相的或是非均相的，都是以空气或纯氧为氧化剂，可燃的烃或其他有机物与空气或氧的气态混合物在一定的浓度范围内引燃（明火、高温或静电火花等）就会发生分支连锁反应，火焰迅速传布，在很短时间内，温度急速增高，压力也会剧增，而引起爆炸。此浓度范围称为爆炸极限，一般以体积浓度表示，是由实验方法求得。烃类和其他可燃有机物与空气或氧的气态混合物的爆炸极限浓度可在有关手册上查到。但要注意，爆炸极限浓度是与试验条件（温度、压力、引燃方式等）有关，与气体混合物的组成也有关。图 5-31～图 5-34 分别为乙烯-空气-氮、乙烯-氧-氮、丙烯-氧-氮混合气在不同压力、不同温度下的爆炸极限。

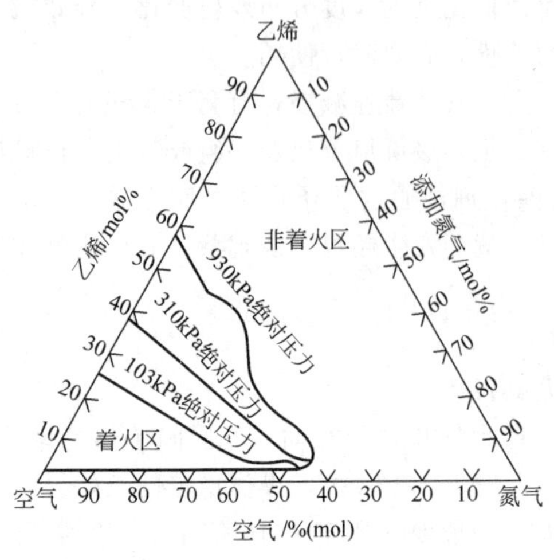

图 5-31　在 20℃和不同压力条件下乙烯-空气-氮混合物的爆炸极限

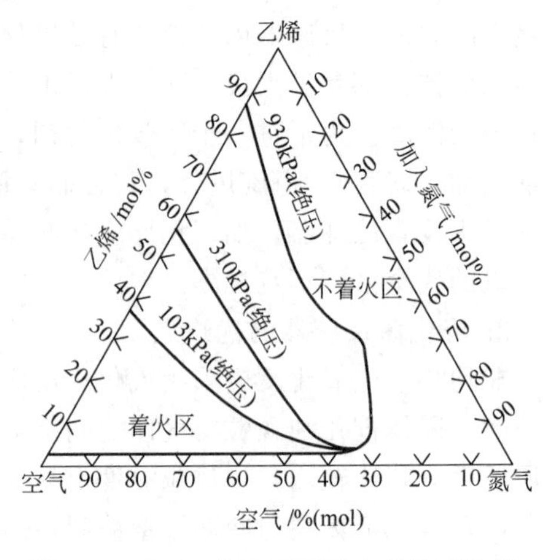

图 5-32　在 250℃和不同压力条件下乙烯-空气-氮混合物的爆炸极限

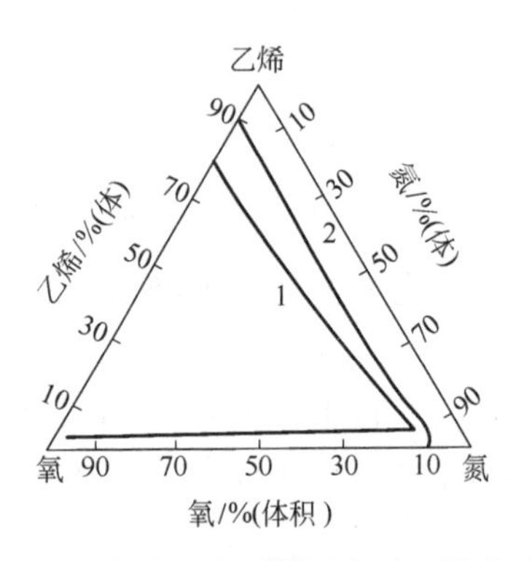

图 5-33　在室温和不同压力下乙烯-氧-氮混合物的爆炸极限

1—0.1MPa；2—1MPa

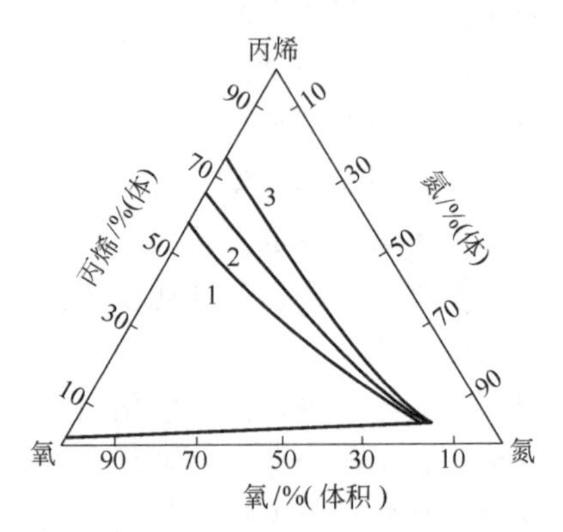

图 5-34　在室温和不同压力下丙烯-氧-氮混合物的爆炸极限

1—0.1MPa；2—0.3MPa；3—1MPa

由图 5-31～图 5-34 可看出压力对爆炸下限没有影响，而对爆炸上限有显著影响。压力增高，爆炸上限也随至增高。温度对爆炸下限影响甚小，而对爆炸上限也有显著影响。由图 5-33可看出，在室温时，在乙烯-氧-氮的混合物中，当氧含量＜10％时，不管乙烯的浓度多大也不会发生爆炸。当然随着温度的升高和压力的增大，氧的极限浓度会下降（如图 5-35 所示）。

氧的极限浓度不仅与温度、压力有关，与混合气的组成也有关。在乙烯-氧-惰性气体系统中，氧的极限浓度与惰性气体的类别有关，如图 5-36 所示。

由图 5-36 可看出，由于惰性气体不同，氧的极限浓度也不同。在乙烯-氧-氮混合气中氩的存在使氧的极限浓度降低，而加入 H_2O，CO_2，CH_4 和 C_2H_6 等惰性气体可提高氧的极限浓度，有利于安全生产。氧的极限浓度与混合气中乙烯浓度也有关。随着乙烯浓度增高，氧的极限浓度下降。故为了安全生产除控制氧浓度外，乙烯浓度也需控制。其他烃类与氧的混合气也有相似规律。只是极限浓度不同。

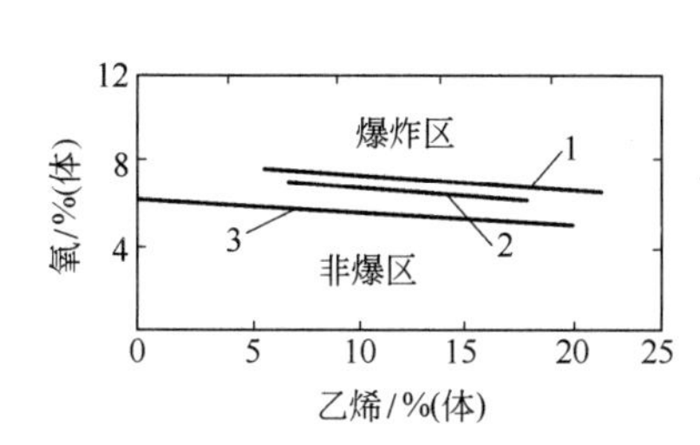

图 5-35 乙烯-氧-氮混合气在压力为 2.6MPa 时，不同温度下的极限浓度

1—200℃；2—280℃；3—300℃

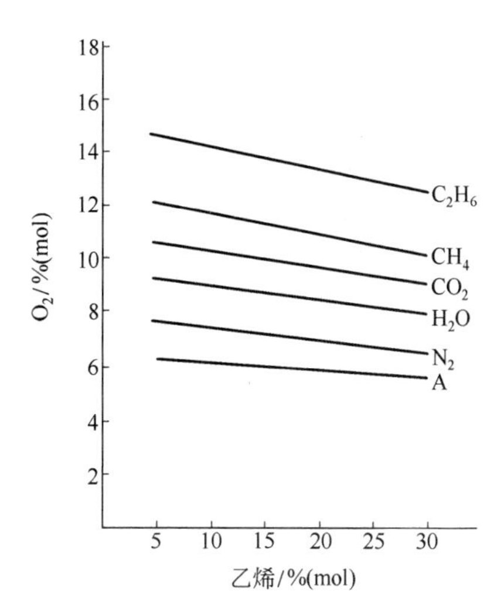

图 5-36 乙烯-氧-惰性气体混合气的氧的极限浓度压力 2.3MPa；温度 250℃

参 考 文 献

[1] R. J. Sampson, Chemistry and Industry, 147 (1975)

[2] Theodore Dumas and Valter Bulani, "Oxidation of Petrochemicals: Chemistry And Technology", Applied Science Publishers LTD, 1974

[3] John J. Mcketta And William A Cunningham, "Encyclopedia of Chemical Processing And Design", Vol. 1, 216, Marcel Dekker, Inc., 1976

[4] Kirk-Othmer, "Encyclopedia of Chemical Technology", Vol. 17, 375, John Wiley & Sons, Inc., 3rd. Ed., 1981

[5] 曹钢."异丙苯法生产苯酚、丙酮"，化学工业出版社，1983

[6] E. G. 汉考克主编，穆光照等译."苯及其工业衍生物"，化学工业出版社，1982

[7] Roel Prins And George C. A. Schuit, "Chemistry And Chemical Engineering of Catalytic Processes", Sizthoff And Noordhoff, 1980

[8] S. A. 米勒主编. 吴祉龙等译. 乙烯及其工业衍生物下册，化学工业出版社，1980

[9] B. C. Gates, J. R. Katzer, G. C. A. Schnit, "Chemistry of Catalytic Processes", HoGraw Hill Book Company, 1979

[10] 施立才. 石油化工，13 (10)，645 (1984)

[11] Patrick M. Henry, "Palladium Catalyzed Qxidation of Hydrocarbons", D. Reidel Pubishing Company, 1980

[12] Kirk-othmer, "Encyclopedia of Chemical Technology, Vol 19, 257, John Wiley & Sons, Inc., 3rd Ed., 1981

[13] Lewis F. Hatch And Sami Matar, "From Hydrocarbon to Petrochemicals", Gulf Publishing Company, Book Division, 1981

[14] Stobaugh, R. B., V. A. Carloro, R. A. etc, Hydrocarbon Processing, 52, 1, 99 (1973)

[15] D. J. Hucknall, "Selective Oxidation of Hydrocarbons", Academic Press, 1974

[16] Burtron H Davis And William P. Hettinger, Jr, "Heterogeneous Catalysis", American Chemical Society, 1983

[17] L. Y. Margolis, Catalysis Reviews, 8, 241, (1973)

[18] Alessandro Di Cio And Luigi Verde, Hydrocarbon Processing, 64 8, 68 (1985)

[19] S. C. Arnold And G. D. Sucic, Ibid, 64 9, 123 (1985)

[20] Luigi Verde And Amleto Neri, Ibid, 63 11, 83, (1985)

[21] Wulf Schwerdtel, Ibid, 47 11, 187 (1968)

[22] K. R. Bedell: Ibid, 51 11, 141 (1972)

[23] Shen-Wu Wan：Industrial Engineering Chemistry，45，234，(1953)
[24] P. A. Kilty And W. M. H. Sachtler，Catalysis Reviews-Science And Engineering，10 1，1，(1974)
[25] E. L. Force And A. T. Bell：Journal of Catalysis，44，175 (1976)
[26] E. L. Force and A. T. Bell，Ibid，40，356 (1975)
[27] P. D. Klughenz & Peter Harriott，A. I. Ch. E. Journal，17 4，856 (1971)
[28] 沈景余. 石油化工，16 8，593 (1987)
[29] Brian J. Ozero And Joseph V. Procelli，Hydrocarbon Processing，63 3，55 (1984)
[30] 孙培义. 金山油化纤，No. 4，64 (1986)
[31] Giorgio Caporali，Hydrocarbon Processing，51 11，144 (1972)
[32] Andrew Heath，Chemical Engineering 79 March，20，80，(1972)
[33] J. J. Callahan，R. K. Grasselli，I & EC Product Research and Development，9，134 (1970)
[34] 小仓一元. 石油化工译丛，No. 1，20，(1985)
[35] R. J. Van Welsenaere and G. F. Froment，Chemical Engineering Science，25，1503 (1970)
[36] Kenneth Denbign，"Chemical Reactor Theory An Introduction"，Cambridge University Press，1965

第六章　羰化反应

第一节　概　　述

随着一碳化学的发展，有一氧化碳参与的反应类型逐渐增多，现在将在过渡金属络合物（主要是羰基络合物）催化剂存在下，有机化合物分子中引入羰基（$\rangle CO$）的反应都归入羰化反应的范畴，其中主要有两大类。

（一）不饱和化合物的羰化反应[1]

1．不饱和化合物的氢甲酰化反应

1938 年德国鲁尔化学公司的奥·勒伦（O. Roulen）首先将乙烯、一氧化碳和氢在羰基钴催化剂存在下，于 150℃和加压的条件下合成了丙醛。

$$CH_2=CH_2+H_2+CO \longrightarrow CH_3CH_2CHO$$

因得到的是羰基化合物就命名为 OXO 反应，译为羰基合成反应，由于反应的结果是在双键两端碳原子上分别加上了一个氢原子和一个甲酰基（$-\underset{\overset{\|}{O}}{C}-H$）故又称为氢甲酰化反应。所用的不饱和化合物的结构不同，产物也不相同。

（1）烯烃的氢甲酰化——得到多一个碳原子的饱和醛或醇，例如

$$CH_3CH=CH_2+H_2+CO \longrightarrow CH_3CH_2CH_2CHO \xrightarrow{H_2} CH_3CH_2CH_2CH_2OH$$

这是一类很重要的羰化反应，工业化最早，应用也最广，其主要产品及用途见表 6-1 所示。

表 6-1　烯烃氢甲酰化主要产品种类及用途

原　　料	产　　物	主要用途
丙烯	丁醇	溶剂、增塑剂原料
	2-乙基己醇	增塑剂原料
庚烯(丙烯与丁烯齐聚产物)	异辛醇	增塑剂原料
三聚丙烯	异癸醇	增塑剂和合成洗涤剂原料
二聚异丁烯	异壬醇	增塑剂原料
	异壬醛	油漆和干燥剂原料
四聚丙烯	十三醇	油漆和干燥剂原料
$C_6—C_7$ α-烯烃(石蜡裂解产物)	C_7-C_8 醇	油漆和干燥剂原料
C_{11}-C_{17} α-烯烃(同上)	C_{12}-C_{18}醇	洗涤剂，表面活性剂原料

（2）烯烃衍生物的氢甲酰化

例如

$$HOCH_2CH=CH_2+CO+H_2O \longrightarrow HOCH_2CH_2CH_2CHO$$

$$CH_2=CH-CHO+CO+H_2 \longrightarrow H\underset{\overset{\|}{O}}{C}CH_2CH_2CHO$$

这两个反应都在合成1,4-丁二醇中得到应用。

其他的烯烃衍生物例如不饱和酯，不饱和含卤素化合物，不饱和含氮化合物等也能发生氢甲酰化反应而分别生成含有相应官能团的饱和醛

例如

$$CH_2{=}CH{-}CN+CO+H_2 \longrightarrow \underset{\underset{O}{\|}}{HC}{-}CH_2CH_2CN$$

产物β氰基丙醛可以合成谷氨酸，此外炔烃也能发生氢甲酰化反应，生成饱和醛和醇，但因炔烃来源有限，在本工业部门中未得到应用。

2．不饱和化合物的氢羧基化——不饱和化合物与CO和H_2O反应

例如

$$CH_2{=}CH_2+CO+H_2O \longrightarrow CH_3CH_2COOH$$

$$CH{\equiv}CH+CO+H_2O \longrightarrow CH_2{=}CH{-}COOH$$

由于反应结果是在双键两端或三键两端碳原子上分别加上一个氢原子和一个羧基，故称氢羧基化反应，利用此反应可制得多一个碳原子的饱和酸或不饱和酸。

以乙炔为原料可制得丙烯酸，聚丙烯酸酯广泛用作涂料。

3．不饱和化合物的氢酯化反应——不饱和化合物与CO和ROH反应

例如

$$2RCH{=}CH_2+2CO+2R'OH \longrightarrow RCH_2CH_2COOR'$$

$$CH{\equiv}CH+CO+ROH \longrightarrow CH_2{=}CHCOOR$$

$$CH{\equiv}CH+2CO+2CH_3OH \longrightarrow \begin{matrix}CHCOOCH_3\\ \|\\ CHCOOCH_3\end{matrix}+H_2$$

（二）甲醇的羰化反应[1]

主要有

1．甲醇羰化合成醋酸——孟山都法（Monsanto acetic acid process）

$$CH_3OH+CO \longrightarrow CH_3COOH$$

2．醋酸甲酯羰化合成醋酐——Tennessce Eastman法

$$CH_3COOCH_3+CO \longrightarrow (CH_3CO)_2O$$

醋酸甲酯可由甲醇羰化再酯化制得

$$CH_3OH+CO \longrightarrow CH_3COOH \xrightarrow{CH_3OH} CH_3COOCH_3$$

故本法实际上是以甲醇为原料。醋酸甲酯对醋酐的选择性为95%，醋酸甲酯和一氧化碳的转化率为50%。

醋酸甲酯路线比乙烯酮路线❶在投资，材质选择上均优越。

3．甲醇羰化合成甲酸

$$CH_3OH+CO \longrightarrow HCOOCH_3$$

$$HCOOCH_3+H_2O \longrightarrow HCOOH+CH_3OH$$

4．甲醇羰化氧化合成草酸或乙二醇

$$2CH_3OH+2CO+\frac{1}{2}O_2 \longrightarrow \begin{matrix}COOCH_3\\ |\\ COOCH_3\end{matrix}+H_2O$$

---

❶ $CH_3COOH \xrightarrow{\triangle} CH_2{=}CO \xrightarrow{CH_3COOH} (CH_3CO)_2O$。

$$\begin{array}{l} COOCH_3 \xrightarrow{H_2O} COOH \\ | \qquad\qquad\qquad\quad | \qquad\quad + 2CH_3OH \\ COOCH_3 \qquad\quad COOH \end{array}$$

$$\longrightarrow \begin{array}{l} CH_2OH \\ | \\ CH_2OH \end{array} + 2CH_3OH$$

由上可知，应用甲醇羰化反应可合成许多重要的有机化工产品。甲醇可由煤或天然气为原料制得。故以上这些反应是以煤或天然气为原料发展一碳化学产品的一个很重要的方面。

本章重点讨论烯烃的氢甲酰化和甲醇羰化合成醋酸两类反应。

第二节　烯烃氢甲酰化反应

一、氢甲酰化反应的化学

(一) 主、副反应

以丙烯氢甲酰化为例，讨论烯烃氢甲酰的主反应和副反应

主反应是生成正构醛

$$CH_2 = CHCH_3 + CO + H_2 \longrightarrow CH_3CH_2CH_2CHO$$

由于原料烯烃和产物醛都具有较高的反应活性，故有连串副反应和平行副反应发生，平行副反应主要是异构醛的生成，

$$CH_2 = CHCH_3 + CO + H_2 \longrightarrow \begin{array}{l} CH_3CHCHO \\ \quad\ | \\ \quad CH_3 \end{array}$$

和原料烯烃的加氢

$$CH_2 = CHCH_3 + H_2 \longrightarrow CH_3CH_2CH_3$$

这两个反应是衡量催化剂选择性的重要指标。

主要连串副反应是醛加氢生成醇和缩醛的生成，例如

$$CH_3CH_2CH_2CHO + H_2 \longrightarrow CH_3CH_2CH_2CH_2OH$$

$$2CH_3CH_2CH_2CHO \longrightarrow \begin{array}{c} \qquad OH \\ \qquad | \\ CH_3CH_2CH_2CHCHCH_2CH_3 \\ \qquad\quad | \\ \qquad\quad CHO \end{array}$$

缩丁醛

$$CH_3CH_2CH_2CHO + \begin{array}{l} CH_3CHCHO \\ \quad\ | \\ \quad CH_3 \end{array} \longrightarrow \begin{array}{l} \qquad OH \quad CH_3 \\ \qquad | \qquad | \\ CH_3CHCHCHCH_2 \\ \qquad | \qquad | \\ \quad CH_3 \quad CHO \end{array}$$

缩丁醛

在过量丁醛存在下，在反应条件下，缩丁醛又能进一步与丁醛化合，生成环状缩醛，链状三聚物，

$$\begin{array}{c} \qquad OH \\ \qquad | \\ CH_3CH_2CH_2CHCHCH_2CH_3 \\ \qquad\quad | \\ \qquad\quad CHO \end{array} + CH_3CH_2CH_2CHO \rightleftharpoons \begin{array}{c} C_2H_5 \\ | \\ CH \\ / \quad \backslash \\ C_3H_7{-}CH \qquad CH{-}OH \\ | \qquad\qquad | \\ O \qquad\qquad O \\ \backslash \quad / \\ CH \\ | \\ C_3H_7 \end{array}$$

$$\begin{array}{l} CH_3CH_2CH_2CH{-}OH \\ \qquad\qquad\quad | \\ CH_3{-}CH_2{-}CH{-}CHO \end{array} + CH_3CH_2CH_2CHO \longrightarrow CH_3CH_2CH_2\overset{\displaystyle OCOCH_2CH_2CH_3}{\overset{|}{C}H}{-}\underset{\displaystyle CH_2OH}{\underset{|}{C}H}CH_2CH_3$$

缩丁醛　　　　　　　　　　　　三聚物

缩醛很容易脱水生成另一种副产物烯醛

$$CH_3CH_2CH_2\overset{\displaystyle OH}{\overset{|}{C}H}\underset{\displaystyle CHO}{\underset{|}{C}H}CH_2CH_3 \xrightarrow{-H_2O} CH_3CH_2CH_2CH{=}\underset{\displaystyle C_2H_5}{\underset{|}{C}}CHO$$

乙基、丙基丙烯醛

（二）热力学分析

仍以丙烯氢甲酰化反应为例进行讨论

烯烃氢甲酰化反应，是放热反应，反应热效应较大。

主反应　$CH_3{-}CH{=}CH_2+CO+H_2 \longrightarrow CH_3CH_2CH_2CHO \quad -\Delta H^0$　　(1)

$\Delta H^0_{298K}=-123.8kJ/mol$

主要副反应

$CH_3CH{=}CH_2+CO+H_2 \longrightarrow (CH_3)_2CHCHO \quad -\Delta H^0$　　(2)

$\Delta H^0_{298K}=-130kJ/mol$

$CH_3CH{=}CH_2+H_2 \longrightarrow C_3H_8 \quad -\Delta H^0$　　(3)

$\Delta H^0_{298K}=-124.5kJ/mol$

$CH_3CH_2CH_2CHO+H_2 \longrightarrow CH_3CH_2CH_2CH_2OH \quad -\Delta H^0$　　(4)

$\Delta H^0_{298K}=-61.6kJ/mol$

反应（1）至（4）的 ΔG^0 和 K_p 值见表（6-2）。

表 6-2　丙烯氢甲酰化的主反应和主要副反应的 ΔG^0 和 K_p

温　度 ℃	主反应(1)		副反应(2)		副反应(3)		副反应(4)	
	ΔG^0 kJ/mol	K_p	ΔG^0 kJ/mol	K_p	ΔG^0 kJ/mol	K_p	ΔG^0 kJ/mol	K_p
25	−48.4	2.96×10^9	−53.7	2.52×10^9	−86.4	1.32×10^{15}	−94.8	3.90×10^{16}
150	−16.9	1.05×10^2	−21.5	5.40×10^2	—	—	—	—

由上数据可知烯烃的氢甲酰化反应，在常温、常压下的平衡常数值很大，即使在 150℃仍有较大的平衡常数值，所以氢甲酰反应在热力学上是有利的，反应主要由动力学因素控制。

副反应在热力学上也很有利，从所列数据可看出，影响正构醛选择性的二个主要副反应，在热力学上都比主反应有利，要使反应向生成正构醛的方向进行，必须使主反应在动力学上占绝对优势，关键在于催化剂的选择和控制合适的反应条件。

（三）催化剂

各种过渡金属羰基络合物催化剂对氢甲酰反应均有催化作用，工业上采用的有羰基钴和羰基铑催化剂，现分别讨论如下。

1. 羰基钴催化剂

各种形态的钴如粉状金属钴、雷尼钴、氧化钴、氢氧化钴和钴盐均可使用，但以油溶性钴盐和水溶性钴盐用得最多，例如环烷酸钴、油酸钴、硬脂酸钴和醋酸钴等，这些钴盐，比较容易溶于原料烯烃和溶剂中，可使反应在均相系统内进行。

据研究认为氢甲酰化反应的催化活性物种是 $HCO(CO)_4$，但 $HCO(CO)_4$ 不稳定，容易分解，故一般该活性物种都是在生产过程中用金属钴粉或上述各类钴盐直接在氢甲酰化反应器中制备。钴粉于 3～4MPa，135～150℃能迅速发生下列反应，得到 $Co_2(CO)_8$，

$$2Co + 8CO \rightleftharpoons Co_2(CO)_8 \quad \Delta H^0 = -462kJ/mol$$

而 $Co_2(CO)_8$ 再进一步与氢作用转化为 $HCo(Co)_4$

$$Co_2(CO)_8 + H_2 \rightleftharpoons 2HCO(CO)_4$$

若以钴盐为原料，Co^{2+} 先由 H_2 供给 2 个电子还原成零价钴，然后立即与 CO 反应转化为 $Co_2(CO)_8$。

反应系统中 $Co_2(CO)_8$ 和 $HCo(CO)_4$ 的比例由反应温度和氢分压决定，

$$\frac{[HCo(CO)_4]^2}{Co_2(CO)_8} = K \cdot P_{H_2}$$

平衡系数 K 与温度的关系是：

$$K = 1.365 - \frac{1900}{T}$$

在工业上所采用的反应条件下，二者之间的比例大致相等。

在反应液中要维持一定的羰基钴浓度，必须保持足够高的一氧化碳分压。一氧化碳分压低，羰基钴会分解而析出钴。

$$Co_2(CO)_8 \rightleftharpoons 2Co\downarrow + 8CO$$

这样不但降低了反应液中羰基钴的浓度，而且分解出来的钴沉积于反应器壁上，使传热条件变坏。温度愈高，阻止 $Co_2(CO)_8$ 分解需要的 CO 分压愈高。在高温下，CO 分压为 0.05MPa 时，$Co_2(CO)_8$ 就很稳定，而温度升到 150℃时，CO 分压至少要 4MPa 才稳定。催化剂浓度增加时，为阻止 $Co_2(CO)_8$分解，所需的 CO 分压也增高，如 150℃时，钴浓度从 0.2%增加到 0.9%时，CO 分压至少须相应地从 4MPa 增高到 8MPa 羰基钴浓度与 CO 分压和温度之间的关系由图 6-1 所示。

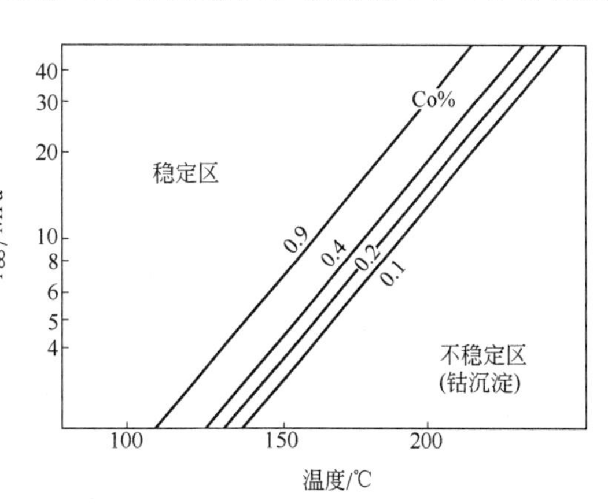

图 6-1 不同浓度羰基钴的分解压力与温度的关系

原料气中有二氧化碳、水、氧等杂质存在能使金属钴钝化而抑制羰基钴的形成，氧含量<1%即有明显的影响，但一旦羰基钴已形成并连续操作后，这些物质的影响就小了。

某些硫化物如氧碳化碳、硫化氢，不饱和硫醚、硫醇、二硫化碳、元素硫等能使催化剂中毒而影响氢甲酰化反应的顺利进行，故原料烯烃中硫含量应控制小于 10ppm。

羰基钴催化剂的主要缺点是热稳定性差，容易分解析出钴而失去活性，如前所述为了防止其分解，必须在高的一氧化碳分压下操作，而且产品中正/异醛比例较低。为此进行

了许多研究改进工作，以提高其稳定性和选择性，一种改进方法是改变配位基，另一种是改变中心原子。

2. 膦羰基钴催化剂

施主配位基膦（PR_3）、亚磷酸酯（$P(OR)_3$）、胂（AsR_3）、䏲（SbR_3）（各配位基中R可以是烷基、芳基、环烷基或杂环基）取代 $HCo(CO)_4$ 中的CO基，则因为上述配位基的碱性和立体体积大小的不同，可以改变金属羰基化合物的性质，而使羰基钴催化剂的性质发生一系列的变化，现以膦羰基钴为例讨论如下。

（1）催化剂的稳定性增加，活性降低。因为 PR_3 与CO相比是一个较强的 σ 施主配位基和较弱的 π 受主配位基，能增加中心金属的电子密度，从而增强了中心金属的反馈能力，使金属-羰基间的键变牢固，即增加了 $HCo(CO)_mL_n$（L代表上述配位基）络合物的稳定性，可以在比较低的CO分压下进行氢甲酰化反应，例如 $HCo(CO)_3\cdot[P(n\text{-}C_4H_9)_3]$ 操作温度为160～200℃，一氧化碳分压控制在5～10MPa即可。可节省合成气压缩费用、降低反应器耐压要求、减少投资，并可用蒸馏法将产品和催化剂分开，比 $HCo(CO)_4$ 的循环简便得多。

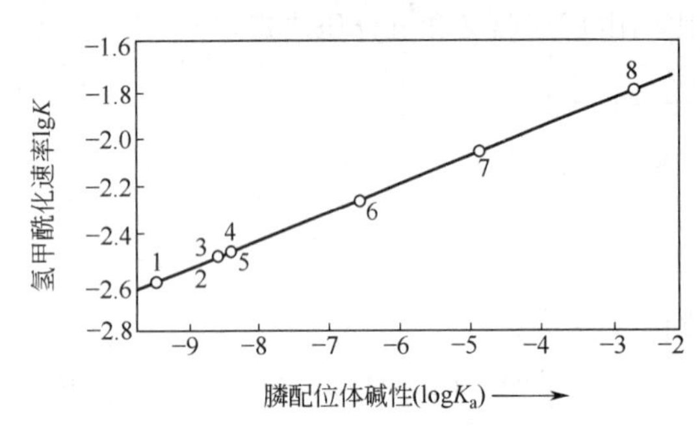

图6-2　己烯的相对氢甲酰化速度与配位基 pK_a 值关系

金属-CO间键强度的增强，使整个反应速度减慢，温度180℃时反应速度只有以 $HCo(CO)_4$ 为催化剂时的 $\frac{1}{5}\sim\frac{1}{6}$，可见反应器的生产能力降低了。配位基碱性愈大，$\sigma$ 施主能力愈强，催化剂稳定性愈高，氢甲酰化反应速度愈慢。图6-2表明了己烯相对反应速度与膦配位基 pK_a 值的关系。

（2）对直链产物的选择性增高。$HCo(CO)_3P(n\text{-}C_4H_9)_3$ 催化剂能提高正构醛的选择性。有两个原因，其一是电子因素，用 $P(nC_4H_9)_3$ 取代了羰基以后，羰基钴化合物的酸性大大降低，$HCo(CO)_4\ pK_a<1$ 而 $HCo(Co)_3P(nC_4H_9)_3\ pK_a\approx 8.43$，也就是由于有了膦配位基，中心金属原子钴的电子云密度增加。氢的负电性也增加，当这种催化剂与烯烃作用时，负氢离子更容易加到非键端的那个带正电荷的碳原子上，而 $Co(CO)_3P(nC_4H_9)_3$ 则加到带负电的端烯碳原子上，进一步形成正构醛。

$$\underset{\substack{|\\ Co(CO)_3\\ |\\ P(nC_4H_9)_3}}{R-CH-CH_3} \rightleftharpoons \underset{\substack{+\\ HCo(CO)_3\\ |\\ P(nC_4H_9)_3}}{R-\overset{+\delta}{C}H=\overset{-\delta}{C}H_2} \rightleftharpoons RCH_2CH_2Co(CO)_3P(nC_4H_9)_3$$

10%～20%　　　　　　　　　　　　85%～90%

其二是空间因素（几何因素）：膦羰基钴催化剂是三角双锥体的几何构形（dsp^3 杂化）三个羰基配位在平面三角形的三个顶角上，而氢和膦在轴向位置，此结构体积很大，空间障碍也大，故不易进入非链端碳原子上。

（3）加氢活性较高。由于中心金属电子密度增高，负氢离子电负性也增强，加氢活性增高，使产物只有醇而没有醛，并有5%烯烃也同时被加氢还原成烷烃，损失了原料烯烃，使产品收率降低。

（4）副产物少。由于反应中醛浓度很低，故醛醛缩合及醇醛缩合等连串副反应减少。

（5）对不同原料烯烃氢甲酰化反应的适应性差，因为按不同烯烃相应调变配位基以调节催化剂的活性是不容易的。

3. 膦羰基铑催化剂[7,8]

1952 年席勒（Schiller）首次报道羰基氢铑 $HRh(CO)_4$ 催化剂可用于氢甲酰化反应。其主要优点是选择性好、产品主要是醛，副反应少，醛醛缩合和醇醛缩合等连串副反应很少发生或者根本不发生，活性也比羰基氢钴高 $10^2 \sim 10^4$ 倍，正/异醛比率也高。早期使用 $Rh_4(CO)_{12}$ 为催化剂，是由 Rh_2O_3 或 $RhCl_3$ 在合成气存在下于反应系统中形成，但氢和一氧化碳不能过量，前者导致烯烃加氢反应，后者降低反应速度。羰基铑催化剂的主要缺点是异构化活性很高，正/异醛比率只有 50/50。后来用有机膦配位基取代部分羰基如 $HRh(CO)(pph_3)_3$（铑胂羰基络合物使用相似），异构化反应可大大被抑制，正/异醛比率达到 15∶1，催化剂性稳定，能在较低 CO 压力下操作，并能耐受 150℃高温和 1.87×10^3 Pa 真空蒸馏，能反复循环使用。此催化剂母体商品名叫 ROPAC 结构式为

$$\begin{array}{l} Ph_3P \searrow \quad \nearrow O{=}C{-}CH_3 \\ \qquad Rh \qquad\quad | \\ CO \nearrow \quad \searrow O{-}C{=}CH \\ \qquad\qquad\qquad\quad \diagdown CH_3 \end{array}$$

在反应条件下 ROPAC 与过量的三苯基膦和 CO、H_2 反应生成一组呈平衡的络合物

$$HRh(CO)(pph_3)_3 \underset{pph_3}{\overset{CO}{\rightleftharpoons}} HRh(CO)_2 \cdot (pph_3)_2 \underset{pph_3}{\overset{CO}{\rightleftharpoons}} HRh(CO)_3(pph_3)$$
$$\overset{CO}{\rightleftharpoons} HRh(CO)_4$$

其中 $HRh(CO)_2(pph_3)_2$ 和 $HRh(CO)(pph_3)_3$ 被认为是活性催化剂。三苯基膦浓度大，对活性组分生成有利。

三个催化体系的比较如表 6-3 所示。

表 6-3　三种氢甲酰化催化剂性能比较

催　化　剂	$HCo(CO)_4$	$HCo(CO)_3P(n\text{-}C_4H_9)_3$	$HRh(CO)(pph_3)_3$
温度/℃	140～180	160～200	90～110
压力/MPa	20～30	5～10	1～2
催化剂浓度/%	0.1～1.0	0.6	0.01～0.1
生成烷烃量	低	明显	低
产物	醛/醇	醇/醛	醛
正/异比	3～4∶1	8～9∶1	12～15∶1

（四）反应机理和动力学

氢甲酰化反应虽然已有 40 多年工业化历史，但反应机理的某些步骤仍然是假设的，还需要进一步验证。1960 年赫克（Heck）和布端斯劳（Breslow）提出的机理目前普遍为大家接受，所用催化剂是羰基钴，其主要步骤是：$Co_2(CO)_8$ 和 H_2 首先生成 $HCo(CO)_4$，然后解离成 $HCo(CO)_3$ 和 CO，氢化羰基钴与烯烃生成 π-烯烃络合物，再重排生成羰基烷基钴。然后 CO 插入烷基和钴原子之间形成酰基络合物，进一步生成四羰基络合物，后者

即与 H_2 或 $HCo(CO)_4$ 反应生成产物醛。

以膦羰基铑为催化剂的反应机理与羰基钴基本相同，如图 6-3 所示。

此机理也表示了氢甲酰化反应的均相络合催化循环过程。

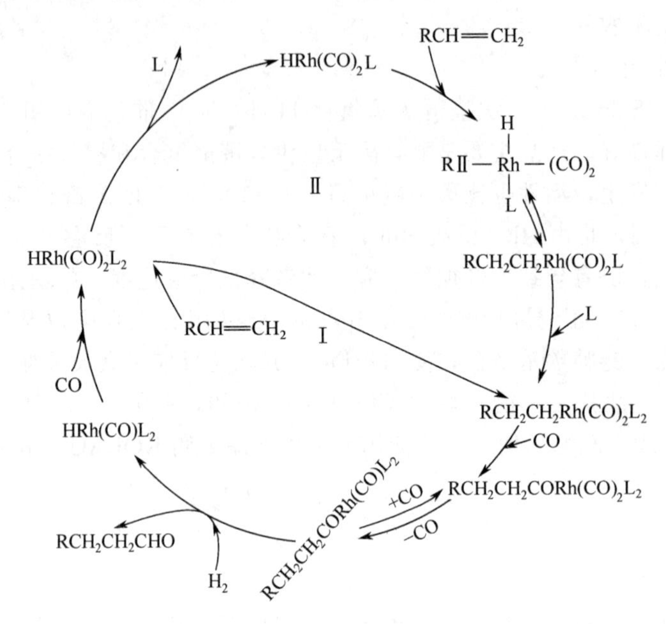

图 6-3　用 $HRh(CO)_2L_2$ 为催化剂的烯烃氢甲酰化机理

L＝pph_3、PBu_3 等。Ⅰ为缔合路线（烯烃加成到 $HRh(CO)_2L_2$ 上去生成 $RCH_2CH_2Rh(CO)_2L_2$）。Ⅱ解离路线（一个配位体 L 解离后的反应过程）。

图中 $HRh(CO)_2L_2$ 是催化活性物种。

以羰基铑和羰基钴为催化剂的烯烃氢甲酰化反应的动力学方程式是类似的。前者的反应速度方程式为

$$\frac{d[醛]}{dt}=k[烯烃]^0[Rh]P_{H_2}P_{CO}^{-1} \tag{6-1}$$

总反应速度与烯烃浓度无关，认为大部分铑催化剂经过短暂的诱导期之后，即转化成较稳定的酰基衍生物，$RCORh(CO)_2$ 而反应的控制步骤是 $RCORh(CO)L_2$ 与 H_2 的反应。

反应过程中存在下列一些平衡关系

$$HRh(CO)_2L \underset{}{\overset{⑦\ RCH=CH_2}{\rightleftharpoons}} RCH_2CH_2Rh(CO)_2L$$

$$HRh(CO)_2L \ \rightleftharpoons\ (-L⑥)\ HRh(CO)_2L_2 \qquad RCH_2CH_2Rh(CO)_2L \ \rightleftharpoons\ (⑧L)\ RCH_2CH_2Rh(CO)_2L_2$$

$$HRh(CO)_2L_2 \overset{①\ RCH=CH_2}{\rightleftharpoons} RCH_2CH_2Rh(CO)_2L_2$$

$$HRh(CO)_2L_2 \ \rightleftharpoons\ (CO⑤)\ HRh(CO)L_2 \qquad RCH_2CH_2Rh(CO)_2L_2 \ \rightleftharpoons\ (②CO)\ RCH_2CH_2CORh(CO)_2L_2$$

$$RCH_2CH_2CORh(CO)_2L_2 \ \rightleftharpoons\ (③-CO)\ RCH_2CH_2CORh(CO)L_2$$

$$HRh(CO)L_2 + RCH_2CH_2CHO \underset{H_2}{\overset{④}{\longleftarrow}} RCH_2CH_2CORh(CO)L_2$$

（控制步）

催化剂浓度大于 6×10^{-3} mol/L 时，反应主要按①～④途径进行。铑浓度低时则按⑥～⑦～⑧～②～③～④反应途径进行。由③也可说明 CO 分压增加对反应不利的原因。式 (6-1) 还表明，当 $H_2/CO=1$ 时，反应速度与总压无关。

（五）烯烃结构对反应速度和正/异醛比例的影响[9]

从动力学方程式可知，烯烃的氢甲酰化反应速度与烯烃浓度呈零级关系，但烯烃结构对反应速度影响很大（见表 6-4）。

表 6-4　烯烃结构对反应速度的影响

反应温度　110℃

烯　　烃	结　　构	$10^3k/min^{-1}$钴催化剂	$10^3k/min^{-1}$铑催化剂
α-烯烃(端烯)			
戊烯	C—C—C—C═C	68.3	
己烯	C—C—C—C—C═C	66.2	55.8
庚烯	C—C—C—C—C—C═C	66.8	54.2
非 α-烯烃(内烯)			
2-戊烯	C—C—C—C═C	21.3	—
2-己烯	C—C—C—C═C—C	18.1	34.4
2-庚烯	C—C—C—C—C═C—C	19.3	40.2
3-庚烯	C—C—C—C═C—C—C	20.0	41.9
环烯烃	C═C │　│ C　C ╲ ╱ C	22.4	16.2
环戊烯		5.82	6.1
支链 α-烯烃			
2-甲基-1-戊烯	C—C—C—C═C │ C	7.32	25.7
2,4,4-三甲基-1-戊烯	C　　C │　　│ C—C—C—C═C │ C	4.79	—
支链非 α-烯烃			
2-甲基-2-戊烯	C │ C—C—C═C—C	4.87	—
2,4,4-三甲基-2-戊烯	C　　C │　　│ C—C—C═C—C │ C	2.29	3.0

表 6-4 表明：①双键位置与反应速度密切有关，直链 α-烯烃速度最快，当链增长时，速度稍有减慢。直链非 α-烯烃速度较慢；②烯烃含支链会降低反应速度，且支链离双键愈近，速度减慢愈多，支链愈多，速度愈慢。可能是支链造成了空间障碍，使烯烃不易与催化剂作用而降低了反应速度；③环烯烃进行氢甲酰化时，其速度是环戊烯＞环己烯。

烯烃结构也影响正/异醛的比例。一般情况下所有烯烃都能进行氢甲酰化反应，除了不因为双键迁移而异构化的烯烃如环戊烯、环己烯下产生异构醛外，其他烯烃都得到二个或多个异构体，如表 6-5 所示。在通常氢甲酰化条件下，双键位置不同，对正/异醛的比例并无显著影响。由于反应过程中，可能同时有异构化反应发生，所以不论是端烯还是内烯，几乎是得到相同的产品组成。

表 6-5　一些烯烃氢甲酰化时异构醛的比例　催化剂　$Co_2(CO)_3$

原料烯烃	一次反应产品组成	原料烯烃	一次反应产品组成
丙烯	80%正丁醛 20%异丁醛	戊烯、2-戊烯	50%正己醛 40% 2-甲基-1 戊醛 10% 2-乙基-1 丁醛
丁烯 (顺+反)2-丁烯	60%正戊醛 40%异戊醛		
异丁烯	95% 3-甲基丁醛 5% 2,2-二甲基丙醛	环己烯	环己醛

带支链的烯烃，双键碳原子因受到支链的空间阻碍，醛基主要加成到 α-碳原子上，如异丁烯的氢甲酰化，产物中 95%是 3-甲基丁醛。

(六) 影响反应的因素

1. 温度的影响[10,11]

反应温度对反应速度、产物醛的正/异比率和副产物的生成量都有影响。温度升高，反应速度加快，但正/异醛的比率随之降低，重组分和醇的生成量随之增加，表 6-6 和图 6-4，图 6-5，分别为以氢羰基钴为催化剂时烯烃的氢甲酰化速度、正/异醛比例以及重组分和醇的生成量与温度的关系。

表 6-6　温度对反应速度的影响

催化剂 $CO_2(CO)_8$；原料：正丁烯；溶剂：丁烷；压力：24MPa；$H_2/CO=1$

反应温度/℃	相对反应速度	反应温度/℃	相对反应速度
90	0.01	120	0.20
100	0.04	140	1.00

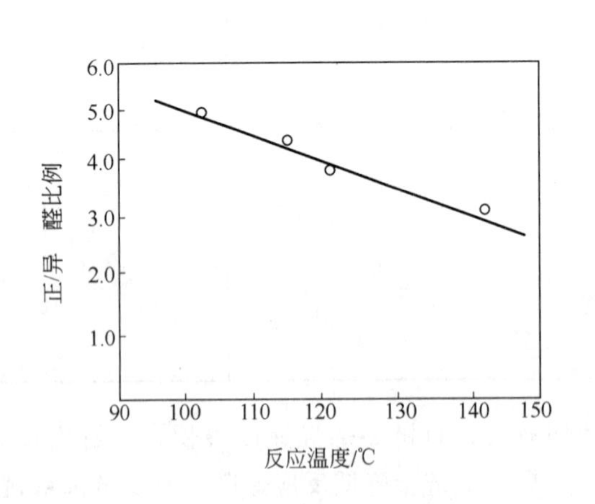

图 6-4　温度对丙烯氢甲酰化产物中正/异醛比的影响
催化剂　$HCo(CO)_4$

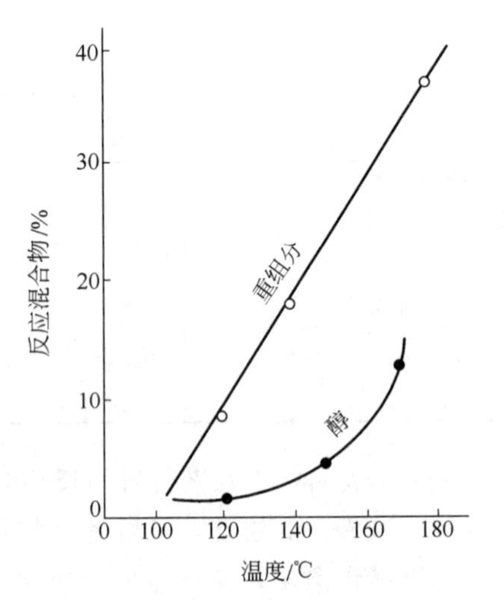

图 6-5　丙烯氢甲酰化副产物生成量与温度的关系
催化剂　$HCo(CO)_4$

以膦羰基铑为催化剂也有相似的规律，如图 6-6 所示。

综上所述可知氢甲酰化反应温度不宜过高，使用羰基钴催化剂时，一般控制在140～180℃，使用膦羰基铑催化剂以100～110℃较宜，并要求反应器有良好的传热条件。

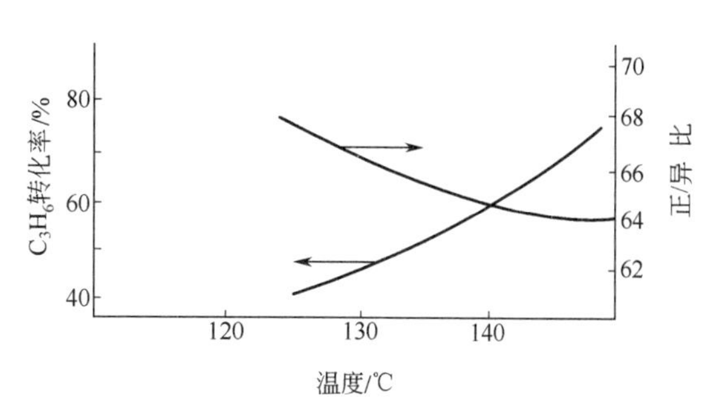

图 6-6 温度与丙烯转化率和正/异醛比的关系

催化剂 $Rh(PPh_3)_2COCl$

2. CO 分压、H_2 分压和总压的影响[4,12～14]

从烯烃氢甲酰化的动力学方程和反应机理可知，增高一氧化碳分压，会使反应速度减慢，但一氧化碳分压太低，对反应也不利，因为金属羰基络合物催化剂在一氧化碳分压低于一定值时就会分解，析出金属，而失去催化活性，所需一氧化碳分压与金属羰基络合物的稳定性有关，也与反应温度和催化剂的浓度有关。如用羰基钴为催化剂，反应温度为150～160℃，催化剂的浓度为0.8%（质量）左右时，一氧化碳分压要求达到10MPa左右，而用羰基铑催化剂时，反应温度在110～120℃则所需一氧化碳分压为1MPa左右。

图 6-7（a）和图 6-7（b）为总压不变时，一氧化碳分压对产物醛正/异比率的影响，由图 6-7 可以看出，以羰基钴为催化剂和以膦羰基铑为催化剂，其影响适相反，以膦羰基铑为催化剂时，在总压一定时，随着一氧化碳分压的增加，正/异醛比率下降。但一氧化碳分压太低，原料丙烯加氢生成丙烷的量甚高，原料烯烃损失量增大，故一氧化碳分压有一个最适宜的范围。

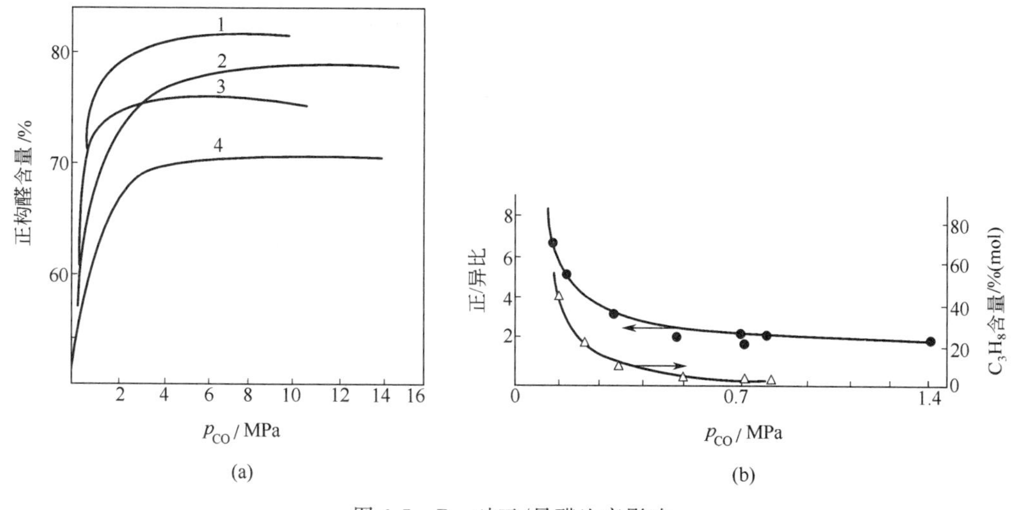

图 6-7 P_{CO}对正/异醛比率影响

（a）催化剂 $Co_2(CO)_8$；反应温度 100～110℃；p_{H_2} 8MPa

1—戊烯；2—丁烯；3—2-戊烯；4—顺-2-丁烯

（b）催化剂 $HRh(CO)(pph_3)_3$；反应温度 80～110℃ p_{H_2} 3.5MPa

●—p_{CO}与正/异醛比率关系；△—p_{CO}与 C_3H_8 生成量关系

氢分压增高，氢甲酰化反应速度加快，烯烃转化率提高，正/异醛比率也相应升高。图 6-8、图 6-9、图 6-10 表明了氢分压对产品中醛/醇比率、正/异醛比率和丙烯转化率的影响。

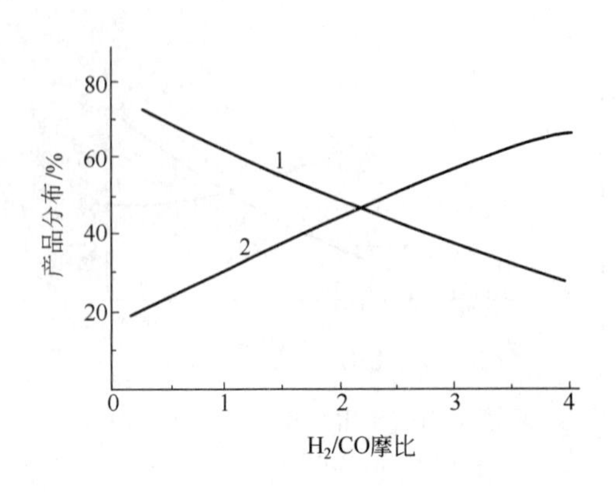

图 6-8　H_2/CO 比对丙烯氢甲酰化产物中醛/醇分布的影响

催化剂　$HCo(CO)_4$；总压不变

1—醛；2—醇

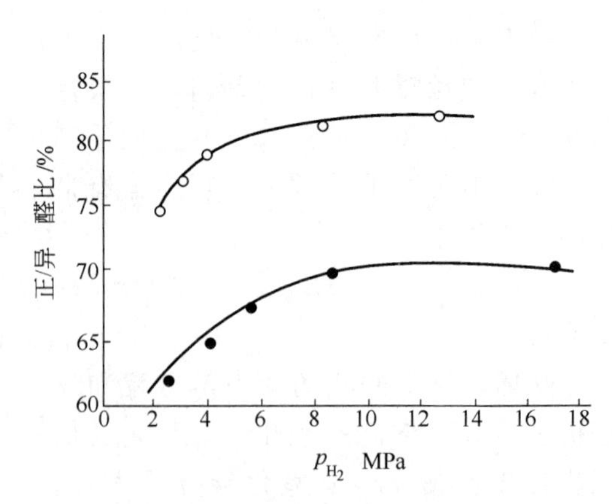

图 6-9　氢分压对丙烯氢甲酰化产物中正/异醛比率影响

●—温度　110℃　p_{CO}　10MPa

○—温度　90℃　p_{CO}　6.8MPa

催化剂　$Rh(PPh_3)_2COCl$

由图 6-8，图 6-9 可知提高氢分压可提高钴或铑催化剂的活性和正/异醛比率，但同时也增加了醛加氢生成醇和烯烃加氢生成烷烃的速度，这就降低了醛的收率和增加了烯烃的消耗，故在实际使用时要作全面权衡，选用最适宜的氢分压。一般 H_2/CO 摩尔比为 1∶1 左右。

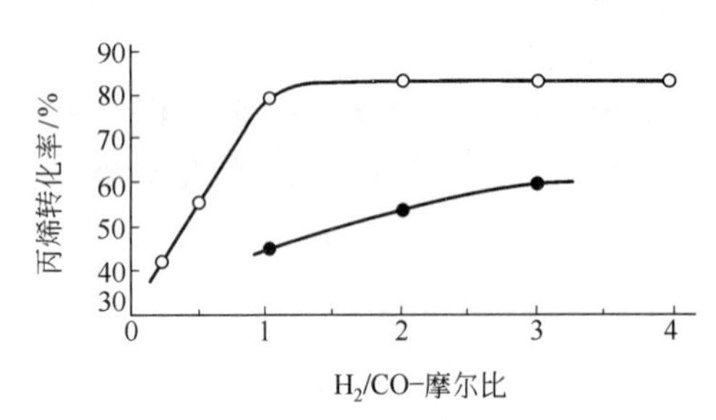

图 6-10　H_2/CO 比与丙烯转化率关系

催化剂　●—$Rh(pph_3)_2COCl$

$Co_2(CO)_6[P—(C_4H_9)_3]_2$

总压不变

从动力学方程式（6-1）可知，氢分压和一氧化碳分压起着相反的作用，故当原料中 $H_2/CO=1$ 时，反应速度与总压无关，但对正/异醛比率和副反应是有影响的。

图 6-11 为当 $H_2/CO=1$ 时，总压力对正/异醛比率的影响，图 6-11（a）表明，使用羰基铑催化剂时，总压力升高，正/异醛比率开始降低较快，但当压力达到 4.5MPa 以后，正构醛降低幅度很缓慢，图 6-11（b）表明使用羰基钴

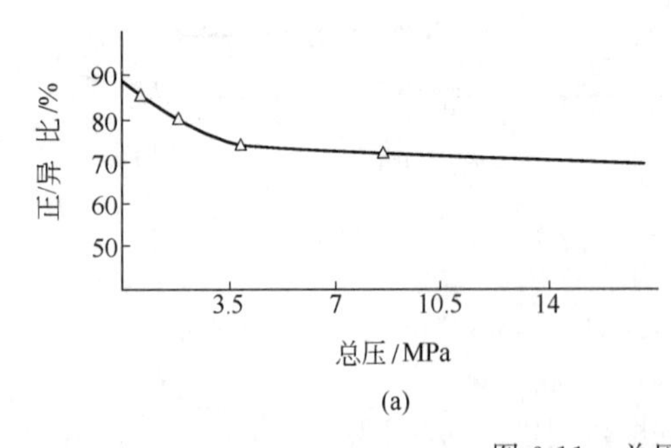

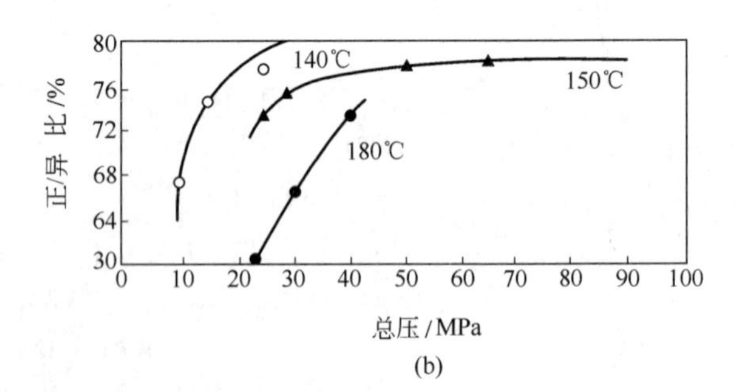

图 6-11　总压与正/异醛比率的关系

（a）催化剂　$HRh(Co)(PPh_3)_3$

$H_2/CO=1$

原料　辛烯

（b）催化剂　羰基钴

$H_2/CO=1$

原料　丙烯

催化剂时，总压升高，正构醛比率也提高，但总压力高，高沸点产物也增多，这是不希望的。

3. 溶剂的影响[3]

氢甲酰化反应常常要用溶剂，溶剂的主要作用是①溶解催化剂；②当原料是气态烃时，使用溶剂能使反应在液相中进行，对气-液间传质有利；③作为稀释剂可以带走反应热。脂肪烃，环烷烃，芳烃，各种醚类、酯、酮和脂肪醇等都可做溶剂，在工业生产中为方便起见常用产品本身或其高沸点副产物作溶剂或稀释剂。溶剂对反应速度和选择性都有影响，如表 6-7 所示。

表 6-7 溶剂对各种原料氢甲酰化速度影响

反应条件：温度 110℃

压力 23MPa

H_2 : Co = 1 : 1

催化剂 $Co_2(CO)_8$

溶剂	氢甲酰化的比反应速度，$10^8k/min^{-1}$				
	己烯	2-己烯	环己烯	丙烯酸甲酯	丙烯腈
苯	32	9.2	6.7	41.8	12
丙酮	34	9.1	6.1	59.5	23
甲醇	54	9.2	8.9	157	80
乙醇			8.7	186	128
甲乙酮			5.7	39.1	

各种原料在极性溶剂中的反应速度大于非极性溶剂。产品醛的选择性与溶剂性质也有关。丙烯氢甲酰化反应使用非极性溶剂能提高正丁醛产量，其结果如表 6-8 所示。

表 6-8 丙烯在各种溶剂中氢甲酰化结果

反应条件：温度 108℃；压力 28MPa；催化剂 $Co_2(CO)_8$

溶剂	2,2,4-三甲基戊烷	苯	甲苯	乙醚	乙醇	丙酮
正/异醛比	4.6	4.5	4.4	4.4	3.8	3.6

二、丙烯低压氢甲酰化法合成 2-乙基己醇和丁醇

(一) 丁辛醇性质、用途及合成途径

丁醇为无色透明的油状液体，有微臭，可与水形成共沸物，沸点 117.7℃，主要用途是作为树脂、油漆和粘接剂的溶剂和增塑剂的原料（如邻苯二甲酸二丁酯）此外还可用作选矿用的消泡剂、洗涤剂、脱水剂和合成香料的原料。

2-乙基己醇简称辛醇，是无色透明的油状液体，有特臭，与水形成共沸物，沸点 185℃，主要用于制备增塑剂如邻苯二甲酸二辛酯，癸二酸二辛酯，磷酸三辛酯等，也是许多合成树脂和天然树脂的溶剂。其他还可做油漆颜料的分散剂，润滑油的添加剂，消毒剂和杀虫剂和减缓蒸发剂以及在印染等工业中作消泡剂。目前全世界氢甲酰化法合成醇的年产量已达 3.5Mt/a，日本产量已高达 50×10^4 t/a，在化工中占重要地位。

丁、辛醇可用乙炔、乙烯或丙烯和粮食为原料进行生产。各种生产方法的简单过程如表 6-9 所示。

以乙烯为原料的乙醛缩合法步骤很多，生产成本很高，且有严重的汞污染。虽然 60

年代以来，乙醛主要由乙烯直接氧化法得到，但步骤仍很多。现在只有少数国家采用乙醛缩合法制（丁）辛醇。以丙烯为原料的氢甲酰化法原料价格便宜，合成路线短，是目前生产丁醇和辛醇的主要方法。

表 6-9　丁、辛醇的生产路线

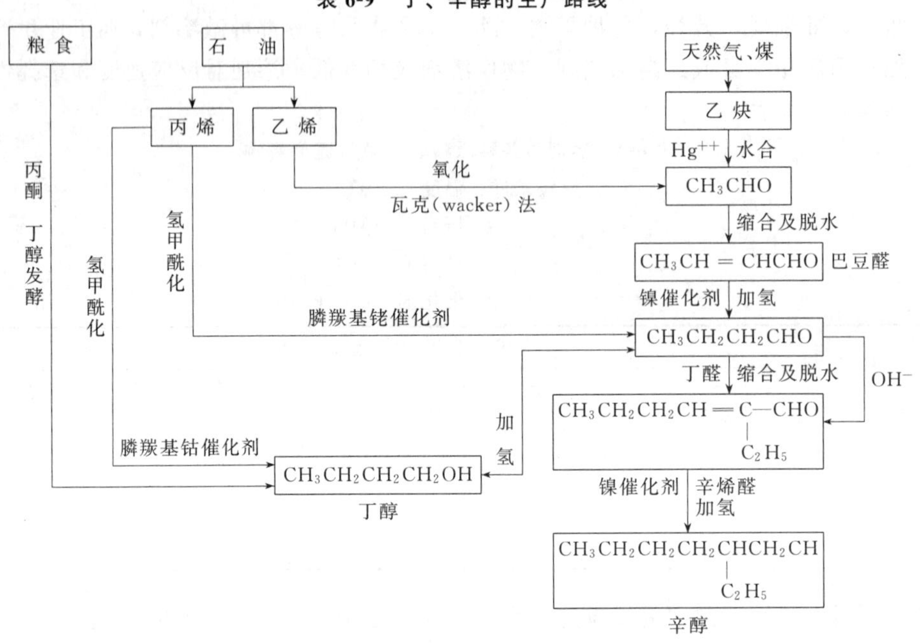

以丙烯为原料用氢甲酰化法生产（丁）辛醇，主要包括下列三个反应过程：

1. 在金属羰基络合物催化剂存在下，丙烯氢甲酰化合成丁醛

$$CH_3CH=CH_2+CO+H_2 \longrightarrow CH_3CH_2CH_2CHO$$

其中主要包括氢甲酰化反应，催化剂的分离和醛的精制三个过程。

2. 丁醛在碱催化剂存在下缩合为辛烯醛。

$$CH_3CH_2CH_2CHO+CH_3CH_2CH_2CHO \xrightarrow{OH^-} CH_3CH_2CH_2CH=\underset{\displaystyle C_2H_5}{\underset{|}{C}}—CHO$$

3. 辛烯醛加氢合成 2-乙基己醇

$$CH_3CH_2CH_2CH=\underset{\displaystyle C_2H_5}{\underset{|}{C}}—CHO+H_2 \xrightarrow{\text{镍催化剂}} CH_3CH_2CH_2CH_2\underset{\displaystyle C_2H_5}{\underset{|}{CH}}—CH_2OH$$

这一步主要包括加氢和产品精制二个过程。如用氢甲酰化法生产丁醇，则只需氢甲酰化和加氢两个过程就可以了。

上述三个过程，关键是第一步，本节将作重点讨论。

丙烯氢甲酰化法，有两条工艺路线，一条是以羰基钴为催化剂的高压法，另一条是用膦羰基铑为催化剂的低压法。由于低压氢甲酰化法有一系列优点故为各国所欢迎。下面阐述此法的工艺过程。

（二）丙烯低压氢甲酰化法合成正丁醛[15]

1. 反应条件选择

（1）温度。一般控制在 100～110℃，温度高丁醛的生成速度加快，但副产物生成速

度和催化剂失活速度也以指数规律增加，温度太低，催化剂用量增加，对反应也不利。

（2）原料的配比。反应中丙烯、氢和一氧化碳的分压应控制在最佳值，若氢和丙烯分压增加，生成丙烷量也增加，结果使丙烯消耗定额增加。为了保持反应系统中丙烷量的恒定又必须加大循环气放空量，这样会增加有用原料的损失。丙烯分压增加，配位体三苯基膦会与丙烯反应生成少量丙基二苯基膦和二丙基苯基膦，丙烯分压越高生成速度越快，这两种产物都能阻碍丁醛生成，故恰当的控制氢、一氧化碳和丙烯的比例，对提高丁醛的收率有很大的影响。

（3）总压　要求控制在1.8MPa，压力太高，丙烯和丙烷溶解度增大，会增加稳定塔负荷。

（4）催化剂中铑和三苯基膦浓度　催化剂 $HRh(CO)_x(pph_3)_y$ 是将ROPAC和三苯膦溶解于丁醛中制成的。三苯基膦量增加，正/异醛比例也提高，但反应速度减慢，故合理的选用两者的浓度可提高设备的生产能力。

（5）毒物的消除　反应中铑催化剂浓度为ppm级，少量毒物对反应就会产生最大的影响，毒物有两大类，一类是永久性毒物，如硫化物、氯化物，允许含量在10ppm以下，另一类是临时性中毒毒物，如丙二烯，乙炔等其含量允许达50～100ppm。另外，氨或胺和羰基铁、羰基镍等能促进氢甲酰化副反应的进行，不希望引入反应系统。上述各类杂质往往通过合成气和丙烯带入，故原料气必须经过净化处理才能使用。

2. 工艺流程

以氢羰基三苯基膦铑络合物（$HRh(CO)_x(pph_3)_y$　$x+y=4$）为催化剂生产正丁醛的流程见图6-12。

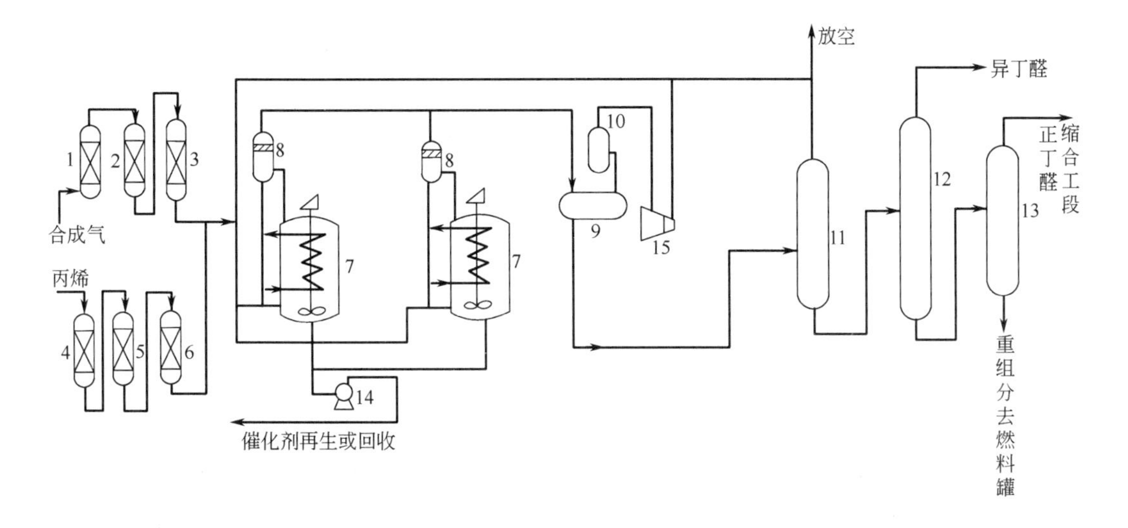

图6-12　正丁醛生产流程简图

1—水洗塔；2—第一净化槽；3—第二净化槽；4—第一净化器；5—第二净化器；6—脱氧槽；7—氢甲酰化反应器；8—雾沫分离器；9—粗产品贮槽；10—气液分离器；11—稳定塔；12—异构物塔；13—正丁醛塔；14—泵；15—压缩机

（1）合成气的净化　本流程中合成气是由渣油氧化制得的，含有氨、金属羰基化合物、氯化物、硫化物等杂质，加压到2～3MPa后经水洗除去氨，然后进入第一净化器，在氧存在下用活性炭除去羰基铁或羰基镍（因为金属羰基化合物吸附在活性炭表面上与氧反应生成二氧化碳、氧化铁或氧化镍，金属氧化物吸附在活性炭上而被除去）。再进入第二净化器，通过硫化铂除去多余的氧，$H_2+\frac{1}{2}O_2 \xrightarrow{PtS} H_2O$，用ICI[1]催化剂脱除HCl等氯化物，用氧化锌脱硫，$H_2S+ZnO \longrightarrow ZnS+H_2O$，调节到所需的温度后进入反应器。

（2）丙烯的净化　丙烯中含有少量硫化物、氯化物、氧及二烯烃和炔烃等杂质，有机硫用水解法除去，

$$CS_2+H_2O \longrightarrow H_2S+CO$$

$$COS+H_2O \longrightarrow H_2S+CO_2$$

氯甲烷或氯乙烯等有机硫与浸渍铜的活性炭，作用生成$CuCl_2$而除去，

$$RCl+Cu \longrightarrow RH+CuCl_2$$

用钯催化剂可脱去O_2及二烯烃和炔烃。

$$O_2+2H_2 \xrightarrow[80℃]{Pd/Al_2O_3} 2H_2O$$

$$\left.\begin{array}{l} CH_2-C\equiv CH \\ CH_3-CH=CH_2 \\ CH_2=C=CH_2 \\ CH_3-CH=CH_2 \end{array}\right] + H_2 \xrightarrow{Pd} \left[\begin{array}{l} CH_3-CH=CH_2 \\ CH_3-CH_2-CH_3 \\ CH_3-CH=CH_2 \\ CH_3-CH_2-CH_3 \end{array}\right.$$

纯度大于95％的液态丙烯，在第一净化阶段加入少量水，送入装有活性氧化铝的净化器，在Al_2O_3存在下，使COS等水解生成H_2S而除去，再在第二净化器中用氧化锌进一步脱硫，用负载铜的活性炭催化剂脱除氯化物，最后气化后进入脱氧槽，进一步脱除氧和二烯烃后，与合成气混合，进入氢甲酰化反应器。

（3）正丁醛合成　净化的合成气和丙烯蒸气与来自循环压缩机的循环气流相混合，经过安装在反应器底部的气体分布装置进入反应器中，使气体在反应液中分散成细小的气泡，并形成稳定的泡沫与溶于反应液中的三苯基膦铑催化剂充分混合，造成有利的传质条件而进行氢甲酰化反应，反应在100～110℃和压力＜3MPa下进行。反应放出的热量，一部分由设于反应器内的冷却盘管移出，另一部分由气相物流、循环气和产品以显热形式带出，反应器上部安装了一个雾沫分离器，产物丁醛、副产物及未反应的丙烯和合成气等气相产物，通过除沫器将夹带出来的极小液滴，捕集下来返回反应器，气相产物经冷凝器冷凝后得粗丁醛，收集于产品贮槽中，作进一步处理，不凝性气体，一部分放空，其余的进入离心式循环压缩机，压缩到2～3MPa返回反应系统。

（4）正丁醛精制　粗丁醛中含有溶解的丙烯、丙烷在稳定塔中蒸出，塔柄蒸出的气体增压后进入氢甲酰化气体循环回路中，粗产品从塔底进入异构物分离塔，塔顶得到99％异丁醛，塔底得到大于99.8％的正丁醛。由于正、异丁醛的沸点差比较小（正-异丁醛沸点分别是75.7℃和63～64℃），故异构物分离塔的塔板数较多，且回流比较大。

异构物分离塔塔底得到的正丁醛，尚含有物量的异丁醛和重组分，在正丁醛塔中将重组分从塔釜除去塔顶得产品正丁醛。若生产正丁醇，则由稳定塔塔釜排出的粗产物直接送到正丁醛塔，从塔底除去重组分，塔顶分离出来的混合正-异丁醛，去加氢工段得到丁醇。

---

[1] ICI催化剂：英国化学工业公司制造，以高表面积氧化铝为载体的含Na_2O、ZnO等组分的白色小球催化剂。

3. 氢甲酰化反应器

丙烯氢甲酰化反应器如图 6-13 所示，是一个带有搅拌器、冷却装置和气体分布器的不锈钢釜式反应器。搅拌的目的主要为了保证冷却盘管有足够的传热系数；使反应釜内溶液上下均匀分布；并能进一步改善气流分布。搅拌器有二个叶轮，由电机带动，转速可以调节。开车前，由于丙烯、合成气没有投料，没有气体通过液层，搅拌功率较大，用低速开车，通气后改用高速搅拌，一般控制在 100 转/分左右。

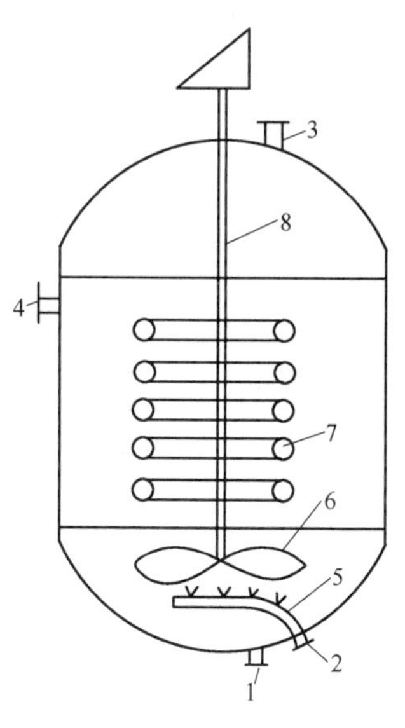

图 6-13　丙烯氢甲酰化反应器示意图

1—催化剂进、出口；2—原料进口；3—反应物出口；4—雾沫回流管；5—喷射环；6—叶轮；7—冷却盘管；8—搅拌器

4. 副产物及其利用[16]

氢甲酰化法生产（丁）辛醇工艺中，主要副产物是异丁醛。低压法正异丁醛的比例虽可提高到 8～10∶1，但仍然有一定数量的异丁醛生成。因此，研究异丁醛的各种有效利用途径，也是提高低压氢甲酰化法经济效益的措施之一。现将各种利用途径叙述如下。

（1）异丁醛经催化裂解重新分解为丙烯，一氧化碳及氢，返回反应系统。这样丙烯几乎可全部转化为正丁醛，此方法对异丁醛生成量较多的高压氢甲酰化法更具有价值。

$$C_4H_8O \xrightarrow{\text{贵金属催化剂}} CH_3CH{=}CH_2 + CO + H_2$$

裂解反应是在钯、铂等催化剂作用下，于 250～350℃及一定压力并通入水蒸气的条件下进行，异丁醛转化率可达 80％左右。

（2）异丁醛与甲醛在氢氧化钠存在下，可制成新戊基二醇，是制备无油醇酸树脂的主要原料，该树脂制成的涂料具有丰满度好，耐污性好、沾污后能擦去、且越擦越亮、耐光性好、保色力强等优点，适用于作汽车和自行车漆，此外还可作黏合剂、润滑剂、增塑剂等的原料。

（3）异丁醛与尿素作用生成异亚丁基二脲是一种缓效肥料。

$$2H_3C\overset{H}{\underset{CH_3}{C}}CHO + H_2N\underset{O}{\overset{\|}{C}}NH_2 \longrightarrow H\overset{CH_3}{C}-\underset{H}{C}{=}N-\underset{O}{\overset{\|}{C}}-N-\underset{H}{C}-\overset{CH_3}{\underset{H}{C}}-CH_3 + 2H_2O$$

（4）可根据需要加氢为异丁醇作溶剂，也能与酸生成各种酯，例如醋酸异丁酯，磷酸三异丁酯，邻苯二甲酸二异丁酯等。

（5）异丁醛在催化剂存在下与氨反应可生成异丁腈和甲基丙烯腈。

$$(CH_3)_2CH{-}CHO + NH_3 \longrightarrow (CH_3)_2CHCN + H_2O + H_2$$

催化剂的种类很多，例如 ZnO-浮石，Cr_2O_3、Cr_2O_3-ZnO、Cr_2O_3-硅藻土，Cu-SiO_2，V-Si-O、ZnO-Al_2O_3 等都有效，异丁腈收率可达 80％～93％。异丁腈可进一步制成高效、低残毒有机磷农药“地亚皮”，这种农药国外已广泛使用。

异丁醛在 Fe，Ce，Ti、Sb 等氧化物催化剂上于 300～600℃氨氧化可制甲基丙烯腈，收率为 42％，可作聚丙烯腈第二单体，以提高聚合物的抗溶性和抗阳光性。

（6）异丁醛与甲醇进行氧化酯化得异丁酸甲酯，再与硫和硫化氢以 7∶7∶86（摩比）

用量比，反应温度500℃，空速$150h^{-1}$的条件下脱氢，可生成甲基丙烯酸甲酯，转化率37%，选择性85%。

(7) 异丁醛在450℃，接触时间0.67s的反应条件下，以三氧化铝为催化剂能异构化为甲乙酮和正丁醛。

$$\begin{matrix} CH_3 \\ | \\ CH_3CHCHO \end{matrix} \longrightarrow CH_3CH_2CH_2CHO + C_2H_5COCH_3$$

在Al_2O_3、TiO_2、ZnO为载体，CuO为活性组分的催化剂上可使异丁醛氧化裂解为丙酮，转化率大于99%，丙酮收率93%。

$$\begin{matrix} \quad\quad CH_3 \\ \quad\quad | \\ CH_3—CHCHO \end{matrix} + O_2 \longrightarrow CH_3COCH_3 + CO$$

(8) 以三异丁基铝为催化剂，在常温常压下异丁醛可发生缩合二聚而生成异丁酸异丁酯。用以代替醋酸丁酯，作油漆涂料的溶剂，其成本比醋酸丁酯低$\frac{3}{5}$～$\frac{2}{3}$；也可作为生产异丁腈的中间体。

(9) 异丁醛可用以制异丁烯。以Mo、Cr、Fe、Co、Ni等为活性组分，以Al_2O_3、Al_2O_3-SiO_2、SiO_2等为载体的催化剂，在450℃反应，可使异丁醛转化为异丁烯，转化率52%，异丁烯收率大于68%。

以上各种利用途径中，异丁醛加氢制异丁醇、制丙烯和合成气；制新戊二醇及制异亚丁基二脲都已工业化，其余都在中试或小试阶段。

5. 低压氢甲酰化法的优缺点

用铑络合物为催化剂的低压氢甲酰化法生产（丁）辛醇技术的工业化，是引人注目的重要技术革新，并对合成气化学工业的发展，有极大的推动作用，该工艺的主要优点如下：

(1) 由于低压法反应条件缓和，不需要特殊高压设备和特殊材质，耗电也少，故操作容易控制，工作人员少，操作和维修费少，比高压法节约10%～20%。

(2) 副反应少，正/异醛比率高达12～15∶1，高沸点产物少，且无醇生成，产品收率高，原料消耗少，每生产1000kg正丁醛消耗丙烯675kg，比其他方法少35%左右。

(3) 催化剂容易分离，利用率高，损失少，故虽然铑昂贵，但仍能在工业上大规模使用。

(4) 污染排放物非常少，接近无公害工艺。由于低压法有以上这些优点，故近年来以显著的优势迅速发展，有取代高压的趋势，近两年来，各国拟建和建成的（丁）辛醇装置绝大部分是采用低压法，我国也已建厂生产。

低压法的主要不足之处是作为催化剂的铑资源稀少，据1979年报道，全世界产量每年只有4～5t，蕴藏量也只有778t，价格十分昂贵，因此要求催化剂用量必须尽量少，寿命必须足够长，生产过程消耗量要降低到最小，每1kg铑至少能生产10^6～10^7kg醛，即使每千克产品损失1ppm铑，也会显著增加产品成本。此外，配位体三苯基膦有毒性，对人体有一定危害性，使用时要注意安全。

（三）正丁醛缩合制辛烯醛

正丁醛缩合脱水是在二个串联的反应器中进行，纯度为99.86%的正丁醛由正丁醛塔相继进入二个串联的缩合反应器，在120℃，0.5MPa压力下用2%氢氧化钠溶液为催化剂，缩合生成缩丁醇醛，并同时脱水得辛烯醛。二个反应器间有循环泵输送物料，并保证每个反应器内各物料能充分均匀混合，使反应在接近等温条件下进行。辛烯醛水溶液进入辛烯醛层析器，在此分为有机物和水两层，有机物层是辛烯醛的饱和水溶液，直接送去加氢。

（四）辛烯醛加氢制2-乙基己醇

辛烯醛加氢是采用气相加氢法。由缩合工序来的辛烯醛先进入蒸发器蒸发，气态辛烯醛与氢混合后，进入列管式加氢反应器，管内装填铜基加氢催化剂，在180℃，0.5MPa压力下反应，产品为2-乙基己醇（以下简称辛醇）。

如需生产丁醇，则将丁醛直接送到蒸发器，气态丁醛在115℃，0.5MPa压力下加氢即可。

粗2-乙基己醇先送入预蒸馏塔，塔顶蒸出轻组分（含水、少量未反应的辛烯醛，副产物和辛醇），送到间歇蒸馏塔回收有用组分。塔底是辛醇和重组分，送精馏塔，塔顶得到高纯度辛醇。塔底排出物为辛醇和重组分的混合物，进入分批蒸馏塔，作进一步处理。间歇蒸馏塔根据加料组分不同可分别回收丁醇和水、辛烯醛、辛醇。剩下的重组分定期排放并作燃料。

预精馏塔、精馏塔和间歇蒸馏塔都在真空下操作。

粗丁醇的精制与辛醇基本相同。分别经预精馏塔和精馏塔后，从塔底得混合丁醇，再进入异构物塔，塔顶得异丁醇，塔底得正丁醇。来自预精馏塔的少量轻组分和来自精馏塔的重组分也都送到间歇蒸馏塔以回收轻组分、水和粗丁醇。

由丁醛生产2-乙基己醇的流程示意图见图6-14。

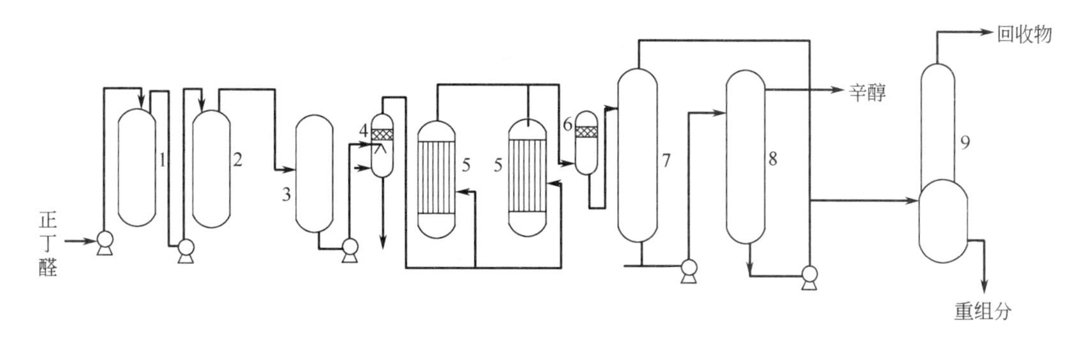

图6-14　由丁醛生产2-乙基己醇流程示意图

1、2—缩合反应器；3—辛烯醛层析器；4—蒸发器；5—加氢转化器；6—加氢产品贮槽；7—预精馏塔；8—精馏塔；9—间歇蒸馏塔

三、氢甲酰化反应进展

低压氢甲酰化法生产（丁）辛醇有许多优越性，但因铑价格昂贵，催化剂制备和回收复杂等因素，目前正在从开发新催化体系和改进工艺二个方面加以改进。

（一）均相固相化催化剂的研究[17,18]

为了克服铑膦催化剂制备和回收复杂的缺点，进一步减少其消耗量，简化产品分离步骤等，进行了均相固相化催化剂的研究，即把均相催化剂固定在有一定表面的固体上，使反应在固定的活性位上进行，催化剂兼有均相和多相催化的优点。

固相化方法主要有二种，一是通过各种化学键合把络合催化剂负载于高分子载体上，称为化学键合法。如将铑络合物与含膦或氨基官能团的苯乙烯和二乙烯基苯共聚物配位体进行反应，由于铑膦的配位作用，铑固定在高聚物上而成固相化催化剂，例如丙烯和己烯氢甲酰化用高分子配位的催化剂，烯烃转化率分别为96%和95%，醛选择性为99%和97%以上。

近年来对Rh-高分子硫醇配位体；Rh-Si置换膦配位体；在一个分子中有配位键和离子键配位体；Rh-Pt络合物固定在离子交换树脂上等都进行了有益的研究。

另一种是物理吸附法，把催化剂吸附于硅胶，氧化铝、活性炭、分子筛等无机载体上，也可将催化剂溶于高沸点溶剂后，再浸渍于载体上，例如采用 $RhCo_3'(CO)_{12}$-n(pph_3-SiO_2)$_n$ 催化体系，于100℃，5MPa压力下，将己烯氢甲酰化，己烯转化率为93%，庚醛收率为92%。目前金属剥离问题仍是阻碍固相络合催化剂实际应用的主要障碍。

（二）非铑催化剂的研究[19~21]

铑是稀贵资源，故利用受到限制。国外除对铑催化剂的回收和利用作进一步研究外，对非铑催化剂的开发也非常重视。其中铂系催化剂有很好的苗头，我国研究了Pt-Sn-P系催化剂，烯烃在该催化剂上于6MPa压力下氢甲酰化结果如表6-10。

表6-10　Pt-Sn-P系催化剂上烯烃氢甲酰化反应结果

原　料	转化率/%	醛选择性/%	原　料	转化率/%	醛选择性/%
乙烯	>90	>95	庚烯	>85	>95
丙烯	>90	>95	辛烯	>80	>97

日本研究了螯形环铂催化剂，于0.5～10MPa，70～100℃下，反应3小时烯烃100%转化为醛，另外还报道了钌簇离子型络合催化剂 $HRu_3(CO)_{15}$ 丙烯氢甲酰化，正/异醛比例达21.2。

对钴膦催化剂可作进一步研究，该催化剂一步可得到醇，若能找到一种合适的配位体使之有利于醛的生成而不再进一步加氢为醇，就能与铑膦催化剂媲美了。

第三节　甲醇低压羰化制醋酸

用甲醇羰基化合成醋酸的方法，20世纪初已进行研究，初期是使用三氟化硼、磷酸等作催化剂，但反应条件苛刻，要求50～70MPa压力，温度250～350℃，而且腐蚀严重，选择性也低，故难以工业化。1941年雷普（Reppe）等人发现用铁、钴、镍等第八族金属羰基化合物和卤素为催化剂，在20～45MPa，温度250～270℃下就能进行甲醇羰化反应。1960年联邦德国的BASF公司建厂投产，使用的是以羰基钴为催化剂、碘化物为助催化剂的催化体系。但该法仍需采用高温、高压，反应条件苛刻，腐蚀严重，故工业上未能广泛采用。1968年，美国孟山都公司开发成功了用铑取代钴作催化剂，在3MPa压力，温度175℃下合成醋酸的新工艺。由于该法反应条件缓和，甲醇选择性可高达99%以上，故1970年工业化后，受到各国的重视，采用该法技术的国家越来越多，日本、英国、法国、前苏联、南斯拉夫等国都相继建立了工业生产装置，预计到1990年总生产能力约在176万吨左右，甲醇低压羰化法生产醋酸的工艺，将在世界上占绝对优势。

下面阐述甲醇低压羰化合成醋酸的化学和工艺过程。

一、甲醇低压羰化反应的化学[2,22,23]

（一）主副反应

主反应 $$CH_3OH+CO \longrightarrow CH_3COOH+134.4kJ \quad (5)$$

副反应 $$CH_3COOH+CH_3OH \rightleftharpoons CH_3COOCH_3+H_2O \quad (6)$$

$$2CH_3OH \rightleftharpoons CH_3OCH_3+H_2O \quad (7)$$

$$CO+H_2O \longrightarrow CO_2+H_2 \quad (8)$$

此外尚有甲烷、丙酸（由原料甲醇中含的乙醇羰化生成）等副产物。由于反应（6），（7）是可逆反应，在低压羰化条件下如将生成的醋酸甲酯和二甲醚循环回反应器，都能羰化生成醋酸，故使用铑催化剂进行低压羰化，副反应很少，以甲醇为基准，生成醋酸选择性可高达99%。副反应（8）是CO的变换反应，在羰化条件下，此反应也能发生，尤其是在温度高，催化剂浓度高，甲醇浓度下降时。故以一氧化碳为基准，生成醋酸的选择性仅为90%。

（二）催化剂、反应机理及动力学

1. 催化剂

甲醇低压羰化制醋酸所用的催化剂是由可溶性的铑铬合物和助催化剂碘化物两部分组成，铑络合物是 $[Rh^{+1}[CO]_2I_2]^-$ 负离子，在反应系统中可由 Rh_2O_3 和 $RhCl_3$ 等铑化合物与CO和碘化物作用得到，已由红外光谱和元素分析证实 $[Rh^+(CO)_2I_2]^-$ 存在于反应溶液中，是羰化反应催化剂活性物种。

所用的碘化物可以是HI或 CH_3I 或 I_2，常用的是HI，反应过程中HI能与 CH_3OH 作用生成 CH_3I，

$$CH_3OH+HI \rightleftharpoons CH_3I+H_2O$$

CH_3I 的作用是与铑络合物形成甲基-铑键，以促进CO生成酰基-铑键而少生成或不生成羰基铑（参见反应机理），但关键是烷基-卤素键的强度要适宜。对同一个烷基来说，其值与碳-卤素键的键能有关，表6-11是碳-卤素键的键能数据。

可以看出C—I键最容易断裂，C—Cl键最难断裂，故 CH_3I 作助催化剂是较好的。NaI或KI不能用作助催化剂，因为在反应过程中，这些碘化物不能与 CH_3OH 反应。

表 6-11 碳-卤素键键能

化学键	键能/(kJ/mol)
C—Cl	328.6
C—Br	275.9
C—I	240.3

如在反应中HI浓度增高，催化剂活性会下降，据研究可能是形成了 $[Rh^{+3}(CO)_2I_4]^-$ 负络离子之故。

据报道铱化合物（如 $IrCl_3 \cdot 3H_2O$ 或 $Ir(CO)_{12}$ 和 $IrCl \cdot (CO)(pph_3)_2$）及碘化合物的催化系统也能得到很好的结果。

2. 反应机理及动力学

以Rh络合物和HI为催化系统的甲醇低压羰化反应机理如图6-15所示。

反应的第（1）步是 CH_3OH 与HI先生成 CH_3I，第（2）步 CH_3I 与 $[Rh(CO)_2I_2]$ 进行氧化加成反应生成络合物（Ⅱ），这一步速度很慢是反应控制步骤，第（3）步CO嵌入到 $RhCH_3$ 键之间生成乙酰基络合物，第（4）步气相CO与Rh络合物配位生成络合物

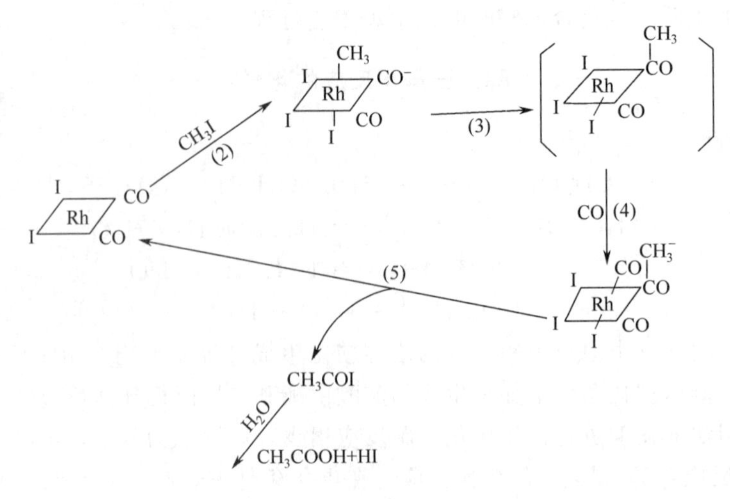

图 6-15　甲醇羰化反应机理

(Ⅳ)，此负络离子通过还原消除反应（5）生成 CH_3COI 催化剂活性物种（Ⅰ）得以再生，CH_3COI 与反应系统 H_2O 作用得产物醋酸，同时助催化剂 HI 可再生而完成催化循环。

$$CH_3OH + HI \overset{(1)}{\rightleftharpoons} CH_3I + H_2O$$

按第（2）步是控制步骤的动力学方程式如下

$$r = \frac{dC_{CH_3COOH}}{d\tau} = kC_{CH_3I}C_{Rh络合物}$$

反应速度常数为 $3.5\times16^{6}e^{-14.7RT}$ L/mol·s，式中活化能的单位是 kJ/mol。

对该反应的研究中发现外界条件影响着控制步骤，若过程中缺少水（5）是控制步骤；一氧化碳分压不足，（4）是控制步骤；甲醇转化率高，（1）是控制步骤；甲醇转化率低于 90%，一氧化碳分压高，且过程中有足够水时，则总反应控制步骤是（2）。

如一氧化碳分压小于 0.5MPa 时，反应（4）就成为控制步骤了。温度在 130～180℃ 范围内时，温度升高，副产物甲烷和二氧化碳有所增加，但醋酸收率能保持 99% 以上（以甲醇为基准），其中以 175℃ 为最好。

对表 6-12 所列的各种铑化合物，碘化合物和溶剂作催化剂的反应系统作了研究，认为各种铑化合物和碘化合物的性能较接近，溶剂极性越强，反应速率越高，由此也可说明

表 6-12　甲醇低压羰化制醋酸系统所用铑化合物，助催化剂和溶剂

铑化合物	a. $RhCl_3\cdot 3H_2O$	e. $[(C_6H_5)_4As]Rh(CO)_2I_2$
	b. $Rh_2O_3\cdot 5H_2O$	f. $Rh[(C_6H_5)_3As]_2(CO)Cl$
	c. $[Rh(CO)_2\cdot Cl_3]_2$	g. $Rh[P(C_6H_5)_3]_2(CO)Cl$
	d. $[(C_6H_5)_4As][Rh(CO)_2Cl_2]$	h. $Rh[P(n\text{-}C_4H_9)_3]_2(CO)Cl$
助催化剂	a. HI 水溶液	c. $CaI_2\cdot 3H_2O$
	b. CH_3I	d. I_2
溶剂	a. 水	d. 苯
	b. 醋酸	e. 硝基苯
	c. 甲醇	f. 醋酸甲酯

催化活性物种可能是离子型的。一般以三氯化铑-碘化氢-水/醋酸的催化系统最方便，其中铑化合物的含量是 5×10^{-3}mol，碘用量为 0.05mol，醋酸/甲醇=1.44mol 比，若摩尔比小于 1，醋酸收率不高。若不加醋酸，则生成大量二甲醚，故醋酸/甲醇摩尔比不能小于 1。水量也不能太少，水量少，使第（5）步反应速度下降，当第（5）步速度小于第（2）步时，（5）成了总反应的控制步骤。

二、甲醇低压羰化制醋酸的工艺流程[24]

工艺流程主要由四部分组成（1）反应工序；（2）精制；（3）轻组分回收；（4）催化剂制备及再生，其示意流程如图 6-16 所示。

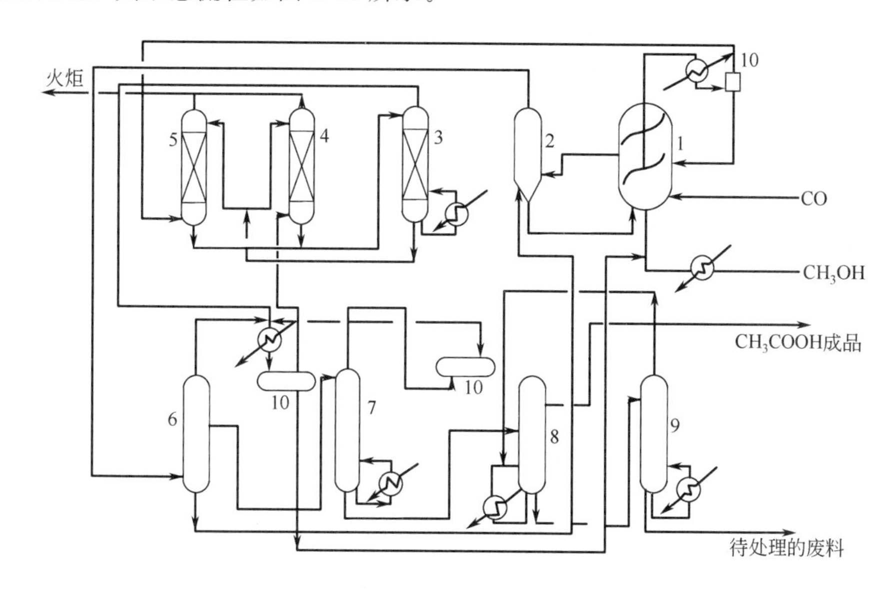

图 6-16　甲醇低压羰化合成醋酸流程示意图

1—反应器；2—闪蒸槽；3—解吸塔；4—低压吸收塔；5—高压吸收塔；
6—轻组分塔；7—脱水塔；8—重组分塔；9—废酸汽提塔；10—分离塔

1. 反应工序

甲醇羰化是一气液相反应，反应器可采用搅拌釜或鼓泡塔，催化剂溶液放在反应器中，甲醇加热到 185℃与从压缩机来的一氧化碳在 2.74MPa 压力下，喷入反应器底部，反应后的物料从塔侧进入闪蒸槽，含有催化剂的溶液从塔底出来，再返回反应器，含有醋酸、水、碘甲烷和碘化氢的蒸气从闪蒸槽顶部出来进入精制工序。反应器顶部排放出来的 CO_2、H_2、CO 和碘甲烷作为弛放气进入冷凝器，凝液重新返回反应器，其余不凝物送轻组分回收工序。反应温度控制在 130～180℃，而以 175℃为最佳。温度升高，副产物甲烷和二氧化碳增多。

2. 精制工序

由轻组分塔、脱水塔、重组分塔、废酸汽提塔组成，各塔主要作用如下。

轻组分塔。由闪蒸槽来的醋酸、水、碘甲烷、碘化氢在此进行分离，塔顶蒸出物经冷凝，凝液磺甲烷返回反应器，不凝尾气送往低压吸收塔。碘化氢、水和醋酸组合而成的高沸点混合物和少量铑催化剂从塔底排出再返回闪蒸槽。含水醋酸由侧线出料进入脱水塔上部。

脱水塔。塔顶蒸出的水尚含有碘甲烷、轻质烃和少量醋酸，仍返回低压回收塔，塔底主要是含有重组分的醋酸，送往重组分塔。

重组分塔。塔顶蒸出轻质烃，含有丙酸和重质烃的物料从塔底送入废酸汽提塔。塔侧线得到成品醋酸，其中丙酸＜50ppm；水分＜1500ppm；总碘＜40ppm，可食用。

废酸汽提塔。从重组分中进一步蒸出醋酸，并返回重组分塔底部，汽提塔底排出的是废料，内含丙酸和重质轻，须作进一步处理。

3. 轻组分回收工序

从反应器出来的弛放气进入高压吸收塔，用醋酸吸收其中的碘甲烷，吸收在加压下进行，压力为 2.74MPa。未吸收的废气主要含 CO、CO_2 及 H_2，送至火炬焚烧。

从高压吸收塔和低压吸收塔吸收了碘甲烷的两股醋酸富液，进入解吸塔汽提解吸，解吸出来的碘甲烷蒸气送到精制工序的轻组分冷却器，再返回反应工序。汽提解吸后的醋酸作为吸收循环液，再用于高压和低压二个吸收塔中。

三、消耗定额

甲醇低压羰化法制醋酸的消耗定额如下（以每吨成品醋酸计）。

甲醇 ………………………………… 0.539t

CO ………………………………… 0.566t

循环水 ………………………………… 201.6t

仪表空气 ……………………… 21.6NM^3

电 ………………………………… 34.0kW·h

水蒸气 ………………………………………

3.6MPa ………………………………… 2.32t

0.8MPa ………………………………… 0.07t

燃料气 ………………………… 15.84Nm^3

氮气 ………………………………… 18.24Nm^3

铑（催化剂） ……………………… 0.1g

碘（CH_3I 计） ……………………… 0.14kg

四、主要优缺点

甲醇低压羰化法制醋酸在技术经济上的优越性很大。

（1）可利用煤、天然气、重质油等为原料，原料路线多样化，可不受原油供应和价格波动的影响。

（2）转化率和选择性高，过程的能量效率高。

（3）反应系统和精制系统合为一体，工程和控制都很巧妙，装置紧凑。

（4）催化系统稳定，用量少，寿命长。

（5）虽然醋酸和碘化物对设备腐蚀很严重，但已找到了性能优良的耐腐蚀材料——哈氏合金 C（Hastelloy Alloy C），是一种 Ni-Mo 合金，解决了设备的材料问题。

（6）用计算机控制反应系统，使操作条件一直保持最佳化状态。

（7）副产物很少，三废排放物也少，生产环境清洁。

（8）操作安全可靠。

其主要缺点仍然是催化剂铑的资源有限，设备用的耐腐蚀材料昂贵。

参 考 文 献

［1］ J. 法尔贝主编、王杰等译，《一氧化碳化学》，113～155 页，化学工业出版社，1985 年.

［2］ Henrici. G. -Olive′/Olive′. S.，Coordination and Catalysis Verlag Chemie Weinheim. New York.，1977.

[3] Wender. I. Pino. P., Organic Syntheses via Metal Carbonyls, Vol. 2, New York London Sydney. Toronto: Wiley-Interscience, Publ., 1968/1976.

[4] Frank. E. Paulik., Catalysis Reviews 6, 1, 49 (1972).

[5] Cornils. B. Payerand. R. et al., Hydro Proc. 54 6, 83 (1975).

[6] Tucci. E. R., Ind. Eng. Chem. Prod Res. Dev., 9, 516 (1970).

[7] 陈重. 石油化工, 2, 806 (1982).

[8] Rovc. P., J. Chem. Educ., 63, 3, 196 (1986).

[9] Wender. I. et al., J. Am. Chem. Soc, 78, 5401 (1956).

[10] Hughes. V. L., Kirshenbaum. I., Ind. Eng. Chem., 49, 1999 (1957).

[11] Hershman. A. et al, Ind. Eng. Prod. Res. Dev, 8, 291, 372 (1969).

[12] CA., 65, 3731 (1966).

[13] Oliver. K. L., Booth. F. B., Hydro. Proc, 4, 112 (1970).

[14] Piacenti. F. et al., J. Chem. Soc. C, 488 (1966).

[15] 大庆石油化工总厂, 丁辛醇生产手册 (内部资料).

[16] 许际清, 石油化工, 3, 184 (1986).

[17] Haag W. O. et al., Hightower. W. 主编, Catalysis 1, 465 (1973); 477 (1973).

[18] 苏桂琴等. 天然气化工, 6, 6 (1984).

[19] 田在龙等. 天然气化工, 6, 1 (1984); No 4 1, (1986).

[20] 小野田武. 触媒, 23, 1, 9, (1981).

[21] Georg Süss-Fink et al., J. Mol. Catal 16 2, 231 (1982).

[22] Bruce E. Leach et al.,《Applied Industrial Catalysis》, Vol 1, Ch10 275～294, Academic Press New York London, 1983.

[23] 吉林大学等编,《物理化学基本原理》, 下册, 450 页, 人民教育出版社, 1977 年.

[24] 陈功泽. 煤化工, 42 1, 14～21 (1988).

第七章　氯　　化

在化合物分子中引入氯原子以生产氯的衍生物的反应过程统称为氯化。对基本有机化学工业而言最重要的是烃类的氯化。烃类的氯化产品用途甚广。它们有的是优良的不燃溶剂，有的是高分子材料的重要单体，有的是合成其他各类有机产品的重要原料和中间体，有的可直接用作冷冻剂、麻醉剂和灭火剂。表 7-1 是以甲烷、丙烷、乙烯、丙烯、丁二烯、乙炔和苯为原料的主要氯化产品。发展氯化工业不仅可获得许多具有各种重要用途的氯化产品，且也为制碱工业的副产氯气，开辟重要的利用途径。

表 7-1　几种烃类的主要氯化产品及其用途

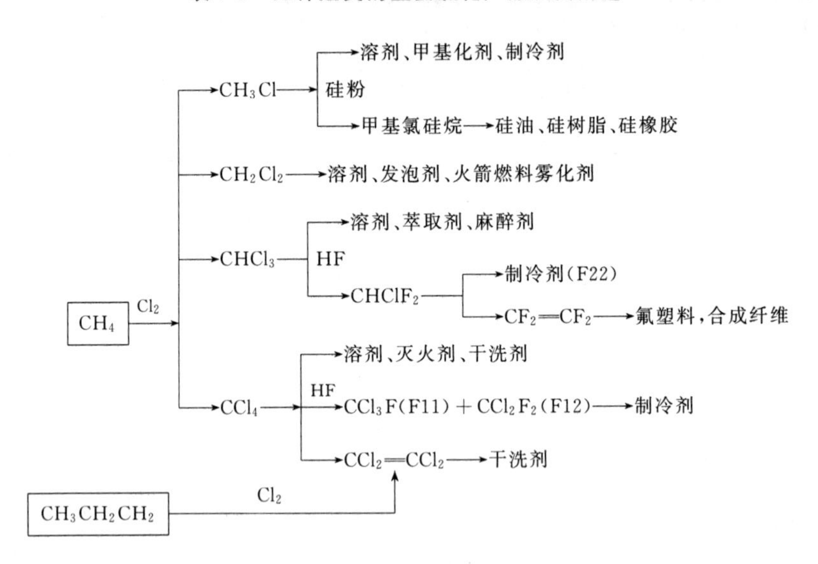

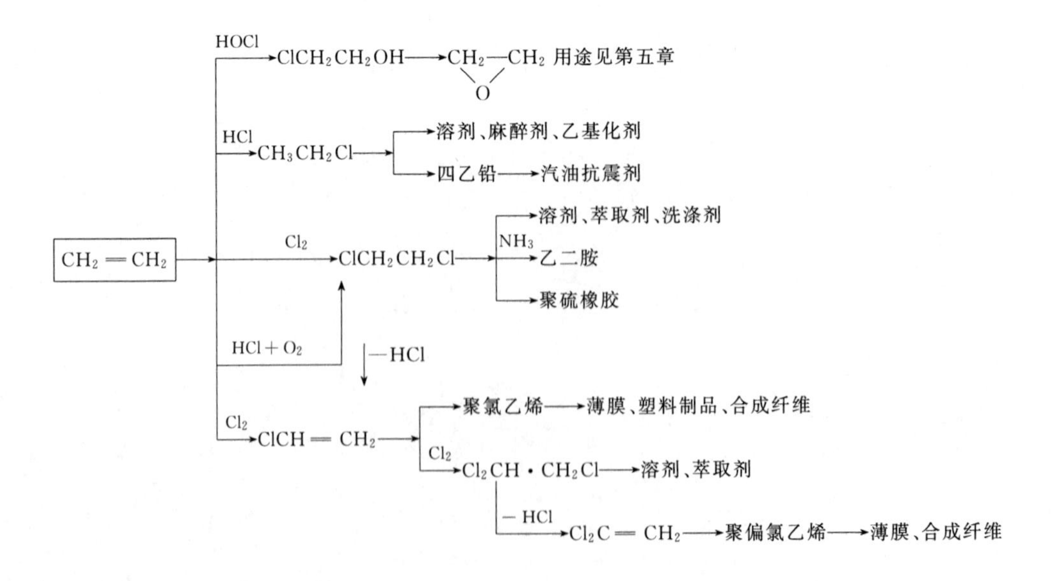

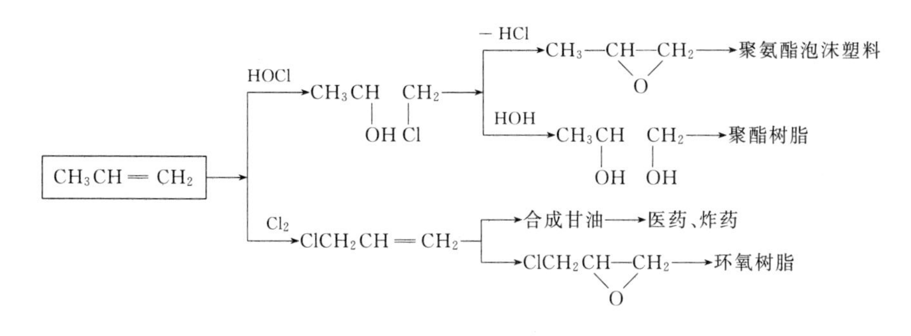

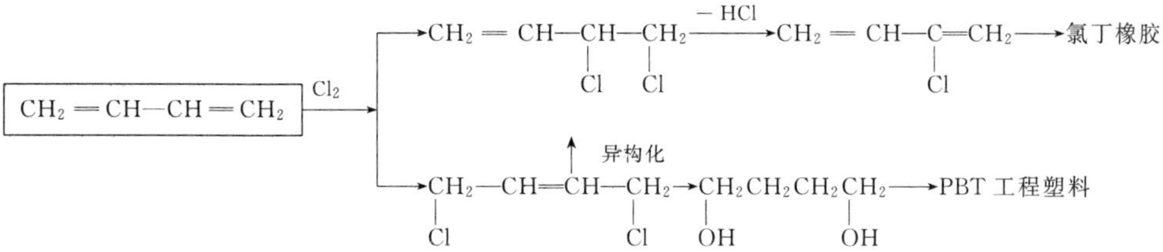

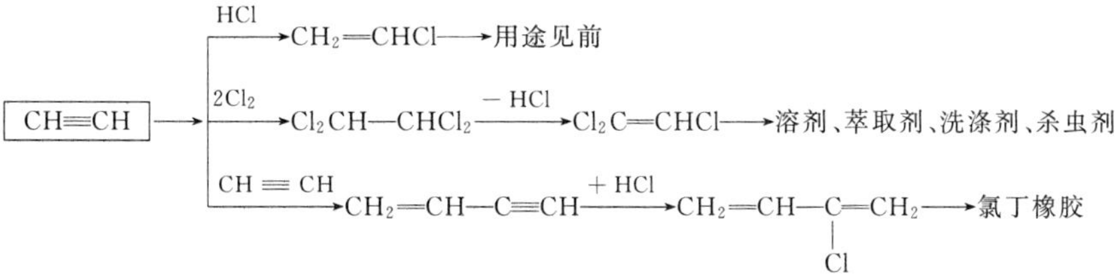

$$CH_2=CH-CH=CH_2 \xrightarrow{Cl_2} \begin{cases} CH_2=CH-\underset{Cl}{CH}-\underset{Cl}{CH_2} \xrightarrow{-HCl} CH_2=CH-\underset{Cl}{C}=CH_2 \longrightarrow \text{氯丁橡胶} \\ \uparrow \text{异构化} \\ \underset{Cl}{CH_2}-CH=CH-\underset{Cl}{CH_2} \longrightarrow \underset{OH}{CH_2}CH_2CH_2\underset{OH}{CH_2} \longrightarrow \text{PBT 工程塑料} \end{cases}$$

$$CH\equiv CH \longrightarrow \begin{cases} \xrightarrow{HCl} CH_2=CHCl \longrightarrow \text{用途见前} \\ \xrightarrow{2Cl_2} Cl_2CH-CHCl_2 \xrightarrow{-HCl} Cl_2C=CHCl \longrightarrow \text{溶剂、萃取剂、洗涤剂、杀虫剂} \\ \xrightarrow{CH\equiv CH} CH_2=CH-C\equiv CH \xrightarrow{+HCl} CH_2=CH-\underset{Cl}{C}=CH_2 \longrightarrow \text{氯丁橡胶} \end{cases}$$

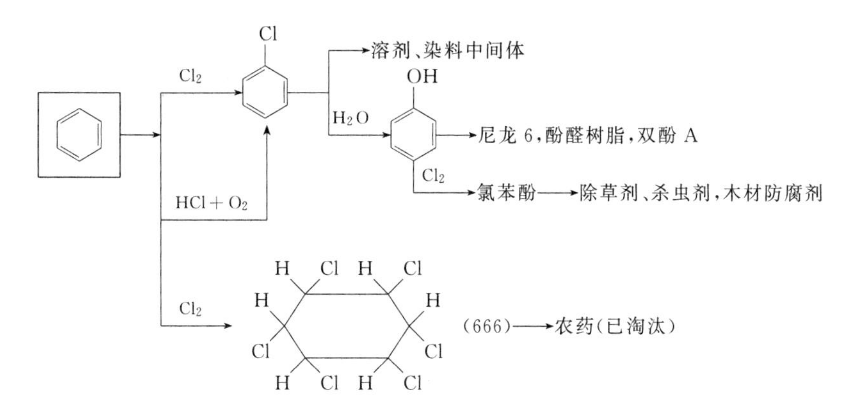

生产表 7-1 所列各种氯化产品，所采用的氯化反应主要有下列三类。

1. 加成氯化

例如

$$CH_2=CH_2+Cl_2 \longrightarrow ClCH_2CH_2Cl$$

$$CH\equiv CH+HCl \longrightarrow CH_2=CHCl$$

$$CH_3CH=CH_2+HOCl \longrightarrow CH_3\underset{OH}{CH}\underset{Cl}{CH_2}$$

2. 取代氯化

例如

$$CH_4+Cl_2 \longrightarrow CH_3Cl+HCl$$

$$CH_3CH=CH_2+Cl_2 \longrightarrow \underset{Cl}{CH_2}CH=CH_2+HCl$$

$$C_6H_6 + Cl_2 \longrightarrow C_6H_5Cl + HCl$$

3. 氧氯化

例如

$$CH_2{=}CH_2 + 2HCl + \frac{1}{2}O_2 \longrightarrow \underset{Cl}{CH_2}{-}\underset{Cl}{CH_2} + H_2O$$

$$C_6H_6 + HCl + \frac{1}{2}O_2 \longrightarrow C_6H_5Cl + H_2O$$

上面三类氯化反应所用的氯化剂有 Cl_2，HCl 和 HOCl（即 $Cl_2 + H_2O$）。虽 $COCl_2$，SO_2Cl_2，PCl_5，PCl_3 等也可作氯化剂，但在基本有机化学工业中很少采用。

根据促进氯化反应的手段不同，工业上采用的氯化方法，主要有下列三种。

(1) 热氯化法。该方法是以热能激发氯分子，使其解离成氯自由基，进而与烃类分子反应而生成各种氯衍生物。工业上将甲烷氯化制取甲烷氯衍生物，丙烯氯化制 α-氯丙烯等均采用热氯化法。

(2) 光氯化法。该方法以光子激发氯分子，使其解离成氯自由基，进而实现氯化反应。光氯化反应是在液相中进行，反应条件比较缓和。例如二氯甲烷在紫外线照射下氯化生成三氯甲烷和四氯化碳；苯在紫外线照射下氯化生成“六六六”等。光氯化法可用于加成氯化，也可用于取代氯化。

(3) 催化氯化法。催化氯化法是利用催化剂以降低反应活化能，促使氯化反应的进行。有均相催化氯化和非均相催化氯化两种，所用的催化剂都是金属卤化物，例如氯化铁、氯化铜、氯化铝、三氯化锑、五氯化锑、氯化汞等。均相催化氯化法是将这类催化剂溶于溶剂中，然后进行氯化反应，例如乙烯与氯加成制备二氯乙烷即采用均相催化氯化法，此法反应条件比较缓和。非均相催化氯化是将上述这些催化活性组分载于活性炭、浮石、硅胶、氧化铝等载体上而形成固体催化剂，苯氯化制备氯苯，乙炔与氯化氢加成制备氯乙烯，乙烯氧氯化制备二氯乙烷等都是采用非均相催化氯化法。

有的氯化反应是离子反应，在极性溶剂中反应很易进行，不需要采用上述这些促进方法。例如乙烯或丙烯与氯在水溶液中反应制取氯乙醇或氯丙醇等。

第一节　烃的取代氯化

一、低级烷烃的热氯化[1~3]

低级烷烃的取代氯化以甲烷氯化为最重要，其产品广泛地用作溶剂、麻醉剂、制冷剂和合成原料，常用的方法是热氯化法，反应是在气相中进行。

(一) 热氯化反应机理及产物分布

烃类的热氯化反应是典型的自由基连锁反应，首先是氯在高温作用下解离为氯自由基，并以氯自由基为载链体与烃发生氯代反应。其反应机理（以甲烷热氯化为例）为

链引发

$$Cl_2 \xrightarrow[\triangle]{} 2\dot{Cl}$$

链传递　　　　$\dot{Cl}+CH_4 \longrightarrow \dot{C}H_3+HCl$

$\dot{C}H_3+Cl_2 \longrightarrow CH_3Cl+\dot{Cl}$

链终止　　　　$\dot{C}H_3+\dot{C}H_3 \longrightarrow CH_3CH_3$ 等

但氯化反应并不只停留在一次取代阶段，生成的氯甲烷会继续发生取代氯化，而生成二氯甲烷、三氧甲烷、四氯化碳等氯化产物

$$CH_4+Cl_2 \longrightarrow CH_3Cl+HCl+100.0kJ \qquad (1)$$

$$CH_3Cl+Cl_2 \longrightarrow CH_2Cl_2+HCl+99.2kJ \qquad (2)$$

$$CH_2Cl_2+Cl_2 \longrightarrow CHCl_3+HCl+100.4kJ \qquad (3)$$

$$CHCl_3+Cl_2 \longrightarrow CCl_4+HCl+102.1kJ \qquad (4)$$

这四个反应的反应速度常数与温度的关系见图 7-1 所示。从图 7-1 所描绘的几条直线可以看出，一氯甲烷比甲烷更易氯化，反应（3）和反应（1）的反应速度常数相接近，只有 $CHCl_3$ 比甲烷较难氯化。故甲烷的热氯化产物，总是四种氯化甲烷的混合物。其产物组成与反应温度有关，而主要决定于氯对甲烷的用量比。图 7-2 是在 440℃条件下，氯与甲烷的摩尔比对产物分布的影响。由图 7-2 可看出，要使主要产物为一氯甲烷，甲烷必须大大过量以抑制多氯甲烷的生成。

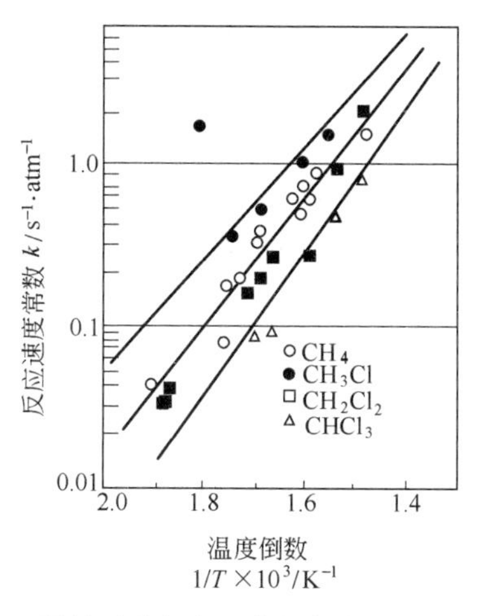

图 7-1　甲烷及其氯衍生物的氯化反应速度常数

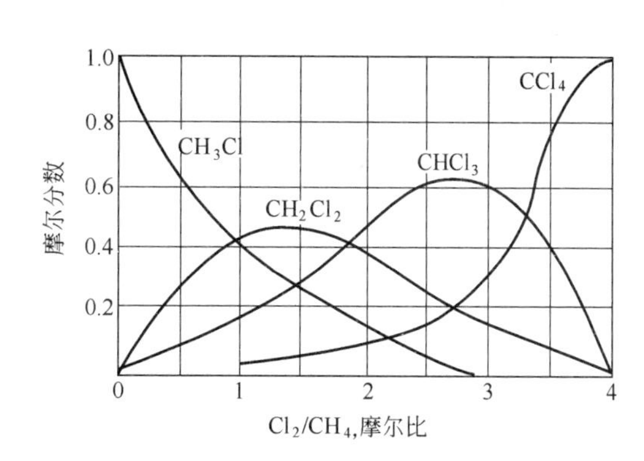

图 7-2　Cl_2/CH_4 摩尔比与甲烷氯化产物组成的关系

（二）甲烷热氯化制取甲烷氯化物

甲烷热氯化产物除一氯甲烷为无色气体外，二氯甲烷、三氯甲烷和四氯化碳均为难溶或不溶于水的无色油状液体，它们的沸点依次为－23.7℃、40.1、61.2℃和 76.7℃。

虽然氯与甲烷的用量比高，可得到较多的三氯甲烷和四氯化碳，但因甲烷氯化是强放热反应，生成的多氯衍生物愈多，放出的热量愈大，反应愈剧烈，难于控制。如温度升至 500℃，就会发生爆炸性分解反应（也称燃烧反应）。

$$CH_4+2Cl_2 \longrightarrow C+4HCl+292.9kJ$$

故工业上甲烷的热氯化总是采用大量过量甲烷（$CH_4:Cl_2=3\sim4:1$ 或更高，摩尔比），氯化产物是以一氯甲烷和二氯甲烷为主。如要获得更多的多氯甲烷，往往是将已部分氯化的产物，再进行氯化，氯化产物的再氯化通常是采用液相光氯化法。

即使采用大量过量甲烷，要使氯化反应能顺利进行，氯与甲烷必须进行充分混合，以避免局部浓度过高，同时温度分布需保持均匀，不使有局部过热现象发生。甲烷热氯化反应温度较高（400℃左右），反应过程中不仅有大量热量放出，且有大量强腐蚀性氯化氢气体产生。反应器材质必须能耐酸。工业上是采用绝热式反应器，反应释放的热量是由大量过量的甲烷带出。

甲烷热氯化制取甲烷氯衍生物的工艺流程如图 7-3 所示。

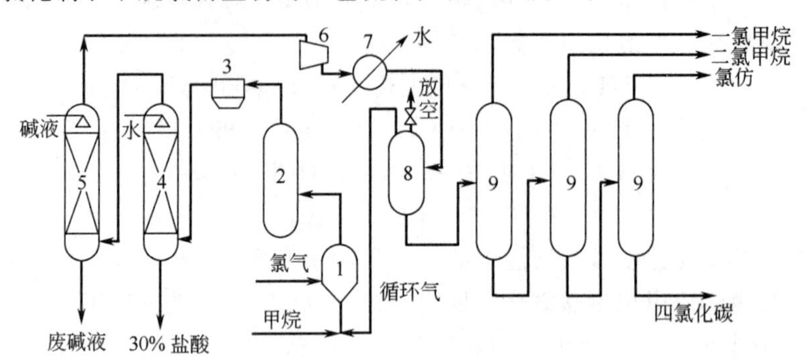

图 7-3　甲烷热氯化制甲烷氯衍生物工艺流程

1—混合器；2—反应器；3—空冷器；4—水洗塔；5—碱洗塔；6—压缩机；7—冷凝冷却器；8—分离器；9—蒸馏塔

甲烷、氯和循环气以一定比例在混合器中混合后，进入绝热式反应器，在 380～450℃进行反应，反应产物经空气冷却器冷却，和水洗（除去 HCl）及碱洗（中和酸性气体）后，进行压缩，冷凝冷却，使四种甲烷氯衍生物都冷凝下来，不凝气体 70%左右为甲烷，其余为氮和少量氯甲烷，少部分放空，其余循环。冷凝液经精馏分别得到一氯甲烷、二氯甲烷、三氯甲烷和四氯化碳。如要获得更多的三氯甲烷和四氯化碳，可将分出一部分二氯甲烷后的釜液，送至第二氯化反应器，再进行光氯化。

用上述方法生产甲烷氯衍生物，副产物 HCl 没有充分利用，因此氯的利用率只有 50%。为了合理利用副产 HCl，工业上采用了甲醇与 HCl 反应生产一氯甲烷和一氯甲烷再光氯化制取四种甲烷氯衍生物的工艺。此工艺采用一氯甲烷氯化所生成的 HCl 使与甲醇反应制取一氯甲烷。

$$CH_3OH + HCl \longrightarrow CH_3Cl + H_2O$$

反应可在气相中进行，也可在液相中进行。气相反应所用催化剂为 Al_2O_3，$ZnCl_2$/浮石，Cu_2Cl_2/活性炭等，反应温度 340～350℃，压力 0.3～0.6MPa。液相反应是在氯化锌水溶液中进行，反应温度 100～150℃。此反应也可用以生产氯乙烷。

二、烯烃的热氯化[3,4]

（一）烯烃取代氯化与加成氯化反应的竞争

烯烃的热氯化反应要比烷烃复杂，因为除了发生取代氯化外，还可以发生加成氯化，从而形成两类氯化反应的竞争。

表 7-2　正构烯烃由加成氯化转入取代氯化的温度范围

烯　烃	过渡温度范围/℃	烯　烃	过渡温度范围/℃
乙烯	250～350	2-丁烯	150～225
丙烯	200～250	2-戊烯	125～200

正构烯烃与氯易发生加成氯化，但当温度高时就有取代氯化发生，对于每一个正构烯烃，都有各自的由加成氯化过渡到取代氯化的温度范围，如表 7-2 所示。

对于具有 α-氢原子的异构烯烃（如异丁烯），在通常条件下只发生 α-氢的取代氯化，除非在低温时（−40℃以下），才有加成氯化发生。

由此可知，反应温度对两类氯化反应的竞争起着主要作用。乙烯气相热氯化时，温度对加成氯化和取代氯化反应竞争的影响，见图 7-4 所示。

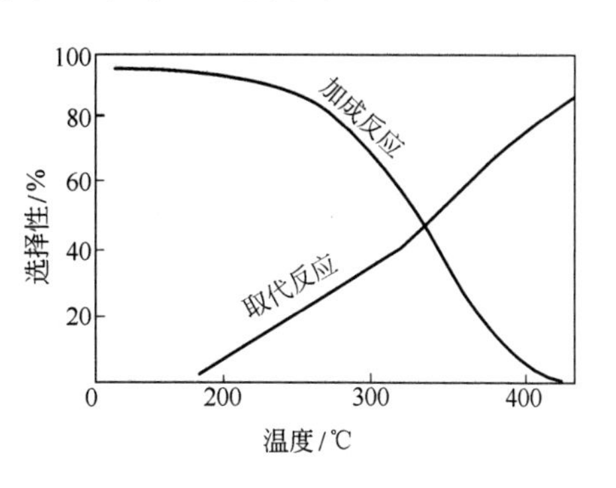

图 7-4 乙烯气相热氯化反应温度对加成氯化和取代氯化反应竞争的影响

由图 7-4 中曲线可知，乙烯的气相热氯化在温度低于 250℃时是加成氯化为主，高于 350℃时转为取代氯化为主。

烯烃气相热氯化的反应机理也是自由基型的连锁反应，下面以乙烯气相热氯化为例对两者的竞争进行说明。

链的引发
$$Cl_2 \xrightarrow[\triangle]{} 2\dot{Cl}$$

链的传递

加成
$$\begin{cases} \dot{Cl} + CH_2 = CH_2 \longrightarrow ClCH_2 - \dot{C}H_2 \\ ClCH_2\dot{C}H_2 + Cl_2 \longrightarrow ClCH_2CH_2Cl + \dot{Cl} \end{cases} \quad (5)$$

取代
$$\begin{cases} \dot{Cl} + CH_2 = CH_2 \longrightarrow CH_2 = \dot{C}H + HCl \\ CH_2 = \dot{C}H + Cl_2 \longrightarrow CH_2 = CHCl + \dot{Cl} \end{cases} \quad (6)$$

其中反应（5）和（6）是控制步骤，加成氯化和取代氯化的产物分布就取决于这两个基元反应的竞争。

反应（5）和（6）都是双分子反应，它们的反应速度分别为

$$r_a = P_a Z_a^0 e^{-E_a/RT}[\dot{Cl}][C_2H_4]$$

$$r_s = P_s Z_s^0 e^{-E_s/RT}[\dot{Cl}][C_2H_4]$$

式中 r_a、r_s——分别为加成氯化和取代氯化的反应速度；

P_a、P_s——分别为这两个反应的位阻因素；

Z_a^0、Z_s^0——分别为这两个反应的频率因子；

E_a、E_s——分别为这两个反应的活性能；

$[\dot{Cl}]$，$[C_2H_4]$——分别为氯自由基和乙烯的浓度。

由于双分子反应的频率因子相接近，故加成氯化和取代氯化速度之比应为

$$\frac{r_a}{r_s} = \frac{P_a}{P_s} e^{-[E_a - E_s]/RT}$$

表 7-3 烯烃加成氯化和取代氯化的活化能和位阻因素

反应类型	活化能/kJ/mol	位阻因素
加成氯化	4.18～8.37	10^{-3}～10^{-4}
取代氯化	约 29.3	1.0～10^{-1}

因此，这两个反应的竞争是决定于位阻因素 P 和能量因素 E，已知这两个反应具有如表 7-3 所列数据。

从表 7-3 中可看出，加成氯化的位阻因素小，活化能低，而取代氯化则相反位阻因素大，活化能高。在反应温度较低时，活化能的大小对反应竞争取决定作用，由于加成氯化的活化能比取代氯化低得多，所以在反应温度低时，主要发生加成氯化。在高温时，活化能的差异对这两个反应的竞争降至次要地位，而位阻因素转变为决定作用，由于取代氯化的位阻因素远大于加成氯化，所以主要发生取代氯化。

（二）丙烯热氯化合成 α-氯丙烯

α-氯丙烯是无色具有腐蚀性的刺激性液体，微溶于水，沸点 45.1℃，主要用于生产环氧氯丙烷和甘油。是由丙烯高温气相取代氯化制得。

1. 主副反应

主反应　$CH_3CH{=}CH_2+Cl_2 \longrightarrow ClCH_2{-}CH{=}CH_2+HCl+112.1kJ$

副反应有

α-氯丙烯的继续氯化生成二氯丙烯

$$ClCH_2CH{=}CH_2+Cl_2 \longrightarrow Cl_2CHCH{=}CH_2+HCl$$

丙烯发生加成氯化生成 1,2-二氯丙烷

$$CH_3CH{=}CH_2+Cl_2 \longrightarrow CH_3\underset{\displaystyle Cl}{\underset{|}{C}}H\underset{\displaystyle Cl}{\underset{|}{C}}H_2$$

丙烯在氯中燃烧生成 C 和 HCl

$$CH_3CH{=}CH_2+3Cl_2 \longrightarrow 3C+6HCl$$

此外尚有丙烯和 α-氯丙烯的热裂解，以及丙烯和其热裂解产物缩合生成苯和高沸物等副反应。

2. 影响丙烯热氯化的主要因素

（1）反应温度。丙烯高温氯化时，温度对氯化产物组成比的影响见图 7-5 所示。从图 7-5 中可以看出，当氯化温度为 450℃时，仍有较多的加成氯化产物生成，而温度过高，生成苯的缩合反应加快。这两种情况，都会使生成 α-氯丙烯的选择性下降。适宜的反应温度为 500～510℃。

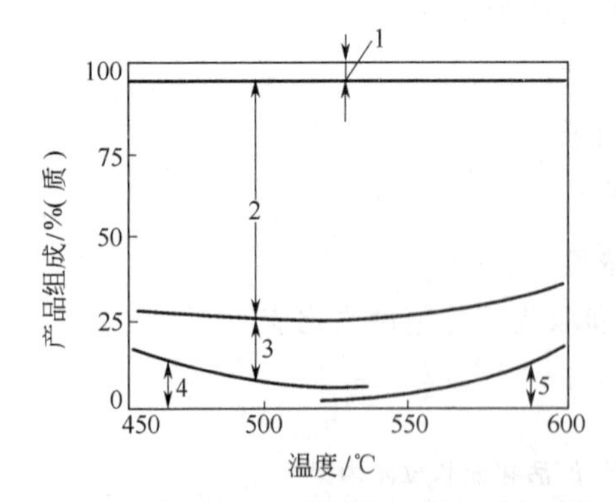

图 7-5　温度对丙烯氯化产物的影响

1—易挥发物；2—α-氯丙烯；3—高沸物；4—二氯化物；5—苯

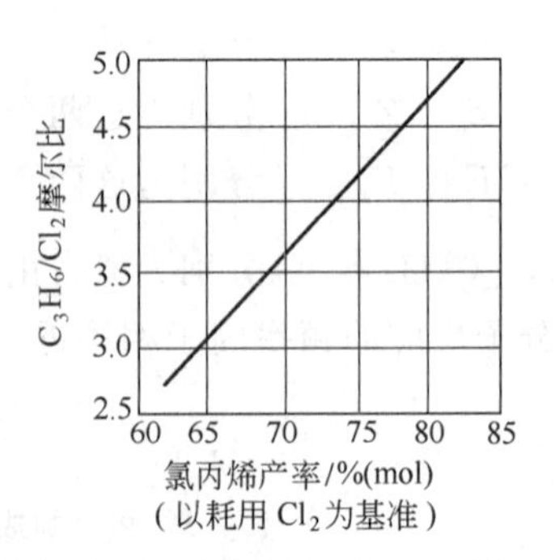

图 7-6　C_3H_6/Cl_2 摩尔比对 α-氯丙烯收率的影响（以 Cl_2 为计算基准）

(2) 原料配比和混合条件

由于反应有大量热量放出，容易产生过热现象而引起丙烯在氯中的燃烧反应和碳的析出。为了防止过热现象的发生，必须采用大量过量的丙烯，图 7-6 为 C_3H_6/Cl_2 的摩尔比与 α-氯丙烯收率的关系，由图 7-6 可看出，C_3H_6/Cl_2 摩尔比愈大，α-氯丙烯的收率愈高。但用量比过高，需要有大量丙烯循环，从技术经济角度看，也并不有利，一般 C_3H_6/Cl_2 摩尔比采用 4～5∶1 为宜。

丙烯和氯的混合条件对 α-氯丙烯的收率有明显影响。若混合后再加热，则在达到适宜的取代温度之前，将有一个以加成氯化为主的阶段，因此必然有较多的加成产物 1,2-二氯丙烷生成；若将丙烯与氯分别预热到一定温度再进行混合，则会使反应过于剧烈而生成多氯化物和炭。工业上采用先将丙烯预热到 200～400℃，然后在特殊的喷射器内与常温的氯充分混合。而进行反应。这样既可防止局部过热和局部氯浓度过高；又缩短了混合原料气升温的时间。

3. 丙烯热氯化合成 α-氯丙烯的工艺流程

各种制取 α-氯丙烯工艺流程的主要差别在于从反应气体中分离出产品的方法不同，可以用冷凝法或吸收法，图 7-7 所示流程是采用冷凝法分离的流程。

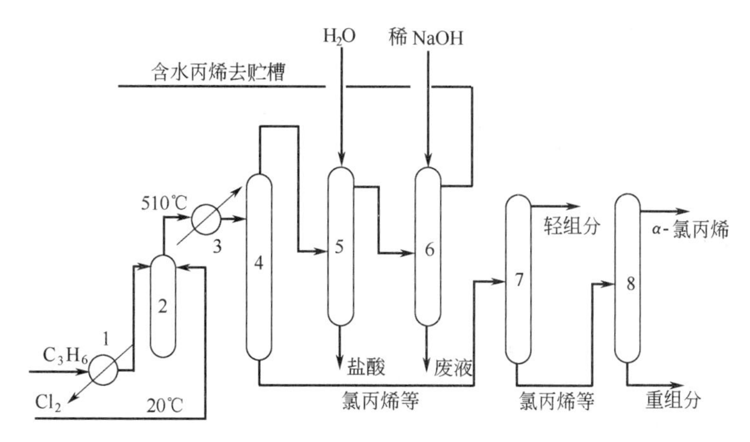

图 7-7 丙烯高温氯化制 α-氯丙烯的工艺流程

1—丙烯预热器；2—氯化反应器；3—冷凝器；4—冷凝蒸出塔；5—水洗塔；6—碱洗塔；7—脱轻组分塔；8—α-氯丙烯塔

干燥的原料丙烯预热至一定温度后，以一定配比与氯进行混合，并以很大的速度通过氯化反应器，为了避免热裂解副反应的发生，反应停留时间必须很短，仅为几秒钟。反应温度可以通过改变丙烯预热温度进行调节。经过反应氯的转化率可接近 100%。

自反应器出来的高温反应气体，含有未反应丙烯、产物 α-氯丙烯，低沸点和高沸点含氯副产物，以及 HCl，还带有一些炭粒，经冷却器冷却后，进入冷凝蒸出塔，以液态丙烯直接喷淋降温。丙烯和氯化氢等气体自塔顶分出，经水洗和碱洗除去 HCl 并干燥后，循环回收作用。冷凝蒸出塔釜液即为含量达 75%左右的粗 α-氯丙烯，经脱轻组分塔分出轻组分，在 α-氯丙烯塔塔顶获得高浓度成品 α-氯丙烯。

第二节 不饱和烃的加成氯化

在烯烃、二烯烃和炔烃等不饱和烃的分子中，有双键和三键存在，它们能与 Cl_2，HCl，HOCl 等氯化剂发生加成反应而生成相应的氯化物。

加成氯化有液相法和气相法两种。下面以这两种不同的工艺为例进行讨论。一种是液相加氯过程，以乙烯液相加氯合成1,2-二氧乙烷为例。另一种是气相加氯过程，以乙炔气相加氯化氢合成氯乙烯为例。

一、乙烯液相加氯制1,2-二氯乙烷[4~6]

1,2-二氯乙烷为无色液体，不溶于水，沸点83.5℃，它不仅是重要的溶剂，也是以乙烯为原料制取氯乙烯的中间体——1,2-二氯乙烷经高温裂解能脱去一分子HCl而转化为氯乙烯（将在第四节中讨论）。60年代起生产氯乙烯转向以乙烯为原料，因此1,2-二氯乙烷的产量迅速增长。

（一）乙烯加氯反应原理

乙烯与氯加成得1,2-二氯乙烷

$$CH_2=CH_2+Cl_2 \longrightarrow ClCH_2CH_2Cl+171.5kJ$$

由于放热量大，工业上是采用液相催化氯化法，以利散热。

乙烯液相加氯是在极性溶剂中进行，常用的溶剂是产物1,2-二氯乙烷本身。该反应属于离子型反应，采用盐类作催化剂，工业上是用三氯化铁为催化剂，它能促进Cl^+的生成。反应机理为

$$FeCl_3+Cl_2 \longrightarrow FeCl_4^- +Cl^+$$

$$Cl^+ +CH_2=CH_2 \longrightarrow CH_2Cl-CH_2^+$$

$$CH_2ClCH_2^+ +FeCl_4^- \longrightarrow CH_2ClCH_2Cl+FeCl_3$$

其反应速率方程为

$$\frac{dC_d}{dt}=kC_BC_C \tag{7-1}$$

式中 $\frac{dC_d}{dt}$——1,2-二氯乙烷的生成速度，kmol/(l·s)；

C_B——溶液中乙烯浓度，kmol/L；

C_C——溶液中氯浓度，kmol/L；

k——反应速度常数，L/(kmol·s)，是温度和催化剂$FeCl_3$的浓度的函数。

主要副反应是生成多氯化物1,1,2-三氯乙烷和1,1,2,2-四氯乙烷。

（二）乙烯与氯液相加成合成1,2-二氯乙烷的工艺流程

乙烯与氯加成合成1,2-二氯乙烷的工艺有低温氯化法和高温氯化法两种，传统的氯化工艺是低温氯化法，反应温度控制在50℃左右。为了确保氯能全部反应掉，乙烯用量略为过量。其工艺流程如图7-8所示。

乙烯液相氯化是在塔式反应器中进行，在氯化塔内部有一套筒，内充以铁环和氯化液（主要是二氯乙烷），乙烷和氯气从塔底进入套筒内，溶解在氯化液中而发生加成反应生成产物二氯乙烷。为了保证气液相的良好接触和移除大量反应热，在氯化塔外连通两台循环冷却器，反应器中氯化液由内套筒溢流至反应器本体与套筒间环形空隙，再用循环泵将氯化液从氯化塔下部引出，经过滤后，把反应生成的二氯乙烷送至洗涤分层器，其余的经循环冷却器用水冷却除去反应热后，循环回氯化塔。补充的催化剂$FeCl_3$是用循环液溶解后从氯化塔的上部加入，氯化液中$FeCl_3$的浓度维持在250～300ppm。

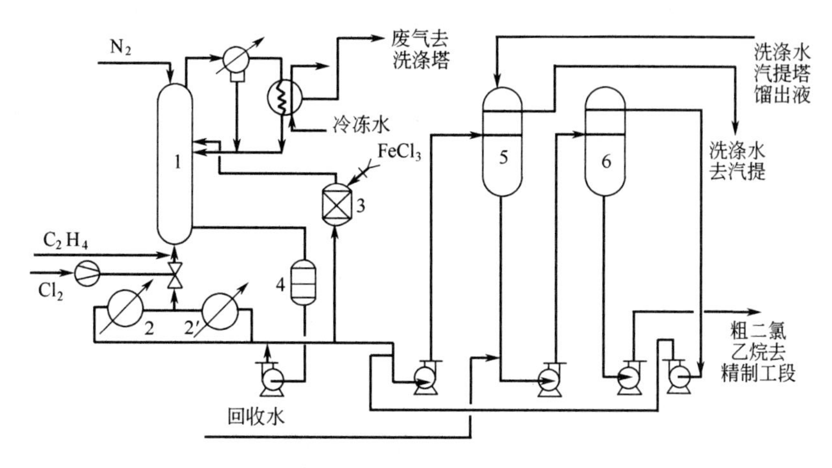

图 7-8 乙烯液相氯化制二氯乙烷的工艺流程

1—氯化塔；2，2′—循环冷却器；3—催化剂溶解罐；4—过滤器；5，6—洗涤分层器

反应产物在两套串联的洗涤分层装置中先后经过两次洗涤，以除去夹带的少量催化剂 $FeCl_3$ 和 HCl。所得粗二氯乙烷送精馏工段除去轻组分和重组分副产物，得产品 1,2-二氯乙烷。洗涤水经汽提，以回收其中少量的二氯乙烷后，重复循环使用。自氯化塔顶部溢出的反应尾气经过冷却冷凝以回收夹带的二氯乙烷后送焚烧炉处理。

低温氯化法反应热没有利用，而且反应产物要经水洗以除去带出的催化剂，洗涤水需经汽提，故能耗较大，且需经常补充催化剂，还有污水需排放处理。近年来对其工艺进行了改进，使反应在接近二氯乙烷沸点的条件下进行（称为高温氯化法）。反应热靠二氯乙烷的蒸出带出反应器外，每生成 1 摩尔二氯乙烷，大约可产生 6.5 摩尔二氯乙烷蒸气。由于在沸腾条件下反应，未反应的乙烯和氯会被二氧乙烷蒸气带走而使二氯乙烷的收率降低。为了克服此缺点，设计一个由 U 形循环管 A 和分离器 B 组成的反应器。高温氯化法的工艺流程如图 7-9 所示。

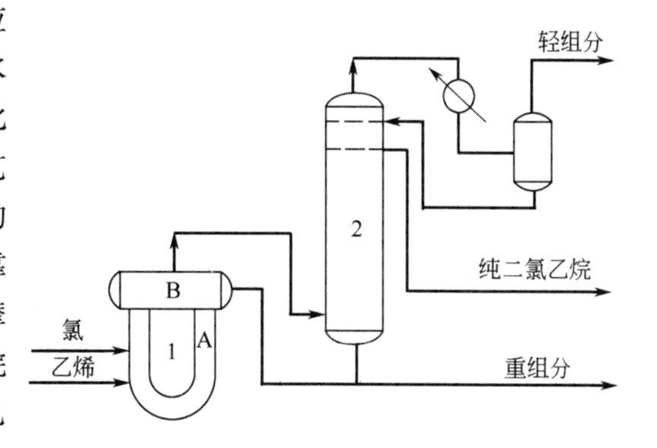

图 7-9 高温氯化法制取二氯乙烷的工艺流程

1—反应器；A—U 形循环管；B—分离器；2—精馏塔

乙烯和氯通过特殊设计的喷散器在 U 形循环管上升段底部进入反应器，溶解于氯化液中后立即进行反应生成二氯乙烷，由于该处有足够的静压，可以防止反应液沸腾。至上升段的三分之二处，反应已基本完成，然后液体继续上升并开始沸腾，最后气液混合物进入分离器，二氯乙烷蒸气自分离器出来进入精馏塔，在此分出轻组分（包括少量未转化的乙烯）和重组分，并获得产品纯二氯乙烷。重组分中含有大量二氯乙烷，大部分循环回反应器，一部分送二氯乙烷/重组分分离系统，分出 1,1,2-三氯乙烷和 1,1,2,2-四氯乙烷等副产物后，二氯乙烷仍返回反应器。

采用这种型式反应器进行高温氯化，二氯乙烷收率高，反应热能得到利用，并由于二氯乙烷是气相出料，不会将催化剂带出，所以不需要洗涤脱除催化剂，过程中没有污水排出，也不需要补加催化剂。但操作这种型式反应器，循环速度的控制十分重要。循环速度太低会导致反应物分散不均匀和局部浓度过高。高温氯化法比低温氯化法可节省大量能耗。原料利用率接近99%，二氯乙烷纯度超过99.99%。

二、乙炔气相加氯化氢合成氯乙烯[7~9]

氯乙烯沸点－13.9℃，在室温下是无色气体，易聚合，并能与乙烯、丙烯、醋酸乙烯酯，偏二氯乙烯、丙烯腈、丙烯酸酯等单体共聚，而制得各种性能的树脂，加工成管材、薄膜、塑料地板、各种压塑制品、建筑材料、涂料和合成纤维等。氯乙烯是高分子材料工业的重要单体，产量很大，还可用于合成1,1,2-三氯乙烷和1,1-二氯乙烯等。故氯乙烯的生产在基本有机化学工业中占有重要的地位。

氯乙烯的生产方法主要有两种，一种是以乙烯为原料的平衡乙烯氧氯化法，另一种是以乙炔为原料的乙炔加成氯化法。本节是讨论第二种方法，平衡乙烯氧氯化法将在下一节讨论。

（一）乙炔加氯化氢反应原理

乙炔与氯化氢加成得氯乙烯

$$CH{\equiv}CH + HCl \longrightarrow CH_2{=}CHCl + 124.8kJ$$

加成反应是在气相中进行。虽然从热力学分析此反应很有利，但由于反应速度慢，因此必须在催化剂存在下进行。工业上采用的催化剂是$HgCl_2$/活性炭，其活性随$HgCl_2$含量的增高而增大，一般$HgCl_2$含量为10%～20%。该催化剂的主要缺点是活性稳定性较差。据研究，当反应温度<140℃时，活性基本稳定。但温度低，反应速度太慢，乙炔转化率低。反应温度高于140℃，催化剂就出现明显的失活，并随温度的升高而加剧。使催化剂失活的主要原因是活性组分$HgCl_2$的升华。由图7-10可知，当温度高于200℃时，就会有大量$HgCl_2$升华而使催化剂的活性迅速下降。故反应温度的控制十分重要，工业上一段控制在160～180℃。

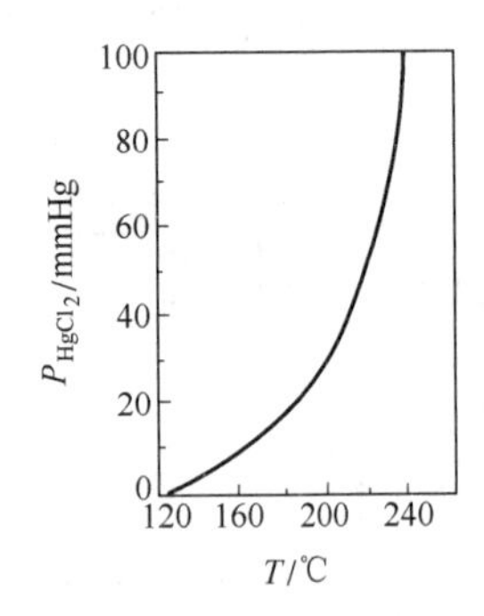

图7-10　$HgCl_2$蒸气压与温度关系

也有使用（氯化汞-氯化钡）/活性炭作催化剂，据报道此类复合催化剂活性和选择性都很高，并可以减少$HgCl_2$的升华现象，而使稳定性得到改善。

据研究乙炔在$HgCl_2$/活性炭催化剂上与氯化氢加成的反应机理可能为

$$HCl + * \rightleftharpoons HCl*$$

$$HCl* + C_2H_2 \longrightarrow CH_2{=}CHCl + *$$

*——吸附空位。

反应控制步骤是吸附氯化氢和气相乙炔的表面反应。根据此机理推导得到的反应动力学方程为

$$-r^0_{C_2H_2} = \frac{kK_{HCl}p_{HCl}p_{C_2H_2}}{1+K_{HCl}p_{HCl}} \tag{7-2}$$

式中　$-r^0_{C_2H_2}$——原料乙炔的初始消失速度；

K_{HCl}——氯化氢的吸附常数（135～180℃）；

$K_{HCl}=9.21\times10^{-9}\exp(16370/RT)$；

k——反应速度常数（135～180℃）；

$k=2.81\times10^{7}\exp(-15350/RT)$

p_{HCl}，$p_{C_2H_2}$——分别为氯化氢和乙炔的分压。

因在反应过程中，催化剂会逐渐失活，故乙炔的消失速度应为

$$-r_{C_2H_2}=\frac{kK_{HCl}p_{HCl}p_{C_2H_2}}{1+K_{HCl}p_{HCl}}\cdot\alpha$$

式中　α——活性系数，是温度和反应时间的函数；

$\alpha=\exp(-k_d t)$

t——反应时间。

$k_d=3.56\times10^7\exp\ (-18630/RT)\ (135\sim180℃)$

C_2H_2/HCl 的摩尔比对催化剂的活性和反应选择性也有影响。当用量比大时，过量的乙炔会与催化剂活性组分 $HgCl_2$ 作用，生成 1,2-二氯乙烯，并使 $HgCl_2$ 转化为 $HgCl_2$ 或甚至析出汞。Hg_2Cl_2 和汞无催化作用，从而使催化剂的活性下降。因此 C_2H_2/HCl 摩尔比不宜过大。但太小也会降低反应选择性，因为过量的 HCl 会与氯乙烯进一步发生加成反应而生成 1,1-二氯乙烷。

$$CH_2{=}CH{-}Cl+HCl\longrightarrow CH_3CH\begin{matrix}Cl\\ Cl\end{matrix}$$

一般采用 HCl 略为过量，C_2H_2/HCl=1∶1.05～1.1。

（二）乙炔气相加氯化氢制氯乙烯工艺流程

乙炔加氯化氢是放热反应，局部过热会影响催化剂的寿命，因此必须及时地移出反应热。工业上常采用多管式的固定床氯化反应器，管内盛放催化剂，干燥和已净化的乙炔和氯化氢的混合气自上而下地通过催化剂层进行反应。管外用加压热水循环进行冷却。由于受到热点温度的限制，乙炔空速也受到限制。要充分发挥床层催化剂的效率，就必须使整个床层温度都接近最佳的允许温度。采取分段进气、分段冷却和适当调整催化剂活性等方法，可使床层温度分布得到改善，乙炔空速可以提高，因而催化剂的生产能力也可以显著提高。

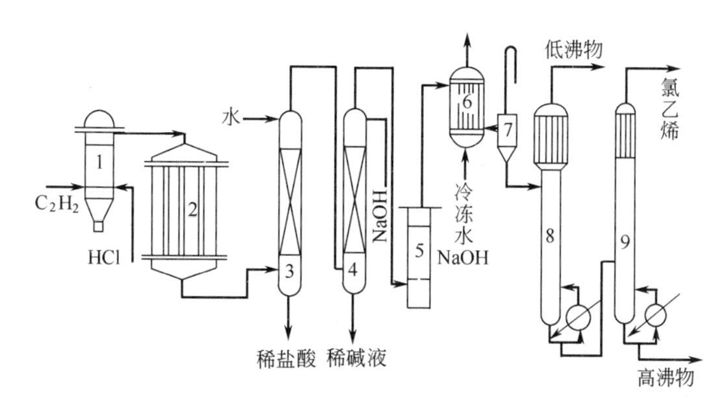

图 7-11　乙炔加氯化氢制氯乙烯工艺流程

1—混合器；2—反应器；3—水洗塔；4—碱洗塔；5—干燥器；6—冷凝器；7—气液分离器；8—冷凝蒸出塔；9—氯乙烯塔

乙炔加氯化氢制氯乙烯的工艺流程如图 7-11 所示。乙炔可由电石水解得到，经净化和干燥后与干燥的 HCl 以 1∶1.05～1.1 的比例混合进入反应器进行加成反应，乙炔

转化率可达99%左右，副产物1,1-二氯乙烷的生成量约为1%左右。自反应器出来的气体产物中除含有产物氯乙烯和副产物1,1-二氯乙烷外，还含有5%～10%HCl，和少量未反应的乙炔。反应气经水洗和碱洗除去HCl等酸性气体，并用固体KOH进行干燥，再经冷却冷凝得粗氯乙烯凝液。粗氯乙烯先经冷凝蒸出塔脱去溶于其中的乙炔等气体后，至氯乙烯塔进行精馏，除去1,1-二氯乙烷等高沸点杂质，塔顶蒸出产品氯乙烯贮于低温贮槽。

电石乙炔法生产氯乙烯技术成熟，流程简单，副反应少，产品纯度高。但由于生产电石要消耗大量电能，故能耗大，且汞催化剂有毒，不利劳动保护，自从60年代乙烯氧氯化生产氯乙烯的方法实现工业化后，该方法已逐步为乙烯氧氯化法所取代。

第三节 烃的氧氯化

从前面讨论可知，对于烃的取代氯化反应，在烃分子中每取代一个氢原子，就要消耗一分子氯，同时释放出一分子氯化氢。这样，所用的氯有一半转变成了氯化氢，而且往往以浓盐酸的形式分出。虽然气态氯化氢或浓盐酸有许多用途，但消化不了大规模有机氯化物生产过程所产生的氯化氢或盐酸量。因此如何利用副产氯化氢，成为氯化物生产中需要解决的技术经济问题。

早在1868年代康（Deacon）等人已发现在氯化铜催化下，氯化氢能被氧氧化为氯和水

$$4HCl + O_2 \xrightleftharpoons{CuCl_2} 2Cl_2 + 2H_2O$$

反应温度为350～450℃，其反应机理为

$$2CuCl_2 \longrightarrow Cu_2Cl_2 + Cl_2$$

$$Cu_2Cl_2 + \frac{1}{2}O_2 \longrightarrow CuO \cdot CuCl_2$$

$$CuO \cdot CuCl_2 + 2HCl \longrightarrow 2CuCl_2 + H_2O$$

烃的氧氯化即在此反应的基础上研究成功的。该方法是将烃、氯化氢和空气（或氧）的混合物在一定的反应条件下，通过以$CuCl_2$为主的催化剂，而制得相应的氯衍生物，使氯化氢得到了很好的利用。

由于烃的结构不同，氧氯化反应的产物也不同。烷烃和芳烃是分子中一个或多个氢被氯取代生成氯的取代产物；而烯烃则主要发生氯的加成生成二氯代烷烃。其中最重要的是乙烯氧氯化生成1,2-二氯乙烷（简称二氯乙烷）。此反应在1922年已被提出，但直至60年代才在工业上得到应用，现已成为生产二氯乙烷的重要方法，本节将作重点讨论。

一、乙烯的氧氯化[10～16]

（一）乙烯氧氯化催化剂

乙烯氧氯化制取1,2-二氧乙烷需在催化剂存在下进行。常用的氧氯化催化剂是金属氯化物，其中以$CuCl_2$的活性为最高。工业上普遍采用的是以γ-Al_2O_3为载体的$CuCl_2$催化剂，根据氯化铜催化剂的组成不同，可以分为三种类型。

1. 单组分催化剂

即$CuCl_2/\gamma$-Al_2O_3催化剂。其活性与活性组分$CuCl_2$的含量有关。图7-12为在

$CuCl_2/\gamma\text{-}Al_2O_3$ 催化剂中铜含量对其活性和选择性（以 CO_2 的生成率表示）的影响。由图 7-12 中曲线可看出，铜含量增加，催化剂的活性显著增加。当铜含量达到5％～6％（质量）时，HCl 的转化率几乎接近 100％，其活性已达到最高。由图 7-12 也可看出，随着铜含量的增加，深度氧化副产物 CO_2 的生成率也有所增加，但铜含量超过 5％时，CO_2 的生成率就维持在一定的水平上。工业上所用的 $CuCl_2/\gamma\text{-}Al_2O_3$ 催化剂，铜含量为 5％（质量）左右。可用成型的 $\gamma\text{-}Al_2O_3$ 浸渍 $CuCl_2$ 溶液制得。如用于流化床反应器，可用微球形 $\gamma\text{-}Al_2O_3$ 浸渍制得；也可用混合凝胶法制得，用喷雾干燥法成型为适合于流化床的微球型催化剂。

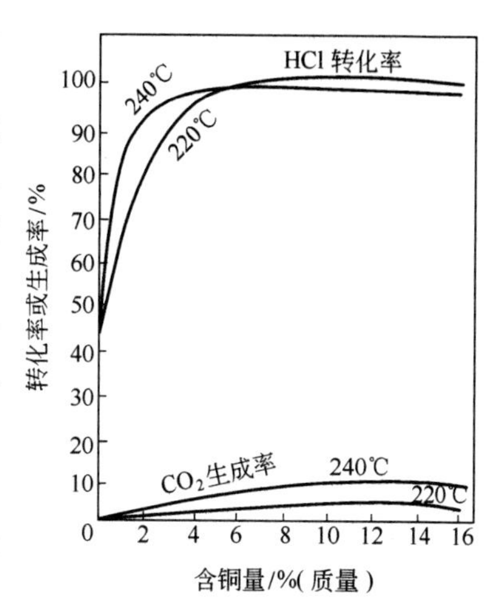

图 7-12 $CuCl_2/\gamma\text{-}Al_2O_3$ 催化剂中铜含量与催化剂性能的关系
C_2H_4 ∶ HCl ∶ O_2 ＝1.16 ∶ 2 ∶ 0.9
空速 $612h^{-1}$

这类催化剂具有良好的选择性（是指 HCl 转化为 1,2-二氯乙烷），主要缺点是氯化铜易挥发，在反应过程中由于活性组分 $CuCl_2$ 的挥发流失，使催化剂的活性下降，因而热稳定性较差，反应温度越高，$CuCl_2$ 的挥发流失量越大，活性下降越快。

2. 双组分催化剂

为了改善单组分 $CuCl_2/\gamma\text{-}Al_2O_3$ 催化剂的热稳定性和使用寿命，在催化剂中加入第二组分。常用的为碱金属或碱土金属的氯化物，主要是 KCl。图 7-13 为 $CuCl_2/\gamma\text{-}Al_2O_3$ 催化剂中添加 KCl 后，K/Cu 原子比对催化剂活性的影响。由图 7-13 可看出，加入少量 KCl 仍能维持原单组分催化剂的活性，且能抑制深度氧化产物 CO_2 的生成，但 KCl 用量增加时，催化剂的活性迅速下降。

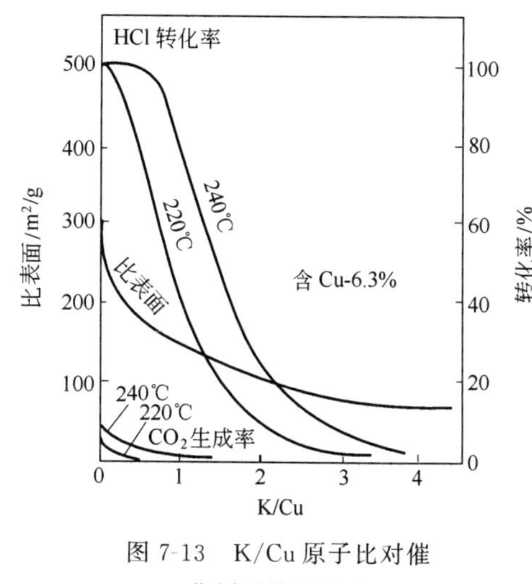

图 7-13 K/Cu 原子比对催化剂活性的影响

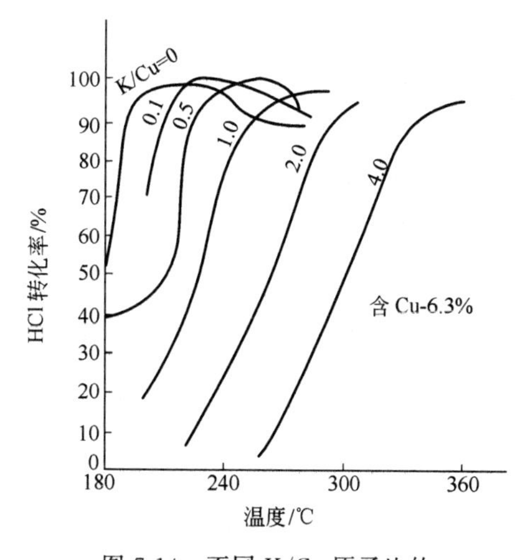

图 7-14 不同 K/Cu 原子比的 $CuCl_2\text{-}KCl/\gamma\text{-}Al_2O_3$ 的催化活性

图 7-14 所示为不同 K/Cu 原子比的催化剂达到最高活性时的反应温度。由图 7-14 可看出，K/Cu 用量比越高，显示高活性所需温度也越高，但对选择性没有影响（见表 7-4）。

表 7-4　不同 K/Cu 原子比的 $CuCl_2$-KCl/γ-Al_2O_3 催化剂的选择性

（催化剂中铜含量 6.3%，质量）

K/Cu 原子比	0	0.1	0.5	1.0	2.0
反应温度/℃	240	240	240	240	260
产物中 1,2-二氯乙烷含量/%	99.6	99.4	99.8	99.8	99.5

总之，在 $CuCl_2$ 中加入 KCl 后，活性降低，而催化剂的热稳定性却有提高。这很可能是 KCl 和 $CuCl_2$ 形成了不易挥发的复盐或低熔混合物，因而防止 $CuCl_2$ 的流失。加入稀土金属的氯化物，如氯化铈、氯化镧等也可以稳定催化剂的活性和增长其寿命。

$CuCl_2$-KCl/γ-Al_2O_3 催化剂用于固定床，可用不同组成的 $CuCl_2$-KCl/γ-Al_2O_3 催化剂（具有不同活性），填充不同床层高度以得到一个合理的温度分布。

3. 多组分催化剂

为了寻求低温高活性催化剂，氧氯化催化剂的研究逐渐向多组元发展。$CuCl_2$-碱金属氯化物-稀土金属氯化物型多组元催化剂，具有高的活性和热稳定性。

（二）乙烯氧氯化反应机理和反应动力学

乙烯在 $CuCl_2/\gamma$-Al_2O_3 催化剂上氧氯化的反应机理，尚有不同的认识，下面介绍的是一种氧化-还原式机理。根据此机理，反应过程主要包括三步。

第一步是吸附的乙烯与 $CuCl_2$ 作用生成 1,2-二氯乙烷，并使 $CuCl_2$ 还原为 Cu_2Cl_2

$$CH = CH_2 + 2CuCl_2 \longrightarrow ClCH_2CH_2Cl + Cu_2Cl_2$$

第二步是 Cu_2Cl_2 被氧氧化为两价铜并生成包含有 CuO 的络合物

$$Cu_2Cl_2 + \frac{1}{2}O_2 \longrightarrow CuO \cdot CuCl_2$$

第三步是络合物再与 HCl 作用分解为 $CuCl_2$ 和水

$$CuO \cdot CuCl_2 + 2HCl \longrightarrow 2CuCl_2 + H_2O$$

反应的控制步骤是第一步。提出此机理的主要依据是（1）乙烯单独通过氯化铜催化剂时有二氯乙烷生成，同时催化剂 $CuCl_2$ 还原为 Cu_2Cl_2；（2）将空气或氧通过被还原的 Cu_2Cl_2 时可全部转变为 $CuCl_2$；（3）乙烯的浓度对反应速度的影响最大。

虽然对乙烯氧氯化反应动力学研究各国已有许多报道，但可能由于所用催化剂和试验条件范围的不同，所得动力学方程也不同。

已报道的动力学方程有

$$r = kp_c^{0.6}p_h^{0.2}p_o^{0.5} \tag{7-3}$$

$$r = kp_cp_h^{0.3}\text{（氧的浓度达到一定值后）} \tag{7-4}$$

式中　p_c、p_h、p_o——分别为 C_2H_4，HCl 和 O_2 的分压。

这些动力学方程式虽各不相同，但显示的规律也有共同之处。即乙烯浓度对氧氯化反应速度影响最大。对于氧浓度的影响，可能是所采用的氧浓度范围不同，影响也不同。HCl 浓度的影响不同，也可能是同样原因。总之从动力学方程可知，要增加 1,2-二氯乙烷的生成速度，加大乙烯的分压最为有效，至于 HCl 和 O_2 分压对 1,2-二氯乙烷生成速度的贡献，是与采用的浓度范围有关。

（三）主要副反应

乙烯氧氯化过程的主要副反应有三种。

1. 乙烯的深度氧化

$$C_2H_4 + 2O_2 \longrightarrow 2CO + 2H_2O$$

$$C_2H_4 + 3O_2 \longrightarrow 2CO_2 + 2H_2O$$

2. 生成副产物1,1,2-三氯乙烷和氯乙烷

$$CH_2 = CH_2 + HCl \longrightarrow CH_3CH_2Cl$$

$$ClCH_2CH_2Cl \xrightarrow{-HCl} CH_2 = CH - Cl \xrightarrow[\text{氧氯化}]{HCl + O_2} ClCH_2 - CHCl_2$$

3. 其他氯衍生物副产物的生成

除1,1,2-三氯乙烷副产物外，尚有少量的各种饱和或不饱和的一氯或多氯衍生物生成，例如三氯甲烷、四氯化碳、氯乙烯、1,1,1-三氯乙烷、顺式-1,2-二氯乙烯等。但这些副产物的总量仅为1,2-二氧乙烷生成量的1%以下。

（四）反应条件的影响

1. 反应温度

乙烯氧氯化反应是强放热反应，反应热可达251kJ/mol，因此反应温度的控制十分重要。温度过高，乙烯完全氧化反应加速，CO_2 和 CO 的生成量增多，副产物三氯乙烷的生成量也增加，反应选择性下降。此外温度高催化剂的活性组分 $CuCl_2$ 挥发流失快，催化剂的活性下降快，寿命短。图7-15～图7-17为在Cu含量为12%（质量）的 $CuCl_2/\gamma\text{-}Al_2O_3$ 催化剂上，温度对1,2-二氯乙烷（EDC）生成速度、选择性和乙烯燃烧副反应的影响。由图7-15～图7-17可看出，当温度高于250℃时，1,2-二氯乙烷的生成速度增加缓慢，而选择性显著下降，乙烯燃烧反应明显增多。一般在保证HCl的转化率接近全部转化的前提下，反应温度以低些为好。适宜的反应温度与催化剂的活性有关。采用高活性 $CuCl_2/\gamma\text{-}Al_2O_3$ 催化剂时，适宜反应温度为220～230℃。

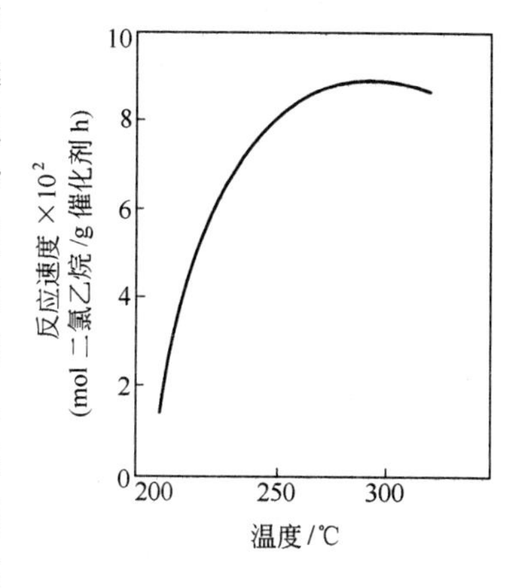

图7-15 温度对反应速度影响

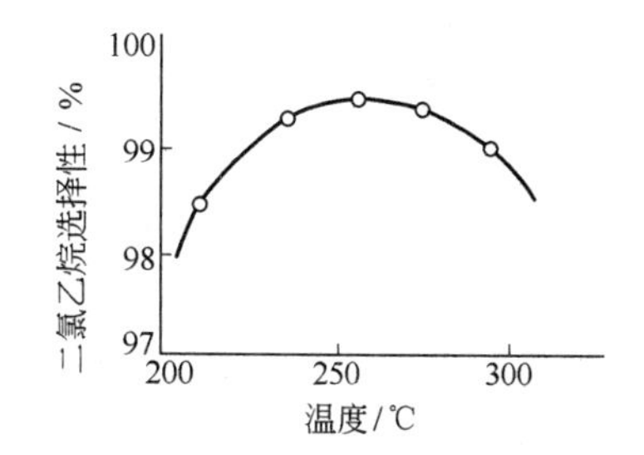

图7-16 温度对选择性的影响（以氯计）

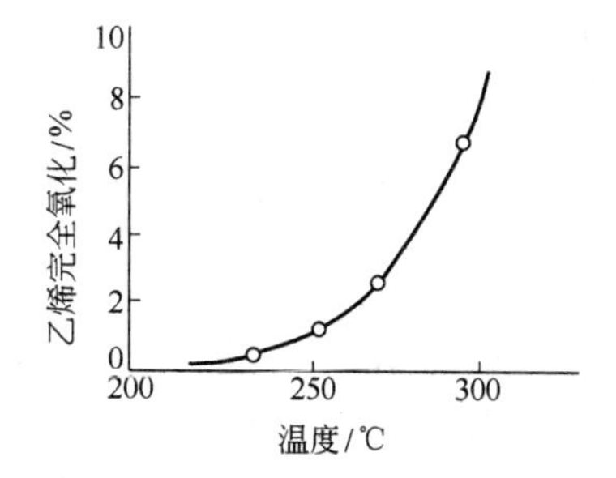

图7-17 温度对乙烯燃烧反应影响

2. 压力

压力对乙烯氧氯化反应既影响反应速度也影响反应选择性。增高压力可提高反应速

度，但却使选择性下降。图 7-18 和图 7-19 为压力对反应选择性的影响。由图 7-18 和图 7-19可看出，压力增高，生成 1,2-二氯乙烷的选择性降低，而副产物氯乙烷的生成量增加。故反应压力不宜过高。

3. 配料比

按乙烯氧氯化方程式的计量关系，乙烯、氯化氢和氧所需摩尔比应为 1∶2∶0.5。在正常操作情况下，乙烯和氧都是过量的。若 HCl 过量，则过量的 HCl 吸附在催化剂表面，会使催化剂颗粒胀大，视密度减小。如果用流化床反应器，床层会急剧升高，甚至发生节涌现象。采用乙烯稍过量，能使 HCl 接近全部转化。但乙烯过量太多，会使烃的燃烧反应增多，尾气中 CO 和 CO_2 的含量增多，使选择性下降。氧稍过量，也能提高 HCl 的转化率，但用量过多，也会使选择性下降。原料气的配比，必须在爆炸极限以外。

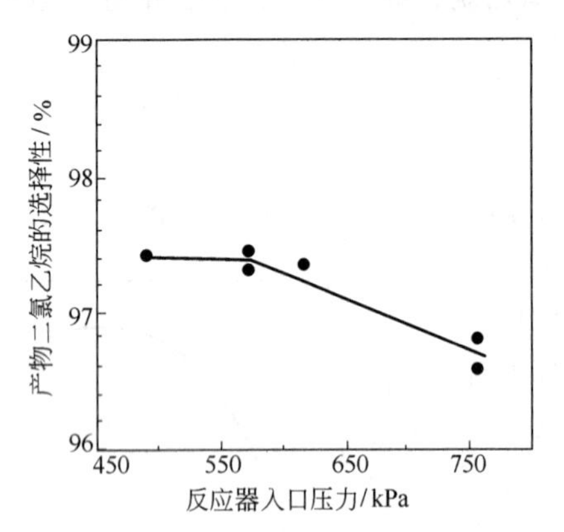

图 7-18　压力对选择性的影响（氧化剂-氧）

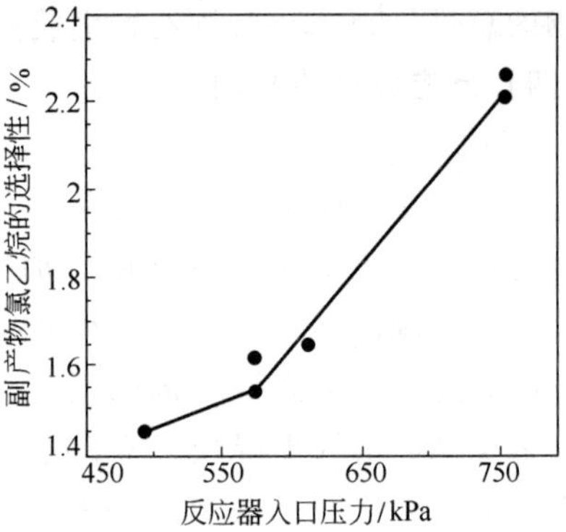

图 7-19　压力对生成副产物氯乙烷的影响（氧化剂-氧）

4. 原料气纯度

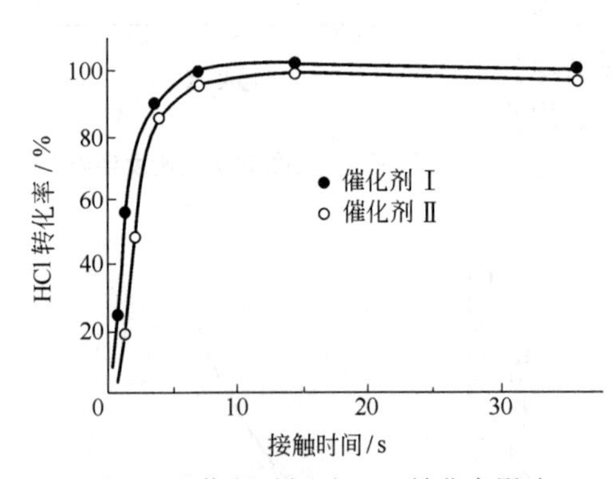

图 7-20　停留时间对 HCl 转化率影响

225℃，C_2H_4∶HCl∶空气＝1.1∶2∶3.6

氧氯化反应可用浓度较稀的原料 C_2H_4、CO、CO_2 和 N_2 等惰性气体的存在对反应并无影响。但原料气中的乙炔、丙烯和 C_4 烯烃的含量必须严格控制。因为它们都会发生氧氯化反应，而生成四氯乙烯、三氯乙烯、1,2-二氯丙烷等多氯化物，使产品 1,2-二氯乙烷的纯度降低而影响它的后加工。

5. 停留时间

图 7-20 为停留时间对 HCl 转化率的影响。由图 7-20 中看出，要使 HCl 接近全部转化，必须有较长的停留时间。但停留时间也不宜过长，过长会出现转化率反而下降的现象。这可能是由于停留时间过长，发生了连串副反应 1,2-二氯乙烷的裂解而产生氯化氢和氯乙烯之故。

（五）乙烯氧氯化生产 1,2-二氯乙烷的工艺流程

乙烷氧氯化生产 1,2-二氯乙烷是一强放热的气固相催化氧化反应。过去均采用空气作氧化剂，70年代开发了以氧作氧化剂的生产工艺，由于其在技术经济方面有许多优点，已日益为人们所重视。

1. 氧氯化反应器型式的选择

（1）固定床氧氯化反应器。即为常用的多管式反应器。管内填充颗粒状催化剂，原料气自上而下流经催化剂层进行反应，管间用加压热水作载热体，副产一定压力的水蒸气。

氧氯化反应是强放热反应，由于固定床传热较差，容易产生局部温度过高而出现热点，结果使反应选择性下降，催化剂的活性下降较快，寿命缩短。为了使床层温度分布能较均匀，工业上采用三台固定床反应器串联，氧化剂空气或氧按一定比例分别通入三台反应器。这样每台反应器中的物料氧的浓度较低，使反应不致太剧烈也可减少完全氧化副反应的进行，使温度分布可较均匀；而且也保证了混合气中氧的浓度在可燃范围以下，有利安全操作。

（2）流体床氧氯化反应器。采用流化床反应器由于催化剂在器内处于沸腾状态，床层内又设有热交换器，可以有效地移出反应热，因此床层温度分布均匀也易控制。流化床氧氯化反应器的构造如图7-21所示。

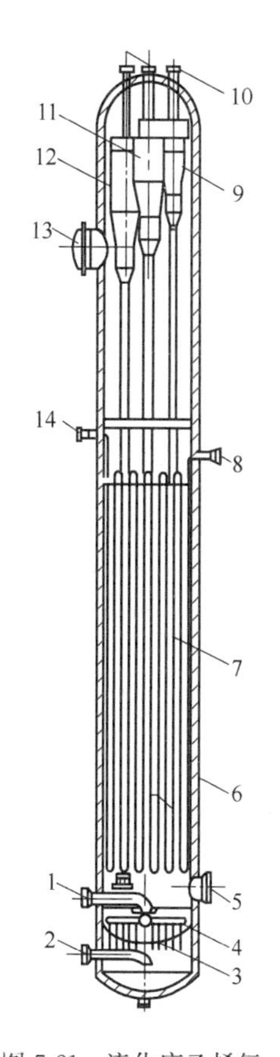

图7-21 流化床乙烯氧氯化反应器构造示意图
1—乙烯和HCl入口；2—空气入口；3—板式分布器；4—管式分布器；5—催化剂入口；6—反应器外壳；7—冷却管组；8—加压热水入口；9、11、12—旋风分离器；10—反应气出口；13—人孔；14—高压水蒸气出口

在反应器底部水平插入空气进料管，进料管上方设置有具有多个喷嘴的板式分布器，用以均匀分布进入的空气。在板式分布上方有 C_2H_4 和 HCl 混合气体的进入管，此管连接有与空气分布器具有同样数目喷嘴的分布器，其喷嘴正好插入空气分布器的喷嘴内。这样就能使两股进料气体在进入催化床层之前在喷嘴内混合均匀。

在反应段设置了一定数量的直立冷却管组，管内通入加压热水，借水的汽化以移出反应热，并产生相当压力的水蒸气。在反应器上部设置三组三级旋风分离器，用以分离回收反应气体所夹带的催化剂。催化剂的磨损量每天约为0.1%，需补充的催化剂自气体分布器上部处用压缩空气送入反应器内。

由于氧氯化过程有水产生，如反应器的一些部位保温不好，温度过低，当达到露点温度时，水就会凝结，将使设备遭受严重的腐蚀。当催化剂表面为氧化铁覆盖时，副产物氯乙烷明显增加。

2. 以空气作氧化剂的乙烯流化床氧氯化制1,2-二氯乙烷的工艺流程

（1）氧氯化反应部分。见图7-22所示。氯化氢（来自1,2-二氯乙烷热裂解装置，见后）预热至170℃左右，与 H_2 一起进入加氢反应器，在 Pd/Al_2O_3 催化剂存在下，进行加氢精制，使其中所含有害的乙炔杂质加氢为乙烯。原料乙烯也预热到一定温度，然后与HCl混合后一起进入反应器。氧化剂空气则由压缩空气送入反应器，三

者在分布器中混合后进入催化床层，发生氧氯化反应。放出的热量借冷却管中热水的汽化而移走。反应温度是由调节气水分离器的压力进行控制。

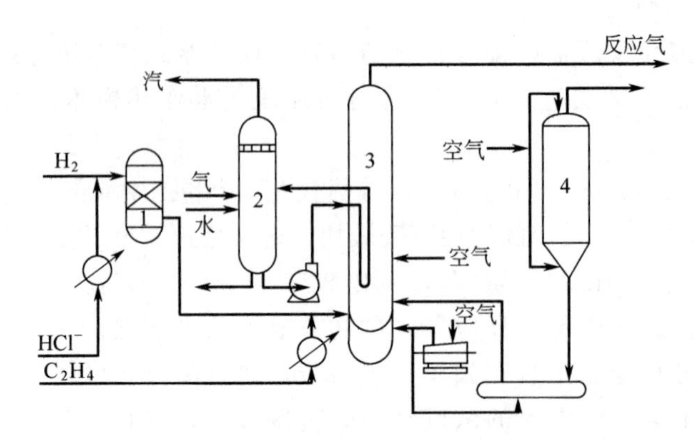

图 7-22　流化床乙烯氧氯化制二氯乙烷反应部分工艺流程

1—氢化器；2—气水分离器；3—流化床反应器；4—催化剂贮槽

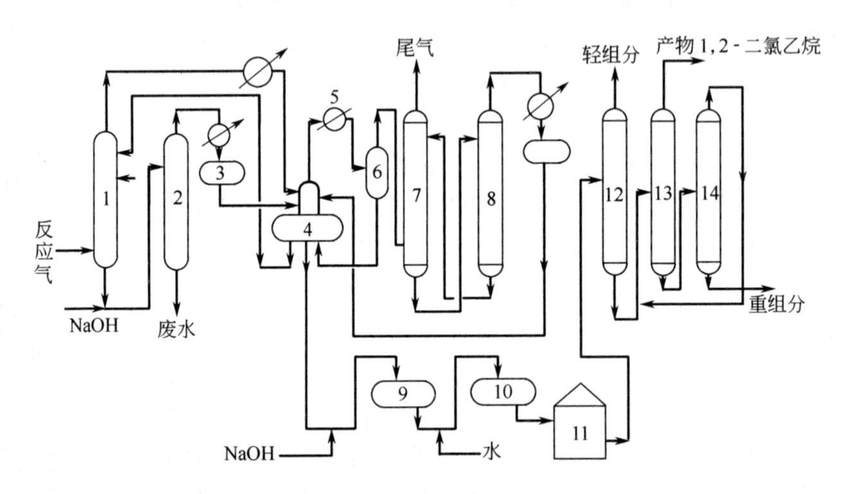

图 7-23　1,2-二氯乙烷分离和精制部分的工艺流程

1—骤冷塔；2—废水汽提塔；3—受槽；4—分层器；5—低温冷凝器；6—气液分离器；7—吸收塔；8—解吸塔；9—碱洗罐；10—水洗罐；11—粗二氯乙烷贮槽；12—轻组分塔；13—二氯乙烷塔；14—重组分塔

（2）1,2-二氯乙烷的分离和精制。如图 7-23 所示。自氧氯化反应器顶部出来的反应混合气含有反应生成的产物 1,2-二氯乙烷，副产物 CO、CO_2 和其他少量的氯衍生物，以及未转化的乙烯、氧、氯化氢及惰性气体，还有主副反应生成的水。此反应混合气进入骤冷塔用水喷淋骤冷至 90℃并吸收气体中 HCl，和洗去夹带出来的催化剂粉末。产物二氯乙烷以及其他氯衍生物仍留在气相，从骤冷塔塔顶逸出，在冷却冷凝器中冷凝后流入分层器，与水层分离后即得粗 1,2-二氯乙烷。分出的水循环回骤冷塔。

从分层器出来的气体再经低温冷凝器以回收二氯乙烷及其他氯衍生物，不凝气体进入吸收塔，用溶剂吸收其中尚存的二氯乙烷等后，尾气（含乙烯 1%左右）排出系统。溶有二氯乙烷等的吸收液在解吸塔中进行解吸。在低温冷凝器和解吸塔回收的二氯乙烷，一并送至分层器。

自分层器出来的粗1,2-二氯乙烷经碱洗、水洗后进入贮槽。然后用三个精馏塔进行分离精制。第一塔脱除低沸物，第二塔蒸出产品1,2-二氯乙烷，第三塔从第二塔釜液中回收二氯乙烷。第三塔是在减压下操作。

骤冷塔塔底排出的水吸收液中含有盐酸和少量二氯乙烷等氯衍生物，经碱中和后入汽提塔进行水蒸气汽提以回收其中的二氯乙烷等氯衍生物，冷凝后进入分层器。

空气氧化法排放的气体中尚含有1%左右的乙烯，不再循环使用，故乙烯消耗定额较高，且有大量排放废气污染空气，需经处理。

3. 以氧为氧化剂的乙烯固定床氧氯化制1,2-二氯乙烷

此方法与前面方法主要不同之处是在氧氯化反应部分，其氧氯化反应部分的工艺流程简图见图7-24。

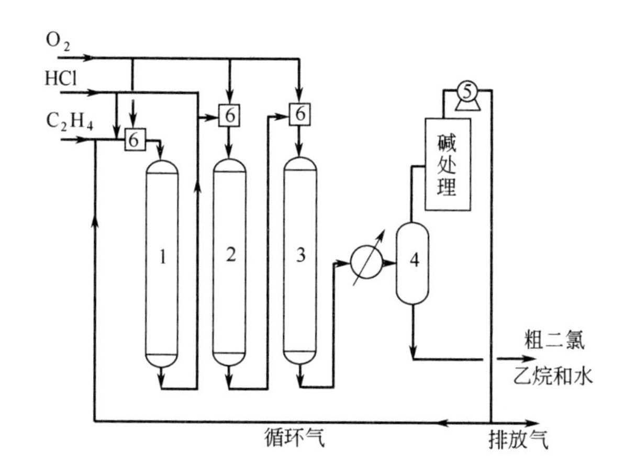

图7-24 氧气氧氯化反应部分流程

1、2、3—反应器；4—气液分离器；
5—循环压缩机；6—混合器

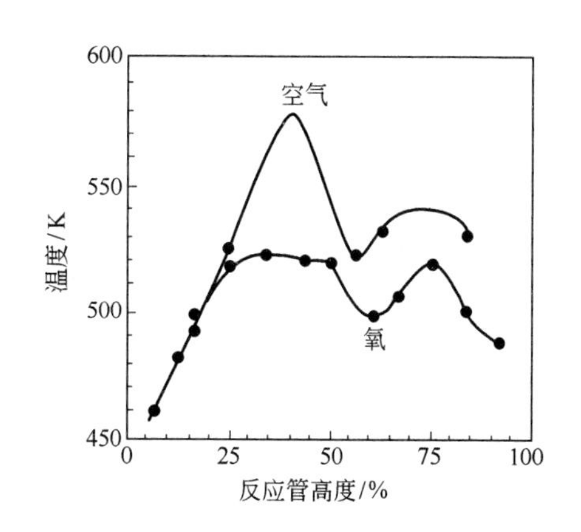

图7-25 第一台反应器温度分布

氧氯化反应器共有三台，互相串联。乙烯自第一台反应器通入，HCl分成两股（各为一半）自第一和第二两台反应器通入。氧则分为三股（分配比，例如40/40/20）分别自三台反应器通入。每台反应器进口处均设置有混合器。使诸物流能进行充分混合。循环乙烯与新鲜原料乙烯混合后一并进入第一台反应。反应产物自第三台反应器出来后，经冷却冷凝，使1,2-二氯乙烷及其副产物和水冷凝下来，进入气液分离器，分出水和粗1,2-二氯乙烷，进行进一步分离和精制。不凝气体主要是乙烯，尚含有CO、CO_2、氩、氮等惰性气体和少量未反应氧，经循环压缩机增加后，少量排出系统（可作氯化原料用），其余作为循环乙烯返回反应器。

此流程氧是分段加入，且由于乙烯是大量过量，使氧的浓度低于可燃浓度范围，保证了安全操作。氧气氧化法由于有大量乙烯在系统中循环使传热和传质都得到显著改善。热点温度明显降低，1,2-二氯乙烷的选择性提高，HCl的转化率也提高。

与空气氧氯化法（也是采用固定床反应器）相比，氧气氧氯化法有如下优点。

（1）床层温度分布较好，热点温度较低或不显著，有利于保护催化剂的稳定性，见图7-25～图7-27所示。

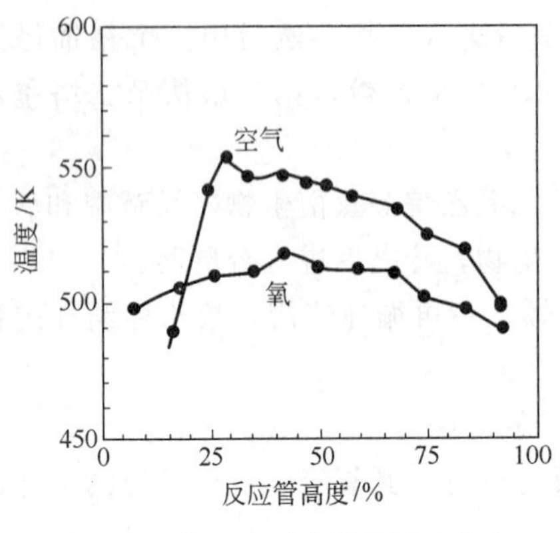

图 7-26　第二台反应器的温度分布

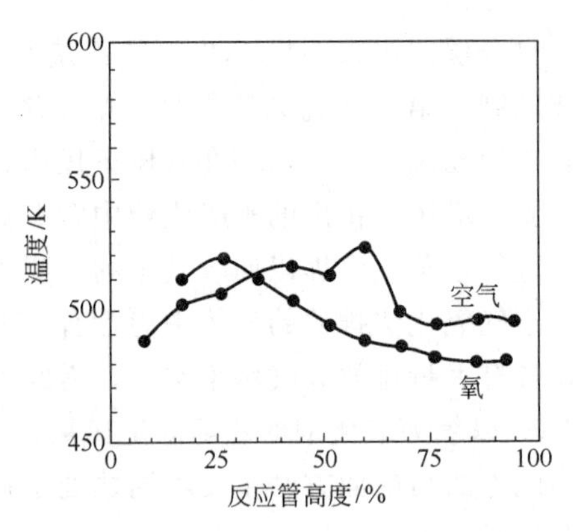

图 7-27　第三台反应器的温度分布

（2）1,2-二氯乙烷的选择性较高，HCl 的转化率也较高，见表 7-5。

表 7-5　乙烯氧氯化结果比较

乙烯转化为各物的选择性/%	空气氧氯化法	氧气氧氯化法	乙烯转化为各物的选择性/%	空气氧氯化法	氧气氧氯化法
1,2-二氯乙烷	95.11	97.28	1,1,2 三氯乙烷	0.88	0.08
氯乙烷	1.73	1.50	其他氯衍生物	0.50	0.46
CO,CO_2	1.78	0.68	HCl 的转化率/%	99.13	99.83

（3）排出系统的废气少，只有空气氧化法的 5%，或更少至 1%，且可进一步用于氯化。空气氧氯化法排出的废气中，乙烯含量甚低，一般为 1%左右，大量是惰性气体，并含有各种氯化物，使 1,2-二氯乙烷损耗增加。且氯乙烯等氯化物对人体十分有害，如直接排入大气，将污染环境，需作焚烧处理。由于可燃物含量低。必须外加燃料。而氧气氧氯化法排出的气体乙烯浓度较高，可直接进行焚烧处理。

表 7-6　氧气法原材料消耗定额

原材料	消耗定额/1000kg 1,2-二氯乙烷
乙烯(100%)	287kg
氯化氢(100%)	742kg
氧(100%)	177kg

（4）氧气氧氯化法乙烯浓度高，有利于提高 1,2-二氯乙烷的生成速度和催化剂的生产能力。

（5）氧气氧氯化法不需要采用溶剂吸收、深冷等方法回收 1,2-二氯乙烷，因此流程较简单，设备投资费用较少。

由于氧气氧氯化有如上这些优点，自 70 年代末工业化后，国际上已有许多国家工厂采用，并有取代空气氧氯化法趋势。氧气氧氯化法的消耗定额见表 7-6。

氧气氧氯化法也可采用流化床反应器。

二、平衡氧氯化法生产氯乙烯[17,18]

自从乙烯氧氯化制取 1,2-二氯乙烷的方法在 60 年代工业化后，采用石油乙烯为原料经氧氯化法生产氯乙烯的工艺，已逐渐取代了经典的电石乙炔法。目前氯乙烯的产量已成为产量最大的石油化学工业产品之一。

平衡氧氯化法生产氯乙烯，包括三步反应：

即

$$CH_2=CH_2+Cl_2 \longrightarrow ClCH_2CH_2Cl$$

$$CH_2=CH_2+2HCl+\frac{1}{2}O_2 \longrightarrow ClCH_2CH_2Cl+H_2O$$

$$2ClCH_2CH_2Cl \longrightarrow 2CH_2=CHCl+2HCl$$

总反应式 $$2CH_2=CH_2+Cl_2+\frac{1}{2}O_2 \longrightarrow 2CH_2=CHCl+H_2O$$

其工艺过程可简单表示为图 7-28。

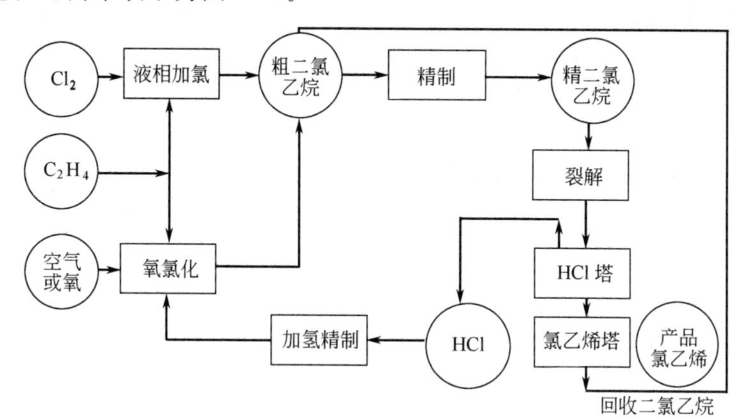

图 7-28　乙烯平衡氧氯化生产氯乙烯的工艺过程

此方法生产氯乙烯的原料只需乙烯、氯和空气（或氧），氯可以全部被利用，是一经济合理和较先进的生产方法，但关键是要计算好乙烯与氯加成和乙烯氧氯化两个反应的反应量，使 1,2-二氯乙烷裂解所生成的 HCl 适能满足乙烯氧氯化所需的 HCl。这样才能使 HCl 在整个生产过程中始终保持平衡。

以上三个反应过程，乙烯加氯和乙烯氧氯化制 1,2-二氯乙烷前面已讨论过了，下面主要讨论二氯乙烷的裂解反应。

（一）1,2-二氯乙烷高温裂解制氯乙烯

1. 1,2-二氯乙烷热裂解反应原理

1,2-二氯乙烷加热至高温即能脱去一分子氯化氢而转变成氯乙烯。

$$ClCH_2CH_2Cl \xrightleftharpoons{\triangle} CH_2=CH—Cl+HCl-79.5kJ$$

这是一个吸热可逆反应，同时还发生若干连串和平行副反应。

$$ClCH_2CH_2Cl \longrightarrow H_2+2HCl+2C$$

$$CH_2=CH—Cl \longrightarrow CH\equiv CH+HCl$$

$$CH_2=CH—Cl+HCl \longrightarrow CH_3CHCl_2$$

$$nCH_2=CH—Cl \xrightarrow[生焦]{聚合} (—CH_2—CHCl—)_n$$

1,2-二氯乙烷裂解反应机理也是自由基型的连锁反应

链的引发　$$ClCH_2CH_2Cl \xrightarrow[\triangle]{} \dot{C}l+\dot{C}H_2CHCl$$

链的传递

$$\dot{C}l+ClCH_2CH_2Cl \longrightarrow HCl+Cl\dot{C}HCH_2Cl$$

$$Cl\dot{C}HCH_2Cl \longrightarrow ClCH=CH_2+\dot{C}l$$

链的终止　自由基的再化合

2. 1,2-二氯乙烷裂解反应条件的影响

(1) 原料纯度。原料中若含有抑制剂，就会减慢裂解反应速度和促进生焦。在1,2-二氯乙烷中能起强抑制作用的主要杂质是1,2-二氯丙烷，当它的含量达0.1%～0.2%时，1,2-二氯乙烷的转化率就会下降，如提高温度以弥补转化率的下降，则副反应和生焦会更多，而1,2-二氯丙烷的裂解产物氯丙烯则更具有抑制作用。此外三氯甲烷、四氯化碳等多氯化物也有抑制作用。1,2-二氯乙烷中如含有铁离子，会加速深度裂解副反应，故含铁量要求不大于100ppm。为了防止对炉管的腐蚀，水分应控制在5ppm以下。

(2) 反应温度。提高反应温度对1,2-二氯乙烷裂解反应的平衡和速度都有利。温度<450℃时，转化率很低。当温度升高至500℃时，裂解反应速度显著加快。转化率与温度的关系见图7-29所示。但反应温度过高，二氯乙烷深度裂解和氯乙烯分解、聚合等副反应也相应加速。当温度高于600℃，副反应的速率将大于主反应的速率，故反应温度的选择，应从二氯乙烷转化率和氯乙烯选择性两方面考虑，一般为500～550℃。

(3) 压力。提高压力对反应平衡不利，但在实际生产中常采用加压操作。其原因是为了保证物流畅通，维持适宜空速，避免局部过热。加压还有利于抑制分解生碳的副反应，提高氯乙烯的选择性。加压也有利于产物氯乙烯和副产物HCl的冷凝回收。生产中有采用低压法（约0.6MPa）、中压法（约1.0MPa）和高压法（>1.5MPa）。

(4) 停留时间。停留时间与1,2-二氯乙烷转化率的关系见图7-30。停留时间长，能提高转化率，但同时连串反应增多，氯乙烯聚合生焦副反应增加，使氯乙烯选择性下降，且炉管的烧焦周期缩短。所以生产上采用较短的停留时间以期获得高选择性。通常停留时间为10秒左右，1,2-二氯乙烷转化率为50%～60%，氯乙烯选择性为97%左右。

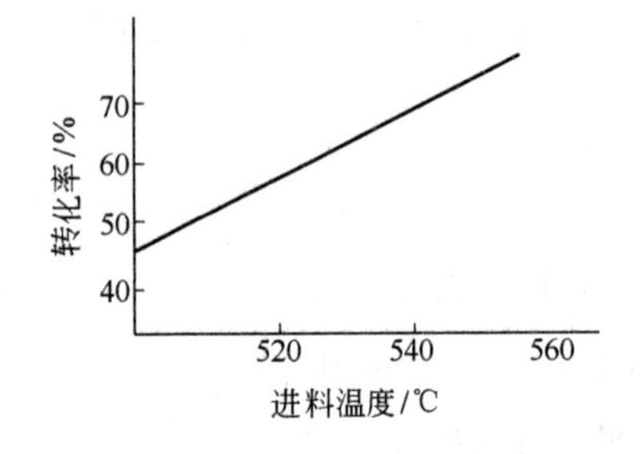

图7-29　温度对1,2-二氯乙烷转化率的影响
约0.5MPa，530℃

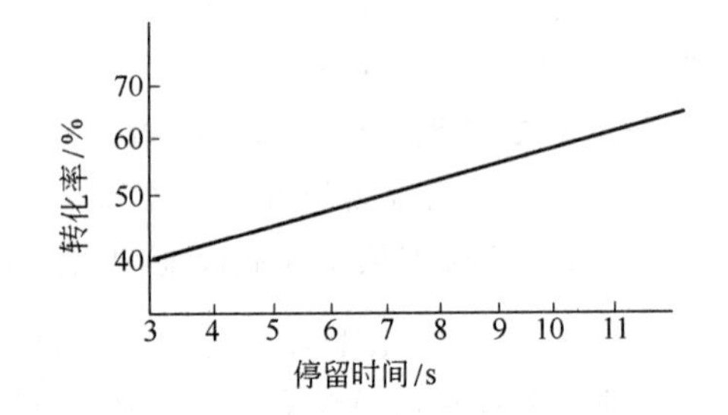

图7-30　停留时间对1,2-二氯乙烷转化率的影响
约0.5MPa，530℃

3. 1,2-二氯乙烷裂解制氯乙烯的工艺流程

1,2-二氯乙烷裂解制氯乙烯的工艺流程如图7-31所示。

1,2-二氯乙烷裂解是在管式炉中进行。在对流段设置有原料二氯乙烷的预热管，反应管设置在辐射段。

精1,2-二氯乙烷由定量泵送入裂解炉预热，然后到蒸发器加热蒸发并达到一定温度，蒸气经气液分离器分离掉可能夹带的液滴后，进入裂解炉反应管，在一定压力下升温至500～550℃，进行裂解获得氯乙烯和氯化氢。裂解气出炉后在骤冷塔中迅速降温并除炭。为了防止盐酸对设备的腐蚀，急冷剂不用水而用二氯乙烷，在此未反应二氯乙烷会部分冷凝。出骤冷塔的裂解气再经冷却冷凝（利用来自氯化氢塔的低温氯化氢进行热交换），然

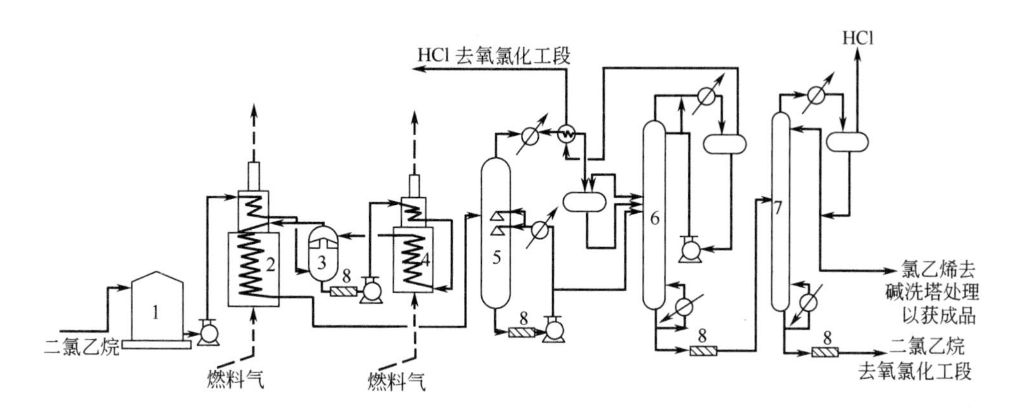

图 7-31　1，2-二氯乙烷裂解制氯乙烯的工艺流程

1—1,2-二氯乙烷贮槽；2—裂解反应炉；3—气液分离器；4—二氯乙烷蒸发器；
5—骤冷塔；6—HCl 塔；7—氯乙烯塔；8—过滤器

后气、液混合物一并进入氯化氢塔，脱除出浓度为 99.8％的 HCl，作为氧氯化原料。塔釜液为含有微量 HCl 的二氯乙烷和氯乙烯混合液，送入氯乙烯塔，馏出的氯乙烯经用固碱脱除微量 HCl 后，即得纯度为 99.9％的成品氯乙烯。氯乙烯塔塔釜流出的二氯乙烷送至氧氯化工段的粗二氯乙烷贮槽，一并进行精制后，再返回裂解装置。

（二）平衡氧氯化法生产氯乙烯的技术经济指标

平衡氧氯化法生产氯乙烯的原材料和公用工程消耗定额见表 7-7。

表 7-7　平衡氧氯化法生产氯乙烯的原材料和公用工程消耗定额

原　材　料	消耗定额/1000kg 氯乙烯	原　材　料	消耗定额/1000kg 氯乙烯
乙烯(按 100％计)	466kg	水蒸气(0.3MPa)	500kg
氯(按 100％计)	592kg	电	120kW·h
氧(按 100％计)	142kg	冷却水	280t
公用工程		燃料(气体)	4.6×10^{6}kJ
水蒸气(1.5MPa)	600kg		

注：1. 氧氯化反应以氧作氧化剂。
2. 乙烯加氯采用高温液相氯化法。

参　考　文　献

［1］ 安东新午，雨宫登三，川濑义和编篡.《石油化学工业ハンドブック》，朝仓书店.《石油化学工业手册》中册，330 页，燃料工业出版社，1966 年

［2］ Hydrocarbon Processing，1975，Petrochemicals Handbook，54 11，127（1975）

［3］ 天津大学等校合编.《基本有机合成工艺学》上册，中国工业出版社，1961 年

［4］ F. 阿辛格尔，《单烯烃的化学与工艺学》下册，293 页，毕寿延，葛培元译. 中国工业出版社，1965 年

［5］ S. A. 米勒主编. 吴祉龙等译.《乙烯及其工业衍生物》，化学工业出版社，1980 年

［6］ Kenneth J. Mc. Naughton，Chem. Eng. 90，23，54～58（1983）

［7］ 浙江大学化学工程组. 化学工程，3～4，67（1973）

［8］ 联合化学反应工程研究所，衢州化工公司研究所. 化学反应工程与工艺 1 1～2，1（1985）

［9］ 邓云祥，邹永匡等.《聚氯乙烯生产原理》，科学出版社，1982 年

［10］ A. J. Magistro et. al.，Journal of Organic Chemistry，34，2，271（1969）

［11］ R. V. Carrubba & J. L. Spencer，IE&C Process Design and Development，9 3. 414（1970）

[12] 藤堂尚之等. 工业化学杂志，69，8，1463（1996）
[13] R. G. Markeloff，Hydrocarbon Processing，63，11，91（1984）
[14] Peter Reich，Hydrocarbon Processing，55，3，85（1976）
[15] 佐藤良生，赤掘浩之. 有机合成化学协会，38，6，84（1980）
[16] W. E. Wimer and R. E. Feathers，Hydrocarbon Processing，55，3，81（1976）
[17] 侯锡明. 齐鲁石油化工，3，29（1986）
[18] Lyle F Albright，Chemical Engineering，79 April，10，219（1967）

第八章　反应过程的物料及热量衡算

在化学产品的生产中，生产过程的各项技术经济指标的先进与否，是企业能否发展的成败关键。我们应该运用最新的工艺手段去改善各项技术经济指标。生产过程中的各项指标，例如产品产量（即生产规模）、原材料消耗量、公用工程中水、电和蒸气的消耗量、联产品和副产物的数量，能量的合理利用等，都是十分重要的指标。为了衡量这些指标的先进性，要进行生产过程中局部的或全部的物料衡算和热量衡算，并由此设计出先进的工艺流程。

物料衡算是热量衡算及其他工艺、设备设计的基础，因此，进行工艺设计时，首先要进行物料衡算。进行物料衡算时有二种情况，一种是在已有的装置上，利用实际操作数据进行计算查核，算出另外一些不能直接测定的物料量，由此对生产情况作出分析，发现问题，为改进生产提供依据；另一种是对新车间、新工段、新设备作设计，利用工厂已有的生产实际数据，进行分析比较，选定先进而切实可行的数据作为新设计的指标，再根据生产任务计算原料、产品、副产物和废物料的数量。有了这些物料量的基本数据，就可以计算一个流程或一个设备的热负荷和设备尺寸。

在化工生产中，有一些单元过程只有物理变化，例如换热，蒸馏（反应蒸馏除外）等即属此类过程。本章主要讨论有化学反应过程的物料衡算和热量衡算，这些计算比只有物理变化时的计算要复杂。它除了有物理变化时的计算之外，还包括了物料成分的改变和反应热效应的计算。这些计算不仅为设计流程和反应器提供基础数据，且能对改善工艺指标提出方向和要求，例如反应不完全时原料的循环利用，数值很大的反应热如何供给或移除以及余热如何利用等，都是化工生产中的重要问题。

物料衡算和热量衡算的理论依据是质量守恒定律和能量守恒定律。反应过程的热量衡算一般不讨论能量转换，只计算进出系统的热量及其分布，不涉及能量的质量利用是否合理的问题。要进一步分析有效能量的分布利用，需要结合热力学第二定律来分析。

化工生产中常分为间歇操作和连续操作两类，这两种生产过程的物料衡算，采用的计算基准各有不同。对于间歇反应过程，以计算分批进出物料量较为恰当，热量衡算可折算为单位时间的负荷（例如千焦/时）；对连续反应过程，由于操作条件不随时间而改变，以单位时间（小时）作计算基准较方便。

物料衡算和热量衡算的准备工作，大致有：

第一是收集计算数据。运算所用的各项数据，单位应使用国际单位有些参数，例如密度、热容等是随温度、压力等条件而变化的，在计算时应该换算到计算条件下的数值或平均值（例如平均热容）。

第二是按化学计量写出各化学反应式，包括主反应和各副反应。要注明各反应物料的状态、反应条件、反应热大小及已知的反应转化率。由此计算出生成物料的组成，数量和总的热效应。如果实际反应条件不按化学计量系数进行时，应注意其附加的系数值。

第三是选择计算基准。选择得当有利于计算，注意要与已收集到的数值基准一致或进行相应的转换。

物料衡算所选基准，常因不同的系统条件而异，当进料组成未知时（例如以煤、原油作为进料），只能选单位质量或体积（当密度已知时）作基准，而不可能选 1 摩尔煤或 1 摩尔原油作计算基准。对已知组成的进料，则可选单位摩尔作基准，因为反应是按分子的摩尔比例进行的。对于液固系统，常用质量作基准，对于气体，如果环境条件已定，可用体积作基准。热量衡算时，需先选定基准温度和基准态，然后在物料衡算基础上进行计算。

以上三点是互相关联的。没有准确和必需的数据以及确定的反应式，就不可能进行准确的物料衡算和热量衡算，而数据收集的范围又与反应系统的状况密切相关，选择方便的计算基准又给收集数据提出要求。当然，三者之中最重要的还是数据的准确性。当某些数据不能精确测定或欠缺时，可在工程计算所允许的误差范围内借用、推算或假设。从现场收集的数据要注意有无遗漏或矛盾，经过分析，决定取舍。

在进行物料衡算和热量衡算时，应先将计算对象绘出流程方框图（或简图），还可以标示出各股物料的进出量、温度、压力和组成等条件，并取统一基准，符号前后相同。计算的最后结果，最好整理成表格，使人易于看出明确的结论。

第一节　物料衡算

一、一般反应过程的物料衡算

1. 直接求算法

主要是通过化学计量系数来计算。按质量守恒定律，在一衡算系统的范围内，应有

进入系统的物料量＝系统输出物料量＋系统内积累物料量

对稳定的连续过程，系统内积累的物料量为零。

例 8-1　丙烷充分燃烧时要供入空气量 125％，反应式为 $C_3H_8 + 5O_2 \longrightarrow 3CO_2 + 4H_2O$。问每 100 摩尔燃烧产物需空气量多少摩尔？

解Ⅰ　基准 100 摩尔丙烷

燃烧需氧/mol……………………………500；　总需氧 1.25×500 摩尔……………………………625；

折算为空氧/mol…………………………2976；　氮/摩…………………………………2351

衡算结果如下表 8-1。

表 8-1　物料衡算结果

物流名称	进料		出料	
	mol	kg	mol	kg
丙烷	100	4.4		
氧	625	20.0	125	4.0
氮	2531	65.83	2531	65.83
二氧化碳			300	13.2
水			400	7.2
总计		90.23		90.23

解Ⅱ 以100mol空气作基准。100mol空气含氧21mol，氮79mol，则丙烷用量为

$$\frac{21}{5\times1.25}=3.36\text{mol}$$

计算结果如下表8-2。

表8-2 物料衡算结果

物流名称	进料		出料	
	mol	kg	mol	kg
丙烷	3.36	0.148		
氧	21.0	0.672	4.2	0.134
氮	79.0	2.212	79	2.212
二氧化碳			10.08	0.444
水			13.44	0.242
总计		3.032		3.032

解Ⅲ 以100摩尔烟道气作基准

从解Ⅰ可知，1mol丙烷燃烧得到的烟道气含有氧1.25mol，N_2 23.51mol，CO_2 3mol，H_2O 4mol，由此可以换算100摩尔烟道气中各组分的量

O_2 $$\frac{1.25}{1.25+23.51+3+4}\times100=3.936\text{mol}$$

N_2 $$\frac{23.51}{31.76}\times100=74.02\text{mol}$$

CO_2 $$\frac{3}{31.76}\times100=9.446\text{mol}$$

H_2O $$\frac{4}{31.76}\times100=12.594\text{mol}$$

在进料中，按碳衡算求丙烷量，

C_3H_8 $$\frac{9.446}{3}=3.1487\text{mol}$$

按题意得氧和氮量

O_2 $$3.1487\times6.25=19.679\text{mol}$$

N_2 $$19.679\times\frac{79}{21}=74.03\text{mol}$$

计算结果如表8-3。

从以上几种解法看出，选取不同计算基准，得到不同的衡算结果，但各物料之间的比值仍是相同的。直接求算法一般以用解Ⅰ法为多，解Ⅲ法中，如果用元素衡算法求解时，需列出6个方程式联解6个未知数，计算较麻烦，不可取。

例8-2 邻二甲苯氧化制苯酐，反应式是

$$C_8H_{10}+3O_2\longrightarrow C_8H_4O_3+3H_2O$$

设邻二甲苯的转化率为60%，空气用量为理论量的150%，每小时投料350kg，作物料衡算。

表 8-3 物料衡算结果

物流名称	进料		出料	
	mol	kg	mol	kg
丙烷	3.1487	0.139		
氧	19.679	0.63	3.936	0.126
氮	74.03	2.073	74.03	2.073
二氧化碳			9.446	0.416
水			12.594	0.227
总计		2.842		2.842

解 取邻二甲苯进料 100kg 计算

进料 邻二甲苯$=\frac{100}{106}=0.944\text{kmol}=100\text{kg}$

$$O_2=0.944\times60\%\times3\times150\%=2.55\text{kmol}=81.60\text{kg}$$

$$N_2=2.55\times\frac{79}{21}=9.59\text{kmol}=268.52\text{kg}$$

出料 苯酐 $C_8H_4O_3=0.944\times60\%=0.566\text{kmol}=83.83\text{kg}$

$$H_2O=0.944\times60\%\times3=1.699\text{kmol}=30.58\text{kg}$$

氮未参加反应，数量不变，

剩余邻二甲苯$=0.944\times40\%=0.377\text{kmol}=40\text{kg}$

剩余氧$=2.55-0.944\times60\%\times3=0.8514\text{kmol}=27.22\text{kg}$

最后各数量乘以系数$\frac{350}{100}=3.5$，结果如表 8-4。

表 8-4 物料衡算结果

物流名称	进料		出料	
	kmol	kg	kmol	kg
邻二甲苯	3.304	350.0	1.32	140.0
氧	8.925	285.6	2.979	95.33
氮	33.576	940.1	33.576	940.1
苯酐			1.981	293.4
水			1.699	107.0
总计		1575.7		1575.8

例 8-3 乙烷裂解制乙烯，原料工业乙烷含乙烷 98%，乙烯 1%，丙烯 1%（均体积百分数），裂解反应按下式

$$0.98C_2H_6+0.01C_2H_4+0.01C_3H_6\longrightarrow0.4966H_2+0.0546CH_4+$$
$$0.4848C_2H_4+0.4434C_2H_6+0.0107C_3H_6+$$
$$0.0041C_3H_8+0.0071C_4H_8+0.0046C_5H_{12}$$

稀释蒸气用量 20%（质量），每小时产乙烯 4.6t。计算

(1) 体积增大率、裂解气量及其组成；

(2) 原料用量及水蒸气用量；

(3) 乙烷转化率及乙烯收率。

解 (1) 体积增大率 α_V

原料 1mol 得反应气量为

$$\sum \nu_i = 1.5059\text{mol}$$

ν_i 为 i 组分的化学计量系数，

体积增大率 $\alpha_V = \frac{1.5059}{1} = 1.5059$ 或 150.59%

（2）裂解气组成为 $\nu_i / \sum \nu_i$，得

组分	H_2	CH_4	C_2H_4	C_2H_6	C_3H_6	C_3H_8	C_4H_8	C_5H_{12}
%(V)	32.98	3.63	32.19	29.44	0.71	0.27	0.47	0.31

（3）裂解气量。裂解气中 G_5H_{12} 经过冷却后冷凝为液体，则裂解气量 $V = 1.5059 - 0.0046 = 1.5013\text{mol}$

每小时乙烯产量 $4600\text{kg} = \frac{4600}{28}\text{kmol} = 164.286\text{kmol}$

原料用量 $\frac{164.286}{0.4848} = 338.873\text{kmol}$

或 $338.873 \times 22.4 = 7590.8\text{Nm}^3/\text{h}$

裂解气量 $V = 7590.8 \times 1.5013 = 11396.1\text{Nm}^3/\text{h}$

（4）水蒸气用量

原料气重量，每 m^3 有

$$C_2H_6 \qquad \frac{0.98}{22.4} \times 30 = 1.3125\text{kg}$$

$$C_2H_4 \qquad \frac{0.01}{22.4} \times 28 = 0.0125\text{kg}$$

$$C_3H_6 \qquad \frac{0.01}{22.4} \times 42 = 0.01875\text{kg}$$

$$\sum y_i m_i = 1.34375\text{kg}$$

原料气重 $7590.8 \times 1.34375 = 10200\text{kg/h}$

稀释水蒸气用量 $= 10200 \times 20\% = 2040\text{kg/h}$

（5）乙烷转化率 α

按原料中乙烷计，

$$\alpha = \frac{0.98 - 0.4434}{0.98} = 54.755\%$$

乙烯收率 Y（按乙烷计）

$$Y = \frac{0.4848 - 0.01}{0.98} = 48.45\%$$

2. 包括几步反应的物料衡算

例 8-4 甲烷水蒸气转化制氢，其过程为（图 8-1）。

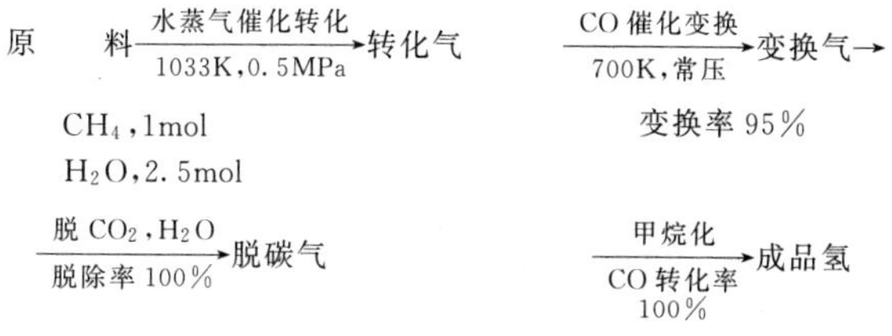

原　料 $\xrightarrow[\text{1033K, 0.5MPa}]{\text{水蒸气催化转化}}$ 转化气 $\xrightarrow[\text{700K, 常压}]{\text{CO 催化变换}}$ 变换气 →

CH_4, 1mol　　　　变换率 95%

H_2O, 2.5mol

$\xrightarrow[\text{脱除率 100\%}]{\text{脱 } CO_2, H_2O}$ 脱碳气 $\xrightarrow[\text{CO 转化率 100\%}]{\text{甲烷化}}$ 成品氢

图 8-1　甲烷水蒸气转化制氢流程

试求制取 100mol 氢时所需甲烷和水蒸气的投料量。

解 此衡算过程包括三步反应——水蒸气转化、一氧化碳变换和甲烷化，须按步进行衡算。

(1) 甲烷水蒸气转化过程。在此反应系统中，有几个反应同时进行，且都是可逆反应，但反应速度甚快，故出反应器的物料为一平衡混合物。此反应过程的物料衡算、实质上是求算其平衡混合物的组成和数量。总反应式为

$$2.5H_2O+CH_4 \longrightarrow aCO_2+bH_2+cCO+xCH_4+yH_2O$$

在组分 H_2O、CH_4、CO、CO_2 和 H_2 之间，还能发生下列反应

$$CO+H_2O \xrightleftharpoons{K_P(1)} CO_2+H_2O \qquad (1)$$

$$CO+3H_2 \xrightleftharpoons{K_P(2)} CH_4+H_2O \qquad (2)$$

$$2CO_2+CH_4 \rightleftharpoons H_2O+3CO+H_2$$

$$CO_2+4H_2 \rightleftharpoons CH_4+2H_2O$$

$$2CO+2H_2 \rightleftharpoons CO_2+CH_4$$

这五个反应式，只有两个是独立的。取 (1)、(2) 两个独立反应式，按 K_P 定义得

$$K_P(1),1033K=\frac{p_{CO_2}\cdot p_{H_2}}{p_{CO}\cdot p_{H_2O}}=1.202 \qquad (8\text{-}1)$$

$$K_P(2),1033K=\frac{p_{CH_4}\cdot p_{H_2O}}{p_{CO}\cdot p_{H_2}^3}=0.0158 \qquad (8\text{-}2)$$

今作元素衡算，已知进料甲烷 1mol，H_2 2.5mol

氢衡算 $\quad 2.5+2=b+2x+y$

碳衡算 $\quad 1=a+c+x$

氧衡算 $\quad \frac{1}{2}\times 2.5=a+\frac{1}{2}c+\frac{1}{2}y$

整理得到

$$a=1.5+x-y$$

$$b=4.5-2x-y$$

$$c=y-2x-0.5$$

从总反应式中，x、y 分别为 CH_4、水蒸气转化反应后余下的摩尔数，因此反应系统的总摩尔数为

$$\text{总摩尔数}=a+b+c+x+y=5.5-2x$$

按道尔顿分压定律，$p_A=Py_A$ 关系，代入 8-1，8-2 式

$$K_{P(1)}=\frac{\left(\frac{1.5+x-y}{5.5-2x}\right)P\cdot\left(\frac{4.5-2x-y}{5.5-2x}\right)P}{\left(\frac{y-2x-0.5}{5.5-2x}\right)P\cdot\left(\frac{y}{5.5-2x}\right)P}=1.202 \qquad (8\text{-}3)$$

$$K_{P(2)}=\frac{\left(\frac{x}{5.5-2x}\right)P\cdot\left(\frac{y}{5.5-2x}\right)P}{\left(\frac{y-2x-0.5}{5.5-2x}\right)P\cdot\left(\frac{4.5-2x-y}{5.5-2x}\right)^{3}P}=0.0158 \tag{8-4}$$

化简后，用尝试法解得 $x=0.1435$，$y=1.347$，因此得

$$a=1.5+0.1435-1.347=0.2965$$

$$b=4.5-2\times0.1435-1.347=2.866$$

$$c=1.347-2\times0.1435-0.5=0.56$$

各反应产物的平衡组成如下。

进料：$H_2O/CH_4=2.5$，$P=500$kPa

产物：

	CO_2	H_2	CO	CH_4	H_2O
mol/mol CH_4 进料	0.2965	2.866	0.56	1.347	0.1435
%(V)	5.85	55.4	10.5	25.7	2.74
p_i, kPa	29.4	277	52.4	128.3	13.7

（2）变换反应。平衡反应式为

$$CO+H_2O \rightleftharpoons CO_2+H_2 \quad K_P=9.03$$

要使 95%CO 变换为 CO_2，在转化气中应再加入水蒸气量 z。

设 CO 变换反应器的进料为 100mol 转化气，再加入 $z$mol 水蒸气，物料衡算结果如下。

气体	进料，mol	出料，mol
CO_2	5.85	$5.85+10.5\times0.95=15.8$
H_2	55.4	$55.4+10.5\times0.95=65.4$
CO	10.5	$10.5\times(1-0.95)=0.53$
CH_4	2.74	2.74
H_2O	$25.7+z$	$25.7+z-10.5\times0.95=15.7+z$

达到平衡时，

$$K_P=9.03=\frac{15.8\times65.4}{0.53(15.7+z)}$$

解得

$$z=200\text{mol}$$

（3）总物料衡算。总物料衡算的基准是甲烷化后成品气中氢为 100 摩尔。设变换后气体中 CO_2 脱除率为 100%。甲烷化过程 CO 转化率为 100%。从总反应式的平衡数据得知，每摩尔甲烷反应得到氢量为 2.866mol，离开变换反应器时增加 $0.56\times0.95=0.532$mol。

甲烷化过程按式 $CO+3H_2 \longrightarrow CH_4+H_2O$ 计算耗氢为 $0.56(1-0.95)\times3=0.084$mol，结果每 1 摩尔甲烷反应得氢

$$2.866+0.532-0.084=3.314\text{mol}$$

每生产 100mol 氢耗甲烷

$$100/3.314=30.175\text{mol}$$

水蒸气耗量，

$$30.175\times2.5=75.438\text{mol}$$

变换过程加入水蒸气量

$$\frac{200\times30.175\times0.56}{10.5}=321.87\text{mol}$$

CO 的 95%变换为 CO_2，则 CO 减少

$$30.175\times0.56\times0.95=16.05\text{mol}$$

变换后 CO_2 增加 16.05mol 总 CO_2 量为

$$(0.2965+0.56\times0.95)\times30.175=25\text{mol}$$

将以上计算结果在流程图上列出，见图 8-2。

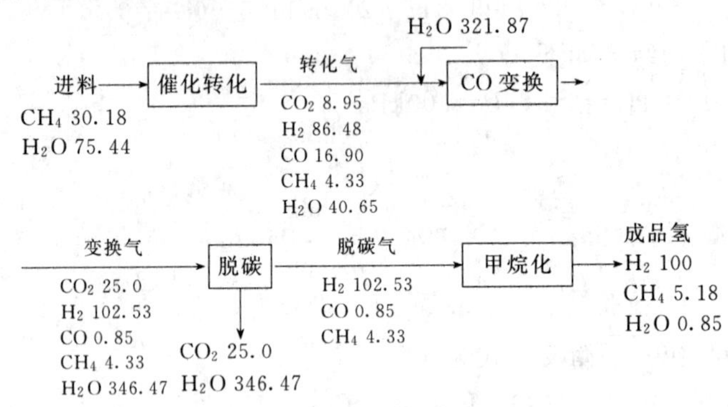

图 8-2　甲烷水蒸气转化制氢物料衡算流程

（基准：每生产 100mol 氢。数字为摩尔数。）

3. 以结点作衡算

在生产中常有这样的情况，某些产品的组成需采用旁路调节过送往下一工序，此时，以结点作物料衡算较方便，见下例。

例 8-5　某工厂用烃类气体制合成气生产甲醇，合成气体量为 $2321\text{Nm}^2/\text{h}$，$CO/H_2=1/2.4$（mol）。但转化后的气体体积组成为 CO 43.12%，$H_2$54.2%，不符合要求。为此，需将部分转化气送去 CO 变换反应器，变换后气体体积组成为 CO 8.76%，H_2 89.75%，气体体积减小 2%。用此变换气去调节转化气，以便达到 CO∶H_2＝1∶2.4 的要求。求转化气、变换气各为多少?

解　按题意绘出流程简图。V_2 从 A 点分流，V_3 在 B 点合并，合并时无化学及体积变化。令 $y_i^{\#}$ 为 i 组分的摩尔百分数。

结点 B：　$V_1+V_3=V_4=2321$　　(8-5)

CO 衡算　$V_1\times0.4312+V_3\times0.0876=2321\times y_{CO}{}^{\#}$　　(8-6)

H_2 衡算　$V_1\times0.542+V_3\times0.8975=2321\times y_{H_2}{}^{\#}=2321\times y_{CO}{}^{\#}\times2.4$　　(8-7)

联解方程式 (8-5)、(8-6)、(8-7) 得

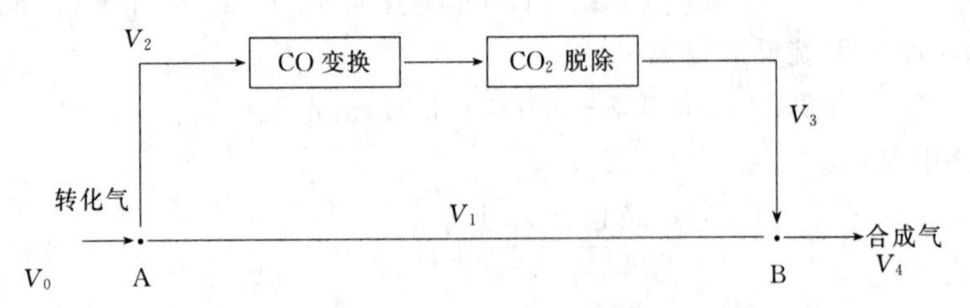

例 8-5　简图

$$V_1=1352\text{Nm}^3$$
$$V_3=969\text{Nm}^3$$

结点 A：

$$V_2=\frac{V_3}{1-0.02}=989\text{Nm}^3$$
$$V_0=V_1+V_2=2341\text{Nm}^3$$

脱除的 $CO_2=V_2-V_3=20\text{Nm}^3$

本例中先在 B 点得出 V_1、V_3、V_4 之间的关系，再从 A 点得出 V_0、V_1、V_2 之间的关系。A、B 点称为结点，在物料衡算中应用结点求解是很常见的（也可理解为在 A、B 点范围进行物料衡算）。V_2 物料走旁路，也称为分流。旁路调节在物理操作或化学反应操作中常遇到，在计算时注意利用节点关系。

4. 利用联系物作衡算

生产过程中常有不参加反应的物料，这种物料习惯上称为惰性物料。由于它的数量在反应器的进、出料中不改变，我们可以用它的另一些物料在组成中的比例关系去计算另一些物料的数量，因此，我们常称这种惰性物料为衡算联系数。

采用联系物作衡算，可以简化计算。有时在同一系统中可能有数个惰性物，可联合采用以减小误差。但是要注意当某惰性物数量很少，且此组分分析相对误差很大时，则不宜选用此惰性物作衡算联系物。

例 8-6 某氧化过程排出的尾气体积组成已知为 O_2 10%、N_2 85%、CO_2 5%，计算空气用量及氧耗量。

解 以氮为联系物，计算某准为尾气 100mol。

$$\text{尾气中 } N_2=100\times0.85=85\text{mol}$$
$$\text{空气耗量}=\frac{85}{0.79}=107.6\text{mol}$$
$$\text{进料空气含 } O_2=107.6\times0.21=22.6\text{mol}$$
$$\text{氧耗量}=22.6-10=12.6\text{mol}$$

并知，空气过剩系数 $\beta=\frac{22.6}{12.6}=179\%$

例 8-7 甲烷和氢混合气用空气完全燃烧来加热锅炉，烟道气分析按体积组成为 N_2 72.28%、CO_2 8.12%、O_2 2.44%、H_2O 17.15%，问（1）燃料中氢与甲烷的比例如何？（2）空气/(H_2+CH_4）是多少？

解 反应式为

$$CH_4+2O_2\longrightarrow CO_2+2H_2O$$
$$H_2+\frac{1}{2}O_2\longrightarrow H_2O$$

（1）以烟道气 100mol 作为计算基准，得 Na 72.28mol，CO_2 8.12mol，O_2 2.44mol，H_2O 17.15mol。

（2）由 CO_2 量计算 CH_4 量及耗氧量。由反应式得 $CH_4=8.12$mol，燃烧需氧$=8.12\times2=16.24$mol。

（3）以 N_2 为联系物计算进料中空气量和氧量

空气：
$$\frac{72.28}{0.79}=91.49\text{mol}$$

$$O_2=72.28\times\frac{21}{79}=19.21\text{mol}$$

（4）计算进料中氢含量

$$\text{氢燃烧耗氧}=19.21-16.24-2.44=0.53\text{mol}$$

$$\text{氢含量}=0.53\times2=1.06\text{mol}$$

计算结果如表 8-5。

表 8-5　衡算结果

物流名称	进料，mol	出料，mol
燃料 CH_4	8.12	
燃料 H_2	1.06	
O_2	19.21	2.44
N_2	72.28	72.28
CO_2		8.12
H_2O		17.15

（5）原料中

$$CH_4/H_2=\frac{8.12}{1.06}=7.66$$

（6）空气/（CH_4+H_2）

$$=\frac{91.49}{9.18}=9.97$$

（7）空气过剩系数

$$=\frac{91.49}{(19.21-2.44)/0.21}=1.146$$

例 8-8　试计算年产 15000 吨福尔马林（甲醛溶液）所需的工业甲醇原料消耗量，并求甲醇转化率和甲醛收率。已知条件：

（1）氧化剂为空气，用银催化剂固定床气相氧化；

（2）过程损失为甲醛总量的 2%（质量），年开工 8000 小时；

（3）有关数据

a. 工业甲醇组成%（质量），CH_3OH 98，H_2O 2

b. 反应尾气组成，%（V）

CH_4	O_2	N_2	CO_2	H_2
0.8	0.5	73.7	4.0	21

c. 福尔马林组成，%（质量）

HCHO	CH_3OH	H_2O
36.22	7.9	55.83

解　作流程图如图 8-3，物料衡算范围包括反应器和吸收域，主、副反应式如下。

主反应　$CH_3OH+\frac{1}{2}O_2\longrightarrow HCHO+H_2O$　（1）

$CH_3OH\longrightarrow HCHO+H_2$　（2）

副反应　$CH_3OH+\frac{3}{2}O_2\longrightarrow CO_2+2H_2O$　（3）

$CH_3OH+H_2\longrightarrow CH_4+H_2O$　（4）

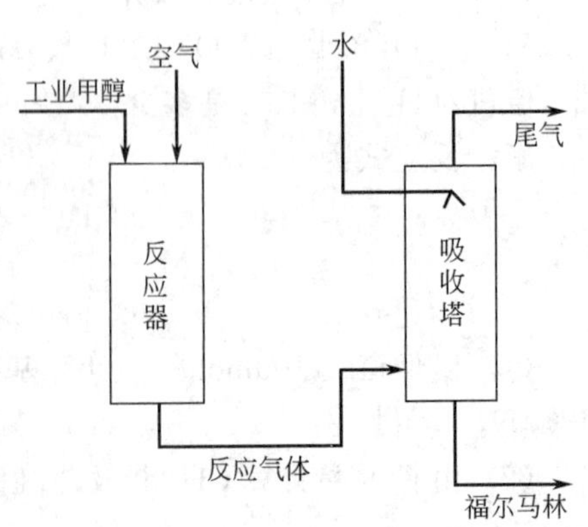

图 8-3　甲醇制甲醛流程

主、副反应的比例未知，但尾气中所含的甲烷和二氧化碳可以认为是由副反应生成，氢是式（2）及式（4）的结果，由此推算主、副反应的比例。

（1）反应消耗氧量。取尾气 100Nm³ 为计算基准，氮作为联系物，则进料空气量

$$V_{空气}=\frac{73.7}{0.79}=93.3\text{Nm}^3$$

其中氧量

$$V_{O_2}=93.3-73.7=19.6\text{Nm}^3$$

换算为摩尔数

$$n_{O_2}=\frac{19.6\times10^3}{22.4}=875\text{mol}$$

$$n_{N_2}=\frac{73.7\times10^3}{22.4}=3290\text{mol}$$

$$n_{空气}=875+3290=4165\text{mol}$$

反应耗氧量为

$$875-\frac{0.5\times10^3}{22.4}=852.7\text{mol}$$

（2）甲醇消耗量

a. 反应（3）消耗甲醇量为

$$\frac{4\times10^3}{22.4}=178.6\text{mol}$$

b. 反应（4）消耗甲醇量为

$$\frac{0.8\times10^3}{22.4}=35.7\text{mol}$$

c. 反应（2）生成的氢，部分消耗于反应（4），现尾气中 $H_2=21\%$，氢摩尔数为

$$\frac{21\times10^3}{22.4}=937.5\text{mol}$$

则反应（2）消耗甲醇量为

$$937.5+35.7=973.2\text{mol}$$

d. 从氧消耗量计算反应（1）的甲醇消耗量

反应（3）消耗氧量为

$$178.6\times1.5=267.9\text{mol}$$

反应（1）消耗氧量为

$$852.7-267.9=584.8\text{mol}$$

反应（1）消耗甲醇量为

$$\frac{584.8}{0.5}=1169.6\text{mol}$$

每生成 100Nm^3 尾气时消耗甲醇量为

$$178.6+35.7+973.2+1169.6=2357.1\text{mol}$$

$$2357.1\times32=75.4\text{kg}$$

（3）计算甲醇总消耗量

每消耗 2357.1 摩尔甲醇生成甲醛的量为

$$1169.6+973.2=2142.8\text{mol}$$

$$2142.8\times30=64.28\text{kg}$$

机械损失为 2%，实得

$$64.28 \times 0.98 = 63.0\text{kg}$$

得工业福尔马林

$$\frac{63.0}{0.3622} = 174\text{kg}$$

其中含未反应的甲醇

$$174 \times 7.9\% = 13.74\text{kg}$$

每生成 174kg 福尔马林共耗工业甲醇

$$\frac{75.4 + 13.74}{0.98} = 91\text{kg}$$

由此得甲醇转化率为

$$\frac{75.4}{75.4 + 13.74} \times 100\% = 84.6\%$$

甲醛的重量收率

$$\frac{63.0}{75.4 + 13.74} \times 100\% = 70.7\%$$

(4) 工业甲醇年耗量

每小时福尔马林产量 $\frac{15000}{8000} = 1.875\text{t/h}$

考虑到设计裕量，设福尔马林产量为 2t/h。

消耗工业甲醇量

$$\frac{2000}{174} \times 91 = 1046\text{kg/h} = 8368\text{t/a}$$

所需空气量

$$\frac{2000}{174} \times 93.3 = 1072.4\text{Nm}^3\text{/h}$$

(5) 用水量计算

工业福尔马林含水 $174 \times 0.558 = 97.1\text{kg}$

工业甲醇含水 $91 \times 0.02 = 1.82\text{kg}$

由反应生成的水为

按反应 (1) 生成 1169.6mol

按反应 (3) 生成 $2 \times 178 = 356\text{mol}$

按反应 (4) 生成 35.7mol

共计生成水

$$1169.6 + 356 + 35.7 = 1561.1\text{mol}$$

$$\frac{1561.1 \times 18}{1000} = 28.1\text{kg}$$

为制取 174kg 福尔马林须补充水

$$97.1 - 1.82 - 28.1 = 67.18\text{kg}$$

按产量为 2 吨/时须补充水量为

$$\frac{2000}{174} \times 67.18 = 772\text{kg/h}$$

要注意在吸收塔操作条件下，尾气要带走一部分水蒸气，在决定吸收塔进水量时，应把这部分水蒸气考虑进去。

通过下列计算得出物料衡算结果并载于流程图 8-4。

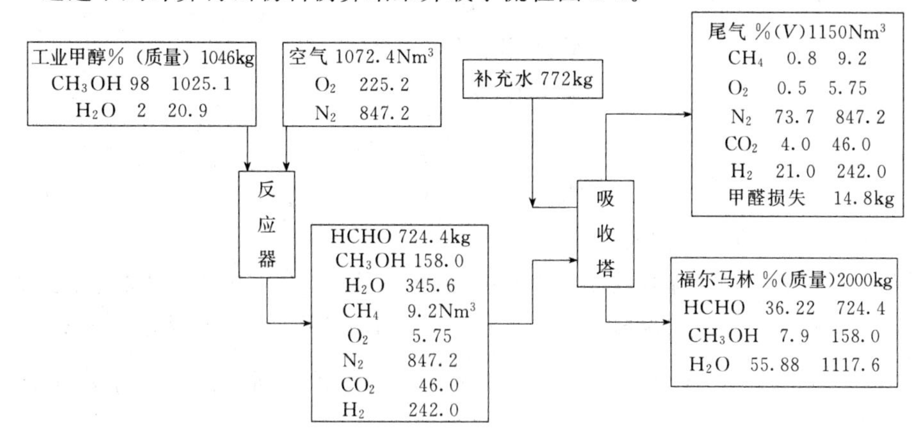

图 8-4 福尔马林生产流程物料衡算

（福尔马林产量 2000kg/h）

（1）原料工业甲醇进料量已算出为 1046kg/h，从给定组成算出各组分含量。

（2）所需空气量 $1072.4Nm^3/h$ 即可算出 O_2、N_2 数量。补充水量已算出为 772kg/h。

（3）产品福尔马林为 2000kg/h，从给定组成算得各组分数量。

（4）以 $\frac{2000}{174}=11.4942$ 为系数，得尾气 $100\times11.4942=1150Nm^3$，从尾气给定组成得出各成分数量。并计算得甲醛损失 $64.28\times0.02\times11.4942=14.8kg$

（5）由于吸收塔不吸收不凝气体（设 CO_2 也不被吸收），故尾气中各组分的数量与反应气中相应组分的数量相同，反应气中 HCHO、CH_3OH 与成品中相应组分数量相同，水量为 $1117.6-772=345.6kg$。

二、具有循环过程的物料衡算

在基本有机化学工业生产中，有些反应过程由于受热力学因素限制，转化率很低，例如乙烯直接水合制乙醇的过程，乙烯的单程转化率只有 4%～5%。有些则由于副反应竞争剧烈，必须采用高空速以提高选择性，因此转化率也较低，例如乙烯氧化制环氧乙烷的过程，乙烯的单程转化率只有 30%左右。在上述情况下，就会有大量原料未参加反应。为了提高原料的利用率，必须循环利用以提高总的转化率，从而可改善技术经济指标。图 8-5

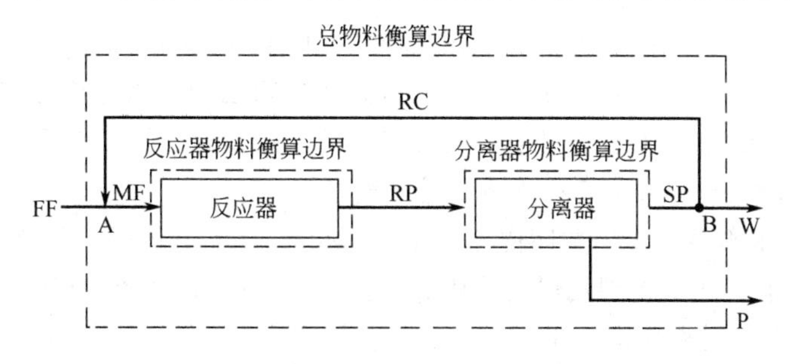

图 8-5 有循环过程的物料衡算框图

表示有循环操作的物流图。

在稳定状态下，循环物料 RC 始终以不变的组成和数量在反应系统中循环。依据质量守恒定律，各物流的关系式是

$$MF=FF+RC$$

$$MF=RP$$

$$RP=RC+P+W$$

$$FF=W+P$$

其中 SP、RC 和 W 的组成是相同的。

在有循环的反应系统中，循环比是一个重要参数，循环比的大小与单程转化率控制有关。一般循环比是指循环物料对新鲜原料的用量比，即 RC/FF，但也有其他的表示方法，例如$\frac{RC}{MF}$，$\frac{RC}{W}$，$\frac{RC}{P}$等。由于表示方法不同，循环比的数值也不同，在计算时必须注意。例如$\frac{RC}{FF}=9$ 时，$\frac{RC}{MF}=\frac{9}{10}$。当 $P\approx 0$（如开工或操作不稳定的情况下）时，$\frac{RC}{FF}=\frac{RC}{W}$；当 $W\to 0$时，$\frac{RC}{FF}=\frac{RC}{P}$。

对于大多数有循环的反应过程，因为使用的原料纯度不可能是 100%，或多或少地会带入一些惰性杂质，或者在反应过程中有副反应发生，生成一些不易与原料分离的惰性副产物，在这种情况下，必须将循环物料放空一部分，以避免反应系统中惰性物质的积累。

例 8-9 乙烯直接水合制乙醇

已知原料乙烯的组成如下，%（V）：乙烯为 96，惰性物 I 为 4

进入反应器的混合物（循环气和原料乙烯及水蒸气的混合物）组成如下（干基，%(V)）：C_2H_4 85，H_2 1.02，I 13.98

乙烯与水蒸气的摩尔比为 1∶0.6

乙烯的单程转化率为 5%（mol），其中，

生成乙醇 $C_2H_4+H_2O\xrightarrow{95\%}C_2H_5OH$

生成乙醚 $2C_2H_4+H_2O\xrightarrow{2\%}(C_2H_5)_2O$

生成聚合物 $nC_2H_4\xrightarrow{2\%}$聚合物

生成乙醛 $C_2H_4+H_2O\xrightarrow{1\%}CH_3CHO+H_2$

自反应器出来的反应气经冷凝和洗涤，得到产物粗乙醇溶液，洗涤塔出口气部分排出系统，其余循环。在冷凝洗涤过程中，反应气中的乙烯溶解 5%，然后在常压分离器中释出，释出乙烯的 95%作别用，5%循环入循环气中。

试作过程的物料衡算，求出循环物流组成、循环量、放空气体量、乙烯的总转化率和乙醇的总收率，生产一吨乙醇，原料乙烯的消耗量（乙醇水溶液蒸馏时乙醇损失2%（mol））。

解 按题意作出流程简图 8-6。

由于混合气组成及乙烯单程转化率已知，可由此计算原料气用量。现以进入反应器的

混合气 100 摩尔为计算基准（干基）。

混合气中乙烯转化量 85×5％＝4.25mol

其中　转化为乙醇　4.25×95％＝4.04mol

转化为乙醚　4.25×2％＝0.085mol

转化为聚合物　4.25×2％＝0.085mol

转化为乙醛　4.25×1％＝0.043mol

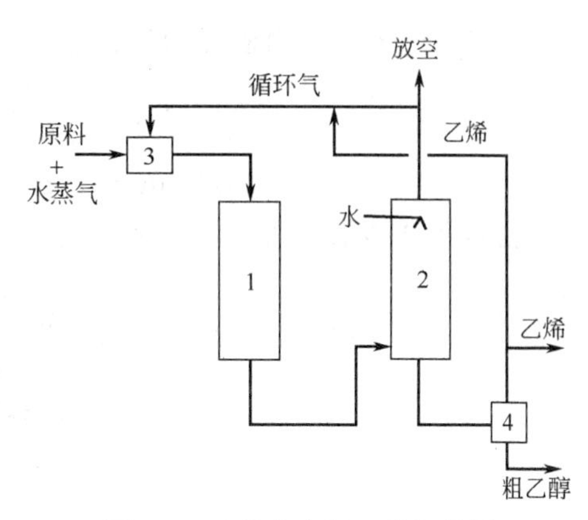

图 8-6　乙烯水合制乙醇衡算图
1—反应器；2—冷凝洗涤塔；
3—混合器；4—常压分离器

反应气经冷凝洗涤后，各组分的量为：

余下乙烯量　85×(1－5％)×(1－5％)＝76.71mol

（未反应乙烯）　（未溶解乙烯）

惰性物 I　13.98mol

氢　0.043＋1.02＝1.063mol

洗涤塔出口气体量 76.71＋13.98＋1.063＝91.75mol 组成为，％（mol）

C_2H_4	H_2	I
83.6	1.16	15.24

设 $\eta_{放}$ 为冷凝洗涤塔出口气体排出系统的量。自常压分离器释出的溶解乙烯量已知为 4.04 摩尔，其中的 5％回收入循环气中，外循环气中各组分的量分别为

乙烯　$76.71+4.04\times5\%-\eta_{放}\times83.6\%$　(8-8)

氢　$1.063-\eta_{放}\times1.16\%$　(8-9)

惰性物 I　$13.98-\eta_{放}\times15.24\%$　(8-10)

设新鲜原料气加入量为 $\eta_{原料}$，如进入反应器的混合气体量仍为 100 摩尔，则

$$76.71+4.04\times5-\eta_{放}\times83.6\%+\eta_{原料}\times96\%=85 \tag{8-11}$$

$$13.98-\eta_{放}\times15.24\%+\eta_{原料}\times4\%=13.98 \tag{8-12}$$

解此（8-11），（8-12）二方程式得

$$\eta_{放}=2.87\text{mol}$$

$$\eta_{原料}=10.93\text{mol}$$

于是得到循环量 $\eta_{循}$，76.91＋13.98＋1.063－2.87＝89.08mol

循环比　$\dfrac{\eta_{循}}{\eta_{原料}}=\dfrac{89.08}{10.93}=8.15$

原料气中乙烯　10.93×96％＝10.49mol

放空乙烯＋溶解乙烯的 95％

$$2.87\times83.6\%+4.04\times95\%=6.236\text{mol}$$

乙烯总转化率：

$$\frac{10.49-6.236}{10.49}\times100\%=40.1\%$$

乙醇总收率：40.1％×95％＝38.5％

生产一吨乙醇原料乙烯的消耗量

$$\frac{1000}{0.98}\times\frac{1}{46}\times\frac{1}{38.5\%}\times\frac{1}{96\%}=60\text{kmol/t 乙醇}$$

$$=1344\text{Nm}^3/\text{t 乙醇}$$

物料衡算结果如图 8-7 所示。

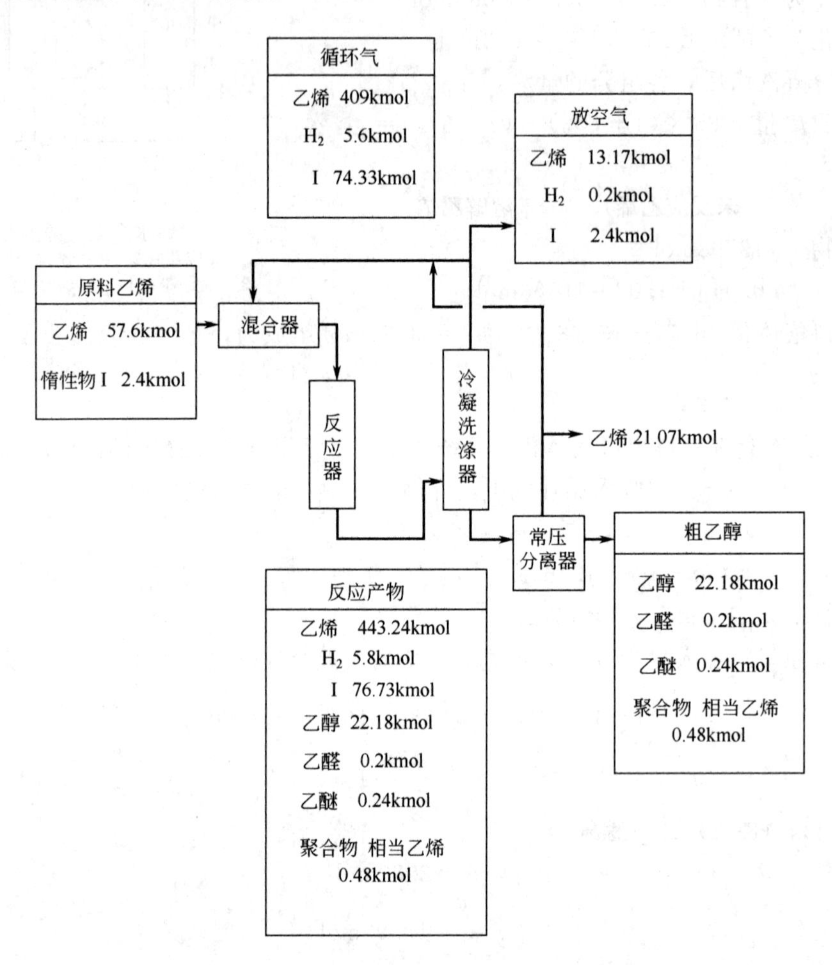

图 8-7 乙烯水合制乙醇物料衡算（乙醇产量 1000kg/h）

注：上图中没有包括水的衡算。

例 8-10 丁烷脱氢制丁烯。

已知原料丁烷组成如下：

组分	丁烷	轻碳氢化合物	惰性物质 I
%(mol)	96	2	2

丁烷的总转化率为 98%，其主副反应所占百分率为

主反应 $$C_4H_{10}\longrightarrow C_4H_8+H_2 \quad 92\% \tag{1}$$

副反应
$$\left.\begin{array}{l}C_4H_{10}\longrightarrow CH_4+C_3H_6 \quad (2)\\ C_4H_{10}\longrightarrow C_2H_6+C_2H_4 \quad (3)\end{array}\right\}4\%$$

$$C_4H_{10}\longrightarrow 2C+2CH_4+H_2 \quad 2\% \tag{4}$$

出反应器脱氢气组成为

组分	丁烷	丁烯	轻碳氢化合物	氢	惰性物质
%(mol)	28.5	31.0	5.0	33.7	1.8

循环气中丁烯含量 0.04% (mol)

分离后放空气体作燃料气，其中丁烯含量不高于 0.92%，产品丁烯馏分的组成为

组分	丁烷	丁烯	轻碳氢物	氢	惰性物
%(mol)	1	96	2	0.5	0.5

求循环物料量及其组成，循环比、丁烷的单程转化率和脱氢选择性、产品数量、烧料气量及其组成。

解 按题意作出物料衡算框图 8-8。

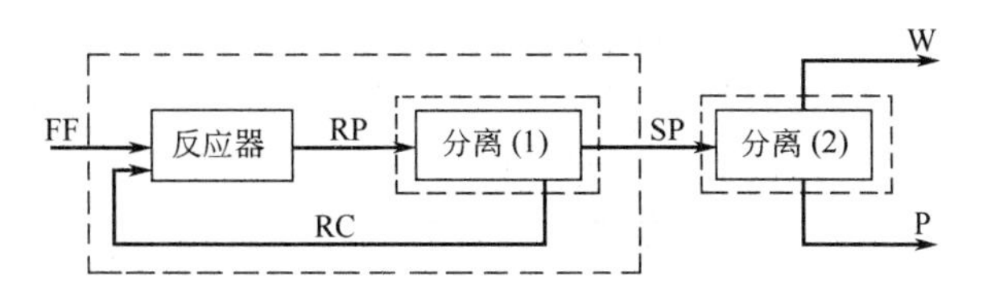

图 8-8 例 8-10 物料衡算框图

(1) 以 100 千摩原料丁烷为计算基准。

未反应丁烷 $100\times96\%\times(1-98\%)=1.92\text{kmol}$

按反应 (1) 生成的丁烯 $100\times96\%\times92\%=88.32\text{kmol}$

按反应 (1) 生成的氢 $100\times96\%\times92\%=88.32\text{kmol}$

按反应 (2)，(3) 生成的轻碳氢化合物

$$100\times96\%\times4\%\times2=7.68\text{kmol}$$

按反应 (4) 生成的碳 $100\times96\%\times2\%\times2=3.84\text{kmol}$

按反应 (4) 生成的氢 $100\times96\%\times2\%=1.92\text{kmol}$

按反应 (4) 生成的轻碳氢化合物

$$100\times96\%\times2\%\times2=3.84\text{kmol}$$

100mol 原料丁烷脱氢后得到的产物量为

丁烷	1.92kmol	轻碳氢化合物	2+7.68+3.84=13.52
丁烯	88.32	惰性物质	2
氢	88.32+1.92=90.24	碳	(3.84)(沉积在催化剂上)
		共计 (气体)	196kmol

(2) 循环气量及组成、循环比、反应气体总量及丁烯单程转化率、丁烯选择性等。设循环气 RC 组成如下：

组分	丁烷	丁烯	轻碳氢化合物	氢	惰性物质
%(mol)	x_1	0.04	x_3	x_4	x_5

从衡算范围看 FF+RC=RP，而 RC 在反应前后不发生变化，因此进分离器 (1) 的组分物料衡算是

丁烷 $1.92+\text{RC}x_1=28.5\%\text{RP}$

丁烯 $88.32+0.04\text{RC}=31\%\text{RP}$

轻碳氢化合物 $13.52+\text{RC}x_3=5\%\text{RP}$

氢　　　　$90.24+RCx_4=33.7\%RP$

惰性物质　　$2+RCx_5=1.8\%RP$

总计　　　　$196+RC=RP$

解此6个线性无关方程式，得（kmol）

$RC=89.4$　　$x_3=0.84\%$

$RP=285.4$　　$x_4=6.64\%$

$x_1=88.86\%$　　$x_5=3.51\%$

循环气的组成、数量及RP的数值如表8-6

表8-6　RC及RP的组成和量

组　分	循环气 RC89.4kmol		反应气 RP285.4kmol
	组成,%(mol)	kmol	SPi+Rci=RPi
丁烷	88.86	79.4	1.92+79.4=81.32
丁烯	0.04	0.036	88.32+0.036=88.36
碳氢物	0.84	0.75	13.52+0.75=14.27
氢	6.64	5.94	90.24+5.94=96.18
惰性物	3.51	3.14	2+3.14=5.14

循环比$\frac{RC}{FF}=\frac{89.4}{100}=0.894$

丁烷单程转化率$=\frac{79.4+96-81.32}{79.4+96}\times100\%=53.6\%$

丁烯单程收率$=\frac{88.36}{79.4+96}\times100\%=50.4\%$

脱氢选择性$=\frac{50.4}{53.6}\times100\%=94\%$

（3）燃料气量、组成及丁烯馏分量。设烯料气W的组成为

Wi	丁烷	丁烯	轻碳氢物	氢	惰性物
%(mol)	x_1	0.92	x_3	x_4	x_5

以分离器（2）进行衡算，SP=P+W，各组分衡算为

丁烷　　　$0.01P+x_1W=1.92$

丁烯　　　$0.96P+0.0092W=88.32$

轻碳氢物　$0.02P+x_3W=13.52$

氢　　　　$0.005P+x_4W=90.24$

惰性物　　$0.005P+x_5W=2$

总计　　　$P+W=196$

上六式联解得，

$W=105kmol$　　$x_3=11.14\%$

$P=91kmol$　　$x_4 85.51\%$

$x_1=0.96\%$　　$x_5=1.47\%$

物料衡算总结果如表8-7。

表 8-7 物料衡算结果

组分	原料丁烷 FF			产品丁烯馏分 P			燃料气 W		
	%(mol)	kmol	kg	%(mol)	kmol	kg	%(mol)	kmol	kg
丁烷	96	96	5568	1	0.91	52.78	0.96	1.01	58.59
丁烯				96	87.36	4892.2	0.92	0.97	54.32
轻碳氢物	2	2	58	2	1.82	54.6	11.14	11.70	339.3
氢				0.5	0.455	0.91	85.51	89.79	179.58
惰性物	2	2	60	0.5	0.455	13.65	1.47	1.54	46.20
总计		100	5686		91	5014.2		105	677.99

注：1. 惰性物平均分子量为 30，轻碳氢物平均分子量为 29。

2. 碳沉积损失 40.08kg。

3. 由于小数点后数值四舍五入及多次乘除，计算得产品输出量略大于原料输入量。

第二节 热量衡算

一、主要方法和步骤

1. 热量衡算式

根据能量守恒定律，进出系统的能量衡算式为

输入系统中的能量－从系统输出的能量＝系统中积累的能量

对一个稳定的连续反应过程来说，系统中能量的积累为零。在不考虑能量转换而只计算热量的变化时，热量衡算也就是计算在指定的条件下此反应过程的焓变，据热力学原理，有化学反应过程的焓变可通地下列途径求取。

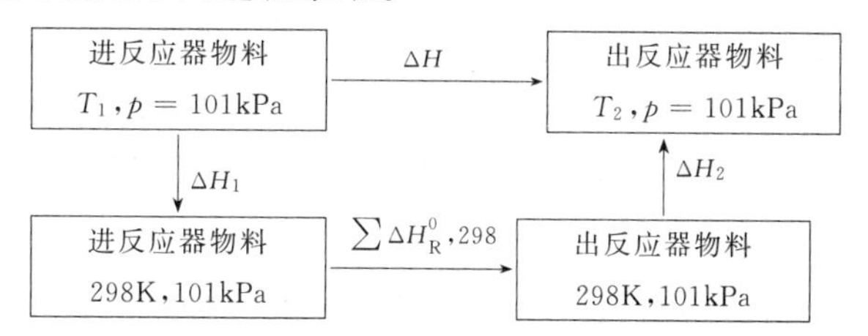

$$\Delta H = \Delta H_1 + \sum \Delta H^0_{R,298K} + \Delta H_2$$

式中 ΔH_1——进反应器物料在等压变温过程中的焓变和有相变化时的焓变；

$$\Delta H_1 = \int_{T_1}^{298} \sum_{i=1}^{n} M_i C_{pi} \, dT + \sum_{i=1}^{n} M_i \Delta H_i$$

ΔH_2——出反应器物料在等压变温过程中的焓变和有相变化时的焓变；

$$\Delta H_2 = \int_{298}^{T_2} \sum_{i=1}^{m} M'_i C'_{pi} \, dT + \sum_{i=1}^{m} M'_i \Delta H'_i$$

$\sum \Delta H^0_{R,298K}$——标准态下反应热总和（含主、副反应）。

M_i，M'_i——进、出反应器物料 i 的摩尔数；

C_{pi}，C'_{pi}——进、出反应器物料 i 的等压热容；

ΔH_i、$\Delta H'_i$——进出反应器物料 i 的相变热。

2. 基本步骤

（1）建立以单位时间为基准的物料衡算表（或衡算图）已指出，物料衡算是热量衡算

的基础，物料衡算的最终结果—物料衡算表，即可作为进行热量衡算的依据，计算时以单位时间为基准较方便。

(2) 选定计算基准温度和相态　基准温度有比较性质，是人为选定的，可以选 273K，也可以选 298K，或者其他温度作基准。因为从文献上查到的热力学数据大多数是 298K 时的数据；故选 298K 为基准温度在计算时比较方便。其次，还要确定基准相态。

二、物理变化过程焓变的计算举例

例 8-11　有一苯汽化器，每小时把 100kg　293K 液体苯加热为 353K 气体苯，压力为 0.1MPa，求所需热量。

解　由于 ΔH 计算只由初终状态决定而与过程无关，例如液体苯加热至 298K 蒸发为气体再加热至 353K，或者液体苯加热至 353K 再在此温度下（刚好是苯的常压沸点）汽化，或者直接查手册上已作好的图表数值都可以，这要看哪些数据取用方便和计算能否简化而定。本例用下列几种方法计算。

(1) 利用苯的 H-T 图[7]。从苯的 H-T 图查得 353K、0.1MPa 的气体苯的焓 $H=548.1\text{kJ/kg}$，293K 液体苯的焓 $H=34.73\text{kJ/kg}$，需热

$$\Delta H=(548.1-34.73)\times 100=51340\text{kJ/h}$$

(2) 用热容计算。苯在 293K 汽化，气体加热到 353K。从手册上查得 $\Delta H_{v,293}=436.1\text{kJ/kg}$，$C_{P,\text{气}}=(-0.409+0.077621T-0.26429\times 10^{-4}T^2)\times 4.184\text{J/mol}\cdot\text{K}$

$$\Delta H_2=\int_{293}^{353}(-0.409+0.077621T-0.26429\times 10^{-4}T^2)4.184\text{d}T$$

$$=5506.1\text{kJ/kmol}=70.6\text{kJ/kg}$$

$$\Delta H=(\Delta H_v+\Delta H_2)\times 100=(436.1+70.6)\times 100=50670\text{kJ/h}$$

(3) 查得液体苯 353K 汽化热 $\Delta H_v=30.765\text{kJ/mol}$，在 293K 至 353K 温度区间的平均热容 $\overline{C}_{P\text{液}}=140.42\text{J/mol}\cdot\text{K}$

$$\Delta H_1=140.42\times(353-293)=8425\text{kJ/kmol}$$

而 $\dfrac{100\text{kg}}{78}=1.282\text{kmol}$，　$\Delta H_1=8425\times 1.282=10801\text{kJ/h}$

$$\Delta H_2=30.765\times 1282=39440\text{kJ/h}$$

$$\Delta H=\Delta H_1+\Delta H_2=50241\text{kJ/h}$$

(4) 利用苯气体的 $H_T^0-H_{298}^0$ 表。这方法是直接从 $H_T^0-H_{298}^0$ 表上查得 ΔH_2。

苯气体在下列三个温度的 $H_T^0-H_{298}^0$ 值为

温度,K	298	300	400
$H_T^0-H_{298}^0$,kJ/mol	0	0.1674	9.9161

因为没有 293K 数据，用外推法求之。

$$\frac{298-293}{x_1}=\frac{300-298}{0.1674-0}$$

$$x_1=0.4185$$

所以　$H_{293}^0-H_{298}^0=0-0.4185=-0.4185$

再内插 353K 的 $H_{353}^0-H_{298}^0$，$\frac{400-300}{9.9161-0.1674}=\frac{353-300}{x_2}$，$x_2=5.1668$

$$H_{353}^0-H_{298}^0=0.1674+5.1668=5.3342$$

$$\Delta H_2=(H_{353}^0-H_{298}^0)-(H_{293}^0-H_{298}^0)=5.3342-(-0.4185)$$
$$=5.7527\text{kJ/mol}=73.75\text{kJ/kg}$$

$$\Delta H=(\Delta H_v+\Delta H_2)100=(436.1+73.75)100=50985\text{kJ/h}$$

上面 4 种计算方法，数值略有差异，主要是由于查图表，$\overline{C}_p$ 等取值误差引起的，按 4 者平均值 50809 计，第一法误差＋1％，第二法为－0.27％，第三法为－1.1％，第四法为＋0.35％，这些误差在工程上都是允许的，4 种方法中，第一、三法较为方便，但查图所得数值常因视差而欠精确。

例 8-12 有一空气水气饱和器，空气进入流量为 2500Nm³/h，温度为 298K，直接与流量为 33500kg/h 的 364K 热水接触，空气得到增湿带出水蒸气 2010kg，出口温度 357K，热损失为 83760kJ/h。问热水出口温度是多少？水的热容 4.1868kJ/kg·K，空气平均热容 1.006kJ/kg·K。

解 按题意作流程图 8-9。

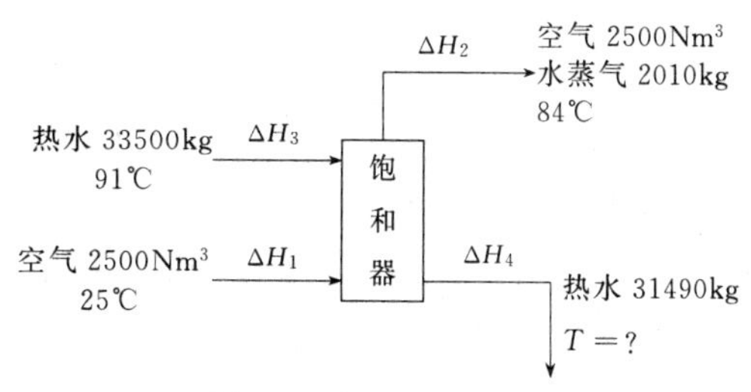

图 8-9 例 8-12 流程图

空气进出重量相同

$$\frac{2500}{22.4}\times 28.8=3210\text{kg/h}$$

热水流出量为 $33500-2010=31490\text{kg/h}$

设 ΔH_1、ΔH_2、ΔH_3、ΔH_4 分别代表空气进口、混合气出口、热水进口及热水出口对基准温度的焓差。

（1）以 273K 为基准温度

$$\Delta H_1=3210\times 1.006(298-273)=80900\text{kJ}$$

$$\Delta H_2=3210\times 1.006(357-273)+2010\times 2300+2010\times 4.1868(357-273)=5.6\times 10^6\text{kJ}$$

上式中 2300kJ/kg 是水在 357K、0.1MPa 的相变热。

$$\Delta H_3=33500\times 4.1868(364-273)=12.78\times 10^6\text{kJ}$$

$$\Delta H_4=31490\times 4.1868\times \Delta t=0.132\times 10^6\Delta t$$

按热量衡算式

$$\Delta H_1+\Delta H_3=\Delta H_2+\Delta H_4+\text{热损失}$$

$$80900+12.78\times 10^6=5.6\times 10^6+0.132\times 10^6\Delta t+83760$$

解之，
$$\Delta t=54.3$$

$$T=273+54.3=327.3\text{K}$$

（2）以 298K 为基准温度

计算方法相同，其结果也是 $T=327.3$R

例 8-13 求 100kg 苯从 573K、4.0MPa 冷却到 353K、0.1MPa 的焓变。

解 按题意作图 8-10。

因为系统处于较高压力，要考虑压力对焓的影响，查气体焓随压力变化图 $\left[\dfrac{H^0-T}{T_c}=f(p_R,T_R)\right]$。

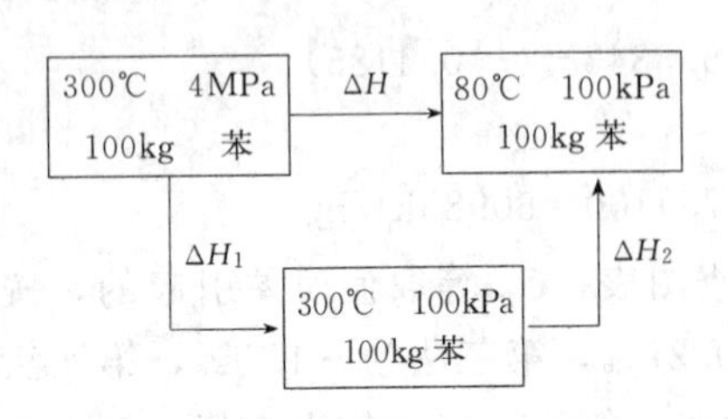

图 8-10 例 8-13 过程示意图

此图需查出苯的临界压力 p_c，临界温度 T_c，并求出对比压力 p_R，对比温度 T_R，

$$T_R=\frac{T}{T_c}=\frac{573}{562.1}=1.019$$

$$p_R=\frac{p}{p_c}=\frac{4.0\text{MPa}}{4.834\text{MPa}}=0.829$$

在上述图上查得 $\dfrac{H'-H}{T_c}=9.62\text{J/mol}\cdot\text{K}$

$$\Delta H_1=H^0-H=9.62\times562.1=5407.4\text{J/mol}=69.33\text{kJ/kg}$$

在低温低压下，苯蒸气可作理想气体看，其热容 $C_P=[-0.409+0.077621T-0.26429\times10^{-4}T^2]\times4.184$

$$\Delta H_2=\int_{573}^{353}[-0.409+0.077621T-0.26429\times10^{-4}T^2]\times4.184\mathrm{d}T$$

$$=-27.82\text{kJ/mol}=-356.7\text{kJ/kg}$$

$$\Delta H'=\Delta H_1+\Delta H_2=69.33-356.7=-287.4\text{kJ/kg}$$

100kg 苯焓变（放热）为

$$\Delta H=100\Delta H'=-28740\text{kJ}$$

三、气相连续反应过程的热量衡算

1. 具有热交换的反应过程的热量衡算

对于一个连续反应系统，通过与载热体的热交换，不断向系统取走或供给热量，使反应维持在一合适的温度条件。在连续稳定的操作条件下，通过热量衡算，可以计算出与外界交换的热量和载热体的用量。

例 8-14 萘空气氧化制苯酐，物料衡算已知：（1mol 原料萘计的 mol 数）

进料	萘 1	空气 50.1				
出料	苯酐 1	氧 6.0	氮 39.6	CO_2 2	H_2O 2	

萘进料温度 473K（200℃），液态；空气温度 303K（30℃），反应温度控制在 723K（450℃），问须从反应器取走热量多少？（计算时注意物料相态）

解 萘氧化反应式

$$\text{萘}(\text{l})+\frac{9}{2}O_2\longrightarrow \text{苯酐}\ C_6H_4(CO)_2O(\text{g})+2CO_2+2H_2O(\text{g})$$

按其相态查各物料的生成热（或通过计算），再计算反应器。

	萘(液)	苯酐(气)	O_2	N_2	CO_2	H_2O(气)
$\Delta H^0{}_{F,298}$ kJ/mol	87.3	373.34	0	0	−393.51	−241.81

$$\Delta H_R=\sum M_i\Delta H^0_{F,\text{生成物}}-\sum M_i\Delta H^0_{F,\text{反应物}}$$

$$=[(-373.34)\times1+(-393.51)\times2+(-241.81)\times2]-87.3$$

$$=-2731.28\text{kJ/mol}$$

又查各进、出物料的 $\overline{C}_{pi}$、并计算 $M_i\overline{C}_{pi}$，结果如表 8-8。

表 8-8 $M_i\overline{C}_{pi}$ 计算结果

名称	进入			输出		
	M_i/mol	$\overline{C}_{pi}$/kJ/(mol·K)	$M_i\overline{C}_{pi}$	M_i/mol	$\overline{C}_{pi}$/kJ/(mol·K)	$M_i\overline{C}_{pi}$
萘	1.0	0.2613	0.2613			
苯酐				1.0	0.2293	0.2293
O_2	10.5	0.0294	0.3087	6.0	0.0312	0.1872
N_2	39.6	0.0291	1.1524	39.6	0.0299	1.1840
CO_2				2.0	0.0445	0.089
H_2O				2.0	0.0355	0.071
			1.7224			1.7605

取基准温度 29.8K，基准相态：萘液相，其余气相。

进入：萘　　　　　　　0.2613(573－298)＝45.728kJ

　　　空气(0.3087＋1.1524)(303－298)＝21.917kJ

输出：气体产物　　　1.7605 (723－298) ＝748.213kJ

$$\Delta H=\Delta H_R+\Delta H_{出}-\Delta H_{入}=-1731.28+748.213-67.645$$
$$=-1050.712\text{kJ}$$

计算表明，要保持反应器内反应温度在 723K，必须从每一摩尔萘的反应中取走 1051kJ，或者每 kg 奈反应应时取走 8211 千焦热量。

2. 绝热反应过程的热量衡算

绝热反应过程是反应物系不向外界输出热量，也不从外界输入热量，此时

$$\Delta H=0，即\ H_{入(T,P)}=H_{出(T_2,P)}$$

从上式可以看出，进出焓相等并不是进出物料的温度相同。为了维持反应器内的反应温度，当反应是吸热时 ($\Delta H_R^0>0$)，进料温度 T_1 应高于出料温度 T_2；当反应是放热时 ($\Delta H_R^0<0$)，$T_1<T_2$，以便吸收反应热和在反应器内换热，或者调节主副反应比例以保持反应温度恒定。

例 8-15 在金属银催化剂存在下，甲醛由甲醇氧化或甲醇脱氢制得，其主副反应是

主反应　$CH_3OH+\frac{1}{2}O_2 \longrightarrow HCHO+H_2O$　　$\Delta H_R^0<0$

　　　　$CH_3OH \longrightarrow HCHO+H_2$　　$\Delta H_R^0>0$

副反应　$CH_3OH+\frac{3}{2}O_2 \longrightarrow CO_2+2H_2O$　　$\Delta H_R^0<0$

主副反应有吸热和放热，如果选择恰当的甲醇/空气用量比，使吸热反应和放热反应的比例适当，就能控制反应温度。现假设甲醇/空气＝1/1.3 (摩)，进料温度为 600K，当反应产物中除去残余甲醇及将产物甲醛分离后，尾气组成为 (干基)

组成	O_2	N_2	H_2	CO_2
%(mol)	6.3	66.1	25.9	1.7

计算产物出口温度。

解 以 N_2 为联系物，按上列 3 个化学计量反应式进行物料衡算。进料以甲醇 100kmol 为基准，物料衡算结果如下 (单位：kmol)：

组分	CH_3OH	O_2	N_2	HCHO	H_2	CO_2	H_2O
进料	100	27.3	102.7				
出料	30.02	9.79	102.7	67.34	40.24	2.64	32.38

根据物料衡算结果作热衡算。先查取各物料的 ΔH_F^0、C_p，并计算如表 8-9、表 8-10。

表 8-9　$M \cdot \Delta H_R^0$ 计算表

组　分	ΔH_F^0/kJ/kmol	进　料		出　料	
		M/kmol	$M \cdot \Delta H_F^0$/kJ	M/kmol	$M \cdot \Delta H_F^0$/kJ
$CH_3OH(g)$	-200.66×10^3	100	-20.07×10^6	30.02	-6.02×10^6
O_2	0	27.3	0	9.79	0
N_2	0	102.7	0	102.7	0
HCHO(g)	-108.57×10^3			67.34	-7.31×10^6
H_2	0			40.24	0
CO_2	-393.7×10^3			2.64	-1.04×10^6
$H_2O(g)$	-241.814×10^3			32.38	-7.83×10^6
ΣkJ			-20.07×10^6		-22.20×10^6

表 8-10　$M \cdot \overline{C}_p$ 计算表

	输　入			输　出				
1	2	3	4	5	6	7	8	9
组　分	M,kmol	$\overline{C}_{p600K}$ kJ/K	$M \cdot \overline{C}_p$ kJ/K	M,kmol	$\overline{C}_{p806K}$ kJ/kmol·K	$M \cdot \overline{C}_{p806K}$ kJ/K	$\overline{C}_{p770K}$ kJ/kmol·K	$M \cdot \overline{C}_{p770K}$ kJ/kmol·K
$CH_3OH(g)$	100	56.77	5677	30.02	63.94	1919	61.84	1856
O_2	27.3	30.65	837	9.79	31.61	309	31.25	305.9
N_2	102.7	29.53	3033	102.7	29.31	3010	29.79	3059.4
HCHO(g)				67.34	45.86	3088	44.59	3002.7
H_2				40.24	29.31	1179	28.29	1138.4
CO_2				2.64	45.50	120	44.18	116.6
$H_2O(g)$				32.38	35.94	1164	35.65	1154.3
Σ			9547			10789		10633.7

$$\Delta H_R = -22.20\times10^6 - (-20.07\times10^6) = -2.13\times10^6\,\text{kJ}$$

以 298K 为计算基准，用试差法求出料温度。先假设出料温度为 806K，求各 $\overline{C}_{p806K}$。从衡算式计算出料温度 T_e，

$$9547(600-298)+(2.13\times10^6)=10789(T_{e(1)}-298)$$

$$T_{e(1)}=762.7\text{K}$$

此值与假设值有差距，重新假设出料温度为 770K 计算 770K 时的 $M \cdot \overline{C}_p$，如表 8-10 中第 8、9 项，

$$9547(600-298)+(2.13\times10^6)=10633.7(T_{e(2)}-298)$$

$$T_{e(2)}=769.4\text{K}$$

$T_{e(2)}$ 与假设值相符合。故所求产物出口温度为 770K。如仍有差距，可继续迭代直至与假设值符合为止。

四、气液相连续反应过程的热量衡算

在基本有机化工生产中，有许多反应过程是气液相连续反应过程，如液相氧化、烃

化、氯化、液相加氢等都是。气液相反应过程的热量衡算比较复杂，但衡算的基本原理是不变的。现举例如下。

例 8-16 乙醛液相氧化制醋酸，用外循环冷却移走热量，如乙醛投料量为 1000kg/h，平均反应温度为 333K，试求氧化液循环量和外循环冷却器的冷却用水量。

已知基本数据为

(1) 原料纯度（表 8-11）

表 8-11 原料纯度

工业乙醛,%(质量)		工业氧,%(质量)		工业氮,%(质量)	
CH_3CHO	99.4	O_2	98	N_2	97
H_2O	0.36	N_2	2	O_2	3
$CH_3CH=CHCHO$	0.04				
$(CH_3CHO)_3$	0.10				
CH_3COOH	0.10				

(2) 乙醛的总转化率、主反应及各副反应的转化率分配

乙醛总转化率为 99.3%，其中分配,%

主反应 $$CH_3CHO+\frac{1}{2}O_2 \longrightarrow CH_3COOH \qquad 96$$

副反应 $$2CH_3CHO+\frac{3}{2}O_2 \longrightarrow CH_3COOCH_3+H_2O+CO_2 \qquad 0.95 \quad (1)$$

$$3CH_3CHO+O_2 \longrightarrow CH_3CH(OCOCH_3)_2+H_2O \qquad 0.25 \quad (2)$$

$$3CH_3CHO+3O_2 \longrightarrow HCOOH+2CH_3COOH+H_2O+CO_2 \qquad 1.4 \quad (3)$$

$$2CH_3CHO+5O_2 \longrightarrow 4CO_2+4H_2O \qquad 1.4 \quad (4)$$

$$CH_3CH=CHCHO+\frac{1}{2}O_2 \longrightarrow CH_3CH=CHCOOH \qquad （全部） \quad (5)$$

（丁烯醛）　　　　（丁烯酸，巴豆油酸）

(3) 氧化塔塔顶气相中补充工业氮，使其浓度达到 45%（V）。

(4) 塔顶尾气中含乙醛 5%（mol，干基），经冷冻盐水冷凝冷却，凝液回流入塔中，未凝废气放空。放空废气中含乙醛 2%（mol）。

(5) 氧的利用率 98.4%。

(6) 催化剂为醋酸锰 $Mn(OCOCH_3)_2$，催化剂溶液组成为，%（质量）

CH_3COOH …………………………………………… 75

H_2O …………………………………………………… 20

$Mn(OCOCH_3)_2$ ……………………………………… 5

进料时醋酸锰浓度为 0.065%（质量）。

(7) 各物流温度见图 8-11。

(8) 设热损失为氧化塔收入热量的 1%。

(9) 冷却水进口温度 295K，出口温度 318K。

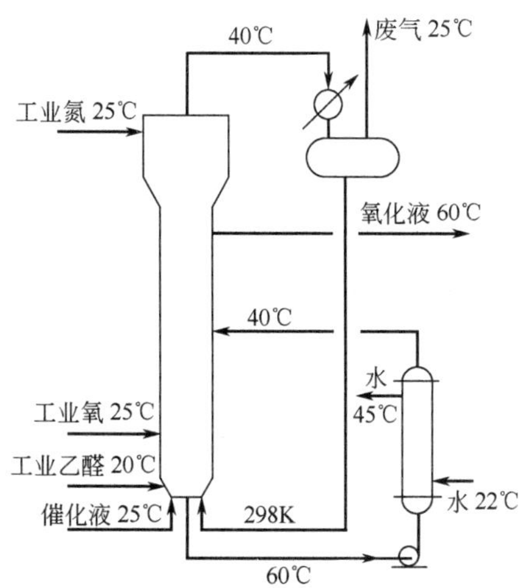

图 8-11 乙醛氧化制醋酸流程

解 （一）氧化塔物料衡算

以 1000kg 乙醛进料为基准，计算主、副产物

的量

（1）原料乙醛组成及数量为表 8-12。

表 8-12　原料乙醛 1000kg

名　称	分子量	kg	kmol	名　称	分子量	kg	kmol
CH_3CHO	44.05	994	22.6	$(CH_3CHO)_3$	132.15	1	0.0075
H_2O	18	3.6	0.2	CH_3COOH	60.05	1	0.0167
$CH_3CH=CHCHO$	70	0.4	0.0057				

（2）生成各主、副产物的量为表 8-13。

表 8-13　生成产物量，kg（括号内为 kmol）

反应类	消耗乙醛	CH_3COOH	CH_3COOCH_3	H_2O	CO_2	$CH_3CH(Ac)_2$	HCOOH
主反应	948 (21.5)	1291 (21.5)	/	/	/	/	/
副反应(1)	9.37 (0.213)	/	7.92 (0.107)	1.925 (0.107)	4.70 (0.107)	/	/
副反应(2)	2.47 (0.056)	/	/	0.336 (0.0187)	/	2.73 (0.0187)	/
副反应(3)	13.8 (0.314)	12.55 (0.209)	/	1.88 (0.1045)	4.60 (0.1045)	/	4.81 (0.1045)
副反应(4)	13.8 (0.314)	/	/	11.3 (0.628)	27.7 (0.628)	/	/
共计	987 (22.4)	1303.6 (21.71)	7.92 (0.107)	15.44 (0.858)	37.0 (0.8395)	2.73 (0.0187)	4.81 (0.1045)

（3）巴豆油酸量＝0.00572kmol＝0.492kg

（4）氧用量，kg 表 8-14。

表 8-14　氧用量，kg（括号内为 kmol）

主反应	副反应(1)	副反应(2)	副反应(3)	副反应(4)	副反应(5)	共计
344.0 (10.75)	5.41 (0.16)	0.599 (0.0187)	10.05 (0.314)	25.15 (0.785)	0.0915 (0.00286)	385.03 (12.031)

$$\text{所需工业氧量}=\frac{385.03}{0.98\times0.984}=399.28\text{kg}=12.51\text{kmol}$$

其中，氧 12.26kmol，氮 0.25kmol。

$$\text{未反应氧量}=12.26-12.031=0.229\text{kmol}$$

（5）需通入保安用工业氮量。设保安用氮为 $x$kmol。

塔顶干气量计算（kmol），

N_2　　$0.25+0.973x$

O_2　　$0.229+0.027x$

CO_2　　0.8395（表 8-13）

则

$$\frac{0.25+0.973x}{0.25+0.229+x+0.8395}=45\%$$

得　　$x=0.656$kmol（其中 N_2 0.639kmol，O_2 0.017kmol）

塔顶干气量 $N_2=0.25+0.973(0.656)=0.889\text{kmol}$

$$O_2=0.229+0.027(0.656)=0.246\text{kmol}$$

$$CO_2=0.8395\text{kmol}$$

（6）塔顶尾气带出的乙醛量 y

$$\frac{y}{0.889+0.246+0.8395+y}=0.05$$

$$y=0.1039\text{kmol}=4.578\text{kg}$$

排出废气带走乙醛量 y'

$$\frac{y'}{0.889+0.246+0.8395+y'}=0.02$$

$$y'=0.04156\text{kmol}=1.831\text{kg}$$

回流乙醛量＝4.578－1.831＝2.747kg

（7）催化剂溶液用量 W

$$(1000+W)0.065\%=W\times5\%$$

$$W=13.17\text{kg}$$

其中，醋酸 9.88kg，水 2.63kg，醋酸锰 0.659kg

（8）氧化塔物料衡算结果见表 8-15。

表 8-15　氧化塔物料衡算结果（以 1000 千克工业乙醛进料为基准）

进料					出料				
物　流	组成,%（质量）	kg	kmol	%(V)	物　流	组成,%（质量）	kg	kmol	%(V)
工业乙醛					氧化液				
乙醛	99.4	994	22.6		醋酸	96.72	1314.48	21.91	
水	0.36	3.6	0.2		醋酸甲酯	0.58	7.92	0.107	
巴豆醛	0.04	0.4	0.00571		水	1.59	21.66	1.204	
三聚乙醛	0.1	1.0	0.00757		巴豆酸	0.04	0.492	0.00571	
醋酸	0.1	1.0	0.0167		$CH_3CH(Ac)_2$	0.2	2.73	0.0187	
小计		1000	22.83		甲酸	0.35	4.81	0.1045	
工业氧					乙醛	0.39	5.26	0.12	
氧	98	392	12.24	97.9	三聚乙醛	0.07	1.0	0.00757	
氮	2	7.2	0.26	2.1	醋酸锰	0.05	0.659	0.00381	
小计		399.2	12.50		小计		1359.01	23.485	
工业氮					放空废气				
氮	97	17.04	0.609	97.3	二氧化碳		36.94	0.8395	41.6
氧	3	0.544	0.017	2.7	氮		24.89	0.889	44.1
小计		17.584	0.626		氧		7.87	0.246	12.2
催化液					乙醛		1.831	0.0416	2.0
醋酸	75	9.88	0.1645		小计		71.51	2.0161	
水	20	2.63	0.1461						
醋酸锰	5	0.659	0.00381						
小计		13.17	0.3144						
总计		1430/时			回流乙醛		(2.75)		
							1430/时		

（二）氧化塔热量衡算

每小时接料工业乙醛 1000kg，消耗定额每 1000kg 工业乙醛得工业醋酸 1267.2kg（按物料衡算应得 1314.5 千克），年工作日 306 天，年产工业醋酸 1267.2×7344＝9300 吨。

计算基准温度为 298K。

（1）热力学数据，见表 8-16。

表 8-16　热力学数据表

名　称	C_p				ΔH^0_F,298	ΔH_C,298
	气体 C_p/J/(mol·K) $C_p=a+bT+CT^2$ 或 $C_p=a+bT+C'T^{-2}$				kJ/mol	kJ/mol
	a	$b\times10^{-3}$	$c\times10^{-5}$	$c'\times10^{-5}$		
O_2	36.162	0.845		−4.31		
N_2	27.865	4.268				
CO_2	28.66	35.702			−393.51	
H_2O(g)	29.999	10.711		0.335	−241.81	
CH_3CHO(g)	31.054	117.273	−36.577		−166.79	−1192.48
CH_3COOH(g)	21.757	193.133	−76.776		−432.54	−926.13
	液体 C_p/J/(g·K)					
CH_3COOH	1.9958				−484.30	−874.37(1)
CH_3COOCH_3	1.9594				−445.89	−1592.18
H_2O	4.1868				−285.83	
$CH_3CH{=}CHCOOH$	2.0934					
$CH_3CH(Ac)_2$	1.92					−2901.6
HCOOH	2.167				−424.68	−254.68
CH_3CHO	2.186					−1165.79
$(CH_3CHO)_3$	1.8003					
$Mn(Ac)_2$	2.3027(1)					
$CH_3CH{=}CHCHO$	2.9726					

注：按 $C_{p(固)}$＝26.778nkJ/mol·K 计算，n 为分子中原子数目。

（2）各物流带入热量

按 $q=W\cdot C\cdot\Delta t$kJ/h 计算，见表 8-17。

表 8-17　各物流带入热量

工业氧 O_2	工业氮 N_2	工业乙醛 $Q_{乙醛}$,kJ/h	回流液 $Q_{回}$	催化液 $Q_{催}$
0	0	$q_{乙醛}$＝994×2.186(293−298)＝−10864.42 $q_{水}$＝3.6×4.1868(293−298)＝−75.362 $q_{巴豆醛}$＝0.4×2.9726(293−298)＝−5.945 $q_{三聚乙醛}$＝1.0×1.8003(293−298)＝−9.002 $q_{醋酸}$＝1.0×1.996(293−298)＝−9.98	0	0
		小计　＝−10964.71		

（3）反应热 ΔH^0_R　主反应和副反应（1）、（2）、（3）、（4）的 ΔH^0_R 可由生成热 $\Delta H^0_{F,298}$ 或燃烧热 $\Delta H^0_{c,298}$ 求得；

主反应　$\Delta H^0_{R,主}$＝(−1165.79)−(−874.37)＝−291.42kJ/mol 乙醛

副反应 $\Delta H^0_{R,(1)}=\frac{1}{2}[2(-1165.79)-(-1592.18)]=-369.7\text{kJ/mol}$ 乙醛

$$\Delta H^0_{R,(2)}=-1165.79-\frac{1}{3}(-2901.6)=-198.59\text{kJ/mol 乙醛}$$

$$\Delta H^0_{R,(3)}=-1165.79-\frac{1}{3}(-254.68)-\frac{2}{3}(-874.37)=-497.99\text{kJ/mol 乙醛}$$

$$\Delta H^0_{R,(4)}=\frac{1}{2}\times 2(-1165.79)=-1165.79\text{kJ/mol 乙醛}$$

副反应（5）的 ΔH^0_R 用键能数据求取，按

$$\Delta H^0_R=-\Delta(\sum C)=-[(\sum C)_{产物}-\sum C)_{作用物}]$$[1]

得

$$\Delta H^0_{R,(5)}=-150.624\text{J/mol}$$

计算结果如表 8-18。

表 8-18 ΔH^0_R 计算结果

反应类别	消耗乙醛/(kmol/h)	ΔH^0_R/(kJ/mol)	反应热$\sum\Delta H_R$/(kJ/h)
主反应	21.50	−291.42	$-291.42\times21.50\times1000=-6265.53\times10^3$
副反应(1)	0.213	−369.7	$-369.7\times0.213\times1000=-78.746\times10^3$
(2)	0.056	−198.59	$-198.59\times0.056\times1000=-11.121\times10^3$
(3)	0.314	−497.99	$-497.99\times0.314\times1000=-156.369\times10^3$
(4)	0.314	−1165.79	$-1165.79\times0.314\times1000=-366.058\times10^3$
(5)	0.00571(丁烯醛)	−150.62	$-150.62\times0.00571\times1000=-0.86\times10^3$
共计			-6878.68×10^3

（4）氧化塔顶部排出的气体所带出的热量

① 氧化塔顶部排出气体量

组分	CO_2	N_2	O_2	CH_3CHO
kmol	0.8395	0.889	0.246	0.1039

② 氧化塔顶部排出气体所带出的热量

按

$$\Delta H_i = n_i\int_{T_1}^{T_2}C_{pi}\,dT+ni\Delta H_{i相变}$$

C_{pi}值查表 $(\Delta H_V)_{乙醛}$取 $(\Delta H^0_{V,298})_{乙醛}=26.69\text{kJ/mol}$，塔顶排出气体温度 313K。

$$Q_{CO_2}=0.8395\left[\int_{298}^{313}(28.66+35.702\times10^{-3}T)dT\right]=498.31\text{kJ/h}$$

$$Q_{N_2}=0.889\left[\int_{298}^{313}(27.865+4.268\times10^{-3}T)dT\right]=1300.1\text{kJ/h}$$

$$Q_{O_2}=0.264\left[\int_{298}^{313}(36.162+0.845\times10^{-3}T-4.31\times10^{-5}T^{-2})dT\right]$$
$$=134.39\text{kJ/h}$$

$$Q_{CH_3CHO}=0.1039\left[\int_{298}^{313}(31.054+117.273\times10^{-3}T-(36.577)+10^{-6}T^2)dT\right]$$
$$=2872\text{kJ/h}$$

[1] 唐有琪，化学动力学和反应器原理，P. 7。

$$\sum Q_i = 498.31 + 1300.1 + 134.39 + 2872 = 4804.8\text{kJ/h}$$

（5）氧化液带出的热量

$$Q_{液} = \sum C_{pi} m_i \Delta T + \Delta H_{溶解(巴豆酸)}$$

氧化液组成见物料平衡表

$$\Delta T = 333 - 298 = 35\text{K}$$

$$(\Delta H_{溶解})_{巴豆酸}，取(\Delta H_{溶解})_{巴豆酸,345\text{K}} = 9121.12\text{kJ/kmol}$$

则 $Q_{CH_3COOH} = 1.9958 \times 1314.48 \times 35 = 91820.37\text{kJ/h}$

$Q_{CH_3COOCH_3} = 1.9594 \times 7.92 \times 35 = 543.15\text{kJ/h}$

$Q_{H_2O} = 4.1868 \times 21.66 \times 35 = 3174.01\text{kJ/h}$

$Q_{CH_3CH{=}CHCOOH} = 2.0934 \times 0.00571 \times 35 = 0.42\text{kJ/h}$

$Q_{CH_3CH(Ac)_2} = 1.92 \times 2.73 \times 35 = 183.46\text{kJ/h}$

$Q_{HCOOH} = 2.167 \times 4.81 \times 35 = 364.81\text{kJ/h}$

$Q_{CH_3CHO} = 2.186 \times 5.26 \times 35 = 402.44\text{kJ/h}$

$Q_{(CH_3CHO)_3} = 1.8003 \times 1 \times 35 = 63.01\text{kJ/h}$

$Q_{M_{11}(Ac)_2} = 2.3027 \times 0.659 \times 35 = 53.11\text{kJ/h}$

$\Delta H_{(溶解)巴豆酸} = -9121.12 \times 0.00571 = -52.09\text{kJ/h}$

$\sum Q_{氧化液} = 96552.69\text{kJ/h}$

（6）热损失

取热输入的 1%，则

$$Q_{损} = Q_{入} \times 1\% = (Q_{乙醛} + Q_{回流} + Q_{反})1\%$$

$$= (-10964.71 + 0 + 6878.68 \times 10^3)1\% = 68677.15\text{kJ/h}$$

热量衡算结果如表 8-19。

表 8-19　热量衡算结果

输入		输出	
项　目	kJ/h	项　目	kJ/h
工业氧	0	氧化液	96552.69
工业氮	0	塔顶排出气体	4804.8
工业乙醛	−10964.71	热损	68677.15
催化液	0	循环液移走(差值)	6697.69×10^3
反应热	6878.68×10^3		
总　计	6867.72×10^3		6867.72×10^3

（三）氧化液循环量及冷却水用量

1. 氧化液循环量

氧化液平均热容 $C = 2.05\text{kJ/kg} \cdot \text{K}$，循环量 $W\text{kg/h}$，$\Delta t = 15\text{K}$，则

$$W = \frac{6697.69 \times 10^3}{2.05 \times 15} = 217.81\text{t/h}$$

2. 冷却水用量

设水进口温度为 295K，出口温度为 318K，$\Delta t = 23\text{K}$，则用水量

$$W' = \frac{6697.69 \times 10^3}{4.1868 \times 23} = 69.55\text{t/h}$$

安全系数取 $\alpha=1.1$，则

$$水用量=W'\times1.1=76.5\text{t/h 或 }77\text{m}^3/\text{h}$$

参 考 文 献

[1] E. V. Thomson & W. H. Ceckler，"Introduction to Chemical Engineering"，McGraw-Hill，1977.

[2] D. M. Himmelblau，"Basic Principles and Calculation in Chemical Engineering"，4th ed.，Prentice-Hall，1982.

[3] N. P. Chopey，"Handbook of Chemical Engineering Calculation"，N. Y. McGraw-Hill，1984.

[4] G. V. Reklaitis，"Introduction to Material and Energy Balances"，John Wiley & Sons，1983.

[5] 穆赫列诺夫主编. 大连工学院化工系译.《化工工艺过程计算》，化学工业出版社，1985 年.

[6] 燃化部石油化工设计院.《石油化工参考资料（二），工艺计算图表》，1971 年.

附录Ⅰ　基本有机化工常用物质的重

序号	物质名称	化学式	熔点 T_m/K	沸点 T_b/K	临界参数			液体密度 ρ_l/(kg/L) 293K
					温度 T_c/K	压力 p_c/MPa	摩尔体积 V_c/(cm^3/mol)	
	一、直链烷烃							
1	甲烷 (methane)	CH_4	89.2	111.6	190.7	4.63	98.9	0.710(g) kg/m^3 (273K)
2	乙烷 (ethane)	C_2H_6	89.9	184.6	305.4	4.88	145.7	1.357(g) kg/m^3
3	丙烷 (propane)	C_3H_8	83.3	231.1	369.7	4.25	198.6	2.0(g) kg/m^3 (273K)
4	正丁烷 (n-butane)	C_4H_{10}	138.2	273.0	425.6	3.76	255.0	0.579
5	异丁烷 (i-butane)	C_4H_{10}	113.6	261.5	407.7	3.68	263.1	0.557
6	正戊烷 (n-pentane)	C_5H_{12}	141.6	309.2	470.0	3.36	310.6	0.626
7	2-甲基丁烷 (2-methyl butane) (异戊烷)	C_5H_{12}	112.7	301.2	461.1	3.34	307.4	0.620
8	正己烷 (n-hexane)	C_6H_{14}	176.9	341.9	507.9	3.02	368.4	0.660
9	正庚烷 (n-heptane)	C_7H_{16}	182.6	371.6	540.1	2.74	428.1	0.684
10	正辛烷 (n-octane)	C_8H_{18}	216.4	398.8	569.1	2.49	490.9	0.703
11	2,2,4-三甲基戊烷(异辛烷) (2,2,4-trimethyl pentane) (i-octane)	C_8H_{18}	165.8	372.4	543.8	2.58	469.7	0.692
	二、烯烃							
1	乙烯 (ethylene)	C_2H_4	104.0	169.4	282.8	5.11	127.2	
2	丙烯 (propylene)	C_3H_6	87.9	225.7	365.0	4.01	181.3	
3	丁烯 (1-butene)	C_4H_8	87.8	266.9	419.6	4.02	240.0	0.595
4	顺 2-丁烯 (cis-2-butene)	C_4H_8	134.3	276.9	433.1	4.16	234.7	0.621
5	反 2-丁烯 (trans-2-butene)	C_4H_8	167.6	274.0	428.6	4.12	237.9	0.624
6	异丁烯 (i-butylene)	C_4H_8	132.8	266.3	417.4	4.00	238.8	0.594
7	戊烯 (1-pentene)	C_5H_{10}	107.9	305.8	464.7	3.55	(295.0)	0.640
	三、炔烃及二烯烃							
1	乙炔 (acetylene)	C_2H_2	191.4	188.4	309.2	6.25	112.9	
2	1,2-丁二烯 (1,2-butadiene)	C_4H_6	137.0	284.0	443.7	4.44	219.0	0.652

要物性数据和热力学数据表

相态	摩尔热容 $C_{m,298K}$ kJ/mol·K	蒸发热 ΔH_v^0/ kJ/mol	生成热 $\Delta H^0_{f,298K}$ kJ/mol	生成自由焓 $\Delta G^0_{f,298K}$ kJ/mol	绝对熵 S^0_{298K} J/mol·K	燃烧热 $-\Delta H_{c,298K}$ kJ/mol	爆炸极限(与空气混合)/%(V)	
							下限	上限
g	0.036		−74.48	−50.46	186.27	880.69	5.0	15.0
g	0.053		−83.85	−31.97	229.12	1560.67	3.12	15.0
g	0.074		−104.68	−24.39	270.2	2219.15	2.9	9.5
g	0.099	21.00	−125.65	−16.57	309.91	2877.55	1.9	6.5
g	0.098	19.29	−134.18	−20.75	295.39	2869.01	1.30	8.00
l	0.170	26.74	−173.55	−10.00	263.47	3569.0	1.40	7.80
l	0.165	25.23	−178.57	−14.14	260.54	3503.97	1.32	8.30
l	0.196	31.55	−198.57	−4.10	296.1	4163.29	1.25	6.90
l	0.225	36.57	−224.22	1.17	328.57	4817.0	1.0	6.0
l	0.254	41.51	−250.04	6.32	361.12	5470.5	0.84	3.20
l	0.245	35.15	−259.2	6.99	328.33	5461.33	1.0	
g	0.044		52.30	68.24	222.97	1410.87	3.05	28.6
g	0.064		20.42	62.84	266.60	2058.44	2.0	11.1
g	0.096	20.59	−0.84	70.58	305.6	2716.50	1.6	9.3
g	0.08	22.59	−32.55	65.06	300.83	2709.56	1.75	9.7
g	0.088	21.59	−52.34	61.63	296.48	2704.43	1.75	9.7
g	0.091	20.59	−74.56	57.15	293.59	2699.47	1.75	9.7
l	0.156	25.20	−46.97	77.91	262.55	3349.72	1.40	8.7
g	0.045	23.26	226.73	209.2	200.83	1299.59	2.5	80.0
l	0.121	23.26	138.99	200.08	209.62	2570.52	2.0	12.0

序号	物质名称	化学式	熔点 T_m/K	沸点 T_b/K	临界参数			液体密度 ρ/(kg/L) 293K
					温度 T_c/K	压力 p_c/MPa	摩尔体积 V_c/(cm^3/mol)	
3	1,3-丁二烯 (1,3-butadiene)	C_4H_6	164.2	268.7	425.1	4.33	220.8	0.621
4	2-甲基-1,3-丁二烯(异戊二烯) (2-methyl-1,3-butadiene) (i-pentadiene)	C_5H_8	127.2	307.2	483.3	3.74	266.0	0.681
	四、环烷烃及环烯烃							
1	环戊烷 (cyclopentane)	C_5H_{10}	179.3	322.4	511.8	4.52	259.9	0.745
2	甲基环戊烷 (methyl-cyclopentane)	C_6H_{12}	130.7	345.0	533.2	3.80	319.0	0.754
3	环己烷 (cyclohexane)	C_6H_{12}	279.7	354.6	553.5	4.07	308.3	0.779
4	甲基环己烷 (methyl cyclohexane)	C_7H_{14}	146.6	374.1	572.3	3.47	344.5	0.774
5	环戊二烯 (cyclopentadiene)	C_5H_6	176.2	313.2	504.2	5.09	231.6	0.798
6	环己烯 (cyclohexene)	C_6H_{10}	169.7	356.1	560.4	4.29	297	0.816 (289K)
	五、芳烃							
1	苯 (benzene)	C_6H_6	278.7	353.3	562.0	4.89	257.8	0.885 (289K)
2	甲苯 (toluene)	C_7H_8	178.2	383.7	593.1	4.21	316.6	0.867
3	苯乙烯 (styrene)	C_8H_8	242.5	418.2	617.1	3.69	369.7	0.906
4	乙苯 (ethyl benzene)	C_8H_{10}	179.3	409.2	617.9	3.73	374	0.867
5	邻二甲苯 (*o*-xylene)	C_8H_{10}	244.2	417.5	631.1	3.74	369	0.880
6	间二甲苯 (*m*-xylene)	C_8H_{10}	219.6	412.2	619.0	3.56	376.1	0.864
7	对二甲苯 (*p*-xylene)	C_8H_{10}	286.4	411.4	617.4	3.53	378.6	0.861
8	邻甲基苯乙烯 (*o*-methyl styrene)	C_9H_{10}	204.6	443.0	657.6			
9	间甲基苯乙烯 (*m*-methyl styrene)	C_9H_{10}	186.8	444.8	662.2			
10	对甲基苯乙烯 (*p*-methyl styrene)	C_9H_{10}	239.0	445.9	665.4			
11	异丙基 (*i*-propyl benzene)	C_9H_{12}	177.3	426.3	631.7	3.20	434.7	0.862
12	邻甲基乙苯 (*o*-methyl ethyl bezene)	C_9H_{12}		438.3	651.5	3.14	440.0	0.881
13	间甲基乙苯 (*m*-methyl ethyl bezene)	C_9H_{12}		434.4	645.1	3.14	440.0	0.865
14	对甲基乙苯 (*p*-methyl ethyl bezene)	C_9H_{12}		435.2	638.7	3.14	440.0	0.861
15	萘 (naphthalene)	$C_{10}H_8$	353.4	491.1	747.8	4.04	408.5	0.971 (363K)

续表

相态	摩尔热容 $C_{m,298K}$ kJ/mol·K	蒸发热 ΔH_v^0/ kJ/mol	生成热 $\Delta H_{f,298K}^0$ kJ/mol	生成自由焓 $\Delta G_{f,298K}^0$ kJ/mol	绝对熵 S_{298K}^0 J/mol·K	燃烧热 $-\Delta H_{c,298K}$ kJ/mol	爆炸极限（与空气混合）/%(V)	
							下限	上限
g	0.081	22.04	87.19	151.42	199.07	2518.73	2.0	11.5
l	0.152	26.78	48.79	144.98	228.28	3159.67	1.5	
l	0.127	28.66	−105.81	36.44	204.26	3290.88	1.4	
l	0.159	31.71	−137.44	32.43	247.94	3938.61	1.20	8.35
l	0.159	33.05	−156.19	27.53	204.35	3919.86	1.30	8.40
l	0.183	35.35	−190.08	20.42	247.94	4565.29		
l	0.103	28.37	105.27	177.11(g)	274.43(g)	2930.3		
l	0.150	33.47	−37.99	102.42	216.19	3752.21		
l	0.135	33.89	48.99	124.31	173.45	3267.58	1.4	4.7
l	0.156	37.99	12.18	113.97	221.03	3910.07	1.3	7.0
l	0.172	43.93	103.76	202.25	237.57	4395.17	1.1	6.1
l	0.186	42.26	−12.34	119.83	255.18	4564.87	0.99	6.70
l	0.186	43.43	−24.35	110.46	246.61	4552.86	1.1	6.4
l	0.183	42.68	−25.36	107.45	253.25	4551.86	1.1	6.4
l	0.182	42.38	−24.35	110.21	247.36	4552.86	1.1	6.6
g		49.13	118.41	213.97	383.7	5089.1		
g		48.23	115.49	209.28	389.5	5086.19		
g		48.48	114.64	210.2	383.7	5085.34		
l	0.216	45.15	−41.13	125.06	277.57	5215.44		
l		47.70	−46.4	(117.15)	(286.27)	5210.17		
l		46.90	−48.7	(112.97)	(292.46)	5207.87		
l		46.61	−49.79	(113.22)	(288.03)	5206.78		
c	0.218(l) (373K)		77.95	200.83	167.40	5156.36		

序号	物质名称	化学式	熔点 T_m/K	沸点 T_b/K	临界参数			液体密度 ρ/(kg/L) 293K
					温度 T_c/K	压力 p_c/MPa	摩尔体积 V_c/(cm^3/mol)	
16	顺-十氢萘 (cis-decaline)	$C_{10}H_{18}$	229.9	468.6	702.2	3.20		0.897
17	反-十氢萘 (trans-decaline)	$C_{10}H_{18}$		460.4	687.0	2.08		0.870
18	联苯 (diphenyl)	$C_{12}H_{10}$	341.8	528.2	789	3.22	502	0.990 (347K)
19	蒽 (anthracene)	$C_{14}H_{10}$	490.2	613.1	873.1		554.0	
20	菲 (phenanthrene)	$C_{14}H_{10}$	373.2	613.0	873.1		554.0	
	六、醇及酚							
1	甲醇 (methanol)	CH_4O	175.4	337.8	513.0	8.01	117.9	0.791
2	乙醇 (ethanol)	C_2H_6O	155.9	351.5	515.8	6.36	167.1	0.789
3	乙二醇 (ethylene glycol)	$C_2H_6O_2$	255.8	470.5	645.0	7.60	186.0	1.114
4	异丙醇 (*i*-propyl alcohol)	C_3H_8O	184.7	355.5	516.6	5.37	219.7	0.786
5	丙三醇(甘油) (glycerol)	$C_3H_8O_3$	291.1	563.2	726	6.6	255.0	1.261
6	正丁醇 (*n*-butanol)	$C_4H_{10}O$	183.9	390.6	561.4	4.42	275.1	0.810
7	异丁醇 (*i*-butyl alcohol)	$C_4H_{10}O$	165.2	381.1	547.7	4.30	273.6	0.802
8	叔丁醇 (tert-butyl alcohol)	$C_4H_{10}O$	298.8	355.9	508.0	4.23	275.0	0.787
9	环己醇 (cyclohexanol)	$C_6H_{12}O$	297.2	433.7	625.1	3.73	327.0	0.942 (303K)
10	1,4-丁二醇 (1,4-butanediol)	$C_4H_{10}O_2$	293.3	512.3	668.4	4.88	296.1	1.01 (303K)
11	1-辛醇 (1-octanol)	$C_8H_{10}O$	257.7	468.3	652.5	2.86	490.0	0.826
12	苯酚 (phenol)	C_6H_6O	314.2	454.9	692.9	6.13	229.3	1.059 (313K)
13	对苯二酚 (terephthalic phenol)	$C_6H_6O_2$	445.5	549.2	823.1	7.45	265.7	1.107 (493K)
14	邻甲酚 (*o*-cresol)	C_7H_8O	303.2	464.1	695.3	5.01	282.0	1.028 (313K)
15	间甲酚 (*m*-cresol)	C_7H_8O	285.2	475.4	705.4	4.56	312.5	1.034
16	对甲酚 (*p*-cresol)	C_7H_8O	309.2	475.0	704.2	5.15	277	1.019 (313K)
	七、醛及酮							
1	甲醛 (formaldehyde)	CH_2O	181.5	249.6	402.7	6.59	112.8	0.815 (253K)
2	乙醛 (acetaldehyde)	C_2H_4O	149.7	293.8	461.1	5.57	153.8	0.778
3	丙烯醛 (acrolein)	C_3H_4O	185.5	325.7	506.2	5.17	202.9	0.839
4	正丁醛 (*n*-butyraldehyde)	C_4H_8O	174.2	347.9	524.0	4.06	278.3	0.802
5	丙酮 (acetone)	C_3H_6O	178.2	329.4	508.4	4.78	216.5	0.790

续表

相态	摩尔热容 $C_{m,298K}$ kJ/mol·K	蒸发热 ΔH_v^0/ kJ/mol	生成热 $\Delta H_{f,298K}^0$ kJ/mol	生成自由焓 $\Delta G_{f,298K}^0$ kJ/mol	绝对熵 S_{298K}^0 J/mol·K	燃烧热 $-\Delta H_{c,298K}$ kJ/mol	爆炸极限（与空气混合）/%(V)	
							下限	上限
l		50.21	−219.37	68.99	265.01	6288.22		
l		48.53	−230.62	57.78	264.93	6276.96		
c		48.04	−97.91	251.58	205.9	6249.22		
c			129.20	286.02	207.15	7067.49		
c			116.19	270.66	215.06	7054.48		
l	0.080	37.99	−238.66	−166.44	127.24	726.51	6.72	36.50
l	0.111	42.47	−276.98	−174.18	161.04	1367.54	3.3	19.0
l	0.148	67.78	−455.34	−319.74	153.39	1189.18	3.2	
l	0.155	45.44	−317.86	−180.29	180.58	2005.98	2.02	11.8
l	0.219	84.94	−668.52	−476.98	204.47	1655.32		
l	0.177	52.34	−327.31	−162.72	226.40	2675.88	1.45	11.25
l	0.18	50.84	−333.93	−165.85	214.5	2669.27	1.9	5.0
l	0.226 (373K)	46.82	−359.24	−184.68	192.88	2643.95		
l		62.01	−348.11	−133.26	199.60	3727.94		
l	0.297 (353K)	76.57	−503.25			2499.94		
l	0.282	70.96	−426.77	−144.68	377.4	5293.85		
c	0.21(l) (423K)	52.77 (323K)		−50.46	144.01	3053.48		
c	0.255(l) (493K)	73.4 (453K)	−365.47	−176.50(g)	344.17(g)	2853.07		
l	0.204 (313K)	54.49 (313K)	−204.6(c)	−55.69(c)	165.44(c)	3693.3(c)		
l	0.192	58.7	−194.01	−59.16	212.59	3703.89		
l	0.222 (363K)	57.97 (313K)	−199.28(c)	−50.96(c)	167.32(c)	3698.61(c)		
g	0.035	20.26	−108.57	−102.59	218.65	570.77	7.0	73.0
l	0.11	26.84	−192.88	−133.01(g)	263.84(g)	1165.79	4.0	57.0
l	0.123	29.92	−113.51		281.7(g)	1638.68		
l	0.159	33.68	−238.45	−119.16	247.7	2445.21		
l	0.128	30.84	−247.99	−155.14	200.0	1790.04	2.15	13.0

序号	物质名称	化学式	熔点 T_m/K	沸点 T_b/K	临界参数			液体密度 ρ/(kg/L) 293K
					温度 T_c/K	压力 p_c/MPa	摩尔体积 V_c/(cm^3/mol)	
6	甲乙酮 (methyl ethyl ketone)	C_4H_8O	186.8	352.6	535.0	4.15	267.0	0.805
7	环己酮 (cyclohexanone)	$C_6H_{10}O$	242.0	428.2	629.1	3.85	312.0	0.951 (288K)
	八、酸及酸酐							
1	甲酸 (formic acid)	CH_2O_2	281.6	373.9	580.0	5.5	117.3	1.226 (288K)
2	乙酸 (acetic acid)	$C_2H_4O_2$	289.8	391.3	594.4	5.79	171.1	1.049
3	丙酸 (propionic acid)	$C_3H_6O_2$	251.2	413.3	612.1	5.37	234.9	0.993
4	丙烯酸 (acrylic acid)	$C_3H_4O_2$	285.2	414.2	615.2	5.67	209.9	1.051
5	甲基丙烯酸 (methyl acrylic acid)	$C_4H_6O_2$	288.2	435.7	645.2	4.69	264.6	
6	己二酸 (adipic acid)	$C_6H_{10}O_4$	426.2	610.7	809.2	3.53	431.9	1.009 (433K)
7	草酸 (oxalic acid)	$C_2H_2O_4$	463.2					
8	乙酐 (acetid anhydride)	$C_4H_6O_3$	200.1	409.6	569.1	4.66	290	1.087
9	顺丁烯二酸酐 (maleic achydride)	$C_4H_2O_3$	326.2	475.2				1.31 (323K)
10	邻苯二甲酸酐 (phthalic anhydride)	$C_8H_4O_3$	404.0	557.7	810.0	4.76	368.2	
11	苯甲酸 (benzoic acid)	$C_7H_6O_2$	395.6	523	752.2	4.50	341	1.075 (403K)
	九、酯醚及环氧化物							
1	乙酸乙烯酯 (vinyl acetate)	$C_4H_6O_2$	173.2	346.2	525.2	4.36	264.6	0.932
2	乙酸乙酯 (ethyl acetate)	$C_4H_8O_2$	189.6	349.8	524.1	3.85	285.9	0.901
3	甲基丙烯酸甲酯 (methyl methacrylate)	$C_5H_8O_2$	225.0	373.5	565.1	3.68	310.6	0.943
4	乙酸丁酯 (butyl acetate)	$C_6H_{12}O_2$	196.4	398.0	578.4	3.05	412.8	0.898 (273K)
5	乙酸戊酯 (amyl acetate)	$C_7H_{14}O_2$	173.2	422.4	590.6	2.85	459.4	0.876 (288K)
6	对苯二甲酸二甲酯 (dimethyl terephthalate)	$C_{10}H_{10}O_4$	413.7	554.2	762.2	2.74	530.1	1.075 (423K)
7	邻苯二甲酸二正丁酯 (dibutyl-*o*-phthalate)	$C_{16}H_{22}O_4$	238.2	608.2	775.2	1.72	858.0	1.047
8	二乙醚 (ethyl ether)	$C_4H_{10}O$	156.9	307.6	466.7	3.64	279.2	0.713
9	二乙二醇醚 (diethylene glycol ether)	$C_4H_{10}O_3$	265.0	519.0	681.0	4.66	316	1.116
10	甲基叔丁基醚 (methyl tert-butyl ether)	$C_5H_{12}O$	164.2	328.3	497.1	3.43		

续表

相态	摩尔热容 $C_{m,298K}$ kJ/mol·K	蒸发热 ΔH_v^0/ kJ/mol	生成热 $\Delta H_{f,298K}^0$ kJ/mol	生成自由焓 $\Delta G_{f,298K}^0$ kJ/mol	绝对熵 S_{298K}^0 J/mol·K	燃烧热 $-\Delta H_{c,298K}$ kJ/mol	爆炸极限（与空气混合）/%(V)	
							下限	上限
l	0.159	34.89	−273.47	−151.59	239.0	2408.98	1.81	11.5
l	0.177	44.98	−272.63	−90.75	330.5(g)	3517.66	1.19 (373K)	9.0
l	0.099	46.32	−424.68	−361.37	128.95	254.68		
l	0.197	51.76	−484.3	−389.2	159.83	874.37	5.4	
l	0.173	54.81	−510.47	−370.16		1527.29		
l	0.155	46.90	−383.76	−307.1	226.4	1368.43		
l	0.173	43.30	−434.7			1996.8		
c	0.355(l) (433K)	75.18	−988.2	−736.68	220.0	2791.98		
c	0.169	90.58 (升华)	−829.94	−701.2	120.1	247.92		
l	0.198	48.28	−624.25	−489.07	268.6	1807.28	2.7	10.1
c	0.161(l) (333K)		−469.95	−355.14(g)	300.8(g)	1389.91		
c	0.28(l) (413K)		−462.0	−332.28(g)	179.5(g)	3257.75		
c	0.233(l) (453K)		−384.93	−245.05	167.57	3227.12		
l	0.148	35.23	−349.62	−227.82	327.98(g)	2081.96		
l	0.171	35.39	−478.82	−332.5	259.4	2238.54	2.25	11.0
l	0.170	40.80	−371.7			2739.7	1.85	36.5
l	0.215	43.60	−528.82			3547.24		
l	0.256	50.46						
c	0.32(l) (423K)	53.28	−732.62			4631.66		
l	0.452	91.63	−842.7			8597.7		
l	0.171	27.11	−278.32	−121.84	342.2	2724.87	1.85	40.0
l	0.325 (348K)	57.32	−628.5			2374.67		
l		30.08	−313.56	−119.75	265.3	3368.97		

序号	物质名称	化学式	熔点 T_m/K	沸点 T_b/K	临界参数			液体密度 ρ/(kg/L) 293K
					温度 T_c/K	压力 p_c/MPa	摩尔体积 V_c/(cm^3/mol)	
11	二苯醚 (diphenyl ether)	$C_{12}H_{10}O$	301.2	531.2	766.8	3.06	518.3	1.066 (303K)
12	环氧乙烷 (ethylene oxide)	C_2H_4O	161.9	283.8	468.9	7.19	139.2	0.899 (273K)
13	环氧氯丙烷 (epichlorohydrin)	C_3H_5ClO	216.0	389.3	610.9	4.90	242.1	1.181
14	环氧丙烷 (propylene oxide)	C_3H_6O	161.2	307.5	482.3	4.92	186.0	0.8317
	十、有机卤化物							
1	二氟二氯甲烷 (F12) (dichlorodiflouromethane)	CF_2Cl_2	115.4	243.3	384.8	4.01	217.6	1.750 (158K)
2	四氯化碳 (carbon tetrachloride)	CCl_4	250.4	349.8	556.5	4.56	275.9	1.494 (290K)
3	三氯甲烷 (trichloromethane)	$CHCl_3$	209.7	334.3	535.5	5.48	241.1	1.489
4	二氯甲烷 (dichloromethane)	CH_2Cl_2	176.5	313.2	508.3	6.08	193	1.317 (298K)
5	氯甲烷 (methyl chloride)	CH_3Cl	175.5	249.2	416.2	6.66	140.7	0.915
6	氯乙烯 (vinyl chloride)	C_2H_3Cl	113.5	259.4	425.0	5.15	179.0	0.969 (259K)
7	1,1-二氯乙烷 (1,1-dichloroethane)	$C_2H_4Cl_2$	176.2	330.7	523.2	5.07	236.0	1.168 (298K)
8	1,2-二氯乙烷 (1,2-dichloroethane)	$C_2H_4Cl_2$	237.9	357.1	566.1	5.37	225.0	1.250 (289K)
9	氯乙烷 (ethyl chloride)	C_2H_5Cl	136.8	285.4	458.6	5.31	184.9	0.896
10	α-氯丙烯 (α-allyl chloride)	C_3H_5Cl	138.7	318.4	513.8	4.76		0.937
11	2-氯-1,3-丁二烯 (2-chloio-1,3-butadiene)	C_4H_5Cl	143.2	332.6	534.9	4.2		0.959
	十一、含氮及含硫化合物							
1	氰化氢 (hydrogen cyanide)	CHN	259.9	298.8	456.7	5.25	136.0	0.688
2	乙腈 (acetonitrile)	C_2H_3N	229.3	352.8	547.9	4.83	173	0.782
3	二甲基亚砜 (dimethyl sulfoxide)	C_2H_6OS	291.6	464.2	720.0	5.7	275.6	1.098
4	丙烯腈 (acrylonitrile)	C_3H_3N	189.5	350.5	536.2	4.56	209.5	0.806
5	二甲基甲酰胺 (dimethyl formamide)	C_3H_7NO	212.7	425.7	650.0	5.5	264.5	0.949
6	丁腈 (butyronitrile)	C_4H_7N	161.0	390.4	582.2	3.79	285.0	0.792
7	苯胺 (aniline)	C_6H_7N	267.0	457.2	698.9	5.30	273.9	1.022
8	己二胺 (hexamethylene diamine)	$C_6H_{16}N_2$	315.2	469.2	667.2	3.29		

续表

相态	摩尔热容 $C_{m,298K}$ kJ/mol·K	蒸发热 ΔH_v^0/ kJ/mol	生成热 $\Delta H^0_{f,298K}$ kJ/mol	生成自由焓 $\Delta G^0_{f,298K}$ kJ/mol	绝对熵 S^0_{298K} J/mol·K	燃烧热 $-\Delta H_{c,298K}$ kJ/mol	爆炸极限(与空气混合)/%(V)	
							下限	上限
l	0.27	66.9	−14.9			6136.38		
l	0.091	24.94	−77.57	−11.58	153.8	1281.1	3.0	80.0
l	0.13	42.86	−149.0					
l	0.122	27.91	−122.59	−27.70	286.73	1915.44	2.5	38.5
g	0.073	17.37	−480.3	−441.37	300.7			
l	0.132	32.38	−128.41	−58.20	216.19			
l	0.115	31.13	−134.31	−73.93	202.9			
l	0.097	28.83	−124.26	−70.42	178.7		15.5 (在 O_2 中)	66.4 (在 O_2 中)
g	0.041	21.4	−764.01	−58.45	234.19		8.25	8.70
g	0.054	22.26	31.8	48.16	263.91			
l	0.128	30.63	−160.75	−76.15	211.75		6.2	15.6
l	0.13	35.44	−167.99	−82.42	208.53		6.2	15.9
l	0.106	24.73	−132.8	−55.73	190.79			
g		29.04	−0.63	−43.64	(306.7)			
l	0.137	29.47						
g	0.036	25.22	130.45	126.12	201.71	666.97	5.6	40.0
l	0.107	32.93	64.31	82.05	243.51	1288.5		
l		52.89	−203.89	−99.91	188.78			
l	0.121	31.8	147.11	185.85	179.91	1756.4	3.0	17.0
l	0.153	50.0	−239.37			1941.63		
l	0.157	39.33	−5.77			2568.68		
l	0.191	55.86	31.30	149.29	191.29	3392.76		

序号	物质名称	化学式	熔点 T_m/K	沸点 T_b/K	临界参数			液体密度 ρ/(kg/L) 293K
					温度 T_c/K	压力 p_c/MPa	摩尔体积 V_c/(cm^3/mol)	
	十二、杂环化合物							
1	呋喃 (furan)	C_4H_4O	187.5	305.2	487.0	5.32	218	0.938
2	噻吩 (thiophene)	C_4H_4S	234.9	357.0	580.0	5.21	219.0	1.071 (289K)
3	四氢呋喃 (tetrahydrofuran)	C_4H_8O	164.7	338.7	540.5	5.19	224.0	0.889
4	环丁砜 (cvclobutyl sulfone)	$C_4H_8O_2S$	301.1	560.2				1.261 (303K)
5	糠醛 (furfural)	$C_5H_4O_2$	236.7	434.9	670.0	5.89	267.4	1.159
6	吡啶 (pyridine)	C_5H_5N	231.2	388.4	618.7	5.88	252.8	0.983
7	N-甲基吡咯烷酮 (N-methyl-2-pyrrolidone)	C_5H_9NO	248.8	475.2	724.2	4.78	310.3	1.025
	十三、无机物							
1	氢 (hydrogen)	H_2	14.0	20.41	33.2	1.30	65.0	
2	氧 (oxygen)	O_2	54.4	90.2	154.6	5.05	74.6	
3	氮 (nitrogen)	N_2	63.3	77.3	126.3	3.41	89.9	
4	臭氧 (ozone)	O_3	80.5	161.3	268.0	6.79	89.4	
5	氨 (ammonia)	NH_3	195.4	239.8	405.5	11.3	72.4	0.639 (273K)
6	一氧化碳 (carbon monoxide)	CO	66.1	81.61	133.4	3.50	93.1	
7	二氧化碳 (carbon dioxide)	CO_2	216.6	194.7	304.2	7.39	94.8	
8	二氧化氮 (nitrogen dioxide)	NO_2	261.9	295.0	431.2	10.1	80.7	1.45
9	二硫化碳 (carbon disulfide)	CS_2	164.6	319.4	549.4	7.88	170.1	1.293 (273K)
10	硫化氢 (hydrogen sulfide)	H_2S	187.6	212.4	373.4	8.99	98.1	0.993 (214K)
11	水 (water)	H_2O	273.2	373.2	647.3	22.1	56.5	0.998
12	氯 (chlorine)	Cl_2	172.2	238.7	417.0	7.70	124	1.563 (239K)

续表

相态	摩尔热容 $C_{m,298K}$ kJ/mol·K	蒸发热 ΔH_v^0/ kJ/mol	生成热 $\Delta H_{f,298K}^0$ kJ/mol	生成自由焓 $\Delta G_{f,298K}^0$ kJ/mol	绝对熵 S_{298K}^0 J/mol·K	燃烧热 $-\Delta H_{c,298K}$ kJ/mol	爆炸极限(与空气混合)/%(V)	
							下限	上限
l	0.114	27.66	−62.38	0.17	176.65	2083.3	2.3	14.3
l	0.122	34.73	80.71	120.87	181.59			
l	0.114	32.09	−216.27	−83.93	203.9	2501.07	2.3	11.8
l		62.76 (560K)						
l	0.148	50.63	−201.7	−119.16	217.99	2337.6	2.1 (398K)	
l	0.207	40.54	100.16	151.50	177.90	2782.28	1.8	12.4
l	0.203	66.42	−262.09			2991.68		
g			0	0	130.57		4.5	75.0
g	0.028		0	0	205.04			
g	0.029		0	0	191.50			
g			141.8	162.26	238.90			
g	0.036		−45.77	−16.28	192.67		16.0	27.0
g	0.029	6.07	−110.53	−137.15	197.56	283.0	12.5	74.2
g	0.037		−393.51	−394.38	213.68			
g			34.192	52.3	240.06			
l	0.076 (293K)	26.33	89.66	65.44	151.04	1650.6	1.0	50.0
g	0.034		−20.6	−33.43	205.7		4.3	45.5
l		40.59	−285.83	−239.68	69.95			
g			0	0	222.95			

附录Ⅱ　常压下二元恒沸物的沸点及组成

恒沸物		恒沸点 T_A,K	乙组分含量/%(质量)	恒沸物		恒沸点 T_A,K	乙组分含量/%(质量)
甲组分	乙组分			甲组分	乙组分		
水	乙醇	351.3	95.6	氯甲烷	乙醇	278.5	7.0
	丙酸	373.1	99.9		丙酮	337.6	21.9
	异丙醇	353.5	87.4	甲醇	丙酮	328.7	88.0
	丙醇 740mm	360.2	71.7		乙酸甲酯	326.7	81.0
	丙烯酸甲酯	344.2	92.8		苯	330.7	60.9
	丁酸	372.6	99.4		环已烷	327.1	63.6
	乙酸乙酯	343.5	91.5		甲苯	336.7	27.5
	甲酸丙酯	344.8	97.7		甲基环已烷	332.4	46.0
	丁醇	365.9	57.5	乙腈	甲醇	336.3	19.1
	仲丁醇	360.2	73.2	乙腈	乙醇	345.7	56.0
	叔丁醇	353.1	88.3		甲苯	354.6	20.0
	环戊醇	369.4	42.0	乙醛	乙醚	292.1	23.5
	甲酸丁酯	357.0	85.5	乙酸	吡啶	411.3	48.9
	丁酸甲酯	355.9	88.5		苯	353.2	98.0
	正戊醇	369.0	45.6		甲苯	373.8	71.9
	叔戊醇	360.5	72.5		苯乙烯	390.0	14.3
	氯苯	363.4	71.6		乙苯	387.8	34.0
	苯	342.2	91.2		邻二甲苯	389.8	22.0
	苯酚	372.7	9.2		间二甲苯	388.5	27.5
	苯胺 742mm	371.8	19.2		对二甲苯	388.4	28.0
	环已烷	342.7	91.6	乙醇	丙烯腈	344.0	59.0
	乙酸丁酯	363.4	71.3		苯	341.1	68.3
	丁酸乙酯	361.1	78.5		环已烷	338.0	70.8
	乙酯异丁酯	361.0	83.5		丙醚	347.6	56.0
	甲苯	357.3	86.5		甲苯	349.8	32.0
	乙苯	365.2	67.0	乙二醇	苯胺	453.7	76.0
	丙烯醛	325.4	97.4		甲苯	383.3	97.7
	甲乙酮	346.6	89.0		苯乙烯	412.7	83.5
	丙烯腈	344.2	88.0		间二甲苯	408.3	93.5
	环氧氯丙烷	361.2	72.0		对二甲苯	407.7	93.6
	糠醛	370.6	35.0		丁醚	412.7	93.6
四氯化碳	甲醇	328.9	20.6		丙基苯	425.2	81.0
	乙腈	338.3	17.0	丙酮	乙酸甲酯	329.0	51.7
	乙酸	349.2	1.5		环已烷	326.2	32.5
	乙醇	338.2	15.8	丙酸	氯苯	402.1	82.0
	丙烯腈	339.4	21.0	异丙醇	苯	344.9	66.3
	丙醇	346.6	7.9		环已烷	342.6	68.0
	丁醇	349.7	2.4		甲苯	353.8	31.0
氯甲烷	甲酸	332.3	15.0	丙醇	氯苯	369.7	20.0
	甲醇	326.6	12.6		苯	350.3	83.1

续表

恒沸物		恒沸点 T_A,K	乙组分含量/%(质量)	恒沸物		恒沸点 T_A,K	乙组分含量/%(质量)
甲组分	乙组分			甲组分	乙组分		
丙醇	甲苯	365.7	48.8	正丁醇	甲基环己烷	368.5	80.0
	苯乙烯	370.2	92.0		乙苯	388.6	34.9
甘油	三甘醇	558.3	63.0	叔丁醇	苯	347.1	63.4
	联苯	519.3	75.0		环己烷	344.4	65.8
2-丁酮	乙酸乙酯	350.2	88.2	异丁醇	甲酸丁酯	376.1	60.0
	叔丁醇	351.8	31.0		苯	352.5	92.6
	苯	351.5	56.0		环己烷	351.5	86.0
	环己烷	345.0	60.0		甲苯	374.4	55.0
丁醛	正己烷	333.2	74.0		乙苯	380.4	20.0
醋酸乙酯	叔丁醇	349.2	27.0	苯	环己烯	352.9	35.3
	环己烷	344.8	44.0		环己烷	350.7	48.1
	甲基环戊烷	340.4	62.0	环己醇	邻二甲苯	416.2	86.0
异丁酸	氯苯	404.4	92.0		间二甲苯	412.1	95.0
	苯乙烯	415.2	73.0		丙基苯	427.0	60.0
正丁醇	甲酸丁酯	379.0	76.4	苯甲酸	萘	490.9	95.0
	氯苯	388.5	44.0		联苯	519.2	49.5
	醋酸异丁酯	387.7	50.0		苯醚	520.5	41.0
	甲苯	378.7	72.2	二氯乙烷	甲醇	334.1	32.0

参考文献

[1] K. H. Simmrock, R. Janowsky, A. Ohnsorge, “Critical Data of Pure Substances”, Chemistry Data Series, Vol. II, part 1, 2, DECHEMA, Deutsche Gesellschaft für Chemisches Apparatewsem, 1986.

[2] R. C. Reid etc., “The Properties of Gases and Liquids, Property Data Bank”, 4th ed. McGraw-Hill 1984.

[3] G. V. Reklaitis, “Introduction to Material and Energy Balances”, John Wiley & Sons, 1983.

[4] M. E. Laesley, “Chemical Compound Data Bank”, 4th ed. GPC, 1986.

[5] 上海医药工业设计院.《化工工艺设计手册》, 化学工业出版社, 1986 年.

[6] 马沛生. 石油化工有关物质的基本热化学数据, 石油化工, 9 卷 2, 3 期; 11 卷 12 期.

[7] 卢焕章等.《石油化工基础数据手册》, 化学工业出版社, 1982 年.

内 容 提 要

根据基本有机化学工业的生产特点，本书介绍了 8 类主要的反应单元及具有代表性产品的生产工艺。

全书共分八章，阐述了烃类裂解、芳烃转化、催化加氢、催化脱氢、氧化脱氢、催化氧化、羰化反应及氯化等 8 类反应单元的基本规律和特点，讨论了各类有代表性产品的生产工艺以及有关的特殊分离方法。此外还介绍了反应过程的物料和热量衡算的基本原理和方法。

本书可作为化工系有机化工专业的教科书，也可供基本有机化学工业方面有关科技人员参阅。